Der **Onlineservice InfoClick**
bietet unter www.vogel-buchverlag.de
nach Codeeingabe zusätzliche
Informationen und Aktualisierungen
zu diesem Buch.

InfoClick

In 3 Schritten zum Onlineservice

1. Einfach www.vogel-buchverlag.de aufrufen.
2. Auf das Logo **InfoClick** klicken.
3. Den unten stehenden Zugangscode und eine E-Mail-Adresse eingeben.

Ihr persönlicher Zugang zum Onlineservice ⇨ **331630650003**

Die handlungsorientierte Ausbildung für Laborberufe
Band 1: Pflichtqualifikationen

Wolf Rainer Less (Hrsg.)
Melanie Fleckenstein
Dipl.-Ing. (FH) Wolfgang Gottwald
Bianca Stieglitz

Die handlungsorientierte Ausbildung für Laborberufe

Band 1: Pflichtqualifikationen

3., überarbeitete und erweiterte Auflage

Vogel Buchverlag

Wolf Rainer Less,

Jahrgang 1948, absolvierte 1967 seine Ausbildung zum Chemielaboranten. Über seine berufsbegleitenden Weiterbildungen unterschiedlichster Art wurde er 1977, nach seiner Ausbildung zum Labortechniker, Ausbilder für Chemielaboranten im Ausbildungszentrum der Farbwerke Hoechst AG. 1994 übernahm W. R. Less, zu seiner Teamleiterfunktion 1986 in der Produktionstechnik (Berufsgruppe Chemikanten), die Sprecherfunktion der Aus- und Weiterbildung Labortechnik. Seit 1997 ist er Leiter des Kompetenzcenters Labortechnik bei PROVADIS Partner für Bildung und Beratung GmbH, die aus der Hoechst AG hervorgegangen ist. 2001 wurde W. R. Less zusätzlich Geschäftsführer der NOVIA Chromatographie- und Messverfahren GmbH, hatte zwischenzeitlich die Führung des Kompetenzcenters Business Administration bei PROVADIS inne, war Mitglied der AN-Fraktion im Berufsbildungsausschuss der IHK-Frankfurt und Mitglied der Arbeitsgruppe «Neuordnung der Chemielaborantenausbildung» des BAVC Wiesbaden.

Dipl.-Ing. (FH) Wolfgang Gottwald,

Jahrgang 1948, absolvierte nach seiner Ausbildung zum Chemielaboranten bei der Hoechst AG in Frankfurt eine Weiterbildung als Chemietechniker. Ein anschließendes Studium zum Ingenieur für chemische Technologie wurde 1983 erfolgreich an der FH-Darmstadt abgeschlossen. Wolfgang Gottwald bildete als Ausbilder im Ausbildungszentrum der Hoechst AG und der PROVADIS Partner für Bildung und Beratung GmbH Chemielaboranten aus. In letzter Zeit gestaltete er im Auftrag der NOVIA GmbH Weiterbildungs-Seminare im Bereich der analytischen Chemie. Wolfgang Gottwald war als Bundessachverständiger an der Neuordnung des Chemielaborantenberufs beteiligt und ist Mitglied des Chemielaboranten-Fachauschusses der PAL in Stuttgart.

Bianca Stieglitz,

Jahrgang 1973, absolvierte nach einer Ausbildung zur Chemielaborantin bei der ehemaligen Hoechst AG in Frankfurt eine berufsbegleitende Weiterbildung zur Chemietechnikerin bei der PROVADIS Partner für Bildung und Beratung GmbH. Seit 1995 ist sie bei diesem Bildungsunternehmen Ausbilderin für Chemielaboranten. Bianca Stieglitz ist neben ihrer Tätigkeit in der Ausbildung, Dozentin in der Erwachsenenweiterbildung bei PROVADIS in den Bereichen Mathematik, chemisches Fachrechnen sowie anorganische und organische Chemie. Seit 1997 ist sie neben der beruflichen Tätigkeit ebenfalls ehrenamtliche Prüferin für die IHK-Frankfurt im Bereich der Laborantenausbildung.

Melanie Fleckenstein,

Jahrgang 1978, absolvierte nach einer Ausbildung zur Chemielaborantin bei der PROVADIS Partner für Bildung und Beratung GmbH in Frankfurt eine berufsbegleitende Weiterbildung zur Chemietechnikerin. Nach zunächst zweijähriger Forschungstätigkeit im Pharmaunternehmen Sanofi-Aventis Deutschland GmbH ist sie seit 2002 Ausbilderin für Chemielaboranten. Melanie Fleckenstein bildet darüber hinaus bei PROVADIS Erwachsene mit dem Schwerpunkt Instrumentelle Analytik weiter.

Weitere Informationen:
www.vogel-buchverlag.de

http://twitter.com/vogelbuchverlag

www.facebook.com/vogel.buchverlag

www.vogel-buchverlag.de/rss/buch.rss

ISBN 978-3-8343-3316-2
3. Auflage. 2013

Printed in Germany

Umschlaggrafik: Vogel Business Media GmbH, Würzburg

Vorwort des Herausgebers

Sehr geehrte Leserinnen und Leser,
sehr geehrte Damen und Herren,

vor Ihnen liegt ein Exemplar der völlig neu konzipierten dreiteiligen Buchreihe: «Die handlungsorientierte Ausbildung der Laborberufe».

Nach der Neuordnung der Laborantenberufe im Jahr 2000 entstand ein dringender Bedarf an begleitender Literatur, um der geänderten Lehr- und Lernsituation gerecht werden zu können. Daher sind die 3 Bücher nach einem sehr modernen didaktischen Ansatz konzipiert worden: An realen Prozessen wird die Handlungsorientierung als Leitfaden für die Stoffvermittlung und Stoffwiederholung eingeübt.

Unter Berücksichtigung der aktuellen Veränderungen in Lehr- und Lernstrukturen der Berufschulen – besonders durch die Einrichtung von Lernfeldern – wurden die Inhalte der 3 Bücher neu gefasst und den geänderten Rahmenbedingungen angepasst.

Die Autoren sind ausnahmslos als professionelle Ausbilder für Chemie- und Biologielaboranten bei «PROVADIS Partner für Bildung und Beratung» beschäftigt. Sie verfügen über eine profunde Erfahrung bei der Gestaltung und Vermittlung der beruflichen Kenntnisse und Fertigkeiten in der Aus- und Weiterbildung. Durch eine intensive Zusammenarbeit mit Berufschullehrern aus dem Raum Frankfurt ist ein enger Bezug zu den Inhalten in den Lernfeldern der Berufschule gesichert.

Die Autorenteams schrieben die 3 Bände unter dem Aspekt, einerseits eine sinnvolle chronologisch-thematische Dreiteilung herzustellen und andererseits die Orientierung an den notwendigen Abschlussprüfungen sicherzustellen.

Band 1: Pflichtqualifikationen
Band 2: Wahlqualifikationen
Band 3: Prüfungsvorbereitung

Mit Band 1 wird gewährleistet, dass der Lernende alle wesentlichen Inhalte bis zur «Ersten gestreckten Prüfung» erlernen kann. Diese Inhalte sind für alle Chemielaboranten im Gültigkeitsbereich der neu geordneten Ausbildungsordnung verbindlich und somit wesentlich für die «Beruflichkeit» des Labornachwuchses.

Lehrer von berufsbildenden Schulen werden von der Buchreihe ebenso profitieren wie ihre Auszubildenden. Aber auch Chemisch-Technische Assistenten, Chemotechniker, Chemieingenieure der ersten Semester und Bachelorstudenten können ihr Wissen mit der Buchreihe effektiv erweitern.

Ich bin sicher, dass den Auszubildenden aus dem gesamten chemischen Umfeld durch diese Buchreihe die Möglichkeit geboten wird, sich im Sinne einer modernen beruflichen Ausbildung nach neuesten didaktischen Grundsätzen das aktuelle Wissen praxis- und handlungsorientiert anzueignen. Lehrenden wird damit ein Lehrmittel an die Hand gegeben, das bei konsequenter Anwendung einen hervorragenden Lehrerfolg ermöglicht.

Frankfurt-Höchst

Wolf Rainer Less
PROVADIS Partner für Bildung und Beratung

Vorwort des Herausgebers zur 3. Auflage

Sehr geehrte Leserinnen und Leser,
sehr geehrte Damen und Herren,

Sie halten das neueste Lehrbuch «Die handlungsorientierte Ausbildung für Laborberufe, Band 1, Pflichtqualifikationen» in Ihren Händen. Wir freuen uns sehr, Ihnen nunmehr die überarbeitete und erweiterte 3. Auflage anbieten zu können, mit Anregungen und Hinweisen aus Ihren Reihen, soweit sie fachlich korrekt und didaktisch zum Konzept dieses Lehrbuches passen.

Es ist erfreulich, dass Band 1 unserer Reihe bereits in der 3. Auflage erscheint. Das ist in Zeiten, in denen das Internet den Kauf von gedruckten Büchern nicht unbedingt fördert, nicht zwingend zu erwarten gewesen.

Es hat sich als sinnvoll herausgestellt, und wir sind der mehrfach geäußerten Empfehlung gefolgt, Lernfeld 4, «Stoffe fotometrisch und chromatografisch untersuchen», Band 1 der Reihe zuzuordnen. Kapitel 8 «Fotometrische und chromatografische Methoden» enthält diese Weiterentwicklung. Somit wird in diesem Band jetzt das vollständige Spektrum der Pflichtqualifikationen für die Ausbildung von Laboranten behandelt. Nach unserer Überzeugung ist dieses Buch besonders geeignet, den angestrebten Lern- und Ausbildungserfolg bei konsequenter Durcharbeitung bestens zu unterstützen.

Mein Dank gilt unseren Leserinnen und Lesern, unseren Kolleginnen und Kollegen für die wertvollen Anregungen. Dem Vogel Buchverlag danke ich für die gewohnt hervorragende Zusammenarbeit.

Resonanz zum Buch und den vermittelten Lösungswegen sind uns stets willkommen, weil ein lebendiger Wissensaustausch auch den Lehrbetrieb immer wieder motivieren und inspirieren kann.

Frankfurt-Höchst

Wolf Rainer Less
PROVADIS Partner für Bildung und Beratung

Vorwort der Autoren

Leitspruch: «Der eigentliche Zweck des Lernens ist nicht das Wissen, sondern das Handeln» (HERBERT SPENCER, 1820–1903, englischer Philosoph und Sozialwissenschaftler).

Die Laborberufe haben sich in den letzten Jahren stark gewandelt. In Großbetrieben hat so gut wie jedes Syntheselabor auch analytische Aufgaben zu erledigen, und analytische Laboratorien müssen sich mit Problemen der Produktherstellung und der Zulassung von Produkten befassen. Der «Allrounder» ist hier ein gefragter Mitarbeiter.

Viele kleinere und mittlere Unternehmen, vornehmlich aus dem Dienstleistungssektor, haben sich jedoch auf einen Arbeitsbereich – z.B. die Auftragsanalytik – konzentriert. Naturgemäß werden dort routinemäßig viele Analysenaufgaben erledigt, die vertieftes Wissen in diesen Bereichen erfordern. Dagegen werden spezielle Kenntnisse und Fertigkeiten über präparative Zusammenhänge nicht unbedingt benötigt. In diesen Unternehmen ist nicht der Allrounder, sondern eher der «Spezialist» erwünscht. Eine moderne Ausbildung muss deshalb aus den Anforderungen der beruflichen Praxis beiden Typen gerecht werden.

Ziel einer soliden beruflichen Ausbildung ist das Erlangen von Kompetenz. Im Rahmenlehrplan für den Ausbildungsberuf Chemielaborant/Chemielaborantin ist Kompetenz deshalb definiert:

Kompetenz bezeichnet den Lernerfolg in Bezug auf den einzelnen Lernenden und seine Befähigung zum eigenverantwortlichen Handeln in beruflichen, gesellschaftlichen und privaten Situationen.

Daher ist es für den Auszubildenden entscheidend, dass Lehrer und Ausbilder die Entwicklung seiner Kompetenz planmäßig, systematisch und konsequent fördern. Typische Aufgaben müssen deshalb während seiner Ausbildung prozessorientiert bewältigt werden:

- Der Auszubildende hat typische Handlungsschritte für sein berufliches Umfeld auszuführen.
- Einen Teil der Aufgaben und Ziele muss sich der Auszubildende selbst erschließen («lebenslanges Lernen»).
- Die Lösung von Problemen sind immer in einen Gesamtprozess einzubetten.
- Der Gesamtprozess ist zu bewerten.
- Die Ergebniskriterien müssen festgelegt sein.
- Alle Prüfungsinhalte sind schon während des Unterrichtes zu berücksichtigen.

Im Rahmen der für die 3 Bände dieser Reihe entwickelten pädagogisch-didaktischen Konzeption wird der Auszubildende folgerichtig handlungs- und prozessorientiert zum Lernziel geführt. Merksätze, Beispiele, Übungen und eine Anleitung für selbständiges Nachforschen unterstützen die Vertiefung des Gelernten nachhaltig. Die 6 Handlungsphasen

- Informieren,
- Planen,
- Entscheiden,
- Ausführen,
- Kontrollieren / Präsentieren,
- Be- und Auswerten

kennzeichnen eine Handlungsorientierung maßgeblich.

Früher wurde z.B. «Fachrechnen» als eigenständiges Fach unterrichtet, oft losgelöst von anderen gleichzeitig vermittelten Themen. Heute wird in einem prozessorientierten Aufgabengebiet das dazugehörige Fachrechnen eingebettet, was den Bezug zur Aufgabe plastisch macht. Es ist für Auszubildende ein Unterschied, ob Rechnen mit chemischen Umsetzungen separat unterrichtet wird oder ob es in der allgemeinen Betrachtung von chemischen Ansätzen zur Herstellung von Syntheseprodukten oder Analysenmethoden gelehrt wird. Das verlangt jedoch eine Veränderung im didaktischen Aufbau des Unterrichts durch den Lehrer und eine Anpassung der Lehrmaterialien.

Die Autoren dieses Bandes haben deshalb ein Fachbuch konzipiert, das den handlungsorientierten didaktischen Grundsätzen und der neuen Verordnung der Berufsausbildung im Laborbereich aus dem Jahr 2000 sowie den Vorgaben der KMK (Kultusministerkonferenz) von 2005 Rechnung trägt. Allerdings müssen zuerst fundamentale Grundlagen für die Ausbildung sicher beherrscht werden.

Die Kapitel repräsentieren inhaltlich und chronologisch die Lernfelder des Rahmenlehrplans entscheidend:

LF 1	Vereinigen von Stoffen
LF 2	Trennen von Stoffsystemen
LF 3	Strukturen und Eigenschaften von Stoffen untersuchen
LF 5	Präparatives Arbeiten
LF 6a	Präparate unterschiedlicher Stoffklassen synthetisieren
LF 6b	Aromatische Präparate synthetisieren
LF 7	Volumetrische und gravimetrische Analysen durchführen

Zusätzlich und abweichend von der Lernfeldreihenfolge wurden separat in Kapitel 8 die wichtigsten großtechnischen Verfahren aufgenommen.

Lernfeld 4, «Stoffe fotometrisch und chromatografisch untersuchen», überlassen wir unseren Kollegen, die in Band 2: Wahlqualifikationen «Chromatografie» und «Spektroskopie» genau erläutern. Bis auf Lernfeld 4 ist die Zusammenstellung von Band 1 Inhalt der «Ersten gestreckten Prüfung» der Laborberufe.

Es ist erklärtes Ziel, dass neben der schulischen Begleitung die praktisch orientierte betriebliche Ausbildung in den Unternehmen ein Schwerpunkt der dualen Berufsausbildung ist. Die Tätigkeiten, die in den ausbildenden Unternehmen durch die Verordnung von 2002 vermittelt werden sollen, können nicht Bestandteil unseres Lehrbuches sein. Über diese Lehrbereiche gibt es bereits eine Reihe von guten praxisorientierten Büchern, die der weiterführenden Literatur zu entnehmen sind.

Obwohl Band 1 prinzipiell die Ausbildung zum Chemielaboranten behandelt, sind die Autoren davon überzeugt, dass sich Inhalt und Didaktik auch für Assistentenberufe der Chemie eignen und Studenten aus dem labortechnischen Umfeld das Buch gut als Einstiegsleitfaden verwenden können.

Wir bedanken uns bei allen, die zur Entstehung des Buches beigetragen haben, besonders bei unseren Kollegen von PROVADIS Partner für Bildung und Beratung GmbH, Frankfurt-Höchst, und hier vor allem unserem Kollegen Günther Bouchée.

Wir danken auch allen aufmerksamen Lesern, die uns engagiert Korrekturen zur Erstauflage mitgeteilt haben. Weil Wissenschaft und Technik sich ständig und teilweise rasant weiterentwickeln, liegt es auf der Hand, dass nur selbständiges lebenslanges Lernen einen dauerhaften beruflichen Erfolg sichert. Den Schlüssel dazu bietet in erster Linie das Beherrschen fachlicher Kenntnisse und Fertigkeiten auf dem Stand der Technik.

Frankfurt-Höchst — Melanie Fleckenstein, Wolfgang Gottwald, Bianca Stieglitz

Vorwort der Autoren zur 3. Auflage

Das Lehrbuch «Die handlungsorientierte Ausbildung für Laborberufe, Band 1, Pflichtqualifikationen» liegt jetzt in der 3. Auflage vor. Nach den Neuordnungen des Laborantenberufes von 2000 und 2009 war es fachspezifisch geboten, die Anforderungen in einem neuen Lehrbuch zusammenzufassen, das den handlungsorientierten Ansatz und die Vorgaben der KMK (Kultusministerkonferenz) besonders berücksichtigt.

In den ersten beiden Auflagen wurde Lernfeld 4 «Stoffe fotometrisch und chromatografisch untersuchen» noch Band 2 unserer Buchreihe zugeordnet. Es wurde jedoch offensichtlich, und Leser gaben auch entsprechende Hinweise, dass die Integration von Lernfeld 4 in Band 1 **die gesamten Pflichtqualifikationen des Laborantenberufes abdeckt**. Die 3. Auflage enthält deshalb folgerichtig mit dem neuen Kapitel 8 dieses Lernfeld.

Damit wurde die theoretisch fundierte und praxisnahe Laborantenausbildung konzeptionell weiterentwickelt, die den zu vermittelnden Stoff anhand ausgewählter Prozesse in einem Handlungsstrang aufbereitet und Lernende regelmäßig zu selbstständigen Wissenserwerb auffordert. Zusätzlich wurden mehrere Kapitel überarbeitet und aktualisiert.

Gerne bedanken wir uns bei Lesern und Kollegen, die uns mit Hinweisen und Vorschlägen unterstützt haben.

Wie dem Herausgeber, Herrn Wolf Rainer Less, ist uns weiterhin Resonanz zum Buch und den vermittelten Lösungswegen stets willkommen, damit auch zukünftig Weiterentwicklungen von Wissenschaft und Technik so zeitnah wie möglich in die Ausbildung der Laborberufe einfließen können.

Lösungen der Vertiefungsübungen finden Sie unter dem Onlineservice **InfoClick**.

Frankfurt-Höchst — Melanie Fleckenstein, Wolfgang Gottwald, Bianca Stieglitz

Inhaltsverzeichnis

1 Umgang mit dem Buch

In den nachfolgenden Kapiteln dieses Buches wird eine ganzheitliche und handlungsorientierte Form des Wissenstransfers praktiziert. Das bedeutet unter anderem, dass ein exemplarischer Prozess in einem Handlungsstrang ausführlich behandelt wird. Dies erfordert zunächst vom Leser eine erhöhte Aufmerksamkeit und die Bereitschaft, sich völlig in einen Prozess «einzudenken», um den Handlungsfaden nicht zu verlieren. Aber im Gegensatz zu einem Präsenzunterricht kann man in einem Buch beliebig oft zurückblättern und sich damit wieder in einen scheinbar verlorenen Handlungsstrang zurückarbeiten. Auch kann der Handlungsstrang jederzeit unterbrochen werden. Deshalb bietet diese handlungsorientierte Form der Wissensvermittlung echte Vorteile gegenüber einem Präsenzunterricht.

In einem Handlungsstrang sind meistens mathematische Vorgaben eingebettet. Erfahrungsgemäß werden solche Aufgabenbeispiele oftmals von ungeübten Lernenden nicht richtig durchgearbeitet oder gar nicht erst gelöst. Damit wird das korrekte Erkennen der Handlung unterbrochen und so der erfolgreiche Wissenstransfer in Frage gestellt. Die Oberflächlichkeit beim selbständigen Erlernen eines Wissensgebietes ist eine leider heute oft gemachte Beobachtung.

In die Handlungsstränge dieses Buches sind regelmäßige Aufforderungen zum selbständigen Wissenserwerb eingebaut. Die eigene Erarbeitung von fachlichen Zusammenhängen ist von ausschlaggebender Bedeutung für den weiteren Verlauf einer erfolgreichen Aus- oder Weiterbildung. Die in den Kapiteln angegebenen Themen sind so ausgewählt, dass sie leicht selbst zu erarbeiten sind. Gewöhnlich kann man dabei auf Vorkenntnisse aus der Schule zurückgreifen. Gerade im Zeitalter des Internets bieten sich hier unerschöpfliche Möglichkeiten der Informationsbeschaffung, die jeder Lernende unbedingt nutzen sollte. Man sollte aber auch auf Datenbanken in Bibliotheken o.Ä. zurückgreifen oder andere Informationsquellen nutzen. Im Sinne eines «lebenslangen Lernens» sollte sich jeder Lernende trainieren, selbst Informationen zu beschaffen und – was oft noch wichtiger ist – die Fähigkeit erlernen, geeignete von ungeeigneten Informationen unterscheiden zu können.
Daraus leiten sich folgende Empfehlungen zum Umgang mit dem Buch ab:

1. Arbeiten Sie jeden Handlungsstrang eines Prozesses so lange intensiv und vollständig durch, bis Sie ihn richtig verstanden haben.
2. Sollten Sie die nachfolgenden Vertiefungsübungen problemlos und auf Anhieb lösen können, haben Sie den entsprechenden Teil des Handlungsstranges verstanden. Ist das nicht der Fall, arbeiten Sie unbedingt den Strang so lange durch, bis Sie die Übungen lösen können. Die Wiederholung eines Themengebietes ist ein völlig normaler Vorgang beim Lernen.
3. Arbeiten Sie besonders sorgfältig die mathematischen Teile des Prozesses durch.
4. Trainieren Sie Ihre Fähigkeit zur selbständigen Wissensbeschaffung und nehmen Sie sich Zeit, die angeforderten Informationen selbst zu beschaffen und hinsichtlich der Eignung der Informationen für Ihr Lernen zu bewerten.
5. Entwerfen Sie selbst Fragen, die sich aus dem Handlungsstrang heraus ergeben, formulieren Sie diese schriftlich und beantworten Sie diese Fragen ebenfalls schriftlich. Stellen Sie sich selbst ein Übungsbuch mit Fragen und Antworten zusammen. Auch die Führung von Karteikarten, bei denen sich die

Frage auf der Vorderseite und die Antwort auf der Rückseite befindet, haben sich bewährt. Sie werden überrascht sein, welchen Umfang diese Sammlung schon nach kurzer Zeit hat. Durch die intensive Beschäftigung und durch die eigene Formulierung des Themas wird der Stoff viel besser verstanden und gespeichert.

6. Arbeiten Sie während des Lernens parallel mit dem Übungsbuch, Band 3, dieser Reihe. Auch die in Band 3 gestellten Fragen und Aufgaben sollten Sie nach der Durcharbeitung des Prozesses einwandfrei beherrschen.

Die Verfasser des Buches stellen leider immer wieder fest, dass die mathematischen Vorkenntnisse aus den Schulen bei vielen Absolventen entweder in Vergessenheit geraten sind oder nicht richtig trainiert wurden.

Es muss hier in aller Entschiedenheit betont werden, dass das erfolgreiche Absolvieren einer Ausbildung in einem naturwissenschaftlichen Beruf ohne mathematische Grundkenntnisse nicht möglich ist. Alle mathematikbezogenen Aufgaben in diesem Buch sind so gestellt, dass sie mit dem mathematischen Wissensstand eines Realschülers lösbar sind.

Es wurden für den Leser einige typische Mathematikaufgaben zusammengestellt, die vor dem Durcharbeiten des Buches gelöst werden sollten, sozusagen als «Eingangstest». Sollten sich bei den Lösungsversuchen Defizite herausstellen, empfehlen wir unbedingt eine vorhergehende Wiederholung bzw. ein Training des Stoffes in dem jeweiligen mathematischen Aufgabengebiet.

Auch das beste Buch und die beste Informationsbeschaffung nutzen leider nichts, wenn die Daten mathematisch nicht erfasst werden können.

1.1 Mathematikvortest

1. Bitte lösen Sie folgende Bruchaufgabe:

   $$\frac{1}{4} + 1\frac{3}{6} \cdot \frac{2}{3} - 5 =$$

   Ergebnis: $\underline{-3\,\tfrac{3}{4}}$

2. 26 Teile von 144 Teilen entsprechen wie viel %?
   Ergebnis: <u>18,06 %</u>

3. Ein Kapital von 1450 € wurde für ein halbes Jahr angelegt. Die Bank gewährte 2,5% Zinsen p.a. Wie viel Geld wurden nach einem halben Jahr von der Bank überwiesen?
   Ergebnis: <u>1468,13 €</u>

4. Ein Zylinder hat einen Durchmesser von 10 cm und eine Länge von 20 cm, wie groß ist sein Volumen?
   Ergebnis: $\underline{1570\ \text{cm}^3}$

5. Addieren Sie folgende Längen und geben Sie das Ergebnis in cm an:
   0,0003 km + 20 dm + 5 m + 233 cm + 1440 mm + 2 000 000 µm
   Ergebnis: <u>1307 cm</u>

6. Stellen Sie die folgende Gleichung nach x um:

   $$\frac{3x+3}{6} = \frac{4x-6}{9}$$

   Ergebnis: $\underline{x = -21}$

7. Stellen Sie folgende Gleichung nach x um:

$$A = B \cdot (1 + x \cdot C)$$

Ergebnis:

$$\underline{x = \frac{A - B}{B \cdot C}}$$

8. Berechnen Sie den Wert für y:

$$\underline{y = 6{,}3 \cdot 10^{-4{,}2}}$$

Ergebnis: <u>0,0003975 oder 3,975 · 10^{-4}</u>

Sollten Sie mehr als 2 Aufgaben nicht richtig gelöst haben, empfehlen wir Ihnen dringend vor der Ausbildung oder vor dem Studium dieses Buches eine Auffrischung Ihrer Mathematikkenntnisse.

1.2 Umgang mit Größengleichungen

In den folgenden Kapiteln werden neben dem Erklärungstext immer wieder eingebettete exemplarische Rechenaufgaben und deren Lösungen beschrieben. Dabei werden in den Aufgaben überwiegend Größengleichungen angewandt. Nur da, wo Größengleichungen durch Unübersichtlichkeit für Verwirrung sorgen, wurden sie ausnahmsweise weggelassen.

Größengleichungen sind Gleichungen, in denen Zahlen und physikalische Größen verknüpft sind, z.B. s = 10 m (Länge s gleich 10 m) oder m = 0,05 g (Masse m gleich 0,05 g). Physikalische Größen sind immer Werte, die gemessen werden können. Z.B. können alle Werte in der folgenden Aussage gemessen werden: «Der Motor meines Autos, das 1,1 t wiegt, hat eine Leistung von 50 kW und ich bin gestern damit 55 km gefahren. Dabei hat das Auto 3,5 L Benzin verbraucht». Die physikalischen Größen dieser Aussage sind in Tabelle 1.1 zusammengefasst.

Für die Angabe der Größe wird grundsätzlich das Formelzeichen (z.B. für Masse m), die Zahlengröße (z.B. 1100) und die Einheit (z.B. für Kilogramm kg) verwendet. Dabei wird das Formelzeichen (m) in kursiver Form angegeben.

Unter Verwendung der Größengleichungen wird der Satz nun folgendermaßen lauten: «Der Motor meines Autos, das m = 1,1 t wiegt, hat eine Leistung von P = 50 kW, und ich bin gestern s = 55 km mit dem Auto gefahren. Dabei hat das Auto V = 3,5 L Benzin verbraucht.»

Tabelle 1.1 Größe, Werte und Größengleichungen der Aussage

Begriff, Formelzeichen		Zahlengröße und Einheit	Größengleichung
Masse des Autos	m	1100 kg	m = 1100 kg
Leistung	P	50 kW	P = 50 kW
Strecke	s	55 km	s = 55 km
Benzinvolumen	V	3,5 L	V = 3,5 L

Das physikalische Größensystem ist auf 7 Grundgrößen und die davon abgeleiteten Größen aufgebaut. Die 7 Grundgrößen können nicht auf andere physikalische Größen zurückgeführt werden. Im Internationalen Einheitensystem (SI) werden Grundgrößen oder Basisgrößen verwendet, die in Tabelle 1.2 aufgeführt sind.

Als abgeleitete Größen mit eigenen Namen werden die Größen aus Tabelle 1.3 verwendet. Z.B. werden exemplarisch einige Größengleichungen im folgenden Text verwendet: «Auf einer Waage wird die Masse m = 10 g einer Substanz abgewogen, in einen Messkolben überführt und mit V = 500 mL Wasser versetzt, das eine Temperatur von ϑ = 20 °C hat».

Tabelle 1.2 Basisgrößen des SI-Systems

Größe, Formelzeichen		Einheit	Einheitszeichen
Länge	s	Meter	m
Masse oder Stoffmasse	m	Kilogramm	kg
Zeit	t	Sekunde	s
Stromstärke	I	Ampere	A
(absolute) Temperatur	T	Kelvin	K
Stoffmenge	n	Mol	mol
Lichtstärke	I	Candela	Cd

Physikalische Größen unterscheiden sich von Zahlen. Mit physikalischen Größen dürfen nicht alle Rechenoperationen ausgeführt werden, die prinzipiell für Zahlen erlaubt sind. Für physikalische Größen sind erlaubt:

- Addition und Subtraktion bei gleichartigen Größen,
- Multiplikation und Division; hier ergeben sich allerdings neue physikalische Größen.

Z.B. können s = 20 m und s = 400 cm nicht direkt addiert werden, nach der Umwandlung von s = 20 m in s = 2000 cm ist das mit Gl. 1.1 problemlos möglich.

$$s = 2000 \text{ cm} + 400 \text{ cm} = \underline{2400 \text{ cm}} \qquad \text{(Gl. 1.1)}$$

Bei der Multiplikation von Größen ergeben sich neue physikalische Größen, z.B. wird durch Multiplikation von 3 Strecken ein Volumen. Ein Backstein hat eine Länge von s = 10 cm, eine Breite von b = 6 cm und eine Höhe von h = 6 cm. Bei der Multiplikation der 3 Strecken ergibt sich das Volumen V des Backsteins nach Gl. 1.2.

$$V = 10 \text{ cm} \cdot 6 \text{ cm} \cdot 6 \text{ cm} = \underline{360 \text{ cm}^3} \qquad \text{(Gl. 1.2)}$$

Anders ist es bei «transzendenten Operationen», wie z.B. lg (Logarithmus), sin (Sinus) usw. In transzendenten Operationen müssen immer dimensionslose Größen verwendet werden.

Tabelle 1.3 Abgeleitete Größen mit eigenen Namen

Größe, Formelzeichen		Einheit	Einheitszeichen
Temperatur	ϑ	Celsius	°C
Kraft	F	Newton	N
Druck	p	Pascal (oder bar)	Pa, bar
Energie	E	Joule	J
Leistung	P	Watt	W
Frequenz	ν	Hertz	Hz
Ladung	Q	Coulomb	C
Spannung	U	Volt	V

Bei umfangreichen Berechnungen werden Größengleichungen (Zahl und Einheit) mit in die verwendete Lösungsgleichung genommen. Falls es möglich ist, werden die Einheiten in der Formel gekürzt. Nach dem Kürzen müsste die Einheit übrig bleiben, die mit Hilfe der Lösungsgleichung errechnet werden soll. Ist das nicht der Fall, muss in jedem Fall nachgeprüft werden, ob ein Fehler vorliegt.

Beispiel

Der hydrostatische Druck p, der auf den Boden eines Vorratsbehälters wirkt, kann mit Gl. 1.3 berechnet werden:

$$p = h \cdot \varrho \cdot g \qquad \text{(Gl. 1.3)}$$

mit:

- p hydrostatischer Druck (N/cm^2)
- h Eintauchtiefe (m)
- ϱ Dichte der Flüssigkeit (kg/dm^3)
- g Erdbeschleunigung ($9{,}81\ m/s^2$)

Wie hoch ist der Vorratskessel mit der Flüssigkeit gefüllt, wenn ein hydrostatischer Druck von $p = 10\ N/cm^2$ gemessen wird und die Dichte der Flüssigkeit $\varrho = 780\ kg/m^3$ beträgt?

Durch Umstellung von Gl. 1.3 erhält man Gl. 1.4:

$$h = \frac{p}{\varrho \cdot g} \qquad \text{(Gl. 1.4)}$$

Das Einsetzen der Werte in Gl. 1.4 ergibt Gl. 1.5:

$$h = \frac{10\ N \cdot m^3 \cdot s^2}{780\ kg \cdot 9{,}81\ m \cdot cm^2} \qquad \text{(Gl. 1.5)}$$

Auf den ersten Blick können nur wenige Einheiten gekürzt werden. Aber durch die Umrechnung von N/cm^2 in N/m^2 (Umrechnungsfaktor 10 000) und der Einführung der Einheit $kg \cdot m/s^2$ für N nach Gl. 1.6 können die Einheiten sinnvoll gekürzt werden.

$$10 \frac{\mathrm{N}}{\mathrm{cm}^2} = 100\,000 \frac{\mathrm{N}}{\mathrm{m}^2} = \frac{100\,000\,\mathrm{kg} \cdot \mathrm{m}}{\mathrm{s}^2 \cdot \mathrm{m}^2} \qquad \text{(Gl. 1.6)}$$

Der rechte Ausdruck der Gl. 1.6 wird in Gl. 1.5 eingesetzt und damit $10\ N/cm^2$ ersetzt. Man erhält Gl. 1.7, in der alle Einheiten bis auf «m» weggekürzt werden können.

$$h = \frac{100\,000\,\mathrm{kg} \cdot \mathrm{m}^3 \cdot \mathrm{s}^2 \cdot \mathrm{m}}{780 \cdot \mathrm{kg} \cdot 9{,}81 \cdot \mathrm{m} \cdot \mathrm{m}^2 \cdot \mathrm{s}^2} = \underline{13{,}07\,\mathrm{m}} \qquad \text{(Gl. 1.7)}$$

Als Ergebnis erhält man 13,07 m als Füllstand der Flüssigkeit.

Merke

Es empfiehlt sich, die beschriebene Vorgehensweise mit Größengleichungen in den Übungen der folgenden Kapitel dieses Buches und in der Praxis konsequent anzuwenden.

2 Vereinigen von Stoffsystemen

In diesem Kapitel werden anhand verschiedener Prozesse die grundlegenden Gesetzmäßigkeiten chemischer Reaktionen mit ihrer typischen Formelsprache erläutert. Die Grundlagen der Stöchiometrie werden an Neutralisationsreaktionen erarbeitet und mit Konzentrations- und Umsetzungsangaben verknüpft. Eine Einführung in den Themenbereich «*pH*-Wert» rundet Kapitel 2 ab.
Dieses Kapitel enthält wesentliche Teile des Lernfeldes 1 aus dem Rahmenlehrplan der KMK (Kultusministerkonferenz) von 2005: «Vereinigen von Stoffen».

2.1 Neutralisation – eine chemische Reaktion

Während in den synthetischen Laboratorien die Herstellung neuer chemischer Produkte im Vordergrund steht, wird in den analytischen Laboratorien die Überprüfung von Produkten vorgenommen. Durch eine chemische Analyse wird überprüft, ob eine bestimmte Substanz in einer Probe enthalten ist und meistens auch noch, wie viel Substanz die Probe enthält. Man unterteilt in *quantitative* und *qualitative* Analysenprozesse:

- **Qualitativer Analysenprozess**
  Das Labor hat die Aufgabe, zu untersuchen, *welche* Substanzen in der Probe sind.
- **Quantitativer Analysenprozess**
  Nachdem feststeht, welche Substanzen in der Probe vorhanden sind, kann untersucht werden, *wie viel* die Probe von den Substanzen enthält, man «quantifiziert».

Während früher die Syntheselaboratorien ausschließlich neue chemische Stoffe durch chemische Experimente erzeugten und dann die Produkte auf ihre gewünschten Eigenschaften überprüfen ließen, müssen sich die Labormitarbeiter heute auch immer mehr mit analytischen Aufgaben beschäftigen. Z.B. ist die Fragestellung, ob die gewünschte Verbindung überhaupt vorliegt und wie rein sie ist, auch für Syntheselaboratorien von ausschlaggebender Bedeutung. Für die Ausbildung der Labormitarbeiter bedeutet dies, dass sie sowohl im präparativ-synthetischen Umfeld als auch im analytischen Bereich über Grundkenntnisse und die dazu gehörigen Fertigkeiten verfügen müssen.

In diesem Kapitel stehen jedoch zunächst die Synthese eines einfachen Produktes sowie die daraus resultierenden Fragestellungen im Vordergrund. Dabei werden mit Hilfe chemischer Reaktionen die grundlegenden Begriffe und Gesetzmäßigkeiten erläutert.

Es wird zunächst mit einem einfachen Prozess zur Herstellung des Produktes Natriumsulfat Na_2SO_4 begonnen.

Prozess P1_KAP2

Aus Schwefelsäure (H_2SO_4) und Natriumhydroxid (NaOH) sollen m = 1000 g des Salzes Natriumsulfat (Na_2SO_4) hergestellt werden.
Dieser Prozess dient nur zur Erarbeitung theoretischer Hintergründe und sollte keinesfalls praktisch nachvollzogen werden. Eine heftige und gefährliche Reaktion wäre die Folge!

Zunächst werden einige grundlegende Begriffe beschrieben, um die vorliegende Syntheseaufgabe vollständig zu erfassen:

1. Unter einer chemischen Synthese versteht man die Herstellung eines neuen Stoffes aus einem oder mehreren Ausgangstoffen durch gezielte und geplante chemische Reaktion. Bei einer chemischen Reaktion erfahren die Stoffe eine Umwandlung in andere Stoffe.
2. Die Ausgangsstoffe für die Synthese werden «Edukte», die durch die chemische Reaktion entstehenden Stoffe werden «Produkte» genannt.
3. Bei der Schwefelsäure (H_2SO_4) handelt es sich um eine starke Säure. Säuren enthalten aktive, positiv geladene und sauer wirkende H^+-Teilchen und einen negativ geladenen Säurerest:
   $H_2SO_4 \rightarrow$ 2 sauer wirkende H^+-Teilchen und der Säurerest Sulfat (SO_4^{2-}).
4. Bei Natriumhydroxid (NaOH) handelt es sich um eine starke und ätzende Base, die aus 1 positiven Metallrest (Na^+) und aus 1 basisch wirkenden, negativ geladenen OH^--Teilchen besteht.
   $NaOH \rightarrow$ basisch wirkendes OH^- und der Metallrest Na^+
5. Wenn eine Base und eine Säure im idealen Verhältnis chemisch miteinander reagieren, neutralisieren sie sich gegenseitig vollständig. Als Ergebnis dieser Reaktion entsteht ein Salz, als Nebenprodukt zusätzlich noch Wasser. Diese Art der Reaktion nennt man «Neutralisation». Die Reaktion kann durch eine Gleichung beschrieben werden, wobei der Reaktionspfeil die Richtung der Reaktion (von links nach rechts) beschreibt (vgl. dazu Gl. 2.1). Die Edukte stehen links vom Pfeil, die Produkte stehen rechts davon.

   $$\text{Säure} + \text{Base} \longrightarrow \text{Salz} + \text{Wasser} \qquad \text{(Gl. 2.1)}$$

6. Bei einer Neutralisationsreaktion ist die treibende Kraft der Zusammenschluss von H^+-Teilchen der Säure und OH^--Teilchen der Base zu neutralem Wasser H_2O (s. Gl. 2.2).

   $$H^+ + OH^- \longrightarrow H_2O \qquad \text{(Gl. 2.2)}$$

7. Das bei der Neutralisation entstehende Salz Natriumsulfat bekommt den Namen von der Base (Natrium) und von der Säure (Sulfat).

Zusammengefasst könnte demnach das Ziel von **Prozess P1_KAP2** auf «Chemikerdeutsch» lauten: «Stelle durch Neutralisation aus den Edukten Schwefelsäure und Natriumhydroxid 1000 g des Produktes Natriumsulfat her!»

Bei diesem Prozess handelt es sich um eine chemische Reaktion zweier Partner. Dazu müssen die Reaktionspartner (Edukte) intensiv vermischt werden, damit ihre Moleküle die geplante Reaktion vollziehen können. In späteren Kapiteln wird noch genauer erläutert, dass dazu eine bestimmte Anfangsenergie notwendig ist, damit die Moleküle im richtigen Winkel mit der optimalen Aufprallstärke miteinander reagieren können. In diesem Kapitel steht eine einfache Neutralisationsreaktion im Vordergrund, die spontan und mit sehr hoher Geschwindigkeit abläuft.

Informationssuche

Suchen Sie in entsprechender Literatur, Datenbanken, Lexika oder im Internet (z.B. http://de.wikipedia.org/wiki/Hauptseite) nach den Begriffen «Atom» und «Molekül» und erfassen Sie die Zusammenhänge.

Vertiefungsübung V2.1

Schlagen Sie eine Reaktion für das Produkt «Kaliumchlorid» vor, und benennen Sie die Ausgangssubstanzen!

Vertiefungsübung V2.2

Was würde passieren, wenn man beispielsweise m = 1000 g Schwefelsäure und m = 5 g Natriumhydroxid zusammengeben würde? Würde eine vollständige Reaktion ablaufen?

Das Ergebnis der Vertiefungsübung V2.2 ist eine unvollständige Reaktion und ist etwas genauer zu betrachten. Zunächst würde die geplante chemische Reaktion (Neutralisation) tatsächlich ablaufen. Es ist offensichtlich und logisch, dass das Natriumhydroxid, das ganz offensichtlich in der Mindermenge ist, sehr schnell verbraucht wird und danach die Reaktion aufhört. Die Hauptmenge der unverbrauchten Schwefelsäure befindet sich ebenfalls im Gemisch und macht es «sauer». Das Synthesegemisch besteht also aus wenig Natriumsulfat und Wasser (entstanden durch die Neutralisation) und noch sehr viel unverbrauchter Schwefelsäure. Da das Edukt Natriumhydroxid vollständig verbraucht wurde, ist es im Synthesegemisch nicht mehr vorhanden.

Es liegt also auf der Hand, dass sich der Laborant bei einer Syntheseplanung vor der Experimentausführung Gedanken machen muss, wie viel er von den einzelnen Edukten zur vollständigen Reaktion einsetzt. Dazu sind Kenntnisse von Grundgesetzen der allgemeinen chemischen Formelsprache und Grundsätze bei der Mengenberechnung notwendig, die im nächsten Abschnitt erläutert werden.

2.2 Chemische Formelsprache

Zur genauen Beschreibung von chemischen Verbindungen wird in der Chemie eine Formelsprache verwendet, die mit Hilfe von Symbolen und Zahlen Art und Menge der an der Verbindung beteiligten Elemente beschreibt. Mit dieser Symbolsprache können alle Umwandlungsprozesse während einer chemischen Reaktion beschrieben werden. Bestandteil aller Verbindungen sind die Elemente, die nur aus gleichartigen Atomen bestehen. Diese Elemente werden durch international festgelegte Symbole gekennzeichnet, die aus dem Periodensystem der Elemente entnommen werden können. So sind die Elementsymbole für:

- Natrium → Na
- Schwefel → S
- Sauerstoff → O
- Wasserstoff → H

Verbindungen bestehen aus mehreren Atomen, aus deren Symbolen die Formel der Verbindung aufgebaut ist. Gleichzeitig wird durch einen Zahlenindex, der hinter dem Symbol steht, gekennzeichnet, aus wie vielen Atomen des betreffenden Elementes die Verbindung aufgebaut ist. Der Index «1» wird weggelassen. Z.B. besteht die Verbindung Schwefelsäure H_2SO_4 aus:

- 2 Atomen Wasserstoff (2 H),
- 1 Atom Schwefel (S),
- 4 Atomen Sauerstoff (4 O).

Bei der Darstellung einer chemischen Formel gibt es 3 Darstellungsmöglichkeiten, die je nach Anwendung verwendet werden:

- die Summenformel,
- die Strukturformel und
- die rationelle Formel.

Am Beispiel des Ethylalkohols (Ethanol) sollen alle 3 Formeln erläutert werden.

Wenn Ethylalkohol einer chemischen Analyse unterworfen wird, die Art und Anzahl der an der Verbindung beteiligten Elemente bestimmt, erhält man:

- Kohlenstoff C $\rightarrow$ 2 Teile,
- Wasserstoff H $\rightarrow$ 6 Teile,
- Sauerstoff O $\rightarrow$ 1 Teil.

Daraus kann die *Summenformel* aufgestellt werden, die nur Art und Anzahl der Atome in der Verbindung wiedergibt. Die Summenformel von Ethylalkohol lautet:

C_2H_6O

Die *Strukturformel* gibt zunächst auch Art und Anzahl der an der Verbindung beteiligten Elemente wieder, macht aber darüber hinaus eine Aussage, *wie* die Elemente miteinander verknüpft sind. Die Strukturformel von Ethylalkohol lautet:

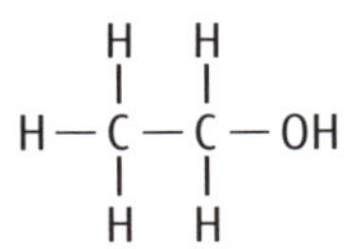

Die *rationelle Formel* wird von Praktikern gerne benutzt, weil sie ähnlich wie die Strukturformel die Funktion der Verbindung aufzeigt, aber einen geringeren Aufwand beim Schreiben benötigt. Die rationelle Formel von Ethylalkohol ist:

CH_3CH_2OH

Man erkennt aus der rationellen Formel und aus der Strukturformel, dass die –OH-Gruppe im Ethylalkohol eine besondere Funktion (funktionelle Gruppe) besitzt. Die funktionelle Gruppe bestimmt in hohem Maß die Eigenschaft der Verbindung, z.B. die Wasserlöslichkeit von Ethylalkohol. Aus der Summenformel C_2H_6O ist die Bedeutung der OH-Gruppe nicht zu erkennen.

Dimethylether hat z.B. die rationelle Formel:

CH_3OCH_3

Bildet man daraus die Summenformel, erhält man C_2H_6O, dieselbe Summenformel, die auch Ethylalkohol hat. Mit Hilfe der Summenformel wären die beiden Verbindungen nicht zu unterscheiden, mit Hilfe der Strukturformel oder rationellen Formel gelingt das sofort:

CH_3CH_2OH	Ethylalkohol
CH_3OCH_3	Dimethylether

Bei der Berechnung der «molaren Masse» einer Verbindung bietet die Verwendung der Summenformel Vorteile, weil sie in kompakter Form die Elemente und ihre Anzahl aufzeigt. Um die chemische Formelsprache anwenden und verstehen zu können, muss zunächst

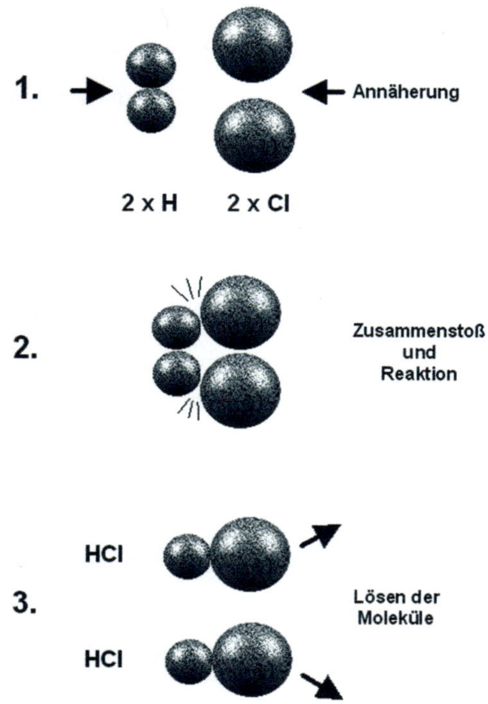

Bild 2.1
Reaktion von 2 Atomen Wasserstoff und 2 Atomen Chlor zu 2 Molekülen Chlorwasserstoff

der Begriff «Materie» erklärt werden. Darunter wird i.Allg. eine Bezeichnung für alles Stoffliche verstanden, also alles, was uns umgibt und aus dem wir selbst bestehen. Materie ist definiert durch ihre «Masse» und durch ihre «innere Struktur». Dabei ist Materie aus Atomen oder Molekülen aufgebaut. Reagieren mehrere Atome miteinander zu einem neuen Verband, bilden sie ein Molekül. Aber auch Moleküle können mit anderen Atomen zu einem neuen Molekül reagieren. Z.B. reagieren 2 Wasserstoffatome (H_2) mit 2 Chloratomen (Cl_2) zu 2 Molekülen Chlorwasserstoff (HCl) (siehe Bild 2.1).

In Kapitel 4 werden die Begriffe «Atom» und «Molekül» noch ausführlicher und genauer diskutiert.
Materie tritt in den 3 folgenden Aggregatzuständen auf:

- fester Aggregatzustand,
- flüssiger Aggregatzustand,
- gasförmiger (gasiger) Aggregatzustand.

Man betrachte zunächst einen Stab aus reinem Eisen. Er ist unbestritten fest, hat also den Aggregatzustand «fest». Der feste Aggregatzustand ist dadurch geprägt, dass der Gegenstand eine feste Form mit einem definierten Volumen einnimmt. Da Eisen ein chemisches Element ist (chemisches Zeichen Fe), besteht der Stab aus Atomen.

Besteht der Stab nur aus Eisen, ist also kein weiterer Stoff (auch nicht als Verunreinigung) im Stabmaterial nachweisbar, so ist er ein «Reinstoff».

Definition «Reinstoff»

Als Reinstoff bezeichnet man einen Stoff, der einheitlich zusammengesetzt ist und mit physikalischen Trennmethoden (z.B. Destillation oder Filtration) nicht in seine Bestandteile aufgetrennt werden kann.

Reinstoffe können Verbindungen oder Elemente sein. Reinstoffe haben klar definierte physikalische Eigenschaften, die zur Charakterisierung verwendet werden, z.B.

- Schmelzpunkt ϑ_m (Index «m» von melting point)
- Siedepunkt ϑ_b (Index «b» von «boiling point») oder
- Dichte ϱ

Reinstoffe gibt es in der Realität nur sehr selten. Gewöhnlich ist das Eisen mit anderen Stoffen «verunreinigt» oder mit anderen Stoffen gezielt «legiert». Solche losen oder festen Gemische werden auch «Gemenge» genannt.

Definition «Gemenge»

Unter einem Gemenge versteht man einen Stoff, der aus mindestens 2 Reinstoffen besteht.

Die verschiedenen Arten der Gemische, die nach den Aggregatzuständen der vermischten Stoffe unterschieden werden, lassen sich in 2 Gruppen unterteilen:

- Homogene Gemische sind vermischte Reinstoffe, die nicht mit dem bloßen Auge als Gemische zu erkennen sind. Sie sind «einphasig».
- Heterogene Gemische (Dispersionen) sind als Mischungen mit dem bloßen Auge erkennbar, sie sind «mehrphasig». (Näheres dazu siehe Kapitel 3.)

Informationssuche

Suchen Sie in entsprechender Literatur, Datenbanken, Lexika oder im Internet (z.B. http://de.wikipedia.org/wiki/Hauptseite) nach dem Begriff «Phase» und erfassen Sie die Zusammenhänge.

Im Gegensatz zum festen Eisen, das nur aus Eisenatomen aufgebaut ist, besteht das Wasser aus Molekülen, die aus 2 Wasserstoffatomen und 1 Sauerstoffatom aufgebaut sind.

Wasser ist zwischen ϑ = 0 °C und ϑ = 100 °C eine Flüssigkeit. Eine definierte Menge an flüssigem Wasser nimmt ein bestimmtes Volumen ein, hat aber keine feste Form, sondern passt sich dem Aufbewahrungsgefäß an. Flüssigkeiten lassen sich kaum komprimieren. Diese Eigenschaft nutzen Konstrukteure, in dem sie in einer Bremsanlage eines Autos die Kraft des Fahrers vom Bremspedal zum Bremszylinder über eine nichtkomprimierbare Flüssigkeit (Bremsflüssigkeit) weitertransportieren lassen.

Wasser hat in der chemischen Formelsprache die Formel H_2O, es besteht aus den Atomen Wasserstoff (H) und Sauerstoff (O). Durch die klein geschriebene Zahl 2 («Index unten 2»), wird angezeigt, dass vom Wasserstoff 2 Atome und vom Sauerstoff nur 1 Atom (keine Indexzahl bedeutet immer 1) im Molekülverband vorhanden sind (s. Bild 2.2).

Der noch fehlende Aggregatzustand «gasförmig» ist gekennzeichnet durch eine Formlosigkeit und leichte Volumenveränderbarkeit. Gase sind sowohl leicht komprimierbar als auch wieder leicht entspannbar.

Reine Luft besteht überwiegend aus den Gasen Sauerstoff O_2, Stickstoff N_2, Kohlenstoffdioxid CO_2, Argon Ar und Helium He. Es ist ein homogenes Gemisch. Die Edelgase Argon und Helium bestehen aus Atomen, sind also Elemente. Die anderen Gase (außer CO_2) sind «bimolekular», d.h., sie sind aus 2 Atomen aufgebaut.
Das Molekül Natriumsulfat Na_2SO_4 ist aus 3 Atomsorten aufgebaut:

- Natrium Na, davon 2 Atome
- Schwefel S, davon 1 Atom
- Sauerstoff O, davon 4 Atome.

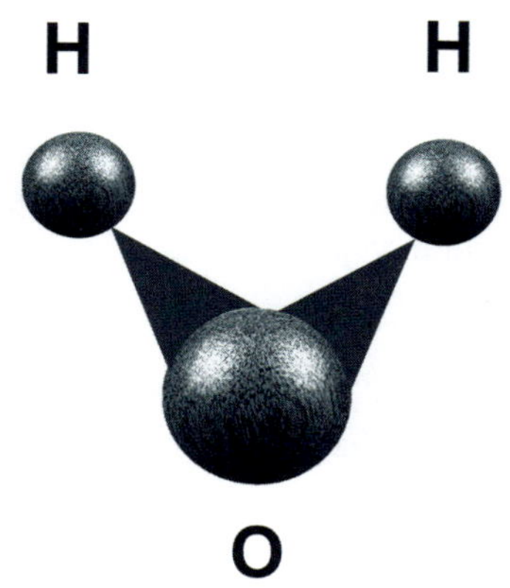

Bild 2.2
Wassermolekül

Vertiefungsübung V2.3

Aus welchen Atomen, in welchen Verhältnissen bestehen folgende Moleküle?

a) Natriumsulfat Na_2SO_4
b) Natriumhydrogensulfat $NaHSO_4$
c) Natriumnitrat $NaNO_3$
d) Phosphorsäure H_3PO_4

Eine Besonderheit beim Zählen ist die Verwendung einer Klammer in der Formel. Es soll das Molekül Tricalciumdiphosphat (in der Praxis wird das Molekül in Kurzform als Calciumphosphat bezeichnet) genauer betrachtet werden:

$Ca_3(PO_4)_2$

Vom Atom Calcium (Ca) sind nach der üblichen Zählweise 3 Atome im Verband. Wird ein Teil der Formel in eine Klammer eingeschlossen (PO_4), kommt jedes Teil in der Klammer so oft vor, wie hinter der Klammer als «Index-Zahl» angegeben. In dem Fall steht der «Index 2» für 2 × P und 2 × (4 × O). Im Molekül sind also enthalten:

3 × Ca
2 × P
8 × O

Vertiefungsübung V2.4

Bestimmen Sie die Atomkonfigurationen von folgenden Verbindungen:

a) Natriumoxalat $(COONa)_2$
b) Essigsäure CH_3COOH
c) Eisenhydroxid $Fe(OH)_3$
d) Perchlorsäure $HClO_4$

Um die Mengenangabe für Stoffe in der Chemie zu beschreiben, wird neben der «Stoffmasse» *m*, die in g angegeben wird, die «Stoffmenge» *n* verwendet.

Definition «Stoffmenge»

Unter der Stoffmenge $n(x)$ eines Stoffes x versteht man nach Gl. 2.3 den Quotienten aus der Masse $m(x)$ einer Stoffportion und seiner molaren Masse $M(x)$. Die Einheit der Stoffmenge ist das «Mol», eine Basiseinheit des sog. SI-Einheitensystems.

$$n(x) = \frac{m(x)}{M(x)} \qquad \text{(Gl. 2.3)}$$

Das «x» steht als allgemeines Zeichen für irgendein Molekül, also z.B. Na_2SO_4 oder H_2SO_4.

Die in Gl. 2.3 angegebene molare Masse M entspricht derjenigen Masse des Stoffes, die aus $6{,}022 \cdot 10^{23}$ Atomen (Avogadro-Zahl) oder Molekülen besteht. Ein Beispiel: Die molare Masse von Eisen ist M = 55,8 g/mol, in der Stoffmasse von m = 55,8 g Eisen sind 602 200 000 000 000 000 000 000 Eisenatome ($6{,}022 \cdot 10^{23}$) enthalten.

Die molare Masse von Sauerstoff ist M = 16 g/mol, also sind in 16 g Sauerstoff ebenfalls $6{,}022 \cdot 10^{23}$ Atome enthalten.

Die molare Masse für die Atome ist aus dem Periodensystem (s. auch Kapitel 4) zu entnehmen. Die molare Masse von Verbindungen muss aus den molaren Massen der an den Verbindungen beteiligten Atome berechnet werden. Meistens werden die Werte, die aus dem Periodensystem entnommen werden, für den jeweiligen Verwendungszweck gerundet.

Informationssuche

Suchen Sie in Datenbanken, Lexika oder im Internet (z.B. http://de.wikipedia.org/wiki/Hauptseite) nach dem Begriff «Periodensystem» und erfassen Sie die Zusammenhänge.

Eine genauere Erklärung des Aufbaus des Periodensystems erfolgt in Kapitel 4.

Die molare Masse M des Elements Eisen beträgt M = 55,8 g/mol, dieser Wert kann direkt aus dem Periodensystem der Elemente herausgelesen werden. Die molare Masse der Verbindung Schwefelsäure soll berechnet werden:

Schwefelsäure	H_2SO_4
besteht aus	2 × H, 1 × S und 4 × O

Die molaren Massen der Atome, die in der Schwefelsäure H_2SO_4 enthalten sind, können aus dem Periodensystem entnommen werden:

Sauerstoff	O	M = 16 g/mol
Schwefel	S	M = 32 g/mol
Wasserstoff	H	M = 1 g/mol

Anteil des Sauerstoffs	4 × 16 g/mol = 64 g/mol
Anteil des Wasserstoffs	2 × 1 g/mol = 2 g/mol
Anteil des Schwefels	1 × 32 g/mol = 32 g/mol

Werden alle Anteile addiert, erhält man 64 g/mol + 2 g/mol + 32 g/mol = 98 g/mol. Die molare Masse M der Schwefelsäure beträgt 98 g/mol. Man schreibt als Größengleichung (Gl. 2.4):

$$M(H_2SO_4) = 98\ \text{g/mol} \qquad \text{(Gl. 2.4)}$$

Vertiefungsübung V2.5

Berechnen Sie die molare Masse *M* von:

a) Natriumhydroxid (NaOH)
b) Natriumsulfat (Na_2SO_4) und
c) Tricalciumdiphosphat ($Ca_3(PO_4)_2$)

In **Prozess P1_KAP2** sollen *m* = 1000 g Natriumsulfat hergestellt werden. Nachdem die molare Masse von Natriumsulfat ($M(Na_2SO_4)$ = 142 g/mol) bekannt ist, ist die Stoffmenge $n(Na_2SO_4)$ nach Gl. 2.5 zu berechnen.

$$n(Na_2SO_4) = \frac{m(Na_2SO_4)}{M(Na_2SO_4)} = \frac{1000\ g}{142\ g/mol} = \underline{7{,}04\ mol} \qquad \text{(Gl. 2.5)}$$

Die Stoffmasse *m* = 1000 g Natriumsulfat entspricht einer Stoffmenge von *n* = 7,04 mol.

Vertiefungsübung V2.6

Berechnen Sie die Stoffmenge *n* von jeweils *m* = 100 g:

a) Tricalciumdiphosphat
b) Schwefelsäure
c) Natriumhydroxid

Der nächste Abschnitt befasst sich mit den Eduktstoffmengen, die zu einer vollständigen Reaktion benötigt werden.

2.3 Grundlagen der Stöchiometrie

Der Begriff Stöchiometrie kommt aus dem Griechischen («stoicheon» = Grundstoff und «metrein» = messen). Bei den stöchiometrischen Berechnungen geht es vor allem darum, die Menge an Edukten zu berechnen, die bei einer chemischen Reaktion eingesetzt werden müssen, damit die Reaktion vollständig zu den Produkten abläuft.

Aber auch die Menge an entstehendem Produkt lässt sich aus der Menge an eingesetzten Edukten berechnen. Grundlage der Stöchiometrie ist der Massenerhaltungssatz.

Definition «Massenerhaltungssatz»

Bei einer chemischen Reaktion kann keine Masse dazugewonnen werden und keine Masse verloren gehen. Die Bilanz aller an der Reaktion beteiligten Massen ist ausgeglichen.

Grundlage des stöchiometrischen Rechnens ist das Gesetz der konstanten Proportionen.

Definition «Gesetz der konstanten Proportionen»

Das Gesetz der konstanten Proportionen besagt, dass chemische Verbindungen Elemente in einem unveränderlichen für die jeweilige Verbindung charakteristischen Massenverhältnis enthalten. Die Massenverhältnisse können der chemischen Reaktionsgleichung entnommen werden.

Erweitert wird das Gesetz der konstanten Proportionen durch das Gesetz der multiplen Proportionen. Manche Elemente können mit anderen Elementen mehr als eine Reaktion eingehen. Z.B. kann Stickstoff mit Sauerstoff mehrere Verbindungen eingehen, einige sind:

- Stickstoffmonoxid NO
- Stickstoffdioxid NO_2
- Distickstoffmonoxid N_2O
- Distickstofftrioxid N_2O_3
- Distickstofftetroxid N_2O_4
- Distickstoffpentoxid N_2O_5

Jeweils ganze Zahlen an Atomen verschiedener Elemente bilden eine Verbindung. Stickstoff steht mit Sauerstoff z.B. im Verhältnis 1 : 1 (NO) oder 1 : 2 (NO_2), aber z.B. nicht im Verhältnis 1 : 1,5. Sollte in einer Verbindung ein Verhältnis von Stickstoff zu Sauerstoff 1 : 1,5 berechnet werden (z.B. bei einer Elementaranalyse), so ist das Verhältnis so zu erweitern, bis ganze Zahlen entstehen. Aus $N_1O_{1,5}$ wird dann N_2O_3.

Definition «Gesetz der multiplen Proportionen»

Das Gesetz der multiplen Proportionen besagt, dass sich Atome zu Molekülen miteinander stets in einem gleichbleibenden, ganzzahligen Atomverhältnis verbinden.

2.3.1 Aufstellung einer einfachen Reaktionsgleichung (Neutralisation)

Zuerst muss also die Reaktionsgleichung für die zu untersuchende Umsetzung erstellt werden. Eine solche Reaktionsgleichung beschreibt in einer Stoffbilanz die Stoffumwandlung der entstehenden und vergehenden Stoffe und die Mengen, die dabei umgesetzt werden. Deshalb muss man Edukte und Produkte einer Reaktion kennen.

Im **Prozess P1_KAP2** soll aus Schwefelsäure und Natriumhydroxid Natriumsulfat und Wasser entstehen. Formuliert wird in Gl. 2.6 zunächst die (noch unvollständige) Reaktionsgleichung mit den an der Reaktion beteiligten Stoffen.

1. Schritt: Welche Stoffe sind an der Reaktion beteiligt?

$$\underbrace{H_2SO_4 + NaOH}_{\text{Edukte}} \longrightarrow \underbrace{Na_2SO_4 + H_2O}_{\text{Produkte}} \qquad \text{(Gl. 2.6)}$$

Damit die Umsetzung im richtigen Verhältnis durch die Reaktionsgleichung beschrieben wird, muss die Reaktionsgleichung nach dem Gesetz der «konstanten Proportionen» formal ausgeglichen werden. Die Werte, die die Anzahl der Atome in der Gleichung links und rechts vom Reaktionspfeil ausgleichen, nennt man «Koeffizienten».

Die noch nicht ausgeglichene Gleichung Gl. 2.6 enthält folgende Edukte und Produkte (*bitte prüfen!*). Aus praktischen Gründen wird der SO_4^{2-}-Anteil als Ganzes zusammengehalten, er ändert sich als «Säurerest» auf beiden Seiten der Reaktionsgleichung nicht.

Eduktseite (links)		Produktseite (rechts)	
Wasserstoff	2 + 1 = 3	Wasserstoff	2
Sulfat SO_4^{2-}	1	Sulfat SO_4^{2-}	1
Sauerstoff	1	Sauerstoff	1
Natrium	1	Natrium	2

Weil auf der rechten Seite mindestens 2 Natriumatome (**Na**$_2$SO$_4$) benötigt werden, muss auf der linken Seite die Anzahl der Natriumatome verdoppelt werden. Das geht nur, wenn die Anzahl der NaOH-Moleküle links vom Reaktionspfeil verdoppelt (**2** NaOH) werden.

2. Schritt: Ausgleich der Natriumatome (Gl. 2.7):

$$\underbrace{H_2SO_4 + \underline{\mathbf{2}}\,NaOH}_{\text{Edukte}} \longrightarrow \underbrace{Na_2SO_4 + H_2O}_{\text{Produkte}} \qquad \text{(Gl. 2.7)}$$

Die Anzahl der Natriumatome stimmen jetzt, allerdings weist die Anzahl der H- und O-Atome links und rechts noch keinen Gleichstand auf. Auf der linken Seite können 4 Wasserstoffatome und 2 Sauerstoffatome (außer SO_4^{2-}) gezählt werden, auf der rechten Seite 2 Wasserstoffatome und 1 Sauerstoffatom. Das Problem kann gelöst werden, indem die Anzahl der Wassermoleküle auf der rechten Seite verdoppelt wird (**2** H_2O):

3. Schritt: Ausgleich der Wassermoleküle (Gl. 2.8)

$$\underbrace{H_2SO_4 + 2\,NaOH}_{\text{Edukte}} \longrightarrow \underbrace{Na_2SO_4 + \underline{\mathbf{2}}\,H_2O}_{\text{Produkte}} \qquad \text{(Gl. 2.8)}$$

Wird jetzt die Bilanz der gesamten Reaktionsgleichung durchgeführt, erkennt man, dass die Anzahl aller Atome und Moleküle auf der linken und rechten Seite gleich ist: Die Reaktion ist ausgeglichen.

Neben diesem logisch bilanzierenden Weg gibt es einen rein mathematischen Weg.

1. Ausgehend von der ursprünglich unvollständigen Gl. 2.9:

$$\underbrace{H_2SO_4 + NaOH}_{\text{Edukte}} \longrightarrow \underbrace{Na_2SO_4 + H_2O}_{\text{Produkte}} \qquad \text{(Gl. 2.9)}$$

erhalten alle Edukte und Produkte ein mathematisches Zeichen:

A	für H_2SO_4	für die Edukte
B	für NaOH	
X	für Na_2SO_4	für die Produkte
Y	für H_2O	

2. In der Reaktion werden nach Gl. 2.10 folgende Übergänge aufgestellt:

$$\begin{array}{ccc} A + B & \longrightarrow & X + Y \\ \underbrace{H_2SO_4 + NaOH}_{\text{Edukte}} & \longrightarrow & \underbrace{Na_2SO_4 + H_2O}_{\text{Produkte}} \end{array} \qquad \text{(Gl. 2.10)}$$

Man betrachtet die Atome und Atomgruppen und stellt auf, wie sie sich mengenmäßig von links nach rechts verändern:

1. Für Wasserstoff:	Aus 2 × Wasserstoff in A und 1 × in B werden	2 × Wasserstoff in Y
2. Für Sulfat:	Aus 1 × Sulfat in A werden	1 × Sulfat in X
3. Für Natrium:	Aus 1 × Natrium in B werden	2 × Natrium in X
4. Für Sauerstoff: (außer SO_4^{2-})	Aus 1 × Sauerstoff in B werden	1 × Sauerstoff in Y

Daraus werden 4 Gleichungen geformt:

1. Für Wasserstoff: $2\,A + 1\,B = 2\,Y$
2. Für Sulfat: $1\,A = 1\,X$

3. Für Natrium: 1 B = 2 X
4. Für Sauerstoff: 1 B = 1 Y

Eine der unbekannten Größen wird willkürlich auf 1 gesetzt. Es spielt prinzipiell keine Rolle, welche man wählt, allerdings empfiehlt es sich, die Größe zu wählen, die am häufigsten vorkommt. Daher wird B = 1 gewählt.

	B = 1	
dann ist:	Y = 1	(aus Gleichung 4)
dann ist:	X = 0,5	(aus Gleichung 3)
dann ist:	A = 0,5	(Gleichung 2, X = 0,5)

Nun müssen alle so erhaltenen Koeffizienten so lange (mit gleichem ganzzahligen Faktor) verdoppelt, verdreifacht oder vervierfacht werden, bis alle ganzzahlig sind. Hier reicht eine Verdopplung, also eine Multiplikation mit dem Faktor 2:

$A = 2 \cdot 0{,}5 = 1$
$B = 2 \cdot 1 = 2$
$X = 2 \cdot 0{,}5 = 1$
$Y = 2 \cdot 1 = 2$

Jetzt müssen nur noch die Koeffizienten in Gl. 2.11 eingetragen werden:

$$H_2SO_4 + 2\,NaOH \longrightarrow Na_2SO_4 + 2\,H_2O \qquad \text{(Gl. 2.11)}$$

Man erhält das gleiche Ergebnis wie bei der «bilanzierenden» Methode. Wir empfehlen die Methode der Bilanzierung, da sie ein direktes Gefühl für die Chemie der Reaktion vermittelt.

Vertiefungsübung V2.7

Lassen Sie folgende Edukte miteinander reagieren und stellen Sie die Reaktionsgleichung auf:

a) Salpetersäure (HNO_3) und Natriumhydroxid (NaOH)
b) Schwefelsäure (H_2SO_4) und Ammoniakwasser (NH_4OH)
c) Calciumhydroxid ($Ca(OH)_2$) und Phosphorsäure (H_3PO_4)

2.3.2 Berechnung der Reaktionsverhältnisse

Nachdem die vollständige Reaktionsgleichung des **Prozesses P1_KAP2** ermittelt wurde, kann die Reaktion nach Gl. 2.12 berechnet werden.

$$H_2SO_4 + 2\,NaOH \longrightarrow Na_2SO_4 + 2\,H_2O \qquad \text{(Gl. 2.12)}$$

Aus n = 1 mol Schwefelsäure und n = 2 mol Natriumhydroxid entstehen bei der vollständigen Neutralisation n = 1 mol Natriumsulfat und n = 2 mol Wasser.

Zur Erinnerung, im **Prozess P1_KAP2** sollen m = 1000 g Natriumsulfat hergestellt werden, was n = 7,04 mol Na_2SO_4 entspricht.

Betrachtet man die Reaktion von Gl. 2.12, so benötigt man zur Herstellung von n = 7,04 mol Natriumsulfat $2 \cdot 7{,}04$ mol = 14,08 mol Natriumhydroxid (NaOH) und $1 \cdot 7{,}04$ mol Schwefelsäure (H_2SO_4).

Stellt man die Gl. 2.3 nach der Stoffmasse $m(\text{x})$ um, erhält man Gl. 2.13:

$$n(\text{x}) = \frac{m(\text{x})}{M(\text{x})} \Rightarrow m(\text{x}) = n(\text{x}) \cdot M(\text{x}) \qquad \text{(Gl. 2.13)}$$

Für NaOH (molare Masse M = 40 g/mol) ergeben 2 · 7,04 mol eine Stoffmasse von:

$$m(\text{NaOH}) = 40\ \text{g/mol} \cdot 2 \cdot 7{,}04\ \text{mol} = \underline{563{,}2\ \text{g}}\ \text{NaOH} \qquad \text{(Gl. 2.14)}$$

Für H_2SO_4 (molare Masse M = 98 g/mol) ergeben 1 · 7,04 mol eine Stoffmasse von:

$$m(\text{H}_2\text{SO}_4) = 98\ \text{g/mol} \cdot 7{,}04\ \text{mol} = \underline{689{,}9\ \text{g}}\ \text{H}_2\text{SO}_4 \qquad \text{(Gl. 2.15)}$$

Werden m = 689,9 g reine H_2SO_4 und m = 563,2 g reines NaOH zusammengegeben (*bitte nicht ausprobieren*, es erfolgt eine äußerst heftige, explosionsartige Reaktion!), entstehen theoretisch m = 1000 g Natriumsulfat. Nebenbei entstehen nach Gl. 2.16 allerdings noch:

$$m(\text{H}_2\text{O}) = 18\ \text{g/mol} \cdot 2 \cdot 7{,}04\ \text{mol} = \underline{253{,}4\ \text{g}}\ \text{Wasser} \qquad \text{(Gl. 2.16)}$$

Nachfolgend eine Bilanz nach dem Massenerhaltungssatz:

Links auf der Eduktseite:	563,2 g NaOH
	689,9 g H_2SO_4
Zusammen:	1253,1 g
Rechts auf der Produktseite:	1000,0 g Na_2SO_4 (Ziel)
	253,4 g Wasser
Zusammen:	1253,4 g

Die Massen- und Stoffmengenbilanz ist ausgeglichen (durch Rundung ergeben sich geringe Differenzen), die Reaktion ist stimmig.

Nachfolgend ist der Berechnungsweg nochmals zusammengefasst:

1. Aufstellung der vorläufigen Reaktionsgleichung.
2. Bestimmung der Gleichungskoeffizienten.
3. Umrechnung der Vorgabe (Produkt oder Edukt) mit Hilfe von Gl. 2.3 von einer Masse in die Stoffmenge.
4. Berechnung, wie viel Mol vom Aufgabenziel entstehen.
5. Berechnung der Stoffmasse m aus der Stoffmenge n mit Hilfe der Gl. 2.13.
6. Zweckdienlicherweise sollten so alle an der Reaktion beteiligten Stoffmassen errechnet und die gesamte Stoffbilanz geprüft werden.

Vertiefungsübung V2.8

1. Es sollen m = 30 g NaOH vollständig zu Na_2SO_4 umgesetzt werden. Wie viel g H_2SO_4 werden dazu benötigt?
2. Es sollen m = 100 g H_2SO_4 vollständig zu Na_2SO_4 umgesetzt werden. Wie viel g NaOH sind dazu notwendig?

Nun geht es einen Schritt weiter zu **Prozess P2_KAP2**, in dem Calciumnitrat hergestellt werden soll.

▶▶▶

Prozess P2_KAP2

Aus m = 100 g reiner Salpetersäure (HNO_3) und reinem Calciumhydroxid ($Ca(OH)_2$) soll Calciumnitrat ($Ca(NO_3)_2$) hergestellt werden. Dabei ist durch Unachtsamkeit des Laborpersonals bei der Reaktion ein Verlust von 15% eingetreten. Wie viel g Calciumnitrat entstehen? (Calciumnitrat ist ein wertvoller anorganischer Calcium-Stickstoffdünger.)

In **Prozess P2_KAP2** wird erstmalig eine Prozentzahl (15%) genannt. In allen folgenden Aufgaben dieses Buches werden Prozentangaben zunächst in Dezimalangaben umgerechnet und damit gerechnet. Prozent heißt bekanntlich «von Hundert, Hundertstel»; so entspricht z.B. 15% dem Bruch 15/100 oder dem Dezimalwert 0,15.

Zunächst berechnet man wieder die Stoffmenge n von m = 100 g Salpetersäure. Die molaren Massen M, die aus dem Periodensystem entnommen werden können, sind:

$$M(\mathrm{H}) = 1\ \mathrm{g/mol}$$
$$M(\mathrm{N}) = 14\ \mathrm{g/mol}$$
$$M(\mathrm{O}) = 16\ \mathrm{g/mol}$$

Die molare Masse von HNO_3 beträgt $M = 1\ \mathrm{g/mol} + 14\ \mathrm{g/mol} + 3 \cdot 16\ \mathrm{g/mol} = 63\ \mathrm{g/mol}$. Die Stoffmenge n berechnet sich nach Gl. 2.17.

$$n(\mathrm{HNO_3}) = \frac{100\ \mathrm{g}}{63\ \mathrm{g/mol}} = \underline{1{,}59\ \mathrm{mol}} \qquad \text{(Gl. 2.17)}$$

Es sollen n = 1,59 mol HNO_3 umgesetzt werden. Die ausgeglichene Reaktionsgleichung 2.18 lautet wie folgt (*bitte prüfen!*):

$$2\ \mathrm{HNO_3} + \mathrm{Ca(OH)_2} \longrightarrow \mathrm{Ca(NO_3)_2} + 2\ \mathrm{H_2O} \qquad \text{(Gl. 2.18)}$$

Aus der Reaktionsgleichung ist zu entnehmen, dass aus n = 2 mol HNO_3 n = 1 mol $Ca(NO_3)_2$ entstehen (Umsetzungsverhältnis 2 : 1). Daraus folgt, dass aus n = 1,59 mol HNO_3 auch die Hälfte von 1,59 mol, nämlich n = 0,80 mol $Ca(NO_3)_2$ entstehen. Zunächst wird die molare Masse von Calciumnitrat (molare Massen M(Ca) = 40,1 g/mol, M(H) = 1 g/mol, M(O) = 16 g/mol, M(N) = 14 g/mol) nach Gl. 2.19 berechnet:

$$M(\mathrm{Ca(NO_3)_2}) = 40{,}1\ \mathrm{g/mol} + 2 \times 14\ \mathrm{g/mol} + 6 \times 16\ \mathrm{g/mol} = 164{,}1\ \mathrm{g/mol} \qquad \text{(Gl. 2.19)}$$

Mit Gl. 2.20 kann die Stoffmasse m an entstehendem $Ca(NO_3)_2$ berechnet werden:

$$m(\mathrm{Ca(NO_3)_2}) = 0{,}80\ \mathrm{mol} \cdot 164{,}1\ \mathrm{g/mol} = \underline{131{,}3\ \mathrm{g}}\ \text{Calciumnitrat} \qquad \text{(Gl. 2.20)}$$

Aus m = 100 g HNO_3 entstehen bei vollständiger Umsetzung m = 131,3 g $Ca(NO_3)_2$. Allerdings hat der Laborant bei der Reaktion einen Verlust von 15% (entspricht der Dezimalzahl 0,15) erzielt. Durch angewandtes Prozentrechnen kann die reale Ausbeute leicht berechnet werden: 15% von m = 131,3 g sind:

$$0{,}15 \cdot 131{,}3\ \mathrm{g} = \underline{19{,}7\ \mathrm{g}} \qquad \text{(Gl. 2.21)}$$

Der berechnete Verlust von m = 19,7 g ist von der theoretisch entstehenden Stoffmasse von $Ca(NO_3)_2$ abzuziehen: m = 131,3 g − 19,7 g = 111,6 g.

Es entstehen also m = 111,6 g $Ca(NO_3)_2$ bei 15% Verlust. Zum gleichen Ergebnis wäre man gekommen, wenn der Erfolg von 85% (entspricht der Dezimalzahl 0,85) als Maßstab eingesetzt worden wäre: 0,85 · 131,3 g = 111,6 g

Es wurde bisher davon ausgegangen, dass die Reaktion der **Prozesse P2_KAP2 und P1_KAP2** vollständig ablaufen. Bei einer einfachen Neutralisationsreaktion ist das auch der Fall. Viele chemische Reaktionen verlaufen aber nicht vollständig. Bei diesen Reaktionen wird die theoretisch berechnete Menge an Produkt nicht vollständig entstehen.

Kennt man jedoch die Erfolgsquote (in %), die auch «Ausbeute» genannt wird, kann man auch die zu erzielende Produktmenge berechnen. Davon handelt der **Prozess P3_KAP2.**

Prozess P3_KAP2

Aus m = 100 g Natriumcarbonat (Na_2CO_3) und einer ausreichenden Menge an Calciumchlorid ($CaCl_2$) soll Calciumcarbonat hergestellt werden. Aus Vorversuchen ist bekannt, dass eine Ausbeute von 90% (entspricht der Dezimalzahl 0,9) zu erzielen ist. Wie viel g Calciumcarbonat ($CaCO_3$) entstehen bei der Reaktion?

Zunächst wird die Reaktionsgleichung 2.22 aufgestellt. Hierbei handelt es sich nicht mehr um eine Neutralisationsreaktion, da 2 Salze miteinander reagieren.

$$Na_2CO_3 + CaCl_2 \longrightarrow CaCO_3\downarrow + 2\ NaCl \qquad \text{(Gl. 2.22)}$$

(*Reaktionsgleichung bitte prüfen!*)

Die beiden Salze reagieren allerdings nicht im trockenen Zustand miteinander, sondern gelöst in Wasser. Motor dieser Reaktion ist, dass ein entstehendes Produkt, das $CaCO_3$, nicht in Wasser löslich ist und als weißes Pulver «ausfällt». Das wird durch einen «Pfeil nach unten» am betreffenden Molekül gekennzeichnet (s. Gl. 2.22).

Aus n = 1 mol Natriumcarbonat entsteht n = 1 mol Calciumcarbonat. Natriumcarbonat hat die molare Masse $M(Na_2CO_3)$ = 106 g/mol (*bitte nachprüfen!*). Die Stoffmasse m = 100 g Natriumcarbonat entspricht somit nach Gl. 2.23 einer Stoffmenge n von:

$$n(Na_2CO_3) = \frac{100\text{ g}}{106\text{ g/mol}} = \underline{0{,}94\text{ mol}} \qquad \text{(Gl. 2.23)}$$

Nach der Reaktionsgleichung 2.22 entstehen auch 0,94 mol Calciumcarbonat (Umsetzungsverhältnis 1 : 1). Die molare Masse M von Calciumcarbonat beträgt 100,1 g/mol. Die theoretisch entstehende Menge beträgt nach Gl. 2.24 m = 94,1 g Calciumcarbonat:

$$m(CaCO_3) = 0{,}94\text{ mol} \cdot 100{,}1\text{ g/mol} = \underline{94{,}1\text{ g}}\ CaCO_3 \qquad \text{(Gl. 2.24)}$$

Diese Stoffmasse entspricht einer Ausbeute von 100%. Wurde jedoch nur eine Ausbeute von 90% erzielt (entspricht der Dezimalzahl 0,9) kann man diese Stoffmasse mit Hilfe der Gl. 2.25 berechnen. Sie beträgt:

$$m(CaCO_3) = 94{,}1\text{ g} \cdot 0{,}9 = \underline{84{,}7\text{ g}}\ CaCO_3 \qquad \text{(Gl. 2.25)}$$

Auf das gleiche Ergebnis wäre man gekommen, wenn zunächst nach Gl. 2.26 10% Verlust (entspricht der Dezimalzahl 0,1) berechnet worden wäre:

$$m(CaCO_3) = 94{,}1\text{ g} \cdot 0{,}1 = \underline{9{,}41\text{ g}}\ CaCO_3 \qquad \text{(Gl. 2.26)}$$

Der Wert müsste dann von der Gesamtmenge subtrahiert werden: 94,1 g − 9,41 g = 84,7 g.

Im **Prozess P1_KAP2** wurde berechnet, wie viel g reines Natriumhydroxid und wie viel g reine Schwefelsäure zusammengegeben werden müssen, damit m = 1000 g Natriumsulfat entstehen. Diese Vorgehensweise ist in der Praxis nicht sinnvoll bzw. sehr gefährlich, da eine Reaktion mit reinen Stoffen oftmals so heftig ist (teilweise explosionsartig!), dass die Reaktion dann nicht beherrscht werden kann. Besser ist es, wenn die Edukte vor der Reaktion mit einem Lösemittel verdünnt werden. Der Prozess ist dann besser beherrschbar. Im nächsten Abschnitt werden die Berechnungen von Lösungen erläutert.

2.4 Berechnung von Konzentrationsangaben bei Lösungen

Welche Beobachtung kann man machen, wenn Kochsalzkristalle in Wasser eingerührt werden? Der Effekt ist jedem bekannt, sie lösen sich selbsttätig auf. Das Kochsalz, das ist der «gelöste Stoff», wird in dem «Lösemittel», das ist das Wasser, bis zur Molekülgröße verteilt und damit auch «unsichtbar». Man verwendet für derartige Lösungen den Begriff «echte Lösung». Solche echte Lösungen sind «einphasig». Dabei versteht man unter einer Phase eine in sich homogene (einheitliche) Materie. Echte Lösungen sind immer homogen.

Bei «unechten» oder «kolloidalen Lösungen» ist der gelöste Stoff zwar auch sehr fein verteilt, die verteilten Teilchen können jedoch durch geeignete Maßnahmen (z.B. den Tyndall-Effekt) sichtbar gemacht werden. Die fein verteilten Teilchen einer «unechten» Lösung haben eine Größe, die mit der Wellenlänge des Lichtes vergleichbar ist. Die Teilchen oder deren Schatten können daher mit geeigneten Methoden sichtbar gemacht werden. «Eiklar» ist eine solche kolloidale Lösung.

Informationssuche

Suchen Sie in entsprechender Literatur, Datenbanken, Lexika oder im Internet (z.B. http://de.wikipedia.org/wiki/Hauptseite) nach dem Begriff «Tyndall-Effekt» und erfassen Sie die Zusammenhänge.

Viele Stoffe scheinen auf den ersten Blick ein einphasiges System zu sein, sind aber bei genauerer Betrachtung heterogen (uneinheitlich) zusammengesetzt und bestehen aus mehreren Phasen. Mischungen, die nicht einphasig sind, werden auch «disperse Systeme» genannt. Z.B. kann Sand und Wasser zu Schlamm gemischt werden, das Ergebnis ist eine «Suspension». Das Merkmal aller dispersen Systeme ist, dass sie «inhomogen» und «mehrphasig» sind. Solche dispersen Systeme können mit physikalischen Arbeitstechniken, wie Filtrieren, Zentrifugieren, Sieben usw., getrennt werden. In allen dispersen Systemen lassen sich die inhomogen verteilten Teilchen mit dem bloßen Auge, mit einer Lupe oder mit dem Mikroskop erkennen.
Häufig vorkommende disperse Systeme sind z.B.:

- **Disperses System «Feststoff in einer Flüssigkeit» (Suspension)**
  z.B. Schlamm, die Trennung gelingt durch Filtration oder Zentrifugation.
- **Disperses System «Flüssigkeit in einer Flüssigkeit» (Emulsion)**
  z.B. Fett in Wasser, Milch, Kosmetika: Öl-in-Wasser-(Ö/W-) oder Wasser-in-Öl-Emulsionen (W/Ö). Die Trennung gelingt durch Zerstörung des Emulgators oder durch Zentrifugation (Butterherstellung).

Informationssuche

Suchen Sie in entsprechender Literatur, Datenbanken, Lexika oder im Internet (z.B. http://de.wikipedia.org/wiki/Hauptseite) nach den Begriffen «Butter» oder «Butterherstellung» und erfassen Sie die Zusammenhänge.

- **Disperses System «Feststoff in Gas»**
  Rauch, Trennung durch Filtration und Abscheidung, z.B. im Elektroabscheider eines Kraftwerkes.
- **Disperses System «Flüssigkeit in Gas»**
  Nebel, d.h. eine Verteilung von Wasser in Luft, dabei gelingt die Trennung durch Trocknung der Luft.
- **Disperses System «Gas in Feststoff»**
  Ein disperses Gemisch aus einem Gas in einem Feststoff ist z.B. ein Schwamm.
- **Disperses System «Gas in Flüssigkeit»**
  Ein disperses, inhomogenes Gemisch aus einem Gas in einer Flüssigkeit ist z.B. der Schaum. Es kann durch einen Entschäumer getrennt werden. Das gelöste Kohlenstoffdioxid-Gas im Mineralwasser ist eine echte Lösung und damit kein disperses System!
- **Disperses System «Feststoff in Feststoff»**
  Solche dispersen Systeme fallen häufig bei der Produktion von Baustoffen (z.B. Sand für Beton) an, die Trennung gelingt durch Sieben der Sandpartien.

Vertiefungsübung V2.9

Gibt es ein disperses System, das nur aus Gasen besteht?

Es soll nun weiter der Begriff «echte Lösung» erörtert werden.

Definition «echte Lösung»

Eine echte Lösung ist eine homogene Mischung aus einem Lösemittel und dem darin gelösten Stoff, der ein Feststoff, eine Flüssigkeit oder ein Gas sein kann. In der Lösung ist der gelöste Stoff immer bis zur Molekül- oder Ionengröße verteilt. Solche homogene Mischungen werden auch «einphasig» genannt.

Merke

Eine echte Lösung ist immer durchsichtig klar (nicht mit Farblosigkeit verwechseln!), einphasig und der gelöste Stoff kann nicht durch Filtration vom Lösemittel getrennt werden.

Vertiefungsübung V2.10

Schlagen Sie eine Methode vor, mit der man bei einer echten Lösung das gelöste Salz und das Lösungsmittel voneinander trennen kann.

Bei den folgenden Konzentrations- und Anteilsbeschreibungen von Lösungen werden stets Größen wie «Masse» oder «Volumen» verwendet. Es müssen daher zunächst beide Begriffe genauer definiert werden:

Definition «Masse»

Unter der Masse oder Stoffmasse m versteht man die in einem Körper vorhandene Stoffportion. Die internationale Einheit (SI) für die Masse ist das Kilogramm. Das Kilogramm ist gleich der Masse des internationalen Kilogrammprototyps. Seine Masse ist per Definition $m = 1$ kg. Dieses Urkilogramm ist ein Zylinder einer Legierung aus 90%

Platin und 10% Iridium von 39 mm Höhe und gleichem Durchmesser. Die kleineren Einheiten der Masse kg sind:

1 kg = 1000 g
1 g = 1000 mg
1 mg = 1000 μg

Ein Würfel von je 10 cm Länge, Breite und Höhe (1 L) Wasser entspricht einer Masse von ca. 1 kg bei ϑ = 4 °C. Im Labor wird die Masse durch Vergleich zweier Massen auf einer Waage gemessen (z.B. Balkenwaage oder Analysenwaage).

Informationssuche

Suchen Sie in entsprechender Literatur, Datenbanken, Lexika oder im Internet (z.B. http://de.wikipedia.org/wiki/Hauptseite) nach den Begriffen «Massenmessung» und «Waage» und erfassen Sie die Zusammenhänge.

Die Masse eines Körpers ist *nicht* vom Ort der Messung oder von der Temperatur abhängig, sondern nur von der in dem Körper enthaltenen Stoffportion.

Umgangssprachlich wird die Gewichtskraft F_g («das Gewicht») häufig mit der Masse gleichgesetzt. Im wissenschaftlichen Bereich ist die Gewichtskraft jedoch ein Maß für die Kraft, mit der ein Körper von der Erde angezogen wird. Sie wird in N (Newton) angegeben und berechnet sich – wie aus Gl. 2.27 erkennbar – aus der Stoffmasse m des Körpers und der örtlichen Erdbeschleunigung g («Erdanziehungskraft»).

$$F_g = m \cdot g \qquad \text{(Gl. 2.27)}$$

Die Größe g (Erdbeschleunigung) ist definiert als die mittlere Erdbeschleunigung auf dem 45. Breitengrad (z.B. in Paris) auf Meereshöhe: g beträgt dann 9,80665 m/s². Die tatsächliche Erdbeschleunigung g hängt jedoch von der geografischen Breite und der Höhe über dem Meeresniveau ab. Das Massestück des Prototyps von m = 1 kg hat in Paris nach Gl. 2.28 eine Gewichtskraft von:

$$F_g = 1\ \text{kg} \cdot 9{,}80665\ \frac{\text{m}}{\text{s}^2} = \underline{9{,}80665\ \frac{\text{kg} \cdot \text{m}}{\text{s}^2}} \qquad \text{(Gl. 2.28)}$$

Die Einheit kg · m/s² wird mit N (Newton) abgekürzt, so dass in Paris die Masse von m = 1 kg einer Gewichtskraft von F_g = 9,80665 N entspricht. Am Pol hätte der Massenprototyp immer noch eine Masse m = 1 kg, aber eine Gewichtskraft vom F_G = 9,832 N. Die Gewichtskraft ist also vom Ort der Messung abhängig, sie ist «ortsgebunden». Die Gewichtskraft F_g kann mit einer Federwaage gemessen werden.

Informationssuche

Suchen Sie in entsprechender Literatur, Datenbanken, Lexika oder im Internet (z.B. http://de.wikipedia.org/wiki/Hauptseite) nach dem Begriff «Federwaage» und erfassen Sie die Zusammenhänge.

Definition «Volumen»

Unter dem Volumen V versteht man den räumlichen Inhalt eines festen, flüssigen oder gasförmigen «Körpers». Die SI-Einheit des Volumens V ist der Kubikmeter m³.

Die kleineren Einheiten des Kubikmeters sind:

1 m^3	= 1000 dm^3	= 1000 L	(Liter)
1 dm^3	= 1000 cm^3	= 1000 mL	(Milliliter, Tausendstel-Liter)
1 cm^3	= 1000 mm^3	= 1000 µL	(Mikroliter, Millionstel-Liter)
1 mm^3	= 1000 μm^3	= 1000 nL	(Nanoliter, Milliardstel-Liter)

Das Volumen V eines festen und flüssigen Stoffes ist von der Temperatur des Körpers abhängig. Bei Gasen kommt noch die Druckabhängigkeit hinzu.

Informationssuche

Suchen Sie in entsprechender Literatur, Datenbanken, Lexika oder im Internet (z.B. http://de.wikipedia.org/wiki/Hauptseite) nach dem Begriff «Volumenmessung» und erfassen Sie die Zusammenhänge.

Um die Menge des gelösten Stoffes im Lösemittel zu charakterisieren, gibt es mehrere Konzentrations- und Anteilsangaben:

- Angabe des Massenanteils — w
- Angabe des Volumenanteils — φ (phi)
- Angabe der Massenkonzentration — β (beta)
- Angabe der Volumenkonzentration — σ (sigma)
- Angabe der Stoffmengenkonzentration — c

Worin liegt der Unterschied zwischen «Anteilen» und «Konzentrationen»?

- Bei der Angabe eines «Massenanteils» wird die Masse des gelösten Stoffes auf die Masse der gesamten Lösung bezogen (Einheit g/g oder Angabe in %).
- Bei der Angabe eines «Volumenanteils» wird das Volumen des gelösten Stoffes auf das Volumen der gesamten Lösung *vor* der Vermischung bezogen (Einheit mL/mL oder Angabe in %).
- Bei der Angabe der «Konzentration» wird die Masse, die Stoffmenge oder das Volumen des gelösten Stoffes auf das Volumen der gesamten Lösung *nach* der Vermischung bezogen (Einheit g/L, mol/L oder mL/L).

Bei beiden Angaben ist es üblich, dass sie mit der formelmäßigen Angabe des gelösten Stoffes versehen sind. Dabei wird der gelöste Stoff in einer Klammer angegeben, z.B. $w(\mathrm{NaCl}) = 28\%$ oder $\beta(\mathrm{KCl}) = 30$ g/L, das Lösemittel wird nicht erwähnt.

Massenanteil w

Der Massenanteil w ist der Quotient aus der Masse $m(\mathrm{x})$ des gelösten Stoffes und der Gesamtmasse m_L der Lösung (Achtung! *Nicht* die Masse des Lösemittels m_{LM}). Die Gesamtmasse m_L der Lösung ist die Summe aus der Masse an gelöster Substanz $m(\mathrm{x})$ und der Masse des Lösemittels m_{LM} (s. dazu Gl. 2.29 und Gl. 2.30):

$$m_L = m(\mathrm{x}) + m_{LM} \qquad \text{(Gl. 2.29)}$$

$$w(\mathrm{x}) = \frac{m(\mathrm{x})}{m_L} = \frac{m(\mathrm{x})}{m(\mathrm{x}) + m_{LM}} \qquad \text{(Gl. 2.30)}$$

Das Ergebnis der Gl. 2.30 ist eine Dezimalzahl zwischen 0 und 1,00. Meistens wird im Labor der Massenanteil w in % angegeben. Dazu wird die Gl. 2.30 mit 100% erweitert, man erhält Gl. 2.31.

$$w(\mathrm{x}) \text{ in } \% = \frac{m(\mathrm{x})}{m(\mathrm{x}) + m_{\mathrm{LM}}} \cdot 100\% \qquad \text{(Gl. 2.31)}$$

In Gl. 2.31 ist der Nenner ein Ausdruck für die Masse der gesamten Lösung. Zur Verdeutlichung der Zusammenhänge werden 3 Rechenbeispiele erläutert:

Rechenbeispiel 1

Berechnen Sie den Massenanteil $w(Na_2CO_3)$ einer Natriumcarbonat-Lösung, wenn $m(Na_2CO_3)$ = 20 g reines Natriumcarbonat in m_{LM} = 400 g Wasser gelöst werden.

1. Zunächst wird die Masse an «Lösung» ermittelt:

$$m_{\mathrm{L}} = m(\mathrm{Na_2CO_3}) + m_{\mathrm{LM}}$$

$$m_{\mathrm{L}} = 20\ \mathrm{g} + 400\ \mathrm{g} = \underline{420\ \mathrm{g}}$$

2. Dann wird nach Gl. 2.30 der Massenanteil berechnet:

$$w(\mathrm{x}) = \frac{m(\mathrm{x})}{m_{\mathrm{L}}}$$

$$w(\mathrm{Na_2CO_3}) = \frac{20\ \mathrm{g}}{420\ \mathrm{g}}$$

$$w(\mathrm{Na_2CO_3}) = \underline{0{,}0476}$$

Das Ergebnis in % ausgedrückt wäre $w(Na_2CO_3)$ = 4,76%.

Rechenbeispiel 2

Es sollen m_L = 1000 g Calciumchlorid-Lösung mit einem Massenanteil von $w(CaCl_2)$ = 14% hergestellt werden. Welche Masse Calciumchlorid und welche Masse Wasser müssen dazu vermischt werden?

1. Der Massenanteil wird berechnet mit:

$$w(\mathrm{x}) = \frac{m(\mathrm{x})}{m_{\mathrm{L}}}$$

Der Massenanteil $w(CaCl_2)$ = 14% entspricht der Dezimalzahl 0,14.

2. In der Aufgabe sind 2 Größen gegeben:

$$0{,}14 = \frac{m(\mathrm{x})}{1000\ \mathrm{g}}$$

m_L(1000 g) und w(14%). Die Größe m(x) soll berechnet werden. Durch Umstellen der Formel wird die Größe $m(x)$ berechnet.

$$m(\mathrm{x}) = w(\mathrm{x}) \cdot m_{\mathrm{L}}$$

$$m(\mathrm{x}) = 1000\ \mathrm{g} \cdot 0{,}14 = \underline{140\ \mathrm{g}}$$

3. Da sich nach Gl. 2.29 die Masse des gelösten Stoffes und des Lösemittels addieren, kann die Masse des Lösemittels nach Umstellung der Gleichung durch Subtraktion ermittelt werden:

$$m_\mathrm{L} = m(\mathrm{x}) + m_\mathrm{LM}$$

$$1000\ \mathrm{g} = 140\ \mathrm{g} + m_\mathrm{LM}$$

$$m_\mathrm{LM} = 1000\ \mathrm{g} - 140\ \mathrm{g} = \underline{860\ \mathrm{g}}$$

Wenn $m(\mathrm{x}) = 140$ g Calciumchlorid in $m_\mathrm{LM} = 860$ g Wasser gelöst werden, entstehen $m_\mathrm{L} = 1000$ g einer Calciumchlorid-Lösung mit $w(CaCl_2) = 14\%$.

Rechenbeispiel 3

50 g Natriumchlorid sollen so gelöst werden, dass eine Lösung mit $w(\mathrm{NaCl}) = 12\%$ (entspricht der Dezimalzahl 0,12) entsteht. Wie viel g Wasser werden dazu benötigt?

1. Der Massenanteil wird berechnet mit:

$$w(\mathrm{x}) = \frac{m(\mathrm{x})}{m(\mathrm{x}) + m_\mathrm{LM}}$$

2. Als Werte sind $m(x)$ (50 g) und der Massenanteil w (12% entsprechen $w = 0{,}12$) gegeben. Berechnet werden soll die Masse des Lösemittels m_LM.

$$0{,}12 = \frac{50\ \mathrm{g}}{50\ \mathrm{g} + m_\mathrm{LM}}$$

3. Die Gleichung wird umgestellt:

$$0{,}12 \cdot (50\ \mathrm{g} + m_\mathrm{LM}) = 50\ \mathrm{g}$$

$$0{,}12 \cdot 50\ \mathrm{g} + 0{,}12 \cdot m_\mathrm{LM} = 50\ \mathrm{g}$$

$$m_\mathrm{LM} = \frac{50\ \mathrm{g} - 50\ \mathrm{g} \cdot 0{,}12}{0{,}12}$$

$$m_\mathrm{LM} = \underline{366{,}67\ \mathrm{g}}$$

Es müssen $m_\mathrm{LM} = 366{,}67$ g Wasser und $m(\mathrm{x}) = 50$ g Natriumchlorid gemischt werden, dabei entstehen $m_\mathrm{L} = 416{,}67$ g NaCl-Lösung mit $w(\mathrm{NaCl}) = 12\%$.

Vertiefungsübung V2.11

Es sollen $m = 30$ g Kaliumchlorid so gelöst werden, dass eine Lösung mit einem Massenanteil von $w(\mathrm{KCl}) = 9\%$ entsteht. Welche Masse hat die entstehende Kaliumchloridlösung?

Volumenanteil φ

Die Angabe des Volumenanteils φ ist dann von Vorteil, wenn 2 Flüssigkeiten gemischt werden. Der Volumenanteil ist der Quotient aus dem Volumen $V(x)$ eines Stoffes und der Summe $V(x)$ und $V(y)$ der an der Mischung beteiligten Flüssigkeiten ***vor* der Mischung.** Da manche derartige Mischungen bei der Herstellung eine Volumenverminderung (Volumenkontraktion) erfahren, ist diese Betrachtung sehr wichtig. Z.B. werden aus V = 100 mL Wasser und V = 100 mL Ethanol nur V = 185 mL Ethanol-Wasser-Gemisch und nicht 200 mL. Man kann sich das Phänomen in etwa so vorstellen, indem man 100 mL Erbsen und 100 mL dicke Bohnen mischt. Die Erbsen werden beim Mischen und Schütteln in die Zwischenräume, die die Bohnen bilden, eingelagert. Es wird somit keine 200 mL Erbsen-Bohnen-Mischung erhalten, sondern das Gesamtvolumen wird geringer ausfallen.

Aus Gl. 2.32 ist die Berechnung des Volumenanteils φ zu erkennen.

$$\varphi(x) = \frac{V(x)}{V(x) + V(y)} \qquad \text{(Gl. 2.32)}$$

Rechenbeispiel

V = 200 mL Methanol und V = 100 mL Wasser werden gemischt. Wie groß ist der Volumenanteil (Methanol) im Gemisch? Vor dem Mischen sind insgesamt V = 300 mL von beiden Komponenten vorhanden.

1. Der Volumenanteil wird berechnet mit:

$$\varphi(\text{Methanol}) = \frac{V(\text{Methanol})}{V(\text{Methanol}) + V(\text{Wasser})}$$

2. Alle Größen sind bekannt und können in die Gleichung eingesetzt werden:

$$\varphi(\text{Methanol}) = \frac{200\ \text{mL}}{200\ \text{mL} + 100\ \text{mL}}$$

$$\varphi(\text{Methanol}) = \underline{0{,}6667}$$

Das entspricht einem Volumenanteil von φ (Methanol) = 66,67%.

Massenkonzentration β

Die Massenkonzentration β ist der Quotient aus der Masse $m(x)$ des gelösten Stoffes und dem Volumen V_L der Lösung (s. dazu Gl. 2.33). Bevorzugt wird die Einheit g/L, aber auch die Einheit g/100 mL wird sehr häufig benutzt.

$$\beta(x) = \frac{m(x)}{V_L} \qquad \text{(Gl. 2.33)}$$

Rechenbeispiel

13 g Kochsalz werden in einen 250-mL-Messkolben gegeben, der dann bis zur Messmarke mit Wasser aufgefüllt wird. Wie groß ist die Massenkonzentration in g/L und g/100 mL?

1. Die Massenkonzentration wird berechnet mit:

$$\beta(\text{NaCl}) = \frac{m(\text{NaCl})}{V_L}$$

2. Alle Größen sind bekannt und können in die Gleichung eingesetzt werden.

$$\beta(\text{NaCl}) = \frac{13\ \text{g}}{0{,}250\ \text{L}} = \underline{52\ \text{g/L}}$$

(250 mL entsprechen 0,250 L)

3. Eine Massenkonzentration von $\beta(\text{NaCl})$ = 52 g/L ist gleichbedeutend mit $\beta(\text{NaCl})$ = 5,2 g/100 mL.

Vertiefungsübung V2.12

Wie viel g Natriumchlorid müssen in einen 5-L-Messkolben eingewogen werden, damit nach dem Auffüllen des Kolbens eine Lösung mit der Massenkonzentration $\beta(\text{NaCl})$ = 8 g/L entsteht?

Volumenkonzentration σ

Die Volumenkonzentration σ ist der Quotient aus dem Volumen der zu mischenden Flüssigkeit und dem Volumen V_L der Mischung ***nach* dem Mischungsvorgang,** erkennbar aus Gl. 2.34. Eine mögliche Volumenkontraktion wird bei dieser Angabe also im Gegensatz zum Volumenanteil φ berücksichtigt!

$$\sigma(\text{x}) = \frac{V(\text{x})}{V_L} \qquad \text{(Gl. 2.34)}$$

Gewöhnlich wird die Volumenkonzentration in mL/L angegeben.

Rechenbeispiel

Wenn V = 100 mL Wasser und V = 100 mL Methanol gemischt werden, entstehen V_L = 189 mL Gemisch. Berechnen Sie den Volumenanteil φ und die Volumenkonzentration σ an Methanol im Gemisch.

1. Der *Volumenanteil* berechnet sich mit:

$$\varphi(\text{Methanol}) = \frac{100\ \text{mL}}{100\ \text{mL} + 100\ \text{mL}}$$

$$\varphi(\text{Methanol}) = \underline{0{,}50}$$

$$\varphi(\text{Methanol}) = \underline{50\ \%}$$

2. Die *Volumenkonzentration* berechnet sich mit:

$$\sigma(\text{Methanol}) = \frac{V(\text{x})}{V_L}$$

(V = 189 mL entsprechen 0,189 L)

$$\sigma(\text{Methanol}) = \frac{100\ \text{mL}}{0{,}189\ \text{L}} = \underline{529{,}10\ \text{mL/L}}$$

$$\sigma(\text{Methanol}) = \underline{52{,}91\ \text{mL}/100\ \text{mL}}$$

Stoffmengenkonzentration *c*

Die Stoffmengenkonzentration ist definiert als der Quotient aus der Stoffmenge $n(x)$ und dem Volumen V_L der Lösung (Gl. 2.35).

$$c(x) = \frac{n(x)}{V_L} \qquad \text{(Gl. 2.35)}$$

Die Stoffmengenkonzentration $c(x)$ löst die alte Bezeichnung «Molarität» ab.
Die Berechnung der Stoffmenge *n* nach Gl. 2.36 wurde bereits in Abschnitt 2.2 erläutert.

$$n(x) = \frac{m(x)}{M(x)} \qquad \text{(Gl. 2.36)}$$

Rechenbeispiel

Es sollen $V = 2$ L einer Lösung mit der Stoffmengenkonzentration $c(H_2SO_4) = 0{,}4$ mol/L hergestellt werden. Wie viel g reine Schwefelsäure sind abzuwiegen?

1. Die Stoffmengenkonzentration berechnet sich mit:

$$c(x) = \frac{n(x)}{V_L}$$

Durch Umstellen der Gleichung kann die Stoffmenge berechnet werden.

$$n(H_2SO_4) = c(H_2SO_4) \cdot V_L$$

$$n(H_2SO_4) = 0{,}4\ \text{mol/L} \cdot 2\ \text{L}$$

$$n(H_2SO_4) = \underline{0{,}8\ \text{mol}}$$

2. Aus der Stoffmenge *n* kann die Stoffmasse *m* durch Umstellung errechnet werden. Die molare Masse von H_2SO_4 beträgt $M(H_2SO_4) = 98$ g/mol.

$$n(H_2SO_4) = \frac{m(H_2SO_4)}{M(H_2SO_4)}$$

$$m(H_2SO_4) = n(H_2SO_4) \cdot M(H_2SO_4)$$

$$m(H_2SO_4) = 0{,}8\ \text{mol} \cdot 98\ \text{g/mol}$$

$$m(H_2SO_4) = \underline{78{,}4\ \text{g}}$$

Die $m = 78{,}4$ g reine Schwefelsäure werden abgewogen und vorsichtig in einen 2-L-Messkolben gegeben, der bereits 200...300 mL Wasser enthält. Bei der Zugabe der Schwefelsäure erwärmt sich die Mischung deutlich. Nach dem Mischen und dem Abkühlen wird der 2-L-Messkolben bis zur Messmarke mit Wasser aufgefüllt. Man erhält so eine Schwefelsäurelösung mit $c(H_2SO_4) = 0{,}4$ mol/L.

Spätestens jetzt wird der Praktiker bei der Herstellung der Schwefelsäure mit $c(H_2SO_4) = 0{,}4$ mol/L ein Problem bekommen, da er auf keine reine Schwefelsäure im Labor zurückgreifen kann. Vorrätig ist gewöhnlich eine Schwefelsäure mit einem Massenanteil von $w(H_2SO_4) = 96\%$ («konzentrierte Schwefelsäure»). Werden von dieser leicht verdünnten Schwefelsäure die berechneten $m = 78{,}4$ g abgewogen und in den Kolben gegeben, ist die zugefügte Schwefelsäuremenge durch den Wasseranteil (4%) zu gering.

Vertiefungsübung V2.13

Berechnen Sie, wie viel g reine Schwefelsäure in m = 78,4 g Schwefelsäure mit $w(H_2SO_4)$ = 96% enthalten sind.

Es ist offensichtlich, dass man mehr von Schwefelsäure mit $w(H_2SO_4)$ = 96% als von der reinen Schwefelsäure abwiegen muss, um das Ziel «78,4 g reine Schwefelsäure» zu erreichen. Die Berechnung, wie viel man von der konzentrierten Schwefelsäure abwiegen muss, kann mit Gl. 2.37 vorgenommen werden.

$$w(\mathrm{x}) = \frac{m(\mathrm{x})}{m_\mathrm{L}} \qquad \text{(Gl. 2.37)}$$

Der Massenanteil $w(H_2SO_4)$ beträgt 96%, die erforderliche Masse an reiner Schwefelsäure beträgt m = 78,4 g. Zu berechnen ist die Masse der gering verdünnten Lösung, also die Summe aus reiner Schwefelsäure und ein wenig Wasser. Durch Umstellen der Gleichung kann die Masse der 96%igen Lösung (als Dezimalzahl w = 0,96) berechnet werden (Gl. 2.38 und Gl. 2.39).

$$0{,}96 = \frac{78{,}4}{m_\mathrm{L}} \qquad \text{(Gl. 2.38)}$$

$$m_\mathrm{L} = \frac{78{,}4}{0{,}96} = \underline{81{,}67\ \mathrm{g}} \qquad \text{(Gl. 2.39)}$$

In m = 81,67 g Schwefelsäure mit $w(H_2SO_4)$ = 96% sind also m = 78,4 g reine Schwefelsäure enthalten. Werden m_L = 81,67 g Schwefelsäure mit $w(H_2SO_4)$ = 96% in den 2-L-Messkolben gegeben, indem sich bereits 200...300 mL Wasser befinden und dieser nach dem Abkühlen mit Wasser bis zur Marke aufgefüllt, entsteht die geforderte Lösung mit $c(H_2SO_4)$ = 0,4 mol/L.

2.5 Mischen von Lösungen

Im Labor können Lösungen prinzipiell nach 4 verschiedenen Methoden hergestellt werden:

- I Indem der zu lösende Stoff und ein Lösemittel gemischt werden (die gebräuchlichste Methode).
- II Indem eine neue Lösung durch Mischen zweier Lösungen mit unterschiedlichen Massenanteilen hergestellt wird.
- III Indem eine höher konzentrierte Lösung mit Wasser verdünnt wird.
- IV Indem eine Lösung durch Abdampfen von Lösemittel höher konzentriert wird.

Bei Methode II, III und IV kommt das Mischungsrechnen zur Anwendung. Wenn z.B. eine Schwefelsäure mit $w(H_2SO_4)$ = 10% hergestellt werden soll, wird Wasser in der Praxis mit der erforderlichen Menge «konzentrierte» Schwefelsäure $w(H_2SO_4)$ = 96% vorsichtig gemischt (Methode III). Die Mengen bzw. die Massenanteile zur Mischung können mit der sog. «Mischungsgleichung» berechnet werden. Diese Mischungsgleichung lautet nach Gl. 2.40:

$$m_1 \cdot w_1 + m_2 \cdot w_2 + \ldots = (m_1 + m_2 + \ldots) \cdot w_\mathrm{end} \qquad \text{(Gl. 2.40)}$$

mit:

m_1 Masse an Lösung 1
m_2 Masse an Lösung 2
w_1 Massenanteil der Lösung 1 (als Dezimalzahl)
w_2 Massenanteil der Lösung 2 (als Dezimalzahl)
w_{end} Massenanteil der entstehenden Lösung (als Dezimalzahl)

Wird zum Verdünnen einer Lösung reines Lösemittel (z.B. Wasser) verwendet oder wird zum Aufkonzentrieren Lösemittel abgedampft, so beträgt der Massenanteil von $w_2 = 0$. Nachfolgend gilt die Mischungsgleichung beim Mischen mit Wasser (Gl. 2.41):

$$m_1 \cdot w_1 + m_{H_2O} \cdot 0 = (m_1 + m_{H_2O}) \cdot w_{End} \qquad \text{(Gl. 2.41)}$$

(zu beachten ist, dass $m_{H_2O} \cdot 0 = 0$ ist!)

Beim Abdampfen von Lösemitteln (Methode IV) werden die Additionszeichen (+) in der Mischungsgleichung 2.41 durch Subtraktionszeichen (–) ersetzt, man erhält Gl. 2.42.

$$m_1 \cdot w_1 - m_{H_2O} \cdot 0 = (m_1 - m_{H_2O}) \cdot w_{End} \qquad \text{(Gl. 2.42)}$$

Nachfolgend zur Mischungsgleichung 3 Rechenbeispiele:

Rechenbeispiel 1

Nach Methode II werden m = 100 g einer Lösung mit w(NaCl) = 10% und m = 200 g einer Lösung mit w(NaCl) = 20% gemischt. Welchen Massenanteil w(NaCl) hat die entstehende Lösung?

1. Zunächst wird die Mischungsgleichung aufgestellt:

$$m_1 \cdot w_1 + m_2 \cdot w_2 = (m_1 + m_2) \cdot w_{End}$$

2. Die Daten der Rechenaufgabe werden definiert:

$m_1 = 100$ g $\qquad m_2 = 200$ g $\qquad w_1 = 0{,}10 \qquad w_2 = 0{,}20 \qquad w_{End} = x$

Sie werden in die Mischungsgleichung eingesetzt:

$$100 \text{ g} \cdot 0{,}10 + 200 \text{ g} \cdot 0{,}20 = (100 \text{ g} + 200 \text{ g}) \cdot x$$

Durch Umstellen der Gleichung nach x kann das Ergebnis ermittelt werden:

$$x = \frac{100 \text{ g} \cdot 0{,}10 + 200 \text{ g} \cdot 0{,}20}{(100 \text{ g} + 200 \text{ g})} = \underline{0{,}1667}$$

Die neue Lösung hat einen Massenanteil von w(NaCl) = 16,67%.

Rechenbeispiel 2

Nach Methode III sollen m = 500 g einer Schwefelsäure mit $w(H_2SO_4)$ = 10% aus einer Schwefelsäure mit $w(H_2SO_4)$ = 96% durch Verdünnen mit Wasser hergestellt werden. Wie viel g Schwefelsäure mit $w(H_2SO_4)$ = 96% und wie viel g Wasser sind abzuwiegen?

1. Zunächst wird die Mischungsgleichung aufgestellt und die Daten der Aufgabe definiert:

$m_1 \cdot w_1 + m_{H_2O} \cdot 0 = (m_1 + m_{H_2O}) \cdot w_{End}$
m_1 Schwefelsäure $w(H_2SO_4) = 0{,}96$ wird gesucht
m_{H_2O} Wasser

beide Massen $m_1 + m_{H_2O}$ ergeben zusammen nach dem Mischen $m = 500$ g Lösung ($m_1 + m_{H_2O} = 500$ g)

Wird m_1 mit x bezeichnet, dann muss $m_{H_2O} = 500\ g - x$ sein
$w_1 = 0{,}96$
$w_{End} = 0{,}10$

2. Die Daten werden in die Mischungsgleichung eingetragen

$x \cdot 0{,}96 + (500\ g - x) \cdot 0 = 500\ g \cdot 0{,}10$

3. Die Gleichung wird nach x umgestellt, wobei zu beachten ist, dass $(500 - x) \cdot 0 = 0$ ist.

4. $x = \frac{500\ g \cdot 0{,}10}{0{,}96} = \underline{52{,}08\ g}$ = Schwefelsäure mit $w(H_2SO_4) = 96\%$

5. Die Masse an Wasser kann aus der Überlegung berechnet werden, dass die Massen von Schwefelsäure $w(H_2SO_4) = 96\%$ und Wasser zusammen $m = 500$ g ergeben müssen.

$m_{H_2O} = 500\ g - m_1 = 500\ g - 52{,}08\ g = \underline{447{,}92\ g\ \text{Wasser}}$

6. Werden $m = 447{,}92$ g Wasser vorgelegt und darin langsam $m = 52{,}08$ g Schwefelsäure mit $w(H_2SO_4) = 96\%$ eingerührt, erhält man $m = 500$ g Schwefelsäure mit $w(H_2SO_4) = 10\%$.

Rechenbeispiel 3

Welche Masse in g einer Natriumcarbonat-Lösung mit $w(Na_2CO_3) = 20\%$ muss zu $m = 200$ g einer Lösung mit $w(Na_2CO_3) = 5\%$ gemischt werden, damit eine Lösung mit $w(Na_2CO_3) = 15\%$ entsteht?

1. Zunächst wird die Mischungsgleichung aufgestellt und die Daten werden definiert.

$m_1 \cdot w_1 + m_2 \cdot w_2 = (m_1 + m_2) \cdot w_{End}$
$m_1 = 200$ g
$m_2 = x$
$w_1 = 0{,}05$
$w_2 = 0{,}20$
$w_{End} = 0{,}15$

2. Dann werden die Daten in die Mischungsgleichung eingesetzt.

$200\ g \cdot 0{,}05 + x \cdot 0{,}20 = (200\ g + x) \cdot 0{,}15$

3. Durch Umstellen nach x kann das Ergebnis erhalten werden:

$200\ g \cdot 0{,}05 + 0{,}20 \cdot x = 200\ g \cdot 0{,}15 + 0{,}15 \cdot x$

$200\ g \cdot 0{,}05 - 200\ g \cdot 0{,}15 = 0{,}15 \cdot x - 0{,}20 \cdot x$

$10\ g - 30\ g = 0{,}15 \cdot x - 0{,}20 \cdot x$

$x = \frac{-20\ g}{-0{,}05} = \underline{400\ g}$

4. Durch Mischen von m = 200 g einer Lösung mit $w(Na_2CO_3)$ = 5% und m = 400 g Lösung mit $w(Na_2CO_3)$ = 20% entstehen m = 200 g + 400 g = 600 g Lösung mit $w(Na_2CO_3)$ = 15%.

II▶

Vertiefungsübung V2.14

Aus m = 500 g Natronlauge mit $w(NaOH)$ = 25% soll durch Abdampfen von Wasser eine Natronlauge mit $w(NaOH)$ = 30% hergestellt werden. Wie viel g Wasser müssen abgedampft werden?

2.6 Chemische Reaktionen mit verdünnten Eduktlösungen

Bei chemischen Reaktionen werden in der Praxis keine reinen Edukte eingesetzt und die Ausbeute ist selten 100%ig. Daher sollen in diesem Abschnitt exemplarisch stöchiometrische Aufgaben unter realistischen Bedingungen berechnet werden. Davon handelt der **Prozess P4_KAP2**.

▶▶▶

Prozess P4_KAP2

Aus Zink und Salzsäure sollen m = 20 g Wasserstoff hergestellt werden. Zink hat eine Reinheit von 95% und die eingesetzte Salzsäure einen Massenanteil von $w(HCl)$ = 25%. Wie viel g unreines Zink und wie viel g verdünnte Salzsäure werden benötigt, wenn von einer Ausbeute von 80% ausgegangen wird?

Zunächst wird – wie in Abschnitt 1.2 beschrieben – die Reaktionsgleichung formuliert. Hierbei ist zu beachten, dass das «Atom» Wasserstoff H nicht existent ist. Nur das Molekül H_2 ist stabil und existent. In der Reaktionsgleichung 2.43 ist das zu berücksichtigen.

$$Zn + 2\,HCl \longrightarrow ZnCl_2 + H_2\uparrow \qquad \text{(Gl. 2.43)}$$

(*Stöchiometrische Faktoren der Reaktionsgleichung bitte überprüfen!*)

Aus der Reaktionsgleichung Gl. 2.43 des **Prozesses P4_KAP2** kann entnommen werden, dass aus n = 1 mol Zink und n = 2 mol Chlorwasserstoff (= «Salzsäuregas» mit $w(HCl)$ = 100%) die Produkte n = 1 mol Zinkchlorid und n = 1 mol Wasserstoff entstehen. Zunächst wird die Stoffmenge n des Wasserstoffes berechnet. Die molare Masse des Wasserstoffmoleküls beträgt $M(H_2) = 2 \cdot 1$ g/mol = 2 g/mol. Es sollen m = 20 g Wasserstoff hergestellt werden, die Berechnung der Stoffmenge n erfolgt nach Gl. 2.44.

$$n(H_2) = \frac{m(H_2)}{M(H_2)} = \frac{20\text{ g}}{2\text{ g/mol}} = \underline{10\text{ mol}} \qquad \text{(Gl. 2.44)}$$

Betrachtet man die Reaktion Gl. 2.43, so benötigt man zur Herstellung von n = 10 mol Wasserstoff $n = 2 \cdot 10$ mol = 20 mol Chlorwasserstoff (Reaktionsverhältnis 2 : 1) und $n = 1 \cdot 10$ mol = 10 mol Zink (Reaktionsverhältnis 1 : 1).

Wird Gl. 2.44 nach $m(x)$ umgestellt, erhält man Gl. 2.45:

$$n(x) = \frac{m(x)}{M(x)} \longrightarrow m(x) = n(x) \cdot M(x) \qquad \text{(Gl. 2.45)}$$

Für Zn (molare Masse M = 65,41 g/mol) errechnet sich nach Gl. 2.46 eine Masse m von:

$$m(\text{Zn}) = 65{,}41\,\text{g/mol} \cdot 10\ \text{mol} = \underline{654{,}1\,\text{g}} \quad \text{(Gl. 2.46)}$$

Für Chlorwasserstoff (HCl mit der molaren Masse M = 36,5 g/mol) ergibt das nach Gl. 2.47 eine Stoffmasse m von

$$m(\text{HCl}) = 36{,}5\,\text{g/mol} \cdot 20\ \text{mol} = \underline{730{,}0\,\text{g}} \quad \text{(Gl. 2.47)}$$

Werden m = 654,1 g reines Zink und m = 730,0 g Chlorwasserstoff mit w(HCl) = 100% zusammengegeben, entstehen m = 20 g molekularer Wasserstoff (H_2).

Vertiefungsübung V2.15

Berechnen Sie die Menge an entstehendem Zinkchlorid und führen Sie dann eine Stoffmassenbilanz (Massen auf der linken und rechten Seite der Reaktionsgleichung) durch.

Der **Prozess P4_KAP2** wird nun fortgesetzt.

Die Reinheit des Zinks beträgt w(Zn) = 95% (entspricht der Dezimalzahl 0,95). Nach Gl. 2.48 bis Gl. 2.50 kann die tatsächlich eingesetzte Masse an unreinem Zink berechnet werden:

$$w(\text{Zn}) = \frac{m(\text{Zn})}{m_{\text{Mischung}}} \quad \text{(Gl. 2.48)}$$

$$0{,}95 = \frac{654{,}1\,\text{g}}{x} \quad \text{(Gl. 2.49)}$$

$$x = \frac{654{,}1\,\text{g}}{0{,}95} = \underline{688{,}5\,\text{g}}\ \text{Zn}\ (95\%) \quad \text{(Gl. 2.50)}$$

Für die Berechnung der Salzsäure mit w(HCl) = 25% gilt analog Gl. 2.51:

$$x = \frac{730\,\text{g}}{0{,}25} = \underline{2920\,\text{g}}\ \text{HCl}\ (25\%) \quad \text{(Gl. 2.51)}$$

Wenn m = 688,5 g Zink mit einem Massenanteil von w(Zn) = 95% und m = 2920 g Salzsäure mit einem Massenanteil von w(HCl) = 25% zusammengegeben werden, entstehen m = 20 g Wasserstoff. Das allerdings nur bei einer Ausbeute von 100%, also ohne Verlust. Im **Prozess P4_KAP2** wurde festgestellt, dass mit einer praktischen Ausbeute an Wasserstoff von 80% (entspricht der Dezimalzahl 0,8) zu rechnen ist: Es gehen 20% Produkt verloren. Am Ziel von m = 20 g Wasserstoff wird jedoch festgehalten. Also müssen von jeder Reaktionskomponente 20% mehr eingesetzt werden. Am einfachsten ist das durch Gl. 2.52 zu berechnen:

$$m_{\text{Effektiv}} = \frac{m_{\text{Theorie}}}{\text{Ausbeute als Dezimalzahl}} \quad \text{(Gl. 2.52)}$$

Die effektive Stoffmasse für das Zink wäre nach Gl. 2.53:

$$m(\text{Zn}) = \frac{688{,}5\,\text{g}}{0{,}80} = \underline{860{,}6\,\text{g}} \quad \text{(Gl. 2.53)}$$

Analog gilt für die effektive Masse an Salzsäure (Gl. 2.54):

$$m(\text{HCl}) = \frac{2920\,\text{g}}{0{,}80} = \underline{3650\,\text{g}} \quad \text{(Gl. 2.54)}$$

Werden zu m = 860,6 g Zink mit einem Massenanteil von $w(Zn)$ = 95% langsam m = 3650 g Salzsäure mit einem Massenanteil von $w(HCl)$ = 25% zugetropft, entstehen m = 20 g molekularer Wasserstoff bei einer Ausbeute von 80%.

Vertiefungsübung V2.16

In einem Labor werden für eine spätere Reaktion m = 30 g Kohlenstoffdioxid benötigt. Dieses soll aus Natriumcarbonat Na_2CO_3 und Salzsäure hergestellt werden. Es steht genügend Salzsäure zur Verfügung, das Natriumcarbonat hat jedoch nur eine Reinheit von $w(Na_2CO_3)$ = 92%. Bei der Reaktion gehen durch Undichtigkeiten der Apparatur 15% Kohlenstoffdioxidgas verloren und der chemische Umsetzungsgrad beträgt nur 95%. Wie viel g unreines Natriumcarbonat müssen eingesetzt werden, damit m = 30 g Kohlenstoffdioxidgas entstehen und aufgefangen werden können?

Der nächste **Prozess P5_KAP2** wird in einem synthetisch arbeitenden Laboratorium ziemlich häufig Realität sein. Es soll eine definierte Masse eines Produktes hergestellt werden, wobei die Edukte nicht rein sind und die Ausbeute nicht hundertprozentig ist. Der Lösungsweg dieser Aufgabe sollte genau verfolgt werden.

Prozess P5_KAP2

In einem Laborhandbuch wird folgende Angabe gemacht:
Beschreibung eines 0,1-mol-Ansatzes zur Herstellung von Nitrobenzol.
Zu n = 0,1 mol Benzol 100% wird in einem geeigneten Reaktionsgefäß bei ϑ = 5 °C eine Mischung von n = 0,1 mol Salpetersäure 100% und n = 0,3 mol Schwefelsäure 100% zugetropft. Es steht jedoch keine Salpetersäure 100% zur Verfügung, sondern es soll eine Salpetersäure mit einem Massenanteil $w(HNO_3)$ = 65% verwendet werden. Analog dazu wird eine Schwefelsäure mit $w(H_2SO_4)$ = 96% verwendet.
Nach dem Zutropfen wird 1 Stunde gekocht, und dann wird das entstandene Nitrobenzol über einen Reinigungsschritt isoliert und das rohe Nitrobenzol destillativ gereinigt. Es ist mit einer durchschnittlichen Ausbeute von 70% zu rechnen.
Die Reaktionsgleichung ist:

$$C_6H_6 + HNO_3 \xrightarrow{H_2SO_4} C_6H_5NO_2 + H_2O$$

Die Edukte reagieren im Reaktionsverhältnis 1 : 1, nach der vollständigen Reaktion sind die beiden Produkte im Verhältnis 1 : 1 entstanden. Zusätzlich wird noch Schwefelsäure als Reaktionsbeschleuniger eingesetzt (das ist die Angabe über dem Reaktionspfeil).

Es wird vom Laboranten mindestens m = 30 g reines Nitrobenzol gefordert, das er dann für eine weitere Reaktion benötigt.

Der **Prozess P5_KAP2** beschreibt einen 0,1-mol-Ansatz, er beschreibt die Verhältnisse der Edukte und deren Reaktionsbedingungen. Durch eine Vergrößerung der Stoffmengen unter Beibehaltung der Verhältnisse und Bedingungen können im Labor die geforderten Mengen hergestellt werden.

Nitrobenzol hat eine molare Masse von M = 123 g/mol (*bitte nachrechnen!*). Es sollen mindestens m = 30 g Nitrobenzol entstehen, also ergibt sich nach Gl. 2.55:

$$n = \frac{30\ \text{g}}{123\ \text{g/mol}} = \underline{0{,}244\ \text{mol}} \qquad \text{(Gl. 2.55)}$$

Um auf der sicheren Seite zu bleiben, entschließt sich der Laborant, statt eines 0,244-mol-Ansatzes einen 0,3-mol-Ansatz herzustellen, dabei ist allerdings die verminderte Ausbeute von 70% noch nicht berücksichtigt. Gegenüber der beschriebenen Ausgangsmenge (n = 0,1 mol Benzol) handelt es sich um einen dreifachen Ansatz (n = 0,3 mol Benzol).

Da die Edukte und die Produkte jeweils im Verhältnis 1 : 1 reagieren bzw. entstehen, werden daher n = 0,3 mol Benzol, n = 0,3 mol Salpetersäure mit $w(HNO_3)$ = 100% und zusätzlich $n = 3 \cdot 0{,}3$ mol = 0,9 mol Schwefelsäure 100% benötigt.

Für Benzol gilt

Die molare Masse von Benzol ist M = 78,1 g/mol. Es müssen n = 0,3 mol reines Benzol verwendet werden, das sind nach Gl. 2.56:

$$m(\text{Benzol}) = n \cdot M = 0{,}3\,\text{mol} \cdot 78{,}1\,\text{g/mol} = \underline{23{,}4\,\text{g}} \qquad \text{(Gl. 2.56)}$$

Es werden zunächst m = 23,4 g Benzol berücksichtigt.

Für die Schwefelsäure gilt

Die molare Masse von Schwefelsäure ist M = 98 g/mol. Die benötigte Masse an Schwefelsäure $w(H_2SO_4)$ = 100% ist nach Gl. 2.57:

$$m(H_2SO_4) = n \cdot M = 0{,}9\,\text{mol} \cdot 98\,\text{g/mol} = \underline{88{,}2\,\text{g}} \qquad \text{(Gl. 2.57)}$$

Da keine 100%ige Schwefelsäure vorhanden ist, muss auf die vorhandene Schwefelsäure mit $w(H_2SO_4)$ = 96% (entspricht der Dezimalzahl 0,96) umgerechnet werden. Das kann mit Gl. 2.58 bis Gl. 2.60 vorgenommen werden:

$$w(\text{x}) = \frac{m(\text{x})}{m_\text{L}} \qquad \text{(Gl. 2.58)}$$

nach dem Eintragen der Werte

$$0{,}96 = \frac{88{,}2\,\text{g}}{x} \qquad \text{(Gl. 2.59)}$$

wird nach x umgestellt:

$$x = \frac{88{,}2\,\text{g}}{0{,}96} = \underline{91{,}9\,\text{g}}\ \text{Schwefelsäure} \qquad \text{(Gl. 2.60)}$$

Es werden zunächst m = 91,9 g Schwefelsäure mit $w(H_2SO_4)$ = 96% benötigt.

Für die Salpetersäure gilt

Die molare Masse von Salpetersäure ist M = 63 g/mol. Die benötigte Stoffmasse m an Salpetersäure ist nach Gl. 2.61 zu berechnen:

$$m = n(\text{x}) \cdot M(\text{x}) = 0{,}3\,\text{mol} \cdot 63\,\text{g/mol} = \underline{18{,}9\,\text{g}} \qquad \text{(Gl. 2.61)}$$

Da keine reine Salpetersäure mit $w(HNO_3)$ = 100% vorhanden ist, muss auf eine Salpetersäure $w(HNO_3)$ = 65% umgerechnet werden. Das kann mit Gl. 2.62 bis Gl. 2.64 vorgenommen werden:

$$w(\text{x}) = \frac{m(\text{x})}{m_\text{L}} \qquad \text{(Gl. 2.62)}$$

$$0{,}65 = \frac{18{,}9\ \text{g}}{x} \qquad \text{(Gl. 2.63)}$$

$$x = \frac{18{,}9\ \text{g}}{0{,}65} = \underline{29{,}1\ \text{g}}\ \text{Salpetersäure} \qquad \text{(Gl. 2.64)}$$

Für eine Reaktion ohne Verluste (100% Ausbeute) werden m = 23,4 g Benzol, m = 29,1 g Salpetersäure mit $w(HNO_3)$ = 65% und m = 91,9 g Schwefelsäure mit $w(H_2SO_4)$ = 96% eingesetzt.

Die Reaktion verläuft aber – wie im Laborhandbuch angegeben – durchschnittlich nur zu 70%. Um auf der sicheren Seite zu bleiben, kalkuliert der Laborant «nur» eine Ausbeute von 65% (entspricht der Dezimalzahl 0,65) ein. Die Umrechnung erfolgt mit Gl. 2.65:

$$m_{\text{Effektiv}} = \frac{m_{\text{Theorie}}}{\text{Ausbeute in einer Dezimalzahl}} \qquad \text{(Gl. 2.65)}$$

Für das Benzol (100%) gilt Gl. 2.66:

$$m(\text{Benzol}) = \frac{23{,}4\ \text{g}}{0{,}65} = \underline{36{,}0\ \text{g}} \qquad \text{(Gl. 2.66)}$$

Für die Salpetersäure mit $w(HNO_3)$ = 65% gilt Gl. 2.67:

$$m(\text{Salptersäure}) = \frac{29{,}1\ \text{g}}{0{,}65} = \underline{44{,}8\ \text{g}} \qquad \text{(Gl. 2.67)}$$

Für die Schwefelsäure mit $w(H_2SO_4)$ = 96% gilt Gl. 2.68:

$$m(\text{Schwefelsäure}) = \frac{91{,}9\ \text{g}}{0{,}65} = \underline{141{,}4\ \text{g}} \qquad \text{(Gl. 2.68)}$$

Vertiefungsübung V2.17

Berechnen Sie mit den errechneten Einsatzmengen die Menge an Nitrobenzol, die entstehen würde, wenn der Ansatz mit einer Ausbeute von 70% verläuft. Werden die geforderten m = 30 g Nitrobenzol tatsächlich hergestellt?

Informationssuche

Suchen Sie in entsprechender Literatur, Datenbanken, Lexika oder im Internet (z.B. http://de.wikipedia.org/wiki/Hauptseite) nach Informationen, in welchen labortypischen Geräten die Edukte Benzol, Salpetersäure und Schwefelsäure zu Nitrobenzol umgesetzt werden könnten. Welche Stoffeigenschaften haben Benzol und Nitrobenzol?

Zusammen werden als Edukte m = 36,0 g Benzol, m = 44,8 g Salpetersäure mit $w(HNO_3)$ = 65% und m = 141,4 g Schwefelsäure mit $w(H_2SO_4)$ = 96% eingesetzt. Das sind zusammen $\underline{m = 222{,}2\ \text{g}}$ Gesamtedukt.

Der Laborant muss sich nun Gedanken über die Größe des Reaktionsgefäßes machen. Um das abzuschätzen, ist die Berechnung des Eduktgesamtvolumens notwendig. Die Umrechnung von der Masse zum Volumen kann mit Hilfe der Dichte vorgenommen werden.

Definition «Dichte» ϱ

Unter der Dichte ϱ versteht man den Quotienten aus der Masse m und dem Volumen V eines festen, flüssigen oder gasförmigen Stoffes (Gl. 2.69). Die im Labor verwendete Einheit ist üblicherweise g/cm³.

$$\varrho = \frac{m}{V} \qquad \text{(Gl. 2.69)}$$

Da das Volumen eines Körpers temperaturabhängig ist (die Masse *nicht!*), ist die Dichte ebenfalls von der Temperatur abhängig.

Informationssuche

Suchen Sie in entsprechender Literatur, Datenbanken, Lexika oder im Internet (z.B. http://de.wikipedia.org/wiki/Hauptseite) nach der «Messung der Dichte von Feststoffen und Flüssigkeiten» und erfassen Sie die Zusammenhänge.

Vertiefungsübung V2.18

Die Dichte von Ethanol wird bei ϑ = 20 °C mit ϱ = 0,793 g/cm³ gemessen. Wird die Dichte bei ϑ = 5 °C kleiner oder größer sein? Begründen Sie Ihre Aussage!

Die Dichte der wichtigsten Chemikalien ist aus Tabellenwerken oder Internet-Recherchen zu entnehmen. Um das Gesamtvolumen vom **Prozess P5_KAP2** abzuschätzen, werden folgende Dichten benötigt:

- Benzol 0,865 g/cm³
- Salpetersäure mit $w(HNO_3)$ = 65% 1,41 g/cm³
- Schwefelsäure mit $w(H_2SO_4)$ = 96% 1,94 g/cm³

(jeweils bei ϑ = 5 °C, der Reaktionstemperatur)

Durch Umstellen der Gl. 2.70 kann das Volumen jeder Komponente berechnet werden:

$$V = \frac{m}{\varrho} \qquad \text{(Gl. 2.70)}$$

Für Benzol gilt Gl. 2.71:

$$V(\text{Benzol}) = \frac{36{,}0\ \text{g}}{0{,}865\ \text{g/cm}^3} = \underline{41{,}6\ \text{cm}^3} \qquad \text{(Gl. 2.71)}$$

Für Salpetersäure mit $w(HNO_3) = 65\%$ gilt Gl. 2.72:

$$V(\text{Salpetersäure}) = \frac{44{,}8\ \text{g}}{1{,}41\ \text{g/cm}^3} = \underline{31{,}8\ \text{cm}^3} \qquad \text{(Gl. 2.72)}$$

Für Schwefelsäure mit $w(H_2SO_4) = 96\%$ gilt Gl. 2.73:

$$V(\text{Schwefelsäure}) = \frac{141{,}4\ \text{g}}{1{,}94\ \text{g/cm}^3} = \underline{72{,}9\ \text{cm}^3} \qquad \text{(Gl. 2.73)}$$

Zusammen ergibt das 41,6 cm³ + 31,8 cm³ + 72,9 cm³ = 146,3 cm³ Edukt unter der Voraussetzung, dass keine Volumenkontraktion auftritt.

Um die Rührintensität in der Reaktionsapparatur bei der Herstellung von Nitrobenzol zu optimieren, sollte ein Reaktionsgefäß nicht weniger als 20% und nicht mehr als ca. 70% gefüllt sein.

Vertiefungsübung V2.19

In welchen Apparaturen kann die Nitrobenzolreaktion ablaufen?

- ❑ 100-mL-Apparatur
- ❑ 250-mL-Apparatur
- ❑ 500-mL-Apparatur
- ❑ 1000-mL-Apparatur

Vertiefungsübung V2.20

Berechnen Sie das Volumen der im **Prozess P4_KAP2** (Reaktion von Zink mit Salzsäure) verwendeten Edukte, in dem Sie aus Datenbanken die Dichte der Edukte (bei Raumtemperatur) entnehmen und das Gesamtvolumen des Ansatzes abschätzen. Welches Gerätevolumen würden Sie verwenden?

Der nächste Abschnitt beschäftigt sich mit der Steuerung eines Reaktionsprozesses mit Hilfe des *pH*-Wertes.

2.7 *pH*-Wert

In den bereits erläuterten **Prozessen P1_KAP2 und P2_KAP2** handelt es sich jeweils um eine Neutralisationsreaktion. Reagieren die Edukte «Säure» und «Base» miteinander, so entstehen die Reaktionsprodukte «Salz» und «Wasser».

Mit Hilfe stöchiometrischer Zusammenhänge kann man – wie in den Prozessen beschrieben – genau berechnen, wie viel man von einer Säure benötigt, um die Base vollständig zu neutralisieren. Bei geringen Mengen der Edukte im Labor, die man sehr genau mit der Analysewaage abwiegen kann, ist der Neutralisationsprozess gut steuerbar. Beim Einsatz großer Mengen, z.B. in einer Kläranlage, können die Eduktmengen nicht erforderlich genau abgewogen werden. Es wird dann voraussichtlich immer etwas von der Säure oder von der Base nach der Reaktion übrig bleiben, weil der jeweils andere Reaktionspartner bereits verbraucht ist. Um die Reste des übrig gebliebenen Reaktionspartners doch noch zu neutralisieren, gibt man vorsichtig so lange den anderen Reaktionspartner zu, bis dann alles neutralisiert ist. Man benötigt einen Messparameter, der die Vollständigkeit der Neutralisation anzeigt.

Früher wurde dazu eine Farbstofflösung verwendet, die ihre Farbe dann ändert, wenn die Neutralisation eingetreten ist. Einen solchen Farbstoff nennt man «Neutralisationsindikator». Z.B. ist Phenolphthalein ein solcher Indikator, der im «sauren» Bereich farblos ist, im «basischen» Bereich nach blaurot umschlägt und im «neutralen» Bereich eine hellrosa Farbe annimmt. Bei Synthesen benutzt man solche Farbstoffe nicht gerne, weil der zugegebene Farbstoff das Produkt verunreinigt. Bei solchen Synthesen wird bevorzugt der «*pH*-Wert» als Parameter zur Ablaufkontrolle der Neutralisationsreaktion benutzt. Mit Hilfe des gemessenen *pH*-Wertes kann der Neutralbereich genau bestimmt werden. Der *pH*-Wert wird heute in der Praxis mit einer Messelektrode und einem dazu gehörigen *pH*-Meter gemessen (Bild 2.3). Der Umgang mit den Elektroden und die Kalibrierung des Gerätes ist einschlägigen Praktikumsbüchern zu entnehmen.

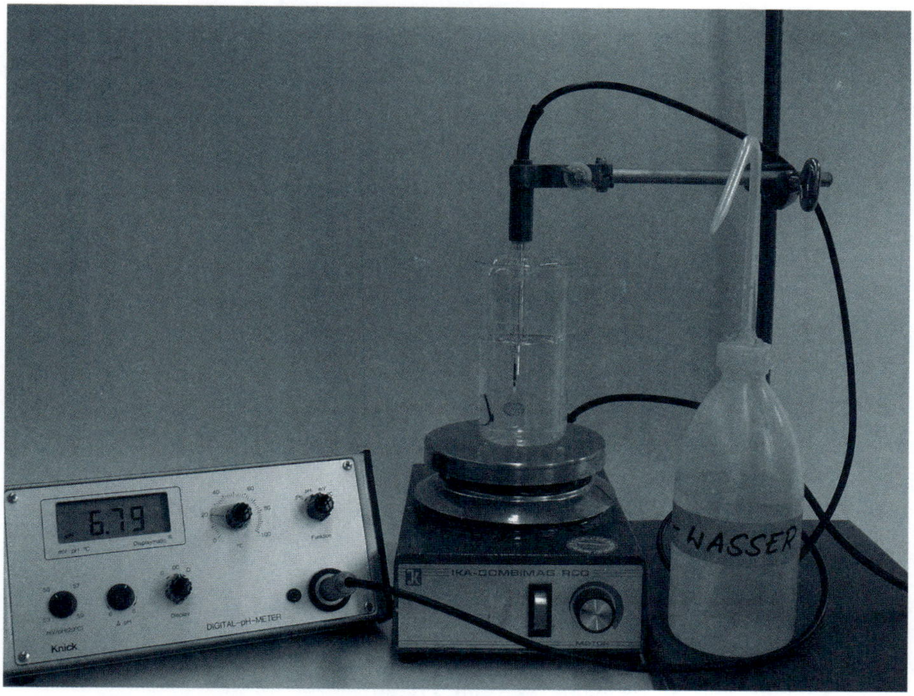

Bild 2.3 *pH*-Elektrode und *pH*-Meter

Informationssuche

Suchen Sie in entsprechender Literatur, Datenbanken, Lexika oder im Internet (z.B. http://de.wikipedia.org/wiki/Hauptseite) nach dem Begriff «*pH*-Wert-Messung» und erfassen Sie die Zusammenhänge.

Der *pH*-Wert spielt in der anorganischen und organischen Chemie eine große Rolle. Viele Prozesse und deren Ausbeute sowie die Produktqualität sind vom *pH*-Wert abhängig. Auch in der Biologie ist der *pH*-Wert ein wichtiger Parameter. So ist z.B. der *pH*-Wert von Blut sehr stabil, eine Veränderung kann eine lebensgefährliche Bedrohung auslösen.

Wenn eine Säure in Wasser gelöst wird, spaltet sie sich von selbst in frei bewegliche H^+-Ionen, die in Wasser positiv geladene «Oxoniumionen» bilden, und in frei bewegliche, negativ geladene «Säurerestionen».

Definition «Ionen»

Unter Ionen versteht man negativ oder positiv geladene Teilchen, die aus einem neutralen Molekül entstanden sind. Die negativen Ionen heißen «Anionen», die positiven Ionen «Kationen».

Die selbständige Aufspaltung unter Wassereinfluss wird auch *elektrolytische Dissoziation* genannt. Z.B. dissoziiert Essigsäure unter Einfluss von Wasser in positiv geladene Oxoniumionen (H_3O^+) und negativ geladene Acetationen (CH_3COO^-) gemäß Gl. 2.74:

$$CH_3COOH + H_2O \rightleftharpoons H_3O^+ + CH_3COO^- \qquad \text{(Gl. 2.74)}$$

Das negative Acetation CH_3COO^- ist ein «Anion».

Da bei der elektrolytischen Dissoziation von Säuren und Basen in wässriger Lösung immer Protonen (H^+) übertragen werden, spricht man auch generell von einer Protolyse.

Eine Base protolysiert unter Wassereinfluss in einen Metallrest und die basisch wirkenden OH^--Ionen nach Gl. 2.75:

$$NaOH \xrightleftharpoons{H_2O} Na^+ + OH^- \qquad \text{(Gl. 2.75)}$$

Der Doppelpfeil in der Reaktion deutet an, dass die Reaktion nicht nur von der linken zur rechten Seite, sondern auch umgekehrt verläuft. Allerdings stellt sich nach kurzer Zeit ein «Gleichgewicht» ein, sodass die Reaktion nach außen hin unbeweglich erscheint.

Es werden immer wieder Oxoniumionen und Acetationen zurück zu Essigsäure und Wasser reagieren (Rückreaktion). Es tritt dann ein Gleichgewicht ein, wenn genau so viele Oxoniumionen neu entstehen, wie wieder zurückreagieren. Die Reaktion ist dann zum «Stillstand» gekommen. Mehr dazu ist in Kapitel 5 beschrieben.

Vertiefungsübung V2.21

Stellen Sie die Reaktionsgleichung für folgende Protolysereaktionen auf:

a) Salpetersäure zu Oxonium- und Nitrationen
b) Schwefelsäure zu Oxonium- und Sulfationen

Mit Hilfe des *pH*-Werts kann man messen, welche Stoffmenge *n* an «Oxoniumionen» entstanden ist. Bei der Essigsäure beträgt die Ausbeute an Oxoniumionen nur etwas unter 1%. Das Gleichgewicht liegt somit auf der linken «Essigsäureseite». Man sagt: Essigsäure ist eine «schwach dissoziierte» Säure mit einem Protolysegrad von unter 1%. Die Salzsäure protolysiert z.B. zu einem sehr viel höheren Prozentsatz in Oxoniumionen und Chloridionen gemäß Gl. 2.76:

$$HCl + H_2O \rightleftharpoons H_3O^+ + Cl^- \qquad \text{(Gl. 2.76)}$$

Der Grad der Protolyse beträgt über 90%. Salzsäure ist demnach eine «stark protolysierte Säure». In Kapitel 4 und 5 werden diese Gleichgewichtszusammenhänge noch näher beschrieben.

Der *pH*-Wert ist ein Maß für die Konzentration an Oxoniumionen (H_3O^+) in einer wässrigen Lösung und liefert die Information, ob eine Lösung sauer, neutral oder alkalisch ist. Der *pH*-Wert wird wie folgt definiert:

Definition «*pH*-Wert»

Der *pH*-Wert ist der negative, dekadische Logarithmus des Zahlenwertes der Oxoniumionen-Stoffmengenkonzentration (mol/L) gemäß Gl. 2.77:

$$pH = -\lg c(H_3O^+) \qquad \text{(Gl. 2.77)}$$

Der *pH*-Wert-Bereich erstreckt sich bei einer Temperatur von $\vartheta = 20\ °C$ von $pH = 0$ (sehr sauer) über den Wert $pH = 7$ (neutral) bis zu $pH = 14$ (sehr basisch). Der genaue *pH*-Wert-Bereich ist Bild 2.4 zu entnehmen.

Die Berechnung des *pH*-Wertes erfolgt mathematisch mit Hilfe von Logarithmen. In der folgenden logarithmischen Gl. 2.78:

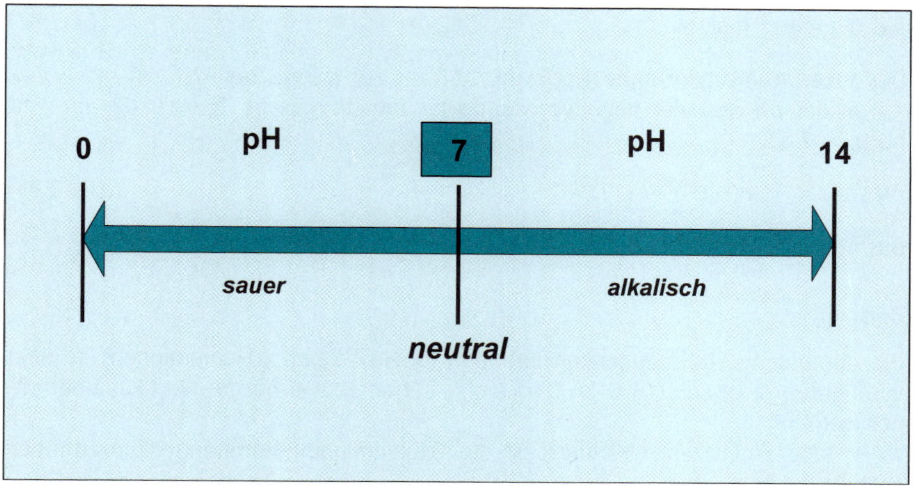

Bild 2.4 *pH*-Wert-Bereich von 0…14

$$y = a^x \qquad \text{(Gl. 2.78)}$$

ist *a* die sog. «Basis» und die Hochzahl (Exponent) x der «Logarithmus» von *y*.

Definition «Logarithmus»

Der Logarithmus (zur Basis *a*) einer Zahl *y* ist diejenige Zahl *x*, mit der man die Basis *a* potenzieren muss, um die Zahl *y* zu erhalten. Der Logarithmus ist also ein Exponent (Hochzahl). Will man den Logarithmus (den «Exponenten») berechnen, muss man die Gleichung 2.79 «logarithmieren» (s. dazu Gl. 2.79):

$$x = \log_a \cdot y \qquad \text{(Gl. 2.79)}$$

Wird konsequent die Basis $a = 10$ benutzt, verwendet man statt «log» die Bezeichnung «lg», den dekadischen Logarithmus (s. dazu Gl. 2.80):

$$\log_{10} y = \lg y \qquad \text{(Gl. 2.80)}$$

Dieser dekadische Logarithmus ist zur Berechnung von *pH*-Wert-Zusammenhängen bei den folgenden Beispielaufgaben zu verwenden.

Zunächst soll geklärt werden, warum nach Bild 2.4 der Neutralbereich eines Mediums durch den *pH*-Wert von 7 repräsentiert wird. Wie in Abschnitt 2.1 bereits erläutert , wird eine starke Säure durch eine starke Base zu Wasser und einem Salz neutralisiert. Die sauer wirkenden H^+-Ionen werden nach Gl. 2.81 durch die basisch wirkenden OH^--Ionen zu Wasser neutralisiert.

$$H^+ + OH^- \rightleftharpoons H_2O \qquad \text{(Gl. 2.81)}$$

Zunächst erscheint es, dass im neutralen Wasser nach einer Neutralisation die sauer wirkenden H^+-Ionen nicht mehr vorhanden sind. Durch genaue Leitfähigkeitsuntersuchungen hat man jedoch festgestellt, dass in 1 L neutralem Wasser eine Oxonium-Stoffmengenkonzentration von $c(H_3O^+) = 0{,}000\,0001$ mol/L (bei $\vartheta = 20$ °C) vorhanden ist. Man bezeichnet den natürlichen Prozess der H_3O^+-Entstehung als «Autoprotolyse des Wassers» (s. auch Kapitel 5). Wird die H_3O^+-Konzentration von neutralem Wasser von $c(H_3O^+) = 0{,}000\,0001$ mol/L in eine Potenzzahl umgewandelt, erhält man Gl. 2.82:

$c(H_3O^+) = 10^{-7}$ mol/L (Gl. 2.82)

Der dekadische Logarithmus (Hochzahl zur Basis 10) wäre daher −7.

Da der *pH*-Wert der negative dekadische Logarithmus ist, beträgt der *pH*-Wert nach Gl. 2.83:

$pH\text{-Wert} = -\lg c(H_3O^+) = -(-7) = \underline{7}$ (Gl. 2.83)

Das neutrale Wasser hat den *pH*-Wert von 7.

Beispiel

Die gemessene Stoffmengenkonzentration an H_3O^+-Ionen (Oxoniumionen) in einer verdünnten Säure soll $c(H_3O^+) = 0{,}01$ mol/L betragen. Welcher *pH*-Wert kann berechnet werden?

In eine Potenzzahl überführt, ist die Oxoniumionen-Stoffmengenkonzentration nach Gl. 2.84:

$c(H_3O^+) = 10^{-2}$ mol/L (Gl. 2.84)

Der dekadische Logarithmus (Hochzahl zur Basis 10) wäre daher −2.
Da der *pH*-Wert der negative dekadische Logarithmus ist, beträgt er nach Gl. 2.85:

$pH\text{-Wert} = -\lg c(H_3O^+) = -(-2) = \underline{2}$ (Gl. 2.85)

Die verdünnte Säure hat einen *pH*-Wert von 2.

Beispiel

Welche Oxoniumionen-Stoffmengenkonzentration hat eine Lösung, deren *pH*-Wert 0 ist?
Da der *pH*-Wert der Exponent ist, kann man Gl. 2.86 aufstellen:

$c(H_3O^+) = 10^{-pH}$ (Gl. 2.86)

Setzt man in Gl. 2.86 den *pH*-Wert = 0 ein, so erhält man Gl. 2.87:

$c(H_3O^+) = 10^{-0} = \underline{1\ \text{mol/L}}$ (Gl. 2.87)

Die Stoffmengenkonzentration an Oxoniumionen beträgt $c = 1$ mol/L.

Beispiel

Welche Oxoniumionen-Stoffmengenkonzentration hat eine Lösung, deren *pH*-Wert 4 ist?
Setzt man in Gl. 2.86 den *pH*-Wert 4 ein, so erhält man Gl. 2.88:

$c(H_3O^+) = 10^{-4}$ (Gl. 2.88)

Der dezimale Wert von 10^{-4} ist 0,0001, so dass die Oxoniumionen-Stoffmengenkonzentration $c(H_3O^+) = \underline{0{,}0001\ \text{mol/L}}$ beträgt.

Etwas schwieriger wird es, wenn der *pH*-Wert keine ganze Zahl annimmt, sondern eine gebrochene Zahl ist. Es werden wieder die mathematischen Gesetzmäßigkeiten des Logarithmierens konsequent angewendet.

Beispiel

Der *pH*-Wert einer verdünnten Säure beträgt 3,5. Welche Oxoniumionen-Stoffmengenkonzentration c in mol/L hat die Säure?

Zunächst werden Gl. 2.89 und Gl. 2.90 aufgestellt:

$$c(H_3O^+) = 10^{-pH} \qquad \text{(Gl. 2.89)}$$

$$c(H_3O^+) = 10^{-3,5} \qquad \text{(Gl. 2.90)}$$

Auf einem wissenschaftlichen Taschenrechner ruft man die Funktion <10^x> auf und tippt −3,5 ein. Nach Drücken der Ergebnistaste erhält man: 0,000316. (Die Vorgehensweise kann auf einigen Rechnern anders sein, ggf. ist das Handbuch des Rechners zu studieren.)

Es wären also 0,000316 mol/L (oder $3{,}16 \cdot 10^{-4}$ mol/L) Oxoniumionen in der Lösung durch Protolyse entstanden. In Excel müsste die Funktion < =10^-3,5 > eingetippt werden.

Beispiel

Die Oxoniumionen-Stoffmengenkonzentration einer Lösung wäre $c = 0{,}000316$ mol/L. Welchen *pH*-Wert hat die Lösung?

Zunächst wird Gl. 2.91 aufgestellt und der Wert 0,000316 eingesetzt:

$$c(H_3O^+) = 10^{-pH} \qquad \text{(Gl. 2.91)}$$

$$0{,}000316 = 10^{-pH} \qquad \text{(Gl. 2.92)}$$

Dann wird links und rechts die komplette Gleichung logarithmiert (s. Gl. 2.93):

$$\lg 0{,}000316 = \lg 10 \cdot (-pH) \qquad \text{(Gl. 2.93)}$$

Der dekadische Logarithmus von 10 ist 1 (lg 10 = 1), so dass sich Gl. 2.93 vereinfacht zu Gl. 2.94:

$$\lg 0{,}000316 = 1 \cdot (-pH) \qquad \text{(Gl. 2.94)}$$

Man tippt nun in den Taschenrechner 0,000316 ein, drückt dann die <lg>-Taste (bei manchen Rechnern die <log>-Taste oder die gesamte umgekehrte Reihenfolge, bitte ausprobieren!) und erhält als Ergebnis: −3,5. In Excel müsste < =log(0,000316) > eingetippt werden.

Das negative Ergebnis wird nun negativiert, man erhält nach Gl. 2.95 einen positiven *pH*-Wert:

$$-(-3{,}5) = \underline{3{,}5} \qquad \text{(Gl. 2.95)}$$

Die Lösung hat einen *pH*-Wert von 3,5.

II▶

Vertiefungsübung V2.22

Eine schwach saure Lösung hat einen *pH*-Wert von 5,5. Berechnen Sie die Oxoniumionen-Stoffmengenkonzentration *c* der Lösung.

Zum Schluss dieses Kapitels wird nachfolgend der komplizierte **Prozess P6_KAP2** beschrieben. Es sollte anhand der Beschreibung versucht werden – ggf. mehrmalig – den Prozess möglichst genau nachzuvollziehen und zu verinnerlichen. In diesem durchaus realen Prozess sind alle Arbeitsschritte dieses Kapitels zusammengefasst.

▶▶▶

Prozess P6_KAP2

In einer Kläranlage soll das Abwasser eines Vorklärbeckens, das leicht sauer ist, für die nachfolgende Klärung mit Calciumhydroxid, $Ca(OH)_2$, neutralisiert werden.

Das verwendete Calciumhydroxid hat einen Reinheitsgrad von $w(Ca(OH)_2) = 95\%$, die Neutralisationsreaktion verläuft zu 100%. Das Abwasser nimmt ein Volumen von 50 m^3 ein, und es wird ein *pH*-Wert von 2,1 gemessen. Wie viel g $Ca(OH)_2$ sind dem Abwasser zuzusetzen, damit es neutralisiert wird?

Informationssuche

Suchen Sie in Datenbanken, Lexika oder im Internet (z.B. http://de.wikipedia.org/wiki/Hauptseite) nach «Biologische Klärung von Abwässern» und erfassen Sie die Zusammenhänge.

Zunächst wird die Reaktionsgleichung aufgestellt. Da aus der Prozessbeschreibung nicht zu entnehmen ist, um welche Säure es sich handelt, geht man direkt von den Oxoniumionen aus (Gl. 2.96):

$$2\ H_3O^+ + Ca(OH)_2 \rightleftharpoons Ca^{2+} + 4\ H_2O \qquad \text{(Gl. 2.96)}$$

(*Bitte nachprüfen!*)

Das zu klärende Abwasser hat einen *pH*-Wert von 2,1, das entspricht einer Konzentration an Oxoniumionen gemäß Gl. 2.97 und Gl. 2.98:

$$c(H_3O^+) = 10^{-pH} \qquad \text{(Gl. 2.97)}$$

$$c(H_3O^+) = 10^{-2,1} \qquad \text{(Gl. 2.98)}$$

Durch Eintippen von <10^x> und <–2,1> in den Taschenrechner erhält man eine Stoffmengenkonzentration an Oxoniumionen von c = <u>0,00794 mol/L.</u>

Im Abwasserbecken befinden sich $V = 50\ m^3$ Wasser, das sind 50 · 1000 L = 50 000 L. Im Becken befinden sich demnach aus Gl. 2.99:

$$n = 0{,}00794\ \frac{\text{mol}}{\text{L}} \cdot 50\,000\ \text{L} = \underline{397{,}16\ \text{mol}} \qquad \text{(Gl. 2.99)}$$

Nach der Reaktionsgleichung (2.97) wird zum Neutralisieren für n = 2 mol Oxoniumionen genau n = 1 mol Calciumhydroxid benötigt, also benötigen n = 397,16 mol Oxoniumionen zur Reaktion n = 198,58 mol Calciumhydroxid (2 : 1). Die molare Masse von Calciumhydroxid beträgt M = 74,1 g/mol. Die Masse m an Calciumhydroxid ist demnach Gl. 2.100:

$$m(Ca(OH)_2) = n(Ca(OH)_2) \cdot M(Ca(OH)_2) = 198{,}58\ \text{mol} \cdot 74{,}1\ \text{g/mol} = \underline{14\,714{,}78\ \text{g}} \qquad \text{(Gl. 2.100)}$$

Die Stoffmasse gilt für Calciumhydroxid, wenn es rein wäre. Das verwendete Calciumhydroxid hat eine Reinheit von $w(Ca(OH)_2) = 95\%$ (entspricht der Dezimalzahl 0,95). Die Umrechnung ist aus Gl. 2.101 bis Gl. 2.103 zu erkennen:

$$w(x) = \frac{m_{\text{rein}}}{m_{\text{Gemisch}}} \qquad \text{(Gl. 2.101)}$$

$$m_{\text{Gemisch}} = \frac{m_{\text{rein}}}{w(x)} \qquad \text{(Gl. 2.102)}$$

$$m_{\text{Gemisch}} = \frac{14\,714{,}78\ \text{g}}{0{,}95} = \underline{15\,489{,}24\ \text{g}}\ (= 15{,}5\ \text{kg}) \qquad \text{(Gl. 2.103)}$$

Es müssen *m* = 15,5 kg Calciumhydroxid mit einer Reinheit von *w* = 95% in das Becken gegeben werden, damit die von der Säure stammenden H_3O^+-Ionen vollständig abreagieren und die Lösung neutral wird.

Vertiefungsübung V2.23

Wie viel kg müssten zum Abwasser zugesetzt werden, wenn im **Prozess P6_KAP2** statt $Ca(OH)_2$ eine Natronlauge mit einem Massenanteil von *w*(NaOH) = 40% verwendet worden wäre?

Haben Sie die Vertiefungsübung V2.23 lösen können? Dann haben Sie eine gute Grundlage, um sich in späteren Kapiteln die chemischen Reaktionen noch mehr zu erschließen. Im nächsten Kapitel werden Trennungen von Gemischen und die chemisch-physikalischen Hintergründe der Trennverfahren näher untersucht.

3 Trennen von Stoffsystemen

In diesem Kapitel werden die wichtigsten physikalischen Eigenschaften von chemischen Substanzen erläutert, die zum Trennen von Gemischen genutzt werden können. In einem umfassenden Prozess wird exemplarisch die Gewinnung eines Gemisches und die Isolierung seiner Bestandteile untersucht.

Dieses Kapitel enthält wesentliche Teile des Lernfelds 2 aus dem Rahmenlehrplan der Kultusministerkonferenz (KMK): «Trennen von Stoffsystemen».

Beschreibung der Prozesse P1_KAP3...P5_KAP3

Koks wird aus aschearmer Steinkohle durch Erhitzen gewonnen. Die flüchtigen Bestandteile werden dadurch entfernt, dass die Kohle in einem Ofen unter Luftausschluss bei ca. $\vartheta = 1450\ °C$ erhitzt wird. Bei der Koksherstellung fällt als Nebenprodukt Steinkohlenteer an. Ca. 50% dieses Rohstoffs wird zu Bindemitteln für die Herstellung von Elektroden in der Aluminiumindustrie und in der Stahlindustrie verarbeitet. Aus weiteren 25% des Steinkohlenteers werden hochwertige Öle zur Herstellung von Ruß gewonnen. Die letzten 25% werden Mitteldestillat genannt, aus dem mengenmäßig das wichtigste Produkt das Naphthalin ist. Daneben finden sich noch Kresole (vor allem p-Kresol) im Destillat.

In den nachfolgenden Prozessen sollen m = 200 g der Naphthalin/p-Kresol-Mischung aus dem Mitteldestillat mit einem Massenanteil von w(Naphthalin) = 50% und w(p-Kresol) = 50% durch verschiedene Trennmethoden aufgearbeitet werden.

Im **Prozess P1_KAP3** soll Naphthalin aus dem Mitteldestillat durch Abdestillation von p-Kresol gereinigt werden. Dabei verbleibt Naphthalin im Rückstand und p-Kresol geht in das Destillat über. In diesem Prozess werden die Aggregatzustände, die typischen Übergänge und ihre Gesetzmäßigkeiten erläutert.
Im **Prozess P2_KAP3** wird eine Feinreinigung des Naphthalins durch Entfernung der immer noch im Rückstand des **Prozesses P1_KAP3** verbliebenen, geringen p-Kresol-Reste durch eine Feststoffextraktion beschrieben.
Die Reste des p-Kresols aus dem Naphthalinrückstand können auch durch Umkristallisation entfernt werden, davon handelt **Prozess P3_KAP3**.
Im **Prozess P4_KAP3** werden die Reste des p-Kresols aus dem Extrakt der Feststoffextraktion (**Prozess P2_KAP3**) durch eine Flüssig-Flüssig-Extraktion isoliert und gemeinsam mit dem Extraktionsmittel einer geregelten Entsorgung durch eine Verbrennung unterworfen (**Prozess P5_KAP3**). Aus Bild 3.1 ist der Verlauf der Prozesse zu erkennen.
Zunächst sollen die Daten von Naphthalin und p-Kresol zusammengetragen werden, die die stofflichen Eigenschaften der beiden Chemikalien charakterisieren. Wo findet man diese Informationen über chemische Stoffe?

Heute ist es effektiv und bequem, die Daten aus dem Internet zusammenzutragen. Z.B. stehen unter **www.chemlin.de/metachemie/chemikalien.htm** mehrere Datenbänke zur Verfügung (z.B. ChemExper oder ChemDat). Um effektiv zu suchen, benötigt man einen Suchschlüssel, der die Chemikalie eindeutig in der Datenbank identifiziert. Für jeden chemisch bekannten Stoff existiert eine eindeutige, unverwechselbare CAS-Nummer (*C*hemical *A*bstract *S*ervices Registry Number). Bei vielen Datenbanken – kostenpflichtige und kostenfreie – dient die CAS-Nummer als direkter Suchschlüssel.

CAS-Nummern bestehen aus 3 Zahlenblöcken, die durch 2 Bindestriche getrennt sind. Die Nummern werden in aufsteigender Reihenfolge vergeben. Im Jahr 2005 konnten über 24,5 Mio. CAS-Nummern verzeichnet werden, wobei täglich durchschnittlich ca. 4500 neue hinzukommen. Die CAS-Nummer für Naphthalin ist CAS 91-20-3, die von p-Kresol 106-44-5.

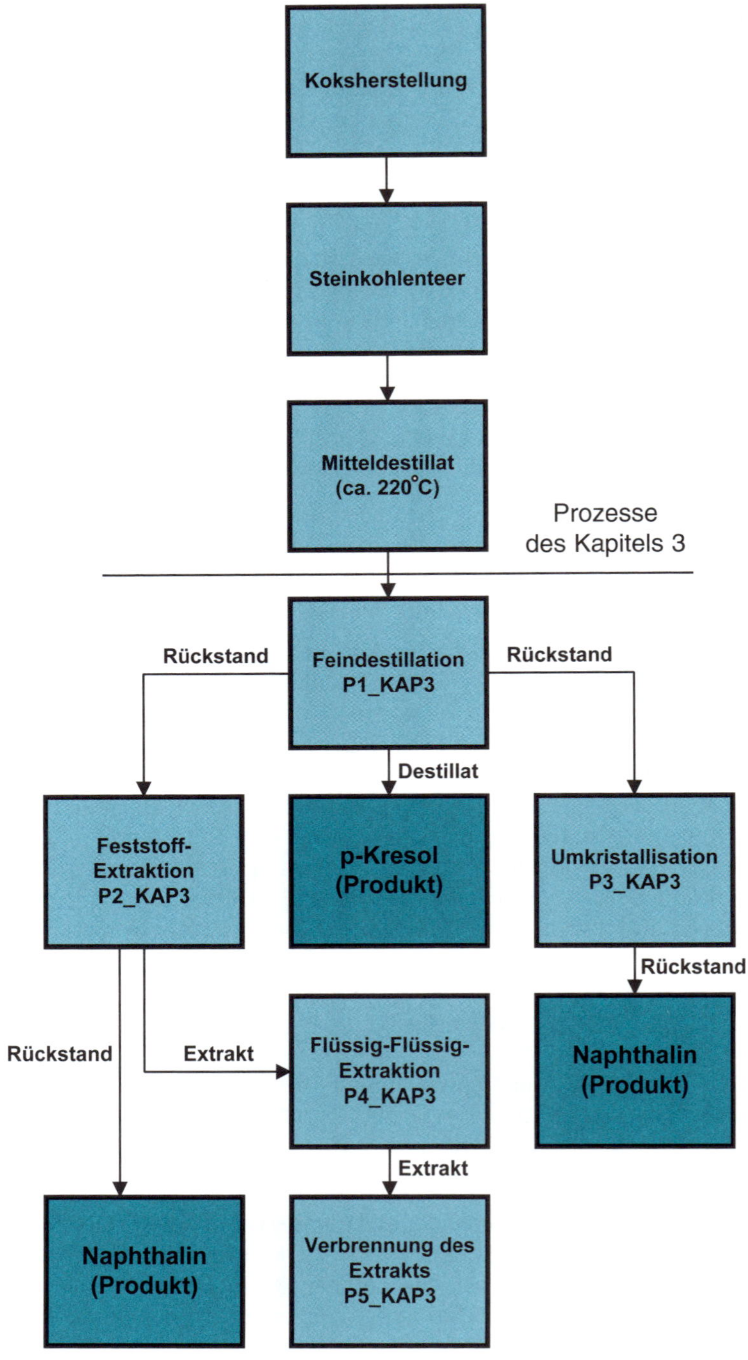

Bild 3.1 Verlauf der Prozesse **P1_KAP3...P5_KAP3**

Informationssuche

Suchen Sie im Internet (ausgehend z.B. von http://de.wikipedia.org/wiki/Hauptseite oder www.chemlin.de) nach chemischen Datenbanken, die die CAS-Nummer verwenden.

Hier die zusammengetragenen Daten der beiden Substanzen:

Naphthalin

Summenformel: $C_{10}H_8$, M = 128,17 g/mol, Dichte ϱ = 1,14 g/cm³, Schmelzpunkt ϑ_m = 80 °C, Siedepunkt ϑ_b = 218 °C, Löslichkeit L = 0,3 g/L in Wasser, Löslichkeit in Benzol L = 1,13 g/L, Löslichkeit in Toluol L = 910 g/L, Löslichkeit in Hexan L = 730 g/L (alle Angaben bei ϑ = 20 °C), die maximale Löslichkeit in Aceton bei ϑ = 20 °C beträgt L = 93 g/L, die maximale Löslichkeit im siedenden Aceton (ϑ_b = 56 °C) beträgt L = 125 g/L.

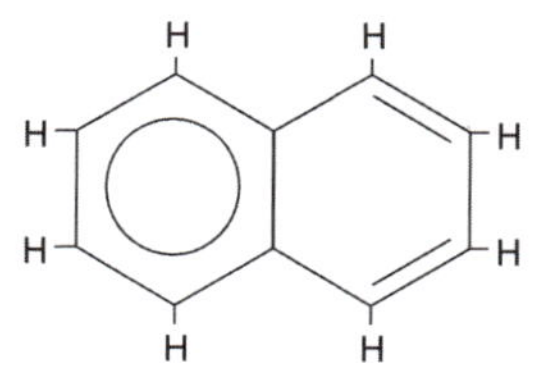

Bild 3.2
Strukturformel von Naphthalin

p-Kresol

Summenformel: C_7H_8O, M = 108,4 g/mol, Dichte ϱ = 1,034 g/cm³, Schmelzpunkt ϑ_F = 32...34 °C, Siedepunkt ϑ_B = 202 °C, die maximale Löslichkeit bei ϑ = 20 °C beträgt L = 20 g/L in Wasser.

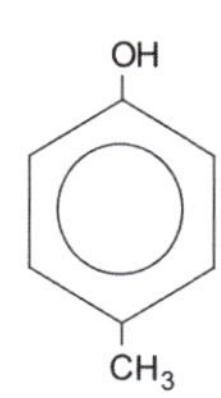

Bild 3.3
Strukturformel von p-Kresol

3.1 Trennen durch Aggregatzustandsänderungen

Anhand des Schmelzpunkts von Naphthalin (ϑ_m = 80 °C) kann man erkennen, dass die Substanz **bei Raumtemperatur** ein fester Stoff ist. In Kapitel 2 wurde definiert, dass ein fester Stoff einen klar bestimmbaren Raum einnimmt und eine feste Gestalt hat.

Riecht man am festen Naphthalin, kann ein ausgeprägter Geruch nach «Mottenkugeln» festgestellt werden. Der typische Geruch macht sich nach einiger Zeit im ganzen Raum bemerkbar. Das ist nur dann möglich, wenn der feste Stoff in den gasförmigen übergegangen ist. Dabei ist er vorher nicht flüssig geworden. Diesen direkten

Übergang vom festen zum gasförmigen (gasigen) Aggregatzustand nennt man «Sublimation». Naphthalin ist ein Beispiel für einen sublimierenden Stoff, andere sublimierende Stoffe sind z.B. Iod (I_2), Ammoniumchlorid (NH_4Cl), festes Kohlenstoffdioxid («Trockeneis») und Campher (Einreibemittel bei Husten).

Definition «Sublimation»

Unter Sublimation versteht man den direkten Übergang eines Stoffes von einem festen Aggregatzustand in den gasförmigen, ohne dass vorher der Feststoff flüssig geworden ist. Den umgekehrten Vorgang nennt man Resublimation.

Befindet sich in einem Gemisch eine Substanz, die leicht sublimiert, und andere Begleitstoffe, die nicht sublimieren, kann der sublimierende Stoff durch eine Sublimation entfernt werden. Durch eine Resublimation des Dampfes kann der isolierte Stoff wieder in den festen, ursprünglichen Zustand gebracht werden.

Informationssuche

Suchen Sie in entsprechender Literatur, Datenbanken, Lexika oder im Internet (z.B. http://de.wikipedia.org/wiki/Hauptseite) nach den Begriffen «Stoffreinigung durch Sublimation» und erfassen Sie die Zusammenhänge. Achten Sie auf die Apparaturen, mit der die Sublimation durchgeführt werden kann.

Beobachtet man eine kleine Menge Naphthalin, die auf ϑ = 100 °C erwärmt wurde, kann man beobachten, dass ein Teil der Substanz – wie erwähnt – sublimiert, der größte Teil des Naphthalins jedoch beim Schmelzpunkt ϑ_m = 80 °C flüssig wird. Was passiert, wenn das nun flüssige Naphthalin noch weiter erhitzt wird? Beim Siedepunkt ϑ_b = 218 °C wird das flüssige Naphthalin in das gasförmige übergehen, es verdampft. Als **Dampf** bezeichnet man ein Gas, das noch in Kontakt mit der flüssigen bzw. festen Phase steht, aus der es durch Verdampfung hervorgegangen ist. Alle Aggregatzustandsänderungen sind umkehrbar (s. Bild 3.4).

Die 3 Aggregatzustände (fest, flüssig, gasförmig) werden nachfolgend physikalisch genauer betrachtet.

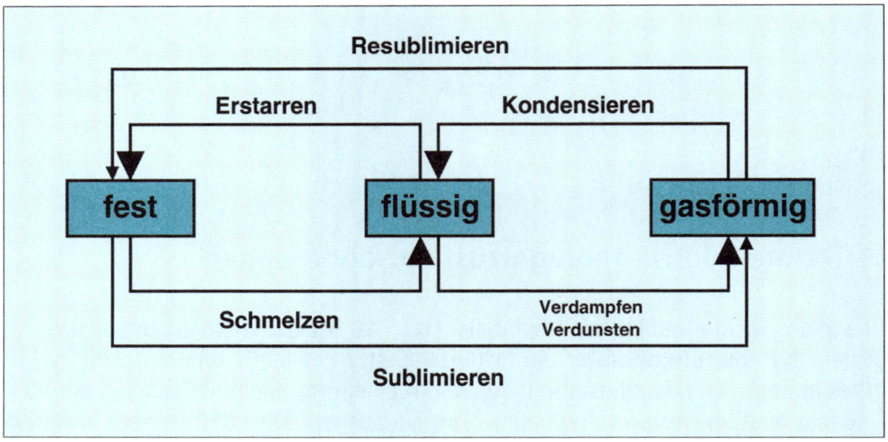

Bild 3.4 Aggregatzustandsänderungen

3.1.1 Gasförmiger (gasiger) Zustand

Im gasförmigen Zustand hat der Naphthalindampf keine feste Gestalt und kein definiertes Volumen, der Dampf breitet sich durch Diffusionsprozesse schnell im gesamten Luftraum aus (Geruch!). Grund dieser Diffusionsprozesse ist die ständige und schnelle Bewegung der Moleküle im gasförmigen Zustand. Die Moleküle des gasförmigen Naphthalins im Dampfraum haben dadurch zueinander einen recht großen Abstand gewonnen. Die vielen Gasmoleküle prallen auch stetig und mit hoher Geschwindigkeit auf die Gefäßwand, das Ergebnis ist der Gasdruck p, den man mit einem «Manometer» messen kann. Der Druck p wird definiert als Quotient von der wirkenden Kraft F auf die Fläche A, siehe dazu Gl. 3.1. Er wird in Pa (Pascal), hPa (Hektopascal), bar oder mbar angegeben.

$$p = \frac{F}{A} \qquad \text{(Gl. 3.1)}$$

1 Pascal entspricht einem Druck von 1 Newton (N) auf einem Quadratmeter (m^2). Die oft in Westeuropa benutzte Druckeinheit bar entspricht einem Druck von 100 000 Pa, 1000 hPa (Hektopascal) oder 100 kPa (Kilopascal). Vielfach wird auch die Verkleinerung mbar benutzt, die 1 hPa entspricht.

Merke

1 mbar entspricht 1 hPa.

Informationssuche

Suchen Sie in entsprechender Literatur, Datenbanken, Lexika oder im Internet (z.B. http://de.wikipedia.org/wiki/Hauptseite) nach den Begriffen «Barometer» und «Manometer» und erfassen Sie die Zusammenhänge.

Wird ein Gas komprimiert – und bleibt es dabei gasförmig –, verringert sich das Volumen des Gases. Die Moleküle des Gases lassen sich, bedingt durch die große Entfernung, zusammenschieben. Dadurch wird das Volumen, das das Gas dann einnimmt, verringert.

Die Beziehung zwischen Druck p und Volumen V eines «idealen» Gases wurde unabhängig von R. Boyle[1] und E. Mariotte[2] beschrieben. Dabei versteht man unter einem «idealen Gas» ein Gas, bei dem die zwischen den Molekülen oder Atomen herrschenden Wechselbeziehungen vernachlässigbar sind.

Definition «Boyle-Mariott'sches-Gesetz»

Bei einem idealen Gas nimmt das Produkt aus Druck p und Volumen V einen konstanten Wert an (s. dazu Gl. 3.2).

$$p \cdot V = \text{konstant} \qquad \text{(Gl. 3.2)}$$

Wird der Druck p des Gases erhöht, muss das Volumen V in gleichem Maß verringert werden, damit das Produkt konstant bleibt. Das Produkt ist eine «Konstante».

[1] Robert Boyle (1627 bis 1691), englischer Naturforscher
[2] Edme Mariotte (1620 bis 1684), französischer Physiker

Die Größe der Konstante ist abhängig von der Temperatur. Bleibt die Temperatur des Gases gleich, kann das Gesetz auch zur Berechnung des Druckes bzw. Volumens nach einer Veränderung dienen. Die Zusammenhänge beschreibt Gl. 3.3:

$$p_1 \cdot V_1 = p_2 \cdot V_2 \qquad \text{(Gl. 3.3)}$$

Beispiel

V = 100 L Stickstoff steht unter einem Druck von p = 1500 mbar. Der Druck wird bei gleicher Temperatur auf p = 1000 mbar gesenkt. Welches Volumen V nimmt das Gas dann ein?

Gehen Sie den Rechenweg von Gl. 3.4...Gl. 3.6 sorgfältig durch:

$$p_1 \cdot V_1 = p_2 \cdot V_2 \qquad \text{(Gl. 3.4)}$$

$$1500\ \text{mbar} \cdot 100\ \text{L} = 1000\ \text{mbar} \cdot V_2 \qquad \text{(Gl. 3.5)}$$

$$V_2 = \frac{1500\ \text{mbar} \cdot 100\ \text{L}}{1000\ \text{mbar}} = \underline{150\ \text{L}} \qquad \text{(Gl. 3.6)}$$

Es stellt sich eine Volumenvergrößerung auf V = 150 L ein.

Vertiefungsübung V3.1

V = 0,75 m^3 Stickstoff, der in einer Stahlgasflasche unter einem Druck von p = 105 bar steht, wird auf p = 1 bar entspannt. Welches Volumen V des Stickstoffgases in L bei p = 1 bar entsteht, wenn die Temperatur des Gases konstant bleibt?

Die Forderung, dass die Temperatur beim Entspannungsvorgang konstant bleiben muss, nennt man «**isotherme Zustandsänderung**». Das Boyle-Mariott'sche-Gesetz ist also ein Gesetz, das unter isothermen Bedingungen gilt.

Das Gesetz kann auch grafisch dargestellt werden (s. Bild 3.5). Wenn das Volumen V eines Gases auf die Ordinate (y-Achse) und der zugehörige Druck p auf die Abszisse (x-Achse) aufgetragen wird, erhält man den positiven Ast einer Hyperbel.

Informationssuche

Suchen Sie in Datenbanken, Lexika oder im Internet (z.B. http://de.wikipedia.org/wiki/Hauptseite) nach dem Begriff «Hyperbel» und erfassen Sie die Zusammenhänge.

Das Gesetz von Boyle-Mariotte beschreibt eine «isotherme Zustandsänderung» idealer Gase. Den Zusammenhang zwischen dem Volumen bzw. Druck eines idealen Gases in Abhängigkeit von der Temperatur erforschte 1802 Gay-Lussac[3]. Er stellte fest, dass das Volumen jedes idealen Gases um 1/273 seines Volumens zunimmt, wenn sich die Temperatur um den Betrag von 1 °C (= 1 Kelvin) erhöht. Erwärmt man z.B. 273 L eines Gases um 1 °C (1 Kelvin), dann wird das Volumen um 1 L (1/273) zunehmen. Voraussetzung ist, dass der Druck p des Gases konstant bleibt. Gay-Lussac formulierte daraus ein Gesetz, das nach ihm benannt wurde.

[3] Joseph Louis Gay-Lussac (1778 bis 1850), französischer Chemiker und Physiker

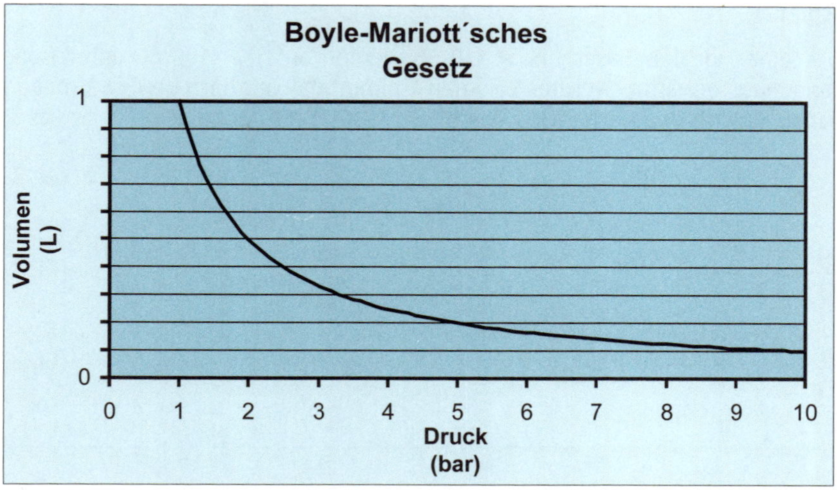

Bild 3.5 Grafische Darstellung des Boyle-Mariott'schen Gesetzes

Definition «Gay-Lussac'sches Gesetz»

Das Volumen *V* eines Gases ist der absoluten Temperatur *T* direkt proportional.

Daraus kann man Gl. 3.7 formen, wobei *k* der Proportionalitätsfaktor ist

$$V = k \cdot T \quad \text{bzw.} \quad k = \frac{V}{T} \qquad \text{(Gl. 3.7)}$$

Lord Kelvin[4] hat eine Temperaturskala vorgeschlagen, in der die «absolute Temperatur», d.h. die tiefstmögliche Temperatur (genau ϑ = −273,15 °C, gewöhnlich mit ϑ = −273 °C angegeben), einer Temperatur von 0 K (Kelvin, ohne Gradzeichen) entspricht. Die Umrechnung ist einfach und kann mit Gl. 3.8 und Gl. 3.9 vorgenommen werden:

$$T = \vartheta + 273 \qquad \text{(Gl. 3.8)}$$

$$\vartheta = T - 273 \qquad \text{(Gl. 3.9)}$$

mit:

- ϑ Temperatur in °C
- T Temperatur in K

Z.B. ist der Siedepunkt von Wasser unter Normaldruck ϑ = 100 °C bzw. T = 373 K.

Aus dem Gay-Lussac'schen Gesetz kann nach Gl. 3.10 der Zusammenhang zwischen der Temperatur *T* (in K, nicht in °C!) und dem Volumen *V* abgeleitet werden.

$$\frac{V_1}{T_1} = \frac{V_2}{T_2} \qquad \text{(Gl. 3.10)}$$

Voraussetzung ist, dass der Druck des Gases konstant bleibt, man spricht von «isobaren Zustandsänderungen».

[4] Sir William Thomson, seit 1892 Lord Kelvin (1824 bis 1907), englischer Naturforscher

Beispiel

100 L eines idealen Gases bei ϑ = 0 °C werden auf ϑ = 100 °C unter isobaren Bedingungen erwärmt. Welches Volumen V nimmt das Gas nach der Erwärmung ein? Schauen Sie sich den Rechenweg von Gl. 3.11…Gl. 3.13 genau an.

$$\frac{V_1}{T_1} = \frac{V_2}{T_2} \qquad \text{(Gl. 3.11)}$$

$$\frac{100\,\text{L}}{273\,\text{K}} = \frac{V_2}{373\,\text{K}} \qquad \text{(Gl. 3.12)}$$

$$V_2 = \frac{100\,\text{L} \cdot 373\,\text{K}}{273\,\text{K}} = \underline{136{,}63\,\text{L}} \qquad \text{(Gl. 3.13)}$$

Vertiefungsübung V3.2

200 L eines idealen Gases werden unter isobaren Bedingungen von ϑ = 20 °C auf ϑ = 200 °C erhitzt. Welches Volumen V in L nimmt das Gas bei ϑ = 200 °C ein?

Das Gay-Lussac'sche Gesetz kann grafisch dargestellt werden. Wenn auf die Ordinate das Volumen und auf die Abszisse die Temperatur (in K) aufgetragen wird, entsteht eine Gerade (s. Bild 3.6).

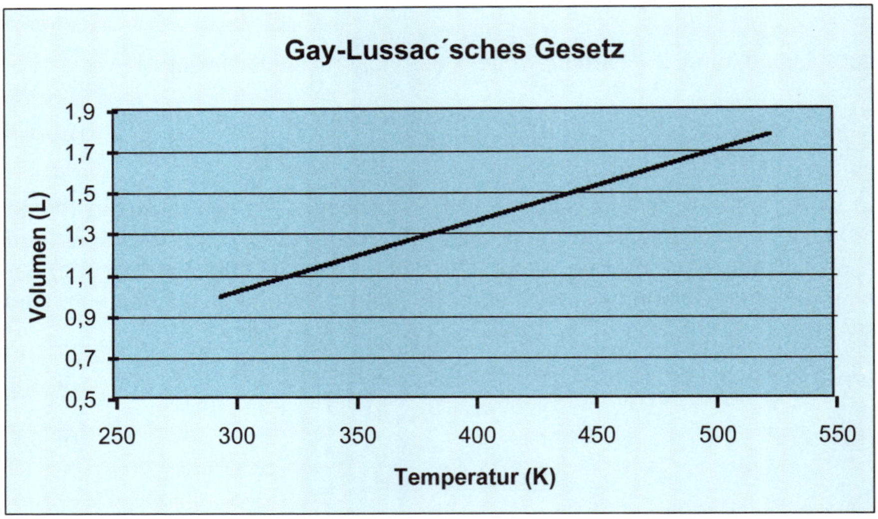

Bild 3.6 Volumen-Temperatur-Kurve eines Gases

Auf die gleiche Weise kann nach dem Gesetz von AMONTONS[5] die Beziehung zwischen Druck p und Temperatur T hergestellt werden, wenn das Volumen V des Gases konstant bleibt (isochore Zustandsänderung nach Gl. 3.14):

$$\frac{p_1}{T_1} = \frac{p_2}{T_2} \qquad \text{(Gl. 3.14)}$$

[5] GUILLAUME AMONTONS (1663 bis 1705), französischer Physiker

Auch in Gl. 3.14 wird die Temperatur T in K eingesetzt. In Tabelle 3.1 sind alle 3 Zustandsänderungen zur besseren Übersicht zusammengefasst.

Tabelle 3.1 Zustandsänderung idealer Gase und die zugehörigen Gleichungen

Name des Gesetzes	Zustandsänderung	Gleichung
Boyle-Mariotte	isotherm	$p_1 \cdot V_1 = p_2 \cdot V_2$
Gay-Lussac	isobar	$\frac{V_1}{T_1} = \frac{V_2}{T_2}$
Amontons	isochor	$\frac{p_1}{T_1} = \frac{p_2}{T_2}$

Alle 3 Gleichungen aus Tabelle 3.1 können zur Gl. 3.15 zusammengefasst werden:

$$\frac{p_1 \cdot V_1}{T_1} = \frac{p_2 \cdot V_2}{T_2} = k \qquad \text{(Gl. 3.15)}$$

Beispiel

100 L Stickstoff bei $\vartheta = 218$ °C und $p = 1$ bar werden auf $\vartheta = 300$ °C erhitzt und gleichzeitig der Druck auf $p = 2$ bar erhöht. Welches Volumen V nimmt das Gas unter diesen Bedingungen ein? Schauen Sie sich den Rechenweg von Gl. 3.16...Gl. 3.18 genau an.

$$k = \frac{p_1 \cdot V_1}{T_1} = \frac{p_2 \cdot V_2}{T_2} \qquad \text{(Gl. 3.16)}$$

$$\frac{1\ \text{bar} \cdot 100\ \text{L}}{(273 + 218)\ \text{K}} = \frac{2\ \text{bar} \cdot V_2}{(273 + 300)\ \text{K}} \qquad \text{(Gl. 3.17)}$$

$$V_2 = \frac{1\ \text{bar} \cdot 100\ \text{L} \cdot (273 + 300)\ \text{K}}{2\ \text{bar} \cdot (273 + 218)\ \text{K}} = \underline{58{,}35\ \text{L}} \qquad \text{(Gl. 3.18)}$$

In der Synthesechemie ist der Zusammenhang zwischen der Stoffmenge n eines gasförmigen Produktes und seinem Volumen V interessant.

Man fand bei Experimenten heraus, dass $n = 1$ mol aller idealen Gase bei $\vartheta = 0$ °C (273,15 K) und $p = 1{,}013$ bar immer ein Volumen von $V = 22{,}414$ L einnehmen. Diese Bedingungen ($\vartheta = 0$ °C bzw. $T = 273$ K und $p = 1{,}013$ bar) nennt man auch «Normalbedingung der Gase». Wenn Gl. 3.16 etwas vereinfacht und umgestellt wird, erhält man Gl. 3.19:

$$p_1 \cdot V_1 = k \cdot T_1 \qquad \text{(Gl. 3.19)}$$

Der Wert für k ist nach Gl. 3.19 abhängig von einer Gaskonstanten R und von der Anzahl der Moleküle, die durch die Stoffmenge n ausgedrückt wird. Wird Gl. 3.20 in Gl. 3.19 eingesetzt, erhält man Gl. 3.21, die auch «Allgemeine Gasgleichung» genannt wird.

$$k = R \cdot n \qquad \text{(Gl. 3.20)}$$

$$p_1 \cdot V_1 = R \cdot n \cdot T_1 \qquad \text{(Gl. 3.21)}$$

Definition «Allgemeine Gasgleichung»

Das Produkt aus Druck p und Volumen V eines idealen Gases ist dem Produkt aus der Stoffmenge n und der absoluten Temperatur T proportional. Als Proportionalitätsfaktor dient die allgemeine Gaskonstante R.

Die Konstante R ist einfach zu berechnen. Setzt man in die allgemeine Gasgleichung alle Werte unter Normalbedingungen ein, also das Volumen eines Gases mit V = 22,414 L, den Druck mit p = 1,013 bar, die Temperatur mit T = 273,15 K und n =1 mol, so erhält man Gl. 3.22:

$$R = \frac{p_1 \cdot V_1}{n \cdot T_1} = \frac{1{,}013\,\text{bar} \cdot 22{,}414\,\text{L}}{1\,\text{mol} \cdot 273{,}15\,\text{K}} = \underline{0{,}0831\,\frac{\text{L} \cdot \text{bar}}{\text{mol} \cdot \text{K}}} \qquad \text{(Gl. 3.22)}$$

Mit Hilfe der allgemeinen Gasgleichung können Stoffmengen im Laboratorium bei Syntheseplanungen in Gasvolumen umgerechnet werden.

Beispiel

100 g festes Naphthalin werden bei ϑ = 220 °C und p = 1,01 bar vollständig verdampft. Welchen Raum nimmt das Naphthalingas unter diesen Bedingungen ein? Verfolgen Sie den Rechenweg sorgfältig.

Zunächst wird die Stoffmenge n des Naphthalins nach Gl. 3.23 berechnet. Die molare Masse von Naphthalin ist M = 128,2 g/mol:

$$n(\text{Naphthalin}) = \frac{100\,\text{g}}{128{,}2\,\text{g/mol}} = \underline{0{,}78\,\text{mol}} \qquad \text{(Gl. 3.23)}$$

Durch Einsetzen aller Daten in die allgemeine Gasgleichung kann das Volumen nach Gl. 3.24…Gl. 3.26 berechnet werden.

$$p_1 \cdot V_1 = R \cdot n \cdot T_1 \qquad \text{(Gl. 3.24)}$$

$$1{,}01\,\text{bar} \cdot V_1 = 0{,}0831\,\frac{\text{L} \cdot \text{bar}}{\text{mol} \cdot \text{K}} \cdot 0{,}78\,\text{mol} \cdot (220 + 273)\,\text{K} \qquad \text{(Gl. 3.25)}$$

$$V_1 = \frac{0{,}0831\,\text{L} \cdot \text{bar} \cdot 0{,}78\,\text{mol} \cdot (220 + 273)\,\text{K}}{1{,}01\,\text{bar} \cdot \text{mol} \cdot \text{K}} = \underline{31{,}64\,\text{L}} \qquad \text{(Gl. 3.26)}$$

Die Masse m = 100 g Naphthalin nimmt bei p = 1,01 bar und ϑ = 220 °C ein Volumen von V = 31,64 L ein.

Vertiefungsübung V3.3

Berechnen Sie die Dichte des Naphthalingases mit Hilfe der allgemeinen Gasgleichung bei ϑ = 220 °C und p = 1,01 bar.

Alle bisherigen Betrachtungen beziehen sich auf «ideale Gase», also Gase, die sich genauso verhalten, wie es in den Gasgesetzen beschrieben wurde. Bei relativ tiefer Temperatur verhalten sich kleinmolekulare Gase (z.B. Wasserstoff und Helium) tatsächlich gemäß diesen Gesetzen. Bei «realen Gasen» wird die Tatsache mitberücksichtigt, dass Gasmoleküle oder -atome über eine eigene Masse verfügen und sich die Gasteilchen untereinander beeinflussen. Eine «reale Betrachtung» der Gase ist deutlich komplizierter und sollte ggf. späteren Weiterbildungsmaßnahmen vorbehalten bleiben. Man muss sich aber immer bewusst sein, dass die Berechnungen mit Hilfe der «idealen Gasgesetze» nur Schätzwerte darstellen, die etwas von der gemessenen Realität abweichen können. Für reale Bedingungen im Laboratorium sind die Berechnungen gewöhnlich ausreichend genau.

Informationssuche

Suchen Sie in Datenbanken, Lexika oder im Internet (z.B. http://de.wikipedia.org/wiki/Hauptseite) nach dem Begriff «reales Gas»und erfassen Sie die Zusammenhänge.

Vertiefungsübung V3.4

Berechnen Sie jeweils von der Masse m = 100 g

a) Sauerstoff
b) Helium

das Volumen, wenn ein Druck von p = 10 bar herrscht und die Temperatur ϑ = 100 °C beträgt. Hinweis: Beachten Sie, dass Helium atomar und Sauerstoff molekular vorliegt.

Vertiefungsübung V3.5

Die Masse m = 100 g Natriumcarbonat wird mit einer ausreichenden Menge an Salzsäure umgesetzt, dabei entsteht Kohlenstoffdioxid bei p = 1,04 bar und ϑ = 20 °C. Welches Volumen V Kohlenstoffdioxid in Liter entstehen, wenn mit einer praktischen Ausbeute von 40% gerechnet werden kann?

3.1.2 Flüssiger Aggregatzustand und der Übergang zum gasförmigen Zustand

Wenn Naphthalindampf etwas unter den Siedepunkt von ϑ_b = 218 °C abgekühlt wird, kondensiert der Naphthalindampf, er wird flüssig. Da der Schmelzpunkt noch weit entfernt ist (ϑ_m = 80 °C) bleibt das Naphthalin zunächst flüssig. Wie sieht es im Inneren der Flüssigkeit aus?

Beim Abkühlen eines Gases nähern sich Moleküle unter dem Einfluss von Anziehungskräften immer mehr an und bilden dann beim Kondensationspunkt eine Flüssigkeit, deren Volumen V eindeutig definiert ist. Die Beweglichkeit der Moleküle ist in einer Flüssigkeit erheblich geringer als im gasförmigen Zustand. Das Gleiche gilt für den Abstand der Moleküle zueinander. Der Raum zwischen den Flüssigkeitsmolekülen ist dadurch erheblich eingeschränkt, daher ist eine Flüssigkeit im Gegensatz zu einem Gas kaum noch komprimierbar. Die Bewegung der Moleküle in der Flüssigkeit kann durch die Beobachtung der «Brown'schen Molekularbewegung» indirekt sichtbar gemacht werden.

Informationssuche

Suchen Sie in Datenbanken, Lexika oder im Internet (z.B. http://de.wikipedia.org/wiki/Hauptseite) nach dem Begriff «Brown'sche Molekularbewegung» und erfassen Sie die Zusammenhänge.

Wenn das kondensierte, flüssige Naphthalin noch weiter abgekühlt wird, wird es am Erstarrungspunkt ϑ_E fest werden. Der Erstarrungspunkt ϑ_E ist vom Zahlenwert identisch mit dem Schmelzpunkt ϑ_m.

Die Moleküle werden immer langsamer und sind dabei, sich in einem festen Verband (Kristallgitter) zu ordnen. Um das Erstarren der Flüssigkeit zu verhindern, muss das flüssige Naphthalin oberhalb des Erstarrungspunkt ϑ_E gehalten werden. Durch die zugeführte Energie werden die Teilchen schneller, sie wandeln die zugeführte «thermische Energie» in «kinetische Energie» (Bewegungsenergie) um, der Teilchenverband wird wieder «unordentlicher».

Die Energie, die dazu benötigt wird, um die Flüssigkeit von einer bestimmten Anfangstemperatur auf eine bestimmte Endtemperatur zu erwärmen, kann berechnet werden. Sie ist abhängig von der Masse m an Flüssigkeit, der Art des Stoffes und dem Temperaturunterschied ΔT (Anmerkung: in der Physik werden Unterschiede mit Δ (Delta) gekennzeichnet).

Gl. 3.27 zeigt die Berechnung der aufzubringenden Wärmemenge Q beim Erwärmen bzw. der abgegebenen Wärmemenge Q beim Erkalten.

$$Q = m \cdot c \cdot \Delta T \qquad \text{(Gl. 3.27)}$$

mit:

- Q benötigte Wärmeenergie (Joule, J)
- m Masse (g)
- c spezifische Wärmekapazität, Stoffkonstante (J/(g K))
- ΔT Temperaturunterschied

Definition «spezifische Wärmekapazität»

Die spezifische Wärmekapazität c gibt an, welche Wärmemenge Q (in J) man der Masse m = 1 g eines Stoffes zuführen muss, um seine Temperatur um 1 °C zu erhöhen.

Die Werte der spezifischen Wärmekapazität c sind Tabellen zu entnehmen. Die spezifische Wärmekapazität c von Naphthalin beträgt z.B. 3,1 J/(g K).

Beispiel

Berechnen Sie die Wärmemenge Q, die benötigt wird, um m = 100 g flüssiges Naphthalin von ϑ = 80 °C (353 K) auf ϑ = 218 °C (491 K) zu erwärmen. Dabei soll das Naphthalin noch nicht sieden (c(Naphthalin) = 3,1 J/(g K)).

Mit Gl. 3.28 ist das relativ einfach zu bewerkstelligen:

$$Q = m \cdot c \cdot \Delta K = 100\ \text{g} \cdot 3{,}1 \frac{\text{J}}{\text{g} \cdot \text{K}} (491 - 353)\ \text{K} = \underline{42\,780\ \text{J}} = \underline{42{,}78\ \text{kJ}} \qquad \text{(Gl. 3.28)}$$

Es werden Q = 42,78 k J benötigt, um die Temperatur des Naphthalins von ϑ = 80 °C auf ϑ = 218 °C zu erhöhen.

Beim Aufheizen werden die Moleküle in der Flüssigkeit durch die zugeführte Energie immer schneller. Irgendwann sind sie so energiereich, dass sie den auf der Flüssigkeit lastenden Luftdruck überwinden können. Die Flüssigkeit siedet, was sich durch heftige Blasen- und Turbulenzbildung innerhalb der Flüssigkeit bemerkbar macht. Die Flüssigkeit Naphthalin verdampft und bildet einen gasförmigen Naphthalindampf.

Wird der Luftdruck, der über der Flüssigkeit herrscht, erhöht, muss mehr Energie zugeführt werden, damit die Moleküle den Flüssigkeitsverband verlassen können. Als Folge steigt der Siedepunkt ϑ_b der Flüssigkeit unter erhöhtem Druck an. Im Dampfkochtopf wird dieser Effekt mit Wasser als Flüssigkeit ausgenutzt.

Umgekehrt wird die Siedetemperatur dann sinken, wenn der Luftdruck über der Flüssigkeit erniedrigt wird. Diesen Effekt macht man sich bei einer Vakuumdestillation zunutze.

Die Temperatur ϑ der siedenden Flüssigkeit bleibt so lange konstant (p = konstant), bis die gesamte Flüssigkeitsmenge verdampft ist, obwohl ständig Energie zugeführt wird. Solche Energien nennt man «**latent**» (verborgen), weil die Energiezuführung nicht an eine Temperaturerhöhung gekoppelt ist.

Die zugeführte Energie wird nicht zur Temperaturerhöhung der Flüssigkeit benötigt, sondern einzig und allein zur Überführung *jedes* Moleküls vom flüssigen in den gasförmigen Zustand. Daher nennt man diese Energie «Verdampfungswärme».

Definition «Verdampfungswärme»

Die Verdampfungswärme ist diejenige Energie, die benötigt wird, um m = 1 g eines Stoffes am Siedepunkt vom flüssigen in den dampfförmigen Zustand zu bringen.

Die Verdampfungsenergie Q ist mit Gl. 3.29 berechenbar:

$$Q = m \cdot \Delta h_V \qquad \text{(Gl. 3.29)}$$

mit:

- Q Verdampfungsenergie (J)
- m Masse (g)
- Δh_V spezifische Verdampfungswärme, Stoffkonstante (J/g)

Die spezifische Verdampfungswärme Δh_V ist nicht von der Temperatur abhängig, sondern ausschließlich von der Substanz. Die spezifische Verdampfungswärme Δh_V für Naphthalin beträgt 322 J/g.

Beispiel

Welche Wärmemenge Q wird benötigt, um m = 100 g flüssiges Naphthalin bei ϑ = 218 °C völlig zu verdampfen? Dabei wird die Temperatur nicht verändert. Die Aufgabe ist mit Gl. 3.30 lösbar:

$$Q = 100\ \text{g} \cdot 322\ \frac{\text{J}}{\text{g}} = \underline{32\,200\ \text{J}} = \underline{32{,}2\ \text{kJ}} \qquad \text{(Gl. 3.30)}$$

Wie in Gl. 3.28 berechnet wurde, benötigt man 42 780 J, um m = 100 g Naphthalin von ϑ = 80 °C auf ϑ = 218 °C zu erhitzen. Um dann die gleiche Masse ohne Temperaturerhöhung in den gasförmigen Zustand zu bringen, werden weitere 32 200 J benötigt, zusammen also 42 780 J + 32 200 J = 74 980 J = 74,98 k J.

Wird das entstandene Naphthalingas wieder verflüssigt, wird die vorher aufgenommene Verdampfungswärme als «Kondensationswärme» wieder abgegeben. Die Beträge von Kondensationswärme und Verdampfungswärme sind gleich.

Informationssuche

Suchen Sie in Datenbanken, Lexika oder im Internet (z.B. http://de.wikipedia.org/wiki/Hauptseite) nach folgenden spezifischen Wärmkapazitäten: Wasser, Ethanol, Aceton, Eisen, Aluminium. Bewerten Sie den Betrag der Angaben.

Vertiefungsübung V3.6

Stellt man Wasser in einer flachen Schale in die Sonne, ist nach kurzer Zeit das Wasser vom flüssigen in den gasförmigen Zustand übergegangen, ohne dass das Wasser siedet. Wie nennt man den Vorgang? Können Sie sich den Vorgang erklären?

Bisher wurde nur die Verdampfung von **reinem** Naphthalin betrachtet. Naphthalin wird, wie in **Prozess P1_KAP3** beschrieben, aus dem Steinkohlenteer durch Destillation bei 200...250 °C gewonnen. In Steinkohlenteer sind aber viele Komponenten enthalten, die ebenfalls einen Siedepunkt in der Nähe von ϑ = 200 °C haben. Als typisches Beispiel ist p-Kresol (bzw. 1,4-Kresol) zu nennen. Es hat einen Siedepunkt von ϑ_b = 202,5 °C.

Was passiert, wenn eine Mischung von Naphthalin und p-Kresol mit w(Naphthalin) = 50% bei ϑ_b = 220 °C zum Sieden gebracht wird und der Dampf wieder kondensiert? Dieser Vorgang wird im Labor «Destillation» genannt (s. Bild 3.7). Kann man durch eine einfache Destillation Naphthalin und p-Kresol voneinander trennen? In nachfolgenden Betrachtungen wird diese Frage geklärt.

Wie bereits erwähnt, soll der Massenanteil von p-Kresol und Naphthalin im Ausgangsmaterial (Mitteldestillat) gleich sein, also w(Naphthalin) = 50% und

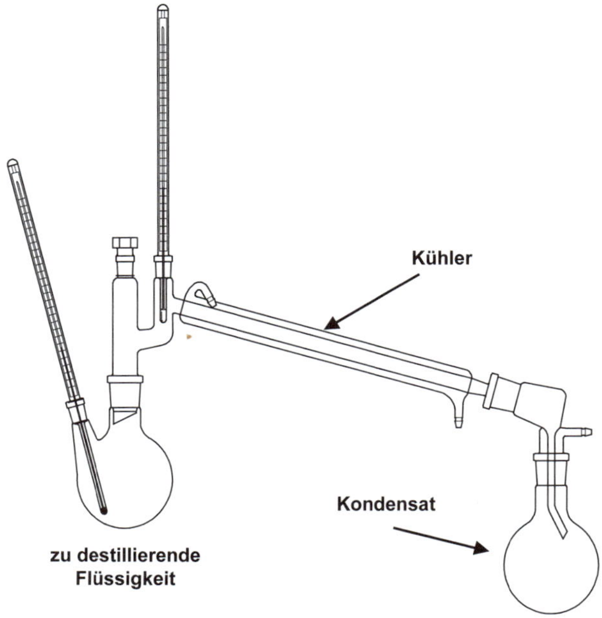

Bild 3.7 Einfache Destillation

w(p-Kresol) = 50%. Eine entscheidende Frage ist, wie die Zusammensetzung des Naphthalin/p-Kresol-Dampfes bei ϑ = 220 °C sein wird. Ausschlaggebend für die Zusammensetzung des Dampfes im Gasraum über der Flüssigkeit sind die Dampfdrücke der beiden Stoffe bei ϑ = 220 °C. Bei dieser Temperatur wird sowohl Naphthalin als auch p-Kresol sieden.

Definition «Dampfdruck»

Als Dampfdruck bezeichnet man den Druck, mit dem Flüssigkeitsteilchen in den gasförmigen Aggregatzustand übertreten wollen. Dabei steht der Dampf mit der flüssigen Phase des Stoffes im Gleichgewicht.

Der Dampfdruck p der Flüssigkeit, angegeben in hPa oder mbar, ist eine Stoffkonstante und nur abhängig von der Temperatur.

Der Dampfdruck von Naphthalin beträgt bei ϑ = 20 °C p = 0,066 mbar, bei ϑ = 190 °C bereits p = 890 mbar. Am Siedepunkt ϑ_b = 218 °C hat das Naphthalin einen Dampfdruck, der dem Luftdruck von p = 1013 mbar entspricht.

Merke

Ist der Dampfdruck einer Flüssigkeit genauso hoch wie der gerade herrschende Luftdruck, wird die Flüssigkeit sieden.

Der Dampfdruck von Naphthalin bei ϑ = 220 °C beträgt bereits p = 1054 mbar. Der Dampfdruck von p-Kresol beträgt bei ϑ = 20 °C p = 0,065 mbar und bei ϑ = 220 °C p = 1280 mbar.

Definition «Siedepunkt»

Eine Flüssigkeit wird dann sieden, wenn der Dampfdruck p der Flüssigkeit gerade so hoch ist wie der herrschende Luftdruck über der Flüssigkeit.

In der Destillationsblase nach Bild 3.7 liegen m = 200 g Gemisch von Naphthalin mit w(Naphthalin) = 50% und p-Kresol mit w(p-Kresol) = 50% vor. Es soll der Frage nachgegangen werden, wie die Zusammensetzung des Dampfes über der siedenden Mischung ist. Diese Fragestellung ist mit Hilfe der Dampfdrücke einer Mischung zu klären. Dabei liefert das Gesetz nach Dalton[6] die Lösung.

Definition «Gesetz nach Dalton»

Der Gesamtdampfdruck (p_{ges}) einer Flüssigkeitsmischung ist gleich der Summe der Einzeldampfdrücke (p_T) der einzelnen Komponenten (s. Gl. 3.31):

$$p_{ges} = p_{T,A} + p_{T,B} + p_{T,C} + \ldots \qquad \text{(Gl. 3.31)}$$

Die Einzeldampfdrücke werden auch Partialdampfdrücke genannt.

Man kann sich den Gesamtdampfdruck p_{ges} einer Mischung als Summe aller Partialdampfdrücke vorstellen (Addition der Dampfdrücke).

Der Partialdampfdruck (p_T) jeder einzelnen Komponente des Gemisches kann durch das Gesetz von Raoult[7] berechnet werden.

---

[6] John Dalton (1766 bis 1844), englischer Naturforscher und Lehrer

[7] F. M. Raoult (1830 bis 1901), französischer Physiker

Definition «Gesetz nach Raoult»

Der Partialdampfdruck kann aus dem **Dampfdruck der reinen Komponente p_0** und dem Stoffmengenanteil x dieser Verbindung berechnet werden (s. Gl. 3.32):

$$p_{T,A} = x_A \cdot p_{0,A} \qquad \text{(Gl. 3.32)}$$

($p_{0,A}$: Dampfdruck einer reinen Komponente aus einer Stoffdatensammlung)

Mit Hilfe des Dampfdrucks der **reinen Komponente** $p_{0,A}$ und dem Gesamtdampfdruck p_{ges} der Flüssigkeit kann nach Gl. 3.33, ausgehend vom Stoffmengenanteil des Stoffes in der **Flüssigkeit** (x_A), der Stoffmengenanteil in der **Gasphase** (y_A) berechnet werden.

$$y_A = x_A \cdot \frac{p_{0,A}}{p_{ges}} \qquad \text{(Gl. 3.33)}$$

Wird der Dampf über der siedenden Flüssigkeit, der die Zusammensetzung y besitzt, wieder in einem Kühler kondensiert (Bild 3.8), dann hat das flüssige **Kondensat** ebenfalls die Zusammensetzung y.

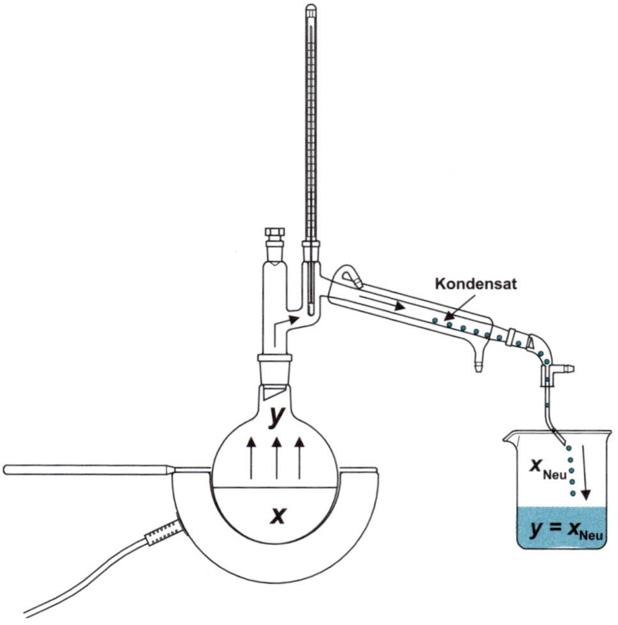

Bild 3.8 Zusammensetzung der Flüssigkeit, Dampf und Kondensat

Nimmt die Komponentenkonzentration im Dampf y gegenüber der Flüssigkeitskonzentration x zu, kann die Flüssigkeit durch eine Destillation angereichert werden. Jedoch ist durch eine einmalige, einfache Destillation eine absolute Trennung nicht möglich. Von der 2. Komponente wird immer etwas im Dampf (und damit auch im Kondensat) sein, und das umso mehr, je größer der Dampfdruck der 2. Komponente ist.

Die relativ schwierigen Zusammenhänge werden hier mit 3 Beispielaufgaben transparent gemacht.

Beispiel 1

Ein flüssiges Gemisch aus Naphthalin und p-Kresol soll bei einem Luftdruck von p = 1080 mbar bei ϑ = 220 °C sieden. Welche Zusammensetzung x (Stoffmengenanteil) muss die Mischung haben?

Stoffdaten:
Siedepunkte ϑ_b: Naphthalin 218 °C, p-Kresol 202 °C
Dampfdrücke p bei 220 °C: Naphthalin 1054 mbar, p-Kresol 1280 mbar

Gehen Sie den folgenden Lösungsweg sorgfältig durch.

Die jeweiligen Partialdampfdrücke p_T von p-Kresol und Naphthalin können nach Raoult mit Gl. 3.34 berechnet werden

$$p_{T,A} = x_A \cdot p_{0,A} \qquad \text{(Gl. 3.34)}$$

Das flüssige Gemisch soll sieden, der Gesamtdruck p_{ges} der Mischung muss also genau so groß sein wie der Luftdruck, also p = 1080 mbar. Nach Dalton setzt sich der Gesamtdruck von p = 1080 mbar aus den beiden Partialdrücken zusammen (s. Gl. 3.35):

$$p_{ges} = p_{T,Naphthalin} + p_{T,Kresol} \qquad \text{(Gl. 3.35)}$$

Wird Gl. 3.34 in Gl. 3.35 eingesetzt, erhält man Gl. 3.36:

$$p_{ges} = x_{Naphthalin} \cdot p_{0,Naphthalin} + x_{Kresol} \cdot p_{0,Kresol} \qquad \text{(Gl. 3.36)}$$

Die Summe aus $x_{Naphthalin}$ und x_{Kresol} muss 1 (100%) ergeben, daraus folgt Gl. 3.37 und Gl. 3.38:

$$x_{Naphthalin} + x_{Kresol} = 1 \qquad \text{(Gl. 3.37)}$$

$$x_{Kresol} = 1 - x_{Naphthalin} \qquad \text{(Gl. 3.38)}$$

Setzt man das Ergebnis von Gl. 3.38 in Gl. 3.36 ein, erhält man Gl. 3.39:

$$p_{ges} = x_{Naphthalin} \cdot p_{0,Naphthalin} + (1 - x_{Naphthalin}) \cdot p_{0,Kresol} \qquad \text{(Gl. 3.39)}$$

mit:

- p_{ges} Gesamtdampfdruck, der den Luftdruck überwindet, 1080 mbar
- $x_{Naphthalin}$ gesuchte Größe für Naphthalin
- $p_{0,\ Naphthalin}$ Dampfdruck von reinem Naphthalin (1054 mbar)
- $p_{0,\ Kresol}$ Dampfdruck von reinem Kresol (1280 mbar)

Wenn die Werte in Gl. 3.39 eingesetzt werden, kann explizit nach $x_{Naphthalin}$ umgestellt werden:

$$1080\text{ mbar} = x_{Naphthalin} \cdot 1054\text{ mbar} + (1 - x_{Naphthalin}) \cdot 1280\text{ mbar} \qquad \text{(Gl. 3.40)}$$

Zur besseren Übersichtlichkeit werden ausnahmsweise die Einheiten weggelassen ($x = x_{Naphthalin}$), siehe dazu Gl. 3.41...Gl. 3.45

$$1080 = 1054 \cdot x + (1 - x) \cdot 1280 \qquad \text{(Gl. 3.41)}$$

$$1080 = 1054x + 1280 - 1280x \qquad \text{(Gl. 3.42)}$$

$$1080 - 1280 = 1054\,x - 1280\,x \qquad \text{(Gl. 3.43)}$$

$$-200 = -226\,x \qquad \text{(Gl. 3.44)}$$

$$\underline{x = 0{,}885} \Rightarrow 88{,}5\,\% \qquad \text{(Gl. 3.45)}$$

In dem Gemisch muss der Stoffmengenanteil x (nicht der Massenanteil w!) an Naphthalin 88,5% betragen, damit der Siedepunkt der Mischung bei p = 1080 mbar Luftdruck einen Wert von ϑ_B = 220 °C erreicht.

Beispiel 2

Eine flüssige Lösemittelmischung besteht aus 3 mol Hexan und 4 mol Heptan. Berechnen Sie die Zusammensetzung des Dampfes über der Mischung bei ϑ = 25 °C.

- ❑ Dampfdruck des reinen Hexans: $p_{0,\text{Hexan}}$ = 159 mbar
- ❑ Dampfdruck des reinen Heptans: $p_{0,\text{Heptan}}$ = 46 mbar

Der Dampfdruck p_{ges} der Mischung ist die Summe der Einzelpartialdrücke p_T (DALTON). Der Partialdruck p_T berechnet sich aus der Stoffmengenkonzentration x und dem Dampfdruck der reinen Komponente p_0 (RAOULT).

Gehen Sie genau den Ablauf der Aufgabe durch!

Summe der Stoffmengen: n = 3 mol Hexan + 4 mol Heptan = 7 mol Gemisch

Stoffmengenanteil Hexan: $x_{\text{Hexan}} = \dfrac{3\text{ mol}}{7\text{ mol}} = 0{,}429$

Stoffmengenanteil Heptan: $x_{\text{Heptan}} = \dfrac{4\text{ mol}}{7\text{ mol}} = 0{,}571$

Partialdruck Hexan: $p_{T,\text{Hexan}} = 0{,}429 \cdot 159\text{ mbar} = 68{,}21\text{ mbar}$

Partialdruck Heptan: $p_{T,\text{Heptan}} = 0{,}571 \cdot 46\text{ mbar} = 26{,}27\text{ mbar}$

Gesamtdruck der Mischung: $p_{ges} = 68{,}21\text{ mbar} + 26{,}27\text{ mbar} = \underline{94{,}48\text{ mbar}}$

Aus dem Gesamtdruck der Mischung p_{ges}, dem Stoffmengenanteil x der Komponente im flüssigen Zustand und den Drücken der reinen Komponenten p_0 erhält man nach Gl. 3.46 die Zusammensetzung y (Stoffmengenanteil) des Dampfes.

Für Hexan:

$$y = x \cdot \frac{p_0}{p_{ges}} \qquad \text{(Gl. 3.46)}$$

$$y = 0{,}429 \cdot \frac{159\text{ mbar}}{94{,}48\text{ mbar}} = \underline{0{,}7220} \qquad \text{(Gl. 3.47)}$$

analog für Heptan:

$$y = 0{,}571 \cdot \frac{46\text{ mbar}}{94{,}48\text{ mbar}} = \underline{0{,}2780} \qquad \text{(Gl. 3.48)}$$

Der Dampf über der Mischung aus n = 3 mol Hexan und n = 4 mol Heptan hätte bei ϑ = 25 °C eine Zusammensetzung (Stoffmengenanteile!) von y = 72,20% Hexan und y = 27,80% Heptan.

Beispiel 3

Es ist die Stoffmengenkonzentration y_{Kresol} von m = 200 g der p-Kresol/Naphthalin-Mischung aus **Prozess P1_KAP3** im Dampfraum bei ϑ = 220 °C zu berechnen. Es liegen folgende Daten vor:

- Die Gemischmenge, die destilliert werden soll, beträgt m = 200 g.
- Zusammensetzung der flüssigen Phase:
  jeweils Massenanteil w = 50%, also m = 100 g Naphthalin und m = 100 g p-Kresol
- Dampfdruck von reinem p-Kresol: $p_{0,Kresol}$ = 1280 mbar bei ϑ = 220 °C.
- Dampfdruck von reinem Naphthalin: $p_{0,Napthalin}$ = 1054 mbar bei ϑ = 220 °C.
- Die molare Masse von p-Kresol: M = 108,4 g/mol.
- Die molare Masse von Naphthalin: M = 128,2 g/mol.

Die Stoffmenge n von p-Kresol berechnet sich mit Gl. 3.49:

$$n_{Kresol} = \frac{100\ \text{g}}{108{,}4\ \text{g/mol}} = 0{,}923\ \text{mol} \quad \text{(Gl. 3.49)}$$

Die Stoffmenge n von Naphthalin berechnet sich mit Gl. 3.50:

$$n_{Naphthalin} = \frac{100\ \text{g}}{128{,}2\ \text{g/mol}} = 0{,}780\ \text{mol} \quad \text{(Gl. 3.50)}$$

Der Stoffmengenanteil x von p-Kresol beträgt in der Mischung nach Gl. 3.51:

$$x_{Kresol} = \frac{n_{Kresol}}{n_{Kresol} + n_{Naphthalin}} = \frac{0{,}923\ \text{mol}}{0{,}923\ \text{mol} + 0{,}78\ \text{mol}} = 0{,}542 \quad \text{(Gl. 3.51)}$$

Der Stoffmengenanteil x von Naphthalin beträgt analog nach Gl. 3.52:

$$x_{Naphthalin} = \frac{n_{Naphthalin}}{n_{Kresol} + n_{Naphthalin}} = \frac{0{,}78\ \text{mol}}{0{,}923\ \text{mol} + 0{,}780\ \text{mol}} = 0{,}458 \quad \text{(Gl. 3.52)}$$

Der Partialdampfdruck p_T von p-Kresol kann nach Raoult mit Gl. 3.53...Gl. 3.54 berechnet werden:

$$p_T = x \cdot p_0 \quad \text{(Gl. 3.53)}$$

$$p_{T,Kresol} = 0{,}542 \cdot 1280\ \text{mbar} = 693{,}76\ \text{mbar} \quad \text{(Gl. 3.54)}$$

Der Partialdampfdruck p_T von Naphthalin berechnet sich analog Gl. 3.55:

$$p_{T,Naphthalin} = 0{,}458 \cdot 1054\ \text{mbar} = 482{,}73\ \text{mbar} \quad \text{(Gl. 3.55)}$$

Nach Dalton kann der Gesamtdampfdruck p_{ges} mit Hilfe Gl. 3.56 durch Summenbildung der beiden Partialdampfdrücke berechnet werden:

$$p_{ges} = 693{,}76\ \text{mbar} + 482{,}73\ \text{mbar} = 1176{,}49\ \text{hPa} \quad \text{(Gl. 3.56)}$$

Die Stoffmengenkonzentration y_{Kresol} des Dampfes kann mit Gl. 3.57 berechnet werden:

$$y = x \cdot \frac{p_0}{p_{ges}} \tag{Gl. 3.57}$$

Für p-Kresol gilt Gl. 3.58:

$$y = 0{,}542 \cdot \frac{1280\ \text{mbar}}{1176{,}49\ \text{mbar}} = \underline{0{,}5897} \tag{Gl. 3.58}$$

Für Naphthalin gilt Gl. 3.59:

$$y = 0{,}458 \cdot \frac{1054\ \text{mbar}}{1176{,}49\ \text{mbar}} = \underline{0{,}4103} \tag{Gl. 3.59}$$

Der Dampf hat eine Zusammensetzung (Stoffmengenanteil!) von y = 58,97% p-Kresol und y = 41,03% Naphthalin. Zur Erinnerung: Die Zusammensetzung der Flüssigkeit vor der Destillation war (Stoffmengenanteil) x = 54,2% (p-Kresol) und x = 45,8% (Naphthalin).

Das bedeutet, dass sich die Stoffmenge an p-Kresol im Dampfraum ein wenig angereichert hat (von x = 54,2% auf y = 58,97%). Das Gemisch ist prinzipiell durch Destillation zu trennen.

Wird die Zusammensetzung des Dampfes über seiner Flüssigkeit gemäß Aufgabe 3 für verschiedene Stoffmengenanteile x zwischen 0...100% p-Kresol berechnet und die berechneten y-Werte (Zusammensetzung des Dampfes) auf die Ordinate sowie die x-Werte (Zusammensetzung der Flüssigkeit) auf die Abszisse aufgetragen, erhält man ein sog. **Gleichgewichtsdiagramm.**

In Bild 3.9 ist die Gleichgewichtskurve des p-Kresol/Naphthalin-Systems abgebildet. Die Stoffmengenanteile des Dampfes y wurden gemäß der Aufgabe 3 mit der Tabellenkalkulation MS-Excel aus dem Stoffmengenanteil x des p-Kresols in der Flüssigkeit berechnet und in das Diagramm eingetragen. Im Diagramm bedeutet die zusätzlich eingezeichnete «45°-Linie», dass entlang der Linie die Flüssigkeit und der Dampf die gleiche Zusammensetzung besitzen (x = y).

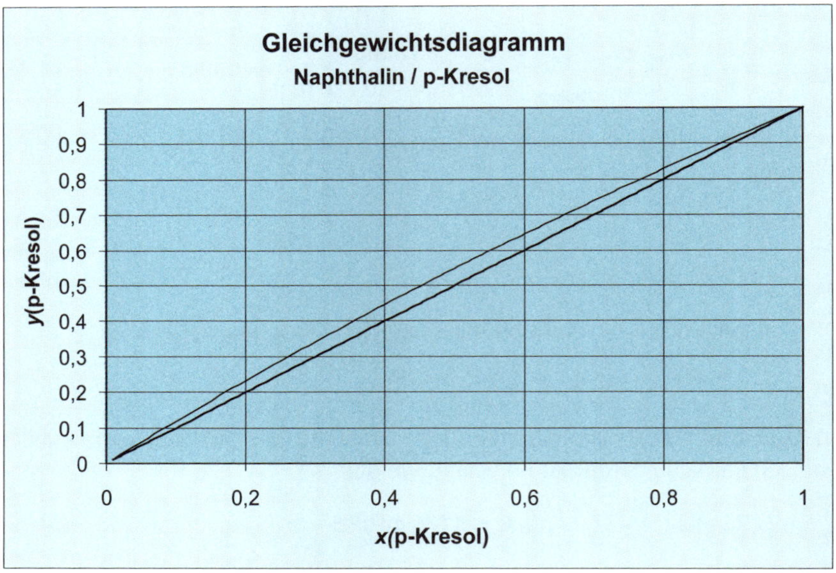

Bild 3.9 Gleichgewichtskurve des p-Kresol-/Naphthalin-Systems

In Bild 3.10 sind exemplarisch die Gleichgewichtsdiagramme einiger anderer Gemische aufgeführt. Welche Aussage kann man solchen Gleichgewichtskurven entnehmen?

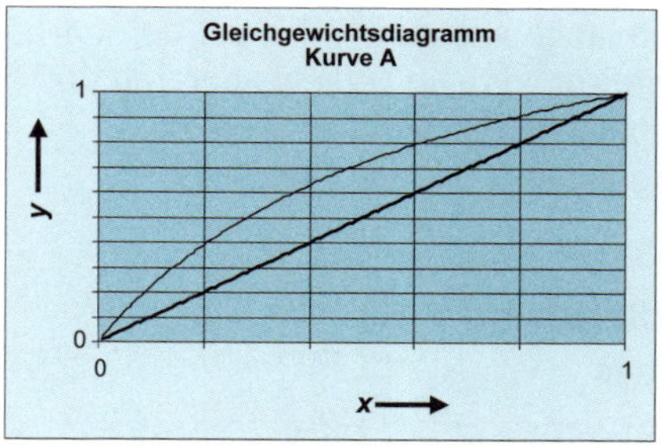

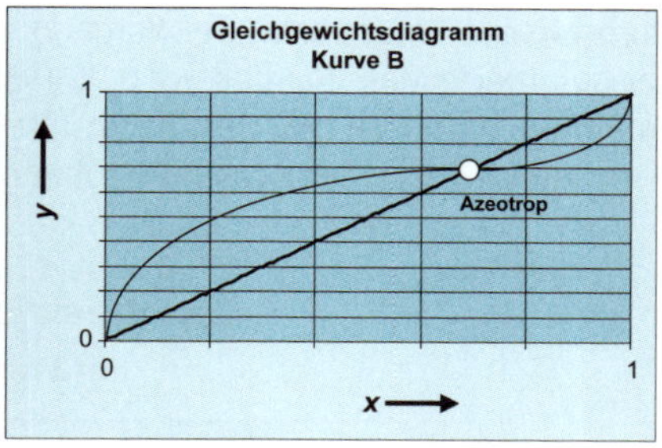

Bild 3.10 Gleichgewichtsdiagramme zweier Gemische

Zunächst bekommt man eine Information über das Destillierverhalten der Gemische. Je größer der Abstand zwischen der Gleichgewichtkurve und der 45°-Linie ist (Kurve A in Bild 3.10), umso einfacher ist das Gemisch durch eine Destillation zu trennen.

Wenn man in Bild 3.10 die Gleichgewichtskurve einer Aceton/Hexan-Mischung (Kurve B) betrachtet, stellt man fest, dass bei ca. 64% Hexan die Kurve der 45°-Linie geschnitten wird. An dieser Stelle ist die Zusammensetzung von Flüssigkeit x und Dampf y gleich. Das bedeutet, dass bei dieser Konzentration keine weitere Anreicherung im Dampfraum erreicht werden kann. Solche Gemische sind destillativ nicht weiter zu trennen, man nennt sie «azeotrope Gemische».

Definition «azeotropes Gemisch»

Bei einem azeotropen Gemisch hat der Dampf (y) die gleiche Zusammensetzung wie die zugehörige Flüssigkeit (x). Ein solches Gemisch ist destillativ nicht weiter zu trennen, weil keine Anreicherung im Dampfraum stattfinden kann.

Beispiele für azeotrope Gemische sind:

- Aceton 36% / Hexan 64% mit einem Siedepunkt von ϑ_b = 49,8 °C
- Wasser 4% / Ethanol 96% mit einem Siedepunkt von ϑ_b = 78,2 °C
- Essigsäure 2% / Benzol 98% mit einem Siedepunkt von ϑ_b = 80,05 °C

Wie bereits festgestellt, ist das Naphthalin/p-Kresol-Gemisch des **Prozesses P1_KAP3** durch eine einmalige Destillation nicht zu trennen, da nur eine Anreicherung von x = 54,2% auf y = 58,97% (für p-Kresol) erfolgt.

Man behilft sich, indem das Gemisch mehrfach hintereinander destilliert wird, bis der p-Kresolanteil im Dampfraum so hoch angereichert ist, wie es von einem Auftraggeber gefordert wird. Sogar die Anzahl der dazu notwendigen Destillationen kann dem Gleichgewichtsdiagramm entnommen werden.

Beispiel

Ein potentieller Auftraggeber fordert, dass das Kondensat, das an der letzten Destillationsapparatur abgenommen werden soll, eine Reinheit für p-Kresol von x = 0,95 (95%) haben soll.

Ausgehend vom Anfangsmassenanteil x = 0,542 (54,2%) wird im Gleichgewichtsdiagramm für das Naphthalin-p-Kresol-Gemisch eine Parallele zur y-Achse im Punkt 0,542 gezogen, bis sie die Gleichgewichtskurve schneidet. Dann wird eine Parallele bis zur x-Achse gezogen, bis sie die 45°-Linie berührt, so erhält man eine sog. **theoretische Trennstufe**. Der Vorgang wird so lange wiederholt, bis auf der x-Achse der geforderte Massenanteil x = 0,95 (95%) erreicht wird. Im vorliegenden Fall sind es 14 Stufen, demnach müssten 14 Destillationsvorgänge durchgeführt werden.

In Bild 3.11 sind die Zusammenhänge erkennbar.

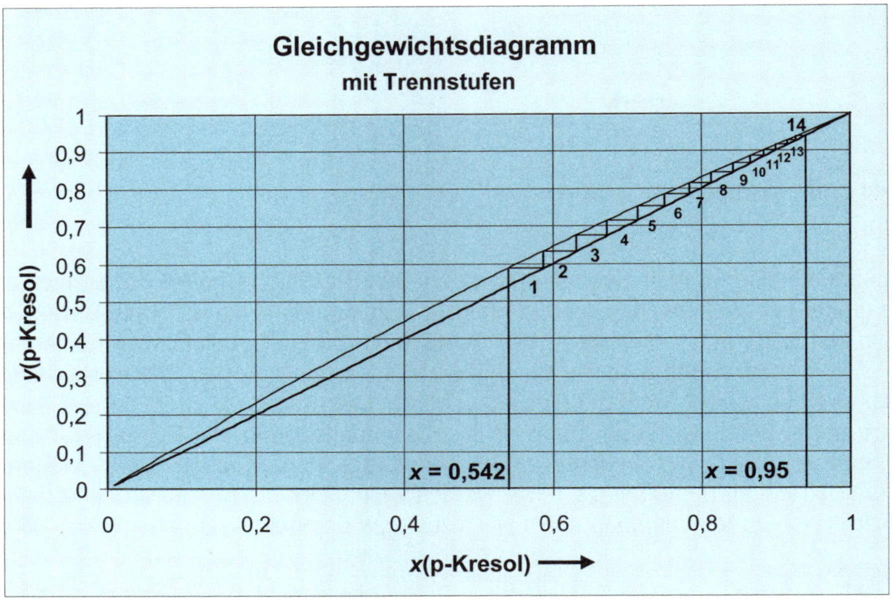

Bild 3.11 Anzahl der Destillationsstufen aus dem Gleichgewichtsdiagramm

In der Praxis werden die Destillationsstufen nicht hintereinander, sondern übereinander in einer sog. «Kolonne» durchgeführt. Eine solche mehrfache Destillation im Gegenstromverfahren – der Dampf kommt von unten und von oben tropft das Kondensat wieder zurück –, nennt man **Rektifikation** (Bild 3.12).

Informationssuche

Suchen Sie in Datenbanken, Lexika oder im Internet (z.B. http://de.wikipedia.org/wiki/Hauptseite) nach den Begriffen «Rektifikation» und «Kolonne» und erfassen Sie die Zusammenhänge.

Vertiefungsübung V3.7

Es wurden Benzol (C_6H_6) und Toluol (C_6H_5–CH_3) zu einer Lösung gemischt, mit dem Stoffmengenanteil von x(Benzol) = 50%. Berechnen Sie die Zusammensetzung y(Benzol) und y(Toluol) des Gases im Dampfraum, wenn folgende Daten bekannt sind:

- reines Benzol: $p_{0,\text{Benzol}}$ = 73,5 mbar
- reines Toluol: $p_{0,\text{Toluol}}$ = 27,2 mbar

Vertiefungsübung V3.8

Wie könnte man aus dem azeotropen Gemisch mit 96% Ethanol und 4% Wasser das Wasser doch noch auf nicht destillativem Weg entfernen?

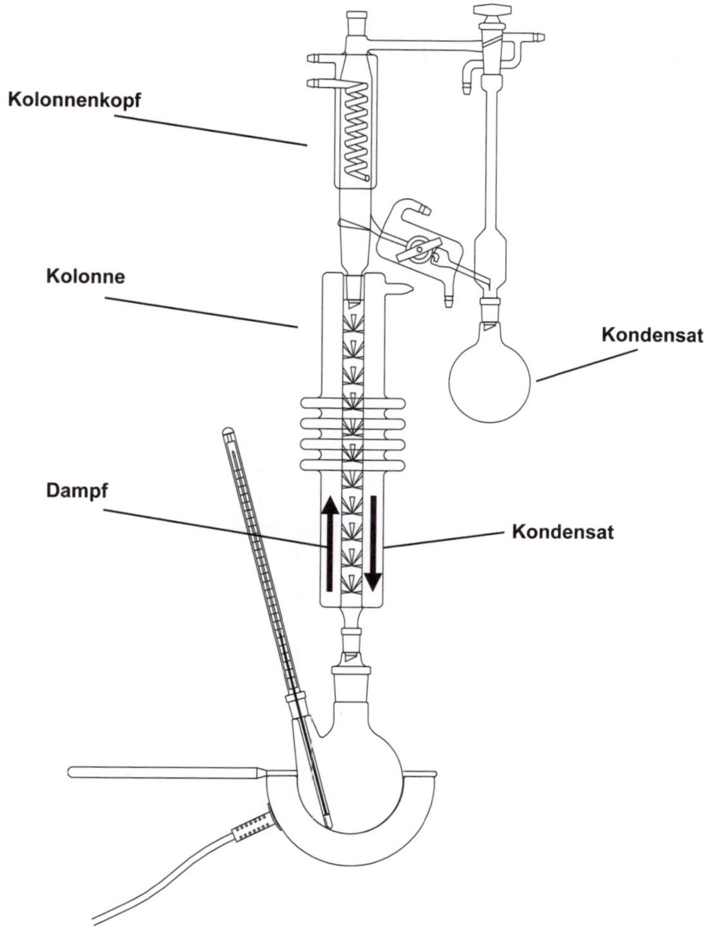

Bild 3.12 Rektifikation im Labor

Eine weitere Darstellung der Zusammenhänge bei den Trennungen von Stoffgemischen durch Destillation, kann durch ein sog. x/T-Diagramm vorgenommen werden. Darin wird zunächst die Abhängigkeit des Siedepunkts T (in Kelvin) einer Mischung von dem Stoffmengenanteil x an leichter siedender Komponente aufgezeichnet. Da in einem Gemisch mit steigender Konzentration an leichter siedender Substanz der Siedepunkt abnimmt, ergibt die x/T-Kurve einen nach unten gerichteten Kurvenzug (Bild 3.13).

Zunächst wird bei einer Destillation aus einer siedenden Mischung der aufsteigende Dampf kondensiert und das im Gleichgewicht zur Flüssigkeit stehende Kondensat aufgefangen. Wird das Kondensat analysiert, enthält es von der niedrig siedenden Komponente eine höhere Konzentration als die siedende Flüssigkeit, aus der es stammt. Trotzdem hat der Dampf die gleiche Temperatur T wie die siedende

Flüssigkeit. Einer Temperatur T im Diagramm können also zwei Stoffmengenanteile x zugewiesen werden: der Stoffmengenanteil x im Dampf und der Stoffmengenanteil x der siedenden Flüssigkeit.

Deshalb enthält ein x/T-Diagramm zwei Kurvenzüge: die untere «Siedekurve» und die obere «Kondensationskurve». Diese Art der Darstellung wird wegen der Form auch oft «Siedelinse» genannt.

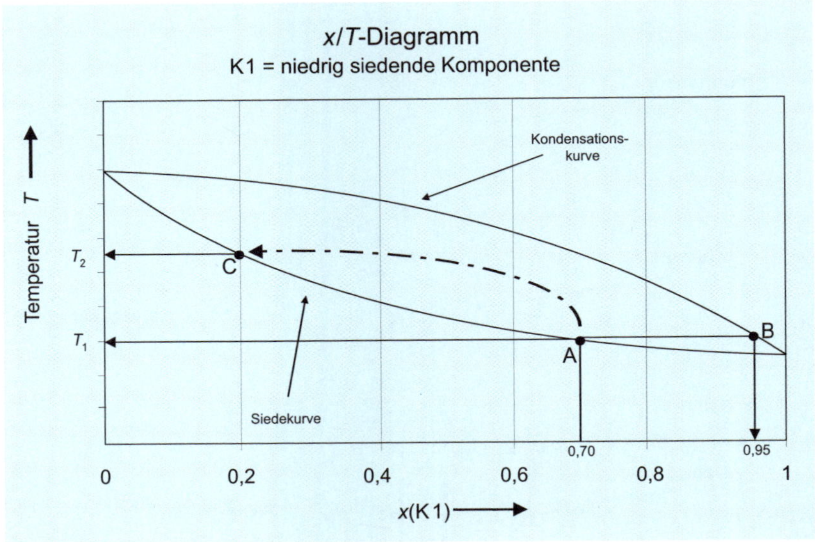

Bild 3.13 x/T-Kurve einer 2-Komponenten-Mischung

Zur Erklärung der Vorgänge bei einer Destillation soll eine Mischung zweier Komponenten dienen: K1 und K2, wobei K1 die Komponente mit dem niedrigeren Siedepunkt ist und einen Stoffmengenanteil von x(K1) = 70% (0,7) aufweist.

Diese Mischung siedet beim Siedepunkt T_1 (Punkt «A» im x/T-Diagramm). Wenn der Dampf (mit der Temperatur T_1) wieder kondensiert wird, entsteht eine Mischung mit dem Stoffmengenanteil von x(K1) = 0,95 (Punkt «B» im x/T-Diagramm). Somit hat eine Aufkonzentration der Komponente K1 im Kondensat stattgefunden, von x = 0,7 auf x = 0,95. Es ist leicht zu erkennen, dass die Trennung zweier Komponenten umso besser gelingen kann, je weiter die Kondensationskurve von der Siedekurve entfernt ist. Dabei bestimmt hauptsächlich die Differenz der Siedepunkte beider Komponenten den Abstand der Kurven.

Während einer Destillation wird immer mehr von der niedrig siedenden Komponente abgetrennt, der Stoffmengenanteil dieser Komponente sinkt. Angenommen, der Stoffmengenanteil an K1 würde auf x(K1) = 20% absinken, dann kann leicht am Punkt «C» der dazugehörige Siedepunkt T_2 der Mischung mit x(K1) = 20% entnommen werden (Bild 3.13). Daraus kann geschlossen werden, dass der Siedepunkt einer Mischung nicht konstant ist, sondern immer vom Stoffmengenanteil x der Komponenten abhängt.

In Bild 3.13 wurde ein x/T-Diagramm einer «idealen» Mischung beschrieben, die sich gemäß den Gesetzen von Dalton und Raoult verhält. Wie bereits festgestellt wurde, hat in einem azeotropen Gemisch die siedende Flüssigkeit und das im Gleichgewicht stehende Kondensat die gleiche Zusammensetzung und kann daher nicht durch eine Destillation getrennt werden. In einem x/T-Diagramm einer solchen Mischung, die ein Azeotrop bildet, fallen beim entsprechenden Stoffmengenanteil Siede- und Kondensationskurve zusammen (Bild 3.14, Azeotrop bei x(K1) = 0,6).

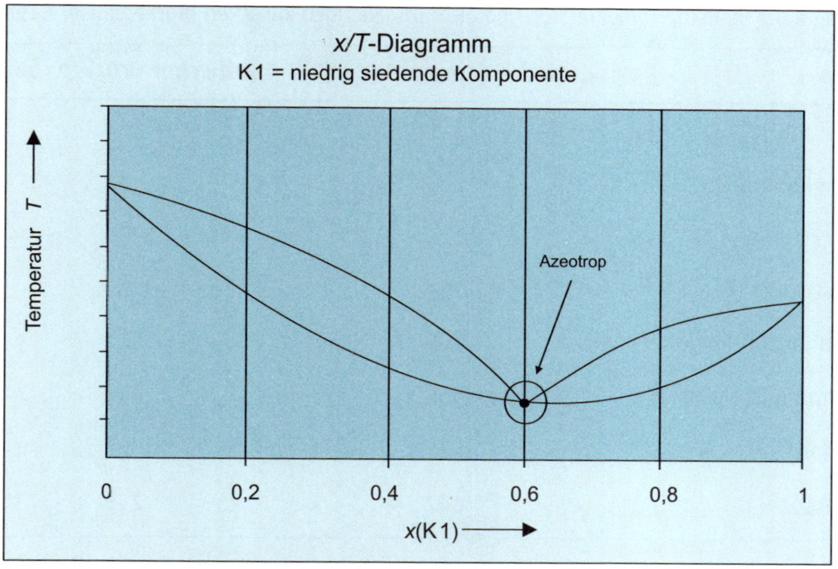

Bild 3.14 *x/T*-Diagramm eines azeotrop bildenden Gemisches

3.1.3 Gasverflüssigung durch Druckerhöhung

Bevor der **Prozess P1_KAP3** weitergeführt wird, wird in diesem Abschnitt eine weitere Möglichkeit der Aggregatzustandsveränderung vom gasförmigen in den flüssigen Zustand beschrieben. Bisher wurde in Abschnitt 2.1.3 davon ausgegangen, dass Gase oder Dämpfe nur durch Kondensation verflüssigt werden können. Manche Gase können auch bereits bei Raumtemperatur durch eine Druckerhöhung verflüssigt werden. Dazu gehören z.B. Ammoniakgas NH_3, Butan C_4H_{10} und Kohlenstoffdioxid CO_2.

Unter Erhöhung des Drucks wird der Abstand zwischen den Gasmolekülen immer geringer, und bei entsprechendem Molekülabstand geht das Gas in eine Flüssigkeit über. Dagegen wirkt die ungeordnete Bewegung der Gasmoleküle, die eine Folge der Energie bei der entsprechenden Temperatur ist. Je höher die Temperatur wird, umso ungeordneter und schneller bewegen sich die Gasmoleküle. Der aufzuwendende Druck muss höher werden, um das Gas zu verflüssigen.

Für jedes Gas existiert eine genau definierte Temperatur, oberhalb derer sich das Gas trotz hohem Druck nicht mehr verflüssigen lässt. Diese Temperatur wird «kritische Temperatur» genannt.

Definition «kritische Temperatur»

Die kritische Temperatur ist diejenige Temperatur, **oberhalb** derer sich ein Gas, auch bei noch so hohem Druck, **nicht** mehr verflüssigen lässt.

Den geringsten Druck, der benötigt wird, um das Gas genau bei der «kritischen Temperatur» zu verflüssigen, nennt man «kritischen Druck».

In Tabelle 3.2 sind einige kritische Temperaturen und die dazugehörigen kritischen Drücke aufgeführt:

Die kritische Temperatur von Kohlenstoffdioxid CO_2 beträgt nach Tabelle 3.2 $T = 304$ K, der kritische Druck $p = 73$ bar. Das bedeutet, dass sich Kohlenstoffdioxid CO_2 oberhalb 305 K ($\vartheta = 32$ °C) nicht mehr verflüssigen lässt, auch wenn man den Druck über $p = 73$ bar erhöhen würde.

Tabelle 3.2 Kritische Temperaturen und die dazugehörigen kritischen Drücke einiger Gase

Gas	kritische Temperatur *T* (K)	kritischer Druck *p* (bar)
Helium He	5,3	2
Wasserstoff H_2	33	13
Stickstoff N_2	126	34
Sauerstoff O_2	154	50
Kohlenstoffdioxid CO_2	304	73
Ammoniakgas NH_3	405	112
Butan	425	3,78
Wasser H_2O	647	217

Vertiefungsübung V3.9

In einer Gasstahlflasche ist Stickstoff unter folgenden Bedingungen enthalten: Druck p = 200 bar, Temperatur ϑ = 20 °C. Nimmt der Stickstoff in der Gasstahlflasche einen flüssigen oder gasförmigen Zustand ein? (Begründen Sie!)

Die Höhe der kritischen Temperatur weist auf die Größe der Anziehungskräfte zwischen den Molekülen des verflüssigten Gases hin. Bei einer Verbindung mit niedriger kritischer Temperatur sind die Anziehungskräfte der Moleküle untereinander gering. Oberhalb der kritischen Temperatur sind die Teilchenbewegungen zu heftig, um die Teilchen in einem Flüssigkeitsverband halten zu können.

3.1.4 Fester Aggregatzustand

In Fortsetzung des **Prozesses P1_KAP3**, der Naphthalin/p-Kresol-Trennung durch Destillation, bleibt bei der Abdestillation der größten Menge von p-Kresol (95%) aus dem Gemisch eine Naphthalin-Schmelze im Destillationskolben zurück, die aber noch mit 5% p-Kresol verunreinigt ist.

Kühlt man diese Naphthalinschmelze immer mehr ab, so wird die Bewegung der Moleküle im Flüssigkeitsverband immer weniger heftig. Irgendwann wird die Temperatur erreicht, bei der die Teilchengeschwindigkeit so gering wird, dass die Moleküle in einem festen Verband fixiert werden: Der Erstarrungspunkt ϑ_E ist erreicht. Der Grund dieser Fixierung in einem festen Verband ist die Anziehungskraft, die zwischen den Teilchen herrscht. Je größer diese Anziehungskraft ist, umso schneller kann der feste Verband entstehen, als Folge kristallisiert die Flüssigkeit schneller aus und der Erstarrungspunkt ϑ_E, der mit dem Schmelzpunkt ϑ_m zahlenmäßig identisch ist, ist hoch. Den fixen Verband eines Feststoffes nennt man «Kristallgitter». Die kleinste Einheit eines Kristallgitters wird Elementarzelle genannt. Durch eine Aneinanderreihung der Elementarzellen entsteht dann ein «Gitter». Je nach Symmetrie lassen sich die Kristallgitter in 6 Systeme einordnen: kubisch, tetragonal, rhombisch, monoklin, triklin und hexagonal. Ordnendes Prinzip sind die Längen des vorliegenden 3-dimensionalen Systems und die Winkel, mit der das System stabilisiert wird (s. Bild 3.15).

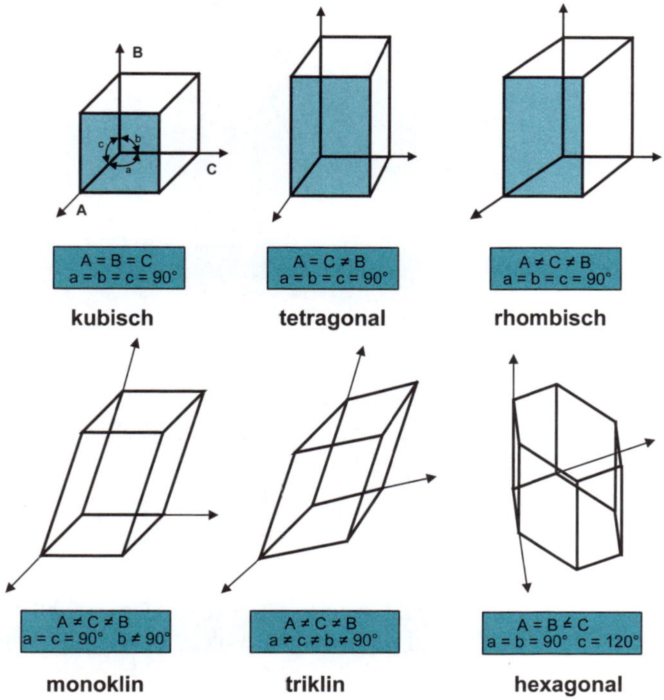

Bild 3.15 Die 6 Kristallsysteme

Bei dem beschriebenen Prozess der Erstarrung der Naphthalinschmelze unter Entstehung eines Gitters wird Energie frei. Es handelt sich um die «Erstarrungswärme», die wie die Schmelzwärme eine latente Wärme ist.

Wird das Kristallgitter durch Zufuhr von Wärmeenergie wieder zerstört (d.h., die Substanz schmilzt), wird der gleiche Energiebetrag wieder als «Schmelzwärme» benötigt, um die Substanz ohne Temperaturerhöhung zu schmelzen. Der Betrag von Schmelzwärme und Erstarrungswärme ist gleich. Der Erstarrungsvorgang einer Substanz kann in einer Temperatur-Zeit-Kurve erfasst werden. Dabei misst man ständig die Temperatur einer erstarrenden Schmelze in Abhängigkeit von der Zeit. Man erhält so eine charakteristische Kurve, die in Bild 3.16 zu erkennen ist. Vor dem «Knick» entstand (sofern die Schmelze nicht bewegt wird bzw. rein ist) eine «unterkühlte Schmelze», eine Flüssigkeit, die unterhalb des Erstarrungspunktes existiert. Die Temperatur steigt aber dann beim eintretenden Erstarrungsvorgang sofort auf den Erstarrungspunkt ϑ_E bzw. Schmelzpunkt ϑ_m. Die Temperaturerhöhung am «Knick» stammt von der freiwerdenden Erstarrungswärme.

Die beim Erstarren des Wassers zu Eis abgegebene Erstarrungswärme wird an die Luft weitergegeben, dadurch wird es gewöhnlich beim Schneien merklich wärmer. Die Schneekristalle haben aber trotz Wärmeabgabe eine Temperatur von $\vartheta = 0$ °C.

Je nachdem welche Teilchenart das Kristallgitter eines Feststoffes besitzt, kann die Kraft zwischen den Teilchen gering oder auch sehr stark sein.

Besetzen Ionen (elektrische geladene Teilchen, s. Kapitel 4 und 5) die Gitterpunkte, sind die Anziehungskräfte zwischen den negativen und positiven Teilchen sehr stark, und es muss sehr viel Energie aufgebracht werden, um das starke und stabile Gitter zu zerstören. Der Schmelzpunkt dieser Substanzen, es handelt sich um Salze, ist gewöhnlich sehr hoch.

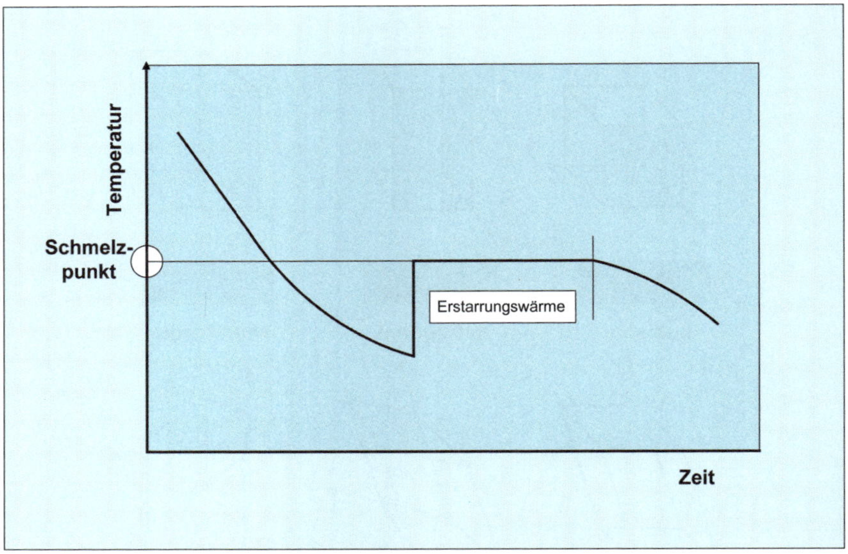

Bild 3.16 Temperatur-Zeit-Kurve beim Erstarren einer reinen Substanz

Auch Moleküle können die Eckpunkte eines Gitters besetzen. Es gibt Moleküle, die nach außen hin völlig neutral sind, und es gibt Moleküle, die sog. **Dipole** bilden. Letztere treten dann auf, wenn im Molekül die Schwerpunkte einer negativen und einer positiven Ladung nicht zusammenfallen (und sich damit aufheben), sondern als getrennte positive und negative Ladung zu messen sind. Wasser ist ein typischer Dipol (s. Bild 3.17).

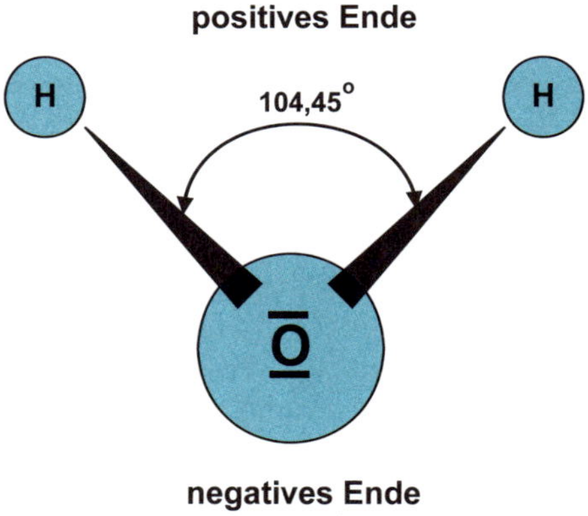

Bild 3.17 Dipol von Wasser

Definition «Dipol»

Unter einem Dipol versteht man die Bildung von Ladungsschwerpunkten in einem ursprünglich neutralen Molekül. Die Ladungsschwerpunkte bilden positiv und negativ geladene Zonen im Molekül, die sich gegenseitig nicht aufheben. Das Maß für die Stärke des Dipols ist das Dipolmoment *M*.

Das Dipolmoment *M* kann nach Gl. 3.60 aus der resultierenden Ladung *Q* und dem Bindungsabstand *d* berechnet werden.

$$M = Q \cdot d \qquad \text{(Gl. 3.60)}$$

Je größer der Wert *M* (in Debye D, $3{,}336 \cdot 10^{-30}$ Coulomb · m) ist, umso «polarer» ist die Substanz.

In Tabelle 3.3 sind die Dipolmomente *M* einiger zweiatomiger Verbindungen aufgeführt.

Tabelle 3.3 Dipolmomente *M* einiger zweiatomiger Stoffe

Stoff	Dipolmoment	Stoff	Dipolmoment
HF	1,9 D	H_2O	1,844 D
HCl	1,03 D	H_2S	0,92 D
HBr	0,74 D	CO_2	0 D
NH_3	1,64 D	CCl_4	0 D

Kohlenstoffdioxid (CO_2) und Tetrachlormethan (CCl_4) sind nach dieser Tabelle unpolar, Fluorwasserstoff (HF) und Wasser dagegen hochpolar.

Sind polare Molekülteile in ein Gitter eingebunden, werden sie durch die Ausrichtung der polaren Stellen im Kristallgitter gehalten. Das negative Ende eines Moleküls zieht das positive Ende eines anderen Moleküls an. Diese Kraft ist jedoch weit geringer als bei den ionischen Gittern, bei denen positiv und negativ geladene Ionen das Gitter bilden. Verbindungen mit polaren Gruppen schmelzen demnach bei deutlich niedrigeren Temperaturen als Ionenverbindungen.

Auch neutrale Moleküle können ein Gitter besetzen und werden dann durch sehr schwache Kräfte stabilisiert, die «Van-der-Waals-Kräfte» genannt werden (siehe Kapitel 4). Jede Materie weist diese schwachen Kräfte auf. Sie werden durch Elektronenbewegungen im Molekül hervorgerufen. Durch die geringen Van-der-Waals-Kräfte weisen solche Verbindungen aus neutralen Atomen im Gitter sehr niedrige Schmelzpunkte auf. Daher besitzen diese Kristalle eine relativ weiche Struktur. Das Naphthalin ist ein Vertreter dieser Gattung mit einem Schmelzpunkt von $\vartheta_F = 80$ °C. Im Naphthalinmolekül sind nur die sehr geringen Van-der-Waals-Kräfte ausgebildet, und das Gitter kann trotz der relativ großen molekularen Masse schnell durch Energiezufuhr zerstört werden.

Im Naphthalin-Rückstand aus dem **Prozess P1_KAP3** sind nach der Destillation noch 5% p-Kresol enthalten. Dieses p-Kresol wird ebenfalls mit in das Kristallgitter des Naphtalins eingebaut und schwächt dadurch das Gitter, da es nicht mehr als kompakte Einheit auftritt. Als Folge sinkt der Schmelzpunkt um einige Grad Celsius, da nicht mehr soviel Energie aufgebracht werden muss, um das Gitter aufzubrechen. Die Höhe der Schmelzpunktabsenkung (*Schmelzpunktdepression*) ist abhängig von der Konzentration an Fremdsubstanz.

Der Schmelzpunkt ϑ_m ist daher eine wichtige Charakterisierungsgröße in der praktischen Chemie. Man benutzt diese Stoffeigenschaft, um Substanzen zu identifizieren bzw., um festzustellen, ob eine bekannte Substanz verunreinigt ist.

Informationssuche

Suchen Sie in entsprechender Literatur, Lexika oder im Internet (z.B. http://de.wikipedia.org/wiki/Hauptseite) nach dem Begriff «Mischschmelzpunkt» und erfassen Sie die Zusammenhänge.

Die Berechnung der Schmelzwärme Q_s, die ohne Temperaturerhöhung zugeführt werden muss, erfolgt mit Gl. 3.61:

$$Q_s = m \cdot q_s \qquad \text{(Gl. 3.61)}$$

mit:

- Q_s Schmelzwärme (J)
- m Masse (g)
- q_s spezifische Schmelzwärme, Stoffkonstante (J/g)

Die spezifische Schmelzwärme q_s von Naphthalin beträgt 34 J/g.

Beispiel

Berechnen Sie die Gesamtwärme Q in kJ, die notwendig ist, um m = 100 g **festes** Naphthalin von ϑ = 20 °C in einen **Dampf** von ϑ = 218 °C überzuführen.
Die Daten:

- spezifische Wärmekapazität von festem Naphthalin: c = 2,8 J/(g K)
- spezifische Wärmekapazität von flüssigem Naphthalin: c = 3,1 J/(g K)
- spezifische Schmelzwärme von Naphthalin: q_s = 34 J/g
- spezifische Verdampfungswärme von Naphthalin Δh_V = 322 J/g

Der gesamte Ablauf der Erwärmung und Überführung vom festen in den gasförmigen Zustand ist aus Bild 3.18 zu erkennen.

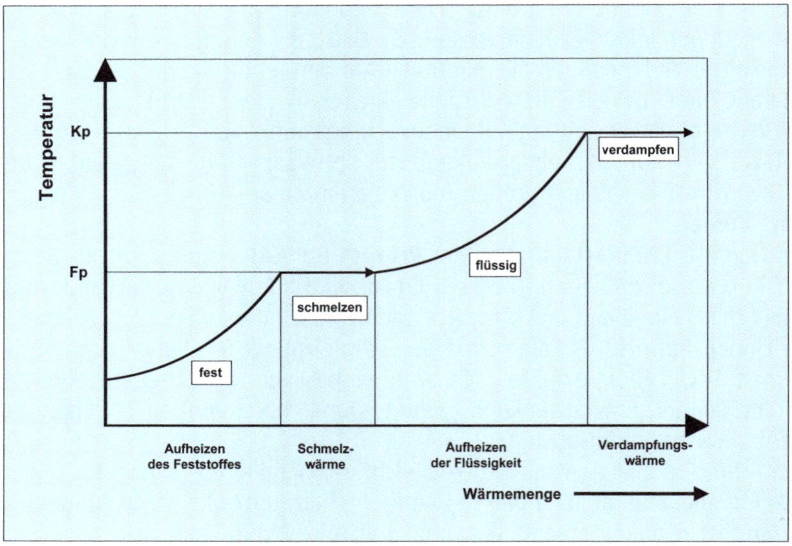

Bild 3.18 Energieaufnahme bei der Umwandlung von festem Naphthalin in den gasförmigen Aggregatzustand

1. Wärmemenge von ϑ = 20...80 °C im festen Zustand nach Gl. 3.62:

$$Q = m \cdot c \cdot \Delta\upsilon = 100\ \text{g} \cdot 2{,}8\ \frac{\text{J}}{\text{g} \cdot \text{K}} \cdot (80 - 20)\text{K} = \underline{16\,800\ \text{J}} = \underline{16{,}80\ \text{kJ}} \qquad \text{(Gl. 3.62)}$$

2. Wärmemenge beim Übergang vom festen zum flüssigen Zustand bei $\vartheta = 80\ °C$ nach Gl. 3.63:

$$Q = m \cdot q_s = 100\ g \cdot 34\ \frac{J}{g} = \underline{3400\ J} = \underline{3{,}4\ kJ} \qquad (Gl.\ 3.63)$$

3. Wärmemenge vom geschmolzenen Zustand bei $\vartheta = 80...218\ °C$ nach Gl. 3.64:

$$Q = m \cdot c \cdot \Delta\upsilon = 100\ g \cdot 3{,}1 \frac{J}{mol \cdot K}(218 - 80)\ K = \underline{42\,780\ J} = \underline{42{,}78\ kJ} \qquad (Gl.\ 3.64)$$

4. Wärmeenge beim Übergang vom flüssigen Zustand bei $\vartheta = 218\ °C$ bis zum dampfförmigen Zustand nach Gl. 3.65:

$$Q = m \cdot \Delta h_V = 100\ g \cdot 322\ \frac{J}{g} = \underline{32\,200\ J} = \underline{32{,}20\ kJ} \qquad (Gl.\ 3.65)$$

Zusammen werden 16,8 kJ + 3,4 kJ + 42,78 kJ + 32,2 kJ = <u>95,18 kJ</u> benötigt.

Vertiefungsübung V3.10

Ein Laborbrenner liefert eine Energieleistung von 56 kJ pro Minute. Es sollen $m = 200$ g «Wassereis» von $\vartheta = 0\ °C$ zum Kochen bei $\vartheta = 101\ °C$ gebracht werden. Wie lange braucht der Brenner dazu, wenn nur 70% der Wärme ausgenutzt wird (Wirkungsgrad = 70%)?

Die Daten von Wasser:

- spezifische Schmelzwärme $q_s = 335\ J/g$
- spezifische Wärmekapazität $c = 4{,}187\ J/(g \cdot K)$
- spezifische Verdampfungswärme $\Delta h_V = 2256{,}7\ kJ/kg$

3.1.5 Phasendiagramm der Aggregatzustände

In einem Phasendiagramm der Aggregatzustände werden die Bedingungen, unter denen ein Stoff fest, flüssig oder gasförmig ist, beschrieben. Im Phasendiagramm ist auf der Ordinate (*y*-Achse) der Druck und auf der Abszisse (*x*-Achse) die Temperatur aufgetragen. Exemplarisch wird zunächst das Phasendiagramm von Kohlenstoffdioxid CO_2 (Bild 3.19) betrachtet.

Das linke Feld beschreibt den festen Zustand, das obere rechte Feld den flüssigen Zustand, das untere rechte Feld den gasförmigen Zustand von Kohlenstoffdioxid. Immer dann, wenn eine Linie im Phasendiagramm (Feldwechsel) überschritten wird, ändert sich der Aggregatzustand. Auf der Lauflinie sind beide Zustände existent.

In einem Punkt stoßen alle 3 Felder (d.h. Aggregatzustände) zusammen. Diesen Punkt nennt man «**Tripelpunkt**». Unter den Bedingungen des Tripelpunkts (Druck, Temperatur) sind alle 3 Aggregatzustände existent. Der Tripelpunkt von Kohlenstoffdioxid befindet sich bei $\vartheta = -57\ °C$ und $p = 5{,}1$ bar.

Bewegt man sich vom Tripelpunkt auf der Linie nach unten, kommt man beim direkten Übergang vom festen zum gasförmigen Zustand bei $p = 1$ bar auf eine Temperatur von $\vartheta = -78{,}5\ °C$. Bei diesen Bedingungen geht das Kohlenstoffdioxid direkt vom festen in den gasförmigen Zustand über, es sublimiert. Im Laborjargon wird das feste Kohlenstoffdioxid «Trockeneis» genannt.

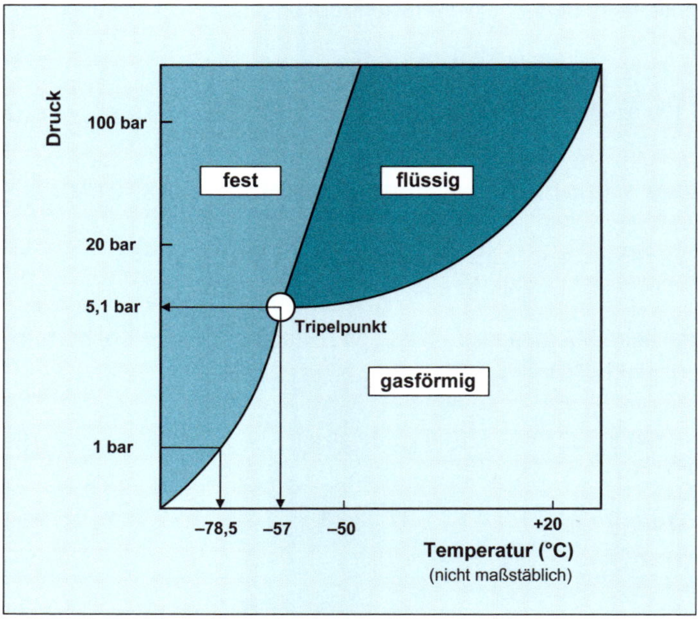

Bild 3.19 Phasendiagramm von Kohlenstoffdioxid

Vertiefungsübung V3.11

Welchen Aggregatzustand nimmt Kohlenstoffdioxid CO_2 unter folgenden Bedingungen jeweils ein?

- ❑ bei $\vartheta = -70$ °C und $p = 20$ bar
- ❑ bei $\vartheta = -50$ °C und $p = 1$ bar
- ❑ bei $\vartheta = 20$ °C und $p = 100$ bar

Was passiert, wenn das CO_2-Gas, das in einer Stahlgasflasche («Kohlensäure»-Feuerlöscher) unter 20 °C und 100 bar steht, sich beim Entspannen auf den Luftdruck $p = 1$ bar auf −78 °C abkühlt?

Das Phasendiagramm von Wasser ist aus Bild 3.20 erkennbar. Der Tripelpunkt von Wasser ist bei $\vartheta = 0{,}01$ °C und $p = 6{,}11$ mbar. In diesem Punkt befinden sich alle 3 Phasen des Wassers im Gleichgewicht. (Auf der Webseite www.mrt.uni-essen.de/fixpoint.htm können Abbildungen vom Aussehen des Wassers am Tripelpunkt aufgerufen werden.)

Wird im Phasendiagramm von Wasser eine Parallele bei $p = 1013$ mbar zur Abszisse gezogen, ist erkennbar, dass der Übergang vom flüssigen zum gasförmigen Aggregatzustand bei $\vartheta = 100$ °C verläuft.

Betrachtet man die Linie zwischen «fest» und «flüssig» (Schmelzpunktkurve) bei Wasser und vergleicht sie mit der von Kohlenstoffdioxid, stellt man Unterschiede fest. Die Schmelzpunktkurve ist bei Wasser deutlich nach links geneigt. Bei steigendem Druck wird daher bei Wasser der Gefrierpunkt abnehmen. Dieses Verhalten wird man bei sehr wenigen Substanzen beobachten können. Die Eigenschaft, dass das Volumen von Eis größer ist als das Volumen von Wasser gleicher Masse, beruht auf diesem Druck-Temperatur-Verhalten.

Man nennt dieses Verhalten «**Anomalie des Wassers**», deshalb schwimmen Eisberge auf dem Wasser, da die Dichte des Eises geringer ist als die des Wassers.

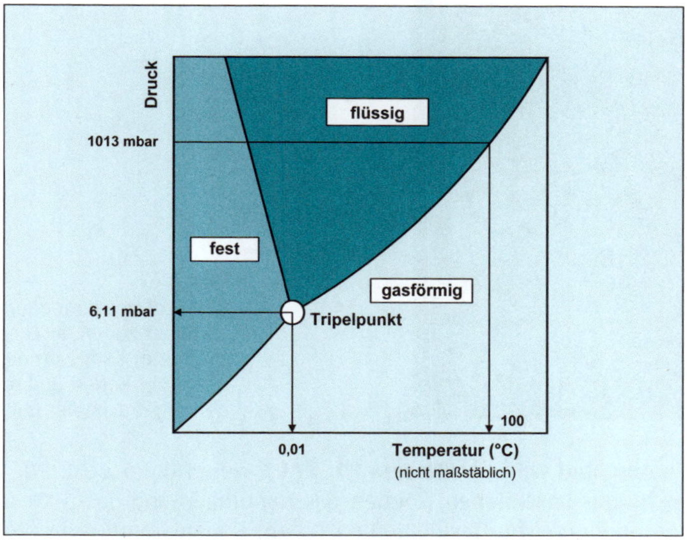

Bild 3.20 Phasendiagramm von Wasser

Beim Gefrieren dehnt sich Wasser immer aus. Aus m = 18 g Wasser (V = 18 cm^3) Wasser bei ϑ = 0 °C werden nach dem Erstarren V = 19,6 cm^3 Eis bei der gleichen Temperatur. Wird Wasser schockartig tiefgefroren und gleichzeitig evakuiert, gelangt man in dem Phasendiagramm von Wasser auf die Linie zwischen «fest» und «gasförmig», das Wasser sublimiert. Dieses Verhalten nutzt man bei der «Gefriertrocknung» wasserhaltiger Feststoffe aus, eine Methode, die im Labor immer mehr verwendet wird. Aber auch in der Großchemie, in der Pharmazie und sogar in der Nahrungsmittelindustrie wird diese Art der Trocknung angewendet.

Z.B. wird bei der Herstellung von löslichem Kaffee ein heißer und flüssiger Kaffeeauszug sekundenschnell auf Temperaturen zwischen ϑ = −40...−50 °C tief gefroren. Anschließend werden die Eiskristalle zerkleinert und vermahlen. Im Hochvakuum sowie unter allmählicher Erwärmung verdampft dann nach und nach das gesamte Wasser, das im Kaffeekonzentrat vorhanden ist. Zurück bleiben feste, trockene Kaffeepartikel, in denen Aroma und Geschmack unter festem Verschluss gehalten werden. Auf dem deutschen Markt werden heute vorwiegend gefriergetrocknete Produkte angeboten (Bild 3.21) (http://www.kaffeeverband.de/25.htm).

Vertiefungsübung V3.12

Naphthalin hat einen niedrigen Schmelzpunkt von ϑ_m = 80 °C, sublimiert auch bei niedriger Temperatur gut und hat einen Siedepunkt von ϑ_b = 218 °C. Wie könnte in etwa das Phasendiagramm von Naphthalin aussehen?

Vertiefungsübung V3.13

Könnte man feuchtes Naphthalin durch Gefriertrocknung von anhaftendem Wasser befreien?

Die Linie im Phasendiagramm, die das gasförmige vom flüssigen Feld trennt, endet in einem Punkt, der der kritischen Temperatur T und dem kritischen Druck p entspricht. Bei Wasser wären das T = 647 K und p = 217 bar.

Bild 3.21
Getrocknetes Kaffeepulver aus Kaffeeauszügen: links sprühgetrockneter Kaffee, in der Mitte gekörnter Kaffee und rechts gefriergetrockneter Kaffee

Im nächsten Abschnitt wird der **Prozess P1_KAP3** weiter untersucht. Wie im bisherigen Prozess bereits beschrieben, können das Naphthalin und das p-Kresol nicht völlig durch eine umfangreiche Destillation nach dem Gegenstromprinzip (Rektifikation) getrennt werden. Im Dampfraum wird sich am Ende einer Rektifikationskolonne das p-Kresol mit seinem etwas höheren Dampfdruck anreichern, und das Naphthalin verbleibt in dem Destillationskolben als Rückstand. Trotzdem werden noch immer Reste von p-Kresol im Naphthalin verbleiben.

Merke

Es wird angenommen, dass noch 5% p-Kresol im Rückstand verblieben sind. Allerdings sind auch vom Kunden akzeptierte 5% Naphthalinmengen ins Destillat p-Kresol mit übergegangen.

Um das p-Kresol vom Hauptprodukt Naphthalin zu trennen, also das in der Destillationsblase zurückgebliebene Naphthalin zu reinigen, müssen physikalische Trennmethoden angewendet werden, die auf Löslichkeitseffekte oder Verteilungseffekte beruhen.

Davon handelt der nächste **Prozess P2_KAP3**.

Vertiefungsübung V3.14

Wie könnte das abdestillierte p-Kresol, das noch 5% Naphthalin enthält, weiter gereinigt werden?

3.2 Reinigung durch Löslichkeitsprozesse

3.2.1 Feststoffextraktion

Wie bereits in **Prozess P1_KAP3** erwähnt, wird angenommen, dass das Gemisch in der Destillationsblase aus m = 5 g p-Kresol (5%) und m = 95 g Naphthalin (95%) besteht. Das p-Kresol auf destillativem Weg abzutrennen, würde viele Destillationsschritte (Trennstufen) fordern und wäre höchst ineffektiv. Eine Methode, um das Naphthalin zu reinigen, wäre z.B. das Herauslösen des p-Kresols aus dem festen Gemisch. Ein solches Verfahren nennt man «Extraktion», genauer «Feststoffextraktion».

Definition «Extraktion»

Unter einer Extraktion versteht man ein Trennverfahren, bei dem mit Hilfe eines Extraktionsmittels eine Komponente aus einem Gemisch (Extraktionsgut) gelöst wird. Es entsteht ein Extrakt, der die gewünschte Komponente enthält.

Für die Gemischextraktion des **Prozesses P1_KAP3** ist es notwendig, ein Lösemittel zu finden, das das p-Kresol besser löst als das Naphthalin. Die Löslichkeit kann Stofftabellen entnommen werden:

- Die Löslichkeit von p-Kresol in Wasser beträgt L = 20 g/L,
- Die Löslichkeit von Naphthalin in Wasser beträgt L = 0,3 g/L
  (jeweils bei ϑ = 20 °C)

Wird das in der Destillationsblase verbliebene Gemisch («**Extraktionsgut**») mit einer genügenden Menge Wasser («**Extraktionsmittel**») übergossen und das Ganze intensiv verrührt, löst sich das p-Kresol relativ schnell und vollständig. Vom Naphthalin gehen nur relativ geringe Mengen in Lösung.

Um m = 5 g p-Kresol aus den m = 100 g Destillationsrückstand des **Prozesses P1_KAP3** zu lösen, wären nach Gl. 3.66:

$$m = \frac{5\,\text{g} \cdot 1000\,\text{mL}}{20\,\text{g}} = \underline{250\,\text{mL}}\ \text{Wasser} \qquad \text{(Gl. 3.66)}$$

notwendig. Dabei lösen sich allerdings auch gemäß Gl. 3.67:

$$m = \frac{250\,\text{mL} \cdot 0{,}3\,\text{g}}{1000\,\text{mL}} = \underline{0{,}075\,\text{g}}\ \text{Naphthalin} \qquad \text{(Gl. 3.67)}$$

Der beschriebene Vorgang wird im Laborjargon auch «Digerieren» genannt, also ein «Herauslösen einer Substanz unter Rühren der Suspension».

Die entstandene Suspension, deren Feststoff aus reinem Naphthalin besteht, braucht jetzt nur noch abfiltriert und der Rückstand getrocknet werden. Das ablaufende flüssige Filtrat, das das p-Kresol und etwas Naphthalin enthält, wird «**Extrakt**» genannt. Der wässrige Extrakt mit noch m = 5 g p-Kresol (und m = 0,075 g Naphthalin) wird im **Prozess P4_KAP3** weiterverarbeitet.

Im Labor kann eine Feststoffextraktion noch eleganter in der Extraktionsapparatur nach Soxhlet vorgenommen werden, wobei nur relativ geringe Mengen des Lösemittels eingesetzt werden müssen.

Informationssuche

Suchen Sie in entsprechender Literatur, Datenbanken, Lexika oder im Internet (z.B. http://de.wikipedia.org/wiki/Hauptseite) nach dem Begriff «Soxhlet-Apparatur» oder «Soxhlet-Aufsatz» und erfassen Sie die Zusammenhänge.

Die Feststoffextraktion nutzt die unterschiedliche Löslichkeit von Komponenten einer festen Mischung. Daher ist es wichtig, wovon die Löslichkeit einer Substanz abhängt. Zuvor wird der Begriff «Löslichkeit» genauer definiert.

Definition «Löslichkeit»

Unter der «Löslichkeit» L einer Substanz versteht man die Masse eines Stoffes in g, die sich **maximal** bei der angegebenen Temperatur in V = 100 mL oder V = 1000 mL

Lösemittel lösen. Eine solche Lösung, die die maximale Substanzmenge gelöst hat, wird als «gesättigt» bezeichnet. (Jede weitere Zugabe der Substanz wird vom Lösemittel nicht mehr aufgenommen und bleibt ungelöst.)

Der Unterschied zwischen den Angaben «Löslichkeit» und «Massenanteil» wird nachfolgend an einer Beispielaufgabe gezeigt.

Die Löslichkeit von Naphthalin bei ϑ = 20 °C beträgt L = 0,3 g/L **Wasser** (nicht Lösung!). Welchen Massenanteil hat eine gesättigte Lösung von Naphthalin (1 L Wasser wiegt 1000 g)?

Nach Gl. 3.68, die bereits in Kapitel 2 erläutert wurde, beträgt der Massenanteil w einer gesättigten wässrigen Naphthalin-Lösung 0,02999% (nicht 0,03%!). Siehe dazu die Berechnung nach Gl. 3.68 und Gl. 3.69:

$$w(\text{Naphthalin}) = \frac{m(\text{Naphthalin})}{m(\text{Naphthalin}) + m(\text{Wasser})} \qquad \text{(Gl. 3.68)}$$

$$w(\text{Naphthalin}) = \frac{0{,}3\ \text{g}}{0{,}3\ \text{g} + 1000\ \text{g}} = \underline{0{,}0002999} \qquad \text{(Gl. 3.69)}$$

Vertiefungsübung V3.15

Was versteht man unter einer «Übersättigung» einer Lösung?

Vertiefungsübung V3.16

Die Löslichkeit von Naphthalin in Aceton bei ϑ = 20 °C beträgt L = 3 g/L. Wie groß ist der Massenanteil w an Naphthalin in der gesättigten Lösung, wenn die Dichte des Acetons ϱ = 0,790 g/cm³ beträgt?

Die Löslichkeit einer festen Substanz in einem Lösemittel ist von 3 Faktoren abhängig, von der

- Temperatur,
- Art der Substanz,
- Art des Lösemittels.

Zunächst soll im nächsten Abschnitt die Abhängigkeit der Löslichkeit von der Temperatur betrachtet werden.

3.2.2 Abhängigkeit der Löslichkeit von der Temperatur

Die Löslichkeit fester und flüssiger Stoffe nimmt gewöhnlich mit steigender Temperatur zu, die von Gasen hingegen ab.

Informationssuche

Suchen Sie in Lexika oder im Internet (z.B. http://de.wikipedia.org/wiki/Hauptseite) nach dem Begriff «Henry-Gesetz» und erfassen Sie die Zusammenhänge. Stellen Sie einen Zusammenhang zwischen dem Gesetz und der gefürchteten Taucherkrankheit (Caisson-Krankheit) her!

Die Löslichkeit L (in g/L) eines festen Stoffes in einem Lösemittel kann bei einer bestimmten Temperatur ermittelt werden, indem man eine gesättigte Lösung mit einem Bodensatz herstellt. Von der über dem Bodensatz stehenden klaren und gesättigten Lösung wird mit einer Trockengehaltsbestimmung die Masse des tatsächlich gelösten Stoffes bestimmt.

Beispiel

Aus einer gesättigten wässrigen Lösung werden über dem Bodensatz mit einer Pipette m = 15,433 g Lösung entnommen und im Trockenschrank bei ϑ = 105 °C vollständig getrocknet. Nach dem Auswiegen erhält man m = 1,112 g gelösten Stoff. Es ist die maximale Löslichkeit L in g/L zu berechnen.

Die Wassermasse m(Wasser) in der Probe beträgt nach Gl. 3.70:

$$m(\text{Wasser}) = 15{,}433\,\text{g} - 1{,}112\,\text{g} = \underline{14{,}321\,\text{g}} \qquad \text{(Gl. 3.70)}$$

Da die Dichte von Wasser ϱ = 1,00 g/cm^3 beträgt, entspricht die Masse m einem Volumen von V = 14,321 cm^3 bzw. V = 0,014321 L.

In Gl. 3.71 eingesetzt, kann eine maximale Löslichkeit von L = 77,65 g/L berechnet werden.

$$L = \frac{\text{gelöster Stoff}}{\text{Lösemittelvolumen}} = \frac{1{,}112\,\text{g}}{0{,}014321\,\text{L}} = \underline{77{,}65\,\text{g/L}} \qquad \text{(Gl. 3.71)}$$

Wird die maximale Löslichkeit eines Stoffes in einem Lösemittel bei verschiedenen Temperaturen ermittelt, und werden die Werte anschließend in ein Löslichkeits-Temperatur-Diagramm eingetragen, erhält man die sog. Löslichkeitskurve. Bild 3.22 zeigt 3 Beispiele von Löslichkeitskurven im Löslichkeits-Temperatur-Diagramm.

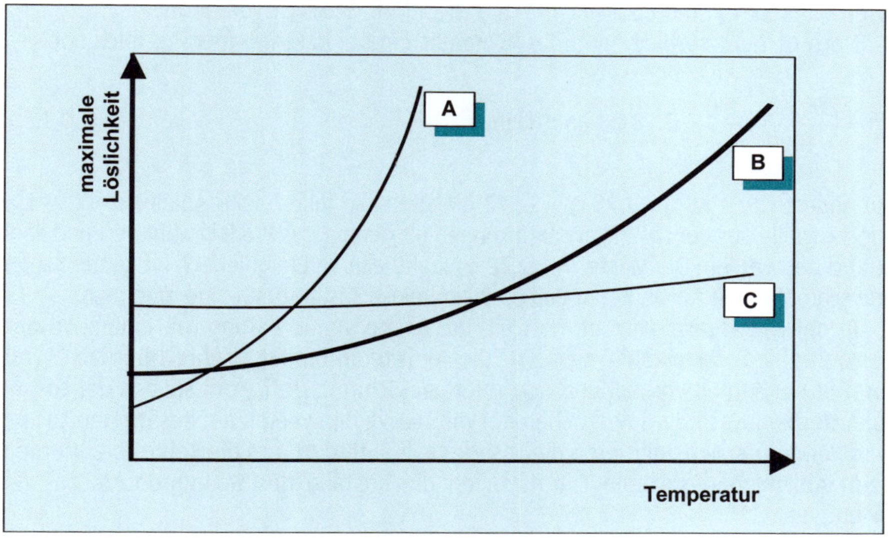

Bild 3.22 Löslichkeitskurven im Löslichkeits-Temperatur-Diagramm

Wie man aus Kurve C in Bild 3.20 erkennen kann, nimmt die Löslichkeit dieses Stoffes mit steigender Temperatur nicht mehr signifikant zu. Natriumchlorid zeigt dieses eher seltene Verhalten.

Stoffe, deren Löslichkeit in einem heißen Lösemittel recht gut ist, die dagegen im kalten Lösemittel relativ schlecht löslich sind, lassen sich gut durch eine sog. «Umkristallisation» reinigen (z.B. Kurven A und B in Bild 3.22). Davon handelt der folgende **Prozess P3_KAP3**.

Das destillierte Naphthalin mit den Resten an p-Kresol (5%) soll abweichend vom **Prozess P1_KAP3 nicht durch eine Feststoffextraktion, sondern durch eine Umkristallisation gereinigt werden**. Aus den Stoffdaten ist zu entnehmen, dass die maximale Löslichkeit von Naphthalin im Lösemittel Aceton bei 20 °C $L = 3$ g/L beträgt, beim Siedepunkt des Acetons ($\vartheta_b = 56$ °C) lösen sich bereits $L = 125$ g/L Naphthalin im Aceton.

In $V = 1000$ mL Aceton bei $\vartheta = 20$ °C lösen sich maximal $m = 35$ g p-Kresol.

Ausgehend von dem Ergebnis des **Prozesses P1_KAP3** (s. Abschnitt 3.1.5) sind in der Destillationsblase noch $m = 95$ g Naphthalin und $m = 5$ g p-Kresol verblieben.

Ausgehend von der Löslichkeit des Naphthalins in kochendem Aceton werden nach Gl. 3.72 $V = 760$ mL Aceton benötigt, um die vorhandenen $m = 95$ g Naphthalin vollständig zu lösen:

$$V = \frac{95\ \text{g} \cdot 1000\ \text{mL}}{125\ \text{g}} = \underline{760\ \text{mL}}\ \text{Aceton} \qquad \text{(Gl. 3.72)}$$

Die ebenfalls im Gemisch vorhandenen $m = 5$ g p-Kresol lösen sich in kochendem Aceton problemlos auf (Löslichkeit L bei 20 °C = 35 g/L). Die entstandene kochende Lösung wird wieder auf Raumtemperatur abgekühlt. Nach der Abkühlung bleibt das gesamte p-Kresol gelöst, weil sich in $V = 760$ mL Aceton bei Raumtemperatur nach Gl. 3.73 maximal

$$m = \frac{760\ \text{mL} \cdot 35\ \text{g}}{1000\ \text{mL}} = \underline{26{,}6\ \text{g}}\ \text{p-Kresol} \qquad \text{(Gl. 3.73)}$$

lösen würden, es sind aber nur $m = 5$ g Kresol im Gemisch vorhanden.

Nach Gl. 3.74 verbleiben in der Acetonlösung bei Raumtemperatur auch noch:

$$m = \frac{760\ \text{mL} \cdot 3\ \text{g}}{1000\ \text{mL}} = \underline{2{,}28\ \text{g}}\ \text{Naphthalin} \qquad \text{(Gl. 3.74)}$$

Die anderen $m = 95\ \text{g} - 2{,}28\ \text{g} = 92{,}72$ g Naphthalin fallen beim Abkühlen als weiße, reine Kristalle aus der Lösung aus und können als gereinigtes Produkt abfiltriert und dann getrocknet werden. Die Masse $m = 2{,}28$ g Naphthalin verbleibt jedoch im kalten Aceton und schmälert die Ausbeute. In Bild 3.23 sind diese Zusammenhänge erkennbar.

In der Laborpraxis wird oftmals die gesättigte, heiße Lösung mit einem Adsorptionsmittel, z.B. Aktivkohle, versetzt. Die Aktivkohle bindet an ihre Oberfläche (Adsorption) eventuell vorhandene adsorbierbare Schmutzstoffe, um sie aus der Lösung zu entfernen. Nach dem Aufkochen der mit Aktivkohle versetzten gesättigten Lösung wird vor dem Auskristallisieren die Lösung heiß abfiltriert, um die Kohle zu entfernen. Beim Abkühlen des klaren Filtrats fallen die Kristalle des Hauptprodukts aus der Lösung aus.

Vertiefungsübung V3.17

Welche der Substanzen in Bild 3.22 ist **nicht** umkristallisierbar?

Im nächsten Abschnitt wird die Abhängigkeit der Löslichkeit von den molekularen Strukturen untersucht.

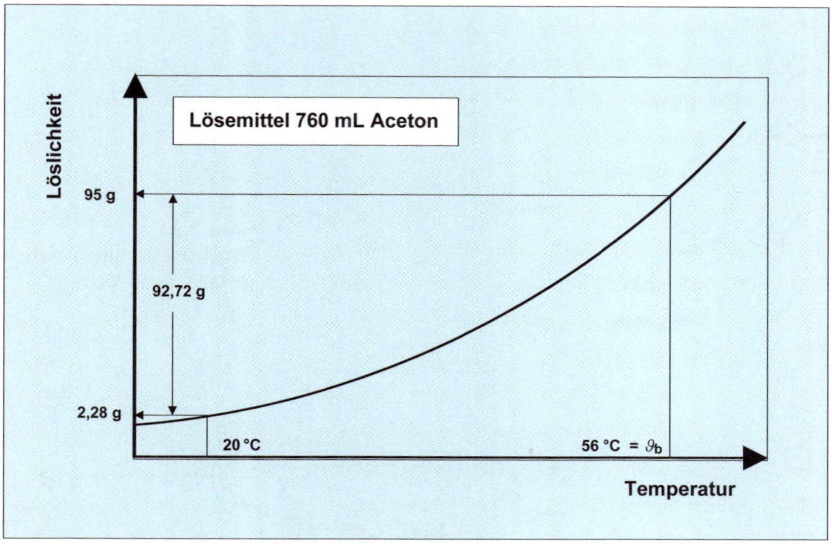

Bild 3.23 Löslichkeitskurve von Naphthalin in Aceton beim Umkristallisieren

3.2.3 Abhängigkeit der Löslichkeit von der Struktur des Lösemittels und der des Stoffes

Die Löslichkeit eines Stoffes in einem Lösemittel wird primär von Art und Ausmaß der herrschenden Wechselwirkungen zwischen den Molekülen des Stoffes und den Molekülen des Lösemittels bestimmt.

Wie bereits festgestellt, wird der Naphthalin-Kristall nur durch schwache «Van-der-Waals-Kräfte» zusammengehalten. Resultat aus dieser lockeren Bindung ist z.B. der niedrige Schmelzpunkt. Wasser dagegen hat durch seinen ausgeprägten Dipol sehr starke Anziehungskräfte zwischen den Wassermolekülen. Wasser ist ein «polares Lösemittel». Zwischen den Molekülen des Wassers und des Naphthalins können sich kaum Wechselwirkungen aufbauen, das Naphthalin ist daher in Wasser nur wenig löslich.

Das Naphthalin löst sich jedoch sehr gut in dem «unpolaren» Hexan C_6H_{14} (L = 730 g/L). Die Anziehungskräfte, die zwischen den Hexanmolekülen herrschen, sind in etwa so groß wie die im Naphthalinkristall, daher sind Wechselbeziehungen zwischen dem Lösemittel Hexan und dem gelösten Stoff Naphthalin möglich.

Auch zwischen Toluol ($C_6H_5CH_3$) und Naphthalin können sich Wechselbeziehungen aufbauen, daher ist Naphthalin relativ gut in Toluol löslich (L = 981 g/L).

p-Kresol hat in seinem Molekül eine OH-Gruppe, die mit dem polaren Wassermolekül in eine Wechselbeziehung treten kann (Bild 3.24). p-Kresol ist eine polare Substanz. Daher ist das p-Kresol relativ gut in Wasser löslich (L = 20 g/L).

Methanol CH_3OH besteht wie Wasser aus polaren Molekülen, die untereinander sog. Wasserstoffbrückenbindungen eingehen (s. auch Kapitel 4). In dem Gemisch Wasser/Methanol bilden sich zwischen Wasser und Methanol ebenfalls Wasserstoffbrücken aus (Bild 3.25). Daher ist Methanol und Wasser in jedem Verhältnis mischbar, weil sich gute Wechselbeziehungen zwischen Methanol- und Wassermolekülen ausbilden können.

Allgemein kann man sagen, dass sich polare Substanzen bevorzugt in polaren Lösemitteln lösen und unpolare Substanzen bevorzugt in unpolaren Lösemitteln

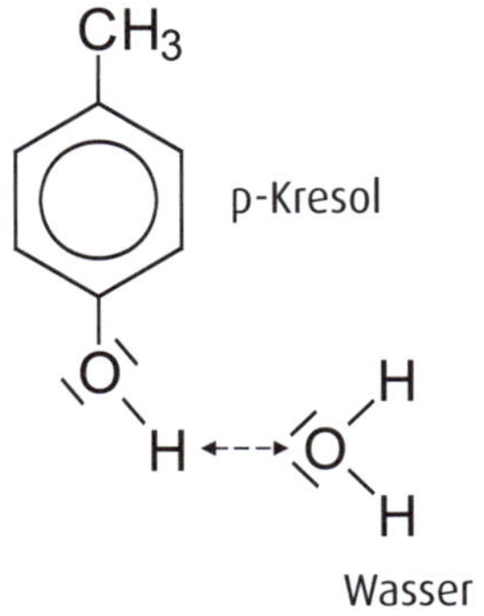

Bild 3.24
Wechselbeziehung zwischen p-Kresol und Wasser

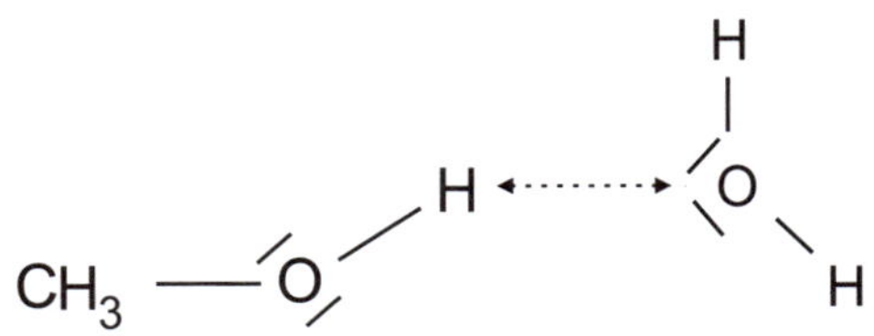

Bild 3.25
Wasserstoffbrücken zwischen Wasser und Methanol

(**Grundsatz: «Gleiches löst Gleiches»**). Allerdings gibt es sehr viele Ausnahmen von dieser Regel, sodass sie nur als ein erster Anhaltspunkt gilt.

Ein Maßstab für die Polarität in einer Verbindung ist das Dipol-Moment (s. Abschnitt 3.1.4), in der Praxis werden zum Abschätzen der Löslichkeit überwiegend Polaritätsreihen benutzt, die gemäß der Elutionsstärke (Lösekraft) von Lösemitteln zusammengestellt werden, z.B. folgende Reihe von «unpolar» bis «polar»:

Hexan	C_6H_{14}	unpolar
Tetrachlorkohlenstoff	CCl_4	↓
Chloroform	$CHCl_3$	
Diethylether	$C_2H_5OC_2H_5$	
Essigsäuremethylester	CH_3COOCH_3	
Aceton	CH_3COCH_3	
Propan-1-ol	C_3H_7OH	
Ethanol	C_2H_5OH	
Wasser	H_2O	
Essigsäure	CH_3COOH	polar

Vertiefungsübung V3.18

Beurteilen Sie, ausgehend von der angegebenen Polaritätsreihe, ob folgende Mischungen zu einer homogenen Lösung führen!

- ☐ Methanol und Hexan
- ☐ Tetrachlorkohlenstoff CCl_4 und Wasser
- ☐ Wasser und Essigsäuremethylester
- ☐ Naphthalin und Methanol

Informationssuche

Suchen Sie in Datenbanken, Lexika oder im Internet (z.B. http://de.wikipedia.org/wiki/Hauptseite) nach weiteren «Polaritätsreihen».

Durch geeignete Lösemittelsuche kann der Umkristallisationsprozess so optimiert werden, dass nur wenig von der zu reinigenden Substanz im Filtrat zurückbleibt und sich der Ausbeuteverlust in Grenzen hält.

Nachfolgend wird im Abschnitt ein weiteres Reinigungsverfahren erläutert, das auf Verteilungsprozessen zwischen nichtmischbaren flüssigen Phasen beruht.

3.2.4 Reinigung durch Flüssig-Flüssig-Extraktion

Im **Prozess P2_KAP3** wurde das destillierte Rohnaphthalin, das noch m = 5 g p-Kresol enthielt, mit Wasser extrahiert («digeriert»). Dabei haben sich aus dem Gemisch unter dem Einfluss von Wasser die restlichen m = 5 g p-Kresol gelöst, dazu aber auch m = 0,075 g Naphthalin. Beide Mengen befinden sich im wässrigen Extrakt.

Prozess P4_KAP 3

Wohin mit dem wässrigen Extrakt, der ein Abfallprodukt ist?
Die beiden Substanzen Naphthalin und p-Kresol sind sehr umweltkritisch, ein einfaches «Wegkippen» in den Abfluss ist nicht akzeptabel. p-Kresol wirkt z.B. als Bakterizid, Insektizid und Fungizid und macht daher Schwierigkeiten in einer biologischen Kläranlage.

Informationssuche

Suchen Sie in Datenbanken, Lexika oder im Internet (z.B. http://de.wikipedia.org/wiki/Hauptseite) nach den Begriffen «Bakterizid», «Insektizid» und «Fungizid» und erfassen die Zusammenhänge.

p-Kresol kann durch Verkochen mit starken Alkalien wie Natronlauge chemisch so verändert werden, dass es in einer biologischen Kläranlage abbaubar ist. Naphthalin ist nicht durch Verkochen zu zerstören, sondern ist einer geordneten Verbrennung zuzuführen. Eine Verbrennung des gesamten Extraktes (Wasser, Naphthalin und p-Kresol) ist durch den hohen Wassergehalt und die dazu aufzubringende große Wärmeenergie nicht sinnvoll.

Nach dem Verkochen des Extraktes mit Natronlauge wurde zwar das p-Kresol zerstört, aber m = 0,075 g Naphthalin sind noch im Extrakt vorhanden. Eine Möglichkeit besteht darin, dass das Naphthalin aus dem wässrigen Extrakt (Extraktionsgut) durch ein anderes Lösemittel (Extraktionsmittel) herausextrahiert wird. Ist das neue Extraktionsmittel brennbar, könnte der gesamte neue Extrakt (Lösemittel, Naphthalin) einer behördlich genehmigten Verbrennungsanlage zugeführt werden. Zurück blieben im Idealfall nur Wasser und die Produkte des mit NaOH verkochten p-Kresols. In Bild 3.26 ist die Vorgehensweise des Prozesses beschrieben.

Ein Trennverfahren, in dem das gelöste Produkt eines flüssigen Extraktionsgutes durch ein flüssiges Extraktionsmittel extrahiert (herausgelöst) wird, nennt man «Flüssig-Flüssig-Extraktion». Im Laborjargon wird die Arbeitstechnik auch «Ausschütteln» genannt.

Bei der Flüssig-Flüssig-Extraktion sind die Eigenschaften der verwendeten Lösemittel (Extraktionsgut und Extraktionsmittel) von großer Bedeutung. Es liegt auf der Hand, dass das Extraktionsmittel gegenüber dem zu extrahierenden Stoff eine bessere Löslichkeit aufweisen muss als das Lösemittel, das im Extraktionsgut verwendet wurde (im **Prozess P2_KAP3** ist Wasser das Lösemittel des Extraktionsgutes).

Das noch zu suchende Extraktionsmittel darf sich gleichzeitig nicht mit dem Extraktionsgut-Lösemittel (Wasser) vermischen. Nur wenn sich nach der Extraktion durch die Nichtmischbarkeit der beiden Lösemittel 2 Phasen ausbilden (eine «untere» und «obere» Phase), kann der Extrakt vom Wasser abgetrennt werden. Zur raschen Ausbildung zweier Phasen gehört, dass sich die beiden Phasen in ihren Dichten deutlich unterscheiden. Wie bereits festgestellt wurde, ist Naphthalin relativ unpolar und Wasser als Lösemittel des Extraktionsgutes sehr polar.

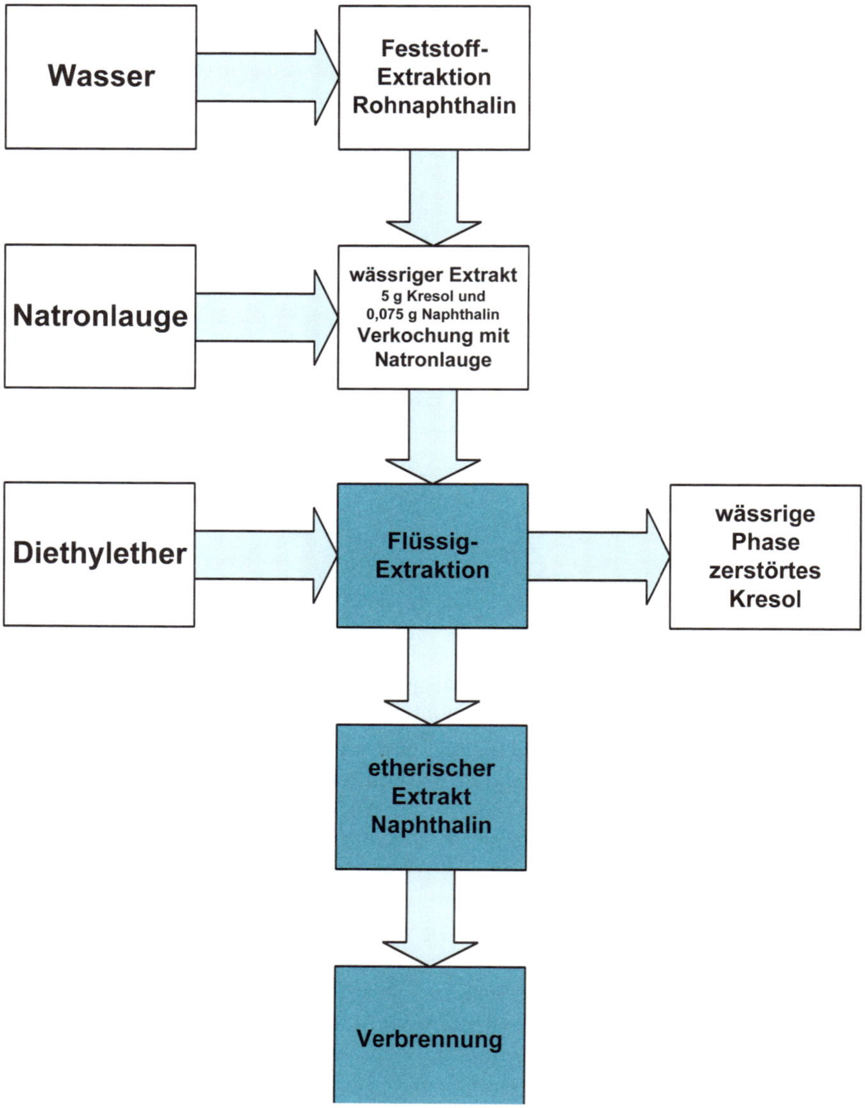

Bild 3.26 Vorgehensweise des **Prozesses P4_KAP3**

Zur Flüssig-Flüssig-Extraktion, mit der das Naphthalin extrahiert werden soll, wird ein Lösemittel benötigt, das

- Naphthalin gut löst,
- sich mit Wasser nicht mischt,
- und einen Dichteunterschied zu Wasser aufweist.

Als typische Extraktionsmittel werden Hexan, Essigsäureethylester und Diethylether benutzt. Essigsäuremethylester mischt sich jedoch noch merkbar mit Wasser und hat darüber hinaus eine ähnliche Dichte wie Wasser, sodass sich die beiden Phasen nur langsam voneinander trennen. Die geeigneten Extraktionsmittel wären Hexan oder Diethylether («Ether»). Hexan ist relativ gesundheitsschädlich, es wird im Körper zu 2,5-Hexandion metabolisiert, das zu Nervenschäden führen kann.

Informationssuche

Suchen Sie in Datenbanken, Lexika oder im Internet (z.B. http://de.wikipedia.org/wiki/Hauptseite) nach dem Begriff «Metabolismus» und erfassen Sie die Zusammenhänge.

Es wurde daher entschieden, dass zum Ausschütteln Diethylether verwendet wird. Er ist mit Wasser nicht mischbar und die Dichten von Wasser und Diethylether sind ausreichend voneinander entfernt (Dichte Wasser ϱ = 1,00 g/cm^3, Dichte Diethylether ϱ = 0,719 g/cm^3).

Ether wird häufig zum Extrahieren benutzt, in früheren Zeiten sprach man auch vom sog. «Ausäthern».

Vertiefungsübung V3.19

Wo wird sich nach dem intensiven Ausschütteln eines Ether-Wasser-Systems die Etherphase befinden, oben oder unten? Wie könnte das in der Praxis herausgefunden werden?

Unproblematisch ist der Umgang mit Diethylether nicht. Der Ether ist relativ teuer und durch den niedrigen Siedepunkt (ϑ_b = 35 °C) können schnell explosionsfähige Luft-Ether-Gemische entstehen. Ether neigen darüber hinaus zur Bildung von Peroxiden, die spontan explodieren können (Gl. 3.75).

$$C_2H_5{-}O{-}C_2H_5 \xrightarrow{O_2} C_2H_5{-}O{-}O{-}C_2H_5 \qquad \text{(Gl. 3.75)}$$

Diethylether Peroxid

Mit Hilfe von Peroxid-Indikator-Stäbchen können Peroxide in Ethern leicht erkannt werden und durch Ausschütteln mit Eisen(II)chlorid-Lösung beseitigt werden.

Das Ausschütteln wird in einem Schütteltrichter (Scheidetrichter) vorgenommen. Der Trichter wird kurz und heftig geschüttelt. Nach der Trennung in die beiden Phasen können diese nach und nach über den Hahn aus dem Trichter abgelassen werden.

Der Erfolg einer Flüssig-Flüssig-Extraktion kann abgeschätzt werden. Sie beruht auf dem Verteilungssatz von Nernst[8] (Gl. 3.76):

$$K = \frac{c_2}{c_1} \qquad \text{(Gl. 3.76)}$$

[8] Walther Hermann Nernst (1864 bis 1941), deutscher Physiker und Chemiker

mit:

- c_1 Konzentration des zu extrahierenden Stoffes im Extraktionsgut (Phase 1) in mol/L
- c_2 Konzentration des zu extrahierenden Stoffes im Extraktionsmittel (Phase 2) in mol/L
- K Nernst'scher Verteilungskoeffizient

Nach dem Ausschütteln des wässrigen Extraktionsgutes wäre c_1 die Konzentration vom zurückgebliebenen Naphthalin im Wasser, c_2 wäre die Konzentration von Naphthalin im Extraktionsmittel Ether.

Der Verteilungskoeffizient K ist für das Phasensystem (Naphthalin/Wasser/Ether) in bestimmten Grenzen konstant. Der Nernst'sche Verteilungssatz, wie er in Gl. 3.76 dargestellt ist, gilt allerdings nur für verdünnte Lösungen. Bei Anwendung von konzentrierten Lösungen treten Abweichungen von der Gleichgewichtsverteilung auf. Der Verteilungskoeffizient K ist dann nicht mehr konstant, sondern eine Funktion der Lösemittelkonzentration.

Aus dem Nernst'schen Verteilungssatz ergeben sich für die Durchführung einer Flüssig-Flüssig-Extraktion folgende Arbeitsweisen:

- Durch einfache Extraktion lässt sich das Extraktionsgut nicht vom zu extrahierenden Stoff befreien (c_1 wäre 0 und K wäre dann «unendlich groß»).
- Das Extraktionsmittel sollte ein besseres Lösungsvermögen gegenüber dem zu extrahierenden Stoff aufweisen als das Lösemittel des Extraktionsguts ($K > 1$), sonst wird die Extraktion uneffektiv.
- Die Konzentration des zu extrahierenden Stoffes im Extraktionsmittel darf nicht zu groß werden, sonst ist K keine Konstante mehr.
- Eine Extraktion mehrfach mit geringeren Mengen Extraktionsmittel durchzuführen ist effektiver als einmal mit einer großen Menge Extraktionsmittel. Da sich das Nernst'sche Verteilungsgleichgewicht mit jeder Extraktion auf den *gleichen* Verteilungskoeffizient K einstellt, ist die mehrfache Extraktion effektiver.

Die Flüssig-Flüssig-Extraktion besteht immer aus 4 Arbeitsschritten:

1. Intensive Vermischung des Extraktionsgutes mit dem Extraktionsmittel im Schüttel- oder Scheidetrichter.
2. Trennung der beiden Phasen.
3. Entfernung des Extraktes durch Ablassen aus dem Schütteltrichter.
4. Aufarbeitung des Extraktes zur Gewinnung des zu extrahierenden Stoffes.

Der Anteil, der nach N Extraktionen noch im Extraktionsgut verbleibt, kann mit Gl. 3.77 berechnet werden. Diese Gleichung leitet sich vom Nernst'schen Verteilungssatz ab:

$$q = \left(\frac{V_1}{(V_1 + K \cdot V_2)} \right)^N \cdot 100\% \qquad \text{(Gl. 3.77)}$$

mit:

- q Prozentanteil des noch verbleibenden Stoffes im Extraktionsgut, er sollte bei einer erfolgreichen Extraktion möglichst gering sein
- V_1 Volumen des Extraktionsguts
- V_2 Volumen des Extraktionsmittels pro Extraktionsvorgang
- K Nernst'scher Verteilungskoeffizient
- N Anzahl der Extraktionsvorgänge

Dazu folgende Berechnung. Zur Erinnerung: Nach dem **Prozess P1_KAP3** (Digerieren des Destillationsrückstandes mit Wasser) befinden sich in 250 mL wässrigem

Extraktionsgut noch m = 0,075 g Naphthalin. Als Extraktionsmittel soll V = 100 mL Ether eingesetzt werden, und zwar exemplarisch mit 2 unterschiedlichen Arbeitsweisen:

- Im 1. Versuch: V = 100 mL Ether mit einer einmaligen Extraktion (V_2 = 100 mL, N = 1)
- Im 2. Versuch: viermal mit jeweils V = 25 mL Ether (V_2 = 25 mL, N = 4)

Es soll jeweils die Menge an Naphthalin berechnet werden, die im Extraktionsgut verbleibt. Der Nernst'sche Verteilungskoeffizient des Systems Naphthalin/Wasser/Ether sei K = 7.
Für den 1. Versuch mit V_2 = 100 mL und N = 1 gilt Gl. 3.78:

$$q = \left(\frac{V_1}{(V_1 + K \cdot V_2)}\right)^N \cdot 100\% = \left(\frac{250\ \text{mL}}{250\ \text{mL} + 7 \cdot 100\ \text{mL}}\right)^1 \cdot 100\% = \underline{26{,}3\%} \qquad \text{(Gl. 3.78)}$$

Es verbleiben noch 26,3% Naphthalin im Extraktionsgut, das sind nach Gl. 3.79:

$$m(\text{Naphthalin}) = \frac{0{,}075\ \text{g} \cdot 26{,}3\%}{100\%} = \underline{0{,}0197\ \text{g}} \qquad \text{(Gl. 3.79)}$$

Für den 2. Versuch mit V_2 = 25 und N = 4 gilt Gl. 3.80:

$$q = \left(\frac{V_1}{(V_1 + K \cdot V_2)}\right)^N \cdot 100\% = \left(\frac{250\ \text{mL}}{250\ \text{mL} + 7 \cdot 25\ \text{mL}}\right)^4 \cdot 100\% = \underline{11{,}97\%} \qquad \text{(Gl. 3.80)}$$

Es verbleiben noch 11,97% Naphthalin im Extraktionsgut, das sind von der ursprünglichen Menge m = 0,075 g nach Gl. 3.81:

$$m(\text{Naphthalin}) = \frac{0{,}075\ \text{g} \cdot 11{,}97\%}{100\%} = \underline{0{,}00898\ \text{g}} \qquad \text{(Gl. 3.81)}$$

Das Ergebnis m = 0,0197 g Naphthalin (einmalige Extraktion) zu m = 0,00898 g (mehrmalige Extraktion) Naphthalin entspricht der Aussage:

Merke

Eine mehrfache Extraktion mit geringeren Mengen Extraktionsmittel ist effektiver, als eine einmalige Extraktion mit einer großen Menge Extraktionsmittel.

Wenn alle 4 etherischen Extrakte des Versuches 2 (mehrmalige Extraktion) vereinigt werden, sind insgesamt nach Gl. 3.82:

$$m(\text{Naphthalin}) = 0{,}075\ \text{g} - 0{,}00898\ \text{g} = \underline{0{,}06602\ \text{g}}\ \text{Naphthalin} \qquad \text{(Gl. 3.82)}$$

im etherischen Extrakt, m = 0,00898 g (~9 mg) Naphthalin bleiben im wässrigen Extraktionsgut zurück.

Vertiefungsübung V3.20

Im zurückbleibenden, wässrigen Extraktionsgut sollten nicht mehr als m = 0,001 g (1 mg) Naphthalin verbleiben. Wie oft müsste dann mit je V = 25 mL Ether ausgeschüttelt werden, um ein solches Ergebnis zu erhalten? Ist diese Vorgehensweise sinnvoll und effektiv?

Der gesamte etherische Extrakt enthält somit

- V = 100 mL Ether und
- m = 0,06602 g Naphthalin.

Der Etherextrakt soll verbrannt werden.

Prozess P5_KAP3

Im **Prozess P5_KAP3** soll berechnet werden, welches Volumen Kohlenstoffdioxidgas bei der vollständigen Verbrennung des Extraktes entstehen. Das entstehende Kohlenstoffdioxidgas hat eine Temperatur von ϑ = 150 °C bei einem Druck von p = 1,028 bar.

Verfolgen Sie aufmerksam den Rechengang der Verbrennung des etherischen Extraktes.

Die einzelnen Stoffe – Ether und Naphthalin – verbrennen mit unterschiedlicher Reaktionsgleichung zu Kohlenstoffdioxid, daher muss jeweils eine Einzelberechnung der Verbrennungsvorgänge durchgeführt werden. Am Schluss werden alle Kohlenstoffdioxid-Stoffmengen addiert und mit der allgemeinen Gasgleichung das Volumen des Gases berechnet.

1. Kohlenstoffdioxid-Stoffmenge bei der Verbrennung von Ether

Die Dichte des Diethylethers beträgt ϱ = 0,719 g/cm³. Nach Gl. 3.83 sind das m = 71,9 g Ether.

$$\varrho = \frac{m}{V} \quad \Rightarrow \quad m = \varrho \cdot V = 0{,}719\ \text{g/cm}^3 \cdot 100\ \text{cm}^3 = \underline{71{,}9\ \text{g}} \qquad \text{(Gl. 3.83)}$$

Die Struktur von Diethylether ist

$C_2H_5{-}O{-}C_2H_5$

Die Summenformel ist $C_4H_{10}O$, die molare Masse beträgt M = 74 g/mol. Die Masse m = 71,9 g entspricht einer Stoffmenge n nach Gl. 3.84 von

$$n(\text{Ether}) = \frac{m}{M} = \frac{71{,}9\ \text{g}}{74\ \text{g/mol}} = \underline{0{,}97\ \text{mol}}\ \text{Ether} \qquad \text{(Gl. 3.84)}$$

Diethylether verbrennt mit Sauerstoff der Luft nach Gl. 3.85:

$$C_4H_{10}O + 6\,O_2 \longrightarrow 4\,CO_2 + 5\,H_2O \qquad \text{(Gl. 3.85)}$$

(*Bitte nachprüfen!*)

Nach Gl. 3.86 entstehen aus n = 1 mol Diethylether bei der Verbrennung n = 4 mol CO_2. Aus n = 0,97 mol Diethylether entstehen demnach:

$$n(\text{Kohlenstoffdioxid}) = 0{,}97\ \text{moL} \cdot 4 = \underline{3{,}88\ \text{mol}}\ CO_2 \qquad \text{(Gl. 3.86)}$$

2. Kohlenstoffdioxid-Stoffmenge bei der Verbrennung von Naphthalin

Die Stoffmasse m = 0,06601 g Naphthalin muss zunächst in eine Stoffmenge n umgerechnet werden, die molare Masse von Naphthalin beträgt M = 128,17 g/mol. Nach Gl. 3.87 sind zu verbrennen:

$$n(\text{Naphthalin}) = \frac{0{,}06601\ \text{g}}{128{,}17\ \text{g/mol}} = \underline{0{,}000515\ \text{mol}}\ \text{Naphthalin} \qquad \text{(Gl. 3.87)}$$

Die Verbrennung von Naphthalin erfolgt nach Gl. 3.88:

$$C_{10}H_8 + 12\,O_2 \longrightarrow 10\,CO_2 + 4\,H_2O \qquad \text{(Gl. 3.88)}$$

(*Bitte nachprüfen!*)

Nach Gl. 3.89 entstehen aus n = 1 mol Naphthalin n = 10 mol Kohlenstoffdioxid, aus n = 0,000515 mol Naphthalin entstehen demnach:

$$n(\text{Kohlenstoffdioxid}) = 0{,}000515\,\text{mol} \cdot 10 = \underline{0{,}00515\,\text{mol}} \qquad \text{(Gl. 3.89)}$$

Zusammen fallen also an:

3,880 mol CO_2 aus der Etherverbrennung,
0,005 mol CO_2 aus der Naphthalinverbrennung.

Zusammen sind das n = 3,885 mol Kohlenstoffdioxid.

Am Schluss muss die gesamte Stoffmenge $n\,(CO_2)$ = 3,885 mol in das Volumen V bei p = 1,028 bar und ϑ = 150 °C umgerechnet werden. Das geschieht mit der allgemeinen Gasgleichung Gl. 3.90:

$$p_1 \cdot V_1 = R \cdot n \cdot T_1 \qquad \text{(Gl. 3.90)}$$

mit:

- p_1 Druck (1,028 bar)
- V_1 wird gesucht zur Lösung der Aufgabe
- R 0,0831 L · bar/(mol · K)
- n 3,885 mol CO_2-Gas
- T_1 Temperatur in K (423 K)

Werden alle Daten in Gl. 3.90 eingesetzt, kann das Volumen V mit Gl. 3.91 und Gl. 3.92 berechnet werden.

$$1{,}028\,\text{bar} \cdot V = 0{,}0831\,\frac{\text{L} \cdot \text{bar}}{\text{mol} \cdot \text{K}} \cdot 3{,}885\,\text{mol} \cdot 423\,\text{K} \qquad \text{(Gl. 3.91)}$$

$$V_1 = \frac{0{,}0831\,\text{L} \cdot \text{bar} \cdot 3{,}885\,\text{mol} \cdot 423\,\text{K}}{\text{mol} \cdot \text{K} \cdot 1{,}028\,\text{bar}} = \underline{132{,}84\,\text{L}}\ \text{Kohlenstoffdioxidgas} \qquad \text{(Gl. 3.92)}$$

Bei der Verbrennung des etherischen Extraktes, der aus V = 100 mL Ether und wenig Naphthalin besteht, entstehen V = $\underline{132{,}84\ \text{L}}$ Kohlenstoffdioxidgas bei p = 1,028 bar und ϑ = 150 °C.

Vertiefungsübung V3.21

Berechnen Sie das Volumen des entstehenden Kohlenstoffdioxids, wenn V = 1 L Oktan (C_8H_{18}, Benzin) vollständig verbrannt werden und das entstehende CO_2-Gas eine Temperatur von ϑ = 25 °C und einen Druck von p = 1,015 bar hat? Die Dichte des Oktans beträgt ϱ = 0,8 g/cm³.

Vertiefungsübung V3.22

Berechnen Sie das Volumen Sauerstoff, das benötigt wird, um 1 L Oktan (ϱ = 0,8 g/cm^3) vollständig zu verbrennen. Wie viel L Sauerstoff sind das bei ϑ = 25 °C und p = 1,015 bar? Bedenken Sie, 1 L Oktan entspricht in etwa 1 L Ottomotor-Kraftstoff!

Informationssuche

Suchen Sie in Fachbüchern, Lexika oder im Internet nach Erklärungen, warum auch bei so vielen Verbrennungsvorgängen auf der Erde (z.B. in den Motoren) der Sauerstoff bisher noch nicht knapp wurde.

3.3 Aufkonzentrierung durch Osmose

Bisher wurden Trennmethoden beschrieben, die auf Aggregatzustandsänderungen oder unterschiedlichen Lösungsvorgängen beruhen. Kapitel 3 soll mit der Beschreibung einer modernen Trennungsmethode schließen, die in naher Zukunft besonders bei der Wasserversorgung eine große Rolle spielen wird: die Osmose bzw. Umkehrosmose.

Generell versteht man unter Osmose die einseitige Diffusion durch eine sog. semipermeable (halbdurchlässige) Wand. In Bild 3.27 ist die Anordnung einer Osmose zu erkennen.

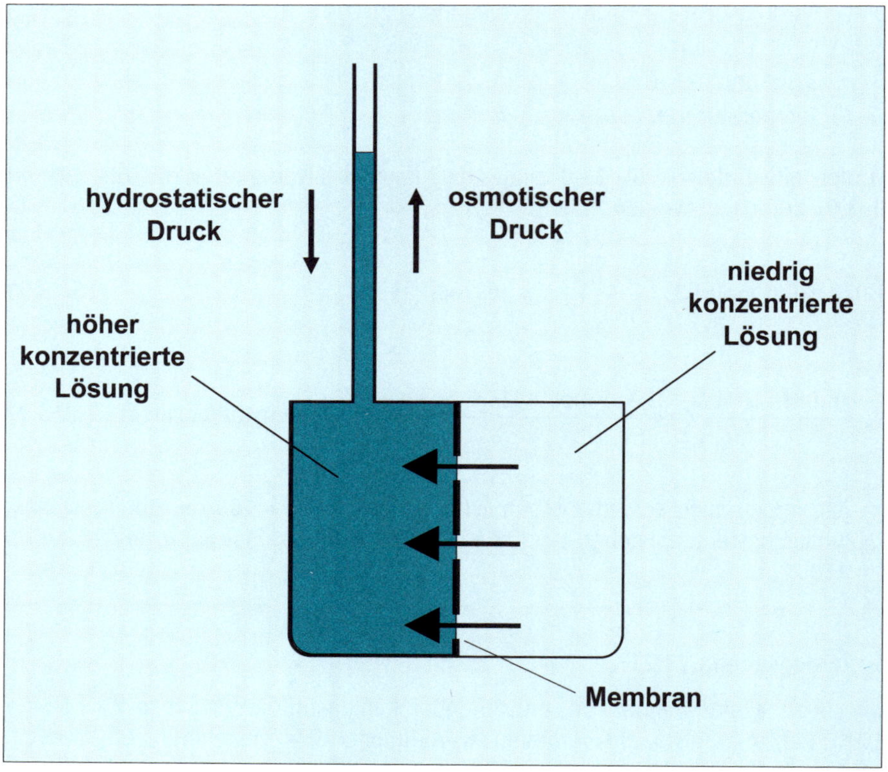

Bild 3.27 Anordnung eines osmotischen Versuchs

Merke

Unter Osmose versteht man die Diffusion von Lösemittelmolekülen durch eine (semipermeable) halbdurchlässige Wand (Membran), und zwar von der niedrig konzentrierten Lösung zur höher konzentrierten Lösung.

Trennwand ist eine Membran (Diaphragma), die für relativ kleine Lösemittelmoleküle durchlässig ist, aber von großen Molekülen der gelösten Substanz nicht passiert werden kann. Solche Membranen können natürlichen Ursprungs sein (Darm, Früchtehaut), werden aber heute aus Kunststoff (z.B. Cellophan) hergestellt.

Die spontane Diffusion des Lösemittels durch die Membran wird so lange anhalten, bis auf beiden Seiten der «osmotische Druck π» bzw. der «hydrostatische Druck p» gleich ist. Dann ist das sog. osmotische Gleichgewicht entstanden und die Diffusion hört auf.

Der osmotische Druck berechnet sich mit Gl. 3.93:

$$\pi = \frac{m \cdot R}{M \cdot V} \cdot T \qquad \text{oder} \qquad \pi = c \cdot R \cdot T \qquad \text{(Gl. 3.93)}$$

mit:

- π osmotischer Druck (bar)
- m Stoffmasse einer gelösten, undissoziierten Substanz (g)
- M molare Masse der gelösten Substanz (g/mol)
- R allgemeine Gaskonstante (0,0831 L · bar/(mol · K))
- T Temperatur in K
- c Stoffmengenkonzentration (mol/L)
- V Volumen in L

Gl. 3.93 gilt für Substanzen, die **nicht** dissoziieren. Werden Salzlösungen zur Osmose eingesetzt, ist der osmotische Druck zusätzlich von der Anzahl der Ionen abhängig, die bei der Dissoziation entstehen. So ist der osmotische Druck einer Kochsalzlösung mit c (NaCl) = 0,1 mol/L doppelt so hoch wie der einer gleich konzentrierten Zuckerlösung, da das Kochsalz in 2 Ionen dissoziiert (Na^+ und Cl^-), das Zuckermolekül aber undissoziiert vorliegt.

Beispiel

Welche Stoffmengenkonzentration c in mol/L hat eine Kochsalzlösung, wenn ein osmotischer Druck von π = 1,01 bar (ϑ = 20 °C) gemessen wird?

Gegeben:
R = 0,0831 (L · bar)/(mol · K)
T = 293 K (ϑ = 20 °C)
π = 1,01 bar

Gesucht:
Stoffmengenkonzentration c (mol/L)

Durch Einsetzen der Werte in Gl. 3.93 erhält man Gl. 3.94:

$$c = \frac{\pi}{R \cdot T} = \frac{1{,}01\ \text{bar} \cdot \text{mol} \cdot \text{K}}{0{,}0831\ \text{L} \cdot \text{bar} \cdot 293\ \text{K}} = \underline{0{,}0415\ \text{mol/L}} \qquad \text{(Gl. 3.94)}$$

Kochsalz dissoziiert vollständig in 2 Ionen, somit ist die Konzentration, die nach Gl. 3.94 berechnet wird, doppelt so hoch wie die eigentliche Natriumchloridkonzentration. Diese beträgt dann $c(\text{NaCl})$ = 0,0208 mol/L.

Osmotische Prozesse sind in der Natur sehr häufig zu beobachten. Beim Kochen einer Gemüsebrühe verwendet man z.B. Kochsalz (ca. 0,1%), um eine osmotische Wassereinschleppung in das Gemüse zu verhindern. Beim Einmachen von Gewürzgurken verhindert eine dünne Salzlake, dass die Gurke weder schrumpft noch platzt. Wird aber die Salzlake zu niedrig konzentriert oder gar Wasser verwendet, wandert Wasser in die Gurke und bringt sie zum Platzen.

Sportler trinken häufig «isotonische Kochsalzlösungen», weil diese von der Magenwand besonders schnell aufgenommen werden. Die isotonische Kochsalzlösung hat etwa den gleichen osmotischen Druck, wie er in den Blutkörperchen herrscht.

Auch das Platzen reifer Tomaten nach einem intensiven Regen ist auf die osmotische Aufnahme von Wasser durch die Tomatenoberfläche erklärbar.

Vertiefungsübung V3.23

Was würde passieren, wenn bei der Infusion von «Blutersatzstoffen» statt einer medizinischen Kochsalzlösung mit ca. 0,9% NaCl reines Wasser verwendet würde?

Bei der **Umkehrosmose** wird unter einem äußeren Druck (Pumpen) der natürliche Osmoseprozess umgekehrt. Der ausübende, äußere Druck muss dabei größer sein als der Druck, der durch den osmotischen Konzentrationsausgleich entstehen würde. Dieser beträgt je nach Konzentration der Salzlösung π = 50...250 bar. Die Membran, die aus der konzentrierten Lösung nur das Lösemittel durchlässt und die gelösten Salze zurückhält, muss den hohen äußeren Druck aushalten. Die Salzmoleküle werden zurückgehalten und passieren die Membran nicht. Es entsteht auf der einen Seite ein Salzkonzentrat, und auf der anderen Seite kann das reine Lösemittel aufgefangen werden. Das Konzentrat wird dabei stetig abgeführt.

Mit diesem technisch relativ einfachen Prozess kann so aus Meerwasser («Salzwasser») trinkbares Wasser hergestellt werden. Auf Schiffen oder in küstennahen Gebieten wird das Verfahren mittlerweile häufig angewendet. Durch die permanente Trinkwasserverknappung in einigen Ländern wird die Wichtigkeit des Verfahrens in naher Zukunft zunehmen.

Das nächste Kapitel beschäftigt sich mit dem Atombau und chemischen Reaktionen gemäß der Lernfeldeinteilung der Kultusministerkonferenz (KMK) von 2005.

4 Struktur und Eigenschaften von Stoffen

Ziel dieses Kapitels ist es,

- das Periodensystem der Elemente anschaulich zu erklären,
- den Aufbau eines Atoms mit Hilfe verschiedener Modelle zu beschreiben,
- Wissen über Bindungsarten zu vermitteln,
- Redoxgleichungen aufzustellen und
- Säure-Base-Theorien zu interpretieren.

Dieses Kapitel enthält wesentliche Teile des Lernfeldes 3 aus dem Rahmenlehrplan der Kultusministerkonferenz (KMK): «Vereinigen von Stoffen» von 2005.

Die in diesem Kapitel beschriebenen Theorien werden exemplarisch am Beispiel des Elementes **Chlor** erklärt, mit dessen Hilfe, wann immer möglich, die Zusammenhänge erläutert werden.

Prozess P1_KAP4

Könnte man sich ein Chloratom unter dem Mikroskop im Detail betrachten, wie man das Weltall mittels eines Teleskops anschauen kann, wie sähe es aus? Welche Bausteine gibt es und wie sind sie angeordnet? Wo reiht sich das Element Chlor in Bezug auf alle anderen bekannten Elemente ein und wie «funktioniert» dieses Ordnungssystem? Im **Prozess P1_KAP4** sollen diese Fragen geklärt werden.

Die Betrachtung eines Atoms (griechisch: atomos = unteilbar) und die damit einhergehende sichere Aufklärung seiner Struktur ist auch mit den modernsten optischen Geräten bis heute nicht möglich. Trotzdem oder vielleicht gerade deshalb hat man sich viele Vorstellungen über den Bau gemacht. Diese Modellvorstellungen wurden einige Male aufgrund neuer Erkenntnisse «modernisiert». Jede Modellvorstellung für sich betrachtet brachte in der Naturwissenschaft wichtige Erkenntnisse.

Bevor die einzelnen Atomvorstellungen im Folgenden näher betrachtet werden, soll ein einfacher Vergleich helfen, die Dimension eines Atoms zu begreifen.

Jedes Atom besitzt einen «Mittelpunkt», den sog. **Atomkern**, den man sich vergleichsweise wie in unserem Planetensystem die Sonne vorstellen sollte. Der Kern ist, wie die Sonne auch, nicht beweglich. Um die Sonne herum kreisen Planeten auf ganz bestimmten Bahnen im Weltraum. Im Größenvergleich ist die «Hülle», die sich um den Kern befindet, um ein Vielfaches größer als der Kern. Atome bestehen auch aus einem kleinen Kern und einer verhältnismäßig großen **Atomhülle**. In anschaulichen Größenverhältnissen ausgedrückt entspricht die Größe des Atoms verglichen mit der Größe des Atomkerns dem Größenunterschied einer Kugel mit einem Durchmesser von d = 100 m (Hülle) im Vergleich zu einem Stecknadelkopf d = 1 mm (Kern).

Der Kern eines Atoms enthält **Protonen** und **Neutronen**, die Hülle wird von den **Elektronen** gebildet. Protonen, Neutronen und Elektronen werden als **Elementarteilchen** bezeichnet. Ähnlich wie das Kreisen der Planeten um die Sonne bestimmten Gesetzmäßigkeiten unterliegt, gibt es für die Anordnung der Elektronen in der Hülle je nach Atommodellvorstellung klare Regeln.

4.1 Atombau

4.1.1 Atommodell nach Rutherford[1]

Im vorangegangenen Vergleich wurde ein Atom mit einem kleinen Mittelpunkt, dem Atomkern, und einer großen ihn umgebenden Atomhülle beschrieben. Diese Erkenntnis ergab sich aus der ersten wichtigen Modellvorstellung nach Rutherford. Der englische Physiker erforschte den Bau eines Atoms mit Hilfe des **Streuversuches** aus dem Jahre 1910. Dazu beschoss er eine Goldfolie mit positiven Teilchen, mit Helium-Kernen (auch als α-Teilchen bezeichnet). Um die Goldfolie brachte er einen Filmstreifen an, der von ankommenden α-Teilchen geschwärzt wird.

Er stellte fest, dass die meisten α-Teilchen die Goldfolie ungehindert durchdrangen, also geradlinig auf den dahinter angebrachten Filmstreifen trafen. Nur ein Bruchteil, ca. jedes 100 000ste α-Teilchen, wurde abgelenkt oder prallte zurück, so dass «verstreut» einzelne schwarze Punkte auf dem Filmstreifen zu erkennen waren. Aus dem Versuch zog Rutherford folgende Rückschlüsse:

- Die Atomhülle ist wesentlich größer als der Atomkern.
- Bei der Atomhülle handelt es sich um einen nahezu «masseleeren Raum».
- Der Großteil der Masse ist im Atomkern vereint.
- Der Atomkern ist positiv geladen (Protonen); die sich in der Atomhülle aufhaltenden Elektronen müssen negativ geladen sein.

Rutherford hatte noch keine Kenntnis über die sich ebenfalls im Atomkern befindlichen Neutronen. Der entsprechende Nachweis erfolgte erst 1932 durch Chadwick[2], der beim Beschuss von Beryllium mit α-Teilchen das Auftreten von Neutronen beobachtete.

4.1.2 Atomkern

Die Massenverhältnisse der Elementarteilchen lassen sich eindeutig beziffern (s. Tabelle 4.1).

Tabelle 4.1 Massen- und Ladungsverhältnisse der Elementarteilchen

Teilchen	Masse	Ladung
Proton	$1{,}672 \cdot 10^{-24}$ g	+1 e
Neutron	$1{,}675 \cdot 10^{-24}$ g	0 e
Elektron	$0{,}0009107 \cdot 10^{-24}$ g	−1 e

Aus Tabelle 4.1 lässt sich ersehen, dass Protonen und Neutronen nahezu die gleiche Masse besitzen und die Masse eines Elektrons im Vergleich dazu nur 1/1836 beträgt.

Protonen haben die kleinste, elektrisch positive Ladung (+1 e), Elektronen die kleinste, elektrische negative Ladung (−1 e); Neutronen sind elektrisch neutral. Die Abkürzung e steht für «Elementarladung».

[1] Ernest Rutherford (1871 bis 1937), englischer Physiker
[2] James Chadwick (1891 bis 1974), englischer Physiker

Definition «Elementarladung»

Die Elementarladung, mit einem kleinen «e» abgekürzt, ist die kleinste beobachtete elektrische Ladung. Der Wert dieser physikalischen Naturkonstanten beträgt **1 e = 1,6022 · 10^{-19} Coulomb** (entspricht: 1 Amperesekunde, As).

Die Betrachtung des Atomkerns ist in allen nachfolgenden Atommodellen identisch. Es befinden sich **immer** positive Protonen und neutrale Neutronen mit den angegebenen Massen im Kern. Ausnahme stellt das Element Wasserstoff dar, das nur 1 Proton und **keine Neutronen** im Kern besitzt. Der Atomkern ist somit immer positiv geladen. Auch die Vorstellung, dass die negativ geladenen Elektronen den positiven Kern umgeben, bleibt. Die Art und Weise, **wie** die Elektronen allerdings um den Atomkern angeordnet sind, ist unterschiedlich.

Betrachtet man das Element Chlor, so findet man in Literaturangaben häufig folgende Kurzschreibweise:

$$^{35}_{17}\mathrm{Cl}$$

In der Kurzschreibweise bedeutet dies: Chlor, mit dem **Elementsymbol** Cl, besitzt 17 positive Ladungen, dies entspricht folglich 17 Protonen im Kern. Die Zahl der Protonen wird durch die **Kernladungszahl** beschrieben. Daneben ist ein 2. Begriff für die Zahl der Protonen üblich, die **Ordnungszahl**. Sie befindet sich links unten am Elementsymbol.

Nach außen sind Atome immer elektrisch neutral, somit **muss** die Anzahl der Protonen im Kern der Anzahl der in der Atomhülle befindlichen Elektronen entsprechen. Die Ordnungs- oder Kernladungszahl gibt also 2 Informationen, nämlich, dass im Falle von Chlor 17 Protonen wie auch 17 Elektronen vorhanden sind.

Die Zahl 35 wird als **Massenzahl** oder **Nukleonenzahl** (Nukleonen = Kernbausteine) bezeichnet. Im Atomkern befinden sich außer Protonen noch elektrisch neutrale Neutronen (Ausnahme: Wasserstoff). Neutronen besitzen annähernd die gleiche Masse wie Protonen. Die Zahl in der Kurzschreibweise, links oben neben dem Elementsymbol, gibt die Atommasse des Elements wieder, hier 35 u.

Definition «relative Atommasseneinheit»

Die relative Atommasseneinheit (A_r) ist definiert als $^1/_{12}$ der Masse eines Kohlenstoffatoms mit der Massenzahl 12 und entspricht etwa der Masse eines Atomkern-Elementarteilchens (Proton oder Neutron). Der Zahlenwert wird in «u» angegeben.

Da Elektronen gegenüber Protonen und Neutronen praktisch massenlos sind, müssen im Kern somit 18 (35 – 17) Neutronen vorhanden sein.

Der Zahlenwert der relativen Atommasseneinheit entspricht der **molaren Masse *M*** eines Elements. Die Einheit der molaren Masse *M* ist **g/mol**. Wie viel Gramm eines Elements oder einer Verbindung **pro mol** vorliegen, lässt sich aus den Angaben im Periodensystem ablesen. Zur Erinnerung: 1 Mol einer Verbindung entsprechen 6,022 · 10^{23} Teilchen (s. Kapitel 2).

Da man Massen auf Waagen abwiegen kann, ist die molare Masse *M* eine handhabbare Größe. Im weiteren Verlauf dieses Kapitels wird deshalb die molare Masse *M* und nicht die relative Atommasseneinheit eines Elements verwendet.

4.1.3 Isotope

Neben dem in Abschnitt 4.1.2 dargestellten Chlor-Element (M = 35 g/mol) gibt es noch ein weiteres, das durch die nun schon bekannte Kurzschreibweise dargestellt wird:

$$^{37}_{17}\mathrm{Cl}$$

Aus der Schreibweise lassen sich zunächst folgende Informationen ableiten:

- Die Kernladungszahl beträgt 17, also befinden sich auch hier 17 Protonen im Kern und 17 Elektronen in der Hülle.
- Die molare Masse M beträgt = 37 g/mol, somit folgt mittels Differenzbildung eine Neutronenanzahl von 20 (37 – 17).

Anhand dieses Beispiels wird deutlich, dass Atome eines Elements zwar die gleiche Anzahl von Protonen (17) besitzen, sich jedoch in der Anzahl ihrer Neutronen unterscheiden können (18 bzw. 20).

Diese Atome unterscheiden sich also in ihrem Kernaufbau (in Bezug auf die Anzahl der Neutronen). Atomkerne, die durch eine bestimmte Anzahl von Protonen und Neutronen gekennzeichnet sind, bezeichnet man auch als **Nuklide** (= Kernsorte). Das natürliche Chlor besteht aus 2 Chlornukliden mit den molaren Massen ***M* = 35 g/mol** und ***M* = 37 g/mol**.

Definition «Isotope»

Die verschiedenen Atomsorten bzw. Kernsorten (Nuklide) eines Elements, die sich durch die Anzahl von Neutronen unterscheiden, werden allgemein als **Isotope** (Griechisch: isos = gleich; topos = Platz) bezeichnet.

Das Chlor-Isotop ^{35}Cl kommt mit einer Häufigkeit von **75,77%** und das Isotop ^{37}Cl mit einer Häufigkeit von **24,23%** vor. Somit ergibt sich für die molare Masse M des «natürlichen Chlors» keine ganze Zahl, sondern eine Dezimalzahl. Folgende Rechnung nach Gl. 4.1 verdeutlicht dies:

$$\overline{M} = \frac{\sum h_i \cdot M_i}{100} \qquad \text{(Gl. 4.1)}$$

mit:

h_i Häufigkeit des i-ten Isotops in % (Der Index i steht für 1., 2. usw.)
M_i molare Masse des i-ten Isotops
$\overline{M}$ mittlere molare Masse des Elements

Setzt man die Werte für Chlor ein, erhält man nach Gl. 4.2 folgendes Ergebnis:

$$\overline{M} = \frac{75{,}77\% \cdot 35\,\mathrm{g/mol} + 24{,}23\% \cdot 37\,\mathrm{g/mol}}{100} = \underline{\underline{35{,}5\,\mathrm{g/mol}}} \qquad \text{(Gl. 4.2)}$$

Es ergibt sich eine mittlere molare Masse für Chlor von $\overline{M}$ = 35,5 g/mol.

Im Periodensystem der Elemente (PSE) findet man Chlor dementsprechend unter folgender Kurzschreibweise:

$$^{35,5}_{17}\mathrm{Cl}$$

Vertiefungsübung V4.1

Das Element Kohlenstoff besitzt 3 Isotope:

$$^{12}_{6}C \quad ^{13}_{6}C \quad ^{14}_{6}C$$

Geben Sie jeweils die Anzahl der Elementarteilchen an. Die Häufigkeit der natürlichen Isotope (^{12}C und ^{13}C) ist aus dem Periodensystem wie folgt abzulesen: $h(^{12}C) = 98{,}89\%$ und $h(^{13}C) = 1{,}11\%$. Das Isotop ^{14}C kommt in so kleinen Mengen vor, dass es im Periodensystem nicht aufgeführt wird und bei der Berechnung keine Rolle spielt. Berechnen Sie mit Hilfe von Gl. 4.2, wie groß die mittlere molare Masse $\overline{M}$ des Elements Kohlenstoff ist, und vergleichen Sie Ihr Ergebnis mit der Angabe im Periodensystem.

4.1.4 Radioaktivität

Bevor in den nächsten Abschnitten Modellvorstellungen der Atome näher erläutert werden, wird noch das Phänomen der **Radioaktivität** beschrieben.

Definition «Radioaktivität»

Als Radioaktivität bezeichnet man den **spontanen** Zerfall eines instabilen Atomkerns (instabilen Nuklids) unter Aussendung von Elementarteilchen, Kernbruchstücken oder elektromagnetischer Strahlung.

Man unterscheidet beim spontanen Zerfall eines Atomkerns 3 Strahlungsarten:

- ❑ α-Strahlung,
- ❑ β-Strahlung,
- ❑ γ-Strahlung.

Die Energie, die Reichweite und die Durchdringungsfähigkeit nehmen in der Reihenfolge α, β und γ stark zu.

Informationssuche

Suchen Sie in entsprechender Literatur, Datenbanken, Lexika oder im Internet (z.B. http://de.wikipedia.org/wiki/Hauptseite) nach Möglichkeiten, wie man sich beim Umgang mit radioaktiven Substanzen schützen kann, und informieren Sie sich über die Einheit, in der die Radioaktivität gemessen wird.

Die Prozesse, die beim radioaktiven Zerfall ablaufen, können mit sog. «Kernreaktionsgleichungen» beschrieben werden. Für die Nukleonenzahl wird im Folgenden das Symbol **A** und für die Kernladungszahl das Symbol **Z** verwendet.

Merke

Die Summe der Nukleonenzahlen **A** und die Summe der Kernladungszahlen **Z** müssen auf beiden Seiten einer Kernreaktionsgleichung **gleich** sein!

Die α-**Strahlung** besteht aus Heliumkernen, sog. α-Teilchen. Ein instabiler Atomkern (allgemein: X) wandelt sich durch Aussendung von Heliumkernen (vgl. (Gl. 4.3)) in einen stabileren (allgemein: Y) um.
Allgemein gilt:

$$^{A}_{Z}X \xrightarrow{\alpha\text{-Zerfall}} {}^{A-4}_{Z-2}Y + {}^{4}_{2}He^{2+} \qquad \text{(Gl. 4.3)}$$

Ein Beispiel ist der α-Zerfall von Uran zu Thorium (^{238}U zu ^{234}Th) nach Gl. 4.4:

$$^{238}_{92}U \xrightarrow{\alpha\text{-Zerfall}} {}^{234}_{90}Th + {}^{4}_{2}He^{2+} \qquad \text{(Gl. 4.4)}$$

Die entstandenen Heliumkerne können nach Gl. 4.5 zum Beschuss von anderen Atomkernen verwendet werden.

Entsteht z.B. bei dem Beschuss von Beryllium (^{9}Be) mit Heliumkernen das Element Kohlenstoff (^{12}C), so muss zusätzlich ein Neutron entstehen, damit die Summe der Nukleonen- und Ordnungszahlen auf beiden Seiten der Gleichung gleich ist (s. dazu Gl. 4.5):

$$^{4}_{2}He + {}^{9}_{4}Be \longrightarrow {}^{12}_{6}C + 1\ \text{Neutron}\ ({}^{1}_{0}n) \qquad \text{(Gl. 4.5)}$$

Die β-**Strahlung** besteht aus Elektronen. Dabei stammen die Elektronen **nicht** aus der Elektronenhülle, sondern aus dem Kern. Ein Neutron des instabilen Atomkerns (allgemein: X) wird in ein Proton und ein Elektron umgewandelt und das Elektron aus dem Kern herausgeschleudert. Das entstandene Proton verbleibt im Kern. Es entsteht der stabilere Atomkern Y nach Gl. 4.6. Allgemein gilt:

$$^{A}_{Z}X \xrightarrow{\beta\text{-Zerfall}} {}^{A}_{Z+1}Y + 1\ \text{Elektron}\ ({}^{0}_{-1}e) \qquad \text{(Gl. 4.6)}$$

Ein Beispiel ist der β-Zerfall von Pollonium zu Astat (^{218}Po zu ^{218}At) nach Gl. 4.7:

$$^{218}_{84}Po \xrightarrow{\beta\text{-Zerfall}} {}^{218}_{85}At + ({}^{0}_{-1}e) \qquad \text{(Gl. 4.7)}$$

Die γ-**Strahlung** ist eine energiereiche elektromagnetische Strahlung. Sie ist nicht als Gleichung darstellbar (denn Nukleonen- und Kernladungszahl bleiben erhalten) und läuft oft parallel zum α- und β-Zerfall ab.

Ein radioaktiver Zerfall eines Atomkerns ist immer mit einem Verlust an Masse (Massendefekt) verbunden. Die Folge ist das Entstehen von Wärme.

Eine wichtige Angabe für die Lebensdauer von radioaktiven Elementen liefert die **Halbwertszeit**.

Merke

Die Halbwertszeit ist definiert als die Zeitspanne, nach der die Hälfte der zerfallsfähigen Kerne in einer Probe zerfallen ist. Sie ist je nach Nuklid unterschiedlich und kann Werte von Bruchteilen von Sekunden bis hin zu mehreren Milliarden Jahren annehmen. Je größer die Halbwertszeit ist, desto länger dauert es folglich, bis das radioaktive Nuklid abgebaut ist, d.h. umso länger dauert die radioaktive Strahlung an.

Vertiefungsübung V4.2

Wie viel ist von 200 g einer Substanz X noch nach

a) 2 Tagen

b) 6 Tagen

c) 10 Tagen

übrig, wenn die Halbwertszeit, $t_{1/2}(X) = 2$ Tage beträgt?

Vertiefungsübung V4.3

Geben Sie die entstehenden Atome durch den jeweiligen radioaktiven Zerfall nach Gl. 4.8 und Gl. 4.9 an:

$$^{226}_{88}\text{Ra} \xrightarrow{\alpha\text{-Zerfall}} \qquad \text{(Gl. 4.8)}$$

$$^{210}_{82}\text{Pb} \xrightarrow{\beta\text{-Zerfall}} \qquad \text{(Gl. 4.9)}$$

4.1.5 Atommodell nach Bohr[3]

Das Atommodell nach Bohr ist insoweit eine Erweiterung der Modellvorstellung nach Rutherford, in dem es näheren Aufschluss über den Aufbau der Atomhülle und somit die Anordnung der Elektronen gibt. Die Aussagen bezüglich des Atomkerns, also der Protonen und Neutronen, bleiben bestehen. Hilfreich dazu ist zunächst wieder der recht einfache Vergleich mit der Sonne und den Planeten. Die Planeten kreisen in ganz bestimmten Abständen um die Sonne. Dabei sind nur bestimmte Bahnen möglich. Ebenso verhält es sich mit dem von **Niels Bohr 1913** entwickelten Atommodell. Die Elektronen kreisen mit großer Geschwindigkeit auf ganz bestimmten Kreisbahnen um den positiven Atomkern. Dabei nimmt der Radius der Kreisbahnen nach außen zu. Je größer die Kreisbahnen sind, desto mehr Platz besteht für Elektronen, d.h., auf die 1. Kreisbahn, die sich direkt um den Atomkern befindet, passen weniger Elektronen als auf die folgenden. Die Kreisbahnen werden in dem Bohr'schen Atommodell als Schalen bezeichnet, die entweder aufsteigend mit Ziffern (1, 2, 3, 4, 5 ...) oder Buchstaben beginnend mit K (K, L, M, N, O ...) benannt werden. Insgesamt sind 7 Schalen möglich. Bild 4.1 veranschaulicht dies. Dabei besitzen Elektronen auf unterschiedlichen Schalen unterschiedliche Energieniveaus. Elektronen auf äußeren Schalen, sog. **Außen- oder Valenzelektronen**, sind energiereicher und somit reaktionsfreudiger als Elektronen auf inneren Schalen.

Am Beispiel des Elements Chlor werden die «Regeln» zur Besetzung der einzelnen Schalen mit Elektronen erläutert:

Chlor hat, wie aus vorhergehenden Betrachtungen bekannt ist, 17 Elektronen. Sie sind von innen nach außen folgendermaßen verteilt:

[3] Nils Bohr (1885 bis 1962), dänischer Physiker

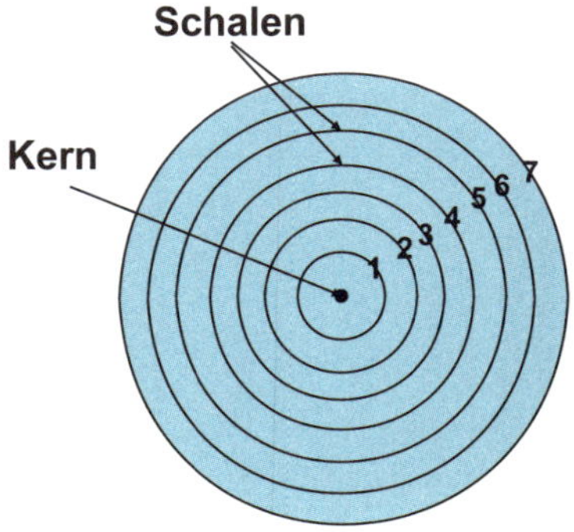

Bild 4.1
Bohr'sches Atommodell

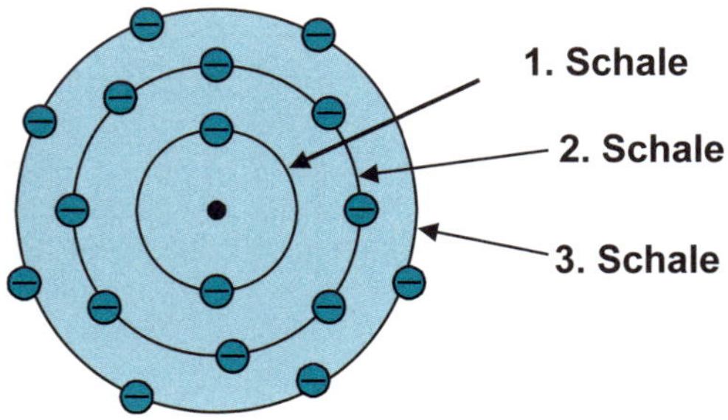

Bild 4.2
Chlor nach dem Bohr'schen Atommodell

- 1. Schale (K-Schale): 2 Elektronen,
- 2. Schale (L-Schale): 8 Elektronen,
- 3. Schale (M-Schale): 7 Elektronen.

Bild 4.2 verdeutlicht dies.
Die Anzahl der Elektronen auf einer Schale ist begrenzt. Nach Bohr finden **maximal $2 \cdot n^2$** Elektronen auf einer Schale Platz, wobei n für die Schalennummer steht.

- Auf der **1.** Schale finden also **maximal** $2 \cdot 1^2$ = **2 Elektronen**,
- auf der **2.** Schale **maximal** $2 \cdot 2^2$ = **8 Elektronen**,
- auf der **3. maximal** $2 \cdot 3^2$ = **18 Elektronen** Platz usw..

Bei 17 zu verteilenden Elektronen (im Beispiel Chlor) ist eine Besetzung der 3. Schale mit **allen** 17 Elektronen zunächst «rein mathematisch» denkbar. Es gibt jedoch nach Bohr 2 wichtige Regeln, die die Besetzung der Schalen in einer ganz bestimmten Reihenfolge vorgeben.

1. Die Schalen werden von innen nach außen aufgefüllt. Abweichend von dieser Regel füllen die sog. «Nebengruppenelemente» ihre Schalen auf. Darauf wird im Abschnitt 4.2.4 noch näher eingegangen.
2. Auf der äußersten Schale befinden sich maximal 8 Elektronen (**Oktettregel**).

Definition «Oktettregel»

Die «Oktettregel» oder «8-Elektronen-Regel» sagt aus, dass sehr viele Atome das Bestreben haben, eine mit 8 Elektronen besetzte äußere Schale zu haben. Mehr als maximal 8 Elektronen finden i. d. R. auf der äußersten Schale nicht Platz.

Ziel sehr vieler Elemente ist es, **bei chemischen Reaktionen eine volle, mit 8 Elektronen «gesättigte» Valenzschale zu erreichen**. Mit 8 Außenelektronen besitzt ein Atom einen stabilen Zustand, die Reaktionsfreudigkeit ist damit äußerst gering. Diese Kenntnis ist wichtig für spätere Betrachtungen über das Zustandekommen von chemischen Bindungen. Wie bei jeder Regel gibt es auch hier Ausnahmen. Elemente ab der 3. Periode können ihr Oktett u. U. erweitern, so dass sie mehr als 8 Elektronen in ihre Valenzschale aufnehmen können.

4.1.6 Orbitalmodell

Viele Phänomene können mit dem Bohr'schen Atommodell einfach und bildlich erklärt werden. Allerdings gibt die Weiterentwicklung des Bohr'schen Modells, das Orbitalmodell, einen sehr viel detaillierteren Aufschluss über die Anordnung der Elektronen und entspricht dem heutigen aktuellen Stand über die Kenntnis des Aufbaus der Atomhülle.

Ein großer Unterschied zum Atommodell von Bohr besteht darin, dass sich die Elektronen in dem Orbitalmodell nicht auf festen Bahnen bewegen.

Nach der **Heisenberg'schen Unschärferelation**[4] aus der Quantenphysik lassen sich Ort und Impuls eines Teilchens **nicht gleichzeitig** beliebig genau bestimmen. Somit lassen sich nur bestimmte **Aufenthaltsbereiche** angeben, in denen sich die Elektronen mit einer Wahrscheinlichkeit von ***P* = 90%** befinden. Diese Aufenthaltsbereiche werden als **Orbitale** bezeichnet. Sie stellen rein mathematische Konstrukte dar.

Informationssuche

Suchen Sie in entsprechender Literatur, Datenbanken, Lexika oder im Internet (z.B. http://de.wikipedia.org/wiki/Hauptseite) nach dem Begriff «Heisenberg'sche Unschärferelation» und erfassen Sie die Zusammenhänge.

Die Besetzung der Orbitale erfolgt nach festen Regeln. Sie werden am Beispiel der Elektronenkonfiguration des Chloratoms erläutert. (Zur Erinnerung: Chlor besitzt 17 Elektronen.)

Die Elektronenkonfiguration der Besetzung von Chlor-Orbitalen ist:

	$1\,s^2$	$2\,s^2\;2\,p_x^2\;2\,p_y^2\;2\,p_z^2$	$3\,s^2\;3\,p_x^2\;3\,p_y^2\;3\,p_z^1$
nach Bohr (zum Vergleich):	(1. Schale, 2 e^-)	(2. Schale, 8 e^-)	(3. Schale, 7 e^-)

In obiger Darstellung bedeuten:

Die Buchstaben, in diesem Fall **s** und **p**, geben die vorhandenen Orbitale an. Diese haben eine unterschiedliche geometrische Form. s-Orbitale sind kugelförmig, p-Orbitale hantelförmig (s. Bild 4.3).

Bild 4.3
Geometrische Formen der s- und p-Orbitale

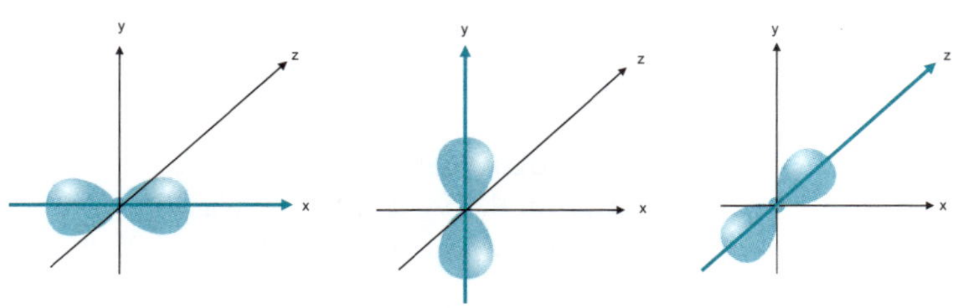

Es gibt darüber hinaus noch **d**- und **f**-Orbitale, die aber im Falle des Chlors aufgrund seiner Anzahl an Elektronen nicht besetzt sind.

Die hochgestellte Ziffer hinter dem Buchstaben des Orbitals gibt an, wie viele Elektronen sich in einem Orbital befinden. Dabei sei angemerkt, dass die hantelförmigen p-Orbitale (Bild 4.3) in 3 Modifikationen vorkommen, die verschiedene räumliche Orientierungen (**x**, **y** und **z**-Richtung) haben. Vom kugeligen s-Orbital gibt es dagegen nur 1 Modifikation. Das s- und die 3 p-Orbitale sind in Bild 4.3 dargestellt.

[4] Werner Karl Heisenberg (1901 bis 1976), deutscher Physiker

ⓘ

Informationssuche

Suchen Sie in entsprechender Literatur, Datenbanken, Lexika oder im Internet (z.B. http://de.wikipedia.org/wiki/Hauptseite) nach der räumlichen Gestalt der d- und f-Orbitale.

Aus der Elektronenkonfiguration des Chlors wird deutlich, dass sich in den unterschiedlichen s-Orbitalen jeweils 2 Elektronen befinden (hochgestellte 2). Diese Anzahl entspricht der **maximalen Besetzung** eines Orbitals; mehr als 2 Elektronen kann es nicht aufnehmen. Diese Regel gilt für alle Orbitale, somit auch für die oben dargestellten p-Orbitale. **Jedes** dieser 3 Orbitale (p_x, p_y und p_z) kann auch nur **maximal** 2 Elektronen aufnehmen, folglich kann das gesamte p-Orbital-System mit maximal 6 Elektronen (3 · 2 Elektronen) besetzt werden.

An dieser Stelle sei zusätzlich bemerkt, dass sich ein d-Orbital-System in 5 weitere Orbitale aufgliedert; es kann also maximal 5 · 2 = 10 Elektronen enthalten. Ein f-Orbital besitzt 7 Einheiten, sodass die maximale Besetzung 7 · 2 = 14 Elektronen ist.

Im Falle des Chlors ist weiterhin auffällig, dass mehrere s- wie auch p-Orbitale vorhanden sind. Die Ziffer vor dem jeweiligen Orbital macht eine Unterscheidung möglich. Sie gibt die unterschiedlichen Energieniveaus an. Diese Ziffer entspricht der Schale im Bohr'schen Atommodell. Ein 3 s-Orbital ist beispielsweise energiereicher als ein 1 s-Orbital und ein 3 p-Orbital energiereicher als ein 2 p-Orbital.

Der große Unterschied zum Bohr'schen Atommodell ist, dass ab dem 2. Energieniveau eine Aufgliederung in ein s- und ein p-Orbital erfolgt. Die beiden Orbitale unterscheiden sich in ihren Energieinhalten. Das 2 p-Orbital ist etwas energiereicher als das 2 s-Orbital. Man unterscheidet in diesem Zusammenhang die sog. **Unterenergieniveaus**.

Für die Besetzungsreihenfolge gilt, dass **zuerst** die s- und dann die p-Orbitale besetzt werden.

Die Elektronenkonfiguration des Chlors macht deutlich, dass das 3 p-Orbital mit 5 Elektronen nicht voll besetzt ist. Ein weiteres Elektron würde die Besetzung vollständig machen. Diese Tatsache ließ sich auch schon beim Bohr'schen Atommodell erklären. Dort enthielt die 3. Schale 7 Elektronen. Ein weiteres Elektron ist notwendig, damit die Schale voll besetzt bzw. die Oktettregel erfüllt ist.

In welchem Orbital sich ein Elektron aufhält, kann man sehr gut mit Hilfe der **4 Quantenzahlen** beschreiben. Die Darstellung erfolgt bezogen auf das Beispiel Chlor.

1. Die Zahl vor dem Orbital wird als **Hauptquantenzahl n** bezeichnet. Sie bestimmt die Größe des Orbitals und entspricht der Bohr'schen Schale.
2. Die **räumliche Gestalt** der Orbitale (s, p ...) wird mit Hilfe der **Nebenquantenzahl l** beschrieben.
3. Die **Orientierung** des Orbitals **im Raum** (x, y, z) wird mit der **Magnetquantenzahl m** beschrieben.
4. Die **Spinquantenzahl s** wird als **Eigenrotation** der Elektronen (bzw. magnetischer Drehimpuls) gedeutet.

Folgende Wertebereiche sind für die 4 Quantenzahlen erlaubt:

- n: 1, 2, 3 ...
- l: 0, 1, 2, ... (n – 1)
- m: –l, –(l – 1) ..., 0, ... , +(l – 1), +l
- s: +½, –½

Merke

Ein Elektron darf niemals in allen 4 Quantenzahlen übereinstimmen! (**Pauli-Prinzip**)

Für **n = 1** ergibt sich aufgrund der obigen Regeln folgende Besetzung (Tabelle 4.2):

Tabelle 4.2 Orbitalbesetzung für n = 1

Quantenzahl		Zulässige Werte
Hauptquantenzahl	**n**	1
Nebenquantenzahl	**l**	0
Magnetquantenzahl	**m**	0
Spinquantenzahl	**s**	+½, −½

Ein Orbital mit der Nebenquantenzahl **l = 0** heißt **s-Orbital** und kann **maximal 2** Elektronen mit dem Drehimpuls **s = +½ und s = −½** aufnehmen.

Für **n = 1** ergibt sich also insgesamt eine maximale Elektronenanzahl von **2**.

Stellt man einen Vergleich zum Bohr'schen Atommodell an, so stellt man fest, dass die Besetzung der 1. Schale mit n = 1 lautete: $2 \cdot n^2$, also auch $2 \cdot 1^2$ = **2 Elektronen**.

Das 1 s-Orbital für das Beispiel Chlor ist voll besetzt, wodurch sich in der sog. Kästchenschreibweise Bild 4.4 ergibt:

Bild 4.4
Besetzung des 1 s-Orbitals

Die unterschiedlich gerichteten Pfeilspitzen geben die unterschiedlichen magnetischen Drehimpulse +½ und −½ der Elektronen an. Mit dieser Besetzung wurde das Pauli-Prinzip berücksichtigt, da die ersten 3 Quantenzahlen für beide Elektronen zwar identisch sind (n = 1, l = 0, m = 0), sie jedoch nicht die gleiche Spinquantenzahl (+½, −½) besitzen.

Nicht zulässig nach dem Pauli-Prinzip wäre folgende Besetzung, denn hier besäßen die Elektronen die gleiche Spinquantenzahl (Bild 4.5).

Bild 4.5
Beispiel für unzulässige Besetzung des 1 s-Orbitals

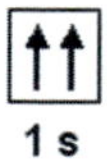

Für **n = 2** ergibt sich folgende Besetzung (Tabelle 4.3):

Tabelle 4.3 Orbitalbesetzung für n = 2

Quantenzahl		Zulässige Werte	
Hauptquantenzahl	**n**	2	
Nebenquantenzahl	**l**	0	1
Magnetquantenzahl	**m**	0	−1, 0, +1 (x, y, z-Ausrichtung)
Spinquantenzahl	**s**	+½, −½	für **jedes** m: +½, −½

Das Orbital mit der Nebenquantenzahl **l = 0** ist erneut ein s-Orbital und kann maximal 2 Elektronen aufnehmen.

Hinzugekommen ist das Orbital mit der Nebenquantenzahl **l = 1**, das **maximal 6** Elektronen aufnehmen kann (für **jedes** m (−1, 0, +1) 2 Elektronen mit jeweils s = +½, −½).

Ein solches Orbital nennt man **p-Orbital**.

Für **n = 2** ergibt sich also insgesamt eine maximale Elektronenanzahl von **8, 2** im s- und **6** im p-Orbital.

Führt man erneut einen Vergleich zum Bohr'schen Atommodell durch, so lautet die maximal mögliche Besetzung für die 2. Schale mit n = 2 wie folgt: $2 \cdot 2^2 =$ **8 Elektronen**.

Im Falle des Beispiels Chlor sind beide Orbitale (2 s und 2 p) voll besetzt. Es ergibt sich Bild 4.6:

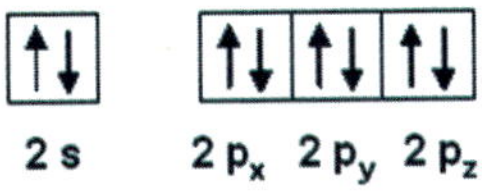

Bild 4.6 Besetzung des 2 s- und 2 p-Orbitals

Für **n = 3** ergibt sich die Besetzung von Tabelle 4.4:

Tabelle 4.4 Orbitalbesetzung für n = 3

Quantenzahl		**Zulässige Werte**		
Hauptquantenzahl	**n**		3	
Nebenquantenzahl	**l**	0	1	2
Magnetquantenzahl	**m**	0	−1, 0, +1 (x-, y-, z-Ausrichtung)	−2, −1, 0, +1, +2 (x-, y-, z-Ausrichtung)
Spinquantenzahl	**s**	+½, −½	für **jedes** m: +½, −½	für **jedes** m: +½, −½

Das Orbital mit **l = 0** ist wiederum ein s-Orbital und das Orbital mit **l = 1** ein p-Orbital.

Hinzugekommen ist das Orbital mit der Nebenquantenzahl **l = 2**, das **maximal 10** Elektronen aufnehmen kann (für **jedes** m: −2, −1, 0, +1, +2, jeweils 2 Elektronen mit s = +½, −½). Ein solches Orbital nennt man **d-Orbital**.

Für **n = 3** ergibt sich also insgesamt eine maximale Elektronenanzahl von **18**, jeweils **2** Elektronen im s-, **6** im p- und **10** Elektronen im d-Orbital.

Verglichen mit dem Bohr'schen Atommodell mit n = 3 ergibt sich folgende maximal mögliche Besetzung: $2 \cdot 3^2 =$ **18 Elektronen**.

Im Falle des Beispiels Chlor ist das 3 s- und das 3 p-Orbital besetzt, wie es Bild 4.7 zeigt:

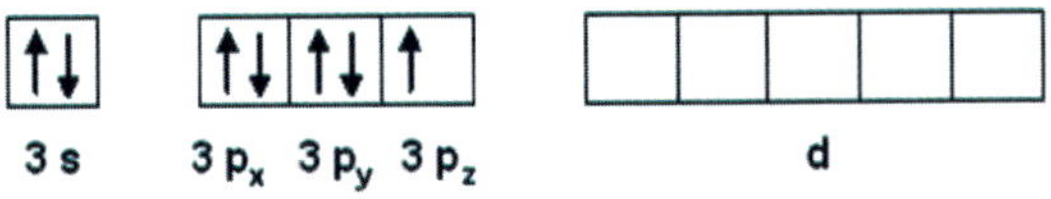

Bild 4.7 Besetzung des 3 s- und 3 p-Orbitals

Das noch theoretisch zur Verfügung stehende d-Orbital ist **nicht** besetzt.

Führte man eine weitere Betrachtung für **n = 4** durch, erhielte man ein **f-Orbital** (zusätzlich zu einem 4 s-, 4 p- und 4 d-Orbital), das **maximal 14** Elektronen aufnehmen kann. Auch hier zeigt ein Vergleich mit dem Bohr'schen Atommodell ($2 \cdot 4^2 = 32$ Elektronen) die gleiche Anzahl an maximal möglichen Elektronen. Das 4 s-Orbital kann maximal 2 Elektronen, das 4 p-Orbital maximal 6, das 4 d-Orbital maximal 10 und das 4 f-Orbital maximal 14 Elektronen aufnehmen. In der Summe ergibt sich also für n = 4 die Zahl **32 Elektronen**.

Ein weiteres Beispiel zeigt die Besetzung von Orbitalen. Das Element **Kohlenstoff** hat 6 Elektronen. Folglich muss sich folgende Elektronenkonfiguration ergeben:

$1\,s^2$ $2\,s^2$ $2\,p^2$

Die Kästchenschreibweise dazu gibt Bild 4.8 wieder.

Bild 4.8
Kästchenschreibweise nach dem Orbitalmodell für das Element Kohlenstoff

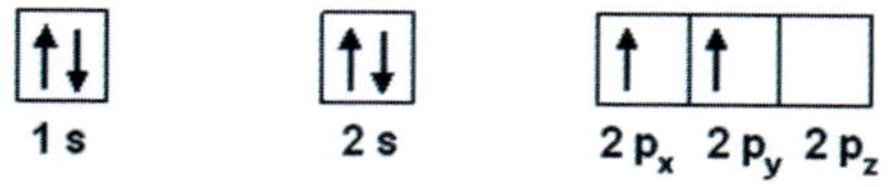

Deutlich wird an diesem Beispiel, dass die beiden Elektronen im p-Orbital **einzeln** verteilt sind (**je 1 Elektron** im 2 p_x- und 2 p_y-Orbital) und sich nicht beide, wie man ja zunächst vermuten könnte, im 2 p_x-Orbital befinden. Diese Besetzungsreihenfolge wird durch die **Hund'sche Regel**[5] bestimmt.

Definition «Hund'sche Regel»:

Die Hund'sche Regel besagt, dass Orbitale, die die gleiche Haupt- und Nebenquantenzahl besitzen (n und l), zunächst **einzeln** besetzt werden. Hier haben beide Elektronen im p_x- bzw. p_y-Orbital die Hauptquantenzahl n = 2 und die Nebenquantenzahl l = 1. Es werden z.B. erst alle p-Orbitale (p_x, p_y, p_z) **einzeln** besetzt, bevor Elektronen mit entgegengesetztem Spin eingebaut werden (s. Bild 4.9). Diese Regel wird auch als «Prinzip der größten Multiplizität» bezeichnet.

Bild 4.9
Besetzung des 2 p-Orbitals mit 4 Elektronen unter Berücksichtigung der Hund'schen Regel

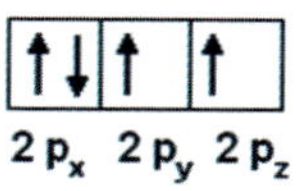

In Übungen wird das erlangte Wissen vertieft:

Vertiefungsübung V4.4

Geben Sie zum einen die Elektronenkonfiguration nach dem Orbitalmodell, zum anderen die Besetzung der Schalen nach dem Bohr'schen Atommodell (Skizze) für folgende Elemente an:

a) Fluor 9 Elektronen
b) Bor 5 Elektronen
c) Phosphor 15 Elektronen

Geben Sie die Kästchenschreibweise nach dem Orbitalmodell für folgende Elektronenkonfigurationen an:

a) $1\,s^2 \;\; 2\,s^1$
b) $1\,s^2 \;\; 2\,s^2\,2\,p^3$
c) $1\,s^2 \;\; 2\,s^2\,2\,p^6 \;\; 3\,s^2\,3\,p^2$

Im vorangegangenen Abschnitt wurde beschrieben, dass für die Besetzung der Orbitale gilt: s-Orbitale werden **vor** p-Orbitalen besetzt. Aus den obigen Beispielen ging auch hervor, dass Orbitale niedrigerer Energieniveaus vor Orbitalen höherer Energieniveaus besetzt werden. Bislang wurden nur Elemente bis zum 3 p-Orbital betrachtet, für die die Besetzungsreihenfolge wie beschrieben gilt.

Für **Nebengruppenelemente** (siehe auch Abschnitt 4.2.4) ergibt sich abweichend davon eine andere Besetzungsreihenfolge. Entsprechendes gilt dann natürlich auch für das Bohr'sche Atommodell. Einige Beispiele dazu finden Sie in Abschnitt 4.2.4.

[5] Friedrich Hund (1896 bis 1997), deutscher Physiker

4.2 Periodensystem der Elemente (PSE)

Ähnlich einem Lexikon, in dem man nachschlägt, wenn man zu einem bestimmten Begriff etwas wissen möchte, gibt es auch ein «Nachschlagewerk» aller Elemente, das «Periodensystem der Elemente (PSE)».

Definition «chemische Elemente»

Als chemische Elemente werden Grundstoffe bezeichnet, die sich chemisch nicht mehr in noch einfachere Stoffe zerlegen lassen. Die kleinsten Einheiten eines Elements sind die Atome. **Reinelemente** bestehen aus Atomen, die alle die gleiche Protonen- wie auch Neutronenanzahl aufweisen. Beispiele für Reinelemente sind Beryllium, Fluor oder Natrium. Elemente, die aus verschiedenen **Isotopen** des gleichen Elements bestehen, werden als **Mischelemente** bezeichnet (s. Abschnitt 4.1.3). Die meisten Elemente sind Mischelemente.

Die Einordnung wird nach ganz bestimmten Gesichtspunkten vorgenommen. Aus dem PSE lassen sich je nach Umfang mindestens der Elementname, das Elementsymbol, die Ordnungszahl und die Atommasse (Massenzahl bzw. Nukleonenzahl) ablesen (Bild 4.10).

Massenzahl ⟶ 35
Ordnungszahl ⟶ 17

$${}^{35}_{17}\mathrm{Cl}$$ ⟵ Elementsymbol

Chlor ⟵ Elementname

Bild 4.10
Darstellungsweise des Chlornukleotids mit M = 35 g/mol

Informationssuche

Suchen Sie in entsprechender Literatur, Datenbanken, Lexika oder im Internet (z.B. http://de.wikipedia.org/wiki/Hauptseite) nach der **derzeit aktuellen Anzahl** bekannter chemischer Elemente. Machen Sie eine Aussage darüber, wie viele davon künstlich hergestellt sind und wie viele der Elemente fest, flüssig oder gasförmig vorliegen.

Die Elemente sind im Periodensystem nach ihrer **steigenden Ordnungszahl von links oben nach rechts unten** angeordnet. Wie bereits bekannt ist, hat Chlor die Ordnungszahl 17, d.h., Chlor befindet sich von links oben angefangen an 17. Stelle im Periodensystem der Elemente. Je weiter nach rechts unten man sich also im Periodensystem bewegt, umso größer ist die Ordnungszahl und damit auch die Anzahl der Protonen und der Elektronen.

Man unterscheidet im PSE sog. **Hauptgruppen-** und **Nebengruppen- bzw. Übergangs-Elemente**. Chlor ist ein Hauptgruppenelement, so dass hier zunächst ein Blick auf die Hauptgruppen gerichtet wird. Das sich daraus ergebende Periodensystem bezeichnet man auch als «**gekürztes Periodensystem**» (Bild 4.11).

Elemente allein nach ihrer Ordnungszahl zu «sortieren» wäre nur bedingt hilfreich. Äußerst nützlich hingegen ist es, die Elemente auch nach ihren ähnlichen Eigenschaften einzuordnen, sodass «Gruppen» entstehen, von denen man ähnliches chemisch-physikalisches Verhalten voraussagen kann. Diese «Gruppen» erhält man, indem nach einer bestimmten Anzahl von Elementen eine neue «Reihe» eröffnet wird, die unter der vorangegangenen Platz findet. Nach jeweils 8 Elementen (Ausnahme bildet dabei die 1. «Reihe» mit nur 2 Elementen: Wasserstoff und Helium) wird eine neue «Reihe» eröffnet. Im PSE liegt also eine Regelmäßigkeit oder **Periodizität** vor.

Hauptgruppen

Perioden	I	II	III	IV	V	VI	VII	VIII
1	$_{1}$H Wasserstoff							$_{2}$He Helium
2	$_{3}$Li Lithium	$_{4}$Be Beryllium	$_{5}$B Bor	$_{6}$C Kohlenstoff	$_{7}$N Stickstoff	$_{8}$O Sauerstoff	$_{9}$F Fluor	$_{10}$Ne Neon
3	$_{11}$Na Natrium	$_{12}$Mg Magnesium	$_{13}$Al Aluminium	$_{14}$Si Silicium	$_{15}$P Phosphor	$_{16}$S Schwefel	$_{17}$Cl Chlor	$_{18}$Ar Argon
4	$_{19}$K Kalium	$_{20}$Ca Calcium	$_{31}$Ga Gallium	$_{32}$Ge Germanium	$_{33}$As Arsen	$_{34}$Se Selen	$_{35}$Br Brom	$_{36}$Kr Krypton
5	$_{37}$Rb Rubidium	$_{38}$Sr Strontium	$_{49}$In Indium	$_{50}$Sn Zinn	$_{51}$Sb Antimon	$_{52}$Te Tellur	$_{53}$I Iod	$_{54}$Xe Xenon
6	$_{55}$Cs Cäsium	$_{56}$Ba Barium	$_{81}$Tl Thallium	$_{82}$Pb Blei	$_{83}$Bi Bismut	$_{84}$Po Polonium	$_{85}$At Astat	$_{86}$Rn Radon
7	$_{87}$Fr Francium	$_{88}$Ra Radium	113	114	115	116	117	118

Bild 4.11 Gekürztes PSE

Die senkrechten Spalten im gekürzten Periodensystem bilden die sog. «**Hauptgruppen**», deren Elemente chemische Ähnlichkeit aufweisen. Chlor ist in der 7. Hauptgruppe; mit ihm noch die Elemente Fluor (F), Brom (Br), Iod (I) und Astat (At). Insgesamt gibt es 8 Hauptgruppen, davon trägt jede ihren eigenen Namen (s. Tabelle 4.5).

Tabelle 4.5 Hauptgruppen und ihre Bezeichnungen

Hauptgruppe	Bezeichnung
1. Hauptgruppe	Alkalimetalle (Wasserstoff als Ausnahme ist trotz seiner Stellung kein Metall!)
2. Hauptgruppe	Erdalkalimetalle
3. Hauptgruppe	Erdmetalle
4. Hauptgruppe	Kohlenstoffgruppe
5. Hauptgruppe	Stickstoff/Phosphor-Gruppe
6. Hauptgruppe	Sauerstoff/Schwefel-Gruppe oder Chalkogene (Erzbildner)
7. Hauptgruppe	Halogene
8. Hauptgruppe	Edelgase

Die waagerechten Zeilen im Periodensystem bilden die **Perioden**. Damit sind die Schalen aus dem Bohr'schen Atommodell (bzw. die Hauptquantenzahl, n, im Orbitalmodell) gemeint. Es gibt insgesamt 7 Perioden bzw. Schalen. Chlor steht in der 3. Periode, das bedeutet, dass das Element 3 Schalen besitzt, auf denen seine 17 Elektronen nach den im Abschnitt 4.1.5 erwähnten Regeln verteilt sind.

Merke

Die Periodennummer eines Elements entspricht der Zahl an Schalen in seiner Atomhülle.

Chlor besitzt 7 Elektronen auf seiner äußersten Schale. Die Anzahl an Valenzelektronen entspricht seiner Hauptgruppennummer. Folglich haben die Elemente Fluor, Brom, Iod, Astat auch 7 Außenelektronen.

Merke

Die Zahl der Außenelektronen eines Elements ist an seiner Hauptgruppennummer abzulesen.

Wenn Chlor ähnliche chemische Eigenschaften wie die anderen Vertreter der Halogene aufweist, kann der Grund nur in der gleichen Anzahl der Valenzelektronen liegen. Alle anderen Parameter wie Ordnungszahl, Neutronenzahl und damit auch Massenzahl unterscheiden sich deutlich.

Merke

Das chemische Verhalten eines Elements ist maßgeblich von der Anzahl seiner Valenzelektronen abhängig.

Die Elemente der 8. Hauptgruppe, die Edelgase, gehen alle im Normalfall keine chemische Reaktion ein. Sie besitzen aufgrund ihrer Hauptgruppennummer eine mit 8 Elektronen voll besetzte Schale (Ausnahme: **Helium**: Wir wissen aber, die 1. Schale ist mit 2 Elektronen bereits voll besetzt!). Die Oktettregel ist dabei erfüllt, man sagt auch, diese Elemente haben **Edelgaskonfiguration**, einen äußerst stabilen Zustand, erreicht. Das Bestreben, eine Reaktion, bei denen Elektronen ausgetauscht werden, einzugehen, ist somit gering. Die Elemente sind reaktionsträge (inert) oder anders ausgedrückt: «edel».

4.2.1 Metalle, Nichtmetalle und Halbmetalle

Chlor kann aufgrund seiner Elektronenkonfiguration durch die Aufnahme von nur einem weiteren Elektron leicht Edelgaskonfiguration, also 8 Außenelektronen, erlangen.

Diese Möglichkeit, mit der Aufnahme einiger weniger Elektronen Edelgaskonfiguration zu erreichen, haben die Elemente, die sich eher rechts im Periodensystem befinden, gemeinsam. Diese Elemente besitzen keine metallischen Eigenschaften und werden deshalb als «**Nichtmetalle**» bezeichnet. Elemente, die durch die Abgabe einiger weniger Valenzelektronen Edelgaskonfiguration erreichen, befinden sich eher links im Periodensystem. Diese Elemente besitzen alle metallische Eigenschaften und werden deshalb als «**Metalle**» bezeichnet. Darüber hinaus finden sich im PSE einige Elemente, die sowohl metallische als auch nichtmetallische Eigenschaften aufweisen, sog. «**Halbmetalle**».

Das in Bild 4.12 dargestellte Periodensystem gibt einen Überblick zur Anordnung der Metalle, Nichtmetalle und Halbmetalle. Die eingezeichnete Diagonale symbolisiert die Teilung in Metalle und Nichtmetalle. Dazwischen sind die Halbmetalle in Grün gekennzeichnet.

Hauptgruppen

Perioden	I	II	III	IV	V	VI	VII	VIII
1	$_{1}\mathrm{H}$ Wasserstoff							$_{2}\mathrm{He}$ Helium
2	$_{3}\mathrm{Li}$ Lithium	$_{4}\mathrm{Be}$ Beryllium	$_{5}\mathrm{B}$ Bor	$_{6}\mathrm{C}$ Kohlenstoff	$_{7}\mathrm{N}$ Stickstoff	$_{8}\mathrm{O}$ Sauerstoff	$_{9}\mathrm{F}$ Fluor	$_{10}\mathrm{Ne}$ Neon
3	$_{11}\mathrm{Na}$ Natrium	$_{12}\mathrm{Mg}$ Magnesium	$_{13}\mathrm{Al}$ Aluminium	$_{14}\mathrm{Si}$ Silicium	$_{15}\mathrm{P}$ Phosphor	$_{16}\mathrm{S}$ Schwefel	$_{17}\mathrm{Cl}$ Chlor	$_{18}\mathrm{Ar}$ Argon
4	$_{19}\mathrm{K}$ Kalium	$_{20}\mathrm{Ca}$ Calcium	$_{31}\mathrm{Ga}$ Gallium	$_{32}\mathrm{Ge}$ Germanium	$_{33}\mathrm{As}$ Arsen	$_{34}\mathrm{Se}$ Selen	$_{35}\mathrm{Br}$ Brom	$_{36}\mathrm{Kr}$ Krypton
5	$_{37}\mathrm{Rb}$ Rubidium	$_{38}\mathrm{Sr}$ Strontium	$_{49}\mathrm{In}$ Indium	$_{50}\mathrm{Sn}$ Zinn	$_{51}\mathrm{Sb}$ Antimon	$_{52}\mathrm{Te}$ Tellur	$_{53}\mathrm{I}$ Iod	$_{54}\mathrm{Xe}$ Xenon
6	$_{55}\mathrm{Cs}$ Cäsium	$_{56}\mathrm{Ba}$ Barium	$_{81}\mathrm{Tl}$ Thallium	$_{82}\mathrm{Pb}$ Blei	$_{83}\mathrm{Bi}$ Bismut	$_{84}\mathrm{Po}$ Polonium	$_{85}\mathrm{At}$ Astat	$_{86}\mathrm{Rn}$ Radon
7	$_{87}\mathrm{Fr}$ Francium	$_{88}\mathrm{Ra}$ Radium	113	114	115	116	117	118

Bild 4.12 Gekürztes PSE mit Unterscheidung für Metalle, Nichtmetalle und Halbmetalle in Grün

4.2.2 Nebengruppenelemente

Wenn man sich die Ordnungszahlen des «gekürzten Periodensystems» einmal genauer betrachtet, sieht man, dass ganze Elementreihen fehlen. Nach dem Beispiel Chlor mit der Ordnungszahl 17 folgen noch 3 weitere Elemente, Argon (Ar), Kalium (K) und Calcium (Ca), ehe sich bis zum nächsten Hauptgruppenelement Gallium (Ga) eine Lücke von 10 Elementen ergibt. Ähnliche Lücken treten z.B. nach den Hauptgruppenelementen Strontium (Sr), Barium (Ba) und Radium (Ra) auf. Es sind alles Elemente der 2. Hauptgruppe.

Die fehlenden Elemente werden als **Nebengruppenelemente** oder **Übergangselemente** bezeichnet. Sie sind ausnahmslos Metalle, unter ihnen technisch sehr wichtige wie z.B. Eisen (Fe), Chrom (Cr), Nickel (Ni) und Kupfer (Cu).

In der 4. und 5. Periode befinden sich jeweils **10** Nebengruppenelemente (folgend auf Calcium bzw. Strontium). In der 6. und 7. Periode (folgend auf Barium bzw. Radium) ist die Reihe der Nebengruppenelemente um **weitere** 14 Elemente länger als in der 4. und 5. Periode. Die 14 Elemente, die in der 6. Periode auf das Nebengruppenelement Lanthan (La) folgen, tragen den Namen **Lanthanoide**. Die 14 Elemente in der 7. Periode folgend auf das Element Actinium (Ac) werden als **Actinoide** bezeichnet. Sie werden aufgrund der besseren Übersichtlichkeit als gesonderte Gruppen aufgeführt. Außer Uran (U) und Plutonium (Pu) haben Lanthanoide und Actinoide momentan eine eher untergeordnete technische Bedeutung.

Alle Atome der Nebengruppenelemente haben 1 oder 2 Valenzelektronen. Die aber dennoch steigende Anzahl der Elektronen lässt sich mit der Besetzung weiter innen liegender Schalen erklären.

In Bild 4.13 ist das vollständige Periodensystem der Elemente mit allen Haupt- und Nebengruppen dargestellt.

Periodensyste

Protonenzahl (Ordnungszahl)	17
Relative Atommass	35,453
Elektronegativität (n. Allred u. Rochow)	2,8
Siedetemperatur °C	-34,6
Schmelztemperatur in °C	-101,0
Symbol²	Cl
Name	Chlor
Elektronen konfigurat	$[Ne]3s^2p^5$

I	II							
1 · 1,008 2,2 · -252,9 · -259,1 **H** Wasserstoff $1s^1$								
3 · 6,941 1,0 · 1347 · 180,5 **Li** Lithium $[He]2s^1$	4 · 9,012 1,5 · 2970 · 1278 **Be** Beryllium $[He]2s^2$							
11 · 22,990 1,0 · 883 · 97,8 **Na** Natrium $[Ne]3s^1$	12 · 24,305 1,2 · 1107 · 651 **Mg** Magnesium $[Ne]3s^2$							
19 · 39,10 0,9 · 774 · 63,7 **K** Kalium $[Ar]4s^1$	20 · 40,08 1,0 · 1487 · ~845 **Ca** Calcium $[Ar]4s^2$	21 · 44,96 1,2 · 2832 · 1539 **Sc** Scandium $[Ar]3d^1 4s^2$	22 · 47,88 1,3 · 3260 · 1675 **Ti** Titan $[Ar]3d^2 4s^2$	23 · 50,94 1,5 · 3380 · 1890 **V** Vanadium $[Ar]3d^3 4s^2$	24 · 52,00 1,6 · 2672 · 1857 **Cr** Chrom $[Ar]3d^5 4s^1$	25 · 54,94 1,6 · 2032 · 1244 **Mn** Mangan $[Ar]3d^5 4s^2$	26 · 55,85 1,6 · 2750 · 1535 **Fe** Eisen $[Ar]3d^6 4s^2$	27 1,7 · 2870 · 1495
37 · 85,47 0,9 · 688 · 38,9 **Rb** Rubidium $[Kr]5s^1$	38 · 87,62 1,0 · 1384 · 769 **Sr** Strontium $[Kr]5s^2$	39 · 88,91 1,1 · 3337 · 1523 **Y** Yttrium $[Kr]4d^1 5s^2$	40 · 91,22 1,2 · 4377 · 1852 **Zr** Zirconium $[Kr]4d^2 5s^2$	41 · 92,91 1,2 · 4927 · 2468 **Nb** Niob $[Kr]4d^4 5s^1$	42 · 95,94 1,3 · 4825 · 2610 **Mo** Molybdän $[Kr]4d^5 5s^1$	43 · (98) 1,4 · 4880 · 2200 **Tc** Technetium $[Kr]4d^6 5s^1$	44 · 101,07 1,4 · 3900 · 2310 **Ru** Ruthenium $[Kr]4d^7 5s^1$	45 1,5 · ~3730 · 1966
55 · 132,91 0,9 · 678 · 28,5 **Cs** Caesium $[Xe]6s^1$	56 · 137,33 1,0 · 1640 · 725 **Ba** Barium $[Xe]6s^2$	57 · 138,91 1,1 · 3454 · 920 **La*** Lanthanum $[Xe]5d^1 6s^2$	72 · 178,49 1,2 · 5200 · 2230 **Hf** Hafnium $[Xe]4f^{14} 5d^2 6s^2$	73 · 180,95 1,3 · ~5430 · 2996 **Ta** Tantal $[Xe]4f^{14} 5d^3 6s^2$	74 · 183,84 1,4 · 5657 · 3410 **W** Wolfram $[Xe]4f^{14} 5d^4 6s^2$	75 · 186,2 1,5 · ~5630 · 3180 **Re** Rhenium $[Xe]4f^{14} 5d^5 6s^2$	76 · 190,2 1,5 · ~5030 · 3045 **Os** Osmium $[Xe]4f^{14} 5d^6 6s^2$	77 1,6 · 4130 · 2410
87 · (223) 0,9 · 677 · 26,8 **Fr** Francium $[Rn]7s^1$	88 · (226) 1,0 · 1140 · 700 **Ra** Radium $[Rn]7s^2$	89 · (227) 1,0 · 3200 · 1050 **Ac**** Actinium $[Rn]6d^1 7s^2$	104 · (261) **Rf** Rutherfordium	105 · (262) **Db** Dubnium	106 · (263) **Sg** Seaborgium	107 · (264) **Bh** Bohrium	108 · (265) **Hs** Hassium	109 Me

← Hauptgruppen →← Nebengruppen →

* Lanthanoide	58 · 140,12 1,1 · 3257 · 798 **Ce** Cer $[Xe]4f^2 6s^2$	59 · 140,91 1,1 · 3512 · 931 **Pr** Praseodym $[Xe]4f^3 6s^2$	60 · 144,24 1,1 · 3127 · 1010 **Nd** Neodym $[Xe]4f^4 6s^2$	61 · (145) 1,1 · 2700 · 1170 **Pm** Promethium $[Xe]4f^5 6s^2$	62 1,1 · 1778 · 1072 Sa
** Actinoide	90 · 232,038 1,1 · 4790 · 1750 **Th** Thorium $[Rn]6d^2 7s^2$	91 · 231,036 1,1 · 4030 · 1840 **Pa** Protactinium $[Rn]5f^2 6d^1 7s^2$	92 · 238,029 1,2 · 3818 · 1132 **U** Uran $[Rn]5f^3 6d^1 7s^2$	93 · (237) 1,2 · 3902 · 640 **Np** Neptunium $[Rn]5f^4 6d^1 7s^2$	94 1,2 · 3200 · 641 Pl

[1] Der eingeklammerte Wert bei radioaktiven Elementen ist die Nukleonenzahl (Massenzahl) des Isotops mit der längsten Halbwertzeit

[2] ≈ flüssig, weiß: gasförmig, schwarz: fest – bei STP = 0 und d 1.0 bar

☢: alle Isotope radioaktiv

☢ + unterstrichene Schrift: alle Isotope radioaktiv/künstlich

er Elemente

Nichtmetalle
Metalle
Halbmetalle

			III	IV	V	VI	VII	VIII
								2 4,003 - -268,9 -272,2 **He** Helium $1s^2$
			5 10,81 2,0 3660 2300 **B** Bor $[He]2s^2p^1$	6 12,011 2,5 4827 3550 **C** Kohlenstoff $[He]2s^2p^2$	7 14,007 3,1 -195,8 -209,9 **N** Stickstoff $[He]2s^2p^3$	8 15,999 3,5 -183,0 -218,4 **O** Sauerstoff $[He]2s^2p^4$	9 18,998 4,1 -188,1 -219,6 **F** Fluor $[He]2s^2p^5$	10 20,180 - -246,1 -248,7 **Ne** Neon $[He]2s^2p^6$
			13 26,982 1,5 2467 660,4 **Al** Aluminium $[Ne]3s^2p^1$	14 28,086 1,7 2355 1410 **Si** Silicium $[Ne]3s^2p^2$	15 30,974 2,1 280 (P4) 44 (P4) **P** Phosphor $[Ne]3s^2p^3$	16 32,07 2,4 444 114,6 **S** Schwefel $[Ne]3s^2p^4$	17 35,453 2,8 -34,6 -101,0 **Cl** Chlor $[Ne]3s^2p^5$	18 39,948 - -185,7 -189,2 **Ar** Argon $[Ne]3s^2p^6$
58,70 **Ni** Nickel $3d^8 4s^2$	29 63,55 1,8 2595 1083 **Cu** Kupfer $[Ar]3d^{10}4s^1$	30 65,38 1,7 907 419,6 **Zn** Zink $[Ar]3d^{10}4s^2$	31 69,72 1,8 2403 29,8 **Ga** Gallium $[Ar]3d^{10}4s^2p^1$	32 72,61 2,0 2830 937,4 **Ge** Germanium $[Ar]3d^{10}4s^2p^2$	33 74,92 2,2 subl. **As** Arsen $[Ar]3d^{10}4s^2p^3$	34 78,96 2,5 685 217 **Se** Selen $[Ar]3d^{10}4s^2p^4$	35 79,90 2,7 58,8 -7,2 **Br** Brom $[Ar]3d^{10}4s^2p^5$	36 83,80 - -152,3 -156,6 **Kr** Krypton $[Ar]3d^{10}4s^2p^6$
106,4 **Pd** dium $]4d^{10}$	47 107,87 1,4 2212 962 **Ag** Silber $[Kr]4d^{10}5s^1$	48 112,41 1,5 765 320,9 **Cd** Cadmium $[Kr]4d^{10}5s^2$	49 114,82 1,5 2080 156,6 **In** Indium $[Kr]4d^{10}5s^2p^1$	50 118,71 1,7 2270 231,9 **Sn** Zinn $[Kr]4d^{10}5s^2p^2$	51 121,76 1,8 1635 630,7 **Sb** Antimon $[Kr]4d^{10}5s^2p^3$	52 127,60 2,0 990 449,5 **Te** Tellur $[Kr]4d^{10}5s^2p^4$	53 126,90 2,2 184,4 113,5 **I** Iod $[Kr]4d^{10}5s^2p^5$	54 131,29 - -107 -111,9 **Xe** Xenon $[Kr]4d^{10}5s^2p^6$
195,1 **Pt** Platin $5d^9 6s^1$	79 196,97 1,4 2810 1064 **Au** Gold $[Xe]4f^{14}5d^{10}6s^1$	80 200,59 1,4 356,6 -38,9 **Hg** Quecksilber $[Xe]4f^{14}5d^{10}6s^2$	81 204,38 1,4 1457 303,5 **Tl** Thallium $[Xe]4f^{14}5d^{10}6s^2p^1$	82 207,2 1,6 1740 327,5 **Pb** Blei $[Xe]4f^{14}5d^{10}6s^2p^2$	83 208,98 1,7 1560 271,3 **Bi** Bismut $[Xe]4f^{14}5d^{10}6s^2p^3$	84 (209) 1,8 962 254 **Po** Polonium $[Xe]4f^{14}5d^{10}6s^2p^4$	85 (210) 2,0 340 300 **At** Astat $[Xe]4f^{14}5d^{10}6s^2p^5$	86 (222) - -61,8 -71,2 **Rn** Radon $[Xe]4f^{14}5d^{10}6s^2p^6$
(271) **Ds** tium	111 (272) **Rg** Roentgenium	112 (278) **Uub** Ununbiium	113 **Uut** Ununtrium	114 (289) **Uuq** Ununquadium	115 **Uup** Ununpentium			

Hauptgruppen

Edelgase

151,97 **Eu** pium $4f^7 6s^2$	64 157,25 1,1 3233 1312 **Gd** Gadolinium $[Xe]4f^7 5d^1 6s^2$	65 158,93 1,1 3041 1360 **Tb** Terbium $[Xe]4f^9 6s^2$	66 162,50 1,1 2335 1409 **Dy** Dysprosium $[Xe]4f^{10}6s^2$	67 164,93 1,1 2720 1470 **Ho** Holmium $[Xe]4f^{11}6s^2$	68 167,26 1,1 2510 1522 **Er** Erbium $[Xe]4f^{12}6s^2$	69 168,93 1,1 1727 1522 **Tm** Thulium $[Xe]4f^{13}6s^2$	70 173,04 1,1 1193 824 **Yb** Ytterbium $[Xe]4f^{14}6s^2$	71 174,97 1,1 3315 1656 **Lu** Lutetium $[Xe]4f^{14}5d^1 6s^2$
(243) **Am** cium $5f^7 7s^2$	96 (247) ~1,2 - 1340 **Cm** Curium $[Rn]5f^7 6d^1 7s^2$	97 (247) ~1,2 - 990 **Bk** Berkelium $[Rn]5f^9 7s^2$	98 (251) ~1,2 - 900 **Cf** Californium $[Rn]5f^{10}7s^2$	99 (252) ~1,2 - - **Es** Einsteinium $[Rn]5f^{11}7s^2$	100 (257) ~1,2 - - **Fm** Fermium $[Rn]5f^{12}7s^2$	101 (258) ~1,2 - - **Md** Mendelevium $[Rn]5f^{13}7s^2$	102 (259) - - - **No** Nobelium $[Rn]5f^{14}7s^2$	103 (260) - - - **Lr** Lawrencium $[Rn]5f^{14}6d^1 7s^2$

4.2.3 Ableitung von Stoffeigenschaften anhand der Stellung im PSE

Je nach Stellung im Periodensystem lassen sich bestimmte Eigenschaften von Elementen erklären. In diesem Abschnitt werden typische Tendenzen von Eigenschaften im Verlauf einer Periode und einer Gruppe erläutert. Dabei wird das Augenmerk auf die Hauptgruppenelemente gelegt. Nebengruppenelemente weisen verschiedene Unregelmäßigkeiten auf, die für unsere Betrachtungen weniger von Bedeutung sind und deshalb hier nicht behandelt werden.

Die **molare Masse *M*** der Elemente nimmt, bis auf wenige Ausnahmen, *innerhalb einer Gruppe* von oben nach unten und *innerhalb einer Periode* von links nach rechts zu. Grund dafür ist die steigende Anzahl von Protonen und Neutronen im Kern. Eine Ausnahme bildet z.B. das Element Kalium, das mit der Ordnungszahl 19 direkt nach dem Element Argon (Ordnungszahl 18) folgt. Die molare Masse von Argon (18) beträgt $M \approx 40$ g/mol, die vom nachgeordneten Kalium (19) nur $M \approx 39$ g/mol. Die Ursache liegt in der größeren **Neutronenanzahl** des Elements Argon.

Betrachtet man den **Atomradius *r***, so muss er logischerweise aufgrund der zunehmenden Anzahl an Schalen von oben nach unten (also *innerhalb einer Hauptgruppe*) zunehmen.

Innerhalb einer Periode ändert sich von links nach rechts die Anzahl an Gesamtelektronen sowie auch die der Protonen (Kernladungszahl!). Aufgrund der größeren Anzahl erhöht sich die elektrostatische Anziehung zwischen Protonen (positiv, +) und Elektronen (negativ, –). Der Radius vom Kern zur äußeren Atomhülle nimmt folglich ab, das Atom wird kleiner.

Der **metallische Charakter** nimmt ebenfalls *innerhalb einer Hauptgruppe* von oben nach unten zu und *innerhalb einer Periode* von links nach rechts ab.

Je weiter man nach unten (innerhalb einer Hauptgruppe) in dem Periodensystem gelangt, desto mehr Schalen hat ein Element. Der Abstand zwischen Valenzelektron und positivem Kern wird dadurch immer größer. Damit wird die elektrostatische Anziehung beider geringer. Zum Beispiel ist das Element Cäsium, das links unten in der 1. Hauptgruppe des Periodensystems steht, im Gegensatz zum Element Natrium (links oben) eher bereit, sein Elektron abzugeben und hat somit stärkere metallische Eigenschaften.

Innerhalb einer Periode sind von links nach rechts betrachtet immer mehr Elektronen auf der Schale vorhanden. Damit wird bevorzugt eher ein weiteres Elektron eingebaut, um eine volle Außenschale zu erhalten. Hinzu kommt die von links nach rechts zunehmende elektrostatische Anziehung von Elektronen und Protonen, was die Abgabe von Elektronen zusätzlich erschwert.

Die **Elektronegativität**, ein Maß für die Fähigkeit eines Atoms, innerhalb einer Bindung bindende Elektronenpaare anzuziehen, nimmt bis auf Ausnahme der Edelgase *innerhalb einer Hauptgruppe* von oben nach unten ab sowie *innerhalb einer Periode* von links nach rechts zu.

Damit ein Atom für das Zustandekommen einer Bindung ein Valenzelektron abgibt, ist eine bestimmte Mindestenergie, die sog. **Ionisierungsenergie**, notwendig. Anders ausgedrückt ist die Ionisierungsenergie ein Maß für die «Festigkeit», mit der ein Valenzelektron im Atom gehalten wird. Diese Energie nimmt bis auf wenige Ausnahmen *innerhalb einer Periode* von links nach rechts aufgrund der wachsenden Kernladung und damit steigender elektrostatischen Anziehung stark zu. *Innerhalb einer Gruppe* nimmt die Ionisierungsenergie von oben nach unten ab. Der Grund dafür ist die zunehmende Anzahl von Schalen, auf denen die Elektronen, je weiter man sich innerhalb der Gruppe nach unten bewegt, schwächer gebunden sind (abnehmende elektrostatische Anziehung zum Kern).

Vertiefungsübung V4.5

Bei welchem der folgenden Elemente sind die Valenzelektronen am stärksten gebunden? Lithium, Kohlenstoff, Bor, Fluor oder Stickstoff?

Wird ein Elektron zum Zustandekommen einer Bindung in ein Atom eingebaut, so wird je nach Element eine bestimmte Energiemenge benötigt **oder** frei. Diese Energie bezeichnet man als **Elektronenaffinität**. *Innerhalb einer Periode* (Ausnahme: Edelgase) nimmt die frei werdende Energie von links nach rechts zu. In der Gruppe der Halogene ist die frei werdende Elektronenaffinität am größten, da mit einer Aufnahme des Elektrons in die äußerste Schale Edelgaskonfiguration erreicht werden kann. *Innerhalb einer Gruppe* nimmt diese Energie von unten nach oben zu, da bei geringerer Schalenanzahl die elektrostatische Anziehung zum Kern größer wird.

Die **Basizität der Oxide** (s. auch Abschnitt 4.5.5) nimmt *innerhalb einer Hauptgruppe* von oben nach unten zu und *innerhalb einer Periode* von links nach rechts ab. Grund hierfür ist die Größe der beteiligten geladenen Teilchen (Ionen). *Innerhalb einer Hauptgruppe* nimmt die Größe des Ions zu (mehr Schalen) und *innerhalb einer Periode* ab (größere elektrostatische Anziehung aufgrund höherer Anzahl an Protonen und Elektronen). Lithiumoxid (Li_2O) beispielsweise besteht aus Lithiumionen (Li^+) und einem Oxidion (O^{2-}-Ion). Das O^{2-}-Ion ist ein sehr kleines Teilchen. Ist das positiv geladene Ion (hier Li^+) ebenfalls klein, ist der «Zusammenhalt» (die Anziehung beider) groß. Das Bestreben zur Bildung einer Base, also die Bereitschaft zur «Trennung» (Dissoziation) der beiden Ionen nach Gl. 4.10 ist somit gering.

$$Li_2O + H_2O \longrightarrow 2\ Li(OH) \qquad \text{(Gl. 4.10)}$$

Cäsiumoxid (Cs_2O) steht weiter unten in der 1. Hauptgruppe und ist somit stärker basisch als Lithiumoxid.

Vertiefungsübung V4.6

Welches der Oxide (Calciumoxid (CaO) oder Kaliumoxid (K_2O)) ist stärker basisch?

Die physikalischen Eigenschaften von Elementen einer Gruppe sind meistens ähnlich oder können aus der Stellung in der Gruppe abgeleitet werden. Relativ gut ist das bei den Halogenen (7. Hauptgruppe) zu beobachten.

In Tabelle 4.6 sind typische Eigenschaften der Halogene Fluor, Chlor, Brom, Iod aufgeführt.

Tabelle 4.6 Eigenschaften der Halogene Fluor, Chlor, Brom und Iod

Halogen	Aggregatzustand	Kernladungszahl	Dichte	Farbintensität	Reaktionsfähigkeit	Oxidationsvermögen
Fluor	gasförmig	Nimmt von oben nach unten				
Chlor	gasförmig					
Brom	flüssig	zu	zu	zu	ab	ab
Iod	fest					

Vertiefungsübung V4.7

Erklären Sie, warum sich die Kernladungszahl und das Reaktionsvermögen auf der in Tabelle 4.6 dargestellten Art und Weise verändern.

Informationssuche

Informieren Sie sich in entsprechender Literatur, Datenbanken, Lexika oder im Internet (z.B. http://de.wikipedia.org/wiki/Hauptseite) über die Tendenz der Löslichkeit in Wasser von den in Tabelle 4.6 aufgeführten Halogenen.

4.2.4 Elektronenkonfiguration der Haupt- und Nebengruppenelemente

In den Abschnitten 4.1.5 und 4.1.6 wurde schon auf eine Besonderheit der Nebengruppenelemente bei der Besetzung der Schalen bzw. Orbitale hingewiesen. In diesem Abschnitt wird anhand von 4 Beispielen die «Verteilung von Elektronen» nach beiden kennen gelernten Atommodellen (Bohr'sches Atommodell und Orbitalmodell) für die Elemente des Periodensystems erläutert.

Als Beispiele dienen dazu zum einen das schon bekannte Element Chlor, zusätzlich die 3 weiteren Halogene Brom, Iod und Astat.

Es empfiehlt sich für das bessere Verstehen, ein vollständiges Periodensystem zur Hand zu haben.

Für die **Besetzungsreihenfolge** nach dem Orbitalmodell ist Bild 4.14 hilfreich.

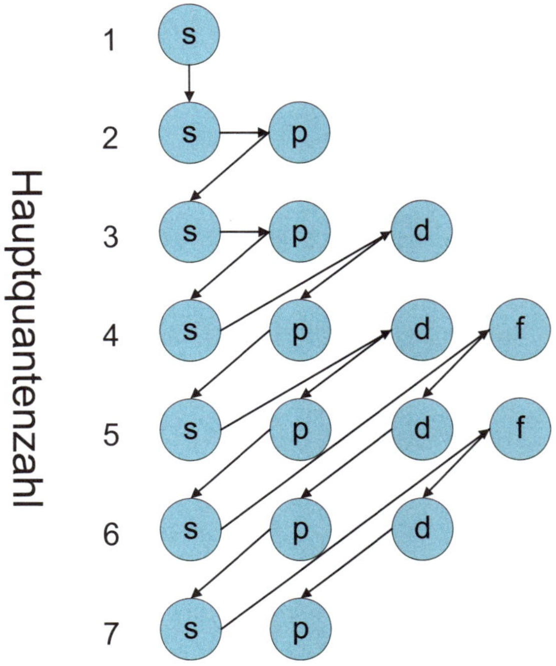

Bild 4.14
Besetzungsreihenfolge nach dem Orbitalmodell

Für das Bohr'sche Atommodell wäre die Hauptquantenzahl der Bohr'schen Schale gleichzusetzen, wobei die Untergliederung in «s, p, d und f» für das Modell nicht zutrifft. Ein «versetztes» Besetzen der Schalen findet sich trotzdem auch dort wieder.

1. Beispiel: Chlor (Ordnungszahl: 17)
Die Elektronenkonfiguration nach BOHR von Chlor zeigt Bild 4.15, die Elektronenkonfiguration nach dem Orbitalmodell zeigt Bild 4.16.

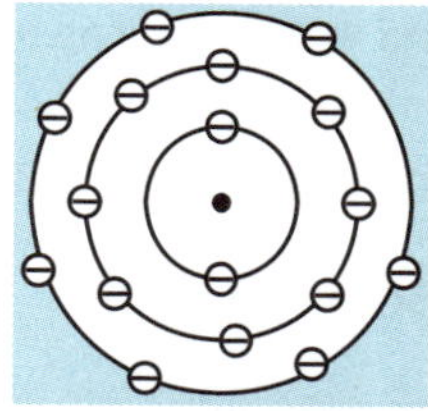

1. Schale: 2 Elektronen
2. Schale: 8 Elektronen
3. Schale: 7 Elektronen

Bild 4.15
Elektronenkonfiguration des Elements Chlor nach BOHR

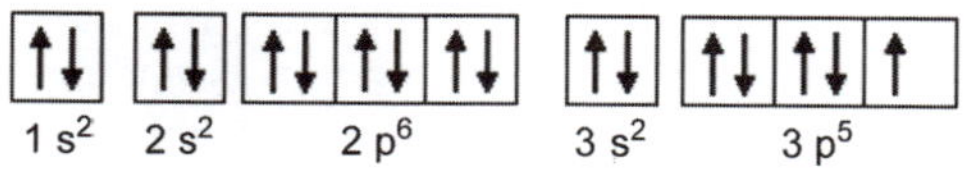

Bild 4.16
Elektronenkonfiguration des Elements Chlor in der Kästchenschreibweise

Aus Vereinfachungsgründen wird häufig nur die Elektronenkonfiguration, die sich **seit Beginn der Periode**, in der sich das Element befindet, **verändert** hat, detailliert angegeben.

[Ne] 3 s^2 3 p^5

Die Konfiguration bis zum Element Neon (in Klammern geschrieben) bleibt unverändert.

Besonderheiten
Chlor ist das 17. Element, ohne dass eine Nebengruppenreihe eingeschoben wurde. Somit werden die Schalen bzw. Orbitale nach den bereits kennen gelernten Modellen ohne Besonderheiten besetzt.

2. Beispiel: Brom (Ordnungszahl: 35)
Die Elektronenkonfiguration nach BOHR von Brom zeigt Bild 4.17, die Elektronenkonfiguration nach dem Orbitalmodell zeigt Bild 4.18.

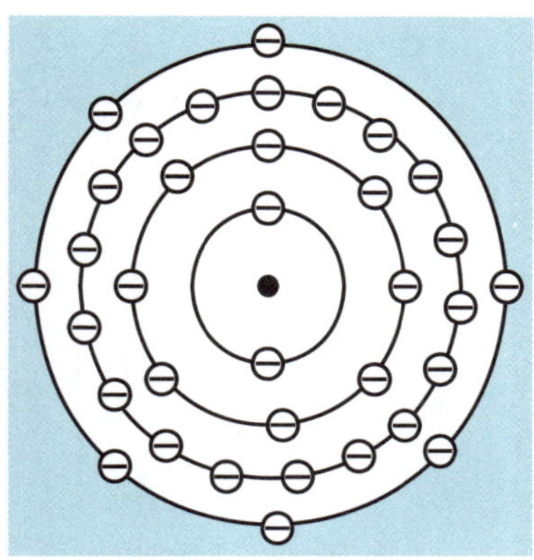

1. Schale: 2 Elektronen
2. Schale: 8 Elektronen
3. Schale: 18 Elektronen
4. Schale: 7 Elektronen

Bild 4.17
Elektronenkonfiguration des Elements Brom nach BOHR

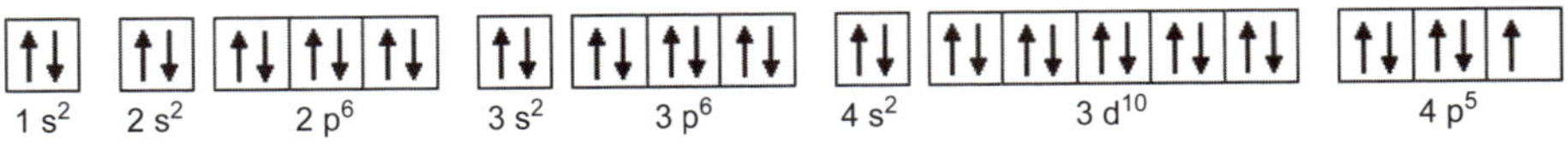

Bild 4.18 Elektronenkonfiguration des Elements Brom in der Kästchenschreibweise

Vereinfacht ergibt sich folgende Schreibweise:

[Ar] 4 s^2 3 d^{10} 4 p^5

Die Konfiguration bis zum Element Argon (in Klammern geschrieben) bleibt unverändert.

Besonderheiten
Brom ist – von oben links angefangen zu zählen – das 35. Element. In der 4. Periode wird nach dem Element Calcium (Ca) mit der Ordnungszahl 20 erstmalig eine Reihe mit 10 Nebengruppenelementen [Scandium (Sc) bis Zink (Zn)] eingeschoben. An dieser Stelle wird die «normale Weiterbesetzung» der 4. Schale (bis dahin mit 2 Elektronen besetzt) zugunsten der Auffüllung der 3. Schale auf maximal 18 Elektronen (bzw. Besetzung des 3 d-Orbitals mit 10 Elektronen) unterbrochen. Erst ab dem Hauptgruppenelement Gallium (Ga) mit der Ordnungszahl 31 erfolgt die weitere Besetzung der 4. Schale bis zu einer Anzahl von 7 Elektronen (bzw. Besetzung des 4 p-Orbitals mit 5 Elektronen).

3. Beispiel: Iod (Ordnungszahl: 53)
Die Elektronenkonfiguration nach Bohr von Iod zeigt Bild 4.19, die Elektronenkonfiguration des Elements Iod nach dem Orbitalmodell zeigt Bild 4.20.

Vereinfacht ergibt sich folgende Schreibweise:

[Kr] 5 s^2 4 d^{10} 5 p^5

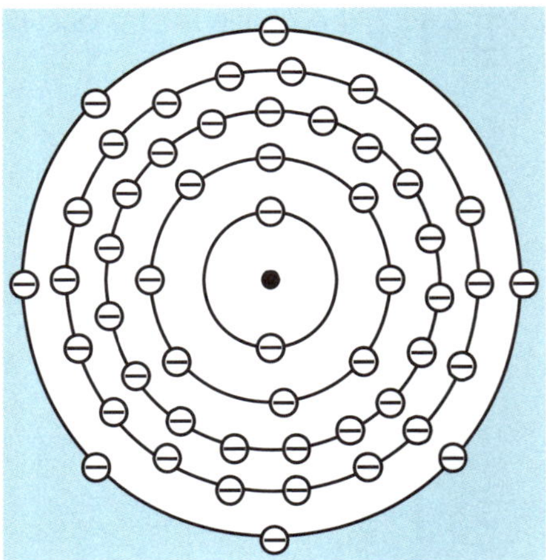

1. Schale: 2 Elektronen
2. Schale: 8 Elektronen
3. Schale: 18 Elektronen
4. Schale: 18 Elektronen
5. Schale: 7 Elektronen

Bild 4.19
Elektronenkonfiguration des Elements Iod nach Bohr

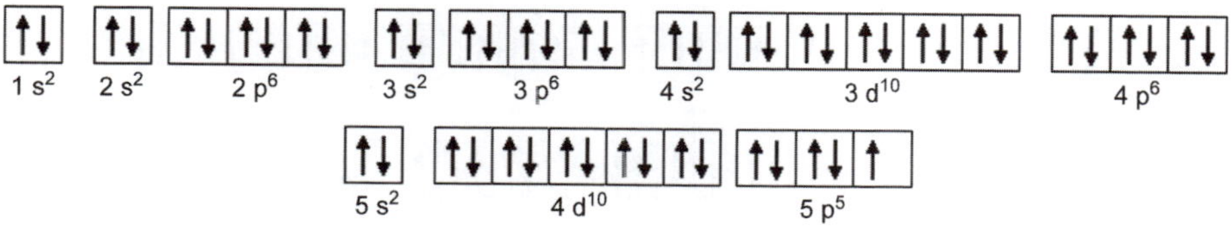

Bild 4.20 Elektronenkonfiguration des Elements Iod in der Kästchenschreibweise

Die Konfiguration bis zum Element Krypton (in Klammern geschrieben) bleibt unverändert.

Besonderheiten
Iod ist das 53. Element. In der Periode des Iods (5) wird nach dem Element Strontium (Sr) mit der Ordnungszahl 38 erneut eine Reihe mit 10 Nebengruppenelementen [Yttrium (Y) bis Cadmium (Cd)] eingeschoben. An dieser Stelle wird die «normale Weiterbesetzung» der 5. Schale (bis dahin mit 2 Elektronen besetzt) zugunsten der Auffüllung der 4. Schale auf 18 Elektronen (bzw. Besetzung des 4 d-Orbitals mit 10 Elektronen) unterbrochen. Erst ab dem Hauptgruppenelement Indium (In) mit der Ordnungszahl 49 erfolgt die weitere Besetzung der 5. Schale bis zu einer Anzahl von 7 Elektronen (bzw. Besetzung des 5 p-Orbitals mit 5 Elektronen).

4. Beispiel: Astat (Ordnungszahl: 85)
Die Elektronenkonfiguration nach Bohr von Astat zeigt Bild 4.21, die Elektronenkonfiguration nach dem Orbitalmodell in der Kästchenschreibweise zeigt Bild 4.22.
Vereinfacht ergibt sich folgende Schreibweise:

[Xe] 6 s^2 4 f^{14} 5 d^{10} 6 p^5

Die Konfiguration bis zum Element Xenon (in Klammern geschrieben) bleibt unverändert.

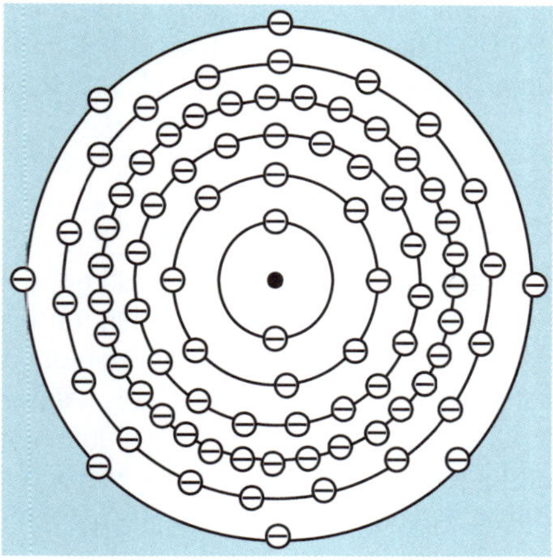

1. Schale: 2 Elektronen
2. Schale: 8 Elektronen
3. Schale: 18 Elektronen
4. Schale: 32 Elektronen
5. Schale: 18 Elektronen
6. Schale: 7 Elektronen

Bild 4.21
Elektronenkonfiguration des Elements Astat nach Bohr

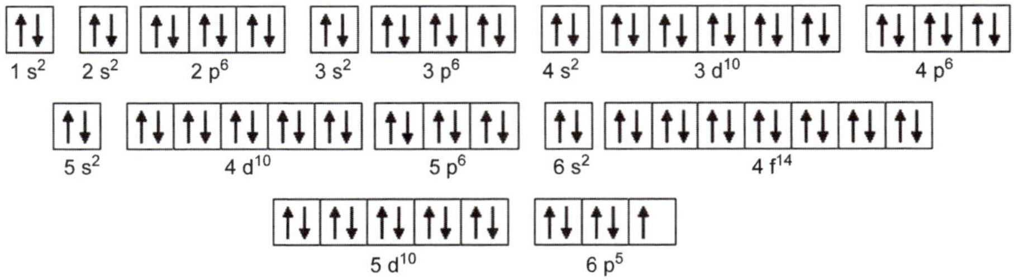

Bild 4.22 Elektronenkonfiguration des Elements Astat in der Kästchenschreibweise

Besonderheiten
Astat ist das 85. Element. In der Periode des Astats (6) wird nach dem Element Barium (Ba) mit der Ordnungszahl 56 eine Reihe mit 10 Nebengruppenelementen [Lanthan (La) bis Quecksilber (Hg)] sowie die Reihe der Lanthanoiden (14 Elemente) eingeschoben. An dieser Stelle wird die «normale Weiterbesetzung» der 6. Schale (bis dahin mit 2 Elektronen besetzt) zugunsten der Auffüllung der 4. Schale mit den Lanthanoidenelementen auf 32 Elektronen (bzw. Besetzung des 4 f-Orbitals mit 14 Elektronen) sowie der Weiterbesetzung der 5. Schale mit 18 Elektronen (bzw. Besetzung des 5 d-Orbitals mit 10 Elektronen) unterbrochen. Erst ab dem Hauptgruppenelement Thallium (Tl) mit der Ordnungszahl 81 erfolgt die weitere Besetzung der 6. Schale bis zu einer Anzahl von 7 Elektronen (bzw. die Besetzung des 6 p-Orbitals mit 5 Elektronen).

In der 7. Periode erfolgt dann noch durch den Einschub der Actinoiden die Auffüllung der 5. Schale auf 32 Elektronen, die Weiterbesetzung der 6. Schale und die Eröffnung der 7. Schale, wobei die 6. und 7. Schale nicht vollständig sind.

Vertiefungsübung V4.8

Geben Sie unter Zuhilfenahme eines Periodensystems die Elektronenkonfigurationen folgender Elemente an (Bohr- und Orbitalmodell):
Bor (B), Phosphor (P), Kalium (K), Argon (Ar), Nickel (Ni), Antimon (Sb), Erbium (Er), Uran (U), Gold (Au), Bismut (Bi) und Radium (Ra)

Prozess P2_KAP4

Chlor (Cl_2) ist gasförmig, grün und giftig. Das Element Chlor kommt auch in der Säure $HCl_{(aq)}$, Salzsäure, einem ätzenden Stoff, vor. Zum Würzen von Speisen wiederum findet sich Chlor in Kochsalz (NaCl) wieder, weiß und kristallin. Mit Hilfe eines charakteristisch gefärbten Chlorkomplexes kann z.B. Wasser nachgewiesen werden.
In allen Beispielen ist «Chlor» gebunden, jedoch auf **unterschiedliche** Art und Weise.
Im folgenden Abschnitt werden die unterschiedlichen Bindungsarten am Beispiel des Elements Chlor erläutert und so charakteristische Eigenschaften abgeleitet.

4.3 Chemische Bindung

Betrachtet man die Elektronenkonfiguration des Chlors, so ist nach dem Bohr'schen Atommodell die 3. Schale mit 7 Valenzelektronen nicht voll besetzt. Gerade ein Elektron fehlt, um das Chlor in einen äußerst stabilen Zustand einer mit 8 Elektronen besetzten Außenschale (Edelgaskonfiguration) zu überführen. Aufschluss darüber gibt natürlich auch das Orbitalmodell, in dem das 3 p-Orbital mit 5 von maximal 6 möglichen Elektronen gefüllt ist.

Merke

Die Triebkraft zur Bereitschaft, eine chemische Bindung einzugehen, ist das Erreichen einer vollen Achterschale (Elektronenoktett) bzw. Edelgaskonfiguration.
Das Bestreben eines Elements, eine chemische Bindung einzugehen, ist an seine Stellung im Periodensystem gekoppelt.

Elemente, die nur 1...2 Elektronen aufnehmen (6. und 7. Hauptgruppe) oder im umgekehrten Fall nur 1...2 Elektronen abgeben müssen (1. und 2. Hauptgruppe), können einfacher als Elemente anderer Hauptgruppen die Edelgaskonfiguration erlangen. Ihre Reaktionsfreudigkeit ist so gesehen stärker. So müssten Elemente der 4. Hauptgruppe 4 Elektronen abgeben oder 4 Elektronen aufnehmen, um das Ziel des energetisch günstigeren Zustandes zu erreichen. Der Aufwand ist hierbei um einiges höher.

Am schwächsten ausgeprägt ist deshalb das Verbindungsbestreben bei den Elementen der 8. Hauptgruppe, der Edelgase, denn sie wollen «freiwillig» nicht ihren stabilen energiearmen Zustand aufgeben.

Im Chloratom wird ein Elektron zum Erreichen der Edelgaskonfiguration benötigt. Man sagt auch, **die Wertigkeit** des Chloratoms beträgt –I.

Um ein Elektronenoktett zu erreichen, sind für Chlor verschiedene Möglichkeiten vorhanden:

1. *Eingehen einer chemischen Bindung zwischen 2 im PSE rechtsstehenden Elementen*:
   Beispiel: 2 Chloratome
   Beide Chloratome nehmen *jeweils* ein Elektron *gemeinsam* in Anspruch. Die entstehende Bindung wird als **unpolare Atombindung** bezeichnet.
2. *Eingehen einer chemischen Bindung mit einem Element der ersten beiden Hauptgruppen: (allgemein: Metalle)*
   Beispiel: Natrium (Na) mit Chlor
   Das Element der 1. Hauptgruppe mit der **Wertigkeit +I** gibt sein Valenzelektron an das Chlor ab. Beide Partner erreichen damit Edelgaskonfiguration. Die entstehende Bindung heißt **Ionenbindung**. *Ausnahme* bildet hier das Element Wasserstoff, das in Anlehnung an die unpolare Atombindung durch die gemeinsame Inanspruchnahme von jeweils einem Elektron mit Chlor eine sog. **polare Atombindung** bildet.
3. *Eingehen einer chemischen Bindung mit einem anderen Element*:
   Beispiel: Kohlenstoff (C) und Chlor
   Für die chemische Bindung des Chlors mit Kohlenstoff, einem Element der 4. Hauptgruppe werden 4 Chloratome benötigt (**Wertigkeit** von C hier: **+IV**), da jedes Chloratom nur ein Elektron zur Verfügung stellen kann. Das Ergebnis ist auch hier eine **Atombindung**, auf die im Besonderen in Abschnitt 4.3.4 näher eingegangen wird.
4. *Eingehen einer Komplexbindung mit einem Metallatom oder Metallion*:
   Beispiel: Cobalt (Co^{2+}) mit Chlor
   Die entstehende Verbindung wird auch als **Koordinationsbindung** bezeichnet. Diese Art von Bindung wird in Abschnitt 4.3.8 näher untersucht.

Informationssuche

Suchen Sie in entsprechender Literatur, Datenbanken, Lexika oder im Internet (z.B. http://de.wikipedia.org/wiki/Hauptseite) nach allen möglichen Wertigkeitsstufen des Elements Kohlenstoff und finden Sie typische Beispiele.

Im Folgenden wird nun näher auf die einzelnen Bindungsarten eingegangen. Zur Darstellung der einzelnen Vorgänge mit Hilfe von Skizzen wird das Bohr'sche Atommodell herangezogen.

4.3.1 Ionenbindung

Die beteiligten Partner beim Zustandekommen einer Ionenbindung (heteropolare Bindung) sind ein **Metall** und ein **Nichtmetall**. Im obigen Beispiel ist Natrium das Metall und Chlor das Nichtmetall.

Natrium hat nach dem Bohr'schen Atommodell auf der 3. Schale 1 Elektron, Chlor dagegen 7 Elektronen. Durch die Abgabe des Valenzelektrons vom Natrium und dem anschließenden Einbau in die unvollständige Schale des Chloratoms erreichen beide beteiligten Partner eine Edelgaskonfiguration.

Merke

Bei der Bildung einer Ionenbindung findet ein vollständiger Elektronenübergang statt.

Die entstehenden «Teilchen» sind elektrisch geladen und werden als Ionen bezeichnet. Das Natriumion ist elektrisch einfach positiv geladen (+), denn es hat gegenüber seinem Elementarzustand ein Elektron zu wenig. Das Chloridion hat ein Elektron zuviel, demnach ist es elektrisch einfach negativ geladen (–). Ladungen werden im Gegensatz zu Wertigkeiten (römische Ziffern) mit arabischen Ziffern angegeben (z.B.: Ladung: 2+, Wertigkeit: +II). Positiv geladene Ionen bezeichnet man als **Kationen**, negativ geladene Ionen als **Anionen**. In einem Stromkreis wandern die Kationen zur **Katode** (Minus-Pol) und die Anionen zur **Anode** (Plus-Pol). Das ist der Grund für die Namensgebung der Ionen.

Die weiße, kristalline Verbindung, die durch chemische Reaktion aus den Ausgangselementen Natrium mit seinem metallischen Glanz und dem giftigen, gelb-grünen Chlor-Gas entsteht, heißt Natriumchlorid (NaCl), Kochsalz. Sie ist jedem aus dem Haushalt bekannt. Bild 4.23 zeigt die Reaktion zwischen Natrium und Chlor.

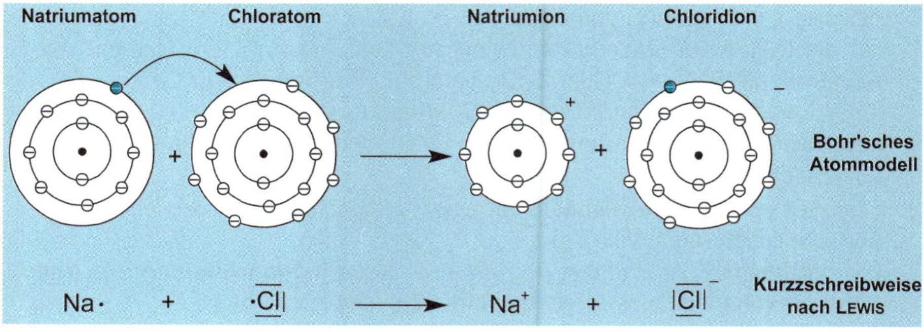

Bild 4.23 Bildung von NaCl aus Natrium und Chlor

Definition «Lewis-Schreibweise»

In der Lewis-Schreibweise werden nur die Valenzelektronen eines Atoms betrachtet. Alle weiter innen liegenden Elektronen finden bei dieser Darstellung keine Beachtung. 2 beieinander liegende Elektronen werden zur Vereinfachung zu einem Strich verbunden (s. Bild 4.23).

In einem 2. Schritt soll die Reaktion von Chlor mit Magnesium (Mg) betrachtet werden.

Chlor mit der Wertigkeit von –I ist bestrebt, 1 Elektron in seine unvollständige 3. Schale einzubauen. Magnesium ist ein Element der 2. Hauptgruppe, muss also zum Erreichen der Edelgaskonfiguration 2 Valenzelektronen abgeben (**Wertigkeit: +II**). Daraus ergibt sich die Reaktion von 1 Magnesiumatom mit 2 Chloratomen zur Verbindung Magnesiumchlorid ($MgCl_2$), im Folgenden durch die Schreibweise nach Lewis dargestellt (s. dazu Gl. 4.11).

$$\text{Mg}| + 2\,|\overline{\underline{\text{Cl}}}\cdot \longrightarrow \text{Mg}^{2+} + 2\,|\overline{\underline{\text{Cl}}}|^- \Rightarrow (\text{MgCl}_2) \qquad \text{(Gl. 4.11)}$$

Vertiefungsübung V4.9

Welche Ionen entstehen bei der gemeinsamen Reaktion der Elemente mit den Ordnungszahlen 19 und 35?

Physikalisch betrachtet ziehen sich elektrisch entgegengesetzte Ladungsträger an, elektrisch gleich geladene Teilchen stoßen sich ab. Somit herrschen zwischen den Natrium- bzw. Magnesiumionen und den Chloridionen starke elektrostatische Anziehungskräfte.

Merke

Bei einer Ionenbindung sorgen starke elektrostatische Anziehungskräfte (Coulomb'sche Kräfte) zwischen den Anionen und Kationen für ihren Zusammenhalt und ihre Stabilität.

Diese Anziehungskräfte wirken in alle Raumrichtungen, sodass sich um ein Chloridion so viele Natrium- bzw. Magnesiumionen anlagern, wie dort Platz finden. Ebenso findet eine Umlagerung der Natrium- bzw. Magnesiumionen mit Chloridionen statt; immer auf die Art und Weise, dass die direkten Nachbarn entgegengesetzte Ladungen besitzen.

Bei der Entstehung des Ionenverbandes wird die sog. **Gitterenergie** frei. Das Gitter ist durch eine große Regelmäßigkeit gekennzeichnet. Während die Kristalle in der Realität unterschiedliche geometrische Formen besitzen (s. auch Kapitel 2), wird es hier vereinfacht als sog. **Kristall-, Ionen- oder Salzgitter** dargestellt (Bild 4.24).

Salze oder salzartige Stoffe haben alle die Ionenbindung als Bindungsart. Daraus ergeben sich charakteristische Eigenschaften:

- Aufgrund der großen Anziehungskräfte haben diese Stoffe hohe Schmelz- und Siedepunkte (s. auch Kapitel 3)
- Zerstört man die Gitterstruktur durch Schmelzen oder Lösen, liegen die Ionen frei vor und können so den elektrischen Strom leiten. Feste Salze sind Nichtleiter, flüssige Salzschmelzen oder Salzlösungen hingegen können den elektrischen Strom leiten.
- Im Falle des Zerfalls eines Salzes in seine Ionen mit Hilfe von Wasser wird der feste Salzkristall in frei bewegliche Ionen gespalten. Dieser Vorgang wird als **elektrolytische Dissoziation** bezeichnet. Man sagt auch, der Stoff **dissoziiert**. Die Lösungen, in denen die Ionen in gelöster Form vorliegen und so den elektrischen Strom leiten können, werden als **Elektrolyte** bezeichnet.
- Ionenbindungen sind meistens hart und spröde.

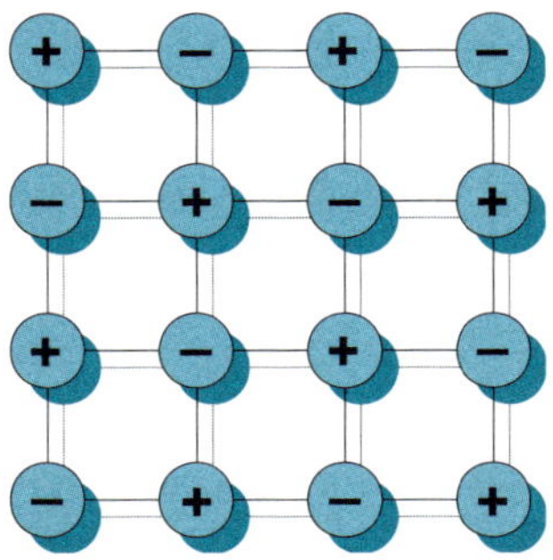

Bild 4.24 Kristallgitter

Vertiefungsübung V4.10

Stellen Sie die Reaktion von Calcium (Ca) und Sauerstoff (O) nach Bohr sowie in der Kurzschreibweise dar. Welche Wertigkeiten haben die beiden Elemente?

4.3.2 Unpolare Atombindung

Die beteiligten Partner zum Zustandekommen einer (unpolaren) Atombindung sind 2 **Nichtmetalle**.

Es soll wiederum das Chloratom betrachtet werden, das (wie im obigen Beispiel beschrieben) eine chemische Bindung mit einem weiteren Chloratom eingeht. Chlor ist nur in molekularer Form (Cl_2) existent. Grund dafür ist das Bestreben, ein Elektronenoktett zu erreichen. Dieses wird durch **Überlappung** der beiden Valenzschalen erreicht. Jedes Chloratom für sich betrachtet stellt dabei ein Elektron zur Verfügung, das vom Partner mitgenutzt wird. Das Elektronenoktett wird damit formal erreicht.

Merke

Die Bildung einer Atombindung zeichnet sich dadurch aus, dass **kein** vollständiger Elektronenübergang, sondern vielmehr die **gemeinsame Nutzung** eines Elektronenpaars vorliegt.

Die Bindungsart wird auch als **Elektronenpaarbindung** oder **kovalente Bindung** bezeichnet. Bild 4.25 zeigt die Bildung des Chlormoleküls (Cl_2).

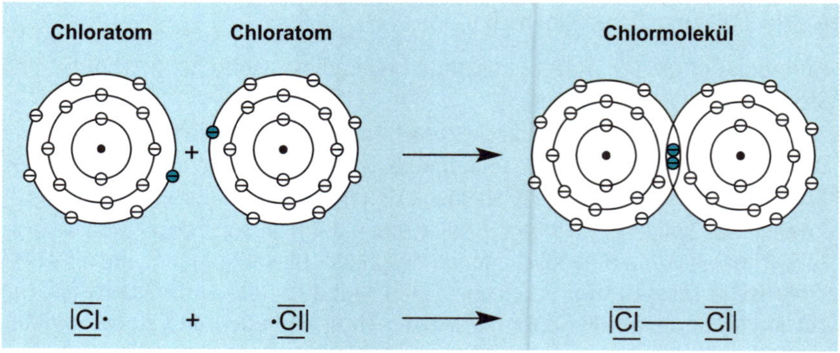

Bild 4.25 Bildung eines Chlormoleküls

2 einzelne Elektronen von beiden Chloratomen bilden ein **bindendes** Elektronenpaar (**Einfachbindung**). Zusätzlich verfügt Cl_2 noch über 3 **freie, nicht bindende** oder **antibindende** Elektronenpaare.

Wichtig ist, dass beide Chloratome *gleichberechtigt* sind. Das Elektronenpaar befindet sich genau in der Mitte beider Chloratome (symmetrische Ladungsverteilung), die elektrostatische Anziehungskraft zu den jeweiligen Kernen findet in gleichem Maße statt. Eine Polarisierung, also das Entstehen eines negativen und positiven Pols aufgrund von unsymmetrischen Ladungsverteilungen, tritt nicht auf. Man spricht in diesem Fall deshalb von einer **unpolaren** oder **homöopolaren** Atombindung.

Betrachtet man als weiteres Beispiel 2 Sauerstoffatome, so ist festzustellen, dass jedes Sauerstoffatom 2 Elektronen benötigt, um eine volle 8er-Schale zu erreichen. Dies wird erreicht, indem jeweils 2 Elektronen für die gemeinsame Nutzung zur Verfügung gestellt werden. Die Bindung wird als **Doppelbindung** bezeichnet. Sauerstoff, das wie Chlor auch nur in der molekularen Form existiert, besitzt 2 bindende und 2 nicht bindende Elektronenpaare. Gl. 4.12 zeigt die Bildung eines Sauerstoffmoleküls. Die Darstellung nach LEWIS gibt die **formale** Bindungsordnung des Sauerstoffmoleküls wieder.

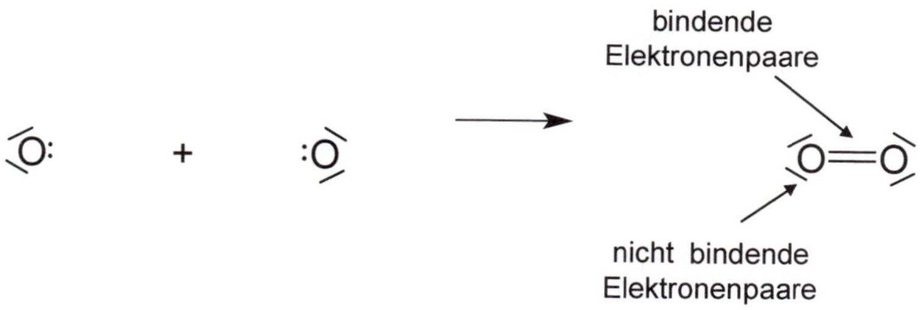

(Gl. 4.12)

Eine **Dreifachbindung** kommt durch Überlappung von jeweils 3 Elektronen zustande (z.B. N_2). In einer unpolaren Atombindung sind die Bindungskräfte um ein Vielfaches schwächer als in einer Ionenbindung.

Merke

Bei einer Atombindung sorgen elektrostatische Anziehungskräfte zwischen den Atomkernen und der gemeinsamen Elektronenhülle für ihren Zusammenhalt.

Die elektrostatischen Anziehungskräfte wirken in einer Atombindung nur innerhalb des Moleküls und nicht wie in der Ionenbindung nach außen. Daraus resultieren folgende charakteristische Eigenschaften:

- Die Schmelz- und Siedepunkte sind gegenüber Verbindungen mit Ionenbindung verhältnismäßig niedrig.
- Im Vergleich zu den Ionenbindungen findet man viele Verbindungen, die bei Raumtemperatur flüssig oder gasförmig vorliegen.
- Da keine Ladungsträger (z.B. Ionen) vorhanden sind, leiten diese Verbindungen den elektrischen Strom i.Allg. nicht oder nur sehr wenig.

Hierbei gibt es einige Ausnahmen, die in ihren Eigenschaften davon abweichen. Beispielhaft zu nennen wäre hier Kohlenstoff (C) und Silicium (Si). Sie sind fest, haben hohe Schmelz- und Siedepunkte und bilden ein Atom-Kristallgitter. Grafit, eine Modifikation des Kohlenstoffs, leitet sogar den elektrischen Strom.

Informationssuche

Suchen Sie in entsprechender Literatur, Datenbanken, Lexika oder im Internet (z.B. http://de.wikipedia.org/wiki/Hauptseite) nach dem Begriff «Modifikation des Kohlenstoffs» und finden Sie heraus, welche es gibt und welche unterschiedlichen Eigenschaften diese aufgrund ihres Aufbaus haben.

Vertiefungsübung V4.11

Stellen Sie die Bildung des Wasserstoffmoleküls (H_2) und des Stickstoffmoleküls (N_2) nach Bohr sowie in der Kurzschreibweise dar. Machen Sie eine Aussage darüber, ob es sich in den Molekülen um eine Einfach-, Doppel- oder Dreifachbindung handelt.

4.3.3 Polare Atombindung

Auch bei dieser Art von Atombindung sind die beteiligten Partner **Nichtmetalle**. Die Bezeichnung «polare Atombindung» lässt bereits vermuten, dass eine Polarisation (negative Ladungen auf der einen und positive Ladungen auf der anderen Seite) vorliegt. Anders ausgedrückt kann man auch sagen, dass die bindenden Elektronen «ungleich» zwischen beiden Bindungspartnern (Atomen) verteilt sind.

Im Gegensatz zu einer Ionenbindung darf bei einer Elektronenpaarbindung kein vollständiger Elektronenübergang stattfinden.

Es soll die polare Atombindung näher am Beispiel der Verbindung Chlorwasserstoff (HCl) untersucht werden.

Das Element Wasserstoff aus der 1. Hauptgruppe ist bestrebt, die Edelgaskonfiguration zu erreichen. Mit einem Chloratom als Bindungspartner findet eine Überlappung der beiden Schalen statt. Es handelt sich um eine **gemeinsame Inanspruchnahme** des Elektronenpaars. Da sowohl Wasserstoff als auch Chlor nur molekular als H_2 bzw. Cl_2 vorkommen, werden in Gl. 4.13 jeweils 2 Atome benötigt.

$$2\,H\cdot + 2\cdot\overline{\underline{Cl}}| \longrightarrow 2\,H{-}\overline{\underline{Cl}}| \qquad \text{(Gl. 4.13)}$$

Die Partner, Wasserstoff und Chlor, sind hierbei **nicht** gleichberechtigt. Chlor vermag das bindende Elektronenpaar viel stärker zu sich hinzuziehen. Das Ergebnis ist eine ungleiche Ladungsverteilung, da sich auf der Wasserstoff-Seite weniger negative Ladung als auf der Chlor-Seite befindet. Die eine Seite ist **positiv**, die andere Seite **negativ polarisiert**. Man spricht deshalb von einem **Dipolmolekül** oder **polaren Molekül**, in dem sich **Teil- bzw. Partialladungen** ausgebildet haben. Die Bindung wird als **polare Atombindung** bezeichnet. Sie stellt den Übergang von der unpolaren Atombindung zur Ionenbindung dar.

In der Strukturformel wird die Polarität einer solchen Atombindung durch Bild 4.26 zum Ausdruck gebracht:

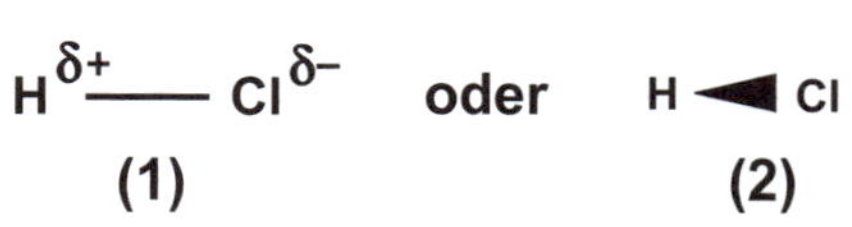

Bild 4.26
HCl als Beispiel für eine polare Atombindung

In Bild 4.26 bedeuten:

- (1): Die Polarität der Verbindung wird durch die jeweils positive sowie negative Teilladung (durch ein δ symbolisiert) dargestellt.

- (2): Die ungleiche Ladungsverteilung wird durch den Pfeil dargestellt, der das zum Chlor hin verschobene bindende Elektronenpaar zeigt. Das spitze Ende zeigt immer zum positiven Atom der Bindung.

4.3.4 Elektronegativität

Wie im obigen Beispiel kennen gelernt, ist Chlor in der Verbindung HCl der «stärkere» Partner; das bindende Elektronenpaar ist zu ihm hin verschoben. Man sagt, Chlor ist «elektronegativer» als Wasserstoff.

Definition «Elektronegativität»

Die Elektronegativität (Abkürzung: EN) ist ein Maß für die Fähigkeit eines Elements, in einer Bindung das bindende Elektronenpaar zu sich hinzuziehen.

Die Elektronegativität ist ein Zahlenwert, der sich in chemischen Tabellenwerken oder Periodensystemen nachschlagen lässt. Alle Elemente des Periodensystems lassen sich so in Bezug auf ihre Fähigkeit, bindende Elektronenpaare anzuziehen, einordnen und somit untereinander vergleichen. Fluor (F_2) ist das elektronegativste Element. Die EN von Fluor wurde willkürlich auf **4,0** festgelegt, alle anderen Elemente besitzen einen kleineren EN-Wert (abweichend davon findet man je nach PSE oder Tabellenwerk Verschiebungen um maximal ±0,2).

Vertiefungsübung V4.12

Ordnen Sie folgende Elemente nach steigender Elektronegativität (s. auch Abschnitt 4.2.3): Wasserstoff, Lithium, Brom, Chlor, Calcium

Für Chlor findet man einen EN-Wert von 3,0 und für Wasserstoff einen EN-Wert von 2,1. Chlor mit dem größeren Zahlenwert ist stärker in der Lage, das bindende Elektronenpaar zu sich hinzuziehen. Bildet man die Elektronegativitäts**differenz**, so ergibt sich eine ΔEN von 0,9.

In Abschnitt 4.3.1 wurde die Ionenbindung von Natriumchlorid betrachtet. Auch von dieser Ionenbindung kann die ΔEN gebildet werden. Natrium hat einen EN-Wert von 0,9, Chlor von 3,0. Es ergibt sich: ΔEN = 2,1.

Die Elektronegativitätsdifferenz zweier Bindungspartner gibt also Aufschluss darüber, **wie stark** polarisiert eine Bindung ist. Die Stärke der Polarisierung reicht bis hin zum vollständigen Elektronenübergang.

Merke

Je größer die Elektronegativitätsdifferenz ist, desto größer ist der ionische Charakter der Bindung.

Zur Orientierung kann folgende Zuordnung getroffen werden:

Merke

- ΔEN bis 0,4 vorwiegend **unpolare** Atombindung
- ΔEN bis 1,7 vorwiegend **polare** Atombindung
- ΔEN > 1,7 vorwiegend **ionische** Bindung

In Abschnitt 4.3 wurde schon der Bindungspartner Kohlenstoff mit 4 Chloratomen erwähnt. Die entstehende Verbindung heißt Tetrachlormethan (CCl_4). Die Verbindung soll einmal im Hinblick auf ihre Polarität untersucht werden.

Vergleicht man die EN-Werte von Chlor und Kohlenstoff, so findet man für Chlor einen EN-Wert von 3,0 und für Kohlenstoff einen EN-Wert von 2,5. Die Elektronegativitätsdifferenz für **jede** der 4 Bindungen im Molekül beträgt demnach $\Delta EN = 0{,}5$. Jedes der bindenden Elektronenpaare ist damit leicht zu jeweils einem Chloratom hin verschoben. Bild 4.27 bringt dies zum Ausdruck.

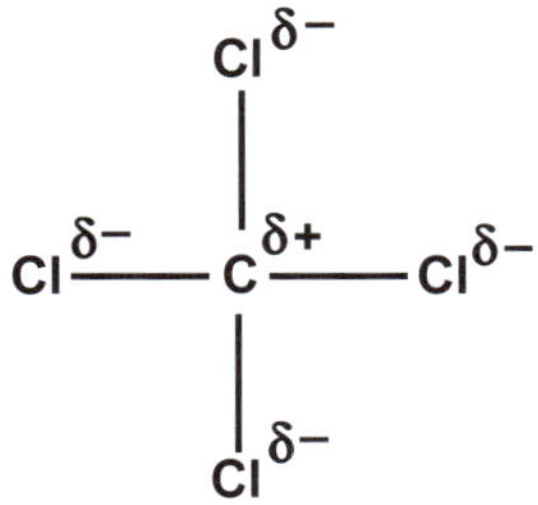

Bild 4.27
Strukturformel des Moleküls Tetrachlormethan

Die jeweiligen Elektronegativitätsdifferenzen von $\Delta EN = 0{,}5$ lassen auf leicht polare Atombindungen schließen. Als Gesamtmolekül betrachtet ist die Verbindung allerdings **stark unpolar**. Grund dafür ist der **symmetrische Aufbau**. Die einzelnen ΔEN-Werte heben sich gegenseitig auf.

Merke

Für die Beurteilung, ob eine Verbindung polar ist oder nicht, genügt nicht nur die Ermittlung des ΔEN-Wertes. Man muss auch die Struktur der Verbindung berücksichtigen!

Es soll nun das bekannte Molekül Wasser (H_2O), im Hinblick auf seine Polarität (also ΔEN **und** Struktur!) untersucht werden.

Sauerstoff hat einen EN-Wert von 3,5, Wasserstoff von 2,1. Es resultiert eine Elektronegativitätsdifferenz von 1,4 für **jede** der 2 Wasserstoff-Sauerstoff-Bindungen. Damit handelt es sich um polare Atombindungen. In Bild 4.28 ist das Molekül in seiner Struktur dargestellt.

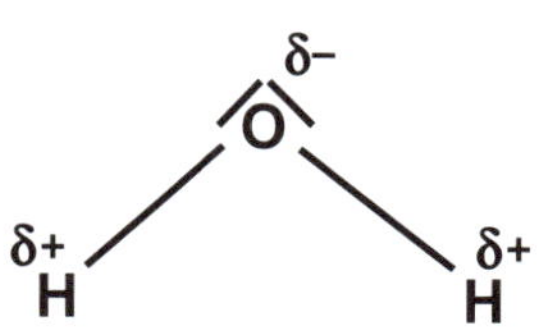

Bild 4.28
Strukturformel des Moleküls Wasser

Wasser besitzt einen **gewinkelten** Aufbau (Bindungswinkel, $\alpha = 104°$). Daraus ergibt sich eine **unsymmetrische Ladungsverteilung** und somit ein **Dipolmolekül**.

Hätte Wasser einen geradlinigen, gestreckten Aufbau (Bild 4.29), so würden sich die Ladungen aufheben. Das Ergebnis wäre ein unpolares Molekül mit völlig anderen als den bekannten Eigenschaften (z.B. niedrigerer Siede- und Schmelzpunkt).

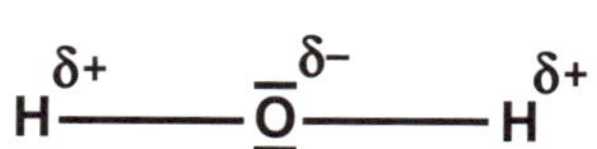

Bild 4.29 Geradlinige Darstellung des Moleküls Wasser (nicht realistisch)

II▶

Vertiefungsübung V4.13

Berechnen Sie die ΔEN-Werte für folgende Verbindungen und treffen Sie eine Aussage über ihre Polaritäten!

a) Fluorwasserstoff, HF (H–F)
b) Kohlenstoffdioxid, CO_2 (O=C=O)
c) Kohlenstoffmonoxid, CO (C=O)

4.3.5 Wasserstoffbrückenbindung

Bei der Wasserstoffbrückenbindung (kurz: Wbb) handelt es sich um eine Bindung **zwischen** mindestens 2 Molekülen. Eine solche Art von Bindung wird als **inter**molekulare (zwischenmolekulare) Bindung im Gegensatz zu den bisher kennen gelernten Bindungen innerhalb eines Moleküls (**intra**molekulare Bindungen) bezeichnet. Sie ist nicht so stark wirksam wie eine Atombindung, aber dennoch für einige charakteristische Eigenschaften von Stoffen verantwortlich.

Immer dann, wenn ein Dipolmolekül mit Wasserstoff als beteiligtem Partner vorliegt, kommt es zu einer Anziehung zwischen dem positivierten Wasserstoff des einen und dem freien Elektronenpaar des negativ polarisierten Atoms im Nachbarmolekül. Die Anziehung ist umso stärker, je größer die Elektronegativität und je kleiner das Atom im Nachbarmolekül ist. Diese Art von Bindung wird als «Brücke» zwischen den beiden Molekülen bezeichnet. Sie wird wie in den unten dargestellten Beispielen mit Punkten im Gegensatz zu einem Strich einer «richtigen» (intramolekularen) Bindung gekennzeichnet.

Sowohl zwischen HCl- als auch H_2O-Molekülen sind Wasserstoffbrückenbindungen vorhanden, wenn sie auch im Wasser aufgrund der größeren Elektronegativitätsdifferenz-Werte stärker ausgeprägt sind. Bild 4.30 veranschaulicht dies.

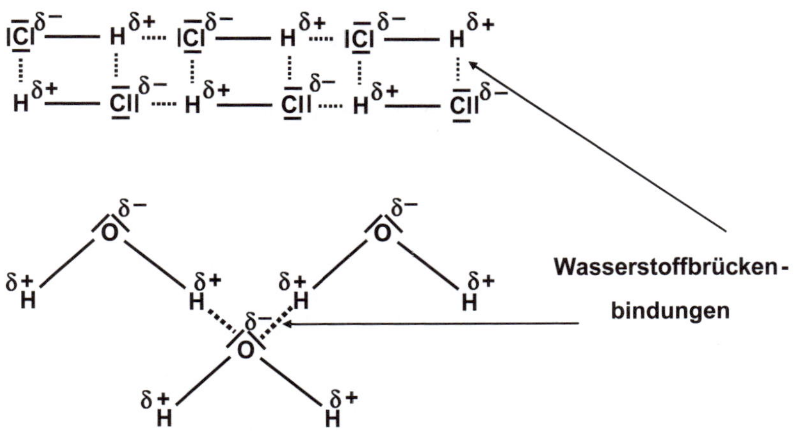

Bild 4.30 Wasserstoffbrückenbindungen von Wasser und HCl

4.3.6 Van-der-Waals[6]-Kräfte

Obwohl viele Verbindungen keine Polarität aufweisen, muss es über die Wasserstoffbrückenbindungen hinaus intermolekulare Kräfte geben, die für einen Zusammenhalt benach-

[6] Johannes Diderik van der Waals (1837 bis 1923), niederländischer Physiker

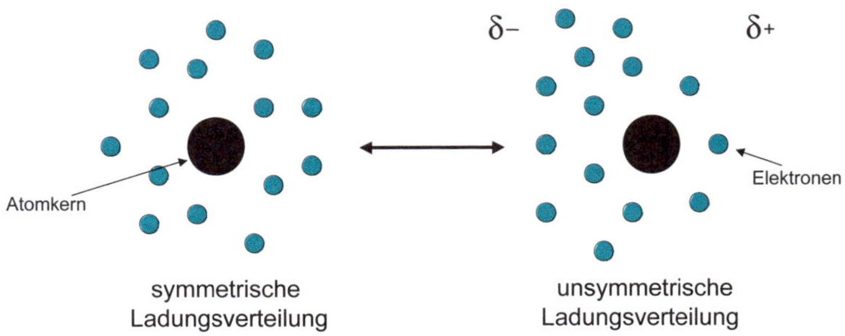

Bild 4.31 Verteilungswahrscheinlichkeit der Elektronen über einen gewissen Zeitraum

barter Moleküle sorgen. Anders könnte man nicht erklären, warum auch Methan (CH_4), ein unpolares Molekül, bei einer Temperatur von $\vartheta = -200$ °C fest ist. Auch Edelgase lassen sich bei bestimmten Drücken und Temperaturen verflüssigen. Ursache für den Zusammenhalt unpolarer Moleküle sind die sog. **Van-der-Waals-Kräfte**. Die Elektronen, die Atome unpolarer Verbindungen umgeben, sind beweglich. Dabei kann **kurzzeitig** eine unsymmetrische Verteilung der Elektronen entstehen. Die Folge ist ein kurzlebiger Dipol. Die eine Seite des Atomes weist eine etwas stärker negative Ladung auf als die andere (Bild 4.31).

Nähert sich das polarisierte Atom anderen Atomen, wird eine Kettenreaktion, ähnlich einem «Dominoeffekt» ausgelöst, so dass auch Nachbaratome schwach polarisiert werden. Man spricht auch von einem «induzierten Dipol».

Die Van-der-Waals-Wechselwirkungen sind viel schwächer ausgeprägt als die Wasserstoffbrückenbindungen. Dies macht sich daran bemerkbar, dass unpolare Moleküle wie Methan oder die Edelgase bei Normalbedingungen (s. Kapitel 3) gasförmig vorliegen. Die Zunahme der molaren Masse sorgt jedoch auch für eine Zunahme der Van-der-Waals-Kräfte, so dass beispielsweise Hexan, ebenso wie Methan ein Vertreter der Alkane (s. auch Kapitel 3), flüssig ist.

4.3.7 Ionen-Dipol-Bindung durch Hydratation

In Abschnitt 4.3.1 wurde bereits auf die elektrolytische Dissoziation von Salzen mit Hilfe des Lösungsmittels Wasser eingegangen. Dabei bilden sich auch **inter**molekulare Bindungen zwischen den einzelnen Ionen und den polarisierten Wassermolekülen aus. Hier soll nun dieser Vorgang einmal näher betrachtet werden.

Im Fall des Beispiels Natriumchlorid (NaCl), dissoziiert das Salz beim Lösen in Wasser in frei bewegliche Natrium- und Chloridionen. Dabei findet eine Umlagerung der Ionen mit den polarisierten Wassermolekülen statt. Der negativ polarisierte Sauerstoff lagert sich an das Natriumion und die positiv polarisierten Wasserstoffatome an das Chloridion (Bild 4.32).

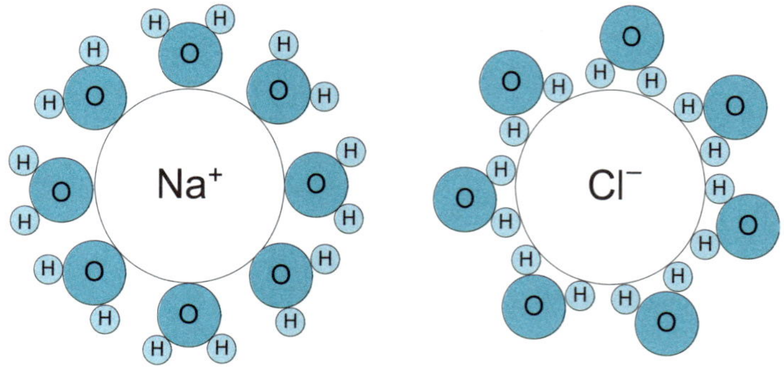

Bild 4.32 Dissoziation von NaCl in Wasser

Das Anlagern der Wassermoleküle um Ionen wird als **Hydratation** bezeichnet. Sie stellt einen Sonderfall der **Solvatation** dar, bei dem ein beliebiges Lösungsmittel für den Lösevorgang eingesetzt werden kann.

Die Ionen werden von einem Wassermolekülkranz umgeben. Man spricht auch von einer **Hydrathülle**. Die elektrostatischen Wechselwirkungen, die zwischen den Ionen und den polarisierten Wassermolekülen vorherrschen, bezeichnet man als **Ionen-Dipol-Bindungen**.

In der chemischen Formelsprache wird die Dissoziation eines Salzes in Wasser dadurch zum Ausdruck gebracht, dass man gemäß Gl. 4.14 das gelöste Salz als Ionenformel schreibt.

$$NaCl \xrightarrow{H_2O} Na^+ + Cl^- \qquad \text{(Gl. 4.14)}$$

Weil die Ionen eine Hydrathülle haben, wird der Index **aq** (lateinisch aqua = Wasser) verwendet, vgl. Gl. 4.15.

$$NaCl \xrightarrow{H_2O} Na^+_{(aq)} + Cl^-_{(aq)} \qquad \text{(Gl. 4.15)}$$

Betrachtet man das Lösen eines Salzes in Wasser bei gleichzeitiger Dissoziation unter energetischen Gesichtspunkten, muss man 3 Fälle unterscheiden. Die Lösung kann bei der Entstehung:

- abkühlen,
- sich erwärmen oder
- die Temperatur nahezu beibehalten.

Für die Zerstörung des Kristallgitters wird grundsätzlich Energie benötigt, der Vorgang ist endotherm.

Definition «endothermer Vorgang»

Ein endothermer Vorgang verläuft unter Energieaufnahme. Das Gegenteil ist ein **exothermer** Vorgang, der unter Energieabgabe (Wärmeenergie) stattfindet. Siehe dazu auch Kapitel 5.

Die dazu benötigte Energie ist die **Gitterenergie**, die beim umgekehrten Vorgang, der Bildung des Kristallgitters, frei wird. Im Gegenzug verläuft die Hydratation, also die Umlagerung der Wassermoleküle um die Ionen, unter **Energieabgabe** (exotherm). Diese Energie heißt **Hydratationsenergie**. Das jeweils zu beobachtende Temperaturverhalten ist eine **Bilanz** aus der Gitter- und der Hydratationsenergie.

Im 1. Fall (abkühlen) ist die Gitterenergie größer als die Hydratationsenergie. Es wird also mehr Energie zur Zerstörung des Gitters benötigt, als bei der Hydratation frei wird. Somit kühlt sich die Lösung ab. Ein Beispiel für diesen Fall ist das Lösen von Ammoniumchlorid (NH_4Cl) in Wasser. Eine Beschleunigung des Lösevorganges kann durch Erwärmen erfolgen.

Im 2. Fall (erwärmen) wird bei der Hydratation mehr Energie frei, als für die Zerstörung des Gitters aufgewendet werden muss (Gitterenergie < Hydratationsenergie). Die Folge ist eine Erwärmung der Lösung. Beispiel hierfür ist das Lösen von festem Natriumhydroxid in Wasser.

Der 3. Fall (gleichbleibende Temperatur) trifft auf das Beispiel Natriumchlorid zu. Gitterenergie und Hydratationsenergie haben demzufolge annähernd den gleichen Betrag.

4.3.8 Komplexbindung

Neben der Elektronenpaar- und Ionenbindung ist die Komplexbindung als weitere wichtige Bindungsart zu nennen.

Ein Komplex ist aus einem **Koordinationszentrum** und einer **Ligandenhülle** aufgebaut. Das Koordinationszentrum bildet das sog. **Zentralatom**, das ein Metallatom oder Metallion sein kann. Das Zentralatom wird von Liganden (Moleküle oder Ionen) umgeben.

Ein Ligand zeichnet sich dadurch aus, dass er über ein oder mehrere freie Elektronenpaare verfügt, die er dem Zentralatom unter Knüpfung einer koordinativen Bindung zur Verfügung stellen kann. Die Zahl der koordinativen Bindungen, die ein Ligand in einem Komplex ausbildet, nennt man die Zähnigkeit des Liganden. Die Anzahl der direkt an das Zentralatom gebundenen Liganden wird als **Koordinationszahl (KZ)** bezeichnet. Liganden verfügen somit über einen Elektronenüberschuss und Zentralatome über einen Elektronenmangel. Sie werden damit auch als Lewis-Basen bzw. Lewis-Säuren bezeichnet. Diese Begriffe werden in Abschnitt 4.5.2 und Kapitel 7 näher erläutert.

Komplexionen werden in eckige Klammern gesetzt und die Ladung außerhalb der Klammer hochgestellt hinzugefügt. Die Ladung ergibt sich aus allen Teilchen, aus denen das Komplexion zusammengesetzt ist.

Komplexe sind häufig charakteristisch gefärbt. Zum Beispiel ist der folgende Cobaltkomplex blau. Das Zentralatom ist Cobalt, die Liganden sind Chloridionen.

$Co^{2+}\mathbf{[CoCl_4]^{2-}}$

Er wird zum Nachweis von Wasser eingesetzt. Bei Anwesenheit von Wasser entsteht ein neuer Komplex, in welchen das Wasser eingebaut ist. Es entsteht eine Rosafärbung. Die Reaktion ist in Gl. 4.16 dargestellt.

$$\underset{\text{blau}}{Co[CoCl_4]} + 12\ H_2O \longrightarrow \underset{\text{rosa}}{2\ [Co(H_2O)_6]Cl_2} \qquad \text{(Gl. 4.16)}$$

Das Komplexion, $[CoCl_4]^{2-}$, ist zweifach negativ geladen. Es ist aus dem Zentralatom Cobalt sowie 4 Chloridionen, die als Liganden dienen, zusammengesetzt. Die Koordinationszahl beträgt somit **4**. Jedes Chloridion stellt ein Elektronenpaar zur Verfügung und ist damit ein **einzähniger** Ligand. Die Ladung des Zentraltoms beträgt **+2**, da jedes der Chloridionen einfach negativ geladen $(4 \cdot (-1) = (-4))$ und das gesamte Komplexion zweifach negativ geladen ist.

Bei elektrolytischer Dissoziation von Komplexen würde in unserem Beispiel das Cobalt-Kation, Co^{2+} sowie das Komplexanion, $[CoCl_4]^{2-}$, in Lösung vorliegen. Eine Dissoziation in Co^{2+} und viermal Cl^- findet **nicht** statt.

Merke

Komplexionen selbst sind in Lösung praktisch nicht dissoziiert.

Im Gegensatz zu den Komplexionen dissoziieren **Doppelsalze** in wässriger Lösung in die einzelnen Ionen und müssen somit von Komplexverbindungen unterschieden werden. Die chemischen und physikalischen Eigenschaften der Lösungen von Doppelsalzen setzen sich additiv aus den Eigenschaften der einzelnen Ionen zusammen. Beispiele für Doppelsalze sind:

- $KAl(SO_4)_2 \cdot 12\ H_2O$ (Kaliumaluminiumalaun)
  Alaune sind Verbindungen des Typs $Me^{1+}Me^{3+}(SO_4)_2 \cdot x H_2O$

($Me^+ = K^+$, NH_4^+, Na^+, Rb^+, Cs^+ oder Tl^+; $Me^{3+} = Al^{3+}$, Fe^{3+}, Cr^{3+}, Mn^{3+}, Ga^{3+}, Co^{3+}, V^{3+}, Sc^{3+}, In^{3+})

- $(NH_4)_2Fe(SO_4)_2 \cdot 6\ H_2O$ (Mohr'sches Salz)
- $KMgCl_3 \cdot 6\ H_2O$ (Carnallit)
  Carnallit beispielsweise dissoziiert im Gegensatz zu den Komplexionen in wässriger Lösung in K^+, Mg^{2+} und Cl^--Ionen.

Definition «anionische, kationische und neutrale Komplexe»

Je nachdem, ob das Komplexteilchen, in dem das Zentralatom gebunden ist, negativ oder positiv geladen ist bzw. keine Ladung trägt, spricht man von einem anionischen, kationischen oder neutralen Komplex.

Da das Zentralatom (Cobalt^{2+}) in dem **Anion**, $[CoCl_4]^{2-}$, gebunden ist, spricht man hier von einem anionischen Komplex.
Beispiel für einen kationischen Komplex ist:

$[\mathbf{Cr}(H_2O)_6]Cl_3$

Das Zentralatom (Chrom^{3+}) ist in dem **Kation**, $[Cr(H_2O)_6]^{3+}$, gebunden.
Beispiel für einen neutralen Komplex ist:

$[\mathbf{Ni}(CO)_5]$

Das Zentralatom (Nickel) ist in dem **neutralen** Komplexteilchen $[Ni(CO)_5]$ gebunden.

Bei der Benennung eines Komplexes wird der Name der Liganden in alphabetischer Reihenfolge ohne Rücksicht auf die Häufigkeit vor der Bezeichnung des Zentralatomes angegeben («**c**yano» vor «**f**luoro» oder «tri**c**hloro» vor «**o**xo»). Anionische Liganden werden durch Anhängen eines «o» an den Stamm des Ionennamens dargestellt. Einige wichtige Beispiele für Liganden sind in Tabelle 4.7 aufgeführt.

Tabelle 4.7 Beispiele für Liganden

Anionische Liganden	Neutrale Liganden
F^- – fluoro	H_2O – aquo
Cl^- – chloro	NH_3 – ammin
OH^- – hydroxo	CO – carbonyl
CN^- – cyano	NO – nitrosyl
S^{2-} – thio	
O^{2-} – oxo	
NO_3^- – nitrato	
SCN^- – thiocyanato	
$C_2O_4^{2-}$ – oxalato	
CO_3^{2-} – carbonato	
SO_4^{2-} – sulfato	
NO_2^- – nitrito oder nitro	
NCO^- – cyanato	

Vorangestellte griechische Zahlen (mono, di, tri, tetra, penta, hexa) bezeichnen die Anzahl der Liganden. Nach den Liganden kommt die Bezeichnung des Zentralatoms bzw. -ions. In anionischen Komplexen endet der Name des Zentralatoms auf «at». Der Name des Zentralatoms wird hier in einigen Fällen vom lateinischen Namen abgeleitet. Der Name des Kations wird bei anionischen Komplexen vor die Bezeichnung des Komplexes gesetzt und mit einem Bindestrich abgetrennt.

Die Oxidationszahl (s. auch Abschnitt 4.4.3) des Zentralatoms wird am Ende des Namens mit in runden Klammern gesetzten römischen Ziffern gekennzeichnet.

Bei kationischen Komplexen wird das Anion hinter die Bezeichnung des Komplexes gesetzt und mit einem Bindestrich abgetrennt.

Die Nomenklaturregeln werden anhand der vorherigen Beispiele verdeutlicht.

1. Anionischer Komplex

Ein Beispiel für einen anionischen Komplex ist:

$Co[CoCl_4]$

Kation-	Anzahl der Liganden	Name der Liganden	Zentralteilchen	Oxidationszahl
Cobalt-	tetra	chloro	cobaltat	(II)

Ein weiteres Beispiel für einen anionischen Komplex ist:

$K_4[Fe(CN)_6]$ Kalium-hexacyanoferrat(II)

Die Anzahl der Kaliumionen findet sich nicht in der Namensgebung wieder, da sie sich aus der Ladung des Komplexes (−4) ergibt. Da die Verbindung insgesamt neutral sein muss, sind 4 Kaliumionen (jeweils mit der Ladung +1) notwendig.

Ein Beispiel für einen anionischen Komplex mit mehreren Liganden ist:

$Na[Co(CN)_4(H_2O)_2]$

In der Summenformel werden dabei anionische Liganden vor Neutralliganden geschrieben. Cobalt ist das Zentralatom, die Cyanidionen sowie Wassermoleküle bilden die Liganden.

Die Cyanidionen werden in der Formel somit **vor** dem Wasser aufgeführt, in der Namensgebung findet allerdings die alphabetische Reihenfolge Anwendung. Der Name dieses Komplexes lautet: Natrium-di**a**quotetra**c**yanocobaltat(III).

2. Kationischer Komplex

Ein Beispiel für einen kationischen Komplex ist:

$[Cr(H_2O)_6]Cl_3$

Anzahl der Liganden	Name der Liganden	Zentralteilchen	Oxidationszahl	-Anion
Hexa	aquo	chrom	(III)	-chlorid

Ein weiteres Beispiel für einen kationischen Komplex mit mehreren Liganden ist:

$[Cu(NH_3)_4(H_2O)_2]SO_4$

Hier muss erneut die alphabetische Reihenfolge der Liganden («ammin» vor «aquo») beachtet werden. Der Name des Komplexes lautet: Tetr(a)**a**mmindi**a**quokupfer(II)-sulfat.

Die Oxidationszahl des Zentralatoms Kupfer (+II) ergibt sich dadurch, dass das

Sulfation zweifach negativ geladen ist und der Komplex insgesamt neutral sein muss. Die Liganden stellen alle Neutralliganden dar, tragen also keine Ladung.

3. Neutraler Komplex
Ein Beispiel für einen neutralen Komplex ist:

$[Ni(CO)_5]$

Anzahl der Liganden	**Name der Liganden**	**Zentralteilchen**	**Oxidationszahl**
Penta	carbonyl	nickel	(0)

Ein weiteres Beispiel für einen neutralen Komplex ist:

$[CrCl_3(H_2O)_3]$

Unter Berücksichtigung der alphabetischen Reihenfolge der Liganden («aquo» vor «chloro») lautet die Bezeichnung dieses Komplexes: Tri**a**quotri**c**hlorochrom(III).

Vertiefungsübung V4.14

a) Welche Ladungen tragen folgende Komplexteilchen, wenn es sich bei den Zentralatomen Zink sowie Cadmium jeweils um zweifach positiv geladene Ionen handelt?

- ❑ $[Zn(NH_3)_6]$
- ❑ $[Cd(CN)_4]$

b) Entscheiden Sie, um welchen Typ Komplexverbindung es sich jeweils handelt (anionisch, kationisch oder neutral) und geben Sie die Summenformel folgender Verbindungen an:

- ❑ Barium-tetraoxoferrat(VI)
- ❑ Tetr(a)aquodihydroxoaluminium(III)-chlorid
- ❑ Natrium-tetrahydroxoaluminat(III)

c) Entscheiden Sie, um welchen Typ Komplexverbindung es sich jeweils handelt (anionisch, kationisch oder neutral) und geben Sie die Namen der Verbindungen an:

- ❑ $Na_2[Fe(CN)_5(NO)]$
- ❑ $[Ag(NH_3)_2]NO_3$
- ❑ $[Fe(CO)_5]$

4.3.9 Metallbindung

Außer den bisher genannten gibt es eine weitere Bindungsart, die sich jedoch mit Hilfe des Elements Chlor nicht verdeutlichen lässt. Es handelt sich hierbei um die **Metallbindung**. Die Bindungspartner, wie sie bisher beschrieben wurden, gibt es hier nicht. Die Bindung wird durch das metallische Element allein gebildet.

Metalle sind als feste Verbindungen bekannt. Die Ursache muss in einem starken Zusammenhalt der Teilchen liegen.

Die Metallbindung wird anhand des Elements Natrium erläutert, das mit Chlor zusammen Partner für die Bildung einer Ionenbindung ist.

Natrium als Element der 1. Hauptgruppe gewinnt durch die Abgabe seines Valenzelektrons die Edelgaskonfiguration. Übrig bleibt auf der einen Seite ein positiv geladenes **Metallkation** sowie ein freies Elektron. Das Metallkation wird auch als «**Atomrumpf**» bezeichnet. Mehrere Metallkationen ordnen sich regelmäßig zu einem Metallgitter an. Zwischen den einzelnen festen positiven Atomrümpfen bewegen sich die abgegebenen Elektronen. Sie haben in dem Gitterverband keinen festen Platz und können sich so relativ frei bewegen. Man spricht auch von einem sog. «**Elektronengas**». In Bild 4.33 ist ein Metallgitter dargestellt.

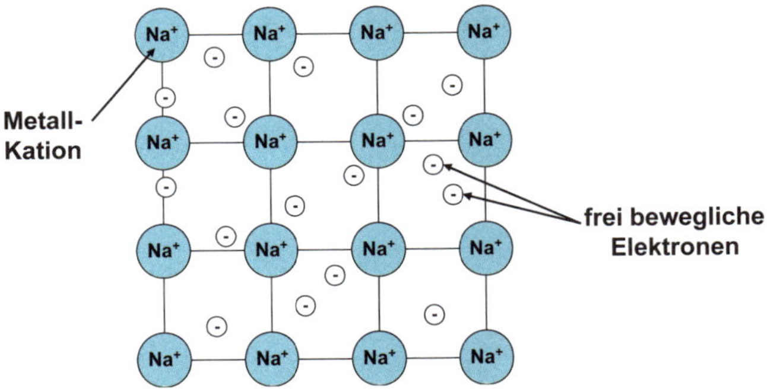

Bild 4.33
Metallgitter von Natrium

Negativ sowie positiv geladene Teilchen ziehen sich an, so dass es zu starken Wechselwirkungen zwischen den Metallkationen auf der einen und dem «Elektronengas» auf der anderen Seite kommt.

Merke

Der starke Zusammenhalt in einer Metallbindung kommt durch die elektrostatischen Anziehungskräfte zwischen Metallkationen und Elektronengas zustande.

Mit Hilfe dieser Modellvorstellung lassen sich folgende charakteristische Eigenschaften der Metalle erklären:

- Aufgrund der großen Anziehungskräfte haben Metalle meistens hohe Schmelzpunkte.
- Die frei beweglichen Elektronen treten in Wechselwirkung mit Licht (Absorption und Reflexion). Eine Auswirkung davon sind der Glanz und die Undurchsichtigkeit von Metallen.
- Viele Metalle besitzen aufgrund ihrer großen Atommasse und der dichten Packung der Atomrümpfe eine große Dichte.
- Schwingungen der Metallkationen im Metallgitter können mit Hilfe des Elektronengases gut übertragen werden. Daraus resultiert die gute Wärmeleitfähigkeit von Metallen.
- Die frei beweglichen Elektronen sorgen für die Fähigkeit von Metallen, den elektrischen Strom zu leiten.
- Metalle lassen sich gut bearbeiten, zum Beispiel durch Schmieden. Dies lässt sich auf das bewegliche Gitter zurückführen.

Prozess P3_KAP4

Mit Chlor und seinen Verbindungen sind viele chemische Reaktionen möglich. Ein bekannter Inhaltsstoff von WC-Reinigern, Natriumhypochlorit, lässt sich z.B. bei der Reaktion von Chlor mit kalter Natronlauge herstellen. Um die dazugehörige Reaktionsgleichung stöchiometrisch erstellen zu können, erfordert es die Kenntnis der folgenden Abschnitte.

4.4 Elektronenvorgänge bei chemischen Reaktionen

4.4.1 Oxidation, Reduktion, Oxidationsmittel, Reduktionsmittel

Eine alte Begriffsdefinition beschreibt die **Oxidation** nach Gl. 4.17 als eine Reaktion, bei der ein Element oder Molekül **mit Sauerstoff** reagiert.

Beispiel

$$C + O_2 \longrightarrow CO_2 \qquad \text{(Gl. 4.17)}$$

Das Element Kohlenstoff wird hierbei zu Kohlenstoffdioxid oxidiert.

Bei einer **Reduktion** erfolgt nach Gl. 4.18 der **Entzug von Sauerstoff** aus einer Verbindung.

Beispiel

$$PbO_2 + C \longrightarrow Pb + CO_2 \qquad \text{(Gl. 4.18)}$$

Die Verbindung Bleioxid (PbO_2) wird hierbei zu Blei reduziert. Gleichzeitig wird das Element Kohlenstoff oxidiert, denn es verbindet sich mit dem vom Bleioxid abgegebenen Sauerstoff unter der Bildung von Kohlenstoffdioxid (CO_2).

Heute erfahren die Begriffe Oxidation und Reduktion erweiterte Definitionen. Bei vielen Reaktionen, an denen Sauerstoff unbeteiligt bleibt, finden ähnliche Vorgänge wie bei den oben genannten Reaktionen statt, die nun anhand einiger Beispiele näher betrachtet werden. Dazu sind folgende Begriffsdefinitionen wichtig:

Definition «Oxidation und Reduktion»

Unter einer *Oxidation* versteht man generell die Abgabe von Elektronen.
Unter einer *Reduktion* versteht man die Aufnahme von Elektronen.

In Abschnitt 4.3.1 wurde die Entstehung einer Ionenbindung am Beispiel Natriumchlorid (NaCl) erläutert. Nach Gl. 4.19 hat das Element Natrium dabei 1 Elektron abgegeben.

$$Na - \mathbf{1\ e^-} \longrightarrow Na^+ \qquad \text{(Gl. 4.19)}$$

Mit Hilfe der obigen Begriffsdefinition kann man sagen, Natrium wurde durch Abgabe eines Elektrons oxidiert.

Das abgegebene Elektron muss von einem an der Reaktion beteiligten Partner wie Chlor wieder aufgenommen werden. Chlor baut es nach Gl. 4.20 in seine 3. Schale ein, um Edelgaskonfiguration zu erreichen.

$$Cl + \mathbf{1\ e^-} \longrightarrow Cl^- \qquad \text{(Gl. 4.20)}$$

Chlor wurde hierbei durch Aufnahme von 1 Elektron reduziert.

Zusammenfassend können die Vorgänge bei der Bildung von NaCl mit Gl. 4.21 verdeutlicht werden:

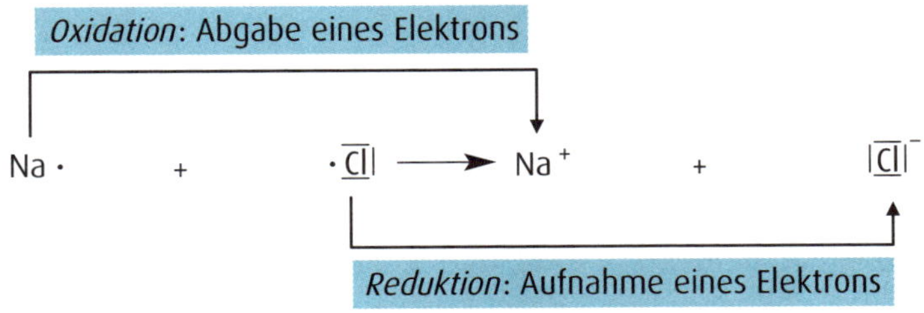

(Gl. 4.21)

In einem zweiten Beispiel soll die Bildung von Magnesiumchlorid ($MgCl_2$) betrachtet werden. Magnesium hat 2 Elektronen abgegeben, wurde also nach Gl. 4.22 oxidiert.

$$Mg - \mathbf{2\,e^-} \longrightarrow Mg^{2+} \qquad \text{(Gl. 4.22)}$$

Die beiden Chloratome haben jeweils 1 Elektron aufgenommen, wurden also wiederum reduziert (Gl. 4.23).

$$Cl_2 + \mathbf{2\,e^-} \longrightarrow 2\,Cl^- \qquad \text{(Gl. 4.23)}$$

Durch die Elemente Magnesium bzw. Natrium ist es möglich, das Element Chlor zu reduzieren.

Definition «Reduktionsmittel»

Stoffe, die andere Stoffe reduzieren, nennt man Reduktionsmittel. Sie selbst geben dabei Elektronen ab, werden also oxidiert.

Natrium und Magnesium sind in den genannten Beispielen Reduktionsmittel.

Unter Aufnahme der Elektronen in Gl. 4.20 und Gl. 4.23 oxidiert Chlor die Elemente Natrium bzw. Magnesium.

Definition «Oxidationsmittel»

Stoffe, die andere Stoffe oxidieren, nennt man Oxidationsmittel, sie selbst werden dabei reduziert.

Chlor ist somit in beiden genannten Beispielen das Oxidationsmittel.

Diese grundlegenden Begriffsdefinitionen sind wichtig für alle weiteren Betrachtungen von Redoxreaktionen und gehören deshalb zum Basiswissen.

Vertiefungsübung V4.15

Stellen Sie die Reaktionsgleichung von Calcium (Ca) mit Sauerstoff (O) auf und geben Sie an, welches Element oxidiert und welches reduziert wird. Ordnen Sie die Begriffe Oxidationsmittel und Reduktionsmittel zu.

4.4.2 Redoxreaktion

Findet bei einer chemischen Reaktion eine Oxidation, also die Abgabe von Elektronen statt, so **muss** ein an der chemischen Reaktion beteiligter Reaktionspartner reduziert werden. In den vorangegangenen Beispielen war Chlor jeweils als Partner des Elements Natrium bzw. Magnesium beteiligt.

Definition «Redoxreaktion»

Eine Oxidation ist immer mit einer Reduktion gekoppelt. Diese Vorgänge treten niemals isoliert auf.
Solche Reaktionen, bei denen gleichzeitig Oxidation und Reduktion stattfinden, werden als Redoxreaktionen bezeichnet. Bei Redoxreaktionen finden Elektronenaustauschvorgänge statt.

In den vorangegangenen Redox-Beispielen wurde nur die Bildung von Ionenbindungen betrachtet. Darüber hinaus sind auch sehr oft Atombindungen an diesen Reaktionen beteiligt, auch wenn dort, wie aus Abschnitt 4.3.3 bekannt ist, kein vollständiger Elektronenübergang stattfindet. Folgende schon bekannte Reaktion nach Gl. 4.24 ist eine Redoxreaktion.

$$H_2 + Cl_2 \longrightarrow 2\,HCl \qquad \text{(Gl. 4.24)}$$

Um die Gleichung quantitativ zu erfassen, muss zunächst eine wichtige Größe, die **Oxidationszahl**, erläutert werden. Mit der Einführung der Oxidationszahl ist es möglich, herauszufinden, welche Elemente in einer Redoxreaktion oxidiert und welche reduziert werden.

4.4.3 Oxidationszahl

In Abschnitt 4.3.3 wurde die polare Atombindung am Beispiel von HCl betrachtet. Diese Verbindung hilft auch bei der Ermittlung der Oxidationszahl.

Wie bereits in Abschnitt 4.3.3 erwähnt, hat die Verschiebung des Elektronenpaars eine Polarisierung und damit die Entstehung von Teilladungen zur Folge (Bild 4.34).

Bild 4.34
polarisiertes HCl-Molekül

$$\mathbf{H}^{\delta+} - \mathbf{Cl}^{\delta-}$$

Definition «Oxidationszahl»

Die Oxidationszahl soll eine **formale Ladung** wiedergeben, die ein Atom in einer chemischen Verbindung besitzt. Dabei wird das bindende Elektronenpaar dem Atom zugeordnet, das die höhere Elektronegativität besitzt. Ein anschließender Vergleich mit den Valenzelektronen liefert die Oxidationszahl.

Es ist empfehlenswert, die Oxidationszahlen mit römischen Ziffern anzugeben, um eine Unterscheidung von echten Ladungen zu ermöglichen. Folgende Regeln sind bei der Ermittlung der Oxidationszahl zu beachten:

- Chlor mit der höheren Elektronegativität bekommt das bindende Elektronenpaar zugeordnet. Dies wird in der Strukturformel durch einen Bogen (Bild 4.35) gekennzeichnet.
- Chlor besitzt nun formal 8 Elektronen, eins mehr als es Valenzelektronen hat. Die sich daraus ergebende Oxidationszahl ist –I.

  Wasserstoff besitzt nach der Zuordnung formal kein Elektron mehr. Dies entspricht einem Elektron weniger als es normal Valenzelektronen hat. Die sich daraus ergebende Oxidationszahl lautet: +I. Die Oxidationszahlen werden über das jeweilige Elementsymbol geschrieben (Bild 4.36).

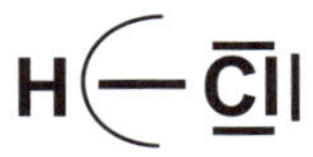

Bild 4.35
Zuordnung des Elektronenpaars im HCl-Molekül

$$\overset{+I}{H} - \overset{-I}{Cl}$$

Bild 4.36
Oxidationszahlen im HCl-Molekül

Merke

Man könnte die Oxidationszahl auch als Ladung definieren, die das Element tragen würde, wenn die Verbindung aus Ionen aufgebaut wäre.
Daraus ergibt sich, dass bei einer Ionenbindung die Ladungen der einzelnen Ionen ihren Oxidationszahlen entsprechen.

Betrachtet man die Verbindung Wasserstoff (H_2), so ist festzustellen, dass das bindende Elektronenpaar zu keinem Partner hin verschoben ist, da kein Elektronegativitätsunterschied besteht. In diesem Fall wird das Elektronenpaar **hälftig geteilt**, die Anzahl an Elektronen wiederum mit der Anzahl an Valenzelektronen verglichen und die Oxidationszahl bestimmt. Für H_2 ergibt sich für jedes beteiligte Wasserstoffatom nach Bild 4.37 die Oxidationszahl **0**. Entsprechendes gilt für alle homöopolaren Atombindungen (z.B.: Cl_2, O_2, N_2 usw.).

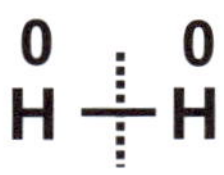

Bild 4.37
Oxidationszahlen im Wasserstoffmolekül

An dieser Stelle werden für die Reaktion von Wasserstoff, H_2 und Chlor, Cl_2 zu Chlorwasserstoff, HCl die Oxidations- und Reduktionsvorgänge nach Gl. 4.25 beschrieben.

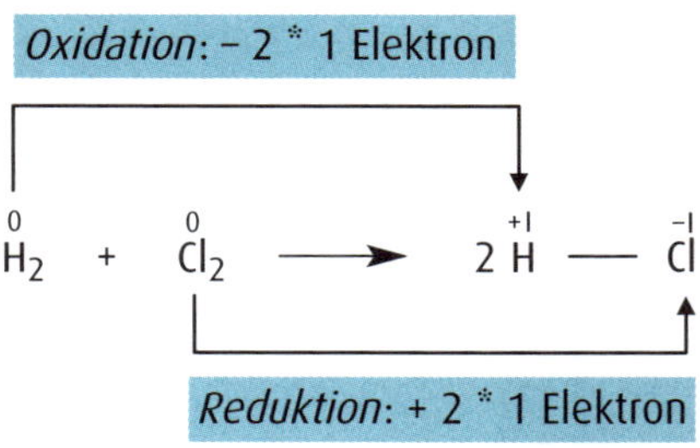

(Gl. 4.25)

Jedes Wasserstoffatom gibt formal ein Elektron ab, es wird oxidiert. Jedes Chloratom nimmt formal ein Elektron auf, wird also reduziert. Wasserstoff bildet das Reduktionsmittel, Chlor das Oxidationsmittel.

Betrachtet man die Veränderung der Oxidationszahlen, so ist festzustellen, dass Wasserstoff seine Oxidationszahl von **0 nach +I** und Chlor seine Oxidationszahl von **0 nach –I** ändert. Bringt man die Begriffe Oxidation und Reduktion mit dem Begriff Oxidationszahl in Zusammenhang, so lässt sich folgendes aussagen:

Merke

Bei einer Oxidation findet eine Erhöhung der Oxidationszahl, bei einer Reduktion eine Erniedrigung der Oxidationszahl statt.

Nachstehende wichtige Regeln zur Bestimmung von Oxidationszahlen bilden die Grundlage für die folgenden Abschnitte und Übungen.

- ❑ Fluor als elektronegativstes Element hat in allen Verbindungen die Oxidationszahl **–I**.

- Sauerstoff hat in den meisten Verbindungen die Oxidationszahl **–II**. Ausnahmen sind die Peroxide, z.B. Wasserstoffperoxid (H_2O_2) mit der Oxidationszahl für Sauerstoff von **–I**, sowie die Verbindung Fluoroxid (F_2O) mit der Oxidationszahl für Sauerstoff von **+II**.
- Wasserstoff hat in den meisten Verbindungen die Oxidationszahl **+I**. Ausnahme sind die Hydride, beispielsweise Natriumhydrid (NaH) mit der Oxidationszahl für Wasserstoff von **–I**.
- Freie Elemente oder Verbindungen, die nur aus einer Atomsorte aufgebaut sind, z.B. Na, Cl_2, Mg, H_2 haben die Oxidationszahl **0**.
- Ein einatomiges Ion, z.B. Na^+, hat die Oxidationszahl, die seiner Ladung entspricht, hier **+I**.
- Die Summe der Oxidationszahlen aller Atome eines mehratomigen Ions, z.B. Sulfat (SO_4^{2-}) entspricht der Ladung des Ions, hier **–II**.
- Alle Metalle, z.B. Mg in der Verbindung $MgCl_2$ haben in Verbindungen positive Oxidationszahlen, hier Oxidationszahl (Mg): **+II**. Die Oxidationszahlen der Metalle der 1. und 2. Hauptgruppe entsprechen ihrer Hauptgruppennummer.
- In kovalenten Verbindungen hat das Element die Oxidationszahl, die seiner Ionenladung entsprechen würde. Z.B.: H_2O, Oxidationszahl (O): **–II**.

Merke

Die Summe aller Oxidationszahlen in einer ungeladenen chemischen Verbindung ist prinzipiell 0.

Vertiefungsübung V4.16

Geben Sie die Oxidationszahlen der **einzelnen** Elemente in folgenden chemischen Verbindungen an:
Kohlenstoffdioxid (CO_2), Schwefelsäure (H_2SO_4), Methan (CH_4), Magnesiumoxid (MgO), Eisen(III)oxid (Fe_2O_3), Kaliumpermanganat ($KMnO_4$), Natriumhydroxid (NaOH), Lithiumaluminiumhydrid ($LiAlH_4$)

4.4.4 Aufstellen von Redoxgleichungen

Wie bereits festgestellt wurde, sind Oxidation und Reduktion in einer chemischen Reaktion stets miteinander gekoppelt. Zum stöchiometrischen Einrichten von Redoxgleichungen helfen strukturierte Vorgehensweisen. Dabei gibt es Unterschiede. Anhand eines Beispiels wird eine pragmatische Vorgehensweise veranschaulicht.

Zunächst wird eine Reaktionsgleichung, an der nur Partner mit Atombindungen beteiligt sind, betrachtet. In einem späteren Schritt werden Gleichungen mit beteiligten Ionen erläutert.

Beispiel 1

Schwefelwasserstoff (H_2S) kann nach Gl. 4.26 durch Chlor zu Schwefel oxidiert werden.

$$H_2S + Cl_2 \longrightarrow HCl + S \qquad \text{(Gl. 4.26)}$$

Folgende Vorgehensweise ist empfehlenswert:

1. Ermittlung der Oxidationszahlen.
2. Beschriftung von Elementen, deren Oxidationszahlen sich ändern.

3. Identifikation des Redoxvorganges: Was wird oxidiert bzw. reduziert? Wie viele Elektronen wandern?
4. Ausgleich der Redoxänderung. (Bilden des kleinsten gemeinsamen Vielfachen, kgV.)
5. Bilden der Wasserstoff- und Sauerstoffbilanz (H/O-Bilanz) und evtl. Ausgleichen mit Wasser.
6. Prüfen der Reaktionsgleichung auf Massenerhaltung (rechts und links müssen die gleiche Anzahl von Elementen stehen!)

1. Ermittlung der Oxidationszahlen

H	überall	+I
S	in H_2S	–II
Cl	in Cl_2	0
Cl	in HCl	–I
S		0

2. Beschriftung von Elementen, deren Oxidationszahlen sich nach Gl. 4.27 ändern

$$H_2\overset{-II}{S} + \overset{0}{Cl_2} \longrightarrow H\overset{-I}{Cl} + \overset{0}{S} \qquad \text{(Gl. 4.27)}$$

3. Identifikation des Redoxvorganges nach Gl. 4.28

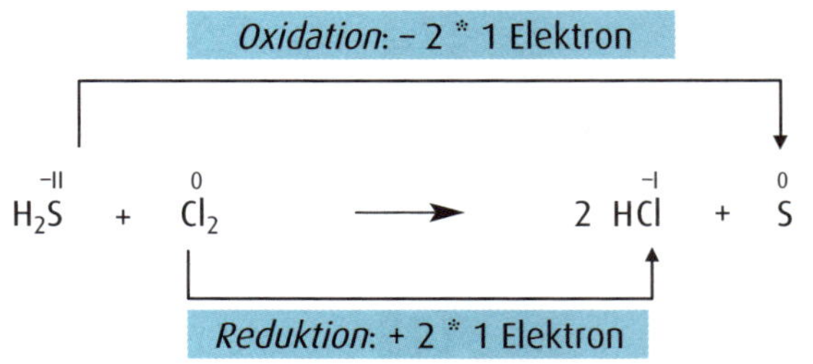

(Gl. 4.28)

Bemerkung: Die rechte Seite der Reaktionsgleichung musste mit einem zweiten HCl-Molekül ausgeglichen werden, da **2** Chloratome reduziert werden und sich diese auf der Produktseite wiederfinden müssen.

4. Ausgleich der Redoxänderung

Der Schritt ist hier nicht notwendig, da Oxidation und Reduktion mit jeweils 2 Elektronen ausgeglichen sind.

5. H/O-Bilanz

Sowohl auf der linken als auch auf der rechten Seite befinden sich jeweils zwei Wasserstoffatome und keine Sauerstoffatome. Ein Ausgleich mit Wasser ist hier somit nicht notwendig.

6. Massenerhaltung

Die Anzahl der Elemente auf der linken Seite der Reaktionsgleichung entsprechen der Anzahl der Elemente auf der rechten Seite. Die Reaktionsgleichung ist somit richtig stöchiometrisch eingerichtet.

Die vollständige Reaktionsgleichung lautet nach Gl. 4.29:

$$H_2S + Cl_2 \longrightarrow 2\,HCl + S \qquad \text{(Gl. 4.29)}$$

Im Folgenden wird ein Beispiel für eine Reaktionsgleichung gegeben, an der Ionen beteiligt sind.

Beispiel 2

Kaliumpermanganat ($KMnO_4$) reagiert nach Gl. 4.30 in schwefelsaurem Medium mit Chlorwasserstoff (HCl), zu Mangansulfat ($MnSO_4$) und Chlor (Cl_2). Als «Nebenprodukte» entstehen Kaliumsulfat (K_2SO_4) und Wasser (H_2O).

$$KMnO_4 + H_2SO_4 + HCl \longrightarrow K_2SO_4 + MnSO_4 + Cl_2 + H_2O \qquad \text{(Gl. 4.30)}$$

Auch hier hilft folgende strukturierte Vorgehensweise, die Reaktionsgleichung stöchiometrisch einzurichten.

1. Ermittlung der Oxidationszahlen.
2. Es empfiehlt sich die Aufstellung einer **vereinfachten** Reaktionsgleichung (wenn sie nicht von vorn herein angegeben ist), in der nur die Ionen und Verbindungen stehen, bei denen eine Änderung der Oxidationsstufe vorliegt (**Ionengleichung**).
3. Beschriftung von Elementen, deren Oxidationszahlen sich ändern.
4. Identifikation des Redoxvorganges: Was wird oxidiert bzw. reduziert? Wie viele Elektronen wandern?
5. Ausgleich der Redoxänderung. (Bilden des kleinsten gemeinsamen Vielfachen, kgV.)
6. Bilden der Ladungsbilanz: Fehlende Ladungen werden durch H^+ oder OH^--Ionen ausgeglichen.
7. Bilden der Wasserstoff- und Sauerstoffbilanz (H/O-Bilanz) und evtl. Ausgleichen mit Wasser.
8. Prüfen der Reaktionsgleichung auf Massenerhaltung (rechts und links müssen die gleiche Anzahl von Elementen stehen!).

1. Ermittlung der Oxidationszahlen

H	überall	+I
K	überall	+I
Mn	in $KMnO_4$	+VII
O	überall	–II
Cl	in HCl	–I
S	überall	+VI
Mn	in $MnSO_4$	+II
Cl	in Cl_2	0

2. Aufstellung der Ionengleichung nach Gl. 4.31

$$MnO_4^- + HCl \longrightarrow Mn^{2+} + Cl_2 \qquad \text{(Gl. 4.31)}$$

3. Beschriftung von Elementen, deren Oxidationszahlen sich nach Gl. 4.32 ändern

$$\overset{+VII}{Mn}O_4^- + H\overset{-I}{Cl} \longrightarrow \overset{+II}{Mn}{}^{2+} + \overset{0}{Cl_2} \qquad \text{(Gl. 4.32)}$$

4. Identifikation des Redoxvorganges nach Gl. 4.33

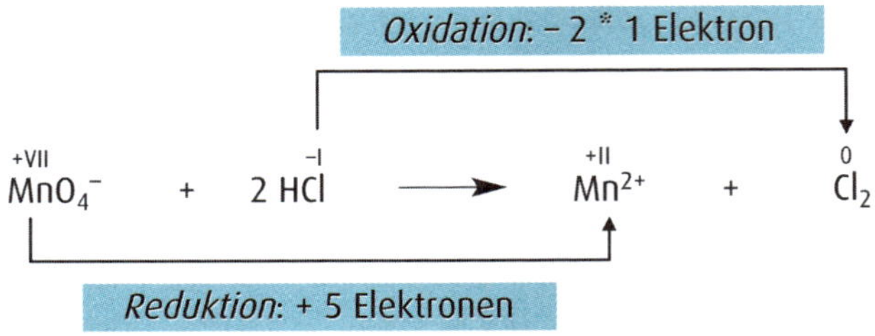

(Gl. 4.33)

Bemerkung: Die linke Seite der Reaktionsgleichung musste mit einem zweiten HCl-Molekül ausgeglichen werden, da die Oxidation zu **2** Chloratomen erfolgt und sich diese auch auf der Eduktseite wiederfinden müssen.

5. Ausgleich der Redoxänderung

Im Reduktionsvorgang werden 5 Elektronen aufgenommen, bei der Oxidation des Chlors dagegen nur 2 zur Verfügung gestellt. Das kleinste gemeinsame Vielfache (kgV) ist 10. Um einen Ausgleich herbeizuführen, muss der Oxidationsvorgang also verfünffacht und der Reduktionsvorgang verdoppelt werden (Gl. 4.34).

$$2\ MnO_4^- + 10\ HCl \longrightarrow 2\ Mn^{2+} + 5\ Cl_2 \qquad \text{(Gl. 4.34)}$$

6. Bilden der Ladungsbilanz

Addiert man die Ladungen auf der Eduktseite, so erhält man in der Summe 2 negative Ladungen $(2 \cdot (1^-) = 2^-)$ und auf der Produktseite 4 positive Ladungen $(2 \cdot (2^+) = 4^+)$. Die Reaktion findet in *saurem Medium* statt, so dass die Differenz auf der Eduktseite nach Gl. 4.35 mit **6 H^+-Ionen** ausgeglichen werden kann.

$$2\ MnO_4^- + 10\ HCl + \mathbf{6\ H^+} \longrightarrow 2\ Mn^{2+} + 5\ Cl_2 \qquad \text{(Gl. 4.35)}$$

7. H/O-Bilanz

Als letzter Schritt vor der Prüfung der Reaktionsgleichung auf Massenerhaltung erfolgt die Wasserstoff- und Sauerstoffbilanz. Das Schema von Bild 4.38 ist dazu hilfreich.

Bild 4.38
H/O-Bilanz

Auf der linken Seite der Reaktionsgleichung befinden sich 16 Wasserstoff- und 8 Sauerstoffatome. Auf der Produktseite sind weder Wasserstoff- noch Sauerstoffatome vorhanden. Die Differenz von 8 Sauerstoff- und 16 Wasserstoffatomen wird durch Hinzufügen von **8** Wassermolekülen auf der Produktseite ausgeglichen.

Die endgültige Redoxgleichung in der **Ionenschreibweise** lautet nach Gl. 4.36:

$$2\ MnO_4^- + 10\ HCl + 6\ H^+ \longrightarrow 2\ Mn^{2+} + 5\ Cl_2 + \mathbf{8\ H_2O} \qquad \text{(Gl. 4.36)}$$

Die **vollständige** Reaktionsgleichung lautet nach Gl. 4.37:

$$2\ KMnO_4 + 3\ H_2SO_4 + 10\ HCl \longrightarrow K_2SO_4 + 2\ MnSO_4 + 5\ Cl_2 + 8\ H_2O \qquad \text{(Gl. 4.37)}$$

8. Prüfung auf Massenerhaltung

Eine abschließende Prüfung der Reaktionsgleichung auf Massenerhaltung zeigt, ob die Redoxgleichung richtig aufgestellt wurde. In diesem Beispiel entspricht die Anzahl der Elemente auf der Eduktseite denen auf der Produktseite.

Vertiefungsübung V4.17

Gleichen Sie folgende Redoxgleichungen (Gl. 4.38...Gl. 4.41) stöchiometrisch richtig aus:

a) $S + HNO_3 \longrightarrow H_2SO_4 + NO$ (Gl. 4.38)

b) $H_2SO_4 + HBr \longrightarrow SO_2 + Br_2 + H_2O$ (Gl. 4.39)

c) $MnO_4^- + Fe^{2+} \longrightarrow Mn^{2+} + Fe^{3+}$ (Gl. 4.40)

(Hinweis: Reaktion verläuft in schwefelsaurem Medium)

d) $K_2Cr_2O_7 + H_2SO_4 + HCl \longrightarrow K_2SO_4 + Cr_2(SO_4)_3 + Cl_2 + H_2O$ (Gl. 4.41)

(Hinweis: Es empfiehlt sich hier das Aufstellen der vereinfachten Ionengleichung.)

Vertiefungsübung V4.18

Formulieren Sie folgende Reaktion als vereinfachte Ionengleichung und gleichen Sie sie stöchiometrisch richtig aus:

Kupfer reagiert in saurem Medium mit Nitrationen zu $Kupfer^{2+}$ und Stickstoffmonoxid (NO).

4.4.5 Disproportionierung und Komproportionierung

4.4.5.1 Disproportionierung

Lässt man Chlor mit kalter Natronlauge reagieren, so findet nach Gl. 4.42 folgende Reaktion statt (sie ist stöchiometrisch noch nicht vollständig):

$$NaOH + Cl_2 \longrightarrow NaOCl + NaCl + H_2O \qquad \text{(Gl. 4.42)}$$

Als Produkte erhält man Natriumchlorid (NaCl), Natriumhypochlorit (NaOCl), auch als Chlorbleichlauge oder «Eau de Javelle» bekannt, und Wasser. Natriumhypochlorit ist in haushaltsüblichen WC-Reinigern enthalten.

Auch hier sollen zunächst die Oxidationszahlen ermittelt werden.

Cl	in Cl_2	0
Na	überall	+I
O	überall	–II
H	überall	+I
Cl	in NaOCl	+I
Cl	in NaCl	–I

Auffällig ist, dass Chlor in den beiden Produkten Natriumchlorid und Natriumhypochlorit unterschiedliche Oxidationszahlen besitzt.

Definition «Disproportionierung»

Eine Redoxreaktion, bei der **ein** Element, hier Chlor, **gleichzeitig** oxidiert und reduziert wird, bezeichnet man als Disproportionierung.

Auch hier wird die Reaktionsgleichung stöchiometrisch erstellt. Dazu wird als Erstes die Gleichung in **Ionenschreibweise** und unter Einbeziehung nur der Teilchen, bei denen Oxidationszahländerungen stattfinden, nach Gl. 4.43 dargestellt. Die OH^--Ionen der Natronlauge sind für den späteren Ladungsausgleich und das Wasser für die H/O-Bilanz wichtig.

$$\overset{0}{Cl_2} \longrightarrow O\overset{+I}{Cl}^- + \overset{-I}{Cl}^- \qquad \text{(Gl. 4.43)}$$

Die Identifikation des Redoxvorganges liefert nach Gl. 4.44 folgendes Schema:

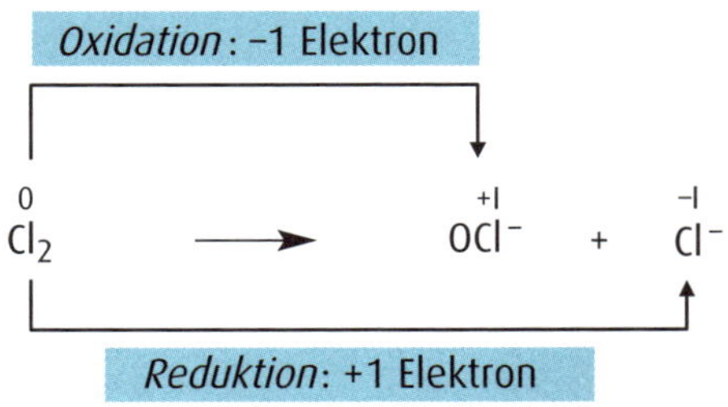

(Gl. 4.44)

Ein Ausgleich der Redoxänderung ist nicht notwendig, da gleichermaßen 1 Elektron abgegeben wie auch aufgenommen wird.

Die Ladungsbilanz lässt auf der Produktseite 2 negative Ladungen im Vergleich zu keinen Ladungen auf der Eduktseite erkennen. Da in basischem Medium gearbeitet wird, kann diese Differenz durch **2 OH^--Ionen** ausgeglichen werden, sodass sich Gl. 4.45 ergibt:

$$Cl_2 + \mathbf{2\,OH^-} \longrightarrow OCl^- + Cl^- \qquad \text{(Gl. 4.45)}$$

Als letztes erfolgt die H/O-Bilanz. Auf der linken Seite der Reaktionsgleichung befinden sich 2 Wasserstoff- und 2 Sauerstoffatome. Auf der Produktseite sind 1 Sauerstoffatom aber keine Wasserstoffatome vorhanden (Bild 4.39).

links

H	O
2	2

rechts

H	O
0	1

Bild 4.39
H/O-Bilanz

Die Differenz von 1 Sauerstoff- und 2 Wasserstoffatomen wird durch Hinzufügen von **1** Wassermolekül auf der Produktseite ausgeglichen, sodass die endgültige Reaktionsgleichung in der **Ionenschreibweise** nach Gl. 4.46 lautet:

$$Cl_2 + 2\,OH^- \longrightarrow OCl^- + Cl^- + \mathbf{H_2O} \qquad \text{(Gl. 4.46)}$$

Die **vollständige** Reaktionsgleichung lautet nach Gl. 4.47:

$$2\,NaOH + Cl_2 \longrightarrow NaOCl + NaCl + H_2O \qquad \text{(Gl. 4.47)}$$

Die Reaktion nach Gl. 4.47 ist unter Einsatz einer Säure umkehrbar (reversibel). Anfangs wurde auf die Verwendung von Natriumhypochlorit in WC-Reinigern hingewiesen. Kommt im Haushalt ein solcher WC-Reiniger *gleichzeitig* mit einem säurehaltigen Reiniger (z.B.: Essigsäure) zum Einsatz, so ist Chlorgasentwicklung, Cl_2, die Folge. Dies kann gesundheitliche Beeinträchtigungen zur Folge haben und ist zu vermeiden.

4.4.5.2 Komproportionierung

Lässt man Chlor mit heißer Natronlauge reagieren, so entsteht als Hauptprodukt Natriumchlorat ($NaClO_3$). Die Reaktion ist unter Einsatz einer Säure ebenfalls umkehrbar. Die Reaktionsgleichung (sie ist noch nicht stöchiometrisch ausgeglichen) lautet dann nach Gl. 4.48:

$$NaClO_3 + NaCl + H_2SO_4 \longrightarrow Na_2SO_4 + Cl_2 + H_2O \qquad \text{(Gl. 4.48)}$$

Bemerkung: Statt Schwefelsäure kann auch eine beliebige andere Säure (z.B.: Essigsäure) zum Einsatz kommen.

Zunächst werden die Oxidationszahlen ermittelt:

Cl	in Cl_2	0
Na	überall	+I
O	überall	–II
H	überall	+I
S	überall	+VI
Cl	in $NaClO_3$	+V
Cl	in NaCl	–I

Chlor besitzt in den beiden Edukten $NaClO_3$ und NaCl unterschiedliche Oxidationszahlen.

Definition «Komproportionierung»

Eine Redoxreaktion, bei der gleiche Elemente mit **unterschiedlichen** Oxidationszahlen zu Elementen, in unserem Beispiel Chlor, mit **einer** Oxidationszahl reagieren, bezeichnet man als Komproportionierung oder Synproportionierung. Sie stellt den umgekehrten Fall zur Disproportionierung dar.

Die einzelnen Schritte zum stöchiometrischen Einrichten der Reaktionsgleichung werden an dieser Stelle nicht aufgeführt. Es ist aber empfehlenswert, sie als Übung durchzuführen. Die **vollständige** Reaktionsgleichung lautet nach Gl. 4.49:

$$NaClO_3 + 5\,NaCl + 3\,H_2SO_4 \longrightarrow 3\,Na_2SO_4 + 3\,Cl_2 + 3\,H_2O \qquad \text{(Gl. 4.49)}$$

Prozess P4_KAP4

Vergleicht man hinsichtlich der elektrischen Leitfähigkeit eine wässrige Salzsäurelösung mit einer wässrigen Essigsäurelösung sowie mit reinem Wasser, so stellt man für die Salzsäurelösung eine sehr viel höhere elektrische Leitfähigkeit als für das Wasser fest. Die wässrige Essigsäurelösung leitet den elektrischen Strom besser als Wasser, aber schlechter als die Salzsäurelösung.
Welche Phänomene sorgen für die Erhöhung der Leitfähigkeit und warum leitet Wasser den elektrischen Strom, wenn auch in sehr geringem Maße, überhaupt?

4.5 Säuren- und Basensysteme

4.5.1 Protolyse

In Abschnitt 4.3.3 wurde bereits das Molekül Chlorwasserstoff hinsichtlich seiner polaren Atombindung untersucht. Auch Wasser wurde als ein weiteres Beispiel für eine polare Atombindung und des daraus resultierenden Dipolcharakters betrachtet. Trotz der ungleichen Ladungsverteilung existieren hier eigentlich keine Ladungsträger (Ionen), die einen Stromtransport gewährleisten könnten.

Lässt man Chlorwasserstoffgas, HCl, und Wasser miteinander reagieren, entsteht Salzsäure, $HCl_{(aq)}$, die den elektrischen Strom leitet. Bei diesem Vorgang müssen also stromtransportierende Teilchen entstanden sein.

Bei dem Kontakt zweier Moleküle der beiden Stoffe findet eine Anlagerung des positiv polarisierten Bereiches des Wassermoleküls an den negativ polarisierten Bereich des Chlorwasserstoffmoleküls statt. Gleichermaßen wird der positivierte Wasserstoff des HCl-Moleküls eine Anziehung durch den negativ polarisierten Sauerstoff des Wassermoleküls erfahren. Diese Anziehung ist so stark, dass es nach Gl. 4.50 zu einem vollständigen Übergang des positiven Wasserstoffions zum Wassermolekül kommt.

$$HCl + H_2O \xrightarrow{H_2O} H_3O^+_{(aq)} + Cl^-_{(aq)} \quad \text{(Gl. 4.50)}$$

Das abgespaltene positive Wasserstoffion wird als **Proton** bezeichnet, da es die Atommasse 1 u und die Ladung +1 besitzt. Das neu entstandene H_3O^+-Ion wird als Hydronium- oder Oxoniumion (im Folgenden soll der Begriff «Oxoniumion» verwendet werden) bezeichnet. Mit Hilfe der Stoffmengenkonzentration an vorhandenen Oxoniumionen kann man den *pH*-Wert berechnen, der bereits in Kapitel 2 behandelt wurde.

Definition «Protolyse»

Reaktionen, bei denen Protonen (Wasserstoffionen) übertragen werden, bezeichnet man als Protolysen. Die Protolyse ist ein Fall der elektrolytischen Dissoziation, bei der durch das Einwirken des Lösungsmittels freie Ladungsträger entstehen, die den Stromtransport ermöglichen.

Informationssuche

Informieren Sie sich in entsprechender Literatur, Datenbanken, Lexika oder im Internet (z.B.: http://de.wikipedia.org/wiki/Hauptseite) über die Funktionsweise des Stromtransports. Was bedeuten in diesem Zusammenhang die Begriffe Anode und Katode?

Vertiefungsübung V4.19

Stellen Sie die Protolysegleichung von Schwefelsäure (H_2SO_4) mit Wasser auf.

4.5.1.1 Definitionen der Säuren und Basen nach Arrhenius[7] und Brönsted[8]

Ähnlich wie bei der Betrachtung der Atommodelle gibt es auch bei der Definition von Säuren und Basen verschiedene Theorien. Dabei kann man nicht sagen, dass eine

[7] Svante August Arrhenius (1859 bis 1927), schwedischer Physiker und Chemiker
[8] Nicolaus Brönsted (1879 bis 1947), dänischer Chemiker

Theorie falsch, eine andere richtig ist; man muss die einzelnen Konzepte vielmehr bezogen auf das jeweils vorliegende Problem betrachten.

Eine «alte» Definition zum Säure-Base-Begriff, die 1887 von ARRHENIUS eingeführt wurde, lautet:

Definition «Säuren nach ARRHENIUS»

Säuren sind Stoffe, die in wässriger Lösung Protonen abspalten.

Die Reaktion ist, wie in Abschnitt 4.5 erläutert, eine Protolyse. Säuren, die nur ein Proton abgeben können, werden als **einprotonige** Säuren bezeichnet. Salzsäure ist ein Beispiel für eine einprotonige Säure. Gl. 4.51 veranschaulicht dies.

$$HCl + H_2O \xrightarrow{H_2O} H_3O^+_{(aq)} + Cl^-_{(aq)} \qquad \text{(Gl. 4.51)}$$

Säuren, die mehrere Protonen pro Molekül abgeben können, sind **mehrprotonige** Säuren. Beispiele hierfür sind Schwefelsäure, $\mathbf{H_2}SO_4$, mit maximal 2 abspaltbaren Protonen sowie die Phosphorsäure, $\mathbf{H_3}PO_4$, die bis zu 3 Protonen abgeben kann. Die Anzahl der Protonen, die abgespalten werden, hängt von der Stärke des Reaktionspartners, der Base ab (s. auch Kapitel 2 und 7).

Definition «Basen nach ARRHENIUS»

Basen sind Stoffe, die in wässriger Lösung Hydroxid-Ionen, OH^--Ionen abspalten.

Als Beispiel wird hier das Lösen des Feststoffes Natriumhydroxid in Wasser aufgeführt (Gl. 4.52).

$$NaOH + H_2O \xrightarrow{H_2O} Na^+_{(aq)} + OH^-_{(aq)} \qquad \text{(Gl. 4.52)}$$

Die wässrige Lösung des Feststoffes Natriumhydroxid wird als Natronlauge bezeichnet.

Wie bereits in Kapitel 2 erläutert, neutralisieren sich Oxoniumionen und Hydroxidionen nach Gl. 4.53 unter Bildung von Wasser.

$$H_3O^+_{(aq)} + OH^-_{(aq)} \longrightarrow 2\,H_2O \qquad \text{(Gl. 4.53)}$$

Ein großer Nachteil des Arrhenius-Konzeptes ist die Beschränkung auf wässrige Lösungen. Später entwickelte Theorien können allgemeiner angewandt werden. Ammoniak (NH_3) ist eine Base. Nach Definition von ARRHENIUS ist dies nicht möglich, denn Ammoniak besitzt keine Hydroxidionen.

Die «modernere» Definition von Säuren und Basen wurde 1923 von BRÖNSTED eingeführt. Sie definiert den Basenbegriff in Beziehung zum Säurebegriff und betrachtet dabei die Art der Reaktion, die stattfindet.

Definition «Säuren und Basen nach BRÖNSTED»

Säuren sind Stoffe, die Protonen abgeben, sog. «Protonenspender» bzw. Protonendonatoren. **Basen** sind Stoffe, die Protonen aufnehmen, sog. Protonenakzeptoren.

Für das Beispiel Ammoniak gilt die Reaktionsgleichung Gl. 4.54:

$$NH_3 + H_2O \xrightarrow{H_2O} NH_4^+{}_{(aq)} + OH^-{}_{(aq)} \qquad \text{(Gl. 4.54)}$$

Hierbei findet ein Protonenübergang vom Wasser zum Ammoniak statt. Wasser ist in diesem Fall die **Brönsted-Säure** und Ammoniak die **Brönsted-Base**. Reaktionsprodukte sind ein Ammoniumion (NH_4^+) sowie ein Hydroxidion (OH^-).

Der Protonenübergang kann nur stattfinden, wenn neben einer Säure auch eine Base vorhanden ist, die das abgespaltene Proton aufnimmt. Die Protolyse kann also auch als **Säure-Base-Reaktion** bezeichnet werden.

Die Reaktionsgleichung zum Lösen von Ammoniak in Wasser wird noch einmal genauer betrachtet: Die Base Ammoniak reagiert nach Gl. 4.55 mit der Säure Wasser zum NH_4^+-Ion und OH^--Ion. Bei umgekehrtem Reaktionsverlauf gibt das Ammoniumion nach Gl. 4.56 ein Proton ab, das dann vom Hydroxidion aufgenommen wird. Dabei wirkt das Ammoniumion als Säure und das Hydroxidion als Base.

$$\underset{\text{(Base)}}{NH_3} + \underset{\text{(Säure)}}{H_2O} \xrightarrow{H_2O} NH_4^+{}_{(aq)} + OH^-{}_{(aq)} \qquad \text{(Gl. 4.55)}$$

$$NH_3 + H_2O \xleftarrow{H_2O} \underset{\text{(Säure)}}{NH_4^+{}_{(aq)}} + \underset{\text{(Base)}}{OH^-{}_{(aq)}} \qquad \text{(Gl. 4.56)}$$

Bei der Hinreaktion entsteht aus der Base 1 (Ammoniak) das Ammoniumion, das bei der Rückreaktion als Säure 1 wirkt. Gleichermaßen entsteht bei der Hinreaktion aus der Säure 2 (Wasser) das Hydroxidion, das bei der Rückreaktion als Base 2 fungiert.

Die Base 1 und die durch Protonenaufnahme entstehende Säure 1 sowie die Säure 2 und ihre durch Protonenabgabe entstehende Base 2 bezeichnet man als korrespondierende oder konjugierte Säure-Base-Paare. Gl. 4.57 und Gl. 4.58 veranschaulichen das.

korrespondierend (Base 1 ↔ Säure 1)

$$\text{Base 1} + \text{Säure 2} \rightleftharpoons \text{Säure 1} + \text{Base 2} \qquad \text{(Gl. 4.57)}$$

korrespondierend (Säure 2 ↔ Base 2)

$$\text{z.B.} \quad \underset{\text{(Base 1)}}{NH_3} + \underset{\text{(Säure 2)}}{H_2O} \rightleftharpoons \underset{\text{(Säure 1)}}{NH_4^+{}_{(aq)}} + \underset{\text{(Base 2)}}{OH^-{}_{(aq)}} \qquad \text{(Gl. 4.58)}$$

Merke

Bei einer Säure-Base-Reaktion (Protolyse) sind immer 2 korrespondierende (konjugierte) Säure-Base-Paare beteiligt, zwischen denen ein Gleichgewicht existiert. Dies wird durch den Hin- und Rückpfeil in der Reaktionsgleichung zum Ausdruck gebracht.

Vertiefungsübung V4.20

Verdeutlichen Sie an der Reaktion von HCl mit Wasser die Begriffe Brönsted-Base bzw. Brönsted-Säure und korrespondierendes Säure-Base-Paar.

Auch Komplexe (s. Abschnitt 4.3.8) können als konjugiertes Säure-Base-Paar auftreten. Ein Beispiel dafür ist der Hex(a)aquoaluminium(III)-Komplex, der nach Gl. 4.59 als Brönsted-Säure wirken kann:

$$[Al(H_2O)_6]^{3+} + H_2O \rightleftharpoons [Al(H_2O)_5OH]^{2+} + H_3O^+$$
(Säure 1) (Base 2) (Base 1) (Säure 2) (Gl. 4.59)

Vertiefungsübung V4.21

Der Hex(a)aquoeisen(III)-Komplex ($[Fe(H_2O)_6]^{3+}$) kann bei der Protolyse mit Wasser als dreiprotonige Säure wirken. Formulieren Sie diese Reaktion analog zur Gl. 4.59.

Auffällig an den vorangegangenen Beispielen ist, dass das Molekül Wasser sowohl als Säure als auch als Base wirken kann. Im Fall des Lösens von Ammoniak in Wasser ist es Protonendonator (Säure), im Fall der Reaktion von Chlorwasserstoff mit Wasser fungiert es als Protonenakzeptor (Base). Gl. 4.60 verdeutlicht die Zusammenhänge.

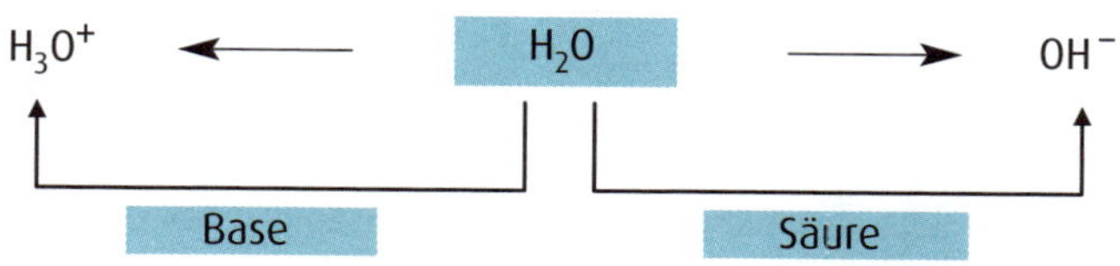

(Gl. 4.60)

Definition «Ampholyt»

Stoffe, die sowohl als Säure als auch als Base wirken können, werden Ampholyte genannt.

So zeigen z.B. weitere wichtige Substanzen amphoteres Verhalten:

- Ammoniak (NH_3)
- Hydrogensulfat (HSO_4^-)
- Hydrogenphosphat (HPO_4^{2-})

Vertiefungsübung V4.22

Stellen Sie das amphotere Verhalten der oben genannten Substanzen mit geeigneten Reaktionsgleichungen dar.

4.5.1.2 Autoprotolyse des Wassers

Misst man unter Verwendung von sehr empfindlichen Messgeräten die elektrische Leitfähigkeit von Wasser, so erhält man sehr kleine Leitfähigkeits-Messwerte (s. Kapitel 5). Obwohl es sich bei dem Wassermolekül um eine Atombindung handelt, müssen demnach einige wenige Ionen vorliegen. Die Bildung der freien Ladungsträger wird als **Autoprotolyse des Wassers** bezeichnet. Die Protolyse des amphoteren Wassermoleküls verläuft nach Gl. 4.61:

$$H_2O + H_2O \longrightarrow H_3O^+ + OH^- \quad \text{(Gl. 4.61)}$$

Die entstehenden Oxonium- sowie Hydroxidionen heben sich in ihrer Anzahl auf, sodass reines Wasser *neutral* reagiert. Erst durch Zugabe einer Säure wird die Anzahl der Oxoniumionen erhöht, eine saure Lösung ist die Folge. Bei Zugabe einer Base erniedrigt sich die Oxoniumionen-Konzentration in gleichem Maße, wie die Hydroxidionen-Konzentration ansteigt. Es handelt sich dann um eine Lauge, bzw. eine alkalische Lösung.

4.5.1.3 Stärke von Brönsted-Säuren und Brönsted-Basen

Hat eine Säure im Sinne der Brönsted-Theorie ein großes Bestreben, Protonen abzugeben, so spricht man von einer **starken** Säure. Analog dazu handelt es sich um eine **starke** Base, wenn die Tendenz, Protonen aufzunehmen, groß ist. Im Beispiel HCl und Wasser findet eine nahezu vollständige Reaktion zu Cl^- und H_3O^+ statt. Daraus ergibt sich, dass HCl eine stärkere Säure als H_3O^+ sein muss, da die Tendenz zur Abgabe der Protonen größer ist. Das Gleichgewicht liegt **fast vollständig** auf der rechten Seite. Gl. 4.62 zeigt die Zusammenhänge:

$$HCl + H_2O \xrightleftharpoons{H_2O} \mathbf{H_3O^+_{(aq)}} + \mathbf{Cl^-_{(aq)}} \qquad \text{(Gl. 4.62)}$$

Wasser hingegen ist eine stärkere Base als Cl^-, denn die Protonen werden nicht an das Chloridion abgegeben, sondern «festgehalten». Die Säure HCl besitzt eine schwache konjugierte Base Cl^-.

Betrachtet man die Protonenabgabe auf der einen und die Protonenaufnahme auf der anderen Seite als «Konkurrenzsituation», so **muss** eine starke Säure eine schwache konjugierte Base zur Folge haben. Die konjugierte Base darf nämlich nur ein sehr geringes Bestreben haben, das Proton ihrer starken Säure aufzunehmen. Ähnliche Überlegungen gelten für die Betrachtung einer Base und ihrer konjugierten Säure.

Merke

Je stärker eine Säure ist, desto schwächer ist ihre konjugierte Base. Umgekehrt gilt, je schwächer eine Base ist, desto stärker ist ihre konjugierte Säure.

Ein Maß für die Tendenz, Protonen abzugeben, ist der Dissoziations- oder Protolysegrad α, der in diesem Buch verwendet wird.

Definition «Protolysegrad α»

Der Protolysegrad α ist das **Verhältnis** von protolysierten Säuremolekülen bezogen auf die Gesamtzahl an vorhandenen Säuremolekülen vor der Protolyse (Gl. 4.63). Er ist abhängig von der Stoffmengenkonzentration der Säure sowie der Temperatur.

$$\text{Protolysegrad } \alpha = \frac{\text{Konzentration protolysierter Säuremoleküle}}{\text{Konzentration der Säuremoleküle vor der Protolyse}} \qquad \text{(Gl. 4.63)}$$

α kann als Dezimalzahl angegeben werden; z.B. bedeutet $\alpha = 0{,}5$, dass nur die Hälfte, also 50%, aller Säuremoleküle protolysiert vorliegen.

Eine Säure mit großem Protolysegrad protolysiert in hohem Maße in H^+ und negativ geladenen Säurerest-Anionen. Der Protolysegrad α der Reaktion von HCl und Wasser beträgt nahezu 1. Annähernd alle HCl-Moleküle spalten demnach ihr Proton ab und bilden H_3O^+-Ionen und Cl^--Ionen.

Eine Essigsäure mit der Stoffmengenkonzentration $c(CH_3COOH) = 0{,}01$ mol/L, hat einen Protolysegrad von $\alpha \approx 0{,}01$ und protolysiert damit in wässriger Lösung in einem nur sehr geringen Maß. Von 100 Essigsäuremolekülen liegen rund 99 auch in wässriger Lösung als CH_3COOH-Molekül unprotolysiert vor. Nur ein Molekül spaltet sein Proton ab und bildet nach Gl. 4.64 Oxoniumionen und das Säurerest-Anion Acetat (CH_3COO^-).

$$\mathbf{CH_3COOH} + \mathbf{H_2O} \xrightleftharpoons{H_2O} H_3O^+_{(aq)} + CH_3COO^-_{(aq)} \qquad \text{(Gl. 4.64)}$$

Der Protolysegrad α ist für die Berechnung des *pH*-Wertes wichtig, denn hier darf nur die **tatsächliche** Konzentration an gebildeten H_3O^+-Ionen herangezogen werden. In Kapitel 2 wurden bereits einige Berechnungen zum *pH*-Wert durchgeführt. Allerdings wurde dort immer von Säuren ausgegangen, die zu 100% protolysieren, $\alpha = 1$. Will man den *pH*-Wert von Säuren berechnen, die nur zu einem Teil protolysieren, muss die schon bekannte Gleichung aus Kapitel 2 um den Faktor α ergänzt werden (Gl. 4.65):

$$pH = -\lg[c(\text{Säure}) \cdot \alpha] \qquad \text{(Gl. 4.65)}$$

mit:

α	Protolysegrad
c(Säure)	Stoffmengenkonzentration der Säuremoleküle vor der Protolyse

Beispiel 1

Eine einprotonige Säure mit der Stoffmengenkonzentration $c(\text{Säure}) = 0{,}05$ mol/L ist nur zu 85% protolysiert ($\alpha = 0{,}85$). Wie groß ist der *pH*-Wert?

Das Einsetzen der Werte in Gl 4.65 ergibt Gl.(4.66):

$$pH = -\lg[0{,}05 \cdot 0{,}85] \qquad \text{(Gl. 4.66)}$$
$$pH = \underline{1{,}37}$$

Die **tatsächliche** Stoffmengenkonzentration an protolysierten Säureteilchen (Wert in der eckigen Klammer) beträgt 0,0425 mol/L. Nach dem Logarithmieren errechnet sich ein *pH*-Wert von 1,37.
Bei vollständiger Protolyse ($\alpha = 1$) und Einsetzen der Werte in Gl. 4.65 ergibt sich Gl. 4.67:

$$pH = -\lg[0{,}05 \cdot 1] \qquad \text{(Gl. 4.67)}$$
$$pH = \underline{1{,}30}$$

Je kleiner der *pH*-Wert ist, desto saurer ist die Lösung, d.h., desto mehr Säureteilchen sind protolysiert. Im vorangegangenen Beispiel wird dies deutlich. Geht man von einem $\alpha = 1$, also 100%iger Protolyse aus, ist der *pH*-Wert kleiner (1,30) als mit einem angenommenen $\alpha = 0{,}85$ (*pH*-Wert = 1,37).

Beispiel 2

Von einer einprotonigen Säure mit der Stoffmengenkonzentration $c(\text{Säure}) = 0{,}084$ mol/L wird ein *pH*-Wert von 1,17 ermittelt. Wie groß ist der Protolysegrad α?
Die Werte werden in die Gl. 4.65 eingesetzt:

$$1{,}17 = -\lg[0{,}084 \cdot \alpha] \qquad \text{(Gl. 4.68)}$$
$$\alpha = \underline{0{,}80}$$

Vertiefungsübung V4.23

Berechnen Sie den *pH*-Wert einer einprotonigen Säure mit $c(\text{Säure}) = 0{,}07$ mol/L, die nur zu 93% protolysiert ($\alpha = 0{,}93$).

Vertiefungsübung V4.24

Berechnen Sie den Protolysegrad α einer einprotonigen Säure mit $c(\text{Säure}) = 0{,}03$ mol/L. Der *pH*-Wert der Säure beträgt 1,58.

Merke

Starke Säuren besitzen einen großen Protolysegrad α und protolysieren fast vollständig. Schwache Säuren protolysieren in geringem Maße und besitzen einen kleinen Protolysegrad.

In Tabelle 4.8 sind einige konjugierte Säure-Base-Paare, geordnet nach ihrer relativen Stärke, aufgeführt. Perchlorsäure ($HClO_4$) ist die stärkste aufgeführte Säure. Ihre korrespondierende Base, das Perchloration (ClO_4^-) ist die schwächste Base. Die in Tabelle 4.8 aufgeführte stärkste Base, das Amidion (NH_2^-), bedingt die korrespondierende Säure Ammoniak (NH_3). Sie stellt die schwächste Säure dar.

Tabelle 4.8 Beispiele für Säuren und Basen, geordnet nach ihrer Stärke

(Pfeil aufwärts: zunehmende Säurestärke; Pfeil abwärts: zunehmende Basenstärke)

Säure	Summenformel	Base	Summenformel
Perchlorsäure	$HClO_4$	Perchloration	ClO_4^-
Salzsäure	HCl	Chloridion	Cl^-
Schwefelsäure	H_2SO_4	Hydrogensulfat	HSO_4^-
Oxoniumion	H_3O^+	Wasser	H_2O
Salpetersäure	HNO_3	Nitration	NO_3^-
Phosphorsäure	H_3PO_4	Dihydrogenphosphation	$H_2PO_4^-$
Essigsäure	CH_3COOH	Acetation	CH_3COO^-
Kohlensäure	H_2CO_3	Hydrogencarbonation	HCO_3^-
Schwefelwasserstoff	H_2S	Hydrogensulfidion	HS^-
Ammoniumion	NH_4^+	Ammoniak	NH_3
Blausäure	HCN	Cyanidion	CN^-
Hydrogencarbonation	HCO_3^-	Carbonation	CO_3^{2-}
Hydrogensulfidion	HS^-	Sulfidion	S^{2-}
Wasser	H_2O	Hydroxidion	OH^-
Ammoniak	NH_3	Amidion	NH_2^-

Vertiefungsübung V4.25

Überlegen Sie sich mit Hilfe der Tabelle 4.8, welcher Partner bei der Reaktion von Hydrogencarbonationen (HCO_3^-) mit Oxoniumionen die Brönstedt-Säure und welcher die Brönsted-Base darstellt und formulieren Sie die Reaktionsgleichung.

4.5.2 Definitionen der Säuren und Basen nach Lewis[9]

Das 1938 ausgearbeitete Konzept der Lewis-Theorie erweitert die Definition von Brönsted. Das Lewis-Konzept ist **unabhängig** von der Betrachtung der Protonen.

Definition «Säuren und Basen nach Lewis»

Nach Lewis sind Säuren Stoffe, die einen Mangel an Elektronen, eine Elektronenlücke, besit-

[9] Gilbert Newton Lewis (1875 bis 1946), US-Physikochemiker

zen. Sie können Elektronen anlagern und sind somit Elektronenpaarakzeptoren. Sie werden ihrer Eigenschaft nach auch als elektrophil (griechisch: «elektronenliebend») bezeichnet. Basen hingegen verfügen über einen Elektronenüberschuss. Sie können ein oder mehrere freie Elektronenpaare zur Verfügung stellen. Sie wirken als Elektronenpaardonatoren und werden als nucleophil (griechisch: «kernliebend») bezeichnet, da sie dem positiven Kern ihres Partners ein Elektronenpaar zur Verfügung stellen können. Die Säure lagert dabei das freie Elektronenpaar unter Ausbildung einer kovalenten Bindung zwischen Säure- und Baseteilchen an.

Eine Brönsted-Base ist auch nach dem Lewis-Konzept **immer** eine Lewis-Base. Betrachtet man das Beispiel Ammoniak, so ist festzustellen, dass NH_3 über ein freies Elektronenpaar verfügt, das es im Sinne des Lewis-Konzeptes einem Partner mit einer Elektronenlücke «spenden» kann (Bild 4.40).

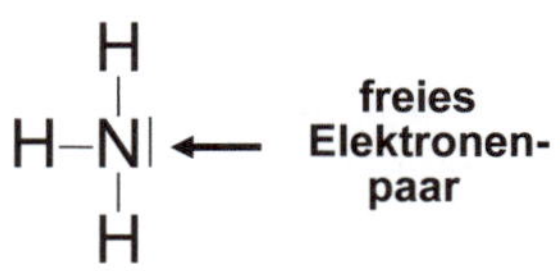

Bild 4.40
Struktur des Moleküls Ammoniak

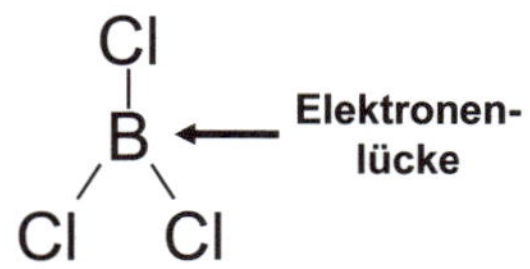

Bild 4.41
Struktur des Moleküls Bortrichlorid (BCl_3)

Ein H^+-Ion ist eine mögliche Lewis-Säure. Es besitzt einen Mangel an Elektronen, der durch Ausbildung einer kovalenten Bindung zum NH_3-Molekül ausgeglichen werden kann. Das Proton ist im Sinne der Lewis-Theorie ein Elektronenpaarakzeptor.

Über das Proton hinaus können auch andere Substanzen Lewis-Säuren sein. Ein typischer Vertreter ist in Bild 4.41 dargestellt.

Ammoniak und Bortrichlorid reagieren unter Ausbildung einer kovalenten Bindung miteinander (Gl. 4.69).

$$BCl_3 + NH_3 \longrightarrow \underset{\text{kovalente Bindung}}{Cl_3B{-}NH_3} \qquad \text{(Gl. 4.69)}$$

Weitere wichtige Lewis-Säuren sind: Aluminiumchlorid ($AlCl_3$), Schwefeltrioxid (SO_3) sowie Metallkationen (Cu^{2+}, Fe^{2+}). Letztere spielen eine große Rolle als Zentralatome in chemischen Komplexen (s. Abschnitt 4.3.8).

Vertiefungsübung V4.26

Klassifizieren Sie die folgenden Substanzen nach den Begriffen Arrhenius-Säure, Arrhenius-Base, Brönsted-Säure, Brönsted-Base, Lewis-Säure, Lewis-Base und Ampholyt. Mehrfachnennungen sind möglich!

HF, SO_3, Ni^{2+}, KOH, HCO_3^-, NH_3, CH_3COO^-

4.5.3 Salze als Säuren und Basen

Was passiert, wenn ein Salz, dessen Ionen als Brönsted-Base bzw. Brönsted-Säure reagieren, in Wasser gelöst wird? Betrachtet man z.B. Ammoniumchlorid (NH_4Cl) in Wasser, so stellt man fest, dass der *pH*-Wert der Lösung sinkt, die Salzlösung reagiert

sauer. Wird Natriumacetat (CH_3COONa) in Wasser gelöst, so ist ein Anstieg des *pH*-Wertes zu beobachten, die Salzlösung reagiert **basisch**. Eine **neutrale** Reaktion ist wiederum zu beobachten, wenn Natriumchlorid (NaCl) in Wasser gelöst wird.

Es handelt sich bei dieser Fragestellung also um den sauren, neutralen bzw. basischen Charakter eines Salzes.

Um entscheiden zu können, wie die Ionen eines Salzes den *pH*-Wert einer Lösung beeinflussen, muss man die Bestandteile des Salzes, also Kation und Anion getrennt voneinander auf ihre **Acidität** bzw. **Basizität** hin untersuchen.

Beispiel Ammoniumchlorid (NH_4Cl)

1. **Betrachtung des Kations**
   Um als Brönsted-Säure zu reagieren, muss das Ammoniumion ein Proton abgeben können. Kationen, die konjugierte Säuren schwacher Basen sind, können als Brönsted-Säuren wirken. Eine schwache Base ist somit Ammoniak (NH_3). Folglich ist die konjugierte Säure, das Ammoniumion (NH_4^+) ein guter Protonendonator, der den *pH*-Wert der Lösung aufgrund der Bildung von Oxoniumionen senkt.

2. **Betrachtung des Anions**
   Das Chloridion ist als konjugierte Base der starken Salzsäure (HCl) eine sehr schwache Brönsted-Base. Es nimmt daher keinen Einfluss auf den *pH*-Wert der Lösung.

Insgesamt ist das Salz Ammoniumchlorid also aus einem sauren Kation und einem neutralen Anion aufgebaut; die Salzlösung reagiert **sauer**.

Beispiel Natriumchlorid (NaCl)

1. **Betrachtung des Kations**
   Das Natrium-Kation ist die konjugierte Säure der starken Natronlauge (NaOH). Ein Einfluss dieses Kations auf den *pH*-Wert der Lösung ist praktisch nicht vorhanden, sodass man in diesem Fall von einem neutralen Kation spricht.

2. **Betrachtung des Anions**
   Das Chloridion ist – wie bereits erwähnt – ein neutrales Anion.
   Sowohl das Anion als auch das Kation des Salzes NaCl sind neutral, somit reagiert die Salzlösung auch **neutral**.

Beispiel Natriumacetat (CH_3COONa)

1. **Betrachtung des Kations**
   Das Natriumion ist bereits als neutrales Kation bekannt.

2. **Betrachtung des Anions**
   Anionen, die in der Lage sind, als konjugierte Basen schwacher Säuren ein Proton aufzunehmen, können basische Lösungen bilden. Essigsäure ist eine schwache Säure, somit ist das Acetation eine starke konjugierte Base. Es ist ein guter Protonenakzeptor und erhöht somit den *pH*-Wert einer Lösung.

Insgesamt ist das Salz Natriumacetat also aus einem neutralen Kation und einem basischen Anion aufgebaut; die Salzlösung reagiert **basisch**.

Beispiel Ammoniumcarbonat ($(NH_4)_2CO_3$)

1. **Betrachtung des Kations**
   Das Ammoniumion ist aus einem vorherigen Beispiel als saures Kation bekannt.

2. **Betrachtung des Anions**
   Kohlensäure ist wie Essigsäure eine schwache Säure. Das Carbonation stellt somit eine starke konjugierte Base dar. Es handelt sich demnach um ein basisches Anion.

Ammoniumcarbonat ist also aus einem sauren Kation und einem basischen Anion zusammengesetzt; die Salzlösung reagiert **neutral**.

Tabelle 4.9 und Tabelle 4.10 zeigen einige Beispiele für das Verhalten von Anionen und Kationen in Wasser, womit eine Abschätzung der sauren, basischen oder neutralen Wirkung von zusammengesetzten Salzen möglich ist. Anschließende Übungen vertiefen die Kenntnisse.

Tabelle 4.9 Saurer und basischer Charakter einiger wichtiger Kationen

Kationen	**Beispiele**
a) *Kationen mit «saurem» Charakter* konjugierte Säuren schwacher Basen	Ammoniumion (NH_4^+) Aniliniumion ($C_6H_5NH_3^+$) Methylammoniumion ($CH_3NH_3^+$) Pyridiniumion ($C_5H_5NH^+$)
b) *Metallkationen mit «saurem» Charakter* alle Metallkationen ergeben saure Lösungen; Ausnahmen sind unter «neutrale Kationen» beschrieben	Fe^{3+}, Cr^{3+}, Al^{3+}, Fe^{2+}, Cu^{2+}, Ni^{2+}
c) *Kationen mit «neutralem» Charakter* alle Metallkationen der 1. und 2. Hauptgruppe und alle anderen Metallkationen mit der Oxidationszahl +I	Na^+, Li^+, K^+, Mg^{2+}, Ca^{2+}, Ag^+
d) *Kationen mit «basischem» Charakter* keine	keine

Tabelle 4.10 Saurer und basischer Charakter einiger wichtiger Anionen

Anionen	**Beispiele**
a) *Anionen mit «saurem» Charakter* sehr wenige	Hydrogensulfat (HSO_4^-) Dihydrogenphosphat ($H_2PO_4^-$)
b) *Anionen mit «neutralem» Charakter* konjugierte Basen starker Säuren	Cl^-, Br^-, I^-, NO_3^-, ClO_4^-
c) *Anionen mit «basischem» Charakter* konjugierte Basen schwacher Säuren	F^-, O^{2-}, OH^-, S^{2-}, HS^-, CN^-, CO_3^{2-}, PO_4^{3-}, NO_2^-, $CH_3CO_2^-$, weitere Carboxylationen

Über die Fragestellung des sauren, neutralen bzw. basischen **Charakters** eines Salzes hinaus findet man noch eine wichtige weitere Definition.

Man spricht häufig von sog. **sauren, basischen** oder **neutralen** Salzen. Dabei bezieht sich diese Definition auf die Zusammensetzung des Salzes (Summenformel) und **nicht** auf seine ***Wirkungsweise*** in Lösung!

Definition «saures, basisches und neutrales Salz»

Von einem **sauren** Salz spricht man, wenn nicht alle H^+-Ionen durch Kationen ersetzt sind, z.B.: Natriumhydrogencarbonat ($Na\mathbf{H}CO_3$) oder Calciumdihydrogenphosphat ($Ca\mathbf{H_2}PO_4$).
Ein **basisches** Salz besitzt noch nicht umgesetzte OH^--Ionen. Beispiele hierfür sind Aluminiumhydroxysulfat ($Al(\mathbf{OH})SO_4$) oder Calciumhydroxychlorid ($Ca(\mathbf{OH})Cl$).
Bei einem **neutralen** Salz sind alle H^+- bzw- OH^--Ionen durch Kationen bzw. Anionen ersetzt, z.B.: Natriumchlorid (NaCl) oder Calciumsulfat ($CaSO_4$).

Merke

Neutrale Salze können in Lösung sauer, basisch oder neutral reagieren!

Vertiefungsübung V4.27

1. Wie reagieren folgende Salze in wässriger Lösung?
   a) Silbernitrat ($AgNO_3$)
   b) Kaliumdihydrogenphosphat (KH_2PO_4)
   c) Natriumphosphat (Na_3PO_4)
   d) Ammoniumhydrogensulfat (NH_4HSO_4)
   e) Calciumsulfid (CaS)
   f) Kaliumperchlorat ($KClO_4$)
   g) Kaliumcarbonat (K_2CO_3)
   h) Aluminiumchlorid ($AlCl_3$)
2. Bei welchen der unter 1. genannten Salze handelt es sich um ein saures, basisches oder neutrales Salz?

4.5.4 Wichtige anorganische Säuren

Der folgende Abschnitt gibt eine Übersicht wichtiger anorganischer Schwefelsäuren, Stickstoffsäuren, Phosphorsäuren und Chlorsäuren. In den Tabellen 4.11...4.14 sind jeweils die Namen, die Summenformeln, die Säurerestionen und, falls existent, die Anhydride der jeweiligen Säuren angegeben.

Bei der Namensgebung der Säuren, der Anhydride wie auch der Säurerestionen besteht neben der in der Praxis geläufigen Benennung mit Trivialnamen (z.B.: Salpetersäure für HNO_3) auch die Möglichkeit, die Säuren mit Hilfe der Oxidationsstufe (Oxidationszahl) des jeweiligen Elements zu unterscheiden. Der Stickstoff in der Salpeter-

Tabelle 4.11 Anorganische Säuren des Elements Stickstoff

Säure	Oxidationsstufe	Anhydrid	Säurerestion
HNO_2 Salpetrige Säure Stickstoff(III)säure	+III	N_2O_3 Distickstofftrioxid Stickstoff(III)oxid	NO_2^- Nitrit Nitrat(III)
HNO_3 Salpetersäure Stickstoff(V)säure	+V	N_2O_5 Distickstoffpentoxid Stickstoff(V)oxid	NO_3^- Nitrat Nitrat(V)

säure z.B. hat die Oxidationszahl +V, somit kann die Säure auch als Stickstoff(V)säure bezeichnet werden.

Tabelle 4.12 Anorganische Säuren des Elements Phosphor

Säure	Oxidationsstufe	Anhydrid	Säurerestion
H_3PO_2 Phosphinsäure Unterphosphorige Säure Phosphor(I)säure	+I		PO_2^{3-} Hypophosphit Phosphat(I)
H_3PO_3 Phosphonsäure Phosphorige Säure Phosphor(III)säure	+III	P_2O_3 Phosphortrioxid Phosphor(III)oxid	PO_3^{3-} Phosphit Phosphat(III)
H_3PO_4 Phosphorsäure Orthophosphorsäure Phosphor(V)säure	+V	P_2O_5 Phosphorpentoxid Phosphor(V)oxid	PO_4^{3-} Phosphat Phosphat(V)
$H_4P_2O_7$ Pyrophosphorsäure Diphosphor(V)säure	+V	P_2O_5 Phosphorpentoxid Phosphor(V)oxid	$P_2O_7^{4-}$ Pyrophosphat Diphosphat(V)
$(HPO_3)_n$ Metaphosphorsäure Metaphosphor(V)-säure	+V	P_2O_5 Phosphorpentoxid Phosphor(V)oxid	$(PO_3)_n^-$ Metaphosphat Metaphosphat(V)

Tabelle 4.13 Anorganische Säuren des Elements Schwefel

Säure	Oxidationsstufe	Anhydrid	Säurerestion
H_2SO_2 Schwefel(II)säure Dioxoschwefel(II)-säure	+II		SO_2^{2-} Hyposulfit Sulfat(II) Dioxosulfat(II)
$H_2S_2O_4$ Unterschweflige Säure Dithionige Säure Dischwefel(III)säure	+III		$S_2O_4^{2-}$ Dithionit Disulfat(III)
H_2SO_3 Schweflige Säure Schwefel(IV)säure Trioxoschwefel(IV)-säure	+IV	SO_2 Schwefeldioxid Schwefel(IV)oxid	SO_3^{2-} Sulfit Sulfat(IV) Trioxosulfat(IV)
$H_2S_2O_5$ Dischweflige Säure Dischwefel(IV)säure	+IV	SO_2 Schwefeldioxid Schwefel(IV)oxid	$S_2O_5^{2-}$ Disulfit Disulfat(IV)

Tabelle 4.13 (Fortsetzung)

Säure	Oxidationsstufe	Anhydrid	Säurerestion
$H_2S_2O_6$ Unterdischwefelsäure Dithionsäure Dischwefel(V)säure	+V		$S_2O_6^{2-}$ Dithionat Disulfat(V)
H_2SO_4 Schwefelsäure Schwefel(VI)säure Tetroxoschwefel(VI)-säure	+VI	SO_3 Schwefeltrioxid Schwefel(VI)oxid	SO_4^{2-} Sulfat Sulfat(VI) Tetroxosulfat(VI)
$H_2S_2O_7$ Dischwefelsäure Dischwefel(VI)säure Pyroschwefelsäure	+VI	SO_3 Schwefeltrioxid Schwefel(VI)oxid	$S_2O_7^{2-}$ Disulfat Disulfat(VI) Pyrosulfat
H_2SO_5 Peroxoschwefel(VI)-säure Carosche Säure	+VI		SO_5^{2-} Peroxosulfat(VI)
$H_2S_2O_8$ Peroxodischwefel(VI)-säure Marshallsche Säure	+VI		$S_2O_8^{2-}$ Peroxodisulfat(VI)

Tabelle 4.14 Anorganische Säuren des Elements Chlor

Säure	Oxidationsstufe	Anhydrid	Säurerestion
HCl Salzsäure Chlorwasserstoff-säure	-I		Cl^- Chlorid
$HClO$ Unterchlorige Säure Chlor(I)säure	+I	Cl_2O Chlor(I)oxid	ClO^- Hypochlorit Chlorat(I)
$HClO_2$ Chlorige Säure Chlor(III)säure	+III		ClO_2^- Chlorit Chlorat(III)
$HClO_3$ Chlorsäure Chlor(V)säure	+V		ClO_3^- Chlorat Chlorat(V)
$HClO_4$ Perchlorsäure Chlor(VII)säure	+VII		ClO_4^- Perchlorat Chlorat(VII)

Die Anhydride entstehen durch Abspaltung von mindestens 1 Molekül Wasser aus ihren Säuren. Z.B. entsteht nach Gl. 4.70 durch Abspaltung von Wasser aus 2 Molekülen Salpetersäure das Anhydrid Distickstoffpentoxid (N_2O_5).

$$2\ HNO_3 \longrightarrow N_2O_5 + H_2O \qquad \text{(Gl. 4.70)}$$

Aus 2 Molekülen phosphoriger Säure entsteht nach Gl. 4.71 durch Abspaltung von 3 Molekülen Wasser das Anhydrid Phosphortrioxid (P_2O_3).

$$2\ H_3PO_3 \longrightarrow P_2O_3 + 3\ H_2O \qquad \text{(Gl. 4.71)}$$

Vertiefungsübung V4.28

Formulieren Sie die Reaktionsgleichung für die Bildung folgender Anhydride: Cl_2O, SO_3 und P_2O_5. Warum können Chlordioxid (ClO_2) und Stickstoffoxid (NO) keine Anhydride sein?

4.5.5 Saure und basische Oxide

Definition «Oxide»

Oxide sind Verbindungen des Sauerstoffes mit einem anderen Element, bei denen Sauerstoff den elektronegativeren Anteil bildet.

Bei der Betrachtung von Oxiden muss man **Metalloxide und Nichtmetalloxide** unterscheiden: **Metalloxide** sind ionisch aufgebaut und bilden in wässriger Lösung **Basen**. Einige der Metalloxide, darunter die Oxide der Elemente der 1. Hauptgruppe sowie Calciumoxid (CaO), Strontiumoxid (SrO) und Bariumoxid (BaO) sind in Wasser unter chemischer Reaktion löslich. Das Oxidion reagiert dabei nach Gl. 4.72 mit dem Wasser unter Bildung von Hydroxidionen (hier am Beispiel BaO gezeigt). Andere unlösliche Metalloxide sowie Metallhydroxide können mit Säuren neutralisiert werden. Alle Produkte lösen sich somit in Wasser.

$$BaO + H_2O \longrightarrow Ba(OH)_2 \qquad \text{(Gl. 4.72)}$$

Eine weitere Möglichkeit, Basen herzustellen, ist die zum Teil sehr heftig ablaufende Reaktion von Alkali- und Erdalkalimetallen mit Wasser. Diese Metalle sind aufgrund ihrer Stellung in der elektrochemischen Spannungsreihe (s. Kapitel 5) unedler als der Wasserstoff. Sie reduzieren den Wasserstoff und werden dabei selbst oxidiert. Natrium reagiert z.B. mit Wasser nach Gl. 4.73 zu Natronlauge und elementarem Wasserstoff.

$$Na + H_2O \longrightarrow \tfrac{1}{2}\ H_2\uparrow + NaOH \qquad \text{(Gl. 4.73)}$$

Nichtmetalloxide sind kovalent aufgebaut und reagieren nahezu ausnahmslos **sauer**. Mit Wasser reagieren sie zu Säuren und werden deshalb häufig auch als **Säureanhydride** bezeichnet. Schwefeltrioxid (SO_3) als Anhydrid der Schwefelsäure reagiert z.B. nach Gl. 4.74 mit Wasser zu Schwefelsäure. Zur Bedeutung dieser Reaktionsgleichung s. auch Kapitel 8.

$$SO_3 + H_2O \longrightarrow H_2SO_4 \qquad \text{(Gl. 4.74)}$$

Weitere wichtige Beispiele für Nichtmetalloxide sind N_2O_5, das Anhydrid der Salpetersäure, P_2O_5, das Anhydrid der Phosphorsäure, SO_2, das Anhydrid der schwefligen Säure und CO_2, als Anhydrid der Kohlensäure bekannt. Die Anhydride reagieren unter Anwesenheit von Wasser nach Gl. 4.75...Gl. 4.78 zu ihren entsprechenden Säuren.

$$N_2O_5 + H_2O \longrightarrow 2\,H^+_{(aq)} + 2\,NO_3^-{}_{(aq)} \qquad \text{(Gl. 4.75)}$$

$$P_2O_5 + 3\,H_2O \longrightarrow 6\,H^+_{(aq)} + 2\,PO_4^{3-}{}_{(aq)} \qquad \text{(Gl. 4.76)}$$

$$SO_2 + H_2O \longrightarrow H^+_{(aq)} + HSO_3^-{}_{(aq)} \qquad \text{(Gl. 4.77)}$$

$$CO_2 + H_2O \longrightarrow H^+_{(aq)} + HCO_3^-{}_{(aq)} \qquad \text{(Gl. 4.78)}$$

Basische und saure Oxide können miteinander reagieren. Die Herstellung von Glas hat in diesem Zusammenhang eine hohe Bedeutung. Fensterglas erhält man durch Zusammenschmelzen von Kalk ($CaCO_3$), Soda (Na_2CO_3) und Quarzsand (SiO_2) als Hauptbestandteil. Beim Erhitzen wird CO_2 abgespalten, dabei entstehen die basischen Oxide CaO und Na_2O. Sie reagieren mit dem sauren Oxid, SiO_2, zu einem Natrium-Calcium-Silicat.

Durch unterschiedlich eingesetzte Oxide können Gläser mit unterschiedlichen Eigenschaften erhalten werden. Der Zusatz einiger Oxide, z.B. CoO, bewirkt eine Verfärbung des Glases, in diesem Fall blau.

Informationssuche

Suchen Sie in entsprechender Literatur, Datenbanken, Lexika oder im Internet (z.B. http://de.wikipedia.org/wiki/Hauptseite) nach dem Aufbau von **«Silicaten»**.
Welche Glassorten sind Ihnen bekannt, und aus welchen Bestandteilen sind sie aufgebaut?

Nachdem in diesem Kapitel einige Grundlagen der allgemeinen und der anorganischen Chemie beschrieben wurden, werden im nächsten Kapitel physikalisch-chemische Grundlagen des analytischen und präparativen Arbeitens geschildert.

5 Physikalisch-chemische Grundlagen analytischer und synthetischer Arbeiten

In diesem Kapitel werden

- chemisch-physikalische Grundlagen von Reaktionen erläutert, die *nicht* vollständig verlaufen und
- energetische Vorgänge bei Reaktionen beschrieben.

Dadurch können sich für den Synthetiker wertvolle Hinweise ergeben, wie Reaktionsabläufe optimiert werden können. Aber auch der Analytiker kann Arbeitsweisen ableiten, die für eine genaue und robuste Analyse unabdingbar sind.
Dieses Kapitel enthält wesentliche Teile des Lernfelds 5 aus dem Rahmenlehrplan der KMK (Kultusministerkonferenz): «Präparative Arbeiten durchführen»:
Die Grundlage chemischer Reaktionen sind die in Kapitel 2 erläuterten Gesetze der Erhaltung der Masse sowie der konstanten und multiplen Proportionen.
Es wird dem Leser empfohlen, bevor er dieses Kapitel bearbeitet, nochmals die wichtigsten Grundlagen der vollständigen stöchiometrischen Reaktionen zu wiederholen.
Wir empfehlen zur Wiederholung, den Rechengang der folgenden Aufgabe genau durchzuarbeiten.

Beispiel

Zu einer Reaktion werden $V = 45$ L Kohlenstoffdioxidgas benötigt, das einem Druck von $p = 1030$ mbar und einer Temperatur von $\vartheta = 25$ °C (= 298 K) ausgesetzt ist. Zur Verfügung steht ein Kalkstein, dessen Massenanteil an Calciumcarbonat mit $w(CaCO_3) = 95\%$ angegeben ist. Durch Zutropfen einer ausreichenden Menge an Salzsäure auf den Kalkstein soll Kohlenstoffdioxid-Gas hergestellt werden. Von früheren Versuchen ist bekannt, dass mit einem Gesamtverlust von 15% zu rechnen ist. Wie viel g Kalkstein sind erforderlich, um die benötigte Gasmenge von $V = 45$ L Kohlenstoffdioxid herzustellen ($M(CaCO_3) = 100{,}1$ g/mol)? Die Reaktion ist in Gl. 5.1 abgebildet.

$$CaCO_3 + 2\,HCl \longrightarrow CaCl_2 + H_2O + CO_2\uparrow \qquad \text{(Gl. 5.1)}$$

Gegeben:

p = 1030 mbar = 1,030 bar
T = 298 K
V = 45 L Kohlenstoffdioxid
$w(CaCO_3)$ = 95%
Ausbeute = 100% − 15% = 85%
R = 0,0831 L · bar / (mol · K)
$M(CaCO_3)$ = 100,1 g/mol
Gesucht: $m(CaCO_3)$

Zunächst wird die Stoffmenge n an benötigtem Kohlenstoffdioxidgas berechnet. Zur Anwendung kommt die universelle Gasgleichung Gl. 5.2:

$$p \cdot V = R \cdot n \cdot T \qquad \text{(Gl. 5.2)}$$

Durch Umstellen nach der Stoffmenge n erhält man Gl. 5.3:

$$n = \frac{p \cdot V}{R \cdot T} = \frac{1{,}030\,\text{bar} \cdot 45\,\text{L} \cdot \text{mol} \cdot \text{K}}{0{,}0831\,\text{L} \cdot \text{bar} \cdot 298 \cdot \text{K}} = \underline{1{,}872\,\text{mol}} \qquad \text{(Gl. 5.3)}$$

Ohne Verlust würden n = 1,872 mol reines Calciumcarbonat benötigt.

Da das Calciumcarbonat nicht rein ist ($w(CaCO_3)$ = 95%), werden dementsprechend mehr als die berechneten 1,872 mol benötigt (Gl. 5.4).

$$n(\text{CaCO}_3, \text{unrein}) = \frac{1{,}872\,\text{mol} \cdot 100\,\%}{95\,\%} = \underline{1{,}971\,\text{mol}} \qquad \text{(Gl. 5.4)}$$

Es muss mit einem Verlust von 15% gerechnet werden, also beträgt die Gesamtausbeute nur 85%. Es ist daher nach Gl. 5.5 mehr als n = 1,971 mol Kalkstein einzusetzen:

$$n(\text{CaCO}_3, \text{unrein, Ausbeute } 85\,\%) = \frac{1{,}971\,\text{mol} \cdot 100\,\%}{85\,\%} = \underline{2{,}319\,\text{mol}} \qquad \text{(Gl. 5.5)}$$

Zum Schluss kann die Stoffmenge n nach Gl. 5.6 in die Stoffmasse m umgerechnet werden:

$$n = \frac{m}{M} \Rightarrow m = n \cdot M \qquad \text{(Gl. 5.6)}$$

$$m = 2{,}319\,\text{mol} \cdot 100{,}1\,\frac{\text{g}}{\text{mol}} = \underline{232{,}1\,\text{g}} \qquad \text{(Gl. 5.7)}$$

Es werden m = 232,1 g Kalkstein mit einem Massenanteil von $w(CaCO_3)$ = 95% benötigt.

Vertiefungsübung V5.1

Berechnen Sie das zur Herstellung des Kohlenstoffdioxidgases zuzutropfende Volumen an Salzsäure mit einem Massenanteil von w(HCl) = 18%, wenn die Dichte der Salzsäure ϱ (HCl) = 1,09 g/cm^3 beträgt.

In Kapitel 2 wurden überwiegend Reaktionen erläutert, die stöchiometrisch vollständig, schnell und ohne größeren Energieaufwand ablaufen, wie z.B. die Neutralisation. In diesem Kapitel wird eine andere Art von Reaktionen diskutiert. Es handelt sich um Reaktionen, die bereits zu einem Stillstand gelangen, obwohl noch genügend von den Edukten im Ansatz vorhanden sind. Solche Reaktionen werden «unvollständige Reaktionen» genannt.

Ursache dieses vorzeitigen Reaktionsendes ist die Einstellung eines **chemischen Gleichgewichts**. Solche Gleichgewichtsreaktionen haben hinsichtlich der Reaktionsführung besondere Ansprüche. Wie solche Gleichgewichtsreaktionen durchgeführt werden und wie sie durch verschiedene Reaktionsparameter beeinflusst werden, wird in diesem Kapitel 5 am Beispiel der Synthese von Essigsäureethylester aus Essigsäure und Ethanol (Veresterung) erläutert.

Definition «Veresterung»

Unter einer Veresterung versteht man die Reaktion einer Säure mit einem Alkohol zu Ester und Wasser. Die Reaktionsgleichung lautet formal nach Gl. 5.8:

$$\text{Säure} + \text{Alkohol} \longrightarrow \text{Ester} + \text{Wasser} \qquad \text{(Gl. 5.8)}$$

Prozess P1_KAP5

Im Prozess wird die Veresterung von Essigsäure mit Ethanol zu Essigsäureethylester nach Gl. 5.9 genauer untersucht:

$$CH_3COOH + C_2H_5OH \longrightarrow CH_3COOC_2H_5 + H_2O \qquad \text{(Gl. 5.9)}$$

Informationssuche

Suchen Sie in entsprechender Literatur, Datenbanken, Lexika oder im Internet (z.B. http://de.wikipedia.org/wiki/Hauptseite) nach dem Begriff «Essigsäureethylester» und erfassen Sie die Eigenschaften und Verwendung dieses Esters.

5.1 Grundlagen von Gleichgewichtsreaktionen

Bei der vollständigen Veresterung nach Gl. 5.9 aus c = 1 mol/L Essigsäure und c =1 mol/L Ethanol müssten stöchiometrisch c = 1 mol/L Ester und c = 1 mol/L Wasser entstehen (das Gesamtvolumen V sei konstant 1 L). Zur Untersuchung der Reaktion werden beide Edukte gemischt und von Zeit zu Zeit die Zusammensetzung des Reaktionsgemisches bestimmt.

Untersucht man nach ca. 4 Stunden das siedende Gemisch aus c = 1 mol/L Essigsäure und c = 1 mol/L Ethanol z.B. mit Hilfe der Gaschromatografie, werden im Gemisch quantifiziert:

- c = 0,33 mol/L Essigsäure,
- c = 0,33 mol/L Ethanol,
- c = 0,66 mol/L Wasser und
- c = 0,66 mol/L Essigsäureethylester

Nach weiteren 12 h Reaktionszeit hat sich die Zusammensetzung des Gemisches immer noch nicht geändert. Die gesamte Reaktion ist offensichtlich zum Stehen gekommen. Dieser scheinbare Stillstand sieht jedoch nur äußerlich wie ein Ruhezustand aus. Tatsächlich reagieren die 4 Stoffe «unter der Oberfläche» weiter. Die in der Reaktion nach Gl. 5.9 entstandenen Produkte Essigsäureethylester und Wasser reagieren wieder zurück zu den Edukten Ethanol und Essigsäure (Gl. 5.10).

$$CH_3COOC_2H_5 + H_2O \longrightarrow CH_3COOH + C_2H_5OH \qquad \text{(Gl. 5.10)}$$

Wenn die gleiche Stoffmenge Essigsäureethylester nach Gl. 5.10 wieder zurückreagiert wie gerade neu entsteht, ist die Reaktion nach außen hin zum Stillstand gekommen. Man bezeichnet diesen Zustand als chemisch-dynamisches Gleichgewicht.

Definition «chemisch-dynamisches Gleichgewicht»

In einem chemisch-dynamischen Gleichgewicht verändern sich die Konzentrationen der Edukte und Produkte nicht, obwohl die Reaktion ständig weiter läuft.

Informationssuche

Suchen Sie in entsprechender Literatur, Datenbanken, Lexika oder im Internet (z.B. http://de.wikipedia.org/wiki/Hauptseite) nach weiteren Gleichgewichten und erfassen Sie die Zusammenhänge.

In der Reaktionsgleichung einer Gleichgewichtsreaktion wird ein Gleichgewichtspfeil (Doppelpfeil) verwendet, der andeutet, dass es sich um eine Hin- und Rückreaktion handelt, siehe dazu Gl. 5.11.

$$CH_3COOC_2H_5 + H_2O \rightleftharpoons CH_3COOH + C_2H_5OH \qquad \text{(Gl. 5.11)}$$

Für die Planung einer chemischen Reaktion ist es von größter Wichtigkeit zu wissen, in welchen Reaktionsverhältnissen die Reaktionspartner im Gleichgewicht vorliegen. Bei der bereits erwähnten Essigsäureethylester-Synthese wurde nur eine Ausbeute von 66% erzielt. Diese wichtige Erfassung der Reaktionsverhältnisse im Gleichgewicht wurde 1867 von GULDBERG und WAAGE durch die Postulierung des Massenwirkungsgesetzes (MWG) geklärt.

5.1.1 Massenwirkungsgesetz (MWG)

Mit dem Massenwirkungsgesetz (MWG) können die quantitativen Verhältnisse einer Gleichgewichtsreaktion mathematisch erfasst werden. Das wichtige Gesetz wird zunächst über die Reaktionsgeschwindigkeiten der beiden Teilreaktionen (Hin- und Rückreaktion) abgeleitet.

Die Geschwindigkeit einer chemischen Reaktion ist generell abhängig von der Konzentration der Reaktionspartner. Aus der Wahrscheinlichkeitslehre kann man ableiten, dass die Geschwindigkeit einer chemischen Reaktion A + B proportional **zum Produkt** der Konzentrationen beider Edukte ist.

Die Geschwindigkeit r der Hinreaktion (Reaktion zu Ester und Wasser) ist also nach Gl. 5.12 proportional zum Produkt der Konzentrationen an Ethanol und Essigsäure.

$$r_{\text{hin}} \approx c(\text{Essigsäure}) \cdot c(\text{Ethanol}) \qquad \text{(Gl. 5.12)}$$

Umkehrt ist die Geschwindigkeit r der Rückreaktion (Reaktion zu Ethanol und Essigsäure) nach Gl. 5.13 proportional zu der Konzentration an Ester und Wasser:

$$r_{\text{rück}} \approx c(\text{Ester}) \cdot c(\text{Wasser}) \qquad \text{(Gl. 5.13)}$$

Um aus den Proportionen echte Gleichungen zu machen, werden die Konstanten «k_{hin}» und «$k_{\text{rück}}$» eingeführt. Sie nehmen gewöhnlich unterschiedliche Werte an, da die beiden Teilreaktionen auch mit unterschiedlichen Reaktionsgeschwindigkeiten verlaufen. Für die beiden Teilreaktionen lauten somit die Gleichungen Gl. 5.14:

$$r_{\text{hin}} = k_{\text{hin}} \cdot c(\text{Essigsäure}) \cdot c(\text{Ethanol})$$

$$r_{\text{rück}} = k_{\text{rück}} \cdot c(\text{Ester}) \cdot c(\text{Wasser}) \qquad \text{(Gl. 5.14)}$$

Die Hingeschwindigkeit muss ständig abnehmen, da die Konzentration der Edukte mit der Zeit immer kleiner werden. Dagegen nimmt die Geschwindigkeit der Rückreaktion immer mehr zu, da die Konzentration der Produkte mit der Zeit immer größer wird. In Bild 5.1 wird die Abhängigkeit der Konzentrationen von der Zeit beschrieben.

Wenn die beiden Geschwindigkeitskurven in Bild 5.1 in eine Gerade übergehen, hat sich das dynamische Gleichgewicht eingestellt. Es gilt dann Gl. 5.15:

$$r_{\text{hin}} = r_{\text{rück}} \qquad \text{(Gl. 5.15)}$$

und Gl. 5.16:

$$k_{\text{hin}} \cdot c(\text{Essigsäure}) \cdot c(\text{Ethanol}) = k_{\text{rück}} \cdot c(\text{Ester}) \cdot c(\text{Wasser}) \qquad \text{(Gl. 5.16)}$$

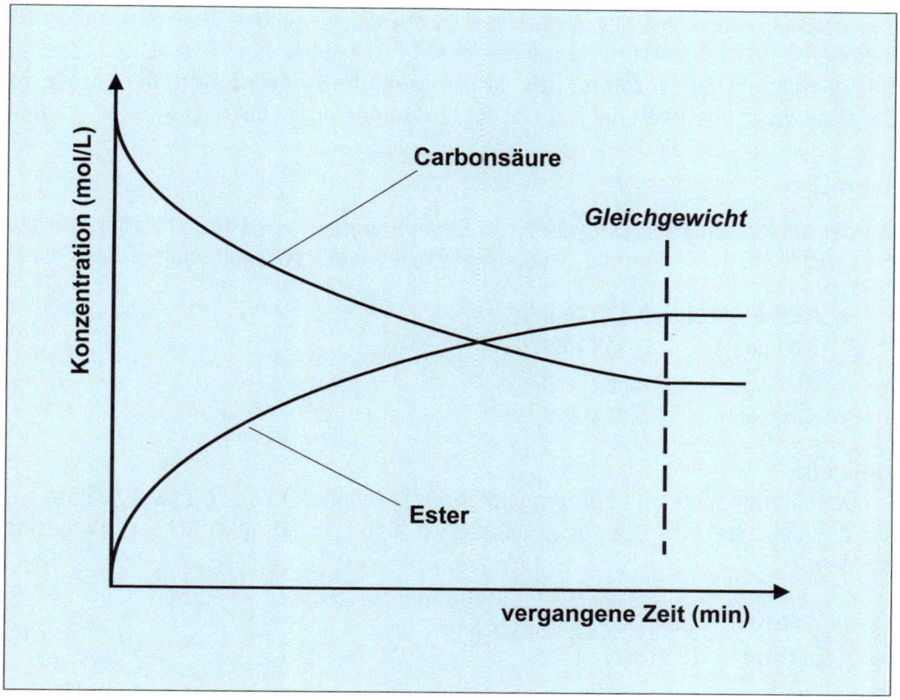

Bild 5.1 Geschwindigkeit von Hin- und Rückreaktion in Abhängigkeit von der Zeit

Nach internationaler Vereinbarung wird Gl. 5.16 so umgestellt, dass sich

- die Konstanten auf einer Seite der Gleichung befinden,
- die Stoffmengenkonzentrationen der Produkte im Zähler und
- die Stoffmengenprodukte der Edukte im Nenner befinden.

Man erhält Gl. 5.17:

$$\frac{k_{hin}}{k_{rück}} = \frac{c(\text{Ester}) \cdot c(\text{Wasser})}{c(\text{Essigsäure}) \cdot c(\text{Ethanol})} \qquad \text{(Gl. 5.17)}$$

Der Quotient aus beiden Geschwindigkeitskonstanten $k_{hin}/k_{rück}$ wird zu einer Konstante zusammengefasst, der Gleichgewichtskonstanten K_C. Man erhält Gl. 5.18:

$$K_C = \frac{c(\text{Ester}) \cdot c(\text{Wasser})}{c(\text{Essigsäure}) \cdot c(\text{Ethanol})} \qquad \text{(Gl. 5.18)}$$

Gl. 5.18 ist der mathematische Ausdruck des chemisch-dynamischen Gleichgewichts am Beispiel einer Veresterung.

Definition «Massenwirkungsgesetz MWG»

Das Produkt der Stoffmengenkonzentrationen c der Produkte dividiert durch das Produkt der Stoffmengenkonzentrationen c der Edukte ergibt die Gleichgewichtskonstante K_C, die für die jeweilige Reaktion einen spezifischen Wert annimmt. **Der K_C-Wert ist von der Temperatur abhängig.**

Die Gleichgewichtskonstante K bezieht sich auf die jeweiligen Stoffmengenkonzentrationen c und erhält daher den Index «c»: Es ist jedoch darauf zu achten, dass im Massenwirkungsgesetz **immer die Stoffmengenkonzentrationen der Stoffe im Gleichgewicht** und **nicht** die Anfangskonzentrationen der Edukte eingesetzt werden.

Beispiel

Bei der Veresterung von Essigsäure mit Ethanol wurden c = 1 mol/L Essigsäure und c = 1 mol/L Ethanol eingesetzt, im Gleichgewicht wurden (Gesamtvolumen sei V = 1 L):

- c(Essigsäure) = 0,333 mol/L
- c(Ethanol) = 0,333 mol/L
- c(Ester) = 0,666 mol/L
- c(Wasser) = 0,666 mol/L

ermittelt.

Da die angegebenen Stoffmengenkonzentrationen der Edukte bzw. Produkte sich auf das Gleichgewicht beziehen, können sie direkt in die MWG-Gl. 5.19 eingesetzt werden:

$$K_C = \frac{0{,}666\,\text{mol} \cdot 0{,}666\,\text{mol} \cdot \text{L} \cdot \text{L}}{0{,}333\,\text{mol} \cdot 0{,}333\,\text{mol} \cdot \text{L} \cdot \text{L}} = \underline{4{,}00} \qquad \text{(Gl. 5.19)}$$

Es wird ein K_C-Wert von 4,00 berechnet.

Der Wert von K_C gibt eine Auskunft über die Gleichgewichtslage der Reaktion. Ist der Wert von $K_C > 1$, so liegt das Gleichgewicht der Reaktion auf der Seite der Produkte, ist der Wert <1, sind mehr Edukte vorhanden und daher die Produkt-Ausbeute geringer.

Durch Veränderung der äußeren Reaktionsbedingungen kann Einfluss auf das Verhältnis von Edukten zu Produkten genommen werden, da die Gleichgewichtskonstante den gleichen Wert behält.

Komplizierter wird die Aufstellung des MWG, wenn die Reaktionspartner nicht im stöchiometrischen Verhältnis 1 : 1 reagieren. Bei der Aufstellung der Gleichgewichtsreaktion für die Ammoniaksynthese (Haber-Bosch-Verfahren, s. Kapitel 8) nach Gl. 5.20

$$N_2 + 3\,H_2 \rightleftharpoons 2\,NH_3 \qquad \text{(Gl. 5.20)}$$

gehen alle Koeffizienten der Reaktionsgleichung als Exponenten (Hochzahlen) in das MWG ein.

Das MWG für die Ammoniaksynthese wäre nach Gl. 5.21:

$$K_C = \frac{c^2(NH_3)}{c(N_2) \cdot c^3(H_2)} \qquad \text{(Gl. 5.21)}$$

Vertiefungsübung V5.2

Welche Einheit hat der K_C-Wert im Gleichgewicht bei der Ammoniak-Synthese?

5.1.2 Quantitativer Verlauf von Gleichgewichtsreaktionen

In diesem Abschnitt sollen die Lage des Gleichgewichts und die quantitative Zusammensetzung des Gemisches nach der Gleichgewichtseinstellung diskutiert werden.

Bei der Veresterung von Essigsäure mit Ethanol zu Essigsäureethylester lässt sich dies einfach veranschaulichen, da die Reaktionspartner stöchiometrisch in gleichen Stoffmengen reagieren und daher keine Koeffizienten und Exponenten im MWG zu beachten sind.

Beispiel

Zu **Beginn** der Veresterungsreaktion liegen $c = 5$ mol/L Essigsäure und $c = 8$ mol/L Ethanol vor. Nach Einstellung des **Gleichgewichts** liegen $c = 4$ mol/L des Esters vor. Welchen Wert hat K_C?

Im 1. Schritt wird die Reaktionsgleichung aufgestellt. Sie lautet nach Gl. 5.22:

$$CH_3COOH + C_2H_5OH \rightleftharpoons CH_3COOC_2H_5 + H_2O \qquad \text{(Gl. 5.22)}$$

Daraus folgt die Aufstellung des MWG in Gl. 5.23:

$$K_C = \frac{c(\text{Ester}) \cdot c(\text{Wasser})}{c(\text{Essigsäure}) \cdot c(\text{Ethanol})} \qquad \text{(Gl. 5.23)}$$

Zur Berechnung von K_C müssen grundsätzlich die Konzentrationsverhältnisse **im Gleichgewicht** eingesetzt werden, da K_C den Gleichgewichtszustand beschreibt.

Betrachtet man die gegebenen Werte aus dem Beispiel, liegen nach Einstellung des Gleichgewichts $c = 4$ mol/L Ester vor. Das ist der Wert, der direkt in das MWG nach Gl. 5.24 eingetragen werden kann.

$$K_c = \frac{4\,\text{mol} \cdot c(\text{Wasser})}{c(\text{Essigsäure}) \cdot c(\text{Ethanol}) \cdot \text{L}} \qquad \text{(Gl. 5.24)}$$

Für die Berechnung der weiteren Parameter ist es nützlich, die gegebenen Verhältnisse in Form einer Tabelle darzustellen.

In den folgenden Tabellen beschreibt die Angabe c_0 die Konzentrationsverhältnisse zu Beginn der Reaktion, die Angabe c_{GG} beschreibt die Konzentrationsverhältnisse im Gleichgewicht. Für das Beispiel sind die Werte in Tabelle 5.1 eingetragen.

Tabelle 5.1

	Essigsäure	Ethanol	Ester	Wasser
c_0	5 mol/L	8 mol/L	–	–
c_{GG}	X_1	X_2	**4 mol/L**	X_3

Zur Aufstellung des MWG müssen nun noch $X_1 \ldots X_3$ ermittelt werden.

Die Stoffmengenkonzentration an Wasser ist gleich der des Esters ($X_3 = 4$ mol/L), da die Reaktion Wasser und Ester im gleichen stöchiometrischen Verhältnis entstehen lässt (Tabelle 5.2).

Tabelle 5.2

	Essigsäure	Ethanol	Ester	Wasser
c_0	5 mol/L	8 mol/L	–	–
c_{GG}	X_1	X_2	**4 mol/L**	**4 mol/L**

Aus den ursprünglichen c = 5 mol/L Essigsäure entstehen c = 4 mol/L Ester (und Wasser), also ist im Gleichgewicht noch X_1 = 1 mol/L Essigsäure vorhanden (5 mol/L – 4 mol/L), zu erkennen in Tabelle 5.3.

Tabelle 5.3

	Essigsäure	Ethanol	Ester	Wasser
c_0	5 mol/L	8 mol/L	–	–
c_{GG}	**1 mol/L**	X_2	**4 mol/L**	**4 mol/L**

Ursprünglich wurden c = 8 mol/L Ethanol in die Reaktion eingesetzt, davon sind c = 4 mol/L Ester (und Wasser) entstanden. Im Gleichgewicht müssen also noch X_2 = 8 mol/L – 4 mol/L = 4 mol/L Ethanol vorhanden sein (Tabelle 5.4):

Tabelle 5.4

	Essigsäure	Ethanol	Ester	Wasser
c_0	5 mol/L	8 mol/L	–	–
c_{GG}	**1 mol/L**	**4 mol/L**	**4 mol/L**	**4 mol/L**

Alle Stoffmengenkonzentrationen im Gleichgewicht, die in das MWG eingetragen werden können, wurden ermittelt. Nun kann das MWG nach Gl. 5.25 aufgestellt werden.

$$K_C = \frac{c(\text{Ester}) \cdot c(\text{Wasser})}{c(\text{Essigsäure}) \cdot c(\text{Ethanol})} = \frac{4\,\text{mol} \cdot 4\,\text{mol} \cdot \text{L} \cdot \text{L}}{1\,\text{mol} \cdot 4\,\text{mol} \cdot \text{L} \cdot \text{L}} = \underline{4} \qquad \text{(Gl. 5.25)}$$

Die Gleichgewichtskonstante der Veresterung beträgt K_C = 4. Der Wert von K_C ist >1, daher liegt das Gleichgewicht auf der Seite der Produkte.

Informationssuche

Suchen Sie in entsprechender Literatur, Datenbanken, Lexika oder im Internet (z.B. http://de.wikipedia.org/wiki/Hauptseite) nach dem Begriff «Benzoesäureethylester» und erfassen Sie die Eigenschaften und Verwendung dieses Esters.

Beispiel

Bei der Veresterung von Benzoesäure mit Ethanol werden 2 mol/L Benzoesäure und 10 mol/L Ethanol eingesetzt. Im Gleichgewicht werden 0,75 mol/L Benzoesäure (Edukt!) gefunden. Welcher K_C-Wert kann berechnet werden?

Gl. 5.26 der Reaktion lautet:

$$C_6H_5COOH + C_2H_5OH \rightleftharpoons C_6H_5COOC_2H_5 + H_2O \qquad \text{(Gl. 5.26)}$$

Alle Partner reagieren in gleichen stöchiometrischen Verhältnissen. Es kann zunächst folgende Tabelle 5.5 aufgestellt werden.

Tabelle 5.5

	Benzoesäure	Ethanol	Ester	Wasser
c_0	2 mol/L	10 mol/L	–	–
c_{GG}	**0,75 mol/L**	X_1	X_2	X_3

Aus ursprünglich c = 2 mol/L Benzoesäure bleiben im Gleichgewicht nur noch c = 0,75 mol/L übrig, also müssen c = 2 mol/L – 0,75 mol/L = 1,25 mol/L Ester entstanden sein. Die gleiche Stoffmengenkonzentration c an Wasser muss als Nebenprodukt im Gleichgewicht vorhanden sein, zu erkennen in Tabelle 5.6.

Tabelle 5.6

	Benzoesäure	Ethanol	Ester	Wasser
c_0	2 mol/L	10 mol/L	–	–
c_{GG}	**0,75 mol/L**	X_1	**1,25 mol/L**	**1,25 mol/L**

Wenn c = 1,25 mol/L Ester entstanden sind, müssen von ursprünglich c = 10 mol/L Ethanol noch 10 mol/L – 1,25 mol/L = 8,75 mol/L im Gleichgewicht vorhanden sein (Tabelle 5.7).

Tabelle 5.7

	Benzoesäure	Ethanol	Ester	Wasser
c_0	2 mol/L	10 mol/L	–	–
c_{GG}	**0,75 mol/L**	**8,75 mol/L**	**1,25 mol/L**	**1,25 mol/L**

Nach der Berechnung aller Gleichgewichtskonzentrationen kann das MWG nach Gl. 5.27 aufgestellt werden.

$$K_C = \frac{c(\text{Ester}) \cdot c(\text{Wasser})}{c(\text{Benzoesäure}) \cdot c(\text{Ethanol})} = \frac{1{,}25\,\text{mol} \cdot 1{,}25\,\text{mol} \cdot \text{L} \cdot \text{L}}{0{,}75\,\text{mol} \cdot 8{,}75\,\text{mol} \cdot \text{L} \cdot \text{L}} = \underline{0{,}238} \qquad (\text{Gl. } 5.27)$$

Ursprünglich lagen c = 2 mol/L + 10 mol/L = 12 mol/L Edukte vor, im Gleichgewicht befinden sich ebenfalls c = 0,75 mol/L + 8,75 mol/L + 1,25 mol/L + 1,25 mol/L = 12 mol/L an Edukt und Produkt .

Das Gleichgewicht liegt diesmal auf der Seite der Edukte (der K_C-Wert ist mit 0,238 kleiner als 1).

Mit dem MWG kann auch die Ausbeute berechnet werden, sofern der K_C-Wert bekannt ist.

Beispiel

Bei der Veresterung von Essigsäure mit Ethanol befinden sich im Gleichgewicht c = 2 mol/L Essigsäure und c = 6 mol/L Ethanol. Welche Stoffmengenkonzentration c(Ester) entsteht, wenn der K_C-Wert = 4 beträgt?

Im Gleichgewicht befinden sich c = 2 mol/L Essigsäure und c = 6 mol/L Ethanol (Tabelle 5.8).

Tabelle 5.8

	Essigsäure	Ethanol	Ester	Wasser
c_0	–	–	–	–
c_{GG}	**2 mol/L**	**6 mol/L**		

Die Stoffmengenkonzentration für Ester und Wasser soll berechnet werden. Da die beiden Produkte im gleichen stöchiometrischen Verhältnis entstehen, können beide mit x gekennzeichnet werden (Tabelle 5.9).

Tabelle 5.9

	Essigsäure	Ethanol	Ester	Wasser
c_0	/	/		
c_{GG}	**2 mol/L**	**6 mol/L**	***x***	***x***

Durch Einsetzen der Werte in das MWG entsteht eine quadratische Gleichung, die aber einfach gelöst werden kann. Der Rechenweg von Gl. 5.28...Gl. 5.31 sollte detailliert nachvollzogen werden!

$$K_C = \frac{c(\text{Ester}) \cdot c(\text{Wasser})}{c(\text{Essigsäure}) \cdot c(\text{Ethanol})} \qquad \text{(Gl. 5.28)}$$

$$\frac{x \cdot x \cdot \text{L} \cdot \text{L}}{2\,\text{mol} \cdot 6\,\text{mol}} = \frac{x^2 \cdot \text{L}^2}{2 \cdot 6\,\text{mol}^2} = 4 \qquad \text{(Gl. 5.29)}$$

Durch Umformen der Gl. 5.29 erhält man

$$x^2 = \frac{4 \cdot 2 \cdot 6\,\text{mol}^2}{\text{L}^2} = 48\,\frac{\text{mol}^2}{\text{L}^2} \qquad \text{(Gl. 5.30)}$$

Der Wert von x kann durch Radizieren beider Teilgleichungen aus Gl. 5.30 erhalten werden:

$$x = \sqrt{x^2} = \sqrt{48\,\frac{\text{mol}^2}{\text{L}^2}} = \underline{6{,}93\,\text{mol/L}} \qquad \text{(Gl. 5.31)}$$

Es entstehen bei der Veresterung jeweils c = 6,93 mol/L Ester und Wasser.

Vertiefungsübung V5.3

Bei der Reaktion von A mit B entsteht C nach folgender Reaktionsgleichung Gl. 5.32:

$$\text{A} + 2\,\text{B} \rightleftharpoons \text{C} \qquad \text{(Gl. 5.32)}$$

Im **Gleichgewicht** findet man c(A) = 0,1 mol/L, c(B) = 0,2 mol/L und c(C) = 0,15 mol/L. Es soll die Gleichgewichtskonstante K_C der Reaktion berechnet werden.

5.1.3 Beurteilung der Gleichgewichtslage

Ist bei einer Reaktion die Gleichgewichtskonstante K_C für eine definierte Temperatur bekannt, und sind nur die Anfangskonzentrationen der Edukte gegeben, so können die im Gleichgewicht vorliegenden Konzentrationen sowie der Reaktionsumsatz berechnet werden (Verhältnis aus umgesetzter Menge zu Ausgangsmenge). Um die richtige Synthesestrategie zu wählen, muss vor Ablauf der Reaktion bekannt sein, in welche Richtung diese bei den gegebenen Bedingungen ablaufen wird. Hierzu wird der sog. Reaktionsquotient Q als Hilfsgröße berechnet. Bei der Aufstellung des Reaktionsquotienten Q gelten die gleichen Regeln wie für das MWG. Im Unterschied zum MWG werden jedoch die **Stoffmengen der Anfangskonzentrationen** der einzelnen Komponenten eingesetzt. Nun wird der Wert von Q mit dem K_C-Wert verglichen und so eine Aussage über die Richtung der Reaktion getroffen. Für den Vergleich der beiden Werte gilt:

$Q < K_C$ Die Reaktion verläuft in Richtung der Produkte (Hinreaktion).
$Q = K_C$ Edukt- und Produktseite standen bereits im Gleichgewicht.
$Q > K_C$ Die Reaktion verläuft in Richtung der Edukte (Rückreaktion).

Beispiel

Bei der Veresterung von Benzoesäure mit Ethanol werden c = 2 mol/L Benzoesäure und c = 10 mol/L Ethanol eingesetzt. Im Gleichgewicht werden c = 0,75 mol/L Benzoesäure gefunden. Der berechnete K_C-Wert war 0,238.

Machen Sie eine Aussage über die Richtung der Reaktion durch die Berechnung des Q-Wertes.

Gegeben:
c(Benzoesäure) = 0,2 mol/L
c(Ethanol) = 10 mol/L
c(Benzoesäure) = 0,75 mol/L (im Gleichgewicht)
K_C = 0,238
Gesucht: Reaktionsquotient Q

Die bereits berechneten Verhältnisse im Gleichgewicht der Veresterung sind in Tabelle 5.10 zusammengestellt.

Tabelle 5.10

	Benzoesäure	Ethanol	Ester	Wasser
c_0	2 mol/L	10 mol/L	/	/
c_{GG}	**0,75 mol/L**	**8,75 mol/L**	**1,25 mol/L**	**1,25 mol/L**

Der Q-Wert berechnet sich über Gl. 5.33, wobei im Nenner die **Ausgangs-Stoffmengenkonzentrationen** und nicht die Gleichgewichtskonzentrationen nach Gl. 5.33 eingetragen werden.

$$Q = \frac{1{,}25\,\text{mol} \cdot 1{,}25\,\text{mol} \cdot \text{L} \cdot \text{L}}{2\,\text{mol} \cdot 10\,\text{mol} \cdot \text{L} \cdot \text{L}} = \underline{\underline{0{,}078}} \qquad \text{(Gl. 5.33)}$$

Der Q-Wert (0,078) ist kleiner als der K_C-Wert (0,238), daher verläuft die Reaktion eher in Richtung der Produkte.

Vertiefungsübung V5.4

Es werden bei einer Veresterungsreaktion c = 2 mol/L Säure und c = 5 mol/L Alkohol eingesetzt. Carbonsäure und Alkohol reagieren im gleichen stöchiometrischen Verhältnis. Im Gleichgewicht werden noch c = 1 mol/ L Carbonsäure gefunden. Es soll die Gleichgewichtskonstante K_C und der Q-Wert berechnet werden.

5.1.4 Reaktionsbeeinflussung von Gleichgewichtszuständen

Eine große Ausbeute zu bekommen ist für den Synthesechemiker von erheblicher Bedeutung. Somit ist die Beeinflussung des Gleichgewichts einer Reaktion in Richtung der Produkte ausschlaggebend für den Erfolg einer Synthese.

Da die Lage eines Gleichgewichts von äußeren Bedingungen abhängig ist, kann die Verlagerung durch gut gewählte äußere Bedingungen beeinflusst werden. H. L. Le Chatelier[1] und K. F. Braun[2] stellten 1884 «das Prinzip vom kleinsten Zwang» auf, das allgemein auch das «Le-Chatelier-Prinzip» genannt wird.

Definition «Prinzip des kleinsten Zwanges»

Wird auf ein im chemischen Gleichgewicht befindliches System ein äußerer Zwang ausgeübt, so ändert sich das Gleichgewicht in der Art, dass es diesem Zwang ausweicht.

Die Lage des chemischen Gleichgewichts kann über die äußeren Bedingungen **Konzentration, Druck und Temperatur** beeinflusst werden. Deren Einfluss wird in den folgenden Abschnitten betrachtet.

5.1.4.1 Beeinflussung der Gleichgewichtslage durch Konzentrationsänderung

Durch Konzentrationserhöhung von **einem** Edukt weicht das im Gleichgewicht befindliche System aus, indem es diesen im Überschuss vorhandenen Stoff wieder abbaut und dadurch entsprechend mehr Produkt gebildet wird. Dabei bleibt der Wert der Gleichgewichtskonstante K_C erhalten.

Dies lässt sich ganz anschaulich über ein Kugelmodell erklären. Werden 2 verschiedene Kugeln, A und B, in einem Kasten geschüttelt, kann die A-Kugel maximal mit einer B-Kugel aufeinandertreffen. Werden in den Kasten nun mehr B-Kugeln gegeben, so ist beim Schütteln des Kastens die Wahrscheinlichkeit höher, dass eine A-Kugel auf eine B-Kugel trifft.

Die Methode der Konzentrationserhöhung von **einem** Edukt ist sehr beliebt zur Ausbeuteerhöhung bei Gleichgewichtsreaktionen, besonders wenn eines der Edukte preislich günstiger ist. Bei der Veresterung ist der Alkohol meistens preislich günstiger als die Carbonsäure, daher wird der Alkohol gewöhnlich im Überschuss zugesetzt.

---

[1] Henry Louis Le Chatelier (1850 bis 1936), französischer Chemiker
[2] Karl Ferdinand Braun (1850 bis 1918), deutscher Physiker

Vertiefungsübung V5.5

Bei der Veresterung von Essigsäure mit Ethanol zu Essigsäureethylester und Wasser befinden sich:

a) c = 1 mol/L Essigsäure und c = 1 mol/L Ethanol im Gleichgewicht
b) c = 1 mol/L Essigsäure und c = 3 mol/L Ethanol im Gleichgewicht

Die Gleichgewichtskonstante beträgt in beiden Fällen $K_C = 4$.
Bei welcher Reaktion ist die Ausbeute an Ester in %, bezogen auf die Konzentration von c = 1 mol/L bzw. c = 3 mol/L Ethanol, größer?

Die Einflussnahme über die Konzentration kann aber auch derart geschehen, indem **eines** der entstandenen Produkte entfernt wird, z.B. durch Abdestillation oder durch Bindung von Wasser (mit Schwefelsäure oder Molekularsieb). Das vom Gleichgewicht entfernte Produkt liegt dann ständig im Unterschuss vor und muss entsprechend nachgebildet werden, um den K_C-Wert konstant zu halten. Das erhöht die Ausbeute an Ester im Vergleich zum unbeeinflussten Gleichgewicht um ein Vielfaches.
Nachfolgend ein Beispiel, bei dem Wasser aus dem Esteransatz abgedampft wird.

Beispiel

Bei der Essigäureethylester-Herstellung aus Essigsäure und Ethanol, bei der von den Edukten je c = 1,0 mol/L eingesetzt werden, soll eine Ausbeute von 90% erzielt werden. Wie viel g Wasser sind abzudampfen? Der K_C-Wert beträgt 4.

Am Anfang der Reaktion liegen je c = 1,0 mol/L Säure und Alkohol vor. Im Gleichgewicht sollen c = 0,9 mol/L (= 90% Ausbeute) Ester und Wasser vorliegen. Also können im Gleichgewicht auch nur noch c = 0,1 mol/L Säure und Alkohol (c = 1,0 mol/L – 0,9 mol/L) zurückgeblieben sein. Bei der Reaktion werden ebenfalls c = 0,9 mol/L Wasser entstehen, von denen aber $c = x$ mol/L abgedampft werden müssen, damit die Gleichgewichtskonstante K_C konstant bleibt.

Folgende Verhältnisse liegen vor (Tabelle 5.11):

Tabelle 5.11

	Essigsäure	Ethanol	Ester	Wasser
c_0	1 mol/L	1 mol/L	–	–
c_{GG}	**0,1 mol/L**	**0,1 mol/L**	**0,9 mol/L**	**(0,9 – x) mol/L**

Werden die Werte der Tabelle in das Estergleichgewicht eingesetzt, erhält man Gl. 5.34. Die Einheiten wurden wegen der Übersichtlichkeit ausnahmsweise weggelassen.

$$K_C = 4 = \frac{0{,}9 \cdot (0{,}9 - x)}{0{,}1 \cdot 0{,}1} \qquad \text{(Gl. 5.34)}$$

Gl. 5.34 wird nach x umgestellt:

$$4 \cdot 0{,}1 \cdot 0{,}1 = 0{,}9 \cdot (0{,}9 - x) \qquad \text{(Gl. 5.35)}$$

$$0{,}04 = 0{,}81 - 0{,}9 \cdot x \qquad \text{(Gl. 5.36)}$$

$x = \underline{0{,}86\ \text{mol/L}}$

Die abzudampfende Masse m an Wasser wird mit Gl. 5.37 berechnet:

$$m = n \cdot M = 0{,}86\ \text{mol} \cdot 18\ \text{g/mol} = \underline{15{,}48\ \text{g}} \qquad \text{(Gl. 5.37)}$$

Es müssten (auf ein Gesamtvolumen von $V = 1$ L bezogen) 15,48 g Wasser abgedampft werden, damit eine Ausbeute von 90% erzielt wird.

Informationssuche

Suchen Sie in entsprechender Literatur, Datenbanken, Lexika oder im Internet (z.B. http://de.wikipedia.org/wiki/Hauptseite) nach Möglichkeiten, wie das Wasser aus dem Reaktionsgefäß entfernt werden kann. Gehen Sie auf den Begriff «Auskreisen» ein.

Bei Veresterungen werden gewöhnlich beide Strategien zur Beeinflussung des Gleichgewichts durch Konzentrationsverschiebung angewandt, nämlich zum einen den recht günstigen Alkohol im Überschuss einzusetzen und gleichzeitig das entstehende Reaktionswasser oder den Ester abzudestillieren (je nach Siedepunkt).

5.1.4.2 Beeinflussung der Gleichgewichtslage durch Druckveränderung

Durch Änderung des Druckes kann man ein Gleichgewicht nur dann verändern, wenn die Synthese im Gasraum stattfindet. Flüssigkeiten sind nicht oder nur sehr wenig komprimierbar, sodass eine Druckänderung keinen Einfluss hat.

Ändern sich bei einer Gasreaktion die Stoffmengen n der Edukte und Produkte nicht, dann ist die Gleichgewichtslage unabhängig vom Druck. Verringert oder erhöht sich die Stoffmenge der Edukte zu den Produkten, dann wird durch eine Druckerhöhung die Reaktion nach dem Prinzip des kleinsten Zwanges auf die Seite der kleineren Stoffmenge (des kleineren Volumens) verlaufen.

Merke

Die Reaktion wird unter Druckerhöhung zu den **Produkten** verlagert, wenn die Summe der Stoffmengen der Produkte geringer ist als die der Edukte.
Die Reaktion wird unter Druckerhöhung zu den **Edukten** verlaufen, wenn die Summe der Stoffmengen der Edukte geringer ist als die der Produkte.
Eine Reaktion ist druckunabhängig, wenn die Stoffmengensumme der Edukte und der Produkte gleich ist.

Diesen Zusammenhang kann man sich räumlich vorstellen. Wird der Druck auf das System erhöht, bedeutet dies, dass der gleichen Anzahl Teilchen weniger Raum zur Verfügung gestellt wird. Es ist ganz natürlich, dass die Teilchen nach einer Möglichkeit suchen, wo mehr Platz zur Verfügung steht, damit sie sich räumlich besser ausbreiten können.

Beispiel 1

Bei der Ammoniaksynthese befinden sich auf der linken Seite der Reaktionsgleichung Gl. 5.38 $n = 1$ mol Stickstoff und $n = 3$ mol Wasserstoff, also in Summe 4 mol Gas und auf der rechten Seite hingegen nur $n = 2$ mol Ammoniakgas.

$$N_2 + 3\ H_2 \rightleftharpoons 2\ NH_3 \qquad \text{(Gl. 5.38)}$$

Wird nun ein Zwang in Form einer Druckerhöhung ausgeübt, weicht das System auf die Seite aus, auf der mehr Platz zur Verfügung steht, also auf die Seite der geringeren Stoffmenge. Es wird also vermehrt Ammoniakgas gebildet.

Zur optimalen Synthesestrategie mit maximaler Ausbeute an Ammoniak gehört also zweifelsfrei der Einsatz eines hohen Druckes.

Beispiel 2

Bei der Reduktion von Kohlenstoffdioxid mit Kohlenstoff zu Kohlenstoffmonoxid in der Gasphase nach Gl. 5.39

$$CO_2 + C \rightleftharpoons 2\,CO \qquad \text{(Gl. 5.39)}$$

befinden sich links als Edukt $n = 1$ mol Kohlenstoffdioxid und rechts als Produkt $n = 2$ mol Kohlenstoffmonoxid. Da der Kohlenstoff fest ist, wird er nicht zur Beurteilung der Druckauswirkung durch das «Prinzip des kleinsten Zwanges» berücksichtigt. Die Stoffmenge der Edukte ist geringer als die der Produkte, daher ist eine Druckerhöhung *nicht* sinnvoll.

Beispiel 3

Eine Druckerhöhung auf die im Gleichgewicht stehende Reaktion nach Gl. 5.40 bei $\vartheta = 400$ °C

$$3\,Fe + 4\,H_2O \rightleftharpoons Fe_3O_4 + 4\,H_2\uparrow \qquad \text{(Gl. 5.40)}$$

hat keine Auswirkung auf die Ausbeute, weil links und rechts die gleiche Stoffmengenkonzentration (jeweils $c = 4$ mol/L) an gasförmigen Reaktionsprodukten vorliegt. Die festen Reaktionsbestandteile (Fe und Fe_3O_4) spielen für diese Betrachtung keine Rolle.

Vertiefungsübung V5.6

Die Veresterung von Essigsäure und Ethanol soll bei $\vartheta = 200$ °C in der *Gasphase* vorgenommen werden. Ist eine Erhöhung des Druckes während der Reaktion sinnvoll?

5.1.4.3 Beeinflussung der Gleichgewichtslage durch Temperaturveränderung

Eine weitere Möglichkeit, auf die Gleichgewichtslage Einfluss zu nehmen, ist die Änderung der Temperatur. Hier ist die Erklärung über die Teilchenbewegungen und deren Kollisionen (Zusammenstöße) gut nachvollziehbar. Durch eine Erhöhung der Reaktionstemperatur erhöht sich die Teilchenbewegung und damit verbunden die Anzahl der Teilchenkollisionen pro Zeiteinheit. Dies führt in erster Linie zu einer Beschleunigung sowohl der Hin- als auch der Rückreaktion. Um über die Verschiebung der Gleichgewichtslage eine Aussage zu treffen, unterscheidet man zwischen 2 Arten von Reaktionen: exotherme und endotherme Reaktionen.

Merke

Reaktionen, bei denen im Verlauf Energie in Form von Wärme **frei** wird, nennt man **exotherme Reaktionen**.
Reaktionen, bei denen während des Reaktionsverlaufes ständig Energie in Form von Wärme **zugeführt** werden muss, nennt man **endotherme Reaktionen**.

In Abschnitt 5.4 dieses Kapitels werden weitergehende Zusammenhänge erläutert.

Welchen Einfluss hat denn nun die Temperaturänderung auf das vorliegende Gleichgewicht? Auch hier gilt wieder das Le-Chatelier-Prinzip. Das Gleichgewicht weicht einer Temperaturerhöhung aus, indem die zugeführte Wärme wieder verbraucht wird. Ist bei einer Gleichgewichtsreaktion die **Hinreaktion** exotherm (energieliefernd), würde eine Temperaturerhöhung in diesem Fall die Rückreaktion erhöhen. Sie wäre daher ungünstig für die Ausbeute an Produkten.

Umgekehrt verhält es sich bei endothermen Reaktionen, da hier die Hinreaktion die «energieverbrauchende» Reaktion ist. Hier würde eine Temperaturerhöhung die Lage des Gleichgewichts zugunsten einer Ausbeuteerhöhung verschieben.

Merke

Endotherme Gleichgewichtsreaktionen sollten eher bei höheren Temperaturen durchgeführt werden und exotherme Reaktionen eher bei niedrigeren Temperaturen.

Bei der Anwendung der Merkregel sind allerdings noch andere Aspekte zu beachten. Z.B. ist es wichtig, wie viel Energie das System benötigt, damit die Reaktion überhaupt erst startet oder wie viel Energie die Teilchen benötigen, um genügend Bewegung für die Teilchenkollisionen zu besitzen. Daher ist eine reine Betrachtung der Temperatur für die Gleichgewichtslage ein sehr vereinfachtes Modell. In der Praxis müssen für eine optimale Syntheseführung mit maximaler Ausbeute immer mehrere Aspekte in Betracht gezogen.

Informationssuche

Suchen Sie in entsprechender Literatur, Datenbanken, Lexika oder im Internet (z.B. http://de.wikipedia.org/wiki/Hauptseite), wie in großtechnischen Anlagen die Temperatur des Reaktionsansatzes gemessen werden kann.

Als Beispiel für die Umsetzung der vorhergehenden MWG-Grundsätze in die Praxis wird für den **Prozess P1_KAP5** die Herstellung des Essigsäureethylesters anhand einer Vorschrift (SOP, standard operating procedure, Standardarbeitsanweisung) genauer erläutert.

5.1.4.4 Projektplanung einer Veresterung

SOP: Herstellung von Essigsäureethylester aus Ethanol und Essigsäure

Es gelten folgende Bedingungen:

Es wird n = 1 mol Essigsäure mit $w(CH_3COOH)$ = 100% eingesetzt.

Siedepunkte:

Essigsäure	ϑ_b = 118 °C
Ethanol	ϑ_b = 78 °C
Essigsäureethylester	ϑ_b = 77 °C
Wasser	ϑ_b = 100 °C

Löslichkeit in Wasser:

Essigsäureethylester	L = 8,5 g/L Wasser
Essigsäure	vollständig mischbar
Ethanol	vollständig mischbar

Die Herstellung des Essigsäureethylesters, in dem man eine Mischung aus n = 1 mol Ethanol und n = 1 mol Essigsäure längere Zeit rühren lässt, wäre nicht sehr effektiv. Zum einen stellt sich das Gleichgewicht nur langsam ein, und zum anderen entstehen maximal n = 0,666 mol Essigsäureethylester (K_c = 4), der dann noch mit Essigsäure, Ethanol und Wasser verunreinigt ist.

Besser ist es, wenn die Reaktion bei höherer Temperatur abläuft und eines der Produkte aus dem Gleichgewicht heraus destilliert wird. Bei der Betrachtung der Siedepunkte kann nur Ester (ϑ_b = 77 °C) abdestilliert werden, da Wasser einen höheren Siedepunkt hat (ϑ_b = 100 °C). Gleichzeitig wird aber Ethanol mit in den Dampfraum übergehen, da Ethanol einen ähnlichen Siedepunkt wie der Ester hat (ϑ_b = 78 °C).

Durch den Zusatz von hochprozentiger Schwefelsäure wird die Esterbildung beschleunigt (katalysiert) und ein Teil des entstehenden Wassers gebunden. Die Zugabe hochprozentiger Schwefelsäure und eine längere Kochzeit kann das Ethanol allerdings zersetzen. Durch Wasserentzug kann aus n = 2 mol Ethanol n = 1 mol Diethylether gemäß Gl. 5.41 entstehen.

$$2\ C_2H_5OH \xrightarrow{H_2SO_4} C_2H_5{-}O{-}C_2H_5 + H_2O \qquad \text{(Gl. 5.41)}$$

Um dieser Nebenreaktion vorzubeugen, wird die Schwefelsäure im Reaktionskolben vorgelegt und bei einer Temperatur von über ϑ_b = 78 °C tropfenweise mit einem vorbereiteten Gemisch von Ethanol und Essigsäure versetzt. Das Ethanol sollte mit einem deutlichen Überschuss (z.B. n = 3 mol) im Zutropfgemisch vertreten sein.

Das bei dem Zutropfen entstehende Produkt «Ester» wird sofort (mit einem Teil des Ethanols und geringen Teilen Wassers sowie Essigsäure) verdampfen und somit ständig aus dem Gleichgewicht entnommen. Das abdampfende Ester-Ethanol-Gemisch kann über eine Destillationsbrücke aus dem Reaktionskolben entfernt werden. Es läuft als Kondensat in einen Rundkolben (s. Bild 5.2, die Apparatur).

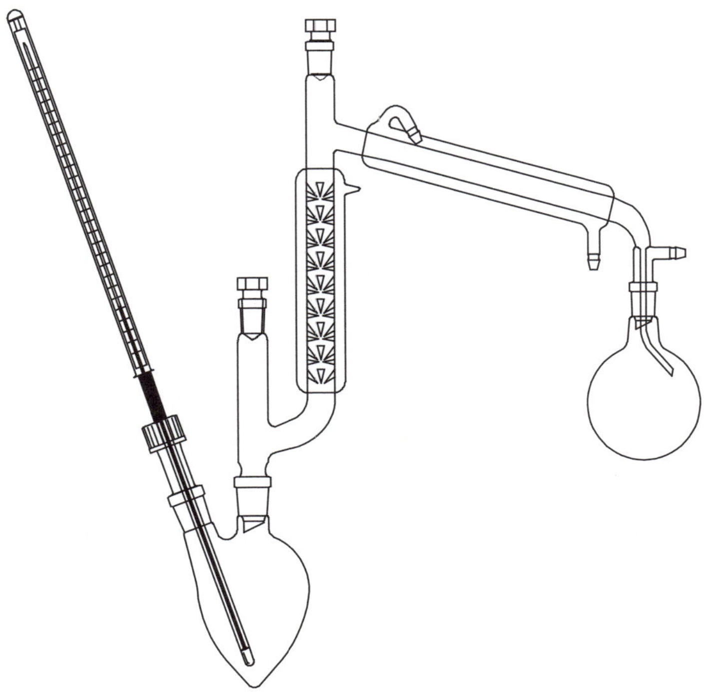

Bild 5.2 Apparatur zur Herstellung von Essigsäureethylester

Nach Beendigung der Reaktion befindet sich im Rundkolben als Kondensat eine Mischung von Ethanol, Ester sowie Reste von Essigsäure und Schwefelsäure. Die Säuren sollten so bald wie möglich neutralisiert werden, weil sie eine Rückreaktion des Esters zur Säure und zum Alkohol nach Gl. 5.42 katalysieren:

$$CH_3COOC_2H_5 + H_3O^+ \longrightarrow CH_3COOH + C_2H_5OH + H^+ \qquad \text{(Gl. 5.42)}$$

Die Neutralisation sollte mit einem Neutralisationsmittel durchgeführt werden, das den gesamten Ansatz bei Überschusszugabe nicht zu alkalisch stellt, sonst findet eine alkalische «Verseifung» des Esters nach Gl. 5.43 statt, die relativ schnell abläuft und unbedingt vermieden werden muss:

$$CH_3COOC_2H_5 + NaOH \longrightarrow CH_3COONa + C_2H_5OH \qquad \text{(Gl. 5.43)}$$

Ein empfehlenswertes Neutralisationsmittel ist eine wässrige Lösung von Natriumhydrogencarbonat, das die Säure neutralisiert, aber den *pH*-Wert des Ansatzes nicht in den alkalischen Bereich verschieben kann. Die Neutralisation erfolgt nach Gl. 5.44:

$$H_2SO_4 + 2\ NaHCO_3 \longrightarrow Na_2SO_4 + 2\ H_2O + 2\ CO_2\uparrow \qquad \text{(Gl. 5.44)}$$

Das Kondensat verrührt man mit wässriger Natriumhydrogencarbonat-Lösung, dabei werden die Säuren neutralisiert und das Ethanol in die wässrige Phase extrahiert. Den Vorgang wiederholt man mehrmals (s. dazu Abschnitt 3.2.4).

Der Ester, der weitgehend wasserunlöslich ist, scheidet sich als obere Phase langsam ab (warum als obere Phase?). Um die Abscheidung zu begünstigen, kann statt Natriumhydrogencarbonat eine gesättigte Calciumchlorid-Lösung verwendet werden. Durch den vergrößerten Dichteunterschied zwischen Esterphase und wässriger Phase wird die Abscheidegeschwindigkeit vergrößert.

Die in einem Scheidetrichter abgetrennte Esterphase, die noch Reste von Wasser enthält, wird mit körnigem, wasserfreiem Calciumchlorid als Trockenmittel versetzt und so vorgetrocknet.

Das evtl. noch vorhandene Wasser im Ester kann mit Hilfe von

- Karl-Fischer-Reagenz,
- Zusatz von weißem, wasserfreiem Kupfersulfat oder
- speziellen Teststäbchen

nachgewiesen werden.

Ist die Hauptmenge an Wasser entfernt, kann das nun feuchte Trockenmittel Calciumchlorid über einen Faltenfilter abfiltriert werden. Zum Schluss wird der vorgereinigte und vorgetrocknete Ester in einer Rektifikationsanlage über ein Molekularsieb als sehr effektives Trockenmittel rektifiziert (absolutiert). Die Überprüfung, ob der Ester rein und wasserfrei ist, kann mit Hilfe der GC unter Verwendung eines WLDs als Detektor (der auch Wasser anzeigt) überprüft werden. Siehe dazu in Band 2 die WQE-«Chromatografie»:

5.2 Anwendungen des Massenwirkungsgesetzes MWG

Das Massenwirkungsgesetz findet nicht nur auf unvollständig reagierende Molekülreaktionen Anwendung, sondern gilt prinzipiell für alle Gleichgewichtsreaktionen sowie für die bereits in Kapitel 2 erwähnten Protolysereaktionen. Daraus können wichtige Grundlagen abgeleitet werden.

5.2.1 Anwendungen des MWG auf das Protolysegleichgewicht

Prinzipiell versteht man unter einer Protolysereaktion, wie bereits in Kapitel 2 beschrieben, eine Gleichgewichtsreaktion eines korrespondierenden Säure-Base-Systems.

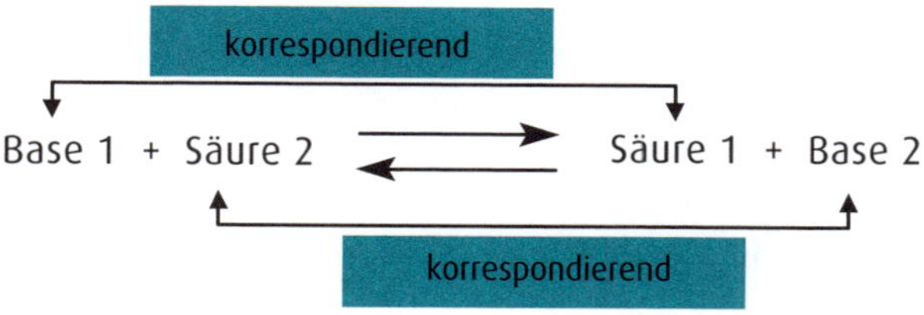

$$\underset{\text{(Base 1)}}{NH_3} + \underset{\text{(Säure 2)}}{H_2O} \rightleftharpoons \underset{\text{(Säure 1)}}{NH_4^+{}_{(aq)}} + \underset{\text{(Base 2)}}{OH^-{}_{(aq)}}$$

Da diese Gleichgewichtsreaktionen meist in stark verdünnten Lösungen durchgeführt werden, bilden sie bei der Aufstellung des MWG einen Sonderfall. Allerdings unterliegen **starke** Säuren oder Basen bei der Protolyse **nicht** den Gesetzen des chemischen Gleichgewichts, da sie praktisch vollständig protolysieren und nicht wieder zu unprotolysierten Molekülen zurückreagieren. Die Reaktionen laufen so lange bis zur Vollständigkeit ab, bis alle Säure- bzw. Base-Moleküle in Ionen zerfallen sind.

Handelt es sich jedoch bei der protolysierenden Substanz um **schwache** Säuren oder Basen, ist der Protolysevorgang prinzipiell mit einer molekularen Gleichgewichtsreaktion vergleichbar und kann durch das MWG beschrieben werden.

Löst man Essigsäure in Wasser, so bilden sich bei der Protolyse einerseits Säurekationen und das Acetation, andererseits reagieren diese Ionen wieder zurück zu der nicht protolysierten Essigsäure. Es stellt sich nach Gl. 5.45 ein Gleichgewicht ein, bei dem sowohl protolysierte als auch nicht protolysierte Essigsäure vorliegt.

$$CH_3COOH + H_2O \rightleftharpoons CH_3COO^- + H_3O^+ \qquad \text{(Gl. 5.45)}$$

Eine Aussage über das Verhältnis von protolysierten zu nicht protolysierten Essigsäuremolekülen liefert der bereits in Kapitel 2 definierte Protolysegrad α.

Der Protolysegrad α gibt eine Auskunft über die Säurestärke (bzw. Basestärke).

Vertiefungsübung V5.7

Auf welcher Seite liegt das Gleichgewicht der Protolyse einer Säure, wenn der Protolysegrad $\alpha = 0$ betragen würde? Wo liegt das Gleichgewicht, wenn der Protolysegrad $\alpha = 1$ (100%) betragen würde?

Schwache Säuren oder Basen, zu der auch die Essigsäure zählt, haben einen Protolysegrad $\alpha < 0{,}01$, d.h., weniger als 1% der Säure liegt protolysiert vor. Wie bereits in Kapitel 2 beschrieben, ist der Protolysegrad α ein konzentrations- und temperaturabhängiger Wert.

Merke

Eine geringe Stoffmengenkonzentration c und eine Steigerung der Temperatur erhöhen gewöhnlich den Protolysegrad α.

Informationssuche

Suchen Sie in entsprechender Literatur, Datenbanken, Lexika oder im Internet (z.B. http://de.wikipedia.org/wiki/Hauptseite) nach den Protolysegraden α schwacher Säuren und Basen.

Eine Bestimmung des Anteils an protolysierten Teilchen kann z.B. durch eine *pH*-Wert- oder Leitfähigkeitsmessung durchgeführt werden, weil nur die durch die Protolyse entstehenden H_3O^+-Ionen bzw. die entstehenden OH^--Ionen für die Größe des *pH*-Wertes maßgeblich sind. Für die Protolyse der Essigsäure aus Gl. 5.45 ergibt die konsequente Anwendung des MWG Gl. 5.46:

$$K_C = \frac{c(H_3O^+) \cdot c(CH_3COO^-)}{c(CH_3COOH) \cdot c(H_2O)} \qquad \text{(Gl. 5.46)}$$

Da die Stoffmengenkonzentration $c(H_2O)$ des Wassers im Vergleich zu den anderen Stoffmengen (es handelt sich um eine stark verdünnte Lösung) sehr hoch ist, ist der Anteil des Wassers in der Protolyse zu vernachlässigen. Daher kann $c(H_2O)$ als konstant betrachtet werden. Das MWG für schwache Säuren bzw. Basen wird etwas umgewandelt, daraus bildet sich nach Gl. 5.47 und Gl. 5.48 eine neue Konstante, die sog. **Säurekonstante K_S**.

$$K_S = K_C \cdot c(H_2O) \qquad \text{(Gl. 5.47)}$$

$$K_S = \frac{c(H_3O^+) \cdot c(CH_3COO^-)}{c(CH_3COOH)} \qquad \text{(Gl. 5.48)}$$

Die Stärke der Säure kann über den K_S-Wert definiert werden. Je größer der K_S-Wert, umso stärker ist die Protolyse der Säure, was sich wiederum auf die Säurestärke auswirkt. Aus dem K_S-Wert kann analog zum *pH*-Wert (s. Kapitel 4) der pK_S-Wert gebildet werden. Er errechnet sich ebenfalls wie der *pH*-Wert aus dem negativen dekadischen Logarithmus wie in Gl. 5.49 beschrieben:

$$pK_S = -\lg K_S \qquad \text{(Gl. 5.49)}$$

Für Basen gilt Gl. 5.50.

$$K_B = K_C \cdot c(H_2O) \qquad \text{(Gl. 5.50)}$$

$$K_B = \frac{c(OH^-) \cdot c(\text{Kation}^+)}{c(\text{B-OH})} \qquad \text{(Gl. 5.51)}$$

Die Berechnung des pK_B-Wertes wird nach Gl. 5.52 vorgenommen:

$$pK_B = -\lg K_B \qquad \text{(Gl. 5.52)}$$

Beispiel

Die Protolysekonstante der Trichloressigsäure CCl_3COOH beträgt bei 25 °C $K_S = 1 \cdot 10^{-1}$ mol/L, die Protolysekonstante der Essigsäure CH_3COOH beträgt $K_S = 1{,}76 \cdot 10^{-5}$ mol/L. Berechnen Sie jeweils den pK_S-Wert.

Es gilt Gl. 5.53:

$$pK_S = -\lg K_S \quad \text{(Gl. 5.53)}$$

Für die Trichloressigsäure CCl_3COOH gilt Gl. 5.54:

$$pK_S = -\lg 1 \cdot 10^{-1} = -(-1) = 1 \quad \text{(Gl. 5.54)}$$

Für die schwächere Essigsäure CH_3COOH gilt Gl. 5.55:

$$pK_S = -\lg 1{,}76 \cdot 10^{-5} = -(-4{,}75) = \underline{4{,}75} \quad \text{(Gl. 5.55)}$$

Merke

Je stärker die Säure ist, umso kleiner ist der pK_S-Wert! Analog gilt das auch für den pK_B-Wert einer schwachen Base.

In Tabelle 5.12 sind für einige schwache Säuren und Basen die K_S- und K_B-Werte aufgeführt.

Tabelle 5.12 Protolysekonstanten schwacher Säuren und Basen

Säure bzw. Base	**Protolysekonstante K_S bzw. K_B (20 °C)**
Flusssäure (HF)	$3{,}53 \cdot 10^{-4}$
salpetrige Säure (HNO_2)	$4{,}60 \cdot 10^{-4}$
Cyanwasserstoff (HCN)	$4{,}93 \cdot 10^{-10}$
Ameisensäure (HCOOH)	$1{,}77 \cdot 10^{-4}$
Benzoesäure (C_6H_5COOH)	$6{,}50 \cdot 10^{-5}$
Essigsäure (CH_3COOH)	$1{,}72 \cdot 10^{-5}$
Ammoniak (NH_3)	$1{,}79 \cdot 10^{-5}$
Calciumhydroxid ($Ca(OH)_2$)	$3{,}74 \cdot 10^{-3}$

Vertiefungsübung V5.8

Welche Säure in Tabelle 5.12 ist die «stärkste» Säure? Welche Einheiten haben die Protolysekonstanten in der Tabelle?

In Kapitel 3 wurde bereits festgestellt, dass auch Wasser einer Protolyse unterliegt. Diese Protolyse des Wassers nach Gl. 5.56 nennt man «Autoprotolyse», weil sie spontan abläuft.

$$H_2O + H_2O \rightleftharpoons H_3O^+ + OH^- \quad \text{(Gl. 5.56)}$$

Die Anwendung des MWG auf die Autoprotolyse ergibt Gl. 5.57:

$$K_C = \frac{c(H_3O^+) \cdot c(OH^-)}{c^2(H_2O)} \qquad \text{(Gl. 5.57)}$$

Genaue Messungen haben ergeben, dass von 10 000 000 (10^7) Wassermolekülen gerade 1 Molekül dieser Autoprotolyse nach Gl. 5.47 unterliegt. Ausgehend von der hohen Konzentration an nicht protolysiertem Wasser kann daher der Nennerwert = $c^2(H_2O)$ als konstant angesehen werden ($c(H_2O)$ = 1 mol/L).

Daher kann das MWG der Autoprotolyse mathematisch zu der «Protolysekonstante des Wassers K_W» nach Gl. 5.58 vereinfacht werden. (Der Wert hieß früher «Ionenprodukt des Wassers».)

$$K_W = K_C \cdot c^2(H_2O) \qquad \text{(Gl. 5.58)}$$

$$K_W = c(H_3O^+) \cdot c(OH^-) \qquad \text{(Gl. 5.59)}$$

Die Protolysekonstante des Wassers beträgt bei 25 °C $K_W = 1 \cdot 10^{-14}$ mol²/L² und bildet die Grundlage der *pH*-Wertskala.

Informationssuche

Suchen Sie in entsprechender Literatur, Datenbanken, Lexika oder im Internet (z.B. http://de.wikipedia.org/wiki/Hauptseite) nach der Abhängigkeit der Protolysekonstante K_W des Wassers von der Temperatur ϑ.

Wie bereits in Kapitel 2 erläutert, ist der *pH*-Wert der negative Logarithmus der H_3O^+-Ionen-Stoffmengenkonzentration. Wenn Wasser mit H_3O^+-Ionen versetzt wird (durch Zugabe einer Säure), verschiebt sich das Gleichgewicht der Autoprotolyse zugunsten der H_3O^+-Ionen, dabei bleibt die Protolysekonstante des Wassers K_W konstant.

Wenn z.B. zu V = 1 L einer wässrigen Lösung eine Säure mit n = 0,1 mol H_3O^+-Ionen ($c = 10^{-1}$ mol/L) gegeben wird, verschiebt sich das Gleichgewicht derart, dass die Protolysekonstante von $K_W = 1 \cdot 10^{-14}$ konstant bleibt. Durch diese Verschiebung des Gleichgewichts sind in der Lösung dann nur noch 10^{-13} mol/L OH^--Ionen enthalten (Gl. 5.60):

$$K_W = 10^{-1}\text{mol/L} \cdot x = 10^{-14}\text{mol}^2/\text{L}^2 \qquad \text{(Gl. 5.60)}$$

$$x = \underline{10^{-13}\ \text{mol/L}}$$

Der *pH*-Wert dieser sauren Lösung wäre 1.

Eine Erweiterung des *pH*-Wertes erfolgt durch Einführung des sog. ***pOH*-Wertes**. Dieser ist analog zum *pH*-Wert der negative Logarithmus der OH^--Stoffmengenkonzentration (Gl. 5.61).

Merke

Der *pOH*-Wert ist der negative Logarithmus der OH^--Stoffmengenkonzentration.

$$pOH = -\lg c(OH^-) \qquad \text{(Gl. 5.61)}$$

Der *pOH*-Wert der sauren Lösung mit $c(H_3O^+)$ = 0,1 mol/L und mit $c(OH^-) = 10^{-13}$ mol/L wäre somit nach Gl. 5.62:

$$pOH = -\lg 10^{-13} = \underline{13} \qquad \text{(Gl. 5.62)}$$

An diesem Beispiel kann man erkennen, dass die Summe von *pH*-Wert und *pOH*-Wert 14 beträgt (entspricht dem negativen Logarithmus der Protolysekonstante des Wassers).

Merke

Die Summe von *pH*-Wert und *pOH*-Wert ist 14.

$$pH + pOH = 14 \qquad \text{(Gl. 5.63)}$$

Das folgende Rechenbeispiel soll das relativ schwierige Arbeitsgebiet transparenter machen. Gehen Sie die Beispielaufgabe aufmerksam durch.

Beispiel

Es soll der *pH*-Wert einer Ammoniaklösung mit $c(NH_3)$ = 0,01 mol/L berechnet werden, wenn der Protolysegrad α = 0,8% (= 0,008) beträgt. In wässriger Lösung protolysiert Ammoniak nach Gl. 5.64:

$$NH_3 + H_2O \rightleftharpoons NH_4^+ + OH^- \qquad \text{(Gl. 5.64)}$$

Dabei liegt das Gleichgewicht auf der linken Seite der Gleichung, da die Protolyse nur zu 0,8% (α = 0,008) abläuft. Die Berechnung der Stoffmengenkonzentration $c(OH^-)$ in der wässrigen Lösung erfolgt mit Gl. 5.65.

$$\alpha = \frac{c(OH^-)}{c(NH_3)} \qquad \text{(Gl. 5.65)}$$

Daraus ergibt sich durch Umstellen nach $c(OH^-)$ Gl. 5.66:

$$c(OH^-) = c(NH_3) \cdot \alpha \qquad \text{(Gl. 5.66)}$$

$$c(OH^-) = 0{,}01\,\text{mol/L} \cdot 0{,}008 = \underline{0{,}00008\,\text{mol/L}} \qquad \text{(Gl. 5.67)}$$

Der *pOH*-Wert beträgt nach Gl. 5.68:

$$pOH = -\lg c(OH^-) = -\lg 0{,}00008 = \underline{4{,}1} \qquad \text{(Gl. 5.68)}$$

Nach Gl. 5.69 und Gl. 5.70 kann dann der *pH*-Wert berechnet werden:

$$pOH + pH = 14 \qquad \text{(Gl. 5.69)}$$

$$4{,}1 + pH = 14 \qquad \text{(Gl. 5.70)}$$

$$pH = \underline{9{,}9}$$

Der *pH*-Wert der Ammoniaklösung mit $c(NH_3)$ = 0,01 mol/L beträgt 9,9.

Vertiefungsübung V5.9

Berechnen Sie den *pOH*- und *pH*-Wert einer Essigsäurelösung mit $c(CH_3COOH)$ = 0,02 mol/L, wenn der Protolysegrad α = 0,67% beträgt.

5.2.2 Abhängigkeit des Protolysegrades α von der Konzentration schwacher Elektrolyte

Der Protolysegrad α einer schwachen Säure oder Base ist keine Konstante, sondern er ist von der ursprünglichen Stoffmengenkonzentration c_0 (also der Stoffmengenkonzentration vor der Protolyse) des Elektrolyten abhängig. Die Abhängigkeit des Protolysegrades α von der Stoffmengenkonzentration c_0 **eines schwachen Elektrolyten** beschreibt das **«Ostwald'sche Verdünnungsgesetz[3]»**: Für stark verdünnte Stoffe, die nicht vollständig protolysieren, gilt Gl. 5.71:

$$K_S = \frac{\alpha^2}{1-\alpha} \cdot c_0 \qquad \text{(Gl. 5.71)}$$

mit:

- K_S Gleichgewichtskonstante
- α Protolysegrad
- c_0 Anfangskonzentration der schwachen Säure bzw. Base

Ist der Protolysegrad α ausreichend klein, so ergibt der Ausdruck im Nenner der Gl. 5.71: $1 - \alpha \approx 1$. Das «Ostwald'sche Verdünnungsgesetz» kann dann noch weiter vereinfacht werden zu Gl. 5.72:

$$K_S = \alpha^2 \cdot c_0 \qquad \text{(Gl. 5.72)}$$

Beispiel

Die Protolysekonstante von Benzoesäure C_6H_5COOH beträgt bei 20 °C $K_C = 6{,}46 \cdot 10^{-5}$ mol/L. Berechnen Sie jeweils den Protolysegrad α für eine Lösung mit

a) $c_0 = 0{,}1$ mol/L und
b) $c_0 = 0{,}01$ mol/L

Es wird angenommen, dass die Protolysekonstante K_S ausreichend klein ist, daher kommt Gl. 5.72 zur Anwendung, die nach dem Protolysegrad α umgestellt wird:

$$\alpha = \sqrt{\frac{K_S}{c_0}} \qquad \text{(Gl. 5.73)}$$

Für c_0 = **0,1** mol/L gilt Gl. 5.74:

$$\alpha = \sqrt{\frac{6{,}46 \cdot 10^{-5}\ \text{mol} \cdot \text{L}}{0{,}1\,\text{mol} \cdot \text{L}}} = 0{,}0254 \mathrel{\hat{=}} \underline{2{,}54\%} \qquad \text{(Gl. 5.74)}$$

Für c_0 = **0,01** mol/L gilt Gl. 5.75:

---

[3] Wilhelm Ostwald (1853 bis 1932), deutsch-baltischer Chemiker und Nobelpreisträger

$$\alpha = \sqrt{\frac{6{,}46 \cdot 10^{-5}\ \text{mol} \cdot \text{L}}{0{,}01\ \text{mol} \cdot \text{L}}} = 0{,}0804 \mathrel{\hat{=}} \underline{\underline{8{,}04\%}} \qquad \text{(Gl. 5.75)}$$

Wie man leicht erkennen kann, nimmt der Protolysegrad α mit steigender Verdünnung zu. Die Abhängigkeit des Protolysegrades α eines schwachen Elektrolyten von der Stoffmengenkonzentration c_0 ist aus Bild 5.3 erkennbar.

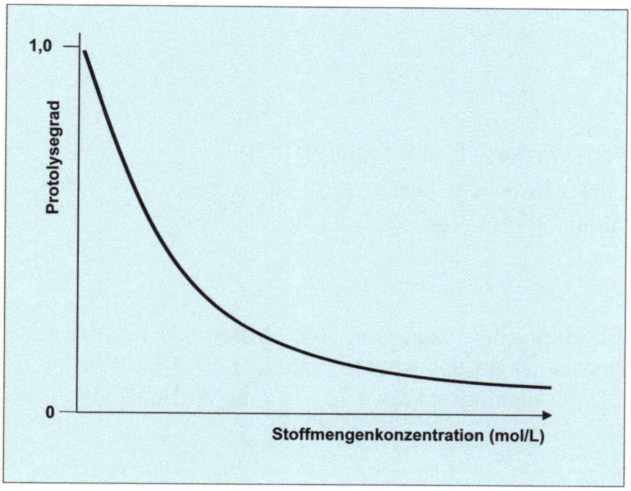

Bild 5.3 Abhängigkeit des Protolysegrades α von der Stoffmengenkonzentration c

Informationssuche

Suchen Sie in entsprechender Literatur, Datenbanken, Lexika oder im Internet (z.B. http://de.wikipedia.org/wiki/Hauptseite) nach dem Grund, warum der Protolysegrad α von schwachen Säuren und Basen mit der Verdünnung zunimmt.

5.2.3 Anwendung des Protolysegleichgewichtes auf die Hydrolyse

Die Hydrolyse ist eine weitere Anwendung des Protolysegleichgewichtes. In Kapitel 4 wurde bereits prinzipiell die Acidität und Basizität von Salzen schwacher Säuren oder Basen in wässriger Lösung erläutert. In diesem Abschnitt wird dieser Zusammenhang präzisiert.

Definition «Hydrolyse»

Unter der Hydrolyse versteht man die Reaktion von Wasser mit Ionen eines gelösten Salzes.

Das Anion eines Salzes einer schwachen Säure, z.B. das Acetation, reagiert unter Einfluss von Wasser nach Gl. 5.76 zu Essigsäure und OH^--Ionen:

$$CH_3COO^- + H_2O \rightleftharpoons CH_3COOH + OH^- \qquad \text{(Gl. 5.76)}$$

Anionen, die in der Lage sind, als konjugierte Basen schwacher Säuren ein Proton aufzunehmen, bilden durch Ausbildung von OH^--Ionen basische Lösungen. Essigsäure ist eine schwache Säure, somit ist das Acetation eine starke konjugierte Base. Es ist ein guter Protonenakzeptor und erhöht damit den *pH*-Wert einer Lösung. Wasser wirkt in diesem Fall als Säure, da es ein Proton abgibt.

Mit Hilfe von Gl. 5.77, die durch konsequente Anwendung aus dem MWG entstanden ist, kann der *pH*-Wert von **Salzen schwacher Säuren** abgeschätzt werden. Auf die genaue Ableitung der Näherungsgleichung wird wegen der Komplexität verzichtet.

$$pH \approx -\lg\sqrt{\frac{K_W \cdot K_S}{c}} \qquad \text{(Gl. 5.77)}$$

mit:

- K_W Protolysekonstante des Wassers ($1 \cdot 10^{-14}$ mol²/L²)
- K_S Protolysekonstante der schwachen Säure
- c Stoffmengenkonzentration des Salzes

Beispiel

Es soll der *pH*-Wert einer Natriumacetat-Lösung mit $c(CH_3COONa)$ = 0,1 mol/L abgeschätzt werden. Die Protolysekonstante des Wassers beträgt $K_W = 1 \cdot 10^{-14}$ mol²/L². Die Protolysekonstante der Essigsäure beträgt $K_S = 1{,}76 \cdot 10^{-5}$ mol/L. Der *pH*-Wert wird berechnet mit Gl. 5.78:

$$pH \approx -\lg\sqrt{\frac{1 \cdot 10^{-14}\ \text{mol}^2/\text{L}^2 \cdot 1{,}76 \cdot 10^{-5}\ \text{mol/L}}{0{,}1\ \text{mol/L}}} = -\lg 1{,}327 \cdot 10^{-9}\ \text{mol/L} = \underline{\underline{8{,}88}} \qquad \text{(Gl. 5.78)}$$

Der *pH*-Wert der Natriumacetatlösung mit $c(CH_3COONa)$ = 0,1 mol/L beträgt pH = 8,88. Salze schwacher Basen hydrolysieren in Wasser in H_3O^+-Ionen, z.B. Ammoniumchlorid reagiert nach Gl. 5.79 in NH_3 und H_3O^+:

$$NH_4Cl + H_2O \rightleftharpoons H_3O^+ + NH_3 + Cl^- \qquad \text{(Gl. 5.79)}$$

Für **Salze schwacher Basen** gilt die Näherungsgleichung Gl. 5.80 zur Berechnung des *pH*-Wertes:

$$pH \approx -\lg\sqrt{\frac{K_W \cdot c}{K_B}} \qquad \text{(Gl. 5.80)}$$

Vertiefungsübung V5.10

Berechnen Sie den *pH*-Wert einer Ammoniumchloridlösung mit $c(NH_4Cl)$ = 0,01 mol/L, wenn $K_B = 1{,}79 \cdot 10^{-5}$ mol/L und $K_W = 1 \cdot 10^{-14}$ mol²/L² beträgt.

5.2.4 Auswirkung des Protolysegleichgewichtes auf Puffersysteme

Wie bereits in Kapitel 2 festgestellt wurde, ist bei vielen chemischen Prozessen eine *pH*-Wert-Stabilität während des Reaktionsverlaufes unerlässlich. Trotz entstehender Säure oder Base soll der *pH*-Wert bei einer chemischen Reaktion unverändert bleiben. Hierzu werden sog. Puffersysteme eingesetzt. Sie dienen dazu, die in der Reaktion entstandene Säure oder Base abzufangen und so den *pH*-Wert der Lösung konstant zu halten.

Pufferlösungen bestehen immer aus einer schwachen Base oder einer schwachen Säure und dem dazugehörigen Salz («korrespondierendem Salz»).

Merke

Ein Puffersystem setzt sich immer aus 2 Komponenten zusammen, entweder aus einer schwachen Säure oder einer schwachen Base und dem dazugehörenden korrespondierenden Salz. Puffersysteme sind immer zur Pufferung in einem bestimmten *pH*-Bereich geeignet.

Einige Puffersysteme sind z.B.:

- Essigsäure / Natriumacetat, puffert bei ca. *pH* 3,5…5,5,
- Ammoniak / Ammoniumchlorid, puffert bei ca. *pH* 8…10,
- Dinatriumhydrogenphosphat / Natriumdihydrogenphosphat, puffert bei ca. *pH* 6…8,
- Kohlensäure / Natriumhydrogencarbonat, puffert bei ca. *pH* 6…8.

So bildet z.B. die schwache Essigsäure in Kombination mit dem korrespondierenden Salz Natriumacetat ein Puffersystem.

An diesem Beispiel soll die Funktionsweise des Puffersystems Essigsäure / Natriumacetat bei Zugabe einer Base und einer Säure untersucht werden.

Werden in die Pufferlösung CH_3COOH/CH_3COONa die Hydroxid-Ionen einer Base hineingegeben, so werden die Essigsäuremoleküle Protonen abgeben, weil das Gleichgewicht der Reaktion nach Gl. 5.81 deutlich auf der rechten Seite liegt.

$$CH_3COOH + OH^- \rightleftharpoons CH_3COO^- + H_2O \qquad \text{(Gl. 5.81)}$$

Prinzipiell handelt es sich um eine Neutralisationsreaktion.

Bei der Zugabe von H_3O^+-Ionen einer Säure in das Puffersystem reagieren diese nach Gl. 5.82 mit dem Acetation zu der sehr schwach protolysierten Essigsäure:

$$H_3O^+ + CH_3COONa \rightleftharpoons CH_3COOH + H_2O + Na^+ \qquad \text{(Gl. 5.82)}$$

Auch dieses Gleichgewicht liegt weit auf der rechten Seite.

Die vielen H_3O^+-Ionen werden abgefangen, indem aus der zugegebenen stark protolysierten Säure eine schwach protolysierte Säure (Essigsäure) entsteht.

Vertiefungsübung V5.11

Beschreiben Sie die Zugabe einer starken Säure und einer starken Base in das Puffersystem NH_4OH/NH_4Cl.

Charakteristisch für ein Puffersystem ist der *pH*-Wert-Bereich, in dem das Gemisch die Säure- bzw. Basenzugabe abpuffert. Das Puffersystem muss entsprechend dem gewünschten *pH*-Bereich angepasst werden. Für verschiedene Bereiche werden unterschiedliche Puffergemische ausgewählt.

Über die **Henderson-Hasselbalch-Gleichung**[4] kann der *pH*-Wert eines Puffersystems in Abhängigkeit der Stoffmengenkonzentration *c* an Säure bzw. Base und korrespondierendem Salz ermittelt werden.

---

[4] LAWRENCE JOSEPH HENDERSON (1878 bis 1942), amerikanischer Chemiker
KARL ALBERT HASSELBALCH (1874 bis 1962), dänischer Physiker

Für saure Puffersysteme gilt Gl. 5.83:

$$pH = pK_S + \lg \frac{c(\text{Salz})}{c(\text{Säure})} \tag{Gl. 5.83}$$

Für basische Puffersysteme gilt Gl. 5.84:

$$pH = 14 - \left(pK_B + \lg \frac{c(\text{Salz})}{c(\text{Base})} \right) \tag{Gl. 5.84}$$

Beispiel

Berechnen Sie den *pH*-Wert einer Pufferlösung,

a) die aus c = 0,1 mol/L Essigsäure und c = 0,1 mol/L Natriumacetat besteht,
b) die aus c = 0,1 mol/L Essigsäure und c = 0,01 mol/L Natriumacetat besteht.

Der pK_S-Wert der Essigsäure beträgt bei ϑ = 20 °C pK_S = 4,75.

Für den **Fall a)** gilt Gl. 5.85:

$$pH = 4{,}75 + \lg \frac{0{,}1\ \text{mol/L}}{0{,}1\ \text{mol/L}} = \underline{4{,}75} \tag{Gl. 5.85}$$

Wie man an dem Ergebnis der Aufgabe a) erkennen kann, ist der pK_S-Wert dann identisch mit dem *pH*-Wert, wenn die Stoffmengenkonzentration c von Säure und korrespondierendem Salz gleich ist.

Für den **Fall b)** gilt Gl. 5.86:

$$pH = 4{,}75 + \lg \frac{0{,}01\ \text{mol/L}}{0{,}1\ \text{mol/L}} = \underline{3{,}75} \tag{Gl. 5.86}$$

In der Praxis werden gewöhnlich Puffergemische mit Konzentrationsverhältnissen 1 : 10…10 : 1 eingesetzt. Diese Puffersysteme puffern in einem Bereich von $pH = pK_S \pm 1$.

Ein Puffersystem kann nicht unbegrenzte Mengen an Säure oder Base abfangen. Wird dem Puffersystem stetig Säure oder Base zugeführt, ändert sich der *pH*-Wert zunächst minimal. Eine Pufferlösung, die c = 1 mol/L Säure bzw. 1 mol/L Base und c = 1 mol/L korrespondierendem Salz enthält, bleibt im $pH = pK_S \pm 0{,}1$ stabil, wenn sie mit ca. 0,1 mol/L vollständig protolysierter Säure oder Base versetzt wird. Bei Zugabe von 0,5 mol/L Säure oder Base ändert sich der *pH*-Wert um ±0,5.

Wird jedoch die Kapazität des Puffers überschritten, ändert sich der *pH*-Wert schlagartig. Das Puffersystem hat keine Ionen mehr zur Verfügung, um die zugegebene Säure- bzw. Basen-Ionen aufzufangen.

Die Kapazität eines Puffers ist abhängig von der Stoffmengenkonzentration an zugegebenen Puffersubstanzen. Ist es für eine Reaktion unerlässlich, den *pH*-Wert konstant zu halten, ist es empfehlenswert, im Vorfeld die Pufferkapazität des eingesetzten Puffergemisches experimentell zu ermitteln und dann abzuschätzen, ob diese ausreicht.

Ein Beispiel für ein exzellent funktionierendes Puffersystem ist das menschliche Blut. Die im Blut vorhandenen Puffersysteme bewirken, dass trotz Säurebildung in den Muskeln bzw. bei Einnahme von Säuren (z.B. Phosphorsäure in Cola!) der *pH*-Wert des Blutes sehr stabil bleibt. Eine schon geringe *pH*-Wert-Verschiebung im Blut würde tödliche Folgen für den betreffenden Menschen haben. Der *pH*-Wert des Blutes liegt bei 7,4 (7,3…7,5). Der Blutpuffer entsteht durch das Zusammenwirken von 4 Puffersystemen nach Gl. 5.87 und Gl. 5.88 im Blut:

Kohlensäure-Hydrogencarbonatpuffer:

$$H_2CO_3 + H_2O \rightleftharpoons H_3O^+ + HCO_3^- \qquad \text{(Gl. 5.87)}$$

Phosphatpuffer:

$$H_2PO_4^- + H_2O \rightleftharpoons H_3O^+ + HPO_4^{2-} \qquad \text{(Gl. 5.88)}$$

Proteinatpuffer:

Proteine (Eiweiße) wirken als Puffer, weil sie sowohl alkalische als auch saure Eigenschaften besitzen.

Hämoglobin:

auch der rote Blutfarbstoff wirkt als Puffersystem.

Informationssuche

Suchen Sie in entsprechender Literatur, Datenbanken, Lexika oder im Internet (z.B. http://de.wikipedia.org/wiki/Hauptseite), wie die Übersäuerung bzw. Überalkalisierung des Blutes heißt.

Abschließend eine Aufgabe, bei der nochmals die Pufferwirkung verdeutlicht werden kann. Gehen Sie genau den Gang der Aufgabe durch.

In $V = 0{,}25$ L Essigsäure mit der Stoffmengenkonzentration von $c(CH_3COOH) = 0{,}1$ mol/L werden $m = 2$ g Natriumacetat gelöst. Es soll der *pH*-Wert des Puffersystems berechnet werden.

In das Puffergemisch wird $V = 1{,}0$ mL Natronlauge mit der Stoffmengenkonzentration $c(NaOH) = 1$ mol/L gegeben. Welcher *pH*-Wert stellt sich ein?

Die Volumenvergrößerung durch die Zugabe von Natriumacetat und der Natronlauge soll vernachlässigt werden.

$pK_S = 4{,}75$; $M(CH_3COONa) = 82$ g/mol

Zunächst wird die Stoffmengenkonzentration c an Natriumacetat mit Gl. 5.89 berechnet:

$$c = \frac{m}{M \cdot V} = \frac{2\,\text{g} \cdot \text{mol}}{82\,\text{g} \cdot 0{,}25\,\text{L}} = \underline{0{,}0976\,\text{mol/L}} \qquad \text{(Gl. 5.89)}$$

a) Der *pH*-Wert des Puffersystems wird mit Gl. 5.90 berechnet:

$$pH = pK_S + \lg\frac{c(\text{Salz})}{c(\text{Säure})} = 4{,}75 + \lg\frac{0{,}0976\,\text{mol/L}}{0{,}1\,\text{mol/L}} = \underline{4{,}74} \qquad \text{(Gl. 5.90)}$$

b) Bei vollständiger Protolyse werden 1,0 mL Natronlauge mit $c(NaOH) = 1$ mol/L zugefügt, das entspricht nach Gl. 5.91:

$$n = \frac{1{,}0\ \text{mL} \cdot 1\ \text{mol}}{1000\ \text{mL}} = \underline{0{,}001\ \text{mol}} \qquad \text{(Gl. 5.91)}$$

Jedes Mol der zugegebenen Natronlauge neutralisiert n = 1 mol Essigsäure, dabei bilden sich n = 1 mol Acetat-Anionen nach Gl. 5.92:

$$OH^- + CH_3COOH \rightleftharpoons CH_3COO^- + H_2O \qquad \text{(Gl. 5.92)}$$

Es entstehen also aus n = 0,001 mol zugegebenem Natriumhydroxid auch n = 0,001 mol Acetationen. Mit den bereits vorhandenen c = 0,0976 mol/L ergibt das (unter der Voraussetzung, dass das Volumen konstant bleibt) $c(CH_3COO^-)$ = 0,001 mol/L + 0,0976 mol/L = 0,0986 mol/L.

Die n = 0,001 mol zugegebene Natronlauge verbrauchen nach Gl. 5.83 n = 0,001 mol Essigsäure. Von den ursprünglich vorhandenen c = 0,1 mol/L Essigsäure bleiben also noch $c(CH_3COOH)$ = 0,1 mol/L – 0,001 mol/L = 0,099 mol/L zurück.

Durch Einsetzen der Werte in Gl. 5.93 kann der pH-Wert des Puffersystems nach der Zugabe der Natronlauge berechnet werden.

$$pH = pK_S + \lg \frac{c(\text{Salz})}{c(\text{Säure})} = 4{,}75 + \lg \frac{0{,}0986\ \text{mol/L}}{0{,}099\ \text{mol/L}} = \underline{4{,}748} \qquad \text{(Gl. 5.93)}$$

Der pH-Wert nach der Zugabe von V = 1 mL Natronlauge mit $c(NaOH)$ = 1 mol/L wird sich kaum verändern.

Vertiefungsübung V5.12

Berechnen Sie den pH-Wert bei Zugabe von V = 1,0 mL Salzsäure mit der Stoffmengenkonzentration $c(HCl)$ = 0,5 mol/L in das Puffersystem von V = 250 mL Essigsäure c = 0,1 mol/L und m = 2 g Natriumacetat.
Das Gleichgewicht bei der Zugabe von HCl wird beschrieben mit Gl. 5.94:

$$H_3O^+ + CH_3COO^- \rightleftharpoons H_2O + CH_3COOH \qquad \text{(Gl. 5.94)}$$

5.2.5 Anwendung des Massenwirkungsgesetzes auf das Löslichkeitsprodukt *Lp*

Eine weitere Anwendung des chemischen Gleichgewichts ist die Herstellung einer gesättigten Salzlösung aus schwer löslichen Salzen, wie es z.B. bei einer Gewichtsanalyse notwendig ist. Wird durch eine chemische Reaktion in einer wässrigen Phase ein schwer lösliches Salz hergestellt, wird dieses zunächst aus der Lösung ausfallen. Nach und nach löst sich wieder ein kleiner Teil auf und bildet hydratisierte Ionen (s. auch Kapitel 4). Dies geschieht so lange, bis die maximale Löslichkeit bei der entsprechenden Temperatur erreicht ist. Bei weiterer Zugabe von Salz in die Lösung über die Löslichkeit hinaus, entsteht ein Bodensatz. Das ausgefallene Salz löst sich nicht weiter auf, der Niederschlag bildet mit der Flüssigkeit eine Suspension.

Nach Absetzen des Feststoffes ist die darüber stehende Flüssigkeit gesättigt. In einer gesättigten Lösung mit einem «Bodensatz» steht der unlösliche Bodensatz mit dem sehr wenig gelösten im dynamischen Gleichgewicht.

Am Beispiel von schwer löslichem Bariumsulfat ($BaSO_4$) sollen die Grundlagen der Berechnung des Löslichkeitsprodukts *Lp* schwer löslicher Stoffe abgeleitet werden. Das Bariumsulfat soll durch eine chemische Reaktion entstehen, z.B. in dem man Bariumchlorid und Schwefelsäure nach Gl. 5.95 reagieren lässt:

$$BaCl_2 + H_2SO_4 \longrightarrow BaSO_4 + 2\ HCl \qquad \text{(Gl. 5.95)}$$

Im Bodensatz Bild 5.4 befindet sich nicht dissoziiertes Bariumsulfat. Das sehr wenig gelöste Bariumsulfat in der darüber stehenden «gesättigten Lösung» ist praktisch nach Gl. 5.96 vollständig dissoziiert.

$$BaSO_4 \xrightleftharpoons{H_2O} Ba^{2+} + SO_4^{2-} \qquad \text{(Gl. 5.96)}$$

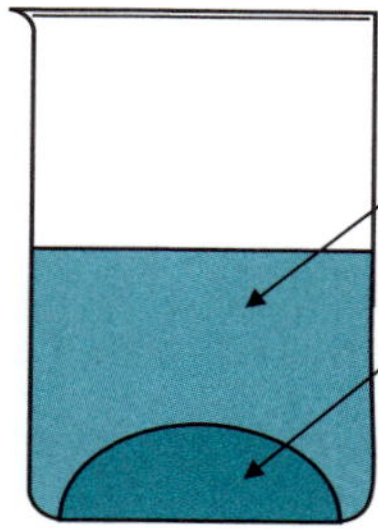

Bild 5.4
Bodensatz und gesättigte Lösung

Die in Lösung gegangenen Bariumionen und Sulfationen reagieren ständig wieder zu ungelöstem Bariumsulfat, das aus der gesättigten Lösung ausfällt. Gleichzeitig löst sich wieder Bariumsulfat aus dem Bodensatz in die gesättigte Lösung und dieses dissoziiert zu Barium- und Sulfationen. Nach einer gewissen Zeit stellt sich ein Gleichgewicht ein: Die Menge an ausfallendem Bariumsulfat ist genauso groß wie die Menge, die wieder in Lösung geht. Nach «außen» ist keine Veränderung zu beobachten, aber der beschriebene Prozess findet permanent statt, es ist ein «dynamisches Gleichgewicht» eingetreten.

Im Fall einer gesättigten Lösung über dem Bodensatz handelt es sich um ein «heterogenes» Gleichgewicht, da beide Gleichgewichtsphasen in unterschiedlichen Aggregatzuständen vorliegen. Zum einen liegt der Bodensatz als Feststoff vor und zum anderen befinden sich die dissoziierten Ionen in der Flüssigphase. Die konsequente Anwendung des Massenwirkungsgesetzes aus Gl. 5.97 ergibt:

$$K_C = \frac{c(Ba^{2+}) \cdot c(SO_4^{2-})}{c(BaSO_4)} \qquad \text{(Gl. 5.97)}$$

Solange noch Bodensatz im Gefäß vorhanden ist, ist der Anteil an festem Bariumsulfat, der in Lösung gegangen ist, nahezu zu vernachlässigen. Das $BaSO_4$ des Bodensatzes wird durch die Rückreaktion immer wieder nachgebildet. Der Nenner des MWG ($c(BaSO_4)$) kann daher als konstant angesehen werden und wird nach Gl. 5.98 mit dem K_C-Wert zu einer neuen Konstante vereinigt, dem **Löslichkeitsprodukt *Lp***:

$$Lp = K_C \cdot c(BaSO_4) \qquad \text{(Gl. 5.98)}$$

$$Lp = c(Ba^{2+}) \cdot c(SO_4^{2-}) \qquad \text{(Gl. 5.99)}$$

Definition «Löslichkeitsprodukt *Lp*»

Unter dem Löslichkeitsprodukt *Lp* versteht man das Produkt der Stoffmengenkonzentrationen *c*(mol/L) der Ionen in der gesättigten Lösung eines schwer löslichen Salzes. Das Löslichkeitsprodukt *Lp* ist abhängig von der Temperatur und der Art des Lösungsmittels.

Das Löslichkeitsprodukt *Lp* charakterisiert die Löslichkeit des schwer löslichen Stoffes und kann zur Abschätzung dienen, ob ein Niederschlag zur gravimetrischen Fällung geeignet ist (s. auch Kapitel 3).

Je nach Anzahl der bei der Dissoziation entstandenen Ionen ergeben sich unterschiedliche Einheiten des Löslichkeitsproduktes *Lp*.

Vertiefungsübung V5.13

Welche Einheiten haben die Löslichkeitsprodukte *Lp* von $PbSO_4$ und $Fe(OH)_3$?

In Tabelle 5.13 sind einige Löslichkeitsprodukte zweiioniger, schwer löslicher Salze aufgeführt.

Tabelle 5.13 Löslichkeitsprodukte *Lp* einiger schwer löslicher, zweiioniger Verbindungen

Niederschlag	Löslichkeitsprodukt *Lp* (ϑ = 20 °C)
$BaSO_4$	$1{,}0 \cdot 10^{-10}$ mol²/L²
AgCl	$1{,}6 \cdot 10^{-10}$ mol²/L²
$PbSO_4$	$1{,}5 \cdot 10^{-8}$ mol²/L²
ZnS	$6{,}9 \cdot 10^{-12}$ mol²/L²

Mit Hilfe des Löslichkeitsproduktes *Lp* können die quantitativen Zusammenhänge bei der Erzeugung schwer löslicher Niederschläge berechnet werden. Siehe dazu auch in Kapitel 3 die Erläuterungen zur Gravimetrie.

Beispiel

Exemplarisch soll die Eignungsabschätzung der Löslichkeit des Bariumsulfats für eine gravimetrische Bestimmung aufgezeigt werden. Bei solchen Fällungen sollten nicht mehr als 0,5% der Fällung in Lösung gehen. Bei den üblichen 300...500 mg Fällung sind das also 1,5...2,5 mg.

Das Löslichkeitsprodukt von $BaSO_4$ beträgt nach der Tabelle 5.13 $Lp = 1{,}0 \cdot 10^{-10}$ mol^2/L^2, die molare Masse von Bariumsulfat beträgt $M(BaSO_4) = 233{,}4$ g/mol. Das Löslichkeitsprodukt *Lp* von $BaSO_4$ wird mit Gl. 5.100 aufgestellt:

$$Lp = c(Ba^{2+}) \cdot c(SO_4{}^{2-}) = 1{,}0 \cdot 10^{-10}\ mol^2/L^2 \qquad \text{(Gl. 5.100)}$$

Die Konzentration an Bariumionen und Sulfationen in der gesättigten Lösung über dem Bodensatz ist gleich, da Bariumsulfat zu gleichen Stoffmengen nach Gl. 5.100 in Barium- und Sulfationen dissoziiert. Stellvertretend kann daher nach Gl. 5.101 die Stoffmengenkonzentration *c* für beide Konzentrationen eingeführt werden:

$$c(Ba^{2+}) = c(SO_4^{\ 2-}) = c \qquad \text{(Gl. 5.101)}$$

Daraus folgt Gl. 5.102:

$$Lp = c \cdot c = 1{,}0 \cdot 10^{-10}\ \text{mol}^2/\text{L}^2 \qquad \text{(Gl. 5.102)}$$

Wird Gl. 5.102 nach *c* aufgelöst, erhält man Gl. 5.103:

$$c = \sqrt{1{,}0 \cdot 10^{-10}\ \text{mol}^2/\text{L}^2} = \underline{0{,}00001\ \text{mol/L}} \qquad \text{(Gl. 5.103)}$$

$$c = c(Ba^{2+}) = c(SO_4^{\ 2-}) \qquad \text{(Gl. 5.104)}$$

Die Konzentration *c* steht nach Gl. 5.96 auch für die jeweilige Konzentration an Sulfationen, Bariumionen und gelöstem Bariumsulfat in der gesättigten Lösung.

Die Massenkonzentration β an gelöstem Bariumsulfat (M = 233,4 g/mol) in der gesättigten Lösung beträgt nach Gl. 5.105:

$$\beta = c \cdot M \qquad \text{(Gl. 5.105)}$$

$$\beta = 0{,}00001\ \text{mol/L} \cdot 233{,}4\ \text{g/mol} = \underline{0{,}00233\ \text{g/L}} \qquad \text{(Gl. 5.106)}$$

In 1 L Lösung sind 2,33 mg $BaSO_4$ in Lösung gegangen. Diese Menge wäre gerade noch zu tolerieren.

Beispiel

In V = 1 L einer gesättigten Lösung von Silberchlorid AgCl befindet sich 1,82 mg AgCl. Berechnen Sie das Löslichkeitsprodukt *Lp*. Die molare Masse von Silberchlorid ist M(AgCl) = 143,4 g/mol.

Zunächst erfolgt die Umrechnung der Massenkonzentration β = 1,82 mg/L (= 0,00182 g/L) in die Stoffmengenkonzentration *c* mit Gl. 5.107:

$$c = \frac{\beta}{M} = \frac{0{,}00182\ \text{g} \cdot \text{mol}}{143{,}4\ \text{g} \cdot \text{L}} = \underline{0{,}0000127\ \text{mol/L}} \qquad \text{(Gl. 5.107)}$$

In Lösung gegangen sind c = 0,0000126 mol/L Silberchlorid, die nach Gl. 5.108 in c = 0,0000127 mol/L Silberionen und c = 0,0000127 mol/L Chloridionen dissoziieren:

$$AgCl \rightleftharpoons Ag^+ + Cl^- \qquad \text{(Gl. 5.108)}$$

Das Löslichkeitsprodukt *Lp* berechnet sich mit Gl. 5.109:

$$Lp = c(Ag^+) \cdot c(Cl^-) = 0{,}0000127\ \text{mol/L} \cdot 0{,}0000127\ \text{mol/L} = \underline{1{,}61 \cdot 10^{-10}\ \text{mol}^2/\text{L}^2} \qquad \text{(Gl. 5.109)}$$

Das Löslichkeitsprodukt *Lp* von Silberchlorid (AgCl) beträgt bei ϑ = 20 °C 1,61 · 10^{-10} mol²/L².

Vertiefungsübung V5.14

Berechnen Sie das Löslichkeitsprodukt *Lp* von $CaSO_4$, wenn in V = 1000 mL einer gesättigten Lösung m = 9,9 mg $CaSO_4$ in Lösung gegangen sind.

Vertiefungsübung V5.15

Berechnen Sie den *pH*-Wert einer gesättigten Lösung von Silberhydroxid (AgOH), wenn das Löslichkeitsprodukt Lp = 1,5 · 10^{-8} mol²/L² beträgt.

Informationssuche

Suchen Sie in entsprechender Literatur, Datenbanken, Lexika oder im Internet (z.B. http://de.wikipedia.org/wiki/Hauptseite) nach 2 Fällungsmitteln für Aluminiumionen, deren Löslichkeitsprodukte $Lp < 10^{-10}$ mol²/L² sind.

5.3 Reaktionskinetik

Mit Hilfe der Reaktionskinetik können die Gesetzmäßigkeiten der Beeinflussbarkeit von Reaktionsgeschwindigkeiten beschrieben werden.

Reaktionsbeeinflussende Größen für die Geschwindigkeit einer Reaktion sind

- Konzentration
- Temperatur
- Druck und
- Katalyse.

Dabei wird nach Gl. 5.110 als Reaktionsgeschwindigkeit *r* die Konzentrationsänderung *c* eines Stoffes pro Zeiteinheit *t* verstanden.

$$r = \frac{\Delta c}{t} \qquad \text{(Gl. 5.110)}$$

Die Einheit der Reaktionsgeschwindigkeit ist formal mol/(L · s), gebräuchlicher ist jedoch mol/(L · h) oder mol/(L · min).

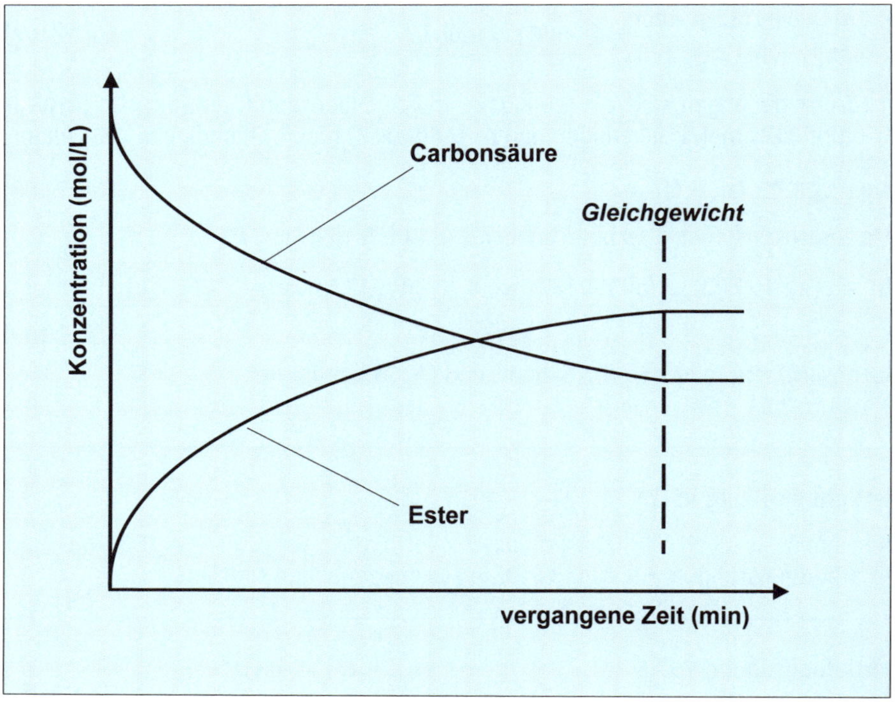

Bild 5.5 Verlauf einer Veresterung

Bei der Herstellung von Essigsäureethylester des **Prozesses P1_KAP5** durch eine Veresterung wird dieser aus Essigsäure gebildet. Betrachtet man den Abbau an Essigsäure bzw. die Bildung an Essigsäureethylester grafisch in Abhängigkeit von der Zeit, ergibt sich der Verlauf von Bild 5.5.
Für den Naturwissenschaftler stellt sich die Frage, wovon die Reaktionsgeschwindigkeit abhängig ist.

Wie bereits in Kapitel 2 festgestellt, beruht eine chemische Reaktion auf dem Zusammenstoß und Energieaustausch von Atomen oder Molekülen. Dieses eingängige Modell wird **Stoßtheorie** genannt. Je mehr Atome oder Moleküle in einer bestimmten Zeiteinheit zusammenstoßen, umso höher ist voraussichtlich die Reaktionsgeschwindigkeit. Die Anzahl der Zusammenstöße ist dabei direkt abhängig von der Anzahl der Atome oder Moleküle.

Befinden sich je 2 Moleküle von Essigsäure und Ethanol in einem bestimmten Raum, können 4 Zusammenstöße erfolgen (Bild 5.6). Bei je 3 Molekülen können bereits 9 Zusammenstöße erfolgen (Bild 5.7).

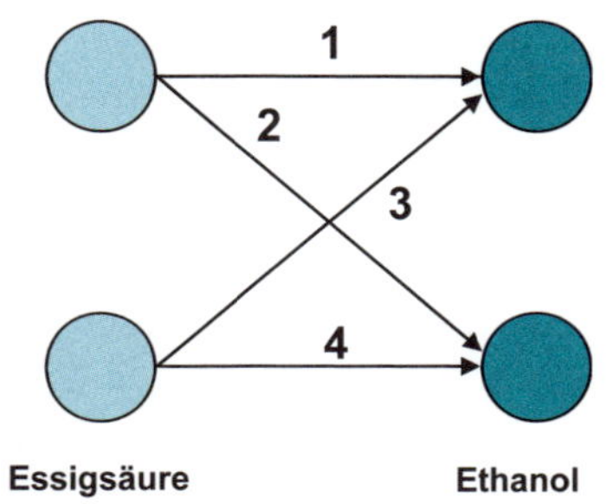

Bild 5.6
Zusammenstöße von je 2 Moleküle Edukt

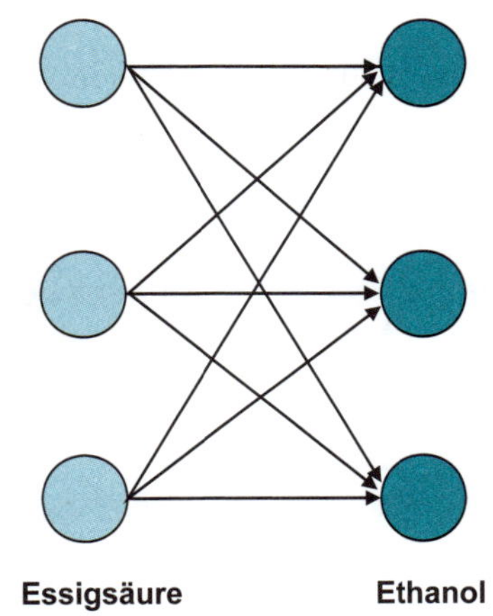

Bild 5.7
Zusammenstöße von je 3 Moleküle Edukt

Vertiefungsübung V5.16

Wie viel Zusammenstöße erfolgen, wenn 4 Moleküle Säure und 2 Moleküle Alkohol im Raum vorhanden sind?

Wie man an den Beispielen erkennen kann, ist die Anzahl der Zusammenstöße der Esterhinreaktion durch Gl. 5.111 ermittelbar. Der Parameter Z wird «Stoßzahl» genannt, die von der Stoffmenge n beider Edukte abhängig ist.

$$Z = n(\text{Essigsäure}) \cdot n(\text{Ethanol}) \qquad \text{(Gl. 5.111)}$$

Findet die Reaktion bei konstantem Volumen V statt, kann auch nach Gl. 5.112 statt der Stoffmenge n die jeweilige Stoffmengenkonzentration c in die Gleichung eingesetzt werden.

$$Z = c(\text{Essigsäure}) \cdot c(\text{Ethanol}) \qquad \text{(Gl. 5.112)}$$

Nicht jeder Zusammenstoß führt jedoch zur Bildung des Produktes, da durch einen nicht optimalen Auftreffwinkel beim Aufprall kein vollständiger Energieaustausch möglich ist oder der Zusammenstoß nicht intensiv genug war. Der Proportionalitätsfaktor k wird in Gl. 5.113 eingefügt, der die Anzahl der **erfolgreichen** Stöße beschreibt. Für die Esterhinreaktion kann Gl. 5.113 formuliert werden:

$$r = k \cdot c(\text{Essigsäure}) \cdot c(\text{Ethanol}) \qquad \text{(Gl. 5.113)}$$

Der Faktor k muss für jede Reaktion experimentell ermittelt werden und lässt sich nicht aus der Reaktionsgleichung ableiten.

Vertiefungsübung V5.17

Welche Einheit hat der Faktor k in der Geschwindigkeitsgleichung nach Gl. 5.113?

5.3.1 Einfluss der Konzentration auf die Reaktionsgeschwindigkeit r

Viele Reaktionen laufen über mehrere Reaktionsteilschritte ab. Die Geschwindigkeiten der Teilreaktionen sind unterschiedlich. Bei mehreren Reaktionsteilschritten ist grundsätzlich der **langsamste Reaktionsschritt** bestimmend für die Gesamtreaktionsgeschwindigkeit. In der Gleichung des Geschwindigkeitsgesetzes ist daher auch nur die Stoffmengenkonzentration des Reaktionspartners von Wichtigkeit, der für den langsamsten Reaktionsschritt verantwortlich ist. Dies ist jedoch aus der Reaktionsgleichung nicht unmittelbar zu erkennen. Daher müssen die Reaktionsgeschwindigkeiten bei verschiedenen Konzentrationsverhältnissen erst experimentell ermittelt werden. Anschließend wird untersucht, welches Geschwindigkeitsgesetz dieser Reaktion zugrunde liegt.

Für eine allgemeine Reaktionsgleichung der Stoffe A und B lautet das Geschwindigkeitsgesetz nach Gl. 5.114:

$$r = k \cdot c^{m}(\text{A}) \cdot c^{n}(\text{B}) \qquad \text{(Gl. 5.114)}$$

mit:

- r Reaktionsgeschwindigkeit
- k Proportionalitätsfaktor
- m Exponent des Reaktionspartners A
- n Exponent des Reaktionspartners B
- c Stoffmengenkonzentration

Die Summe der Exponenten m und n in Gl. 5.114 wird als Reaktionsordnung RO bezeichnet. Die Reaktionsordnung wird durch Versuche ermittelt. Bei den meisten Reaktionen handelt es sich um ein Geschwindigkeitsgesetz der 1., 2. oder 3. Reaktionsordnung.

5.3.1.1 Reaktionen 1. Ordnung

Eine Reaktion 1. Ordnung ist z.B. die Zerfallsreaktion von N_2O_5 nach Gl. 5.115.

$$2\,N_2O_5 \rightleftharpoons 4\,NO_2 + O_2 \qquad \text{(Gl. 5.115)}$$

Wird bei der Reaktion die Konzentration von N_2O_5 verdoppelt, verdoppelt sich ebenfalls die Reaktionsgeschwindigkeit. Daraus ergibt sich eine Reaktion 1. Ordnung mit dem Geschwindigkeitsgesetz nach Gl. 5.116. Der Exponent des einzigen Reaktionspartners ist $m = 1$.

$$r = k \cdot c^1(N_2O_5) \qquad \text{(Gl. 5.116)}$$

Aus Gl. 5.116 lässt sich mit Hilfe höherer mathematischer Funktionen die Gleichung Gl. 5.117 formulieren, die die Abhängigkeit der momentanen Stoffmengenkonzentration c des Eduktes von der Reaktionszeit und der Anfangskonzentration einer Reaktion 1. Ordnung zeigt.

$$c(N_2O_5) = c_0(N_2O_5) \cdot e^{-k \cdot t} \qquad \text{(Gl. 5.117)}$$

mit:

$c(N_2O_5)$	momentane Stoffmengenkonzentration des Edukts
$c_0(N_2O_5)$	Anfangskonzentration des Edukts
e	Euler'sche Zahl (2,718)
k	Geschwindigkeitsfaktor der Reaktion 1. Ordnung
t	vergangene Zeit (Reaktionszeit) (min)

Beispiel

Die Geschwindigkeitskonstante des N_2O_5-Zerfalls in der Reaktion 1. Ordnung beträgt k = 0,028 h^{-1}. Die Aufgangskonzentration beträgt c_0 = 10 mol/L N_2O_5. Welche Stoffmengenkonzentrationen $c(N_2O_5)$ sind nach einer Reaktionszeit von

a) 1 h
b) 2 h
c) 10 h

noch vorhanden?

Für **a)** gilt:

$$c(N_2O_5) = 10\ \text{mol/L} \cdot e^{-0{,}028\,h^{-1} \cdot 1h} \qquad \text{(Gl. 5.118)}$$

Zunächst wird der Exponent in Gl. 5.118 durch Multiplikation berechnet:

$$c(N_2O_5) = 10\ \text{mol/L} \cdot e^{-0{,}028} \qquad \text{(Gl. 5.119)}$$

Durch Eintippen von < =2,718^-0,028 > in MS-Excel kann der Wert leicht berechnet werden. Man erhält 0,972.
Die Stoffmengenkonzentration $c(N_2O_5)$ beträgt nach Gl. 5.120:

$$c\,(N_2O_5) = 10\ \text{mol/L} \cdot 0{,}972 = \underline{9{,}72\ \text{mol/L}} \qquad \text{(Gl. 5.120)}$$

Nach 1 h sind noch 9,72 mol/L an N_2O_5 vorhanden.

Für **b)** gilt:

Nach 2 h sind nach Gl. 5.121 noch

$$c\,(N_2O_5) = 10\ \text{mol/L} \cdot e^{-0{,}028\,h^{-1} \cdot 2\,h} = \underline{9{,}46\ \text{mol/L}}\ N_2O_5 \qquad \text{(Gl. 5.121)}$$

vorhanden.

Für **c)** gilt:

Nach 10 h sind nach Gl. 5.122 noch:

$$c\,(N_2O_5) = 10\ \text{mol/L} \cdot e^{-0{,}028\,h^{-1} \cdot 10\,h} = \underline{7{,}56\ \text{mol/L}}\ N_2O_5 \qquad \text{(Gl. 5.122)}$$

vorhanden.

Bei einer Reaktionskontrolle wird laufend die Konzentration an wegreagierendem Edukt N_2O_5 in Abhängigkeit von der Zeit gemessen. Wird in einem Diagramm auf der Ordinate der Logarithmus der gemessenen Stoffmengenkonzentration des verbleibenden Edukts $c(N_2O_5)$ und auf die Abszisse die Reaktionszeit *t* eingetragen, entsteht eine Gerade (Bild 5.8). Aus Steigung *m* der erhaltenen Gerade kann der *k*-Wert durch Gl. 5.123 berechnet werden:

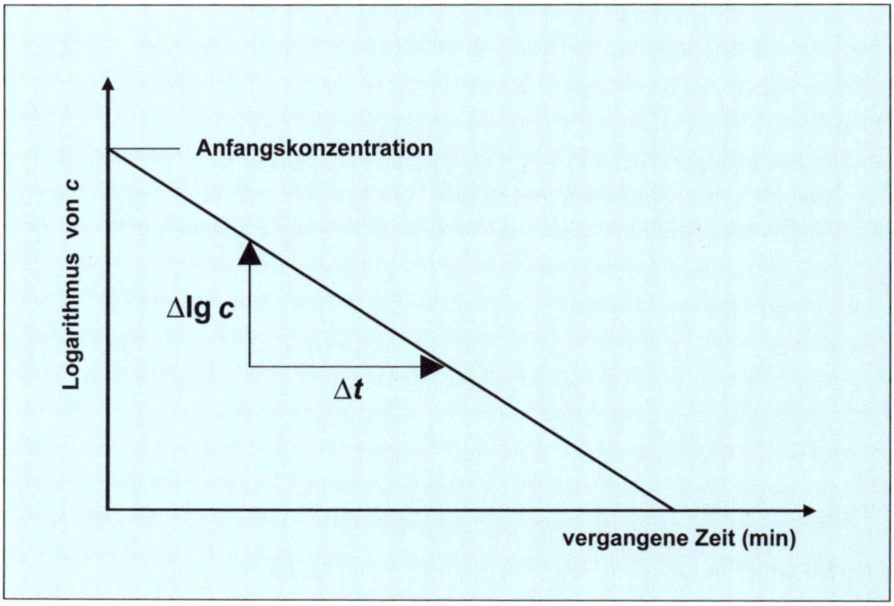

Bild 5.8 Reaktionsverlauf einer Reaktion 1. Ordnung

$$k = -2{,}303 \cdot m \qquad \text{(Gl. 5.123)}$$

mit:

- k Geschwindigkeitsfaktor der Reaktion 1. Ordnung
- m Steigung der Geraden (lg = Funktion der Zeit)

Informationssuche

Suchen Sie in entsprechender Literatur, Datenbanken, Lexika oder im Internet (z.B. http://de.wikipedia.org/wiki/Hauptseite) nach dem Begriff «Halbwertszeit» und erfassen Sie die Zusammenhänge.

5.3.1.2 Reaktionen 2. Ordnung

Die Veresterungsreaktion von Essigsäure ist eine typische Reaktion 2. Ordnung, weil sie sowohl von der Stoffmengenkonzentration c an Säure, als auch von der Stoffmengenkonzentration c an Ethanol abhängig ist. Das Geschwindigkeitsgesetz lautet nach Gl. 5.124:

$$r = k \cdot c^1(\text{Essigsäure}) \cdot c^1(\text{Ethylalkohol}) \qquad \text{(Gl. 5.124)}$$

Die Summe der Exponenten im Geschwindigkeitsgesetz nach Gl. 5.124 ist $RO = 1 + 1 = 2$. Demnach handelt es sich um eine Reaktion 2. Ordnung.

Als Abhängigkeit der Konzentration c zu der vergangenen Zeit t ergibt sich nach Anwendung höherer Mathematikfunktionen (Gl. 5.125):

$$c = \frac{c_0}{t \cdot c_0 \cdot k + 1} \qquad \text{(Gl. 5.125)}$$

mit:

- c momentane Stoffmengenkonzentration an Edukt (mol/L)
- c_0 Ausgangs-Stoffmengenkonzentration des Edukts (mol/L)
- t vergangene Zeit (h)
- k Reaktionsfaktor 2. Ordnung, reaktionsspezifisch

Beispiel

Die Geschwindigkeitskonstante der Veresterung von Essigsäure mit Ethanol beträgt $k = 0{,}43\ \text{mol}^{-1}\ \text{h}^{-1}$. Es wird von $c = 2$ mol/L Essigsäure ausgegangen. Wie viel Ester hat sich nach $t = 20$ min (= 0,33 h) gebildet?

Gegeben:

k = 0,43 $\text{mol}^{-1}\ \text{h}^{-1}$

c_0 = 2 mol/L Essigsäure

t = 0,33 h

Gesucht: c

Es kommt Gl. 5.126 zur Anwendung:

$$c = \frac{c_0}{t \cdot c_0 \cdot k + 1} \qquad \text{(Gl. 5.126)}$$

$$c = \frac{2\,\text{mol/L}}{0{,}33\,\text{h} \cdot 2\,\text{mol/L} \cdot 0{,}43\,\text{mol}^{-1} \cdot \text{h}^{-1} + 1} = \frac{2\,\text{mol/L}}{1{,}284} = \underline{1{,}56\,\text{mol/L}} \qquad \text{(Gl. 5.127)}$$

Nach 20 min Veresterung sind von den ursprünglichen c = 2 mol/L Essigsäure nur noch c = 1,56 mol/L übrig, bzw. es wurden 2 – 1,56 = 0,44 mol/L Ester gebildet.

Auch bei der Reaktion 2. Ordnung kann eine grafische Überprüfung der Reaktionsordnung herangezogen werden. Es wird die Stoffmengenkonzentration der vergehenden Essigsäure von der Zeit gemessen. Wird in einer Grafik der **Kehrwert der gemessenen Konzentration** an Essigsäure ($1/c$) in Abhängigkeit von der vergangenen Zeit t eingetragen, entsteht eine Gerade (Bild 5.9).

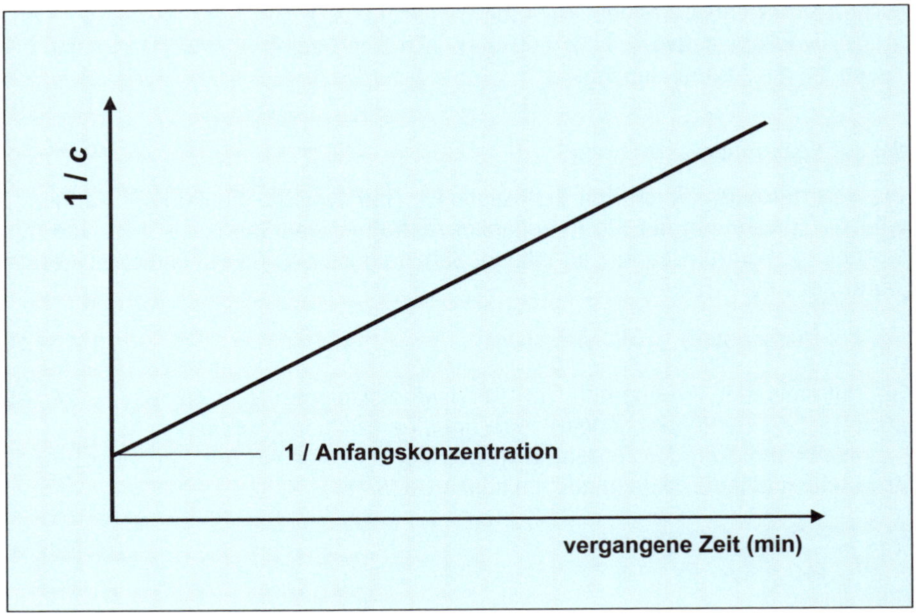

Bild 5.9 Abhängigkeit $1/c$ (Essigsäure) von der vergangenen Zeit t

5.3.2 Einfluss der Temperatur auf die Reaktionsgeschwindigkeit *r*

Die Temperatur ϑ ist ein Parameter, mit der die Reaktionsgeschwindigkeit r stark beeinflusst werden kann.

Merke

Nach einer einfachen Faustregel von VAN'T HOFF[5] gilt, dass eine Temperaturerhöhung um ϑ = 10 °C zu einer Verdopplung bis Verdreifachung der Reaktionsgeschwindigkeit führt (RGT-Regel).

Mit dem Parameter Temperatur ist jedoch bei einer Reaktionsführung Vorsicht geboten. Bei der Erhöhung der Temperatur zur Beschleunigung der Reaktion ist immer die thermische Stabilität der Reaktanten zu berücksichtigen.

Um nun die genaue Abhängigkeit der Reaktionsgeschwindigkeit von der Temperatur zu untersuchen, müssen entsprechend andere Parameter, wie z.B. die Konzentrationen bei den Vergleichsreaktionen konstant sein.

[5] JACOBUS HENRICUS VAN'T HOFF (1852 bis 1911), niederländischer Physiker

Bei den Untersuchungen zur Temperaturabhängigkeit der Reaktionsgeschwindigkeit wurde 1889 von ARRHENIUS eine Abhängigkeit der Reaktionsgeschwindigkeit r von der absoluten Temperatur T in K festgestellt. Die Arrheniusgleichung 5.128 enthält die Parameter k_{max}, E_A, R und T.

$$r = c^n \cdot k_{max} \cdot e^{-\frac{E_A}{R \cdot T}} \qquad \text{(Gl. 5.128)}$$

mit:

- k_{max} Aktivitätskonstante, die von der Stoßzahl abhängig ist
- E_A Aktivierungsenergie (J/mol)
- R allgemeine Gaskonstante (8,314 J/(mol · K))
- T Temperatur (K)
- r Reaktionsgeschwindigkeit (mol/(L · h))
- c momentane Stoffmengenkonzentration (mol/L)
- n Reaktionsordnung (n = 1, 2 oder 3)

Vertiefungsaufgabe V5.18

Welche Einheit muss die Aktivitätskonstante k_{max} in Gl. 5.128 haben?

Aus Gl. 5.128 ergeben sich 3 Möglichkeiten, um die Reaktionsgeschwindigkeit zu erhöhen:

1. Erhöhung der Temperatur (T ist im Nenner des Exponenten der Gl. 5.128).
2. Erniedrigung der Aktivierungsenergie (E_A ist im Zähler des Exponenten der Gl. 5.128. Im nächsten Abschnitt wird diese Größe explizit behandelt.)
3. Erhöhung der Konzentration (dieser Parameter erhöht die Stoßzahl, von der wiederum die Aktivitätskonstante k_{max} abhängig ist.

Abschließend kann festgestellt werden, dass sowohl eine Konzentrations- als auch eine Temperaturerhöhung zur Beschleunigung der Reaktion beiträgt. Mit dem Parameter «Temperatur» ist dabei jedoch, wie bereits erwähnt, Vorsicht geboten. Nicht nur dass die thermische Stabilität der Reaktanten berücksichtigt werden muss, sondern ebenfalls die Art der Reaktion. Handelt es sich z.B. um eine exotherme Gleichgewichtsreaktion, hat die Erhöhung der Temperatur einen negativen Einfluss auf die Produktausbeute.

Bei der Planung einer Synthese sind diese Aspekte alle parallel zu betrachten und zu optimieren.

5.3.3 Einfluss der Katalyse auf die Reaktionsgeschwindigkeit *r*

Viele Reaktionen laufen ohne Zusatz von Katalysatoren nur sehr langsam und verzögert ab. Daher werden den Reaktionen als Reaktionsbeschleuniger Katalysatoren zugefügt.

Merke

Ein Katalysator ist ein Zugabereagenz bei einer chemischen Reaktion, das die Reaktion beschleunigt, jedoch selbst während der Reaktion nicht verbraucht wird. Der Katalysator liegt am Ende der Reaktion wieder unverändert vor, wird jedoch oft in den Verlauf der Reaktion eingebunden.

Natürliche Katalysatoren in biochemischen Prozessen, die heute von besonderer Bedeutung sind, werden **Enzyme** genannt. Die biochemische Forschung befasst sich jedoch heute sehr intensiv mit der synthetischen Herstellung sog. Biokatalysatoren, um künftig besser biologische Prozesse wie z.B. Stoffwechselreaktionen beeinflussen zu können.

Informationssuche

Suchen Sie in entsprechender Literatur, Datenbanken, Lexika oder im Internet (z.B. http://de.wikipedia.org/wiki/Hauptseite) nach Synthesebeispielen, in denen ein natürlicher und synthetischer Biokatalysator eingesetzt wird.

Bei chemischen Katalysatoren wird zwischen homogener und heterogener Katalyse unterschieden. Bei der **homogenen** Katalyse liegen Reaktanten und Katalysator im gleichen Aggregatzustand vor. Dies ist der Regelfall bei Reaktionen in der Flüssigphase. Bei der Esterherstellung wurden die Reaktanten, Essigsäure und Alkohol, mit konzentrierter Schwefelsäure in einer homogenen Phase katalysiert.

Eine **heterogene** Katalyse liegt dann vor, wenn Reaktanten und Katalysator in unterschiedlichen Aggregatzuständen vorliegen. Z.B. ist eine Gasreaktion mit einem festen Katalysator eine heterogene Katalyse.

Bei der Herstellung von NO-Gas durch die «Ammoniakverbrennung» wird z.B. die Reaktion nach Gl. 5.129 über Platinnetze katalysiert, durch die das Ammoniakgas strömt. Das Verfahren wird in Kapitel 8 genauer besprochen.

$$4\ NH_3 + 5\ O_2 \overset{Pt}{\rightleftharpoons} 4\ NO + 6\ H_2O \quad \text{(heterogene Katalyse)} \qquad \text{(Gl. 5.129)}$$

Ammoniak und Sauerstoff sind gasförmige Edukte, das Produkt NO und der Wasserdampf sind ebenfalls gasförmig. Der Katalysator ist dagegen fest, die Katalyse heterogen.

Bei der heterogenen Katalyse wird an der Oberfläche des Katalysators katalysiert. Naturgemäß sind daher Art und Größe der Oberfläche des Katalysators von hoher Bedeutung für die Beeinflussung der Reaktionsgeschwindigkeit.

Bei der Darstellung einer Reaktion mit einem Katalysator wird dieser auf den Reaktionspfeil geschrieben, da er vor und nach der Reaktion unverändert vorliegt.

Die Zugabe von Katalysatoren bei einer chemischen Reaktion verändert den Reaktionsablauf im Vergleich zur entsprechenden unkatalysierten Reaktion. So entsteht sehr häufig durch die Reaktion mit dem Katalysator ein bevorzugtes Zwischenprodukt, das anschließend schnell weiter reagieren kann. Bei der unkatalysierten Reaktion wäre das Zwischenprodukt gar nicht erst entstanden und daher der gesamte Reaktionsverlauf sehr viel langsamer abgelaufen.

Z.B. wird bei der Synthese von Schwefeltrioxid während der Schwefelsäureherstellung die direkte Oxidation von SO_2 zu SO_3 ohne Katalysator nach Gl. 5.130 kaum gelingen:

$$SO_2 + \tfrac{1}{2}\ O_2 \rightleftharpoons SO_3 \qquad \text{(Gl. 5.130)}$$

(Die Reaktionsgeschwindigkeit dieser Oxidation ist sehr gering.)

In der industriellen Herstellung von SO_3 lässt man Schwefeldioxid (SO_2) über einen Vanadiumpentoxid-Katalysator strömen, der ein Sauerstoffatom abgibt und nach Gl. 5.131 das SO_2 zu SO_3 oxidiert.

$$SO_2 + V_2O_5 \longrightarrow V_2O_4 + SO_3 \qquad \text{(Gl. 5.131)}$$

Diese relativ schnell ablaufende Reaktion gelingt mit guter Ausbeute. Nach der Reaktion lässt man nach Gl. 5.132 das V_2O_4 an der Luft zum ursprünglichen V_2O_5 oxidieren:

$$V_2O_4 + \tfrac{1}{2}\,O_2 \longrightarrow V_2O_5 \qquad \text{(Gl. 5.132)}$$

Die Gesamtreaktion ist nach Gl. 5.133

$$SO_2 + \tfrac{1}{2}\,O_2 \xrightleftharpoons{V_2O_5} SO_3 \qquad \text{(Gl. 5.133)}$$

Der Katalysator Vanadiumpentoxid überträgt formal den Sauerstoff. Das Verfahren ist in Kapitel 8 genauer beschrieben.

Bei der Katalyse einer Gleichgewichtsreaktion werden sowohl Hin- als auch Rückreaktion beschleunigt. Daher ist nachvollziehbar, dass die Anwendung von Katalysatoren keinen Einfluss auf die Lage des Gleichgewichts hat. Das dynamische Gleichgewicht stellt sich lediglich schneller ein. So kann die Reaktionszeit einer Synthese verkürzt werden, und die Produkte können wirtschaftlicher erzeugt werden.

Merke

Ein Katalysator verändert nicht die Gleichgewichtslage, sondern die Reaktionsgeschwindigkeit.

Wie bereits in der Arrhenius-Gleichung festgestellt wurde, ist die Reaktionsgeschwindigkeit r von der Konzentration c, der absoluten Temperatur T und der Aktivierungsenergie E_A abhängig (Gl. 5.134).

$$r = c^n \cdot k_{max} \cdot e^{-\frac{E_A}{R \cdot T}} \qquad \text{(Gl. 5.134)}$$

Anhand der Arrhenius-Gleichung ist bereits zu erkennen, dass eine Reaktion bei geringerer Aktivierungsenergie zu einer höheren Reaktionsgeschwindigkeit r führt.

Die Hauptwirkungsweise eines Katalysators ist das Herabsetzen der Aktivierungsenergie einer Synthese (Bild 5.10).

Beispiel

Die Aktivierungsenergie einer Reaktion 1. Ordnung beträgt E_A = 108 679 J/mol. Man geht von c = 1 mol/L aus; k_{max} beträgt $2 \cdot 10^{16}$ min^{-1}. Durch den Einsatz eines Katalysators kann die Aktivierungsenergie auf E_A = 69 000 J/mol gesenkt werden. Es soll die Reaktionsgeschwindigkeit r beider Reaktionen – mit und ohne Katalysator – berechnet werden (bei T = 273 K).

Gegeben:
k_{max} = $2 \cdot 10^{16}$ min^{-1}
c = 1 mol/L
R = 8,314 J /(mol K)
T = 273 K
e = 2,718 (Euler'sche Zahl)
n = 1 (Reaktionsordnung)
Gesucht: r bei E_A = 108 679 J/mol und bei E_A = 69 000 J/mol.

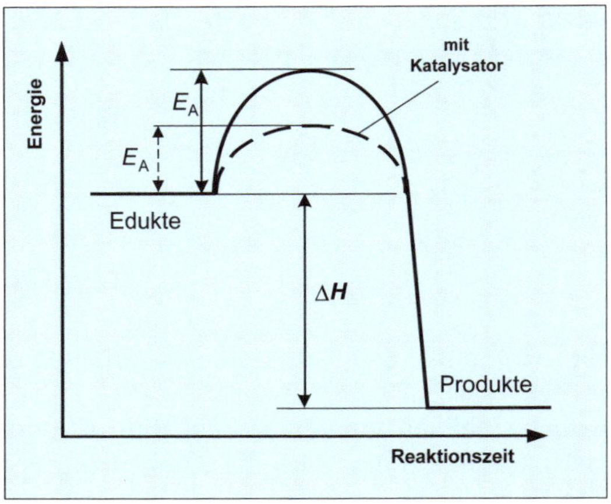

Bild 5.10 Wirkung eines Katalysators auf eine exotherme Reaktion

Die Werte werden in Gl. 5.135 und Gl. 5.136 eingesetzt:

a) $$r = 1^1 \frac{\text{mol}}{\text{L}} \cdot 2 \cdot 10^{16} \frac{1}{\text{min}} \cdot 2{,}718^{-\frac{108\,679\ \text{J} \cdot \text{mol} \cdot \text{K}}{8{,}314 \cdot 273\ \text{K} \cdot \text{J} \cdot \text{mol}}}$$

$$= \underline{3{,}22 \cdot 10^{-5}\ \frac{\text{mol}}{\text{L} \cdot \text{min}}} \quad \text{(Gl. 5.135)}$$

b) $$r = 1^1 \frac{\text{mol}}{\text{L}} \cdot 2 \cdot 10^{16} \frac{1}{\text{min}} \cdot 2{,}718^{-\frac{69000\ \text{J} \cdot \text{mol} \cdot \text{K}}{8{,}314 \cdot 273\ \text{K} \cdot \text{J} \cdot \text{mol}}}$$

$$= \underline{1262{,}8\ \frac{\text{mol}}{\text{L} \cdot \text{min}}} \quad \text{(Gl. 5.136)}$$

Die Reaktionsgeschwindigkeit r ist durch die Herabsetzung der Aktivierungsenergie E_A von 108 679 J/mol auf 69 000 J/mol sehr stark beschleunigt worden.

Der Katalysator hat jedoch keinen Einfluss auf die Gesamtenergiebilanz der Reaktion. Entstehende Produkte besitzen nach der Reaktion das gleiche Energieniveau wie bei der nicht katalysierten Reaktion. Der Einsatz des Katalysators führt aber letztendlich zu einer Energieeinsparung, da die Reaktion für den Start nicht so viel Energie benötigt wie eine unkatalysierte Reaktion und die Reaktion schneller abläuft.

Sehr schnell ablaufende Reaktionen, die schlecht zu kontrollieren sind, können in der Ablaufgeschwindigkeit reduziert werden. Manchmal müssen Reaktionen so verlangsamt werden, dass sie praktisch abgestoppt werden. Dies kann dann analog zur Katalyse durch Erhöhung der Aktivierungsenergie E_A erreicht werden. Substanzen, die eine gegenteilige Wirkung von Katalysatoren besitzen, bezeichnet man als **Inhibitoren** (Bild 5.11).

Der Einsatz von Inhibitoren ist in der Kunststoffchemie weit verbreitet, um eine spontane, unkontrollierte Polymerisation der Moleküle zu vermeiden. Näheres zu Polymerisationen findet man in Kapitel 6.

Auf diese Weise wird z.B. das «Monomer» Vinylacetat in großchemischen Anlagen hergestellt und in anderen Unternehmen zu Polyvinylacetat nach Gl. 5.137 polymerisiert.

$$n\ H_2C = CH\text{-}OOCCH_3 \longrightarrow -[CH_2\text{-}CHOOCCH_3]_n- \quad \text{(Gl. 5.137)}$$

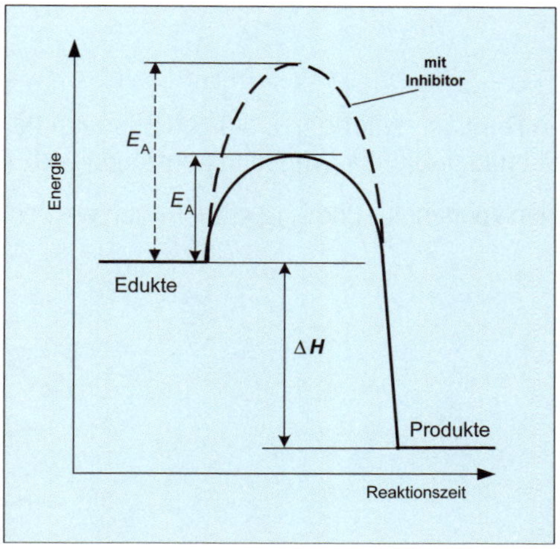

Bild 5.11 Einfluss eines Inhibitors auf eine exotherme Reaktion

Hydrochinon

Durch den Einsatz von Hydrochinon (1,4-Dihydroxybenzol) kann die Polymerisation praktisch vollständig unterdrückt und das Monomer Vinylacetat transportiert werden. Durch den Einsatz des Katalysators Benzoylperoxid kann im Polymerunternehmen die Polymerisation gezielt wieder eingeleitet werden.

Katalysatoren sind häufig anfällig gegenüber Verunreinigungen, die zur Unwirksamkeit des Katalysators führen. Man spricht hier von **Katalysatorgiften**. Bekanntestes Katalysatorgift ist Blei im Benzin, das die Platinkatalysatoren der Abgasmotoren unwirksam macht. Katalysatorgifte belegen die Oberfläche eines Katalysators und verhindern so die Adsorption der Edukte. Die Problematik der Katalysatorvergiftung tritt hauptsächlich bei heterogenen Katalysen auf.

Informationssuche

Suchen Sie in entsprechender Literatur, Datenbanken, Lexika oder im Internet (z.B. http://de.wikipedia.org/wiki/Hauptseite) nach Katalysatorgiften, die den Einsatz eines Partikelfilters in Dieselmotoren erschweren.

5.4 Reaktionsenthalpie

Bei vielen Reaktionen kann eine mehr oder weniger ausgeprägte Temperaturerhöhung («Wärmetönung») oder manchmal auch eine Temperatursenkung während der Reaktion beobachtet werden. Die Wärmemenge, die bei einem Formelumsatz «frei» oder «verbraucht» wird, nennt man allgemein **Reaktionswärme**. Findet die Reaktion ohne Druckveränderung statt, wird die Reaktionswärme auch **Reaktionsenthalpie** ΔH genannt.

Die Reaktionsenthalpie ΔH betrachtet die energetischen Aspekte einer chemischen Reaktion. Grundsätzlich unterscheidet man dabei zwischen **exothermen** und **endothermen** Reaktionen.

Merke

Bei exothermen Reaktionen wird Energie in Form von Wärme frei. Bei endothermen Reaktionen wird im Gegensatz dazu Energie benötigt, die der Umgebung entzogen wird.

Die Energiediagramme der beiden Reaktionen können aus Bild 5.12 entnommen werden:

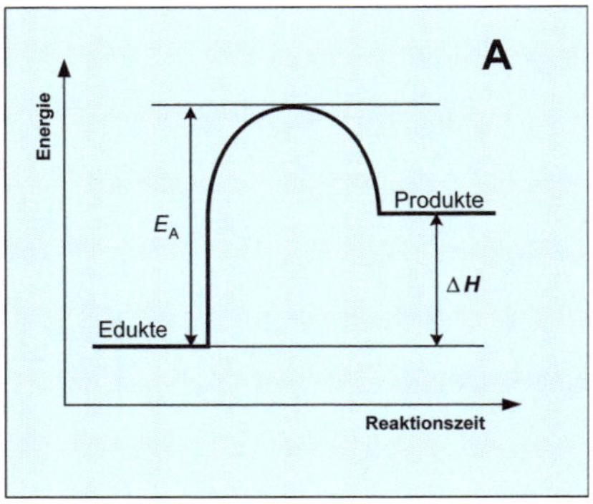

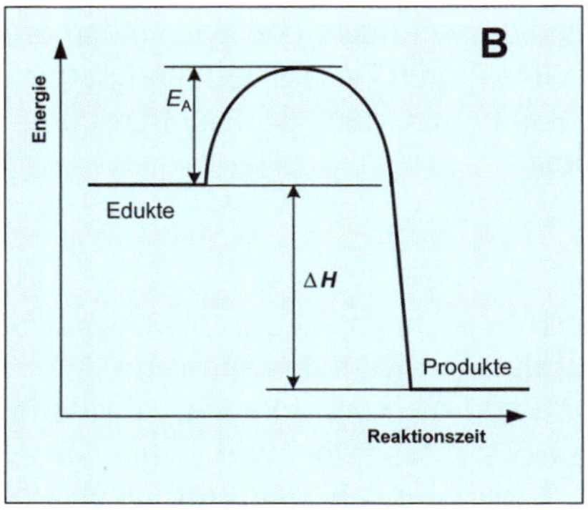

Bild 5.12
Energiediagramm einer endothermen (A) und einer exothermen (B) Reaktion

Für den erfolgreichen Start einer endothermen oder exothermen Reaktion ist zunächst der Energieaufwand der Aktivierungsenergie E_A nötig. Die Energiedifferenz zwischen Edukten und Produkten ist die **Reaktionsenthalpie** ΔH. Da immer die Energiedifferenz: Produkte – Edukte (Reihenfolge!) berechnet wird, wird bei einer exothermen Reaktion ein negativer Betrag für ΔH erhalten, bei endothermen Reaktionen ergibt sich ein positiver Betrag von ΔH.

Merke

Bei exothermen Reaktionen ist ΔH negativ, bei endothermen Reaktionen ist ΔH positiv.

Der Energieinhalt eines chemischen Systems setzt sich aus mehreren Komponenten zusammen. Nicht nur die Temperatur und damit die Bewegung der Teilchen ist das Maß für den Energieinhalt, sondern ebenfalls die Bindungsenergien und zwischenmolekularen Kräfte der Edukte. Bei einer chemischen Reaktion ändert sich hauptsächlich die Bindungsenergie, da die Bindungen gespalten und anschließend wieder neue geknüpft werden.

Im 1. Schritt, der Spaltung einer Bindung, ist zunächst Energie notwendig. Anschließend werden neue Bindungen geknüpft. Beim Ausbilden dieser neuen Bindungen wird wieder Energie frei. Für die Gesamtenergiebilanz ist nun relevant, welcher Energiebetrag der größere (Spaltung oder Knüpfung) ist.

Wird mehr Energie benötigt, um die Bindungen zu spalten, als bei der neuen Bindung wieder frei wird, handelt es sich um eine endotherme Reaktion.

Ist jedoch der Energiebetrag der frei werdenden Energie bei der Ausbildung der neuen Bindung höher als der, den man zum Spalten der ursprünglichen Bindungen aufwenden musste, handelt es sich um eine exotherme Reaktion.

Wie reagieren exotherme und endotherme Systeme auf Energiezufuhr? Nach Le Chatelier weicht ein im Gleichgewicht stehendes System einer Temperaturerhöhung aus, in dem die zugeführte Wärme wieder verbraucht wird.

Ist bei einer Gleichgewichtsreaktion die Reaktion exotherm, würde eine Temperaturerhöhung die Rückreaktion erhöhen. Sie wäre daher ungünstig für die Ausbeute an Produkten.

Umgekehrt würden endotherme Reaktionen bei einer Temperaturerhöhung die Lage des Gleichgewichts zugunsten einer Ausbeuteerhöhung verändern.

Merke

Endotherme Reaktionen ($\Delta H > 0$) werden begünstigt durch Energiezufuhr, bei exothermen Reaktionen ($\Delta H < 0$) muss die Energie durch Kühlen abgeführt werden, damit die Reaktion mit hoher Ausbeute verläuft.

Dabei ist es natürlich notwendig, dass bei exothermen Reaktionen trotz Energieabfuhr die Aktivierungsenergie E_A in jedem Fall aufgebracht werden muss und eine Mindesttemperatur aufrecht gehalten wird, weil sonst die Reaktionsgeschwindigkeit zu gering wird. Die Ammoniaksynthese nach Haber-Bosch ist ein gutes Beispiel für diese Zusammenhänge. Näheres ist in Kapitel 8 nachzulesen.

Die Bestimmung der Reaktionsenthalpie ΔH wird in einem Kalorimeter (wärmeisoliertes Gefäß) vorgenommen. Dabei wird die Temperaturerhöhung bzw. Temperaturerniedrigung einer Reaktion in einem Dewargefäß unter möglichst geringem Energieverlust mit einem empfindlichen Thermometer gemessen.

Informationssuche

Suchen Sie in entsprechender Literatur, Datenbanken, Lexika oder im Internet (z.B. http://de.wikipedia.org/wiki/Hauptseite) nach der Konstruktion eines Dewargefäßes.

Beispiel

100 mL Salzsäure mit c = 2,5 mol/L (Dichte ϱ = 1,05 g/cm^3) werden in einem Kalorimeter mit c = 2,5 mol/L Natronlauge bis zur Neutralisation tritriert und die Temperaturerhöhung gemessen. Die Temperaturerhöhung beträgt ΔT = 31,2 K.

Es soll die Reaktionsenthalpie ΔH der Neutralisation in k J/mol berechnet werden (c = 4,186 J/(g · K), M(HCl) = 36,5 g/mol).

Gegeben:

ϱ(HCl) = 1,05 g/cm^3

c(HCl) = 2,5 mol/L

V(HCl) = 100 mL = 0,1 L

M(HCl) = 36,5 g/mol

ΔT = 31,2 K

c = 4,186 J/(g · K)

Gesucht: ΔH

Die Masse m der Salzsäure mit $c(\text{HCl})$ = 2,5 mol/L kann mit Gl. 5.138 berechnet werden:

$$m = V \cdot \varrho = 100\ \text{mL} \cdot 1{,}05\ \text{g/cm}^3 = \underline{105\ \text{g}} \qquad \text{(Gl. 5.138)}$$

Die Reaktionswärme Q kann berechnet werden mit Gl. 5.139 und Gl. 5.140.

$$Q = m \cdot c \cdot \Delta T \qquad \text{(Gl. 5.139)}$$

$$Q = 105\ \text{g} \cdot 4{,}186\ \frac{\text{J}}{\text{g} \cdot \text{K}} \cdot 31{,}2\ \text{K} = \underline{13\,713{,}3\ \text{J}} \qquad \text{(Gl. 5.140)}$$

105 g HCl mit c = 2,5 mol/L ergeben eine Reaktionswärme von Q = 13,7 k J.
In der vorgelegten Salzsäure sind nach Gl. 5.141:

$$n(\text{HCl}) = \frac{c(\text{HCl}) \cdot \text{V}}{1\ \text{L}} = \frac{2{,}5\ \text{mol} \cdot 0{,}1\ \text{L}}{1\ \text{L}} = \underline{0{,}25\ \text{mol}} \qquad \text{(Gl. 5.141)}$$

Die Reaktionsenthalpie ΔH ist dann nach Gl. 5.142:

$$\Delta H = \frac{Q}{n} = \frac{13{,}7\ \text{k J}}{0{,}25\ \text{mol}} = \underline{54{,}8\ \text{k J/mol}} \qquad \text{(Gl. 5.142)}$$

Da es sich um eine exotherme Reaktion handelt, bekommt die Reaktionsenthalpie ΔH ein negatives Vorzeichen. Die gemessene Reaktionsenthalpie beträgt ΔH = −54,8 kJ/mol. (Die theoretische Reaktionsenthalpie dieser Neutralisationsreaktion beträgt ΔH = −55,87 k J/mol.)

Manchmal ist es relativ schwierig, auf diesem Weg die Reaktionsenthalpie zu messen, z.B. bei Gassynthesen. Man kann sich u.U. dadurch behelfen, dass man einen völlig anderen Reaktionsweg beschreitet, um das Produkt herzustellen und an diesem anderen Weg die energetischen Veränderungen studiert.

H. Hess hat 1840 ein Gesetz postuliert, das er «**Heß´scher Satz der konstanten Wärmesummen**» genannt hat.

Definition «Heß´scher Satz der konstanten Wärmesummen»

Die von einem chemischen System aufgenommene oder abgegebene Wärmemenge ist unabhängig vom Reaktionsweg.

Der Heß´sche Satz soll am Beispiel der Synthese einer wässrigen Ammoniumchlorid-Lösung aus Ammoniak und Salzsäure demonstriert werden.

Das kann auf 2 Wegen geschehen:

- **Reaktion 1**

  Die Herstellung von festem Ammoniumchlorid NH_4Cl aus gasförmigem Ammoniak NH_3 und gasförmigem Chlorwasserstoff HCl mit anschließendem Lösen in Wasser.

  NH_3 (g) + HCl $\longrightarrow$ NH_4Cl (g) (gasförmig)

  NH_4Cl (g) $\longrightarrow$ NH_4OH (l)

- **Reaktion 2**

  Die Herstellung einer Ammoniaklösung aus NH_3 und einer Salzsäure aus HCl durch Lösen der Gase in Wasser und anschließendem Mischen der beiden Lösungen.

  NH_3 (g) + H_2O $\longrightarrow$ NH_4OH (l)

  HCl (g) + H_2O $\longrightarrow$ (H_3O + Cl^-) (l)

Es sollen die Reaktionsenthalpien beider Reaktionswege berechnet werden.

Reaktion 1

a) Die Gasreaktion
$NH_3 + HCl \longrightarrow NH_4Cl \qquad \Delta H = -175{,}56$ k J/mol

b) Das Lösen des festen NH_4Cl in Wasser:
NH_4Cl (fest) $\longrightarrow$ NH_4Cl (Lösung) $\qquad \Delta H = +16{,}8$ k J/mol

c) Die Gesamtenthalpie ΔH berechnet sich aus:
$\Delta H = -175{,}56$ k J/mol + 16,8 k J/mol = $\underline{-158{,}76 \text{ k J/mol}}$

Reaktion 2

a) Lösen von NH_3 in Wasser
$NH_3 + H_2O \longrightarrow NH_4OH \qquad \Delta H = -35{,}28$ k J/mol

b) Lösen von HCl in Wasser
$HCl + H_2O \longrightarrow H_3O^+ + Cl^- \qquad \Delta H = -72{,}66$ k J/mol

c) Mischen beider Lösungen
$H_3O^+ + Cl^- + NH_4OH \longrightarrow NH_4Cl + H_2O \qquad \Delta H = -50{,}82$ k J/mol

d) Die Gesamtenthalpie ΔH berechnet man mit:
$\Delta H = -35{,}28$ k J/mol – 72,66 k J/mol – 50,82 k J/mol = $\underline{-158{,}76 \text{ k J/mol}}$

Wie man erkennen kann, sind die Reaktionsenthalpien ΔH beider Reaktionswege gleich.

Vertiefungsübung V5.19

Welcher Prozess im Beispiel zur Erläuterung des Heß'schen Satzes ist endotherm?

Vertiefungsübung V5.20

Kohlenstoff verbrennt mit Sauerstoff vollständig zu Kohlenstoffdioxid:

$C + O_2 \longrightarrow CO_2 \qquad \Delta H = -395$ k J/mol

Kohlenstoffmonoxid (CO) reagiert mit Sauerstoff zu Kohlenstoffdioxid:

$CO + ½\ O_2 \longrightarrow CO_2 \quad \Delta H = -293$ k J/mol

Berechnen Sie unter Anwendung des Heß'schen Satzes die Enthalpie der Verbrennung von Kohlenstoff zu Kohlenstoff**monoxid**.

$C + ½\ O_2 \longrightarrow CO$

Nachdem die wichtigsten chemisch-physikalischen Prinzipien bei Synthesen in diesem Kapitel erläutert wurden, beschäftigt sich das nächste Kapitel mit den typischen Synthesen vornehmlich aus dem Bereich der organischen Chemie. Ob und wie vollständig solche Reaktionen verlaufen, ist mit Hilfe der physikalisch-chemischen Prinzipien meistens voraussagbar. Auch die in Kapitel 8 beschriebenen großchemischen Verfahren wenden konsequent diese Gesetze an.

5.5 Entropie

Wie in Abschnitt 5.4 gezeigt, kann mit dem Vorzeichen und mit dem Wert der Reaktionsenthalpie ΔH eine exotherme oder endotherme Reaktion mit den ausgetauschten Wärmemengen beschrieben werden. In welche Richtung die Reaktion bevorzugt verläuft, kann daraus nicht direkt geschlossen werden. Hier kann zur Beurteilung eine weitere Reaktionsgröße helfen, die Entropie genannt wird. Diese **Entropie** kann berechnet werden mit Gl. 5.143:

$$\Delta S = \frac{\Delta Q}{T} \qquad \text{(Gl. 5.143)}$$

mit:

- Q sehr kleiner Wärmemengenunterschied (J)
- S Entropie (k J/K)
- T Temperatur (K)

Die Entropie ist eine Zustandsgröße, die die «innere Unordnung» eines Systems beschreibt. Werden z.B. wenige Tropfen Tinte in ein Glas mit Wasser gegossen, so setzen sich die spezifisch schweren Farbstoffmoleküle bevorzugt am Boden des Glases ab. Nach einer gewissen Zeit hat sich die Tinte (auch ohne zu Rühren) durch Diffusionsprozesse in dem gesamten Glas Wasser verteilt. Durch die freiwillige Vermischung der Farbstoffmoleküle im gesamten Wasservorrat ist eine höhere Unordnung eingetreten, die Farbstoffmoleküle können sich im Wasser ungebundener bewegen.

Bei einem freiwillig von selbst ablaufenden Prozess erhöht sich stets die Entropie und strebt einem Maximum zu.

Merke

Es laufen bevorzugt Prozesse ab, bei denen die Entropie (Unordnung) zunimmt.

Beispiele für eine solche Entropiezunahme sind

1. **Sublimation und Verdunstung**
   Feste und flüssige Stoffe versuchen stets in den dampfförmigen Zustand überzugehen.
2. **Elektrolyse von Wasser**
   Bei der Zersetzung von flüssigem Wasser mit Hilfe des Gleichstroms entstehen gasförmiger Sauerstoff und Wasserstoff.
3. **Lösen von Kochsalz in Wasser**
   Die in festem Verband vorliegenden Teilchen des Kochsalzes im Ionengitter können sich in einer Lösung frei bewegen, die Entropie nimmt dabei zu.
4. **Kristallisieren von Wasser zu Eis**
   Wasser wird unterhalb des Erstarrungspunktes spontan zu stärker geordnetem Eis kristallisieren. Zunächst scheint dieser Vorgang im Widerspruch zu den zuvor gemachten Angaben zu stehen. Eine Entropieerhöhung kommt dadurch zustande, dass die Entropie von der abgegebenen Schmelzwärme stärker erhöht wird, als dass sie durch die Entstehung der ordentlichen Struktur erniedrigt wird.

Bei einer Polymerisation (s. Kapitel 6) werden aus den kleinen, ungeordneten Monomermolekülen sehr große Molekülnetze und lange Molekülketten aufgebaut, die Entropie wird also erniedrigt. Solche Prozesse laufen gewöhnlich nicht freiwillig ab und müssen durch Wärme, UV-Licht und Katalysatoren erzwungen werden.

Vertiefungsübung V5.21

Beim Lösen von Eisen in Salzsäure entsteht gemäß Gl. 5.144 Wasserstoff und Eisenchlorid. Wird die Entropie dieser Reaktion erhöht oder erniedrigt? Läuft die Reaktion spontan ab oder muss sie erzwungen werden?

$$Fe + 2\,HCl \longrightarrow FeCl_2 + H_2\uparrow \qquad \text{(Gl. 5.144)}$$

Im nächsten Kapitel werden die in diesem Kapitel erläuterten Grundlagen der physikalischen Chemie auf die Synthese organischer Produkte angewandt, um deren Ausbeute und Geschwindigkeit zu optimieren.

6 Grundlagen der organischen Synthesechemie

In diesem Kapitel werden die Stoffeigenschaften und das Reaktionsverhalten organischer Verbindungen beschrieben. Das Reaktionsverhalten organischer Verbindungen unterscheidet sich von dem anorganischer Verbindungen grundlegend, so dass es gesondert betrachtet wird. In Kapitel 1 und 4 wurden die Grundlagen der anorganischen Reaktionen erläutert. Auf diese grundsätzlichen Reaktionseigenschaften wird hier teilweise erneut zurückgegriffen. Der Zusammenhang zwischen unterschiedlichen organischen Stoffklassen wird anhand der Prozessdarstellung erläutert. Die Prozesse beschreiben Übergänge von einer organischen Stoffklasse zu einer anderen über unterschiedliche Reaktionsmechanismen.
Dieses Kapitel enthält die wesentlichen Teile der Lernfelder 6a und 6b aus dem Rahmenlehrplan der KMK (Kultusministerkonferenz).

6.1 Besonderheit des Kohlenstoffs

Bei der chemischen Untersuchung von Stoffen aus dem Pflanzen- und Tierreich stellt man fest, dass dort stets Kohlenstoff als Element enthalten ist. Beim Verbrennen dieser Stoffe entsteht immer Kohlenstoffdioxid und Wasser. Daraus kann geschlossen werden, dass Kohlenstoff und Wasserstoff Hauptbestandteile in Organismen sind.

1807 bekamen die kohlenstoffhaltigen Substanzen von Berzelius[1] den Namen «organische Verbindungen», um hervorzuheben, dass sie aus der belebten Natur stammen und sich so von den anorganischen Verbindungen, denen der unbelebten Natur, abheben.

Im Jahre 1828 gelang es Wöhler[2] als erstem Chemiker eine organische Verbindung aus einer anorganischen herzustellen. Er synthetisierte den organischen Stoff **Harnstoff** aus der anorganischen Substanz Ammoniumcyanat nach Gl. 6.1, ohne Organe von Organismen wie Pflanzen oder Tieren zu benötigen. Bis zu diesem Zeitpunkt war die vorherrschende Meinung, dass die Verbindungen der belebten Natur ausschließlich mit Hilfe der «Lebenskraft» entstehen können. Durch diese Synthese wurde der Durchbruch für die heute sehr vielfältige organische Chemie geschaffen.

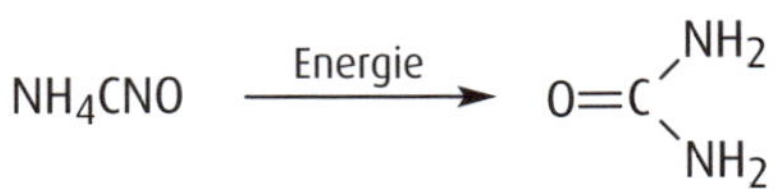

(Gl. 6.1)

Ammoniumcyanat Harnstoff

Die organische Chemie umfasst mit den wenigen Elementen, die am Aufbau von organischen Molekülen beteiligt sind, ca. 12 Mio. verschiedene Verbindungen. Die **an**organische Chemie kennt nur ca. 400 000 Verbindungen. Am Aufbau von organischen Molekülen sind als wichtigste Elemente zunächst Kohlenstoff und Wasserstoff zu nennen. Als weitere Elemente sind an organischen Verbindungen ebenfalls noch Sauerstoff, Stickstoff, Schwefel und die Halogene Fluor, Chlor, Brom und Iod beteiligt. Es gibt auch Verbindungen in der Organik, an denen Metalle beteiligt sind. Diese Stoffe werden «metallorganische Verbindungen» genannt.

Die Vielfalt der organischen Kohlenstoffverbindungen lässt sich über die besonderen Bindungseigenschaften des Kohlenstoffs erklären. Die Atome des Kohlenstoffs können

[1] Jöns Jacob Berzelius (1779 bis 1848), Professor der Chemie in Stockholm
[2] Friedrich Wöhler (1800 bis 1882), Professor der Chemie in Berlin und Göttingen

sich in den Molekülen nahezu unbegrenzt untereinander zu Ketten, Ringen, Netzen oder auch dreidimensionalen Gerüsten verbinden. Die dabei entstehenden C–C-Bindungen sind sehr beständig und stabil. Das Kohlenstoffatom ist gewöhnlich vierbindig. Dabei ist es auch möglich, dass C-Atome untereinander Mehrfachbindungen eingehen, wobei die Vierbindigkeit des Kohlenstoffes bestehen bleibt. Bei Bildung einer Mehrfachbindung stehen demnach weniger Bindungen für andere Bindungspartner zur Verfügung. In vielen organischen Verbindungen können trotz gleicher zahlenmäßiger Zusammensetzung von Elementen (Summenformel) verschiedene Atomanordnungen möglich sein. Dies wird als «**Isomerie**» bezeichnet und erhöht die Vielfalt der organischen Verbindungen ebenfalls. Der Begriff der Isomerie wird in Abschnitt 6.4.3 gesondert erläutert.

6.2 Differenzierung zwischen anorganischer und organischer Chemie

Der Unterschied zwischen organischer und anorganischer Chemie lässt sich nicht nur anhand der wesentlich unterschiedlichen Anzahl an Verbindungen feststellen, auch in anderen physikalischen und chemischen Eigenschaften sind deutliche Unterschiede zu nennen. Anorganische Verbindungen treten überwiegend in festem Aggregatzustand auf. Die organischen Verbindungen verteilen sich je nach Molekülmasse und Bindungsstärke auf alle Aggregatzustände. Während z.B. in der anorganischen Chemie das Wasser als ein wichtiges Lösungsmittel bekannt ist, gibt es eine Vielzahl organischer Lösemittel, die jeweils eine andere Polarität aufweisen. Die thermische Stabilität von organischen Verbindungen ist deutlich geringer als die der anorganischen, was bereits an der Höhe der Fixpunkte (ϑ_b, ϑ_m) festzustellen ist. Während in der anorganischen Chemie ein Großteil der Reaktionen als schnelle Ionenreaktionen verlaufen, existieren in der organischen Chemie fast ausschließlich Molekülreaktionen. Dies hat auch zur Folge, dass die organischen Reaktionen häufig eine sehr viel geringere Reaktionsgeschwindigkeit besitzen als anorganische Reaktionen. Auch die Umsetzung bei einer chemischen Reaktion ist bei anorganischen Reaktionen gewöhnlich nicht nur schnell, sondern meist auch vollständig. Dies ist in der organischen Chemie nicht der Fall. Die Reaktionszeiten organischer Reaktionen sind meist deutlich länger und mit sehr viel geringeren Ausbeuten verknüpft, da sie selten vollständig ablaufen.

Die organische Chemie wird auch heute noch gelegentlich als die «Chemie des Kohlenstoffs» bezeichnet. Hier ist anzumerken, dass es auch Verbindungen des Kohlenstoffs gibt, die nicht zum Bereich der organischen Chemie zählen, dies sind u.a. Kohlensäure (H_2CO_3), Carbonatverbindungen, Carbide (z.B. CaC_2, Calciumcarbid) und die Oxide des Kohlenstoffes (z.B. CO_2). Sie zählen alle zu den Stoffklassen der anorganischen Chemie.

Organische Verbindungen werden gemäß Bild 6.1 in verschiedene **Verbindungsklassen** unterteilt:

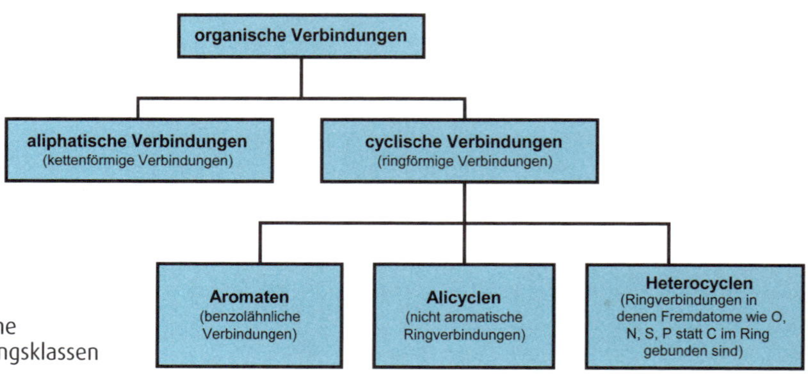

Bild 6.1 Organische Verbindungsklassen

Bevor die verschiedenen Verbindungsklassen in Form unterschiedlicher Prozesse erläutert werden, braucht man zunächst das Verständnis über die Bindungsmöglichkeiten des Kohlenstoffs und die daraus resultierende Vielfalt an Stoffklassen.

6.3 Kohlenstoffbindung

Organische Verbindungen enthalten Moleküle, die aus **Atombindungen** (Elektronenpaarbindungen, kovalenten Bindungen) aufgebaut sind (s. Kapitel 4).

Aus dem Grundzustand der Elektronenanordnung des Kohlenstoffs nach dem Orbitalmodell ($1\ s^2\quad 2\ s^2\quad 2\ p^2$) resultiert eigentlich eine Zweibindigkeit. 2 Orbitale des p-Orbitals sind nach der HUND'schen[3] Regel jeweils einfach mit einem Elektron besetzt (s. Kapitel 4).

In diesen Orbitalen ist demnach noch Platz für jeweils ein Elektron, da das Orbital mit 2 Elektronen voll besetzt wäre. Dieses zweite Elektron könnte nun von einem anderen Atom (potentieller Bindungspartner) stammen und so eine Bindung herstellen. Der Zustand des mit 2 Elektronen vollbesetzten Orbitals ist für ein Atom ebenfalls der stabilste Zustand und demnach auch formal der erstrebenswerteste.

Durch Verbrennung verschiedener organischer Substanzen konnte jedoch mit Hilfe der Elementaranalyse ein 1 : 4 Verhältnis von Kohlenstoff und Wasserstoff nachgewiesen werden, also ein **vierbindiger Kohlenstoff**. Um das Ergebnis der Elementaranalyse zu interpretieren, muss ein Modell für die Erklärung der Vierbindigkeit des Kohlenstoffatoms erstellt werden. Dies lässt sich über ein sog. hybridisiertes Kohlenstoffatom erklären. Zur Bildung eines **hybridisierten Kohlenstoffatoms** wird der Kohlenstoff durch Energiezufuhr in einen energiereicheren Zustand überführt, bei dem die beiden Elektronen des 2 s-Orbitals getrennt werden und eines davon in das freie 2 p_z-Orbital springt. Dieser Zwischenzustand wird auch Valenzzustand oder angeregter Zustand des Kohlenstoffs genannt. Anschließend findet eine energetische Annäherung der einfach besetzten 2 s- und 2 p-Orbitale statt. Man spricht dabei auch anschließend von entarteten Orbitalen. Es entstehen sp^3-Hybridorbitale mit 4 energetisch gleichwertigen und jeweils einfach besetzten Orbitalen. Bild 6.2 stellt die Entwicklung der Hybridorbitale noch einmal grafisch dar. Die entstandenen **sp^3-Hybridorbitale** liegen energetisch zwischen dem 2 s- und dem 2 p-Orbital. Die so entstandenen sp^3-Hybridorbitale ermöglichen nun 4 energetisch **gleichwertige** Elektronenpaarbindungen (s. Bild 6.2).

Bild 6.2
sp^3-Hybridisierung

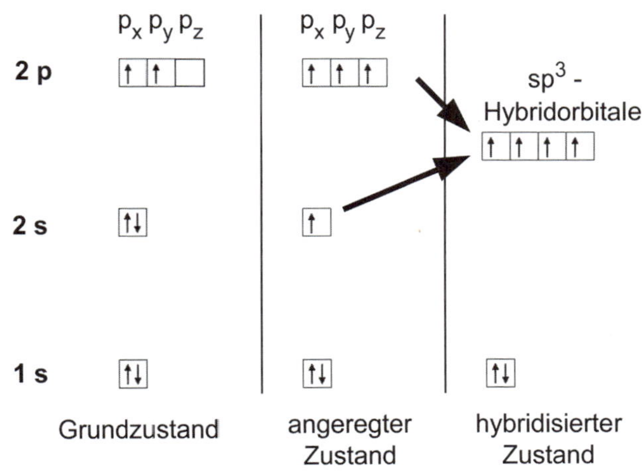

[3] FRIEDRICH HUND (1896 bis 1937), deutscher Physiker

Die jeweils einfach besetzten Orbitale des Bindungspartners, häufig Wasserstoff, überlappen mit jeweils einem einfach besetzten Orbital des Kohlenstoff-sp^3-Hybrids. Dies führt zu 4 energetisch gleichwertigen Bindungen, die als **σ-(Sigma-)Bindungen** bezeichnet werden.

Nach Ausbildung der 4 Bindungen entsteht ein Molekül, das tetraedrisch gebaut ist. Alle 4 Bindungspartner des Kohlenstoffes nehmen einen größtmöglichen Abstand zueinander ein, wie in Bild 6.3 dargestellt. Daraus ergibt sich ein **Bindungswinkel** innerhalb des Moleküls von **109,5**°. Alle Einfachbindungen in einem Molekül weisen eine uneingeschränkte Drehbarkeit auf, so dass es dadurch nicht zur Ausbildung verschiedener Strukturen im Molekül kommen kann.

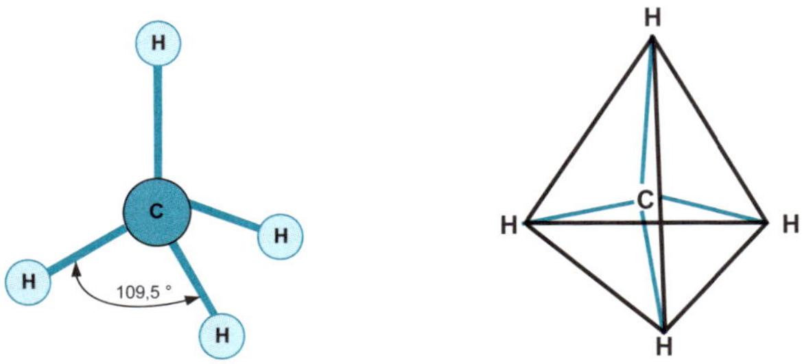

Bild 6.3
Tetraedermolekül des Kohlenstoffs

Verbindet sich nun 1 Kohlenstoffatom mit 4 Wasserstoffatomen, entsteht die Verbindung CH_4, Methan. Es gibt aber auch die Möglichkeit, dass sich ein freies sp^3-Hybridorbital des Kohlenstoffs mit einem weiteren freien sp^3-Hybridorbital eines weiteren Kohlenstoffatoms verbindet und dadurch eine **σ-Bindung** zwischen 2 Kohlenstoffen geschlossen wird. Daraus könnte sich, wie in Bild 6.4 dargestellt, z.B. die Verbindung C_2H_6 (Ethan) ergeben.

Bild 6.4
Ethanmolekül

Weitere Hybridisierungszustände und daraus resultierende Bindungen werden im weiteren Verlauf dieses Kapitels, in den Abschnitten 6.6.3 Alkene und 6.18.1 Alkine erklärt.

Nachfolgend werden zunächst die verschiedenen Verbindungsklassen und funktionellen Gruppen der organischen Chemie betrachtet, bei denen eine σ-Bindung zwischen den Kohlenstoffatomen vorliegt. In Form von Prozessen wird veranschaulicht, wie die Gruppen jeweils miteinander zusammenhängen und untereinander verknüpft sind. Über verschiedene Reaktionsmechanismen gelangt man von einer Verbindungsklasse zur nächsten. Die zentrale Ausgangsverbindung dieser Prozesskette stellt das Halogenalkan Chlorethan dar. Anhand dieser Verbindung wird im Verlauf der Prozesskette eine Vielzahl anderer Verbindungsklassen hergestellt.

In der organischen Chemie kann man grundsätzlich 4 Reaktionsarten unterscheiden:

- **Substitution** (Ersatz von Atomen oder Atomgruppen)
- **Addition** (Anlagerung von Atomen oder Atomgruppen)
- **Eliminierung** (Entfernen von Atomen oder Atomgruppen)
- **Umlagerung** (Veränderung der Anordnung von Atomen oder Atomgruppen)

Die häufigsten Reaktionsarten in der Organik sind die Substitutions- und Additionsreaktionen, die auch in diesem Kapitel am ausführlichsten betrachtet werden.

In Bild 6.5 ist der Prozess dieses Kapitels grafisch beschrieben.

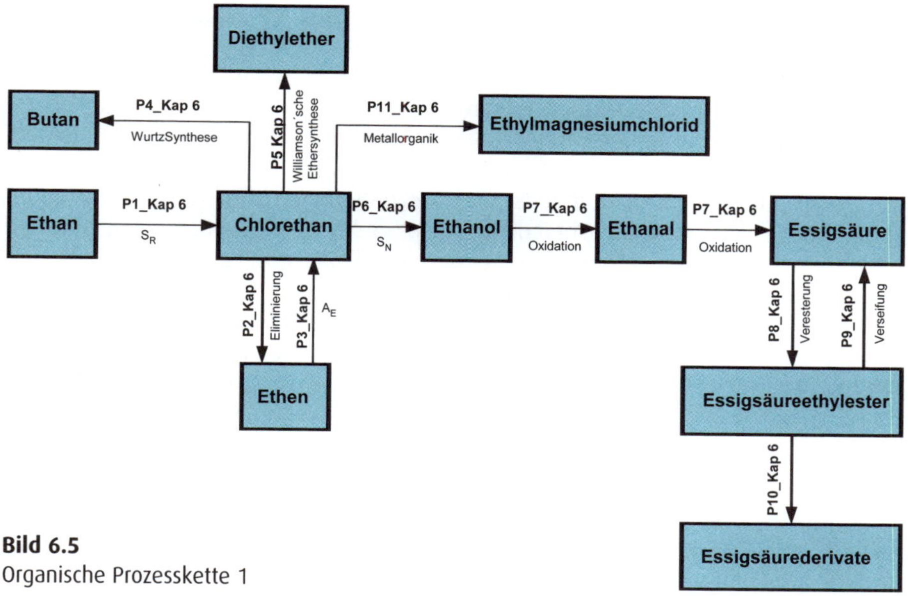

Bild 6.5
Organische Prozesskette 1

In den **Syntheseprozessen P1_KAP6...P17_KAP6** werden die unterschiedlichen Reaktionsmechanismen der organischen Chemie dargestellt. Über verschiedene Reaktionswege gelangt man jeweils zu einer neuen Stoffklasse. Als Ausgangsmolekül wird das Alkan Ethan gewählt. Dieses wird dann unter den beschriebenen Reaktionsbedingungen zu Chlorethan umgesetzt, das zur Stoffklasse der Halogenalkane gehört. Die Halogenalkane spielen im Gesamtprozess eine zentrale Rolle, da sie Ausgangsstoff zur Herstellung vieler weiterer Stoffklassen sind. Zu den einzelnen Stoffklassen werden jeweils die Besonderheiten dieser Stoffe in Bezug auf Eigenschaften, Bindungsverhältnisse und Reaktionsverhalten sowie die Benennung der Stoffklasse erläutert.

Alle aufgeführten Prozesse dienen ausschließlich der Erarbeitung theoretischer Hintergründe und sollten keinesfalls praktisch nachvollzogen werden. Für die praktische Durchführung solcher Reaktionen sind weitere Kenntnisse, z.B. über Reaktionsbedingungen, Syntheseapparaturen und Sicherheitsdaten der benötigten Chemikalien notwendig. Diese Parameter lassen sich mit Hilfe praxisbezogener Bücher, vorhandener Arbeitsvorschriften oder Internetrecherchen ermitteln, sind jedoch nicht Inhalt dieser Buchreihe.

6.4 Gesättigte Kohlenwasserstoffe

Die einfachsten gesättigten Kohlenwasserstoffe sind die Alkane. Es sind organische Verbindungen, die neben Kohlenstoff nur noch Wasserstoff als Bindungspartner enthalten. Bei den Bindungen zwischen den einzelnen Atomen handelt es sich ausschließlich um die bereits beschriebenen Einfachbindungen. Alle Bindungen zwischen den einzelnen Atomen weisen die für Einfachbindungen charakteristische freie Drehbarkeit auf. Alkane stellen die einfachste Stoffklasse der **Kohlenwasserstoffe** dar. Sie wurden früher «gesättigte Kohlenwasserstoffe» genannt, da alle 4 Bindungen des Kohlenstoffes mit Wasserstoff oder einem anderen Kohlenstoff einfach gebunden und damit abgesättigt sind. Diese Bezeichnung ist auch heute noch geläufig.

Die Alkane gehören zu den **aliphatischen Stoffen** (s. Bild 6.1). Darunter versteht man alle organischen Verbindungen, die einen kettenförmigen Aufbau besitzen. Sie unterscheiden sich in ihren physikalischen und chemischen Eigenschaften deutlich von den cyclischen (ringförmigen) Verbindungen.

Das einfachste Alkan entsteht aus der Bindung eines Kohlenstoffatoms mit 4 Wasserstoffatomen, es ist CH_4, Methan. Erhöht man nun die Anzahl der jeweiligen Kohlenstoffe und bindet die übrigen freien Hybridorbitale jeweils mit Wasserstoffatomen, bilden sich weitere Alkane: C_2H_6, C_3H_8, C_4H_{10} …

Die gesättigte Struktur ist in jeder dieser Verbindungen enthalten. Jedes Kohlenstoffatom hat jeweils 4 Einfachbindungen, entweder zum Nachbarkohlenstoffatom oder zu einem Wasserstoffatom. Die einzelnen Alkane unterscheiden sich jeweils durch eine CH_2-Gruppe (Methylen-Gruppe) voneinander. Eine solche Reihe von Verbindungen, bei denen sich die einzelnen Glieder jeweils durch eine bestimmte Atomgruppe, hier die CH_2-Gruppe voneinander unterscheiden, wird auch als **homologe Reihe** bezeichnet.

Definition «homologe Reihe»

Eine homologe Reihe ist eine Stoffklassenreihe, bei der sich die einzelnen Glieder jeweils um ein bestimmtes Molekülteil voneinander unterscheiden. Einzelne Glieder der Reihe werden «Homologe» genannt. Die Verbindungen einer homologen Reihe besitzen i.d.R. ähnliche chemische Eigenschaften.

Für Verbindungen aus einer homologen Reihe lässt sich eine allgemeine Summenformel aufstellen.

Merke

Die allgemeine Summenformel für die homologe Reihe der Alkane:

$\mathbf{C_nH_{2n+2}}$

n ist die jeweilige Anzahl an Kohlenstoffatomen im entsprechenden Alkan.

Die ersten 9 Glieder dieser homologen Reihe sind in Tabelle 6.1 aufgeführt.

Die Kettenlänge der Alkane kann unbegrenzt fortgeführt werden. In der Natur, vor allem im Erdöl, kommen Kohlenwasserstoffe mit Kettenlängen von bis zu C_{60} vor.

Vertiefungsübung V6.1

Stellen Sie die Summenformeln für die Alkanverbindungen mit jeweils 12, 25, 40 und 60 Kohlenstoffatomen auf.

6.4.1 Schreibweisen für organische Verbindungen

Es sind verschiedene Schreibweisen in der organischen Chemie üblich. Nachfolgend sei hier ein kleiner Überblick über die gängigsten Schreibweisen in der organischen Chemie aufgeführt.

- **Summenformel**
  z.B. C_4H_{10}
  Sie trifft ausschließlich eine Aussage über die Anzahl der am Molekül beteiligten Atome. Es kann keinerlei Aussage über die Bindungskonstellationen und die geometrische Struktur getroffen werden.

Tabelle 6.1 Homologe Reihe der Alkane

Anzahl der Kohlenstoffe	**Summenformel**	**Name**	**Strukturformel**
n = 1	CH_4	Methan	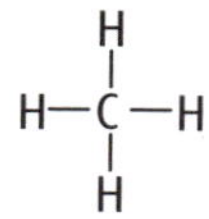
n = 2	C_2H_6	Ethan	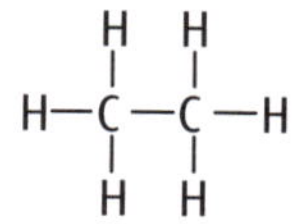
n = 3	C_3H_8	Propan	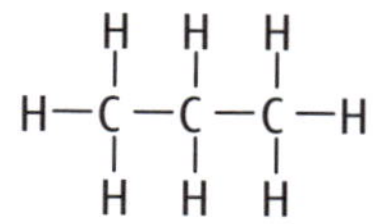
n = 4	C_4H_{10}	Butan	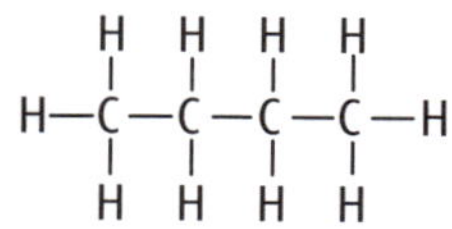
n = 5	C_5H_{12}	Pentan	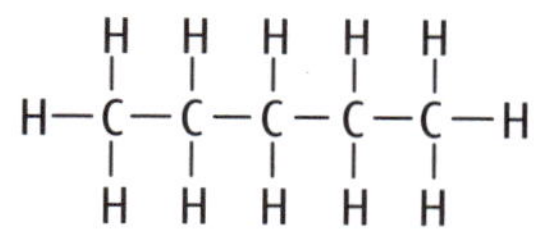
n = 6	C_6H_{14}	Hexan	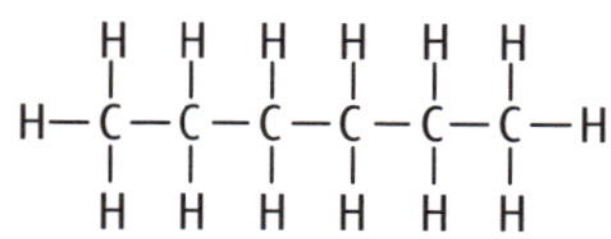
n = 7	C_7H_{16}	Heptan	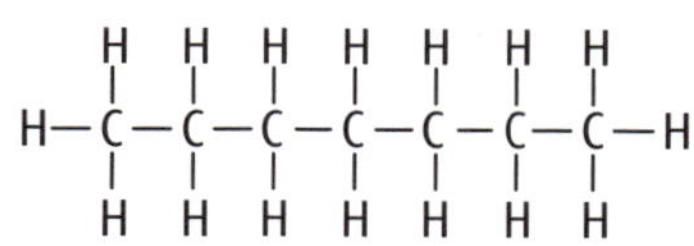
n = 8	C_8H_{18}	Oktan	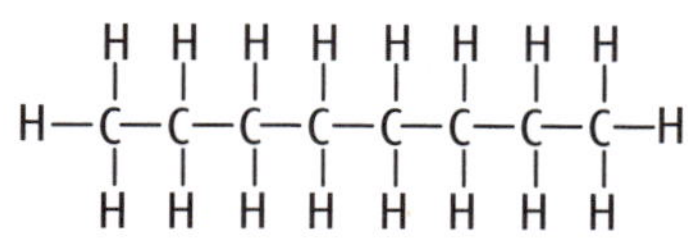
n = 9	C_9H_{20}	Nonan	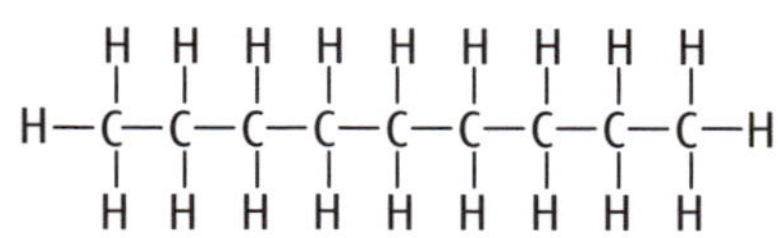

- **Halbstrukturformel**

  z.B. $CH_3CH_2CH_2CH_3$

  Sie gibt Auskunft über die Zusammensetzung der einzelnen Atomgruppen im Molekül und über die Lage einer eventuell vorhandenen funktionellen Gruppe. Eine Verbindung mit einer funktionellen Gruppe ist z.B. Ethanol, CH_3CH_2-OH. Hier ist die OH-Gruppe die funktionelle Gruppe.

Definition «funktionelle Gruppe»

Bei einer funktionellen Gruppe handelt es sich um ein Atom oder eine Atomgruppe innerhalb einer organischen Verbindung, wodurch die Verbindung an sich bzw. deren Struktur charakterisiert und maßgebliche Eigenschaften bestimmt werden. Ein Beispiel für eine funktionelle Gruppe ist die sog. Carbonylgruppe (>C=O) oder auch eine Mehrfachbindung zwischen Kohlenstoffatomen.

- **Strichformel**

  z.B. 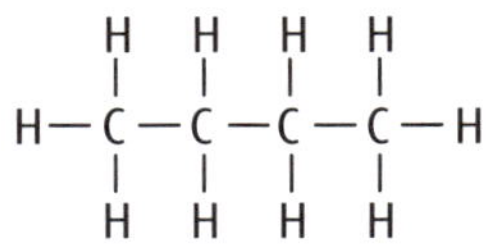 Butan

  Die Strichformel zeigt, wie die Atome untereinander verbunden sind, spiegelt jedoch nicht die räumliche Struktur des Moleküls wieder und zeigt auch nicht die korrekten Bindungswinkel auf.

- **«Zickzack»-Formel**

  z.B.  Butan

  Die «Zickzack»-Formel ist eine sehr verkürzte Schreibweise für reale organische Strukturen. An jedem Eckpunkt der Struktur sitzt eine CH_2-Gruppe, an den Endpunkten jeweils eine CH_3-Gruppe. Sollte an einem Kohlenstoff ein anderer Bindungspartner als Wasserstoff sein, wird dieser gesondert aufgeführt.

  z.B.: 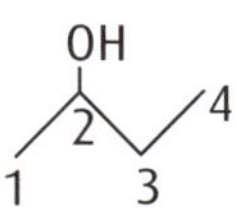

  In der o.g. Verbindung ist am 2. Kohlenstoff ein Wasserstoffatom und statt des 2. H-Atoms eine OH-Gruppe gebunden. Die Verbindung trägt den Namen Butan-2-ol (s. auch Abschnitt 6.10.3.3)

- **Keilstrichformel**

  z.B.  Methan

  Diese Strukturformel gibt Informationen zu den exakten Bindungswinkeln innerhalb des Moleküls und versucht, auf der zweidimensionalen Papierebene eine dreidimensionale Struktur darzustellen. Der ausgefüllte Keil bedeutet, dass das gebundene Atom oberhalb der Papierebene anzuordnen ist und sich der gestrichelte Keil unterhalb der Papierebene befindet.

Für kettenförmige Verbindungen ist die vollständigste und aussagekräftigste Darstellung noch die häufig mit der Keilstrichformel kombinierte Sägebockdarstellung.

- **Sägebockdarstellung**

z.B. 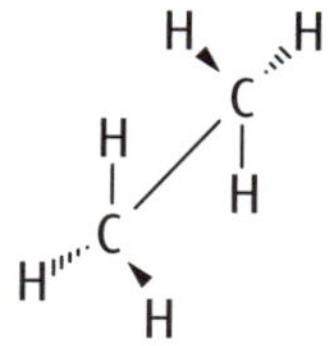 Ethan

Anhand der Sägebockdarstellung kann am besten der Verlauf einer Reaktion vorausgesagt werden, da sie die beste Übersicht über die räumliche Struktur einer Verbindung gibt. Anhand dieser Struktur können räumliche Konsequenzen eines neu eintretenden Atoms oder einer Atomgruppe in die Molekülgruppe bei organischen Reaktionen veranschaulicht werden. Daraus lässt sich häufig eine Aussage über den vermutlichen Reaktionsverlauf ableiten.

6.4.2 Nomenklatur von Alkanen

Eine systematische Benennung von organischen Verbindungen wurde von der **IUPAC**[4] vorgeschlagen und vereinheitlicht. Aus der Benennung geht die Zusammensetzung und Struktur der entsprechenden Verbindung eindeutig hervor. Für viele Verbindungen existieren zusätzlich noch historisch entstandene **Trivialnamen**, aus denen jedoch häufig kein Rückschluss auf die Zusammensetzung und die Struktur der jeweiligen Substanz gemacht werden kann (z.B. Anilin, Chloroform, u.v.a.). Trivialnamen sind jedoch zur vereinfachten Benennung von komplexen organischen Verbindungen meist unverzichtbar (z.B. Benzol, Chlorophyll).

Die Bestandteile der systematischen Namensgebung für Alkane nach IUPAC sind:

- Der Wortstamm ergibt sich aus der längsten zu zählenden Kohlenstoffkette.
- Die Endung des Wortstammes lautet bei den Alkanen immer **-an**.
- Substituenten an der Kette, z.B. Chlor, Brom, Methyl, Ethyl … werden als Vorsilbe vor den Wortstamm gesetzt. Bei mehreren Substituenten werden diese in alphabetischer Reihenfolge angegeben.
- Zu den Substituenten muss jeweils durch vorgestellte Zahlen angegeben werden, an welchem Kohlenstoff sich der jeweilige Substituent befindet. Die Vorsilbe **mono, di, tri, tetra** usw. gibt an, wie viele von diesem Substituenten im Molekül insgesamt vorhanden sind.
- Die längste Kohlenstoffkette wird immer von der Seite aus gezählt, von der aus der 1. Substituent an die Kette geknüpft ist. Dadurch bleiben die Zahlen im Namen nachher möglichst klein.
- Bei mehreren Substituenten ist darauf zu achten, dass die Summe der Stellen möglichst klein ist.

Definition «Substituent»

Ein Substituent ist ein Atom oder eine Atomgruppe, die in einer organischen Verbindung an einen Kohlenstoff gebunden ist und damit einen Wasserstoff ersetzt.

[4] International Union of Pure and Applied Chemistry

Folgendes Beispiel verdeutlicht die obigen Regeln:

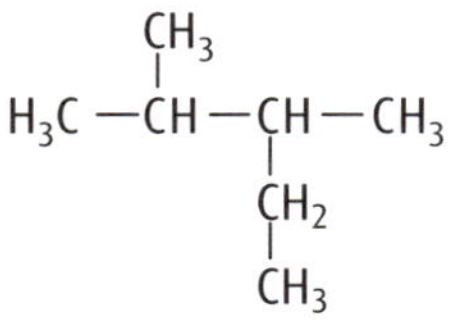

Im 1. Schritt muss nach der längsten Kohlenstoffkette gesucht werden. Offensichtlich ins Auge fällt einem die waagerechte 4er-Kette, doch bei genauerem Hinsehen und Zählen um die Ecken, findet sich noch eine längere Kette:

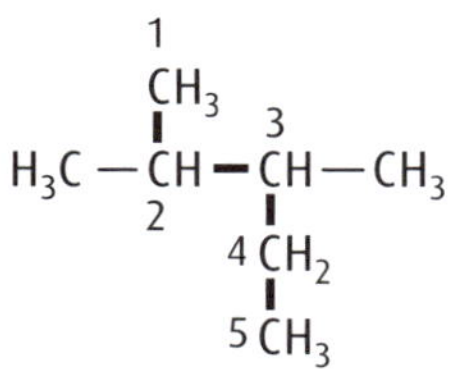

Es handelt sich bei der o.g. Verbindung um ein Alkan mit 7 Kohlenstoffen, von denen jedoch nur 5 Kohlenstoffatome die längste Kette bilden. Die Verbindung erhält demnach den Wortstamm «**Pentan**».

Nun werden die Substituenten betrachtet, die von dieser 5er-Kohlenstoffkette abzweigen. Es findet sich am 2. und am 3. Kohlenstoff jeweils eine CH_3-Gruppe (Methyl-Gruppe). Es sind als Substituenten 2 Methylgruppen im gesamten Molekül. Dies bedeutet, es wird die Vorsilbe «**Di-Methyl = Dimethyl**» vor den Wortstamm gesetzt.

Nun fehlen noch die Positionen dieser Methylgruppen. Sie befinden sich am 2. und 3. Kohlenstoff. Sie werden mit 2,3 gekennzeichnet. Würde die Kohlenstoffkette von der anderen Seite gezählt, ergäben sich die Ziffern 3,4 für die Methylgruppen. In der Summe wäre 3 + 4 = 7 größer als 2 + 3 = 5 und damit nicht korrekt. Der korrekte Name des Alkans lautet demnach:

2,3-Dimethylpentan

Die Benennungen komplexerer organischer Verbindungen werden in den jeweiligen Prozessen erwähnt, vor allem dann, wenn weitere Verbindungsklassen hinzukommen.

Vertiefungsübung V6.2

Benennen Sie die folgende Verbindung nach IUPAC:

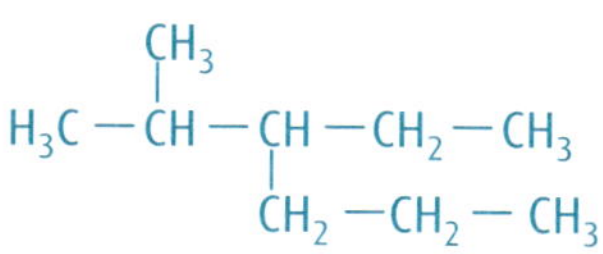

6.4.3 Isomerie

Die Summenformel enthält gewöhnlich keine Informationen über die Anordnung der Atome oder Atomgruppen innerhalb des Moleküls, wenn es sich bei der organischen Verbindung um Moleküle mit höherer Anzahl an Kohlenstoffen handelt oder die Verbindung einige Substituenten besitzt. Weiterhin ergeben sich aus der Summenformel häufig mehrere Möglichkeiten der Atomanordnung. Die organische Verbindung mit der Summenformel C_2H_6O ist prinzipiell 2 verschiedenen Stoffklassen zuzuordnen, zum einen den Ethern (Dimethylether, H_3COCH_3) oder den Alkoholen (Ethanol, C_2H_5OH).

Definition «Isomerie»

Unter Isomerie versteht man, das Vorhandensein mehrerer Strukturformeln bei gleicher Summenformel. Die einzelnen Stoffe werden dabei als Isomere bezeichnet.

Dabei werden verschiedene Arten von Isomerie unterschieden.

1. Kettenisomerie
Ein Alkan mit der Summenformel C_5H_{12} kann sowohl in **unverzweigter Form**, als auch in **verzweigter Form** vorkommen.

Beispiel

$H_3C-CH_2-CH_2-CH_2-CH_3$ n-Pentan

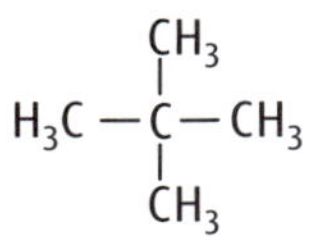
2,2-Dimethylpropan

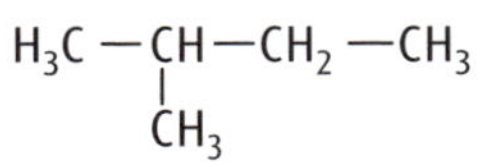
2-Methylbutan

Bei den Isomeren werden, um die Stellung der Alkylgruppen zu verdeutlichen, häufig auch die Vorsilben (**n-**) normal, **iso-** oder **neo-** bzw. **primär**, **sekundär** und **tertiär** verwendet.

Beispiel

$CH_3-CH_2-CH_2-CH_2-CH_3$ n-Pentan (primär)

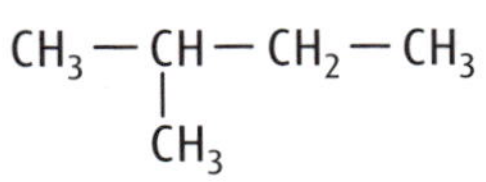
iso-Pentan (sekundär)

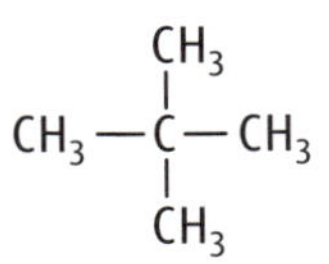
neo-Pentan (tertiär)

Alle 3 Verbindungen sind Isomere des Pentans, da alle die Summenformel C_5H_{12} besitzen. Jedoch sind alle 3 Isomere vollkommen unterschiedliche Substanzen, die sich in ihren physikalischen und chemischen Eigenschaften deutlich unterscheiden. Unverzweigte Alkane z.B. besitzen wesentlich höhere Schmelz- und Siedepunkte als verzweigte Alkane. Mit steigender Anzahl an Verzweigungen werden die Schmelz- und Siedetemperaturen immer weiter herabgesetzt. Dies kann zur Folge haben, dass isomere Verbindungen bei gleicher Temperatur unterschiedliche Aggregatzustände aufweisen. Bezogen auf die chemischen Eigenschaften der Isomere lässt sich feststellen, dass bei unverzweigten Verbindungen der molekulare Zusammenhalt deutlich stärker ausgeprägt ist als bei verzweigten Molekülen. Demnach ist die Reaktivität unverzweigter Verbindungen im Vergleich zur isomeren verzweigten Verbindung geringer.

2. Stellungsisomerie

Befindet sich ein Substituent oder mehrere an einer Kohlenstoffkette, so ist aus der Summenformel nicht zu erkennen, an welchem Kohlenstoff der Kette dieser Substituent zu finden ist. Die Position an der der Substituent gebunden ist wird als Ziffer dem Namen vorangestellt, um Irrtümer auszuschließen. Alle folgenden Strukturen besitzen die Summenformel $C_5H_{11}Br$.

Beispiel

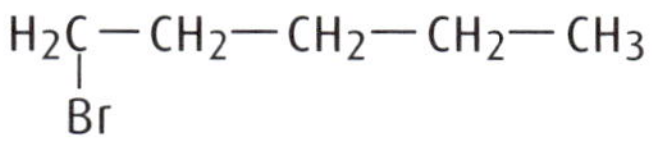

1-Brompentan

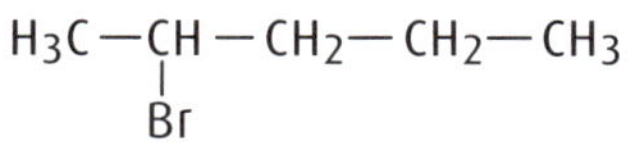

2-Brompentan

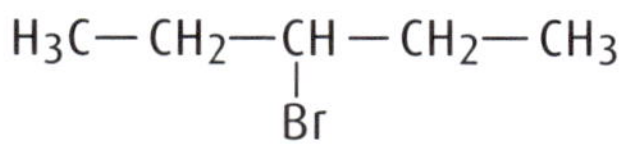

3-Brompentan

Auf weitere Arten der Isomerie wird im Verlauf dieses Kapitels eingegangen.

Vertiefungsübung V6.3

Zeichnen Sie **alle** Strukturen des Hexans und benennen Sie diese nach IUPAC.

Alle Alkane besitzen ähnliche Stoffeigenschaften. Nachfolgend sind die wichtigsten aufgeführt.

- Sie sind i.Allg. reaktionsträge und werden daher auch Paraffine genannt. Durch erhöhte Temperaturen und UV-Licht können sie dennoch zu einer Reaktion gebracht werden.
- Sie sind unpolar, daher schlecht löslich in polaren Lösemitteln, wie z.B. Wasser oder Alkohole.
- Die Alkane mit C_1 bis C_4 sind gasförmig, C_5 bis C_{17} sind flüssig und ab C_{18} sind sie fest.
- Je größer die Anzahl an Verzweigungen in einer Kohlenstoffkette, desto geringer sind die Schmelz- und Siedepunkte bei gleicher molarer Masse.
- Alkane verbrennen bei Entzündung und Luftzutritt unter Bildung von Kohlenstoffdioxid und Wasser.

Die Alkane Methan, Ethan, Propan und Butan sind Bestandteile des Erdgases. Flüssige Alkane sind im Erdöl enthalten und feste Alkane werden durch fraktionierte Erdöldestillation oder katalytische Hydrierung aus Kohle und Teer gewonnen.

Prozess P1_KAP6

In diesem Prozess wird aus Ethan mit Hilfe von Chlor über den Mechanismus einer radikalischen Substitution Chlorethan hergestellt. Bei diesem 1. zentralen

Syntheseprozess wird Chlorethan, eine Substanz aus der Stoffklasse der Halogenalkane, hergestellt. Die Halogenalkane stellen eine zentrale Verbindungsklasse im Gesamtprozess dar, da aus dieser Substanz eine Vielzahl anderer Stoffe hergestellt werden können.

Die Umsetzung des Alkans zum Halogenalkan erfolgt mit Chlor.

Beschrieben wird in diesem Prozess der Reaktionsmechanismus zur Herstellung des Halogenalkans. Anschließend werden Eigenschaften und Nomenklatur der neu hergestellten Stoffklasse, der Halogenalkane beschrieben.

Die Herstellung von Halogenalkanen aus den entsprechenden Alkanen verläuft mit Hilfe des Halogengases unter Einfluss von UV-Licht nach einem schematischen Reaktionsmechanismus, der «radikalische Substitution» genannt wird.

Definition «Substitution»

Als Substitution wird der Ersatz eines Atoms oder einer Atomgruppe innerhalb eines Moleküls durch ein anderes Atom oder eine andere Atomgruppe bezeichnet. Meist handelt es sich bei den Substitutionsreaktionen um den Ersatz von Wasserstoff durch einen anderen Substituenten. Die Grundstruktur des Moleküls bleibt bei dieser Reaktion erhalten.

6.5 Radikalische Substitution S_R von Alkanen

Definition «Radikal»

Radikal ist die Bezeichnung für ein Atom oder eine Atomgruppe, die ein freies ungebundenes Elektron besitzt. Radikale entstehen durch Spaltung von Elektronenpaarbindungen durch hohe Temperaturen und energiereiche Strahlen. Sie bilden sich umso leichter, je schwächer die Atombindungen sind. Radikale sind jedoch nicht sehr beständig und daher extrem reaktionsfreudig. Bei der Suche nach einem Bindungspartner für das freie Elektron setzen sie häufig Kettenreaktionen in Gang.

Die radikalische Substitution verläuft in 4 Teilschritten.

1. Radikalbildung

Das Halogenmolekül wird mit Hilfe von Wärme und UV-Licht in 2 einzelne Radikale homolytisch gespalten. Homolytisch spalten bedeutet, dass die Atombindung genau in der Mitte «gekappt» wird, und jeder Bindungspartner ein einzelnes Elektron aus dem gemeinsamen Elektronenpaar erhält. Nach Gl. 6.2 entstehen 2 Teilchen, die jeweils ein freies, nicht gebundenes Elektron besitzen. Solche Strukturen nennt man Radikale. Diese sind sehr reaktiv, da sie bestrebt sind, mit dem freien Elektron wieder eine Bindung einzugehen.

$$Cl_2 \xrightarrow[\text{UV-Licht}]{\vartheta = 400\,°C} 2\,|\overline{\underline{Cl}}\cdot \qquad \text{(Gl. 6.2)}$$

2. Kettenstartreaktion

Das unter 1. entstandene Chlorradikal greift nun ein Ethanmolekül an und trennt ebenfalls homolytisch ein Wasserstoffatom ab. Gl. 6.3 zeigt die Bildung von HCl und einem Ethylradikal.

$$C_2H_6 + |\overline{\underline{Cl}}\cdot \longrightarrow \cdot C_2H_5 + HCl \qquad \text{(Gl. 6.3)}$$

3. Kettenfortpflanzungsreaktion

Das unter 2. entstandene Ethylradikal greift nun erneut ein Chlormolekül an und bildet, wie in Gl. 6.4 dargestellt, Chlorethan und wieder 1 Chlorradikal. Dieses löst eine neue Reaktion aus.

$$\cdot C_2H_5 + Cl_2 \longrightarrow Cl{-}CH_2{-}CH_3 + |\overline{\underline{Cl}}\cdot \qquad \text{(Gl. 6.4)}$$

Die gesamte Reaktion benötigt also nur zu Beginn für die Radikalbildung Energie und UV-Licht, anschließend läuft sie selbständig weiter ab, bis die Kettenreaktion abbricht.

4. Kettenabbruchreaktion

Zu den möglichen Kettenabbruchreaktionen zählen alle Reaktionen, bei denen 2 Radikale aufeinandertreffen. Sind keine Radikale mehr im Reaktionsgefäß vorhanden, finden keine weiteren Reaktionen mehr statt. In den Reaktionen nach Gl. 6.5...Gl. 6.7 sind 3 der möglichen Abbruchreaktionen aufgeführt:

$$2\,|\overline{\underline{Cl}}\cdot \longrightarrow Cl_2 \qquad \text{(Gl. 6.5)}$$

$$\cdot C_2H_5 + |\overline{\underline{Cl}}\cdot \longrightarrow C_2H_5Cl \qquad \text{(Gl. 6.6)}$$

$$2\,\cdot C_2H_5 \longrightarrow C_4H_{10} \qquad \text{(Gl. 6.7)}$$

Als Hauptprodukt entsteht bei dieser Reaktion Chlorethan. Aufgrund der nicht sehr großen Selektivität von Chlorradikalen kann es jedoch zu Mehrfachchlorierungen am Ethan kommen und als Nebenprodukte entstehen weitere Chlorierungsprodukte des Ethans.

In den Reaktionen nach Gl. 6.8 und Gl. 6.9 wird an einem Beispiel dargestellt, wie es im Verlauf der Reaktionskette zu einer Mehrfachsubstitution kommen kann.

$$C_2H_5Cl + |\overline{\underline{Cl}}\cdot \longrightarrow \cdot C_2H_4Cl + HCl \qquad \text{(Gl. 6.8)}$$

$$\cdot C_2H_4Cl + Cl_2 \longrightarrow C_2H_4Cl_2 + |\overline{\underline{Cl}}\cdot \qquad \text{(Gl. 6.9)}$$

Analog zum Ethan erfolgt diese Reaktion auch großtechnisch als Methanchlorierung. Die Chlorierungsprodukte lauten in dem Fall Chlormethan (CH_3Cl), Dichlormethan (CH_2Cl_2), Trichlormethan (Chloroform, $CHCl_3$) oder sogar Tetrachlormethan (Tetrachlorkohlenstoff, CCl_4).

Der Anteil der Mehrfachsubstitutionsprodukte kann mit Hilfe einer klugen Reaktionsstrategie gesteuert werden. Wird Chlor z.B. **im Unterschuss** eingesetzt, verringert dies die Wahrscheinlichkeit von Mehrfachsubstitutionen. Ebenso kann durch Licht- und Wärmezufuhr Einfluss genommen werden. Wird Licht und Wärme tatsächlich nur kurz zum Start der Reaktion eingesetzt, kann dadurch eine vermehrte Bildung von Chlorradikalen, die zu erneuter Substitution führen würden, verhindert werden.

Vertiefungsübung V6.4

Formulieren Sie den Reaktionsmechanismus der Bromierung von Propan. Welche Problematik stellt sich dabei? Informieren Sie sich zuerst über die Stabilität von primären, sekundären und tertiären Radikalen.

6.5.1 Eigenschaften von Halogenalkanen

Das in Gl. 6.6 entstandene Chlorethan gehört zur Stoffklasse der Halogenalkane. Alle Alkane, bei denen ein oder mehrere Halogene als Substituenten auftreten (d.h. ein Wasserstoff wurde durch ein Halogen ersetzt), gehören dieser Stoffklasse an. Bedeutende Vertreter der Halogenalkane sind neben Chlor- ebenfalls noch Fluor-, Brom- und Iod-Alkane. Es existieren auch viele Halogenalkanverbindungen bei denen mehrere unterschiedliche Halogene als Substituenten in einer Verbindung auftauchen.

Beispiel

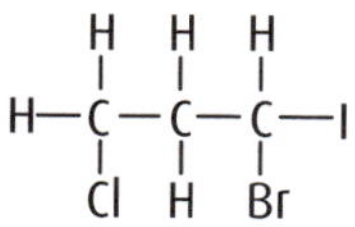

1-Brom-3-chlor-1-iodpropan

In den physikalischen Eigenschaften wie Siedepunkt und Dichte unterscheiden sich die Halogenalkane deutlich von den Alkanen. Aufgrund einer deutlich größeren Polarität (s. Kapitel 4 und 5) einer Kohlenstoff-Halogen-Bindung im Vergleich zu einer Kohlenstoff-Wasserstoff-Bindung sind die Halogenalkane in ihrem chemischen Verhalten sehr viel reaktiver als deren vergleichbare Alkane. Wasserstoff besitzt mit einer Elektronegativität von ΔEN = 2,1 (s. Kapitel 4) eine geringere Elektronegativität als Kohlenstoff mit ΔEN = 2,5. Die negative Partialladung liegt bei einer C–H-Bindung daher auf der Seite des Kohlenstoffatoms. Bei einer Kohlenstoff-Halogen-Bindung verhält sich dies genau umgekehrt. Betrachtet man z.B. Chlor, so steht hier eine Elektronegativität von ΔEN = 3,0 der des Kohlenstoffes entgegen. Die Bindung ist daher deutlich zum Halogen verschoben.

Die Struktur der Halogenalkane ist identisch mit denen der Alkane, sie sind ebenfalls in der Tetraederform gebaut. Bei längerkettigen Halogenalkanen (ab Propan) treten wieder Isomere auf, da es mehrere Bindungsmöglichkeiten für ein eintretendes Halogen gibt.

Beispiel

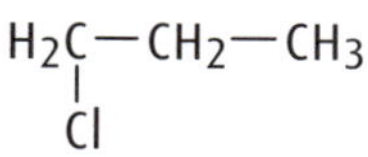

1-Chlorpropan

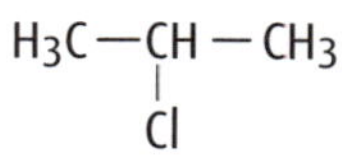

2-Chlorpropan

Je länger die Kohlenstoffkette wird, desto mehr erhöht sich die Möglichkeit, ein Halogen zu binden und umso größer wird dann auch die Anzahl an Isomeren. Eine weitere Unterscheidungsmöglichkeit für Halogenalkane ist die Bezeichnung primäres, sekundäres oder tertiäres Halogenalkan.

Beispiel

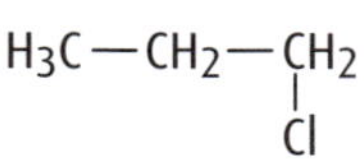

1-Chlorpropan

primär (Das C-Atom, an dem das Halogen gebunden ist, hat **ein** weiteres C-Atom als Nachbarn)

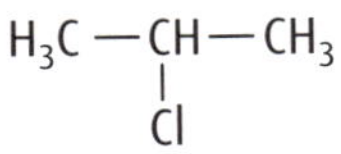

2-Chlorpropan

sekundär (Das C-Atom, an dem das Halogen gebunden ist, hat **2** weitere C-Atome als Nachbarn)

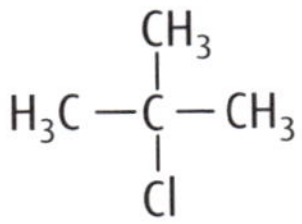

2-Chlor-2-methylpropan

tertiär (Das C-Atom, an dem das Halogen gebunden ist, hat **3** weitere C-Atome als Nachbarn)

6.5.1.1 Nomenklatur der Halogenalkane

Früher wurden die Namen aus dem jeweiligen Halogen und dem angehängten Alkylrest abgeleitet. Sie wurden den anorganischen Salzverbindungen entnommen (z.B. Ethylbromid).

Eine eindeutigere Benennung ist mit Hilfe der IUPAC-Nomenklatur möglich. Hier wird bei der Benennung von der Grundstruktur der Kohlenstoffkette ausgegangen. Halogenalkane gelten als Derivate (Abkömmlinge) der Alkane, d.h., es ist eine Abstammung von den ursprünglichen Alkanen anhand struktureller Ähnlichkeiten zu erkennen. Daher erhält der Wortstamm den Alkannamen der entsprechenden Kettenlänge. Die Stellung des Substituenten wird jeweils als Zahl vor die Vorsilbe gestellt. Dabei wird die Kette so gezählt, dass der Substituent eine möglichst kleine Ziffer erhält bzw. bei mehreren Substituenten die Summe der Ziffern möglichst gering ist.

Beispiel

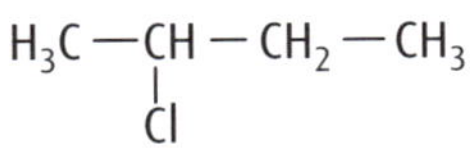

2-Chlorbutan (nicht 3-Chlorbutan)

Handelt es sich um eine mehrfach mit dem gleichen Halogen substituierte Verbindung werden die jeweiligen Substitutionsstellen vorangestellt und durch ein Komma getrennt. Zusätzlich wird vor die Halogenvorsilbe noch die Gesamtanzahl an Halogensubstituenten gestellt, z.B. **mono, di, tri, tetra** usw.

Beispiel

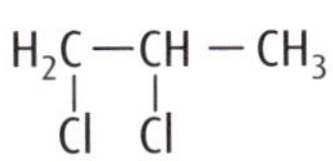

1,2-Dichlorpropan
(nicht 2,3-Dichlorpropan)

Für mehrfach halogenierte Alkane mit unterschiedlichen Halogensubstituenten gilt wieder die alphabetische Reihenfolge, wobei jeweils zum entsprechenden Halogensubstituenten die Stellung als Ziffer vorangestellt wird.

Beispiel

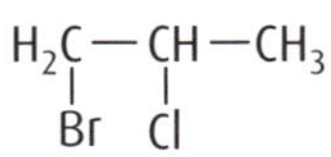

1-Brom-2-chlorpropan
(nicht: 2-Chlor-1-brompropan
3-Brom-2-chlorpropan
2-Chlor-3-brompropan)

Vertiefungsübung V6.5

Benennen Sie folgende Strukturen nach IUPAC:

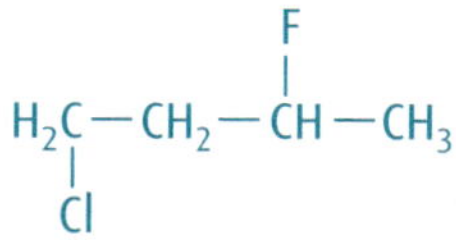

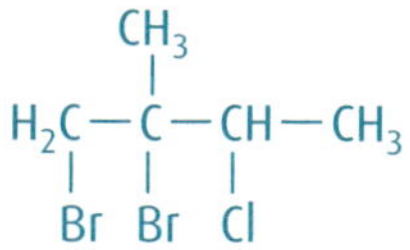

Prozess P2_KAP6

Aus dem im letzten Prozess hergestellten Chlorethan soll nun das Chloratom wieder entfernt werden. Die Reaktion, bei der Substituenten entfernt werden, ohne durch neue ersetzt zu werden, wird als **Eliminierung** bezeichnet. Das Produkt der hier beschriebenen Reaktion ist Ethen, ein Alken. Durch Entfernen eines Atoms oder einer Atomgruppe aus einer Alkanverbindung wird der gesättigte Charakter der Verbindung aufgehoben, und es bildet sich eine ungesättigte Stoffklasse.

Im 1. Schritt wird erneut der Reaktionsmechanismus der Eliminierung und dessen Konkurrenzsituation zu anderen Reaktionen erläutert. Im Anschluss werden die Bindungsverhältnisse, die Nomenklatur und eine spezielle Form der Isomerie der neu entstandenen Stoffklasse (**Alkene**) betrachtet.

6.6 Reaktionsmechanismus einer Eliminierung

Eliminierung, im Gegensatz zur Substitution, bedeutet das Entfernen von Atomen oder Atomgruppen aus einem Molekül, ohne dass ein Ersatz dafür stattfindet.

Man spricht von einer **α-Eliminierung** oder **1,1-Eliminierung**, wenn das Abspalten der Atome oder Atomgruppen am **gleichen** Kohlenstoff passiert. Werden die Atome bzw. Atomgruppen von **benachbarten** (vicinalen) Kohlenstoffen abgespaltet, handelt es sich um eine **β-Eliminierung** oder **1,2-Eliminierung**. Die β-Eliminierung ist die häufigere Form der Eliminierungsreaktionen.
Gl. 6.10 zeigt ein Beispiel einer 1,1-Eliminierung (α-Eliminierung):

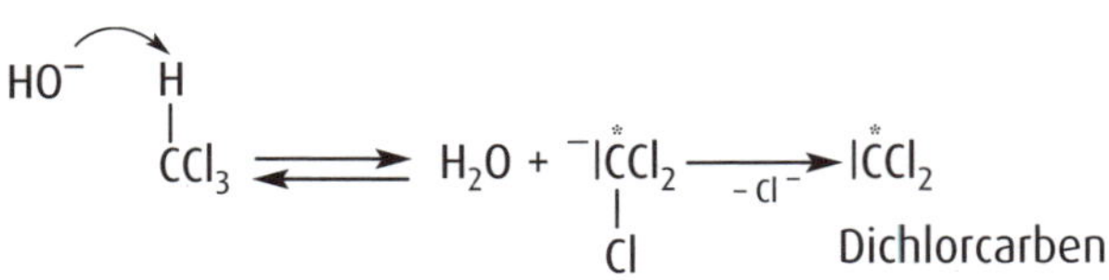

(Gl. 6.10)

Die Abspaltung sowohl des H^+-Teilchens, als auch des Cl^--Ions erfolgt vom mit * (Stern) gekennzeichneten Kohlenstoffatom.

In Gl. 6.11 wird eine β-Eliminierung aus einem Halogenalkan genauer betrachtet. Sie führt zu einem Alken. Dabei findet unter dem Einfluss einer starken Base wie z.B. Kalilauge (KOH) und einer erhöhten Temperatur eine Eliminierungsreaktion statt.

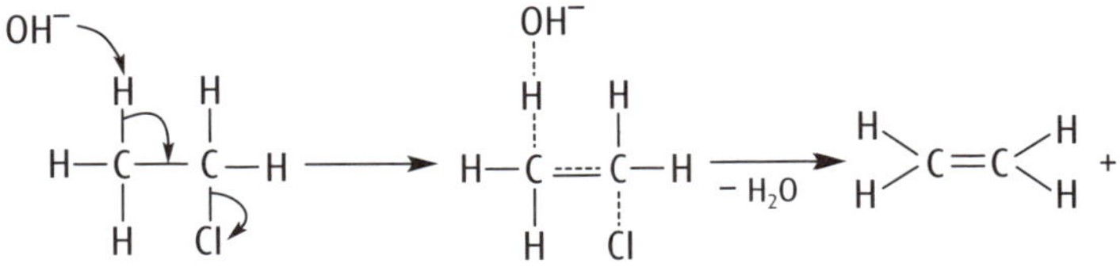

(Gl. 6.11)

Die gestrichelten Linien in der mittleren Struktur bedeuten, dass die Bindung zum Cl-Atom gelöst wird, wobei das Cl-Atom das bindende Elektronenpaar mit sich nimmt. Gleichzeitig findet eine Bindung des OH^--Teilchens mit dem sich ablösenden H-Atom statt. Das H-Atom wird als Proton, also ohne das bindende Elektron, vom Halogenalkan abgespalten. Die frei werdende Elektronenpaarbindung klappt zwischen die beiden Kohlenstoffe und bildet eine Doppelbindung. Es entsteht nach Gl. 6.11 Ethen.

6.6.1 E1- und E2-Reaktion

Bei Eliminierungsreaktionen wird zwischen 2 verschiedenen Mechanismen unterschieden: dem E1- und dem E2-Mechanismus. Es handelt sich bei beiden Reaktionsverläufen jedoch immer um eine β-Eliminierung. Der E2-Mechanismus verläuft einstufig. Bei Angriff der Base (OH^-, später allgemein mit B^- dargestellt) wird vom benachbarten Kohlenstoffatom der funktionellen Gruppe (C–Cl-Bindung) ein Proton (H^+-Teilchen) abgespalten, gleichzeitig die Doppelbindung gebildet und das Halogen abgelöst. Alles verläuft zeitgleich in einem Schritt. Dieser Mechanismus verläuft **bimolekular**, da 2 Bindungen gleichzeitig gelöst werden (s. dazu Gl. 6.12).

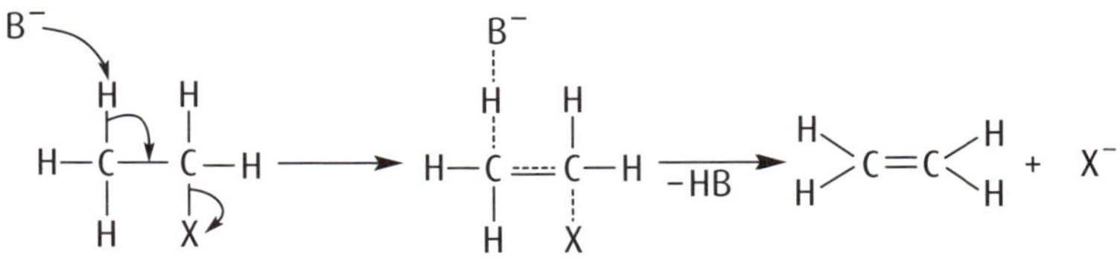

(Gl. 6.12)

Im Gegensatz zum E2-Verlauf gibt es den **monomolekular** verlaufenden E1-Mechanismus. Er unterscheidet sich vom E2-Mechanismus hauptsächlich dadurch, dass er in 2 Einzelschritten abläuft. Im 1. Reaktionsschritt löst sich die Kohlenstoff-Halogen-Bindung, und es bildet sich ein wenig stabiles Carbeniumion (C^+-Teilchen) als Zwischenprodukt. Dieser Schritt verläuft langsam und ist damit **geschwindigkeitsbestimmend** für die gesamte Reaktion. Im nächsten Schritt kann das Carbeniumion mit dem angreifenden Nucleophil (Lat.: nucleus = Kern, Griech.: philos = Freund; ein Teilchen, das positive Ladung sucht) der Base reagieren und ein Proton des benachbarten Kohlenstoffes abspalten und dabei gleichzeitig die Doppelbindung zum Alken ausbilden (Gl. 6.13 und Gl. 6.14).

1. Schritt
Bildung eines Carbeniumions durch Abspaltung des Halogens nach Gl. 6.13:

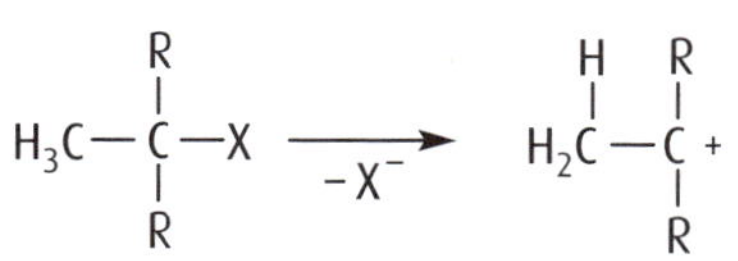

(Gl. 6.13)

2. Schritt
Angriff der Base am Carbeniumion, was nach Gl. 6.14 zur Abspaltung des Protons am 2. Kohlenstoffatom führt:

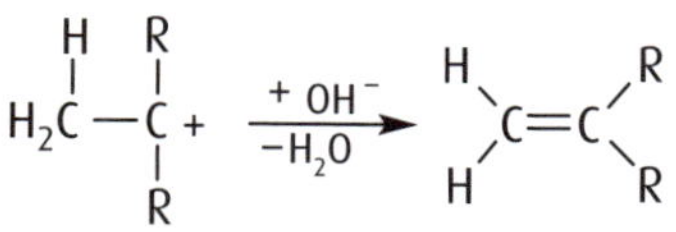

(Gl. 6.14)

Es stellt sich nun die Frage, wann eine Eliminierungsreaktion nach E1 und wann sie nach E2 abläuft. Hierzu ist die Struktur des Halogenalkans ausschlaggebend. Bei dem E1-Mechanismus bildet sich im 1. Schritt ein Carbeniumion. Grundsätzlich kann man feststellen, dass tertiäre Carbeniumionen deutlich stabiler sind, als sekundäre und diese wiederum stabiler als primäre.

Beispiel

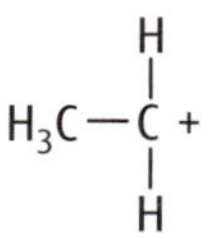

primäres Carbeniumion

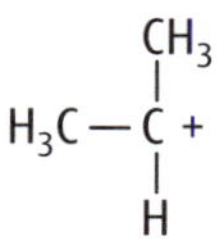

sekundäres Carbeniumion

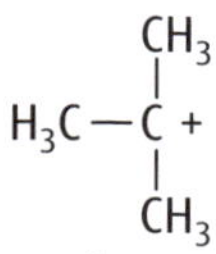

tertiäres Carbeniumion

Die zum positiv geladenen C-Atom benachbarten Alkylgruppen üben einen positiven **induktiven Effekt** (+I-Effekt) auf den geladenen Kohlenstoff aus. Dies bedeutet, dass sie die Elektronendichte am positiven Kohlenstoff durch Ladungsverschiebung erhöhen. Vereinfacht kann man sagen, dass Alkylgruppen dem positiven Kohlenstoff Elektronen zuschieben. Mit steigender Anzahl an Alkylgruppen wird dieser Effekt verstärkt. Da so eine Schwächung der positiven Ladung erfolgt, ist die Stabilisierung des gesamten Carbeniumions die Folge. Bei tertiären Carbeniumionen ist die Anzahl der «schiebenden» Alkylgruppen am größten, daher ist auch deren Stabilität am höchsten.

Merke

Es kann also angenommen werden, dass bei tertiären Halogenalkanen häufiger eine E1-Eliminierung als bei sekundären und primären Halogenalkanen auftritt.

Da es sich in diesem Prozess um ein primäres Halogenalkan handelt, kann davon ausgegangen werden, dass die Eliminierungsreaktion ausschließlich nach dem E2-Mechanismus verläuft.

Vertiefungsübung V6.6

Führen Sie unter Einfluss von KOH eine Eliminierungsreaktion mit

a) 1-Chlorpropan und
b) 2-Brom-2-methylpropan

durch. Entscheiden Sie, welche Reaktion nach dem E1- bzw. E2-Mechanismus verläuft.

6.6.2 Konkurrenzsituation zur Substitutionsreaktion

Eine Konkurrenzreaktion zur Eliminierung ist die Substitutionsreaktion. Sie verläuft unter ähnlichen Reaktionsbedingungen, vor allem unter der Anwesenheit einer Base als Nucleophil. Um nun den Reaktionsverlauf ein wenig beeinflussen zu können, gibt es verschiedene Möglichkeiten:

- Wahl des Lösungsmittels
- Reaktionstemperatur
- Struktur des Halogenalkans

Prinzipiell ist festzustellen, dass die Eliminierung bevorzugt bei höheren Temperaturen abläuft und die Substitution eher bei niedrigen. Befinden sich am Halogenalkan außer dem Halogen noch weitere elektronenziehende Substituenten, begünstigt dies ebenfalls den Ablauf einer Eliminierung. Ein Elektronen ziehender Substituent, ist ein Atom oder eine Atomgruppe, die eine hohe Elektronegativität aufweist und dadurch ein bindendes Elektronenpaar zu sich hinzieht. Elektronen ziehende Substituenten üben einen negativen induktiven Effekt (–I-Effekt) auf ein benachbartes Kohlenstoffatom aus. Sie wirken genau gegensätzlich zur im letzten Abschnitt beschriebenen Alkylgruppe, die einen positiven induktiven Effekt (+I-Effekt) ausübt.

Halogenalkane, die viele Substituenten tragen, bevorzugen aufgrund ihres sterischen Anspruches ebenfalls die Eliminierung.

Beispiel

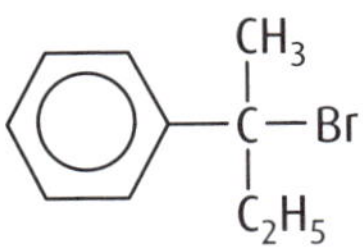

2-Brom-2-phenylbutan

6.6.3 Bindungsverhältnisse im Alken

Die Bindungsverhältnisse in einem Alken lassen sich am anschaulichsten über die Elektronenkonfiguration des Kohlenstoffs erklären. Wie bereits bei den Alkanen beschrieben, geht diese Betrachtung zunächst über den Grundzustand des Kohlenstoffs und dann über dessen anschließende Hybridisierung. Bild 6.6 erläutert dies grafisch. Bei den Alkanen ergaben sich 4 energetisch gleichwertige σ-Bindungen, die in der Molekülstruktur zu einem Tetraeder führten.

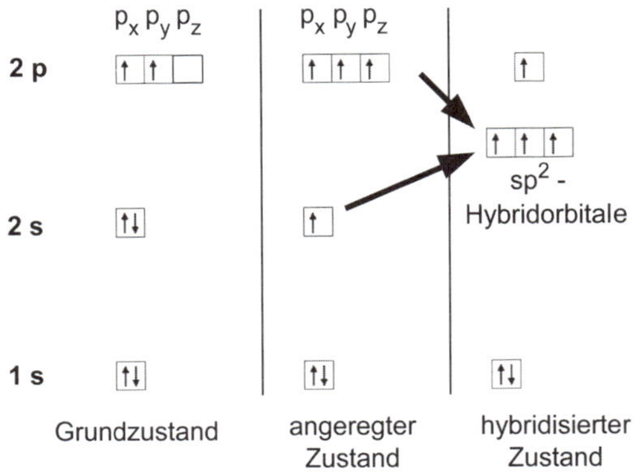

Bild 6.6
sp^2-Hybridisierung

Bei den Alkenen bilden sich sog. sp^2-Hybridorbitale, die aus dem 2 s- und den beiden p_x- und p_z-Orbitalen entstanden sind. Daraus lassen sich nun 3 energetisch gleichwertige σ-Bindungen ableiten. Das 3. p-Orbital ist an der Hybridisierung nicht beteiligt und energetisch höherwertig. Es bildet mit einem p-Orbital des benachbarten Kohlenstoffs die 4. noch fehlende Bindung aus. Die 2. Bindung zum Kohlenstoff, wird auch als ***π*-Bindung** bezeichnet. Von der Struktur des Moleküls befinden sich die 3 σ-Bindungen in einer Ebene, also ein planares (ebenes) Molekül mit einem Bindungswinkel von 120°. Die π-Bindung entsteht nun durch Überlappen der senkrecht auf dieser Ebene stehenden p_y-Orbitale. Die Atomabstände der beiden Kohlenstoffatome sind nach Ausbildung der Doppelbindung geringer als bei den Alkanen. Durch die Überlappung der p-Orbitale in der Doppelbindung werden die beiden Kohlenstoffe näher zusammengehalten. Bild 6.7 zeigt modellhaft ein Ethenmolekül und die Überlappung der p-Orbitale zur Ausbildung der Doppelbindung.

Bild 6.7
Ethenmoleküle

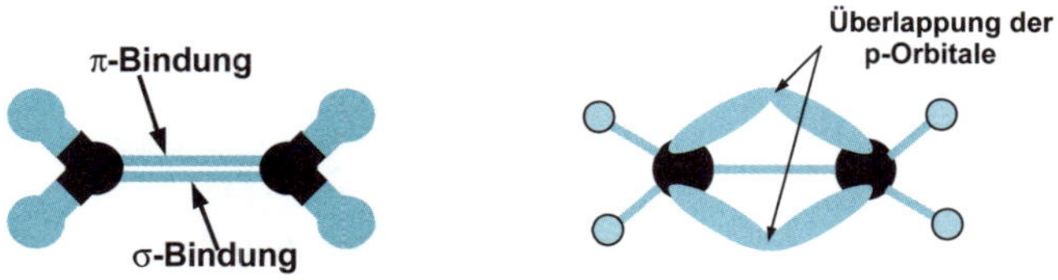

6.6.4 Eigenschaften von Alkenen

Merke

Die allgemeine Summenformel für die homologe Reihe der Alkene:

C_nH_{2n}

n ist hierbei die jeweilige Anzahl an Kohlenstoffatomen im entsprechenden Alken.

In den physikalischen Eigenschaften unterscheiden sich die Alkene kaum von den Alkanen. Aufgrund sehr geringer Wechselwirkungen der Elektronenwolke der π-Bindung mit H_2O-Molekülen lässt sich eine etwas bessere Wasserlöslichkeit als bei Alkanen feststellen.

Die chemischen Eigenschaften sind jedoch völlig unterschiedlich. Die π-Bindung ist eine deutlich schwächere Bindung als eine σ-Bindung und dadurch leichter zu lösen. Die aus dem Molekül herausragende Elektronenwolke der Doppelbindung ist für elektronensuchende Teilchen (Elektrophile) ein idealer Reaktionspartner. Daraus lässt sich eine sehr viel größere Reaktivität als bei Alkanen ableiten. Alkene neigen meist zu Additionsreaktionen, d.h., an die Stelle der Doppelbindung wird ein elektrophiles Teilchen addiert, dabei wird die Doppelbindung gelöst (s. Gl. 6.15).

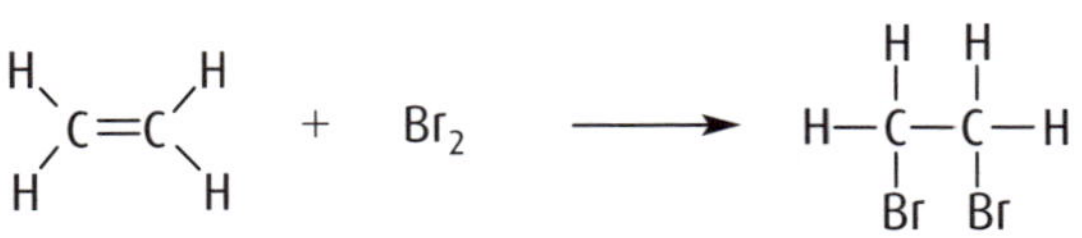

(Gl. 6.15)

6.6.4.1 Nomenklatur von Alkenen

Die Benennung der Alk**en**e erfolgt analog zu den Alk**an**en, jedoch wird die Endung **-en** statt -an bei Alkanen verwendet.

Zusätzlich muss durch Voranstellen einer Ziffer die jeweilige Stelle der Doppelbindung angegeben werden. Dabei gilt wieder die Vergabe der Stellen nach den niedrigsten Ziffern.

Beispiel

$H_2C{=}CH{-}CH_2{-}CH_3$
But-1-en
(nicht: But-3-en)

$H_3C{-}CH{=}CH{-}CH_3$
But-2-en

Befinden sich im Molekül mehr als eine Doppelbindung, werden die Stellen der Doppelbindungen durch mehrere Ziffern, die durch Komma voneinander getrennt sind, angegeben. Die Gesamtzahl an Doppelbindungen wird durch den Zusatz di- oder tri- vor das **-en** gesetzt.

Beispiel

$H_2C{=}CH{-}CH{=}CH_2$ Buta-1,3-dien

6.6.4.2 Isomerie bei Alkenen

Durch die Ausbildung einer 2. Bindung zwischen den beiden Kohlenstoffatomen ist die freie Drehbarkeit der Bindung aufgehoben. Dies führt dazu, dass ein an ein Alken gebundener Substituent verschiedene Stellungen einnehmen kann. Es entstehen Isomere. Diese Form der Isomerie wird als **cis/trans-Isomerie** bezeichnet. Im Beispiel von 1,2-Dichlorethen lässt sich das verdeutlichen. Cis-Form bedeutet, dass die Substituenten auf der gleichen Seite des Moleküls stehen, wogegen bei der trans-Form eine Gegenüberstellung vorliegt.

Beispiel

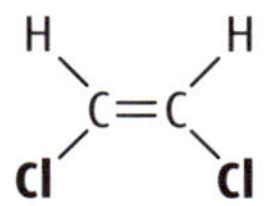
cis-1,2-Dichlorethen

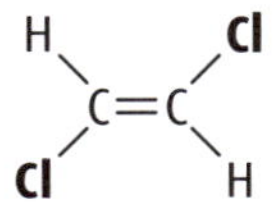
trans-1,2-Dichlorethen

Vertiefungsübung V6.7

Zeigen Sie eine vorhandene cis-/trans-Isomerie am Beispiel des Moleküls But-2-en (C_4H_8)

Prozess P3_KAP6

Das im **Prozess P2_KAP6** entstandene Ethen reagiert nun mit Chlorwasserstoff. Bei dieser Reaktion wird der Chlorwasserstoff an die Doppelbindung des Alkens addiert.

Wie bei den Eigenschaften der Alkene bereits erwähnt, ist die charakteristische Reaktion des Alkens eine Additionsreaktion. Der folgende Prozess beschreibt eine solche Additionsreaktion am Beispiel von Ethen. Die zu addierende Verbindung ist Chlorwasserstoff. Das Produkt der Reaktion ist erneut ein Halogenalkan. Der Prozess zeigt den genauen Mechanismus der Additionsreaktion in allen Einzelschritten und erläutert die **Markownikow[5]-Regel**, die eine Aussage über die möglichen Reaktionsprodukte liefert. Im Anschluss wird noch die Additionsreaktion an Dienen betrachtet. Die Eigenschaften und die Nomenklatur der Halogenalkane wurde bereits in Abschnitt 6.5.1 erklärt.

[5] Wladimir Wassiljewitsch Markownikow (auch Markovnikow geschrieben) (1837 bis 1904): russischer Chemiker

6.7 Reaktionsmechanismus der elektrophilen Addition

Die Elektronenwolke der Doppelbindung kann in Wechselwirkung zu einem angreifenden Teilchen treten. Bei Chlorwasserstoff handelt es sich um ein Molekül mit einer stark polarisierten Bindung zwischen Wasserstoff und Chlor. Aufgrund der Elektronegativität des Chlors wird der Wasserstoff positiviert und damit zu einem elektrophilen (elektronensuchenden) Teilchen. Die positive Teilladung tritt mit den π-Elektronen der Doppelbindung in Wechselwirkung. Der dabei in Gl. 6.16 gezeigte Zwischenzustand wird **π-Komplex** genannt.

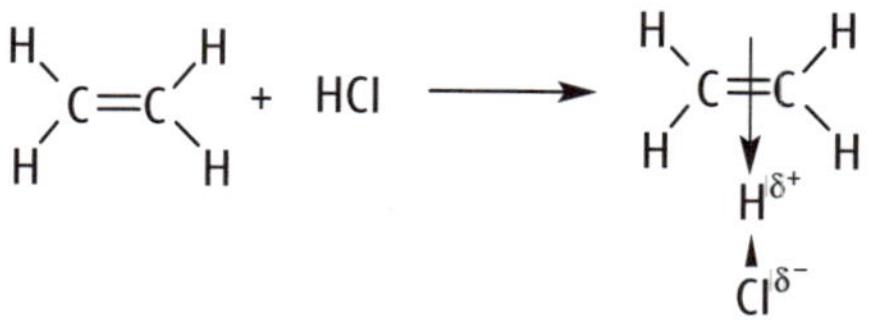

(Gl. 6.16)

Durch die Aufhebung der positiven Teilladung am Wasserstoff mit Hilfe der π-Elektronen wird die Bindung zum Chlor komplett gelöst und statt dessen bildet sich aus den π-Elektronen des Alkens eine neue σ-Bindung zum Wasserstoff aus. Das andere Kohlenstoffatom, das ebenfalls an der Doppelbindung beteiligt war, trägt nun eine positive Ladung. Die Zwischenstufe mit Bildung des Carbeniumions ist in Gl. 6.17 dargestellt und wird als **σ-Komplex** bezeichnet.

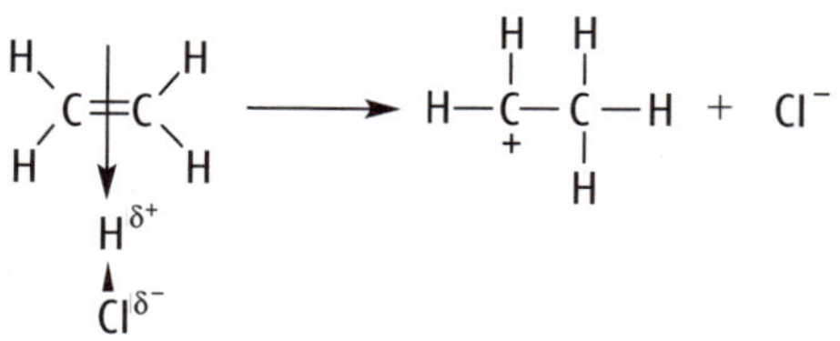

(Gl. 6.17)

An diesen positiv geladenen Kohlenstoff greift nun, wie in Gl. 6.18 dargestellt, das vorher abgetrennte und negativ geladene Chloridion an. Als Produkt entsteht Chlorethan. Aus einem Alken wurde über den Mechanismus der **elektrophilen Addition** ein Halogenalkan.

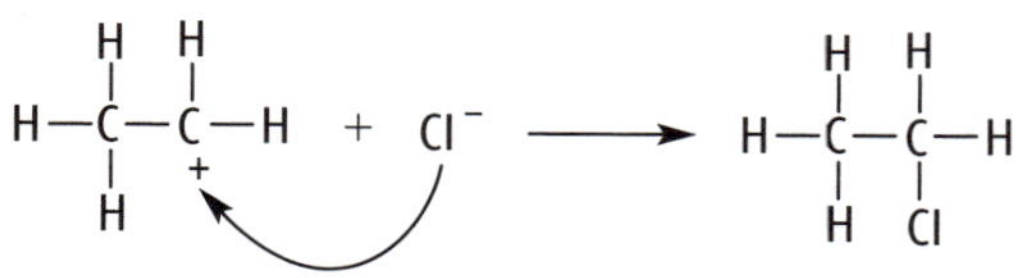

(Gl. 6.18)

Eine elektrophile Addition an einem Alken ist nicht nur mit Halogenwasserstoffen möglich, es können auch Halogene direkt addiert werden. Die π-Elektronen der Doppelbindung treten in Wechselwirkung mit dem Halogenmolekül und bewirken eine Polarisierung der bis dahin unpolaren Atombindung zwischen den 2 Halogenatomen. Die Reaktion nach Gl. 6.19 ist ein Beispiel einer Addition von Ethen mit Chlor.

(Gl. 6.19)

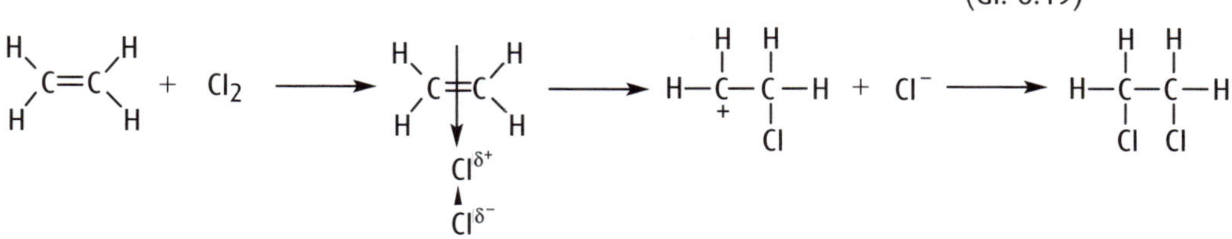

Vertiefungsübung V6.8

Formulieren Sie den Mechanismus der Addition von Bromwasserstoff an 2,3-Dimethylbut-2-en. Wie lautet das Endprodukt?

6.7.1 Markownikow-Regel

Wird H-X an ein längerkettiges Alken als Ethen addiert, gibt es für die Ausbildung des σ-Komplexes gewöhnlich mehrere Möglichkeiten, die zu unterschiedlichen Produkten führen, wie in Gl. 6.20 dargestellt. Dies wird im folgenden Beispiel anhand der Addition von HCl an Propen veranschaulicht.

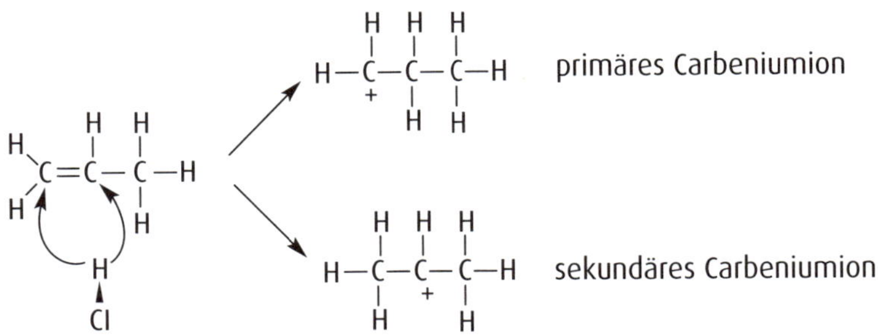

(Gl. 6.20)

Bei einer Analyse des Produktes nach Ablauf dieser Reaktion lässt sich jedoch fast ausschließlich 2-Chlorpropan nachweisen. Diese Reaktion lässt sich über die Stabilität des Carbeniumions im Zwischenzustand erklären.

Definition «Markownikow-Regel»

Die Markownikow-Regel besagt, dass die Stabilität von **tertiären** Carbeniumionen am größten ist, wobei ein sekundäres Carbeniumion ebenfalls noch **stabiler** ist als ein primäres. Demzufolge bildet sich im σ-Komplex auch bevorzugt das stabilere Carbeniumion.

Vereinfacht lässt sich die Hauptproduktsuche nach Markownikow auch über die Anzahl der Wasserstoffe treffen. **Beim Angriff eines Halogenwasserstoffs wird der Wasserstoff grundsätzlich an denjenigen Kohlenstoff gebunden, der bereits die meisten Wasserstoffe gebunden hat.** Bild 6.8 zeigt die vereinfachte Form der Markownikow-Regel. Es bildet sich dann jeweils automatisch das stabilste Carbeniumion.

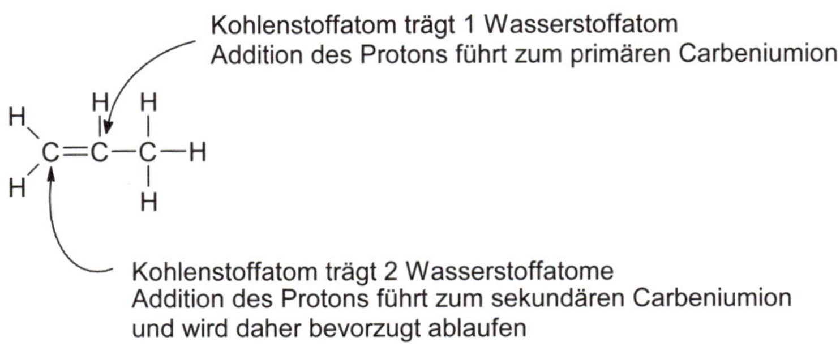

Bild 6.8 Markownikow-Regel

Vertiefungsübung V6.9

Welche Produkte entstehen jeweils bei der elektrophilen Addition von

a) HBr an 2-Methylbut-2-en und
b) HI an Propen?

Begründen Sie Ihre Entscheidung.

Vertiefungsübung V6.10

Stellen Sie die vollständige Reaktion der Hydrolyse von Propen (elektrophile Addition von Wasser an Propen) auf. Wie lautet das Reaktionsprodukt?

6.7.2 Elektrophile Addition an Diene

Die Verbindung Buta-1,3-dien trägt 2 Doppelbindungen.

Die abwechselnde Anordnung der Doppelbindungen nennt man **konjugiert** (C=C–C=C). Konjugierte Doppelbindungen sind dann vorhanden, wenn sich in einer Kohlenstoffkette Einfach- und Doppelbindungen abwechseln.

Neben konjugierten Doppelbindungen können mehrere Doppelbindungen in einem Molekül auch anders verteilt sein. Folgen mindestens 2 Doppelbindungen direkt aufeinander, spricht man von kumulierten Doppelbindungen. Befinden sich zwischen 2 Doppelbindungen mindestens 2 Einfachbindungen, so sind dies isolierte Doppelbindungen.

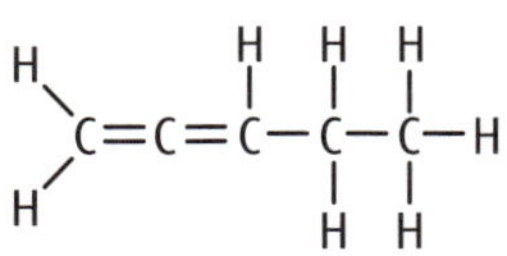
kumuliert

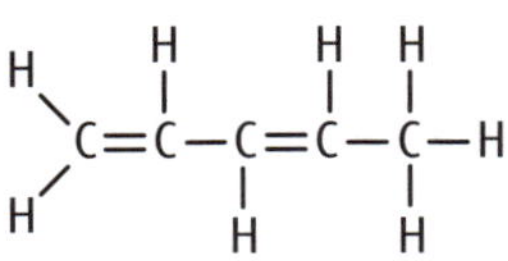
konjugiert

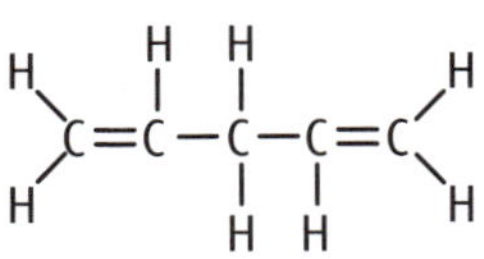
isoliert

Lässt man n = 1 mol Brom mit Buta-1,3-dien reagieren, so entsteht durch Addition an einer der 2 Doppelbindungen aus dem Dien ein «Monoen».

Bei Anwendung des eben kennen gelernten Mechanismus nach Markownikow sollte die Reaktion, wie in Gl. 6.21 gezeigt, zum Produkt 3,4-Dibrombut-1-en führen.

$$H_2C{=}CH{-}CH{=}CH_2 \quad + \quad Br_2 \longrightarrow H_2\underset{|\atop Br}{C}{-}\underset{|\atop Br}{CH}{-}CH{=}CH_2 \qquad \text{(Gl. 6.21)}$$

Als weiteres Produkt dieser Reaktion entsteht zusätzlich 1,4-Dibrombut-2-en.

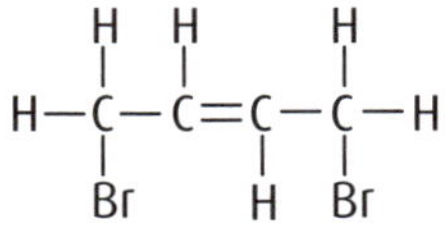

Das Produkt der 1,4-Addition ist thermisch stabiler. Was ist passiert?

Beim Vorhandensein von konjugierten Doppelbindungen wird der Zwischenzustand des instabilen Carbeniumions durch Umklappen der Doppelbindung etwas stabilisiert. Die positive Ladung des Kohlenstoffs wird auf mehrere Kohlenstoffe «verteilt». Dies führt dann zur Ausbildung eines anderen Produktes. Gl. 6.22...Gl. 6.24 zeigen den veränderten Ablauf.

$$H_2C{=}CH{-}CH{=}CH_2 + Br_2 \longrightarrow H_2C(Br){-}\overset{+}{C}H{-}CH{=}CH_2 \qquad \text{(Gl. 6.22)}$$

$$H_2C(Br){-}\overset{+}{C}H{-}CH{=}CH_2 \longleftrightarrow H_2C(Br){-}CH{=}CH{-}\overset{+}{C}H_2 \qquad \text{(Gl. 6.23)}$$

mesomeriestabilisiertes Carbeniumion

$$H_2C(Br){-}CH{=}CH{-}\overset{+}{C}H_2 \longrightarrow H_2C(Br){-}CH{=}CH{-}CH_2(Br) \qquad \text{(Gl. 6.24)}$$

Die Produktausbeute dieser Reaktion ist von den Reaktionsbedingungen abhängig. Läuft die Reaktion bei tieferen Temperaturen ab, bildet sich vermehrt das 1,2-Produkt, das schneller reagiert und bei tiefen Temperaturen kinetisch besser zu kontrollieren ist. Bei höheren Temperaturen bildet sich hauptsächlich das thermodynamisch stabilere 1,4-Produkt.

▶▶▶

Prozess P4_KAP6

Über eine sog. **Wurtz[6]-Synthese** wird aus dem Chlorethan des vorangegangenen Prozesses nun Butan hergestellt.

Bei der Wurtz-Synthese handelt es sich um die Umsetzung von Halogenalkanen mit Hilfe von Natrium unter Bildung längerkettiger Alkane. Diese Reaktion ist eine einfache Möglichkeit zur Herstellung einer Vielzahl von Verbindungen. Im weiteren Prozess wird die Anwendung der Synthese am Beispiel von aromatischen Verbindungen gezeigt, die Wurtz-Fittig-Reaktion genannt wird. Eine neue Verbindungsklasse entsteht in diesem Prozess nicht.

6.8 Wurtz-Synthese

Die Wurtz-Synthese ist eine Herstellungsmöglichkeit für längerkettige Alkane aus Halogenalkanen. Die Reaktion verläuft in 2 Teilschritten. Zuerst wird das entsprechende Halogenalkan mit Natrium umgesetzt. Dabei bildet sich die in Gl. 6.25 dargestellte Alkylnatriumverbindung und das entsprechende Natriumhalogensalz.

$$H_3C{-}CH_2Cl + 2\,Na \longrightarrow H_3C{-}CH_2Na + NaCl \qquad \text{(Gl. 6.25)}$$

In der 2. Stufe reagiert die entstandene Alkylnatriumverbindung mit einem weiteren Halogenalkan und bildet neben dem Salz ein längerkettiges Alkan. In Gl. 6.26 wird aus einer Ethylverbindung ein Butan.

[6] Adolphe Wurtz (1817 bis 1884), französischer Chemiker

$$H_3C-CH_2Na + H_3C-CH_2Cl \longrightarrow H_3C-CH_2-CH_2-CH_3 + NaCl \quad \text{(Gl. 6.26)}$$

Häufig wird die Wurtz-Reaktion nur in einer Gesamtgleichung dargestellt, aus der die 2 einzelnen Teilreaktionen nicht zu erkennen sind. Die Gesamtgleichung zeigt Gl. 6.27.

$$2H_3C-CH_2Cl + 2\,Na \longrightarrow H_3C-CH_2-CH_2-CH_3 + 2\,NaCl \quad \text{(Gl. 6.27)}$$

Die Reaktion kann auch mit 2 verschiedenen Halogenalkanen durchgeführt werden (gemischte Wurtz-Reaktion) und führt dann zu 3 verschiedenen Alkanprodukten.

Diese Reaktion wird am Beispiel von Bromethan mit 2-Brompropan und Natrium in Gl. 6.28 gezeigt.

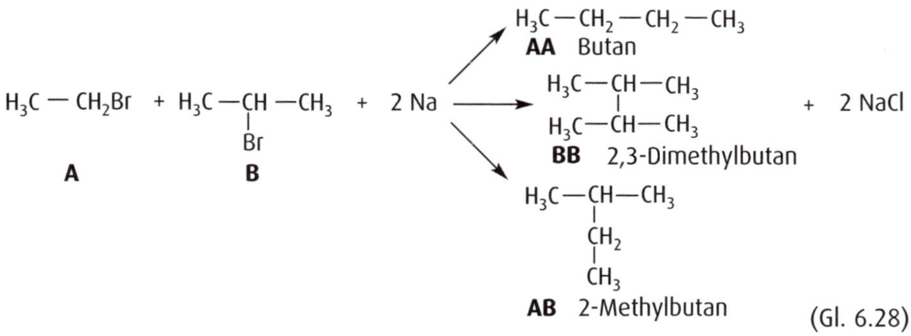

(Gl. 6.28)

Die gemischte Wurtz-Reaktion ist ein einfaches Beispiel zur Erläuterung der heute in der modernen Chemie weit verbreiteten kombinatorischen Chemie. Sie kann auch mit mehr als 2 verschiedenen Edukten unter Einwirkung von Natrium durchgeführt werden und bildet dann einen größeren Produktpool. Betrachtet man die Reaktion aus 3 Edukten A, B und C, kann diese schematisch betrachtet zu folgenden Produkten führen:

AA AB AC BB BC CC

Eine Reaktion aus 3 Edukten führt also zu 6 verschiedenen Produkten. Nach der Reaktion müssen die 6 Produkte durch eine leistungsfähige Chromatografie voneinander getrennt werden (s. dazu «Band 2: Wahlqualifikationen» Kapitel 3).

Vertiefungsübung V6.11

Stellen Sie die möglichen Produkte einer Wurtz-Reaktion aus 3-Brom-2-methylbutan, 2-Brompropan und Brommethan auf.

6.8.1 Wurtz-Fittig-Reaktion[7]

Eine Erweiterung zur Wurtz-Reaktion ist die Wurtz-Fittig-Reaktion. Hier werden analog zu den Alkanen in den Wurtz-Reaktionen Alkylbenzole oder Diphenylverbindungen (beides sind Verbindungen mit aromatischem Ring, deren Eigenschaften in Abschnitt 6.19.4.2 genauer erklärt werden) hergestellt.

In der Reaktion nach Gl. 6.29 reagiert Chlorethan (C_2H_5Cl) mit Chlorbenzol (C_6H_5Cl). Es entsteht als Hauptprodukt Ethylbenzol (C_8H_{10}).

[7] Rudolph Fittig (1835 bis 1910), deutscher Chemiker

(Gl. 6.29)

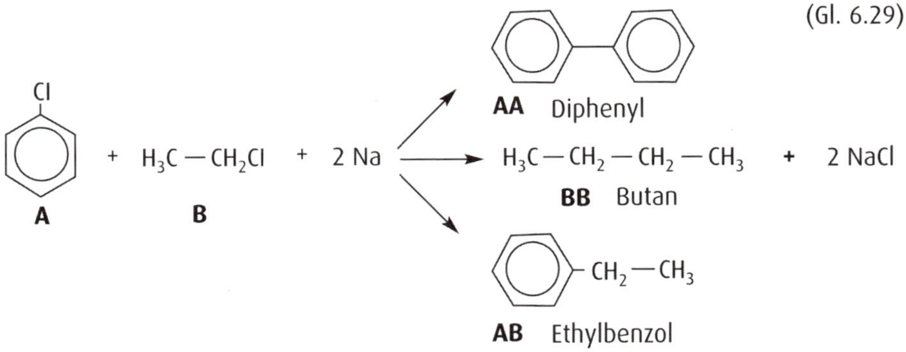

Da es sich um eine gemischte Reaktion handelt, entstehen als Nebenprodukte noch Diphenyl und Butan. Die Reaktion wird häufig durchgeführt, da die entstehenden Produkte in ihren Eigenschaften so unterschiedlich sind, dass sie sehr leicht voneinander zu trennen sind.

Informationssuche

Suchen Sie in entsprechender Literatur, Datenbanken, Lexika oder im Internet (z.B. http://de.wikipedia.org/wiki/Hauptseite) nach Trennungsmöglichkeiten zur Isolierung der entstandenen Produkte aus der Wurtz-Synthese nach Gl. 6.29.

Vertiefungsübung V6.12

Welche Produkte entstehen aus der Reaktion von Chlormethylbenzol (Benzylchlorid) mit Chlorethan und Natrium?

Prozess P5_KAP6

Eine weitere Reaktion mit dem Halogenalkan Chlorethan aus **Prozess P1_KAP6**, ist die **Williamson´sche Ethersynthese**. Über diese Reaktion wird Diethylether hergestellt.

Der folgende Prozess beschreibt die Herstellung des Ethers. Die Ether sind eine neue Verbindungsklasse. Der Prozess betrachtet zunächst die Reaktion zur Herstellung von Diethylether und befasst sich anschließend mit den besonderen Stoffeigenschaften der neuen Verbindungsklasse, den Ethern. Die Regeln zur Benennung von Ethern werden dabei erklärt.

6.9 Williamson´sche Ethersynthese

Eine weitere Einsatzmöglichkeit für Halogenalkane ist die Herstellung von Ethern. Ether sind Stoffe, in deren Struktur 2 gleiche oder unterschiedliche Alkylreste durch eine Sauerstoffbrücke miteinander verbunden sind, z.B.

$H_3C-O-C_2H_5$

Methoxyethan
(Ethylmethylether)

Bei der Williamson-Synthese zur Etherherstellung wird ein Halogenalkan mit einem Natriumalkoholat (Alkoholrest, bei dem das Wasserstoffatom der OH-Gruppe durch

Natrium ersetzt ist) nach dem Mechanismus einer nucleophilen Substitution (S_N) umgesetzt. Der Mechanismus der S_N-Reaktion wird im Folgenden noch genauer betrachtet. Gl. 6.30 zeigt die Williamson-Synthese, ohne den Ablauf des Mechanismus zu erklären.

$$H_3C-CH_2ONa \quad + \quad H_3C-CH_2Cl \longrightarrow H_3C-CH_2-O-CH_2-CH_3 + NaCl \qquad \text{(Gl. 6.30)}$$

Bei der Williamson-Synthese können, wie bei der Wurtz-Synthese, gemischte Reaktionen durchgeführt werden.

Man unterscheidet daher symmetrische und unsymmetrische Ether. Die symmetrischen Ether tragen, wie ihr Name bereits andeutet, rechts und links der Sauerstoffbrücke den gleichen Alkylrest. Bei den unsymmetrischen Ethern befinden sich auf beiden Seiten der Sauerstoffbrücke unterschiedliche Alkylreste.

Beispiel

Symmetrischer und unsymmetrischer Ether:

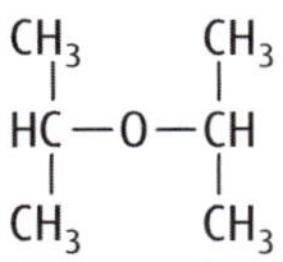

2-Propoxy-2-propan (Diisopropylether)

symmetrischer Ether

$$CH_3-O-CH_2-CH_2-CH_3$$

Methoxypropan (Methylpropylether)

unsymmetrischer Ether

Vertiefungsübung V6.13

Stellen Sie nach der Williamson-Synthese einen Ether aus Natriummethanolat und 2-Chlorpropan her.

6.9.1 Eigenschaften von Ethern

Ether sind wasserklare, farblose Flüssigkeiten mit charakteristischem Geruch. Die niedrigmolekularen Ether haben niedrige Siedepunkte und sind sehr leicht flüchtig. Ether sind leicht brennbar und neigen bei Anwesenheit von Luftsauerstoff und Licht, wie z.B. in Gl. 6.31 dargestellt, zur Peroxidbildung.

$$R-CH_2-O-R' \quad + \quad O_2 \xrightarrow{\text{Licht/ Wärme}} R-CH(O-OH)-O-R' \qquad \text{(Gl. 6.31)}$$

Peroxide sind schwer flüchtig und zersetzen sich bei leichter Erwärmung explosionsartig. Ether werden aus diesem Grund in dunklen Flaschen gelagert. Vor der Verwendung von Ethern ist daher eine Prüfung auf Peroxide durchzuführen. Diese kann mit schwefelsaurer Kaliumiodid-Lösung oder einfacher mit im Handel erhältlichen Teststäbchen durchgeführt werden.

Die Entfernung der anwesenden Peroxide erfolgt anschließend durch Ausschütteln mit gesättigter Eisen(II)sulfatlösung.

Informationssuche

Suchen Sie in entsprechender Literatur, Datenbanken, Lexika oder im Internet (z.B. http://de.wikipedia.org/wiki/Hauptseite) nach den chemischen Reaktionen für den Test auf Peroxide und deren Entfernung.

Besonders beim Umfüllen von Ethern muss die mögliche elektrische Aufladung berücksichtigt werden, die sich durch Funkenbildung entladen kann. Die Gefäße müssen daher zum Umfüllen unbedingt geerdet sein.

Da die Sauerstoffbrücke im Ether kein Wasserstoff gebunden hat, können Ethermoleküle auch keine Wasserstoffbrückenbindungen (s. Kapitel 4) ausbilden und unterscheiden sich daher in ihren Eigenschaften grundsätzlich von Wasser oder von Alkoholen. Wie bereits erwähnt, sind die Siedepunkte der Ether sehr viel niedriger als die von vergleichbaren Alkoholen. Das Ethermolekül ist ein recht unpolares Molekül und daher auch wenig mischbar mit Wasser. Technischer Ether enthält häufig Spuren von Wasser, die bei organischen Reaktionen (z.B. Grignard-Reaktionen) sehr störend oder gar gefährlich sein können. Die Prüfung auf Wasserfreiheit in Ethern erfolgt meist mit trockenem, weißem Kupfersulfat ($CuSO_4$). Verfärbt sich das Kupfersulfat bei Zugabe zum Ether blau, so ist die kristallwasserhaltige Verbindung Kupfersulfat-5-hydrat (auch Kupfervitriol genannt) entstanden, ein Nachweis für die Anwesenheit von Wasser. Enthält der Ether kein Wasser, findet keine Verfärbung des zugegebenen Kupfersulfates statt. Zur Trocknung des Ethers wird der technische Ether vor Benutzung mit Natriumfäden aus einer Natriumpresse getrocknet oder über ein Molekularsieb gegeben.

Ether sind reaktionsträge Moleküle und daher in der Reaktivität vergleichbar mit den Alkanen.

6.9.2 Nomenklatur von Ethern

Nach der IUPAC-Nomenklatur werden Ether allgemein als **Alkoxyalkane** bezeichnet, wobei die Alkanbezeichnung als Wortstamm der längeren Kohlenstoffkette zugehörig ist.

Beispiel

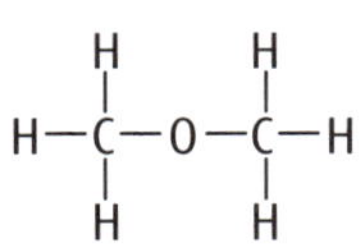
Methoxymethan

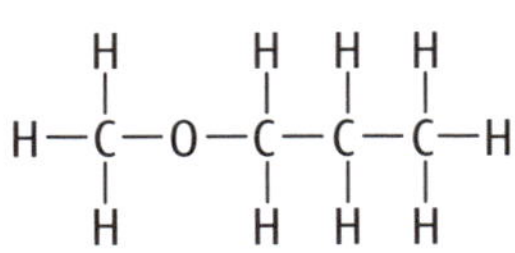
Methoxypropan

In der Praxis ist jedoch die Verwendung von Trivialnamen verbreitet, da die Anzahl an gebräuchlichen Ethern recht beschränkt ist. Dazu werden einfach beide Alkylreste getrennt in alphabetischer Reihenfolge benannt und die Endung Ether angefügt. Bei symmetrischen Ethern wird die Vorsilbe **di** vorangestellt, z.B.:

$H_3C-O-CH_2-CH_3$
Ethylmethylether

$H_3C-CH_2-O-CH_2-CH_3$
Diethylether

Eine andere Möglichkeit einen Ether herzustellen ist die Umsetzung von Alkoholen bei hohen Temperaturen unter Einfluss von Schwefelsäure. Gl. 6.32 zeigt ein Beispiel zur Herstellung eines gemischten Ethers aus Ethanol und Propan-2-ol.

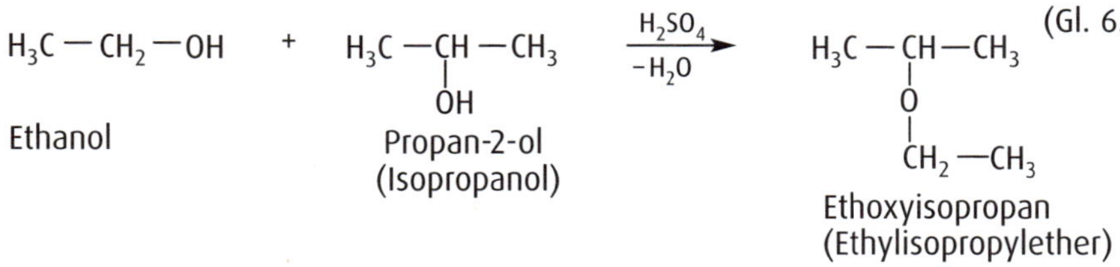

(Gl. 6.32)

Im nächsten Prozess geht es wieder in der Prozesskette zurück zur Stoffklasse der Halogenalkane und zu einer weiteren Reaktionsart der Halogenalkane, der Reaktion zu Alkoholen.

Prozess P6_KAP6

Bei dem bisher hergestellten Chlorethan wird im Folgenden über den Mechanismus einer nucleophilen Substitution das Chlor durch eine OH-Gruppe ersetzt und so ein **Alkohol** hergestellt.

Bei diesem Prozess handelt es sich um eine von vielen Herstellungsmöglichkeiten für Alkohole (Alkanole).

Ethanol ist ein häufig eingesetzter Vertreter dieser Verbindungsklasse, da er sich nicht nur als Reaktionspartner für eine Vielzahl an organisch, chemischen Reaktionen eignet, sondern auch ein gutes Lösungsmittel ist. In der Anschaffung ist Ethanol günstig, was seine verbreitete Verwendung noch unterstreicht.

Im folgenden Prozess soll Ethanol aus dem Halogenalkan «Chlorethan» hergestellt werden. Die Synthese erfolgt über eine **Substitutionsreaktion**, bei der das Cl-Atom durch eine OH-Gruppe ersetzt wird. Der Mechanismus erfolgt über einen nucleophilen Angriff der OH-Gruppe. Bei der **nucleophilen Substitution** wird ebenfalls, wie bei der Eliminierung, in eine mono- und eine bimolekulare Reaktion unterschieden (S_N1 und S_N2). Die Unterschiede der Mechanismen und die Konkurrenzsituation der unter ähnlichen Bedingungen ablaufenden Eliminierung werden dargestellt.

Die entstehende Stoffklasse der Alkohole ist von zentraler Bedeutung für die gesamte organische Chemie und wird daher auch ausführlich vorgestellt.

Definition «Alkohol»

Alkohole sind organische Alkylverbindungen, die als funktionelle Gruppe eine Hydroxylgruppe (–OH) tragen. Nicht zu den Alkoholen zählen die sog. Phenole, deren OH-Gruppe an einen aromatischen Ring gebunden ist.

6.10 Mechanismus der nucleophilen Substitution

In Gegenwart einer Base kann bei einem Halogenalkan das Halogen durch die OH-Gruppe ersetzt werden.

Bei primären Halogenalkanen verläuft die Reaktion nach dem S_N2-Mechanismus. Dabei kommt es zu einer Annäherung des OH^--Ions an das C-Atom, das das Halogen trägt. Dieser Angriff erfolgt von der entgegengesetzten Seite des Halogens (**back-side-attack**).

Parallel zur Ausbildung der C–OH-Bindung löst sich die C–Cl-Bindung auf, und es erfolgt der Austausch der Substituenten. Die Struktur des Tetraeders bleibt dabei erhalten, wird jedoch mit Eintritt des neuen Substituenten und Austritt des alten umgeklappt. Diese sog. **Inversion**, wie man es auch von Regenschirmen bei zu starkem Wind kennt, bezeichnet man als **Walden[8]-Umkehr**. Gl. 6.33 zeigt eine S_N2-Reaktion.

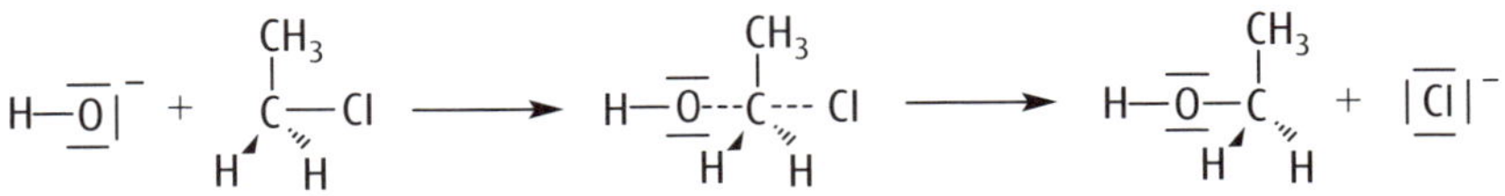

(Gl.6.33)

Die Reaktion erfolgt in **einem** Schritt, wobei das Halogenalkan mit **2** Substituenten gleichzeitig Bindungen ausbildet oder löst, daher wird der Mechanismus auch S_N2-Mechanismus genannt. Das Produkt dieser Reaktion ist Ethanol, C_2H_5OH, ein primärer Alkohol.

6.10.1 S_N1 und S_N2

Handelt es sich bei dem Halogenalkan um eine sekundäre oder tertiäre Verbindung, nimmt bei der Substitutionsreaktion die Wahrscheinlichkeit einer S_N1-Reaktion zu. Durch die positiven induktiven Effekte der benachbarten Alkylgruppen kann ein entstehendes Carbeniumion stabilisiert werden, was den monomolekularen Reaktionsweg bevorzugt.

Bei der S_N1-Reaktion löst sich unter Einfluss des OH^--Ions zuerst die C–Cl-Bindung auf, und es bildet sich ein Carbeniumion, das durch die benachbarten Alkylgruppen kurzzeitig stabilisiert werden kann. Im nächsten Schritt greift das OH^--Ion an dem Carbeniumion an und bildet so eine neue Bindung.

Dadurch, dass das angreifende Teilchen an der gleichen Stelle bindet, an der vorher das Halogen ausgetreten ist, kommt es bei der S_N1-Reaktion nach Gl. 6.34 **nicht** zu einer Walden-Umkehr.

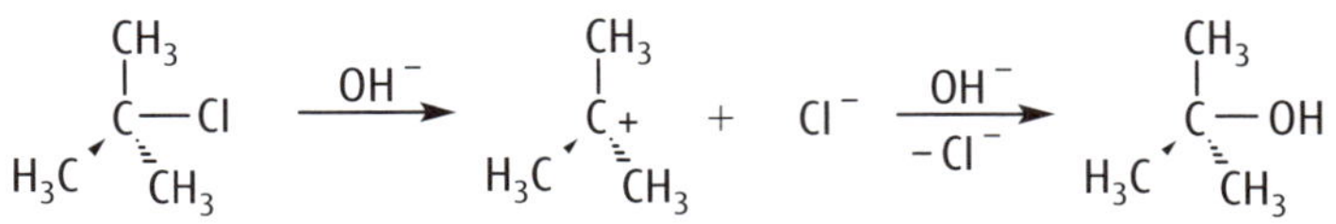

(Gl. 6.34)

Bei der S_N1-Reaktion tritt aus dem Halogenalkan im 1. Schritt das Halogen aus und in einem 2. Schritt erst der neue Substituent ein. Das Halogenalkan löst oder bildet also zeitgleich nie mehr als eine Bindung, daher heißt dieser Mechanismus S_N1.

Dieser Reaktionsmechanismus führt, wie auch in Gl. 6.34 zu sehen ist, je nach Ausgangssubstanz, zu einem sekundären oder tertiären Alkohol.

Bei beiden Mechanismen ist es allerdings auch möglich, andere Substituenten (außer den Halogenen) als Abgangs- oder Eintrittsgruppen zu betrachten. Daraus kann eine sog. Nucleophilie-Reihe gebildet werden. Diese bewertet, welche Gruppe sich gut als Abgangs- bzw. Eintrittsgruppe eignet. Das angreifende Teilchen wird als Nucleophil bezeichnet. Ist jedoch an der C-Verbindung ein stärkeres **Nucleophil** gebunden, findet die Reaktion nicht statt. Das neu eintretende Teilchen muss also ein stärkeres Nucleophil sein als das bereits gebundene.

[8] Paul Walden (1863 bis 1957), deutscher Chemiker

Merke

Nucleophilie-Reihe: $RS^- > CN^- > I^- > OH^- > Br^- > Cl^- > CH_3COO^- > H_2O > F^-$

Die Reaktion nach Gl. 6.35 ist eine ablaufende nucleophile Substitution:

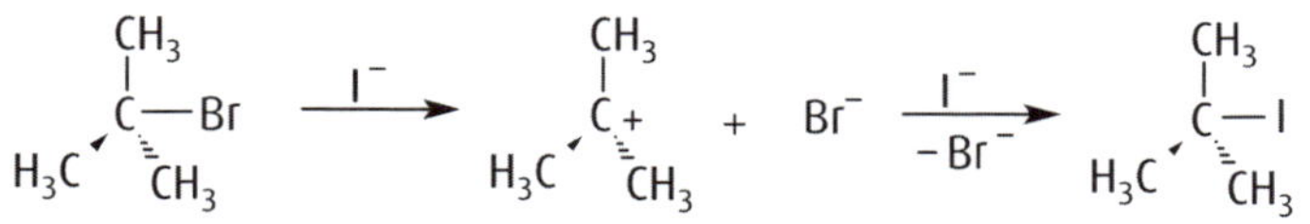

(Gl. 6.35)

Bei dem Iodidion handelt es sich um ein besseres Nucleophil, als bei einem Bromidion, daher findet die Reaktion statt.

Die Reaktion nach Gl. 6.36 ist ein Beispiel einer **nicht ablaufenden** nucleophilen Substitution:

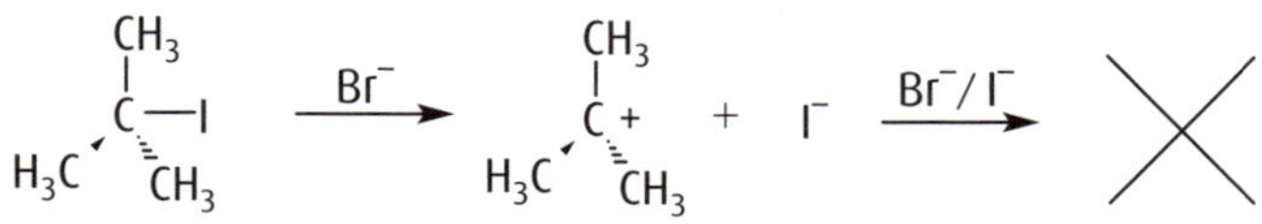

(Gl. 6.36)

Ein Bromidion ist ein schlechteres Nucleophil als Iodid und schafft es daher nicht, das bessere Nucleophil aus seiner Verbindung zu verdrängen. Die Reaktion findet daher nicht statt.

Vertiefungsübung V6.14

Entscheiden Sie, ob folgende Reaktionen nach dem Mechanismus der nucleophilen Substitution ablaufen oder nicht, und benennen Sie eventuelle Reaktionsprodukte:

a) Bromethan und Natronlauge
b) Propan-2-ol und Bromwasserstoff
c) Fluormethan und Salzsäure

6.10.2 Konkurrenz zur Eliminierung

Wie bereits in Abschnitt 6.6.2 erwähnt, treten die Eliminierungs- und Substitutionsreaktionen immer in Konkurrenz zueinander auf, und die entsprechenden Konkurrenzprodukte müssen als jeweilige Nebenprodukte einkalkuliert werden. Durch die Reaktionsbedingungen und die Struktur der jeweiligen Substrate kann Einfluss auf die entsprechenden Ausbeuten genommen werden. Für die Substitution sollten eher niedrigere Temperaturen verwendet werden, daher erfolgen diese Reaktionen häufig bei Raumtemperatur. Große Substituenten bzw. stark verzweigte Substrate sind eher nachteilig für die Substitution, sie fördern die Eliminierungsreaktion.

6.10.3 Eigenschaften von Alkoholen

Alkohole sind farblos und können flüssig bzw. fest sein. Sie besitzen einen charakteristischen Geruch. Die Schmelz- und Siedepunkte der Alkohole steigen mit den Molmassen und liegen deutlich höher als die der vergleichbaren Alkane, da Alkoholmoleküle aufgrund der OH-Gruppe Wasserstoffbrückenbindungen (s. Kapitel 4) bilden können. Daher ist der molekulare Zusammenhalt zwischen Alkoholmolekülen sehr viel größer als der aufgrund der schwachen Van-der-Waals-Kräfte (s. Kapitel 4) zwischen den Alkanmolekülen.

Durch die polare OH-Gruppe erhöht sich die Polarität (s. Kapitel 4) des gesamten Moleküls, so dass niedrige Alkohole in der Polarität mit Wasser zu vergleichen und auch darin löslich sind. Mit steigender Kettenlänge nimmt der Einfluss der OH-Gruppe, und damit auch die Polarität des Alkohols, ab. Langkettige Alkohole sind daher nur noch sehr wenig oder gar nicht mehr mit Wasser mischbar. Durch Einführung mehrerer OH-Gruppen in ein Molekül kann jedoch die Polarität weiter erhöht werden.

Die funktionelle OH-Gruppe der Alkohole bestimmt das chemische Reaktionsverhalten der Verbindungen. Durch die Elektronegativität des Sauerstoffes ist die C–O-Bindung polar und dadurch das Molekül an dieser Stelle gut angreifbar z.B. für Protonen, oder auch elektrophile Teilchen. Jedoch zeigen die Alkohole nach Gl. 6.37 auch ein schwach saures Verhalten (s. dazu Kapitel 4). Der Wasserstoff der Hydroxylgruppe ist durch die hohe Elektronegativität des Sauerstoffes stark positiviert und damit auch leicht abspaltbar. Es bildet sich nach der Abspaltung des Protons ein sog. Alkoholation.

$$H_3C-CH_2-OH \quad + \quad H_2O \rightleftharpoons H_3C-CH_2-O^- \quad + \quad H_3O^+ \qquad \text{(Gl. 6.37)}$$

6.10.3.1 Primäre, sekundäre und tertiäre Alkohole

Wie bei anderen substituierten Derivaten der Alkane, gibt es auch bei den Alkoholen primäre, sekundäre und tertiäre Alkohole. Analog zu den Halogenalkanen (s. Abschnitt 6.5.1) trägt bei einem primären Alkohol der Kohlenstoff, der die funktionelle Gruppe bindet, einen weiteren Kohlenstoff zum Nachbarn. Beim sekundären Alkohol sind dann entsprechend 2 C-Atome benachbart und bei den tertiären Alkoholen sind es 3.

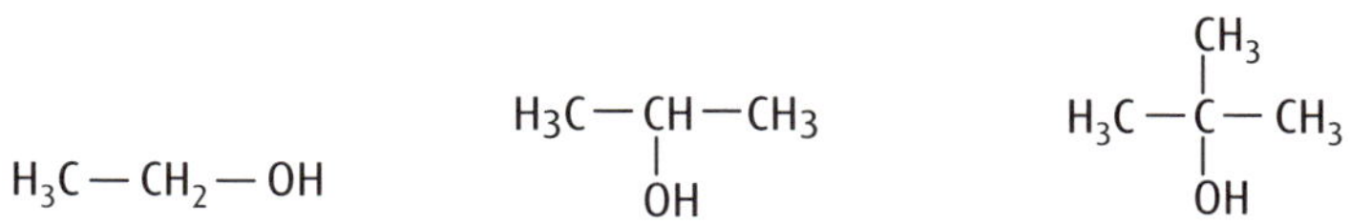

primär sekundär tertiär

6.10.3.2 Mehrwertige Alkohole

Alkohole mit einer OH-Gruppe sind **einwertig**. Als **mehrwertige** Alkohole werden alle Alkohole bezeichnet, die mehr als eine OH-Gruppe tragen. Nach der **Erlenmeyer-Regel** befinden sich die OH-Gruppen dabei immer an unterschiedlichen C-Atomen. Eine Bindung zweier OH-Gruppen an **einem** C-Atom ist unbeständig und spaltet meist sofort Wasser ab.

6.10.3.3 Nomenklatur von Alkoholen

Die Alkohole sind mit mindestens einer Hydroxylgruppe substituierte Alkane und werden daher auch **Alkanole** genannt. Bei den Alkanolen ist die OH-Gruppe an ein C-Atom der Kohlenstoffkette gebunden. Es gibt auch aromatische Hydroxylverbindungen, bei denen die OH-Gruppe am Benzolring gebunden ist. Diese werden als **Phenole** bezeichnet. Nur aliphatische Hydroxylverbindungen werden Alkohole genannt.

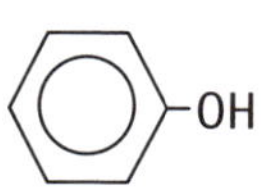

Phenol

Nach der IUPAC-Nomenklatur werden die Alkanole mit dem entsprechenden Wortstamm des Alkans benannt, und die Endung **-ol** angehängt. Als Ziffer vorangestellt wird die jeweilige Stelle der OH-Gruppe.

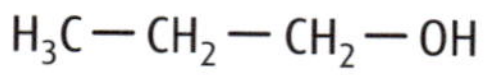

Propan-1-ol

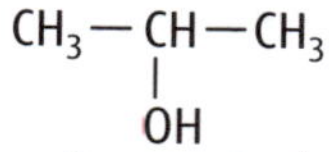

Propan-2-ol

Handelt es sich bei der Verbindung um einen mehrwertigen Alkohol, so lautet die Endung entsprechend **-diol** oder **-triol** usw., wobei durch Ziffern die jeweiligen Stellen der OH-Gruppen vorangestellt werden müssen.

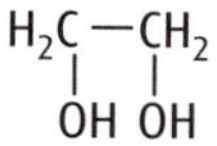

Ethandiol
(Glycol)

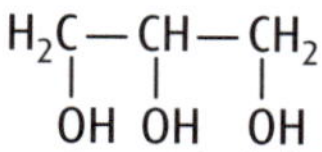

Propantriol
(Glycerin)

Bei diesen beiden Verbindungen kann aufgrund der Erlenmeyer-Regel keine andere Verteilung der OH-Gruppen stattfinden, daher können die Ziffern in diesem Fall bei der Namensgebung durchaus weggelassen werden.

Bei der Benennung eines ungesättigten Alkohols treten die Endungen **-en** für das Alken und **-ol** für den Alkohol zusammen auf. Hierbei hat die Doppelbindung nach den Regeln der IUPAC in der Benennung die höhere Priorität und wird daher zuerst genannt. Es handelt sich bei den Verbindungen also um Alk**en**ole, wobei die Stelle der Doppelbindung vorangestellt wird und die Stelle der OH-Gruppe direkt zur Endung **-ol** geschrieben wird.

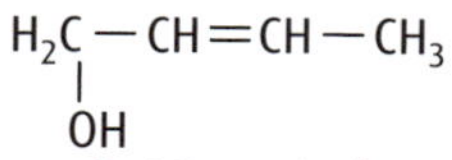

But-2-en-1-ol

Die Nummerierung der Kohlenstoffkette erfolgt so, dass die Summe der Ziffern für Doppelbindung und Hydroxylgruppe möglichst klein ist.

Vertiefungsübung V6.15

Benennen Sie folgende Alkohole nach IUPAC:

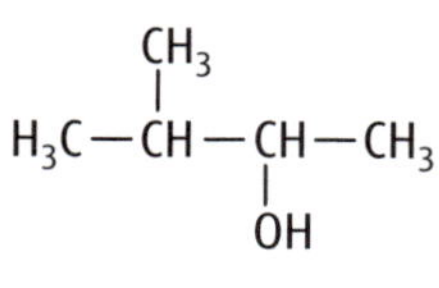

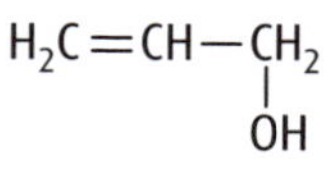

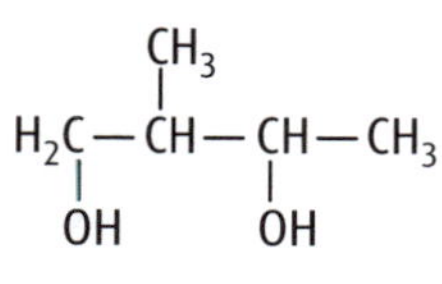

6.10.3.4 Keto-Enol-Tautomerie

Definition «Tautomerie»

Tautomerie ist der rasche, reversible Übergang von einer konstitutionsisomeren Form in eine andere. Um einen Tautomerieübergang in einer Gleichung zu zeigen, wird ein sog. Tautomeriepfeil eingesetzt ($\rightleftharpoons$)

Aldehyde und Ketone, die ein α-ständiges H-Atom besitzen, bilden ein tautomeres Gleichgewicht mit einem entsprechenden Enol. Die beiden Formen unterscheiden sich, wie in Gl. 6.38 gezeigt, durch die Stellung des Protons vom α-ständigen H-Atom. Es handelt sich bei der Keto-Enol-Tautomerie um ein Gleichgewicht der beiden Strukturen:

Keto-Form Enol-Form (Gl. 6.38)

Die Lage des Gleichgewichts ist abhängig von der Temperatur und vom Lösungsmittel. Meist liegt das Gleichgewicht auf der Seite des Ketons, da Enole reaktiver und damit instabiler sind. Sie reagieren leicht mit elektrophilen Reagenzien. Beispiel für eine Keto-Enol-Tautomerie kann an der Struktur von Aceton (Propanon, Dimethylketon) in Gl. 6.39 gezeigt werden.

(Gl. 6.39)

▶▶▶

Prozess P7_KAP6

Durch Oxidation wird das gebildete Ethanol des **Prozesses P6_KAP6** über die Zwischenstufe eines Aldehydes anschließend zur Carbonsäure überführt.

Im folgenden Prozess wird die Oxidation von Alkoholen beschrieben. In Kapitel 4 wurden bereits die Redoxreaktionen anorganischer Verbindungen erläutert. Hier wird nun eine klassische Redoxreaktion aus dem organischen Bereich dargestellt. Die Oxidation von Ethanol erfolgt in 2 Stufen, bei denen im 1. Schritt das entstehende Aldehyd eine neue Stoffklasse bildet. Wird anschließend weiter oxidiert, entsteht eine Carbonsäure, die in dieser Prozesskette ebenfalls noch nicht beschrieben wurde. Bei den Erläuterungen zu den Aldehyden werden die nah verwandten Ketone als Verbindungsklasse mit erklärt.

6.11 Oxidation von Alkoholen

6.11.1 Oxidation eines primären Alkohols

Die Oxidation eines primären Alkohols kann über 2 Reaktionsstufen erfolgen. Im 1. Schritt erfolgt eine Oxidation zum **Aldehyd**. Dabei erhöht sich die Oxidationszahl des Kohlenstoffatoms, das die funktionelle Gruppe trägt, von –I im Alkohol auf +I im Aldehyd.

6.11.2 Bestimmung von Oxidationszahlen in organischen Verbindungen

Um die Aussage des vorigen Absatzes nachvollziehen zu können, werden an dieser Stelle die bereits in Kapitel 4 behandelten Bestimmungen der Oxidationszahlen, um den Bereich der organischen Verbindungen erweitert.

Bei der Bestimmung der Oxidationszahlen für organische Verbindungen gelten prinzipiell die gleichen Regeln, wie für die anorganischen Substanzen. Der Unterschied für die Oxidationszahlbestimmung in diesem Bereich ist jedoch, dass nicht aus der Summenformel der gesamten Verbindung die Oxidationszahlen bestimmt werden, sondern jeder Kohlenstoff mit seinen Bindungspartnern gesondert betrachtet wird. Um dies zu veranschaulichen, wird als Beispiel die Verbindung Ethanol (C_2H_5OH) gewählt. Nach den bisher kennen gelernten Regeln zur Bestimmung der Oxidationszahlen, erhält der Wasserstoff die Oxidationszahl +I und der Sauerstoff –II. Daraus ergibt sich für die Verbindung Ethanol 6 · (+I) = +6 und 1 · (–II) = –2. Das ergibt +6 – 2 = +4. Es wäre also eine Formalladung von +4 auf 2 Kohlenstoffatome zu verteilen. Damit das Gesamtmolekül nachher in Summe 0 ergibt, müsste jedes Kohlenstoffatom die Oxidationszahl –II erhalten. Betrachtet man sich die Struktur und ermittelt aus dieser erneut die Oxidationszahlen, ergeben sich jedoch andere Werte.

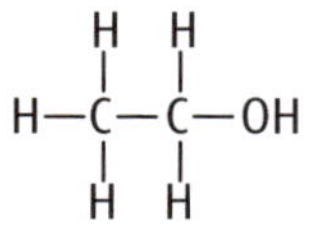

Beim Bestimmen der Oxidationszahl aus der Strukturformel werden C–C-Bindungen mit 0 gezählt, da die beiden Bindungspartner identische Elektronegativität besitzen, also kann keinem Atom formal die Bindung zugeteilt werden. Der linke Kohlenstoff der Struktur hat 3 Wasserstoffe als Bindungspartner mit einer Oxidationszahl von jeweils +I. Dementsprechend erhält hier der elektronegativere Kohlenstoff die –III, um insgesamt 0 zu erhalten. Der andere Kohlenstoff hat 2 Wasserstoffatome als Bindungspartner und zusätzlich eine OH-Gruppe. Die Wasserstoffe besitzen wieder jeweils +I, die OH-Gruppe setzt sich zusammen aus –II für Sauerstoff und +I für den Wasserstoff. Als Summe ergibt sich für die OH-Gruppe –I. Die Summe aller Bindungspartner an diesem Kohlenstoff ist also 2 · (+I) + 1 · (–I) = +1. Der Kohlenstoff erhält demnach zum Ausgleich auf 0 die Oxidationszahl –I.

Über diese Methode der Oxidationszahlbestimmung, d.h., aus der Struktur, stellt man fest, dass die Kohlenstoffatome unterschiedliche Oxidationszahlen besitzen, im Detail 1 · (–III) und 1 · (–I). Anhand der Summenformel ist das nicht festzustellen, für weitere Oxidationsreaktionen ist diese Vorgehensweise jedoch unerlässlich. In einer organischen Redoxreaktion reicht es daher auch meistens aus die Oxidationszahl des Kohlenstoffatoms zu bestimmen, an dessen Bindungspartnern sich im Laufe der Reaktion etwas verändert. Alle anderen Kohlenstoffatome bleiben in ihren Oxidationszahlen konstant und brauchen daher gar nicht mit bestimmt werden.

Vertiefungsübung V6.16

Bestimmen Sie die Oxidationszahlen der Kohlenstoffe in den folgenden Verbindungen und suchen Sie sich dafür zunächst Summen- und Strukturformeln aus entsprechenden Literaturen oder aus dem Internet heraus: Essigsäure, Benzaldehyd, Aceton und Benzylalkohol.

Definition «Aldehyd»

Ein Aldehyd ist eine organische Verbindung, die als funktionelle Gruppe die Aldehydgruppe (–CHO) enthält.

Die Reaktion nach Gl. 6.40 zeigt die 1. Oxidationsstufe vom primären Alkohol, Ethanol zum Aldehyd, Ethanal.

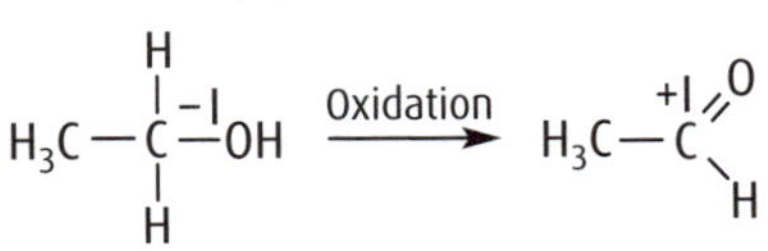

(Gl. 6.40)

Bei erneuter Oxidation erfolgt dann nach Gl. 6.41 eine Synthese zur **Carbonsäure**. Diese «Doppeloxidation» ist nur mit primären Alkoholen möglich. Hierbei wird die Oxidationszahl des Kohlenstoffes auf +III erhöht.

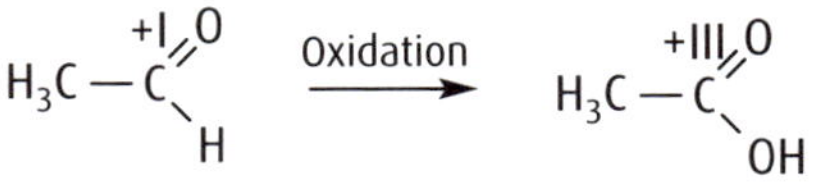

(Gl. 6.41)

Definition «Carbonsäure»

Bei den Carbonsäuren handelt es sich um organische Verbindungen, die als funktionelle Gruppe mindestens eine Carboxylgruppe (–COOH) tragen.

Informationssuche

Suchen Sie in entsprechender Literatur, Datenbanken, Lexika oder im Internet (z.B. http://de.wikipedia.org/wiki/Hauptseite) nach Oxidationsmitteln zur Oxidation von Alkoholen.

Vertiefungsübung V6.17

Stellen Sie mit Hilfe Ihrer Kenntnisse über Redoxreaktionen (s. Kapitel 4) die stöchiometrisch vollständige Reaktionsgleichung der Redoxreaktion von Ethanol mit Kaliumpermanganat in saurer Lösung auf.

6.11.3 Oxidation eines sekundären Alkohols

Sekundäre Alkohole werden nur in einer Stufe oxidiert. Das Produkt ist in Gl. 6.42 zu sehen, ein Keton. Im sekundären Alkohol hat das C-Atom eine Oxidationszahl von 0, die sich dann durch die Oxidation im **Keton** auf +II erhöht.

Definition «Keton»

Ketone sind organische Verbindungen, die eine Carbonylgruppe ($\rangle C{=}O$) als funktionelle Gruppe besitzen.

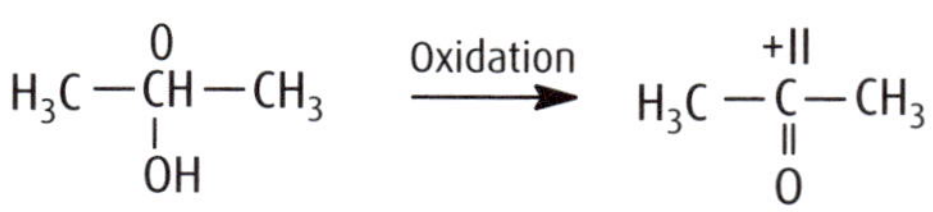

(Gl. 6.42)

Vertiefungsübung V6.18

In welchem stöchiometrischen Verhältnis reagiert Propan-2-ol mit Kaliumdichromat ($K_2Cr_2O_7$) unter Säureeinfluss zu Aceton (Propanon)?

6.11.4 Oxidation von tertiären Alkoholen

Tertiäre Alkohole lassen sich nur zu Kohlenstoffdioxid und Wasser oxidieren, da die Oxidation eines tertiären Alkohols automatisch die C-Bindungen löst und ein Zerfall in Kohlenstoffdioxid und Wasser die Folge ist.

Vertiefungsübung V6.19

Welche Reaktionsprodukte entstehen jeweils bei der vollständigen Oxidation von

a) Methanol,
b) Butan-2-ol und
c) 2-Methylpropan-2-ol?

6.11.5 Weitere charakteristische Reaktionen der Alkohole

Bevor nun die Stoffklassen der Aldehyde, Ketone und Carbonsäuren erläutert werden, wird noch mal auf eine weitere typische Reaktion von Alkoholen eingegangen, die **Dehydratisierungsreaktion**. Hierbei handelt es sich um eine Eliminierungsreaktion von Wasser. Wird ein Alkohol mit Schwefelsäure versetzt und hohen Temperaturen ausgesetzt, so bildet sich nach Gl. 6.43 ein Alken. Dieser Vorgang wird auch **intra**molekulare Wasserabspaltung genannt, da sowohl das Proton, als auch die OH-Gruppe des Wassermoleküls aus einem Molekül Alkohol stammen.

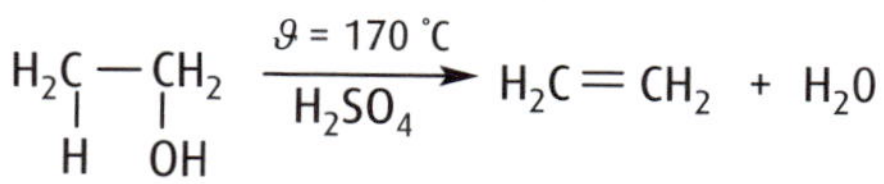

(Gl. 6.43)

Nebenprodukt dieser Reaktion ist die Bildung eines Ethers, in diesem Beispiel Diethylether. Die Bildung des Ethers läuft begünstigt ab, wenn die Temperatur unterhalb von ϑ = 170 °C bleibt und ein Überschuss an Alkohol vorliegt. Die Reaktion zum Ether verläuft nach Gl. 6.44 unter einer **inter**molekularen Wasserabspaltung. Dies bedeutet, dass bei der Verbindung zweier Alkoholmoleküle, das eine Alkoholmolekül, das Proton für das Wasser liefert, das andere Alkoholmolekül dann die OH-Gruppe abspaltet. Es entsteht eine Sauerstoffbrücke zwischen beiden Alkoholmolekülen, entsprechend der funktionellen Gruppe von Ethern.

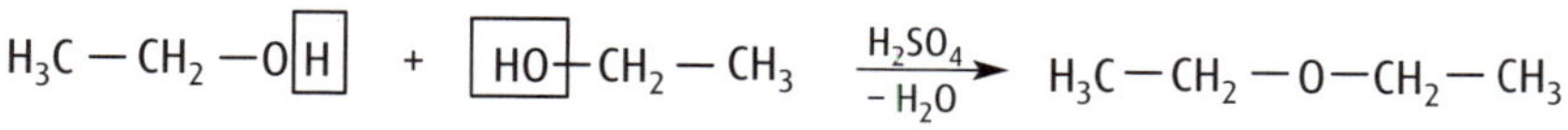

Ethanol Ethanol Diethylether

(Gl. 6.44)

Die gerade beschriebenen Dehydratisierungsreaktionen unterscheiden sich von den mit Alkoholen ebenfalls durchführbaren **Dehydrierungsreaktionen**. Bei einer Dehydrierungsreaktion wird aus einem Molekül Alkohol ein Molekül Wasserstoff (H_2) abgespalten. Die Abspaltung der 2 Wasserstoffatome erfolgt dabei am gleichen Kohlenstoffatom und zwar an dem, das die funktionelle Gruppe (OH-Gruppe) gebunden hat. Die Reaktion nach Gl. 6.45 zeigt eine solche Dehydrierung am Beispiel von Ethanol. Produkt dieser Reaktion ist jeweils ein Aldehyd bzw. Keton. Die Reaktion wird unter Einfluss von Kupfer als Katalysator durchgeführt. Es wird bei Temperaturen von ϑ > 300 °C mit Alkoholdampf gearbeitet.

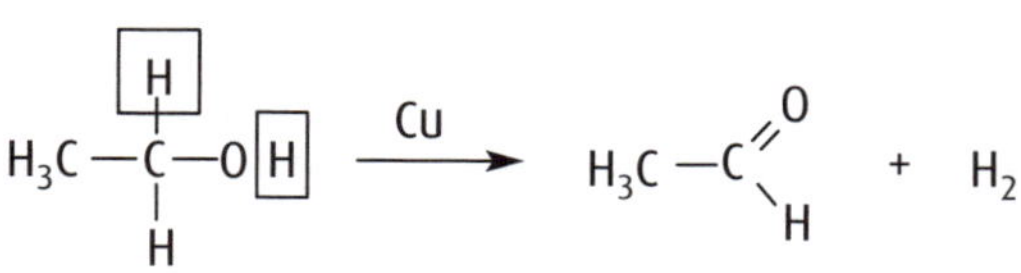

(Gl. 6.45)

Ethanol Ethanal

6.12 Eigenschaften von Aldehyden und Ketonen

Die eigentliche funktionelle Gruppe ist bei den Aldehyden und Ketonen gleich, und zwar eine Carbonylgruppe $\rangle C{=}O$. Bei den Aldehyden befindet sich die funktionelle Gruppe am Anfang oder am Ende der Kohlenstoffkette, sprich an einem primären Kohlenstoffatom. Bei den Ketonen befindet sie sich in der Mitte und somit an einem sekundären Kohlenstoffatom.

Einfachster Vertreter der **Aldehyde** ist Methanal (Trivialname Formaldehyd). Es ist farblos und gasförmig. Die höherkettigen Aldehyde sind farblose Flüssigkeiten mit stechendem Geruch. Mit steigender Kettenlänge nimmt der stechende Geruch ab. Ab einer Kettenlänge von C_{12} werden die Aldehyde fest, zuvor werden sie von der Konsistenz her immer öliger.

Ketone hingegen beginnen erst bei einer Kettenlänge von C_3 und sind farblose Flüssigkeiten. Eine Ausbildung von Wasserstoffbrückenbindungen ist hier nicht möglich. Niedrige Ketone sind wasserlöslich. Mit steigender C-Kettenlänge nimmt die Löslichkeit in Wasser ab. Diese Eigenschaft teilen die Ketone mit den Aldehyden.

Ketone sind reaktionsträger als Aldehyde, da sie 2 benachbarte Alkylgruppen mit einem positiven induktiven Effekt haben, im Gegensatz zu den Aldehyden, die nur 1 benachbarte Alkylgruppe besitzen. Da jedoch beide Stoffklassen mit der Carbonylgruppe die gleiche funktionelle Gruppe besitzen, zeigen sie auch ein ähnliches Reaktionsverhalten. Typische Reaktionen von Aldehyden und Ketonen sind Additions- und Kondensationsreaktionen.

6.12.1 Nomenklatur von Aldehyden und Ketonen

Niedrige Aldehyde werden häufig mit Trivialnamen benannt, wie z.B. Formaldehyd (Methanal) oder Acetaldehyd (Ethanal). Nach der IUPAC-Nomenklatur erhalten Aldehyde als Wortstamm die jeweilige Alkankette und als Endung **-al** für Aldehyd. Daher werden sie ebenfalls Alkanale genannt. Die Kohlenstoffkette wird im Fall der Aldehyde immer von der funktionellen Gruppe aus gezählt, so dass diese immer die Position 1 erhält und daher im Namen nicht als extra Ziffer angegeben werden muss. Alle weiteren vorhandenen Substituenten richten sich in ihren Ziffern nun nach der Carbonylgruppe des Aldehydes.

Beispiel

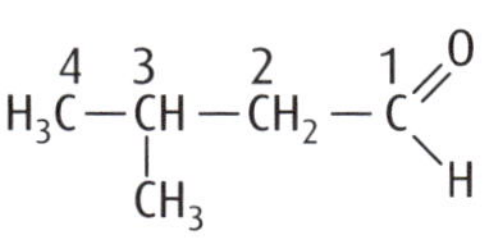

3-Methylbutanal

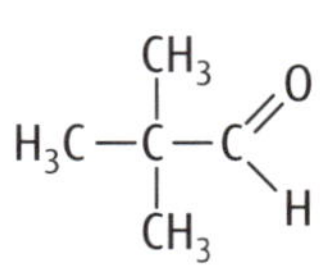

2,2-Dimethylpropanal

Bei den Ketonen ist die Benennung ähnlich. Hier wird auch als Wortstamm das jeweilige Alkan verwendet und für das Keton die Endung **-on** angefügt, abgeleitet von der Stoffklasse der Alkanone, wie Ketone auch bezeichnet werden. Anders als bei den Aldehyden befindet sich die Carbonylgruppe bei den Ketonen an einem der mittleren Kohlenstoffatome und muss daher auch mit einer Ziffer genauer festgelegt werden. Hierbei ist darauf zu achten, dass die Carbonylgruppe die niedrigste Ziffer erhält.

Beispiel

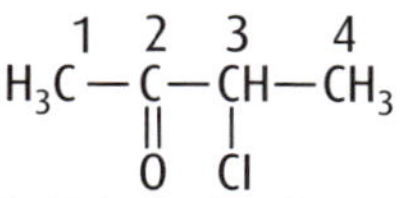

3-Chlorbutan-2-on

Auch bei den Ketonen sind neben der IUPAC-Nomenklatur für einige Ketone noch Trivialnamen sehr geläufig. So wird z.B. Propanon gewöhnlich als Aceton oder manchmal auch Dimethylketon bezeichnet. Ein häufig verwendetes Lösemittel ist auch unter dem Namen MEK bekannt. MEK steht für Methylethylketon und ist der Trivialname für das Keton Butan-2-on. Es wird als Vergällungsmittel für hochreines Ethanol eingesetzt. Durch Zugabe des Vergällungsmittels unterliegt der nun nicht mehr trinkbare Alkohol keiner Alkoholsteuer.

6.12.2 Reaktionen der Aldehyde und Ketone

6.12.2.1 Aldol-Reaktion

Die Aldolisierung ist eine Additionsreaktion von Aldehyden. Sie läuft bevorzugt im alkalischen Medium ab. Eine Aldoladdition können alle Aldehyde mit einem α-ständigen H-Atom eingehen. Ein α-ständiges H-Atom ist ein Wasserstoff, der direkt an den Nachbarkohlenstoff der funktionellen Gruppe gebunden ist.

Beispiel

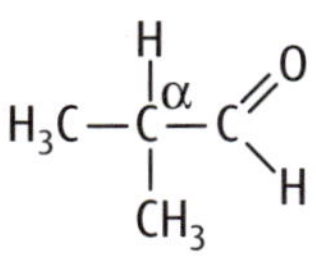

Verbindung **mit** α-ständigem H-Atom

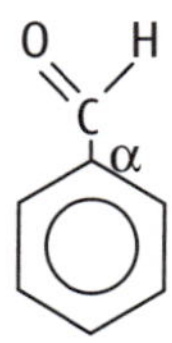

Verbindung **ohne** α-ständiges H-Atom

Bei der Aldolisierung von Ethanal (Acetaldehyd) entsteht als Produkt über eine Aldoladdition wie in Gl. 6.46 gezeigt, zuerst Acetaldol (3-Hydroxybutanal), das bei leichter Erwärmung Wasser abspaltet und über eine Aldolkondensationsreaktion Crotonaldehyd (But-2-enal) bildet.

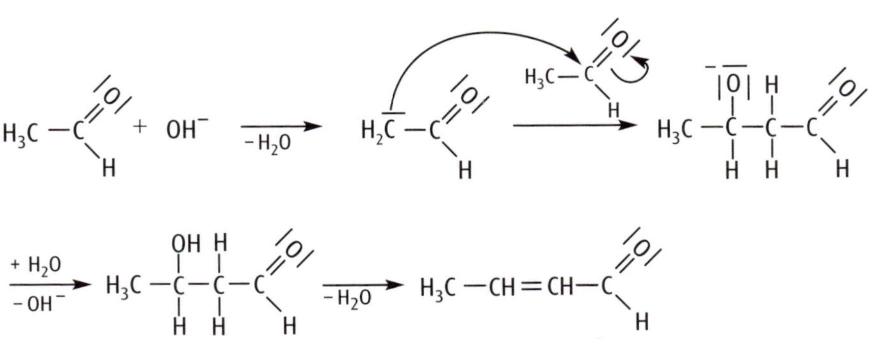

3-Hydroxybutanal (Aldol)

But-2-enal (Crotonaldehyd)

(Gl. 6.46)

Definition «Aldol»

Eine organische Verbindung, die sowohl eine Aldehydgruppe, als auch eine Hydroxylgruppe als funktionelle Gruppe enthält, wird Aldolverbindung genannt. Die Aldolreaktion ist eine Additionsreaktion der Aldehyde mit α-ständigem H-Atom, bei der eine Aldolverbindung als Produkt entsteht

6.12.2.2 Cannizzaro[9]-Reaktion

Bei Aldehydverbindungen ohne α-ständiges H-Atom läuft unter Einfluss von starken Basen eine Cannizzaro-Reaktion ab. Die Cannizzaro-Reaktion ist eine Disproportionierungsreaktion (s. Kapitel 4), bei der das Aldehyd einmal zur Carbonsäure oxidiert **und** gleichzeitig zum primären Alkohol reduziert wird, wie die Reaktion nach Gl. 6.47 zeigt.

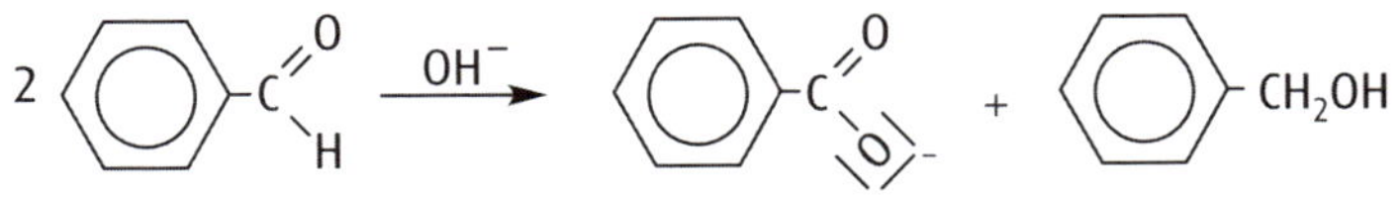

(Gl. 6.47)

Vertiefungsübung V6.20

Zeigen Sie anhand der Oxidationszahlen in der Reaktionsgleichung der oben stehenden Cannizzaro-Reaktion, dass es sich um eine Disproportionierungsreaktion handelt.

Vertiefungsübung V6.21

Entscheiden Sie, ob die angegebenen Verbindungen bei Zugabe von Kalilauge eher eine Cannizzaro- oder eine Aldolreaktion eingehen: Propanal, Benzaldehyd, Formaldehyd (Methanal), 2-Methylpropanal.

6.13 Eigenschaften von Carbonsäuren

Carbonsäuren können durch eine vollständige Oxidation von primären Alkoholen hergestellt werden. Carbonsäuren tragen als funktionelle Gruppe die Carboxylgruppe (–COOH). Sie sind mit einer Kettenlänge bis C_9 farblose Flüssigkeiten, darüber hinaus sind die Verbindungen fest. Die Siedepunkte der Carbonsäuren sind im Vergleich zu den Molekülmassen ähnlicher Alkane sehr hoch. Selbst im Vergleich mit entsprechenden Alkoholen zeigen sie einen immer noch deutlich höheren Siedepunkt. Dies lässt sich zum einen über die mögliche Ausbildung von Wasserstoffbrückenbindungen erklären, die jedoch bei Alkoholen ebenfalls gegeben ist. Zusätzlich können 2 Carbonsäuremoleküle untereinander jeweils 2 Wasserstoffbrücken ausbilden und so einen besonders starken Zusammenhalt bilden. Dies bezeichnet man auch als **Dimerisierung** von Carbonsäuren.

---

[9] Stanislao Cannizzaro (1826 bis 1910), italienischer Chemiker

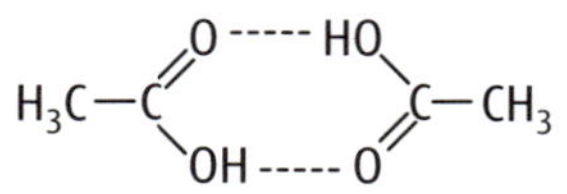

Niedrige Carbonsäuren sind in Wasser gut löslich. Mit steigender Kettenlänge nimmt auch hier wieder der Einfluss der funktionellen Gruppe ab. Daher sind Carbonsäuren ab einer Kettenlänge von 5 Kohlenstoffatomen nicht mehr mit Wasser mischbar.

Aufgrund des sauren Charakters können Carbonsäuren mit Basen durch Neutralisation Salze bilden, wobei die Natrium- und Kaliumsalze der Carbonsäuren eine gute Wasserlöslichkeit aufweisen. Die unterschiedliche Löslichkeit der Carbonsäure und des jeweiligen Salzes der Carbonsäure macht man sich z.B. bei der Reinigung von Carbonsäuren zunutze. Die Reaktion nach Gl. 6.48 zeigt die Überführung des wasserlöslichen Kaliumbenzoates zur wasserunlöslichen Benzoesäure.

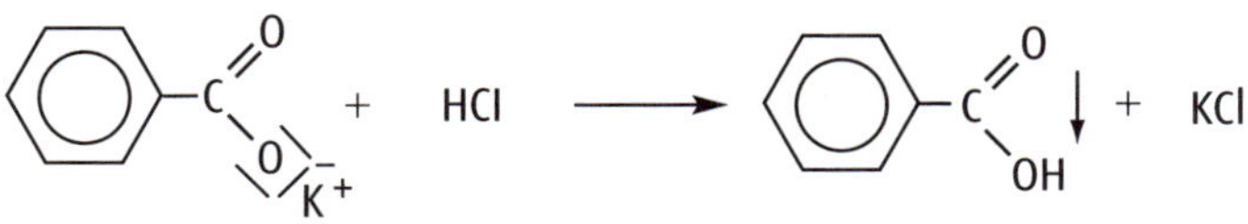

(Gl. 6.48)

6.13.1 Nomenklatur von Carbonsäuren

Bei der Benennung der Carbonsäuren sind nach den Regeln der IUPAC 2 verschiedene Namensgebungen möglich. An den Alkannamen der Kohlenwasserstoffkette wird die Endung **-säure** angehängt, wobei der Kohlenstoff der funktionellen Gruppe **mit** zur Kette hinzugezählt wird. Alternativ ist die Benennung mit der Endung **-carbonsäure**, wobei hier der Kohlenstoff der Carboxylgruppe **nicht** mitgezählt wird, z.B.:

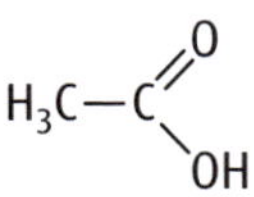

Ethansäure
Methancarbonsäure

Bei Monocarbonsäuren (Carbonsäuren mit 1 Carboxylgruppe) erhält der Kohlenstoff der funktionellen Gruppe immer die Ziffer 1, sodass sie im Namen nicht extra angegeben werden muss. Eventuelle weitere Substituenten richten sich dann mit ihren Ziffern nach der Carboxylgruppe. Verbindungen mit 2 Carboxylgruppen werden als Dicarbonsäuren bezeichnet.

Für viele Carbonsäuren existieren aus früheren Bezeichnungen, die sich von denen der Fette, Öle und Wachse ableiten, noch heute gültige Trivialnamen. In Tabelle 6.2 ist eine Übersicht über einige Trivialnamen für die wichtigsten Carbonsäuren gegeben.

Tabelle 6.2 Übersicht über einige wichtige Carbonsäuren

IUPAC-Name	Trivialname	Struktur
Methansäure	Ameisensäure	$HCOOH$
Ethansäure (Methancarbonsäure)	Essigsäure	CH_3COOH
Propansäure (Ethancarbonsäure)	Propionsäure	C_2H_5COOH
Butansäure (Propancarbonsäure)	Buttersäure	C_3H_7COOH
Pentansäure (Butancarbonsäure)	Valeriansäure	C_4H_9COOH
Hexansäure (Pentancarbonsäure)	Capronsäure	$C_5H_{11}COOH$
Benzolcarbonsäure (Carboxybenzol)	Benzoesäure	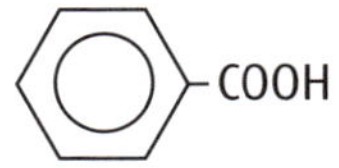
Propensäure (Ethencarbonsäure)	Acrylsäure	$H_2C=CH-COOH$
Ethandisäure (Dicarbonsäure)	Oxalsäure	$HOOC-COOH$
Propan-1,3-disäure (Methandicarbonsäure)	Malonsäure	$HOOC-CH_2-COOH$
Butan-1,4-disäure (Ethan-1,2-dicarbonsäure)	Bernsteinsäure	$HOOC-C_2H_4-COOH$
Hexan-1,6-disäure (Butan-1,4-dicarbonsäure)	Adipinsäure	$HOOC-C_4H_8-COOH$
cis-But-2-en-1,4-disäure (Ethen-1,2-dicarbonsäure)	Maleinsäure	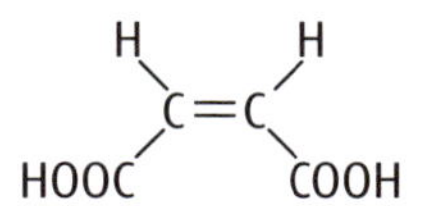
trans-But-2-en-1,4-disäure (Ethen-1,2-dicarbonsäure)	Fumarsäure	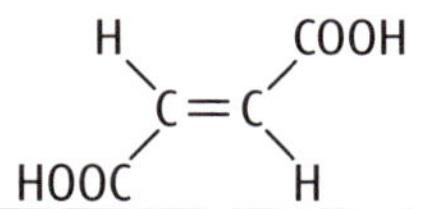

6.13.2 Acidität von Carbonsäuren

Carbonsäuren sind schwach protolysierte Säuren, jedoch von ihrem Protolysegrad (s. Kapitel 4) noch höher einzustufen als Kohlensäure (H_2CO_3) oder Schwefelwasserstoffsäure (H_2S). Carbonsäuren weisen jedoch eine deutlich größere Acidität als Alkohole auf. Ursache der größeren Acidität ist die in Gl. 6.49 gezeigte Mesomeriestabilisierung der konjugierten Base (s. auch in Kapitel 4) der Carbonsäure.

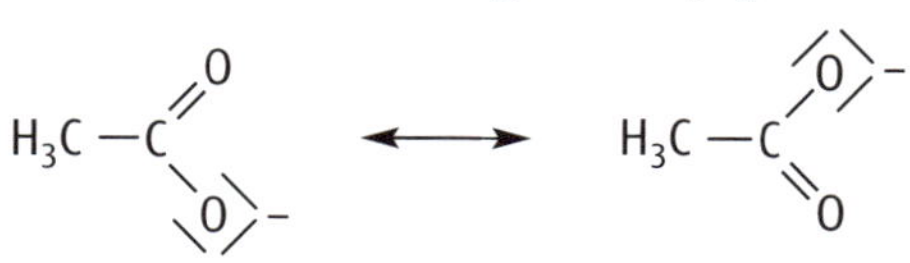

(Gl. 6.49)

Durch Substitution im aliphatischen Teil wird die Stärke der Carbonsäure beeinflusst. Elektronegative Substituenten, wie z.B. Halogene, erhöhen die Acidität aufgrund ihres negativen induktiven Effektes (–I-Effekt). Dieser Einfluss macht sich umso deutlicher bemerkbar, je näher die Substituenten an der funktionellen Gruppe sind und je mehr Substituenten vorhanden sind.

Beispiel

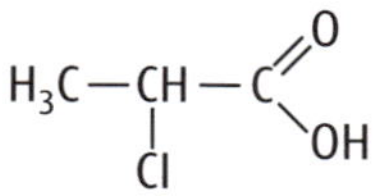

2-Chlorpropansäure

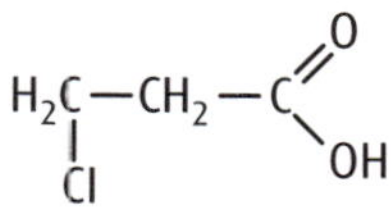

3-Chlorpropansäure

Substituenten mit einem positiven induktiven Effekt hingegen, wie z.B. Alkylgruppen, schwächen die Acidität der Carbonsäure ab.

Beispiel

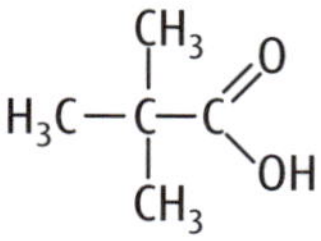

2,2-Dimethylpropansäure
Trimethylessigsäure

Prozess P8_KAP6

Durch Umsetzung der Essigsäure mit dem Alkohol Ethanol wird eine sog. Veresterung durchgeführt, die als Produkt zum Carbonsäureester «Essigsäureethylester» (Ethylethanoat, Ethylacetat) führt.

In diesem Prozess wird die Essigsäure aus **Prozess P7_KAP6** zu einer neuen Verbindungsklasse synthetisiert. Carbonsäureester entstehen aus der Umsetzung einer Carbonsäure mit einem Alkohol. Die Synthese ist eine bedeutende Reaktion in der organischen Chemie. Dieser Prozess erläutert den Reaktionsablauf der Veresterung. Wie auf diese Gleichgewichtsreaktion Einfluss genommen werden kann, um die Produktausbeute zu erhöhen, wurde bereits in Kapitel 5 (Gleichgewichtsreaktionen) erläutert. Im weiteren Verlauf des Prozesses wird die neu entstandene Stoffklasse der Carbonsäureester vorgestellt und deren charakteristische Merkmale erklärt.

Definition «Ester»

Ester sind chemische Verbindungen, die aus organischen oder anorganischen Säuren mit einem Alkohol unter Wasserabspaltung entstehen. Handelt es sich bei der Säure um eine Carbonsäure, spricht man speziell von den sog. Carbonsäureestern. Sie sind charakterisiert durch die funktionelle Gruppe der organischen Ester (–CO–O–).
Zur Herstellung von Estern lässt sich allgemein folgende Reaktionsgleichung aufstellen:

$$\text{Alkohol} + \text{Säure} \rightleftharpoons \text{Ester} + \text{Wasser}$$

Die Synthese gilt für anorganische sowie für organische Ester.

6.14 Reaktionsschema der säurekatalysierten Veresterung

Die Veresterung einer Carbonsäure mit Hilfe eines Alkohols ist eine Gleichgewichtsreaktion. Bei dieser Reaktion wird Schwefelsäure als Katalysator hinzu gegeben, um die Reaktion zu beschleunigen. An dieser Stelle soll nur die Reaktion, die zum Ester führt, nach Gl. 6.50 betrachtet werden. Wie man Einfluss auf die Lage des Gleichgewichts und auf die Ausbeute nehmen kann, ist in Kapitel 5 beschrieben.

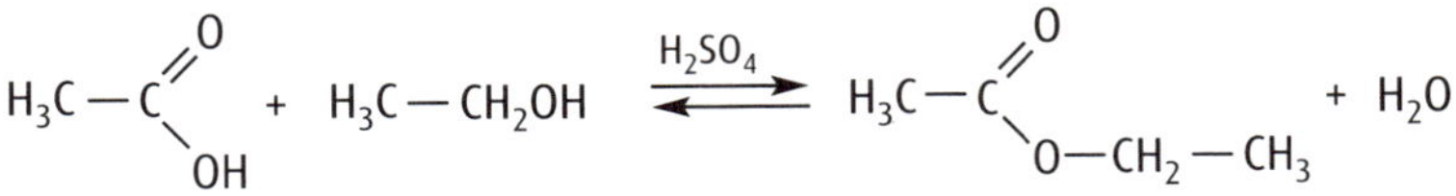

(Gl. 6.50)

6.14.1 Eigenschaften von Estern

Ein Ester bildet sich allgemein aus der Reaktion eines Alkohols mit einer Säure unter Wasserabspaltung. Die Säurekomponente kann hierbei eine Carbonsäure oder eine anorganische Mineralsäure sein. Nach dieser Definition kann man Halogenalkane auch als Ester bezeichnen, da sie aus einem Alkohol mit Salzsäure herstellbar sind. Im engeren Sinne versteht man unter Estern jedoch Carbonsäureester.

Ester sind farblose Flüssigkeiten mit einem durchweg angenehmen Geruch. In geringen Mengen werden sie als Riechstoffe oder Essenzen eingesetzt. Ester sind unpolare Moleküle, die keine besonderen zwischenmolekularen Kräfte ausbilden können. Sie enthalten keine OH-Gruppe, womit Wasserstoffbrückenbindungen gebildet werden könnten. Zusätzlich sind beide Enden eines Estermoleküls mit unpolaren Alkylgruppen belegt.

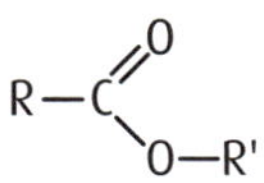

Daher sind ihre Schmelz- und Siedetemperaturen relativ niedrig.

Alle Ester sind nahezu unlöslich in Wasser, besitzen jedoch eine geringere Dichte als Wasser.

6.14.1.1 Nomenklatur von Estern

Die im Labor gebräuchlichste Benennung der Ester leitet sich direkt aus der Herstellung des Esters ab. Es werden die jeweilige Carbonsäure, der Alkylrest des Alkohols und die Endung **-ester** aneinander gehängt, z.B.:

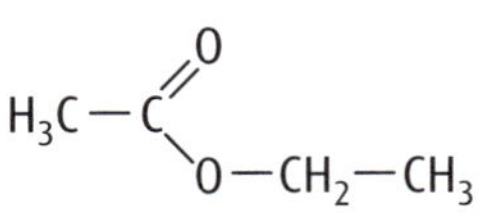

Essigsäureethylester
Ethylethanoat

Eine zweite Benennungsmöglichkeit ist die Namensgebung über den Alkylrest und das Anion der Carbonsäure. Nach der Benennung heißt der oben angegebene Essigsäureethylester nun Ethylethanoat (Reihenfolge: Alkylrest, Säurerest, Endung **-oat**). Die Anionen einer Carbonsäure werden mit dem Wortstamm des entsprechenden Alkans und der Endung **-oat** benannt. Viele Salze von Carbonsäuren haben zusätzlich aus ihren Trivialnamen abgeleitete Namen, die auch bei der Benennung der jeweiligen Ester eingesetzt werden. Daher wird der obige Ester auch Ethylacetat genannt, da die Salze der Essigsäure auch Acetate heißen.

Alle 3 Benennungen sind nebeneinander gültig und auch in verschiedenen Literaturangaben zu finden. Die nach IUPAC aktuellste Form der Benennung für Ester ist die Namensgebung über das Anion der Carbonsäure, entsprechend hier Ethylethanoat. In Tabelle 6.3 sind einige Namen für Carbonsäureanionen zur Benennung von Carbonsäuresalzen oder Estern angegeben.

Tabelle 6.3 Benennung der Carbonsäureanionen

Carbonsäure	Name des Säureanions bzw. des Esters	Trivialname des Anions
Methansäure (Ameisensäure)	-methanoat	-formiat
Ethansäure (Essigsäure)	-ethanoat	-acetat
Propansäure (Propionsäure)	-propanoat	-propionat
Hexansäure (Capronsäure)	-hexanoat	-capronat
Benzolcarbonsäure (Benzoesäure)	-benzoat	---
Propensäure (Acrylsäure)	-propenoat	-acrylat
Ethandisäure (Oxalsäure)	---	-oxalat
Propan-1,3-disäure (Malonsäure)	---	-malonat

▶▶▶

Prozess P9_KAP6

In der nächsten Reaktion wird die Spaltung des oben hergestellten Esters mit Hilfe einer starken Base durchgeführt. Aus dem Essigsäureethylester (Ethylethanoat, Ethylacetat) wird Ethanol und das Salz der Essigsäure gebildet. Diese Reaktion wird auch Verseifung genannt.

Bei der Verseifung eines Carbonsäureesters wird eigentlich die Rückreaktion der Veresterung durchgeführt. Die Verseifung des Esters mit Hilfe von Wasser ist jedoch sehr uneffektiv, daher wird in diesem Prozess die effektivere Form einer Verseifungsreaktion vorgestellt. Die Spaltung des Esters in eine Carbonsäure und einen Alkohol erfolgt mit einer Base. Der Mechanismus einer solchen alkalischen Verseifung wird im Folgenden erläutert.

6.15 Reaktionsmechanismus der alkalischen Verseifung

Der Mechanismus der alkalischen Verseifung verläuft im Gegensatz zur Hydrolyse nicht vollständig reversibel, aber dafür nahezu quantitativ ab. Die Bildung eines Gleichgewichts wird durch die Entstehung des Carbonsäureanions verhindert. Als Produkt entsteht hierbei nicht die Carbonsäure selbst, sondern das entsprechende Salz der Carbonsäure (s. dazu Gl. 6.51). Die anschließende Ausfällung der Carbonsäure durch Ansäuern der Reaktionslösung, liefert ein nahezu reines Produkt. Von technischer Bedeutung ist die Esterspaltung fast ausschließlich über den alkalischen Prozess, da er nicht nur hohe Ausbeuten liefert, sondern auch eine hohe Reaktionsgeschwindigkeit aufweist.

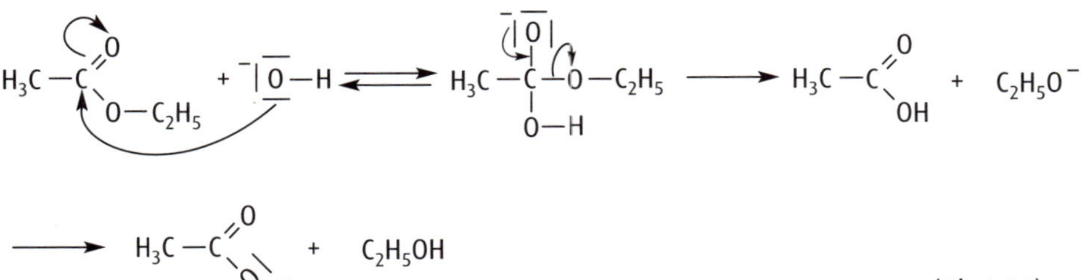

(Gl. 6.51)

▶▶▶

Prozess P10_KAP6

Die in **Prozess P7_KAP6** hergestellte Essigsäure wird nun mit Thionylchlorid, $SOCl_2$, versetzt und zu Essigsäurechlorid umgesetzt.

Bei Essigsäurechlorid handelt es sich um ein Derivat der Carbonsäure, Essigsäure. Essigsäurechlorid gehört zur Stoffklasse der Säurechloride. Die OH-Gruppe der Carboxylgruppe wird durch ein Chloratom ersetzt. In diesem Prozess wird die Herstellung solcher Säurechloride dargestellt und ein kurzer Abriss über ihre Eigenschaften gegeben. Der weitere Verlauf des Prozesses liefert Informationen zu den übrigen Derivaten der Carbonsäuren und deren Herstellung und Eigenschaften.

6.16 Reaktion von Carbonsäuren zum Säurechlorid

Bei den Säurehalogeniden ist die OH-Gruppe der Carboxylgruppe durch das jeweilige Halogen substituiert worden. Dadurch unterscheiden sie sich deutlich von den Halogensäuren, bei denen das Halogen an ein C-Atom der Kohlenstoffkette gebunden ist.

Beispiel

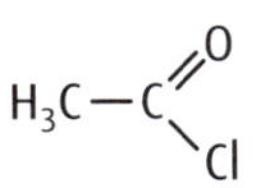

Säurehalogenid

Essigsäurechlorid
Acetylchlorid

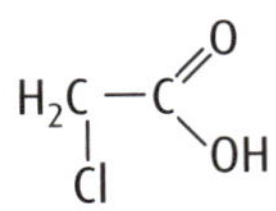

Halogensäure

Monochloressigsäure

Der Austausch zwischen OH-Gruppe und Halogen erfolgt ähnlich wie die Substitutionsreaktion des Alkohols zum Halogenalkan. Bei der Herstellung von Säurechloriden wird als Chlorierungsmittel häufig PCl_3, PCl_5 oder $SOCl_2$ eingesetzt. Die Reaktion nach Gl. 6.52 zeigt ein Beispiel für diese Austauschreaktion.

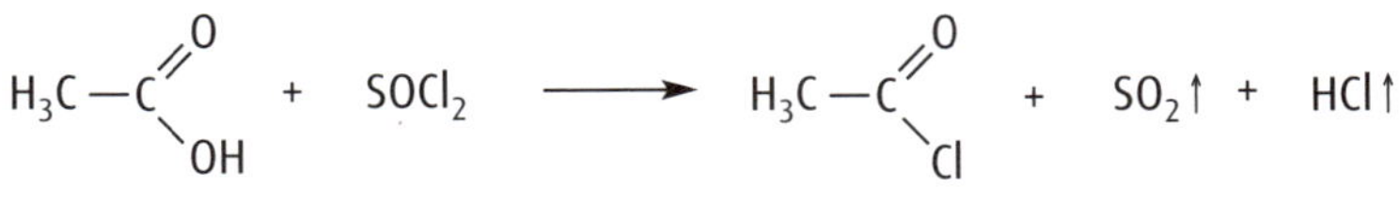

(Gl. 6.52)

Carbonsäurehalogenide sind sehr wasserempfindlich und reagieren bei Anwesenheit geringer Mengen an Wasser wieder zurück zur Carbonsäure. Die Siedepunkte der Säurehalogenide liegen, verglichen mit denen der jeweiligen Carbonsäuren, deutlich niedriger. Die Wasserstoffbrücken können nicht mehr ausgebildet werden und dadurch liegt bei Säurehalogeniden keine Dimerisierung, wie bei den Carbonsäuren, vor.

Die Benennung der Säurehalogenide erfolgt analog der Carbonsäuren mit der Endung des jeweiligen Halogens als **-halogenid**, wie im Beispiel des Essigsäurechlorids gezeigt.

6.16.1 Weitere Carbonsäurederivate

6.16.1.1 Säureamide

Bei den Carbonsäureamiden wird die OH-Gruppe der Carboxylgruppe durch die Aminogruppe, NH_2 ersetzt, sodass sich die funktionelle Gruppe des Amids ergibt.

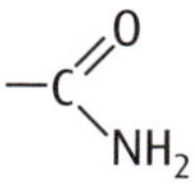

Sie unterscheiden sich von den Aminosäuren, bei denen die Aminogruppe an der Kohlenstoffkette gebunden ist.

Beispiel

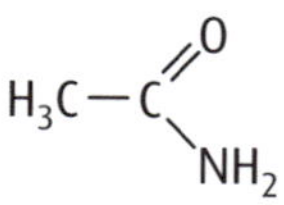

Essigsäureamid
Acetamid

Säureamid

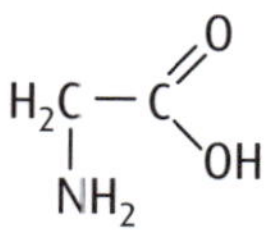

Aminoessigsäure
Glycin

Aminosäure

Die Amide werden nach Gl. 6.53 aus den Carbonsäurehalogeniden durch Umsetzung von Säurehalogenid mit Ammoniak hergestellt.

(Gl. 6.53)

Fast alle Amide sind kristalline und farblose Feststoffe. Die Siedepunkte liegen weit höher als die von vergleichbaren Carbonsäuren, da noch sehr viel stärkere zwischenmolekulare Kräfte existieren. Sowohl der Stickstoff der Amidgruppe, als auch der Sauerstoff aus der Carboxylgruppe tragen freie Elektronenpaare, die mit den Wasserstoffen der Amidgruppe jeweils zwischen den Molekülen Wasserstoffbrücken bilden können. Durch die hohe Anzahl der möglichen Wasserstoffbrücken sind die Assoziationen der Moleküle größer als bei den Carbonsäuren.

Amide geringer Kettenlänge sind gut wasserlöslich. Eines der wenigen flüssigen Amide, N,N-Dimethylformamid (DMF, $HCON(CH_3)_2$), eignet sich hervorragend als Lösungsmittel. Die wässrige Lösung eines Amids hydrolysiert unter Rückbildung zur Carbonsäure und zum Ammoniak in einer neutralen Lösung.

Auch die Carbonsäureamide werden wie die Carbonsäurehalogenide mit dem Namen der Carbonsäure und einer charakteristischen Endung (hier: **-amid**) benannt. Demnach handelt es sich um ein Carbonsäureamid, wie am Beispiel von Essigsäureamid zu sehen ist.

6.16.1.2 Säureanhydride

Carbonsäureanhydride entstehen nach Gl. 6.54 aus der Verbindung zweier Carbonsäuremoleküle unter Abspaltung von Wasser.

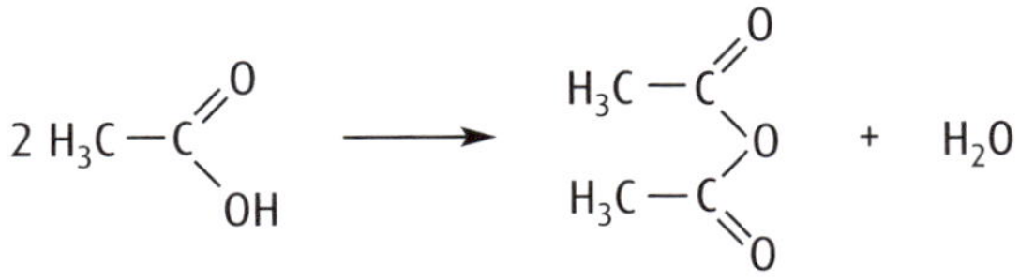

Essigsäure Essigsäureanhydrid

(Gl. 6.54)

Die Anhydride bilden keine starken zwischenmolekularen Kräfte aus, so dass ihre Siedetemperaturen relativ niedrig sind. Die Dämpfe von Anhydriden reizen die Schleimhäute. Die Dichten der Anhydride liegen höher als die von Wasser. Carbonsäureanhydride sind jedoch sehr wasserempfindlich und bilden sich bei Anwesenheit von Wasser schnell zu Carbonsäure zurück. Essigsäureanhydrid wird häufig als Acetylierungsmittel eingesetzt.

Die Benennung erfolgt durch Anhängen der Endung **-anhydrid** an den jeweiligen Carbonsäurenamen.

6.16.1.3 Nitrile

Auch Nitrile sind Derivate der Carbonsäuren, obwohl sie in ihrer Struktur nicht mehr viel Ähnlichkeit mit der ursprünglichen Carbonsäure haben. Die funktionelle Gruppe der Nitrile ist die CN-Gruppe. Es ist also sowohl der Sauerstoff der Carboxylgruppe, wie auch die OH-Gruppe durch einen dreifach gebundenen Stickstoff ersetzt.

Beispiel

$H_3C-C\equiv N$ Acetonitril

Nitrile mit geringer Kettenlänge sind in Wasser löslich, mit steigender Kohlenstoffkettenlänge nimmt die Löslichkeit jedoch ab. Nitrile sind sehr toxisch.

Durch die Dreifachbindung zum Stickstoff können Nitrile Additionsreaktionen in verschiedenster Weise eingehen.

Ein Beispiel einer Additionsreaktion an Nitrilen ist die Addition von Wasser an die Nitrilgruppe. Diese sog. Hydrolyse, wie Gl. 6.55 zeigt, ist eine der Herstellungsmethoden für Säureamide aus einem Nitril.

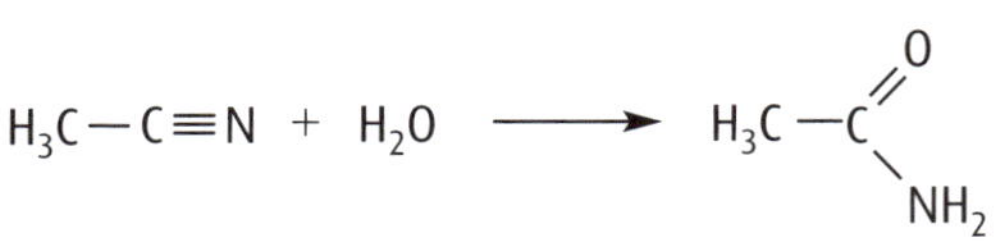

(Gl. 6.55)

6.16.1.4 Halogensäuren

Bei den Halogensäuren ist im Gegensatz zu den Säurehalogeniden ein Wasserstoff der C-Kette durch ein Halogen ersetzt, also nicht innerhalb der funktionellen Gruppe. Durch die Substitution in der Seitenkette mit einem Halogen wird die Polarität der gesamten Verbindung erhöht und dadurch auch die Löslichkeit in Wasser verbessert. Die Elektronegativität des entsprechenden Halogens und der dadurch ausgeprägte negative induktive Effekt führt zu einer stärkeren Polarisierung der Carboxylgruppe, wodurch die Halogensäuren acider werden als die vergleichbaren Carbonsäuren. Die Acidität erhöht sich mit der Anzahl der Halogene, die substituiert wurden und erniedrigt sich wieder mit zunehmender Entfernung von der funktionellen Gruppe.

Beispiele

Essigsäure	$pK_S = 4{,}76$
Monochloressigsäure	$pK_S = 2{,}81$
Dichloressigsäure	$pK_S = 1{,}30$
Trichloressigsäure	$pK_S = 0{,}65$
Trifluoressigsäure	$pK_S = 0{,}23$
Monobromessigsäure	$pK_S = 2{,}89$
Monoiodessigsäure	$pK_S = 3{,}16$

Vertiefungsübung V6.22

Angegeben sind 3 Propansäuren mit den dazugehörigen pK_S-Werten. Interpretieren Sie die unterschiedlichen Säurestärken und erklären Sie, warum die Säurestärke von Propansäure auf 2-Chlorpropansäure zunimmt und auf 3-Chlorpropansäure wieder abnimmt, jedoch noch stärker ist als die der Propansäure.

Propansäure	$pK_S = 4{,}88$
2-Chlorpropansäure	$pK_S = 2{,}8$
3-Chlorpropansäure	$pK_S = 4{,}1$

Die wichtigste Halogensäure ist die Monochloressigsäure, die als Zwischenprodukt für viele weitere Substitutionsreaktionen dient. Sie wird nach dem Mechanismus der radikalischen Substitution (wie in Abschnitt 6.5 erläutert) aus Essigsäure hergestellt. Gl. 6.56 zeigt das Reaktionsschema.

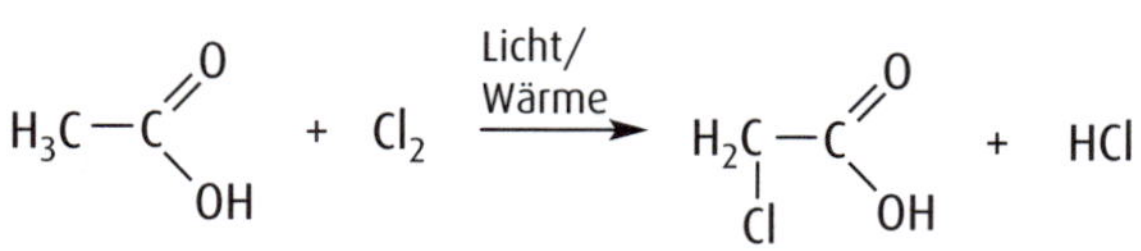

(Gl. 6.56)

Bei der Halogenierung höherer Carbonsäuren erhält man ein Produktgemisch aus vielen verschiedenen Isomeren, da die Substitutionsstelle durch die Reaktionsbedingungen nur schlecht beeinflusst werden kann. Ebenfalls kommt es, wie bei fast allen radikalischen Substitutionen auch zu Mehrfachsubstitutionen, was zu einer Vielzahl an Nebenprodukten führt. Die Trennung dieser Produktgemische ist sehr schwierig, so dass die praktische Bedeutung höherer Halogensäuren eher gering ist.

Bei den Halogensäuren wird in der Benennung die Carbonsäure als Wortstamm verwendet. Die jeweiligen Halogene werden als Vorsilbe vorangestellt und erhalten die entsprechenden Vorsilben **di, tri** usw., wenn sie mehrfach auftreten, sowie die entsprechenden Ziffern für ihre Position. Bei der Nummerierung einer Carbonsäure erhält der Kohlenstoff der Carboxylgruppe immer die Ziffer 1.

Beispiel

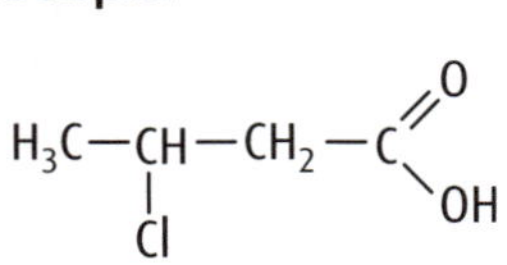

3-Chlorbutansäure

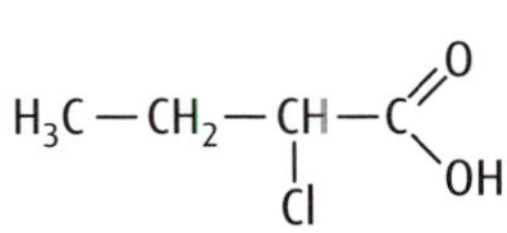

2-Chlorbutansäure

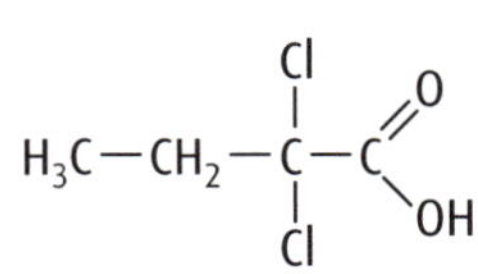

2,2-Dichlorbutansäure

6.16.1.5 Hydroxycarbonsäuren

Hydroxycarbonsäuren besitzen zusätzlich zur OH-Gruppe in der Carboxylgruppe noch mindestens eine weitere OH-Gruppe an der C-Kette.

Beispiel

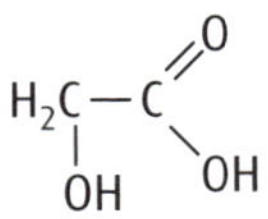

Hydroxyessigsäure
Glycolsäure

Daher besitzen Hydroxycarbonsäuren charakteristische Eigenschaften sowohl von Carbonsäuren als auch von Alkoholen. Die OH-Gruppe in der Kohlenstoffkette bewirkt eine deutlich bessere Löslichkeit in Wasser als die von vergleichbaren Carbonsäuren. Befindet sich die OH-Gruppe in direkter Nachbarschaft zur Carboxylgruppe, erhöht sich, wie bei den Halogensäuren, die Acidität.

Eine der bekanntesten Hydroxycarbonsäuren, die in der Natur sehr verbreitet ist, ist die Milchsäure (2-Hydroxypropansäure). Sie entsteht beim Vergären von Laktose (Milchzucker).

Beispiel

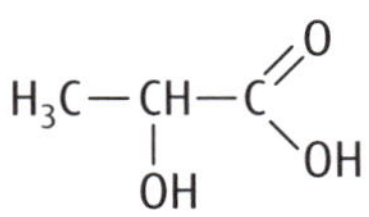

2-Hydroxypropansäure
Milchsäure

Weitere in der Natur vorkommende Hydroxycarbonsäuren, die mehrere OH- oder Carboxylgruppen besitzen, sind unter anderem die Äpfelsäure (Hydroxybernsteinsäure), Weinsäure (Dihydroxybernsteinsäure) und die Zitronensäure (2-Hydroxypropantricarbonsäure).

Vertiefungsübung V6.23

Stellen Sie die Formel und die Struktur für Hydroxybernsteinsäure auf. Informieren Sie sich dafür in Abschnitt 6.13.1 über den IUPAC-Namen für Bernsteinsäure.

Bei der Benennung dieser Stoffklasse erhält die OH-Gruppe eine geringere Priorität gegenüber der Carboxylgruppe. Daher taucht im Namen keine Endung **-ol** auf, sondern die Vorsilbe **Hydroxy-**. Daher ist der Wortstamm immer die Carbonsäure. An der Alkylkette gebundene OH-Gruppen werden mit der Vorsilbe Hydroxy- der Carbonsäure vorangestellt, wobei die Regeln bei häufigerem Vorkommen und der Position, wie bei den Halogensäuren (s. auch Abschnitt 6.16.1.4) zu beachten sind.

6.16.1.6 Aminosäuren

Aminosäuren sind mit einer NH_2-Gruppe substituierte Carbonsäuren, wobei die Substitution im Gegensatz zu den Säureamiden an der Kohlenstoffkette erfolgt. Aminosäuren sind als Bestandteil der Eiweiße in der Natur weit verbreitet. Bei den aus Eiweißen hervorgegangenen Aminosäuren handelt es sich ausschließlich um α-Aminosäuren, d.h., die NH_2-Gruppe ist in direkter Nachbarschaft zur Carboxylgruppe substituiert.

Beispiel

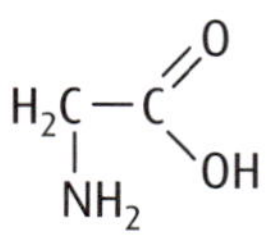

Aminoessigsäure
Glycin

Durch die beiden funktionellen Gruppen (NH_2 und COOH) besitzt die Aminosäure ein saures **und** ein basisches Zentrum und wird daher als **Ampholyt** (s. auch Kapitel 4) bezeichnet. Einfache Aminosäuren sind in Wasser gut löslich und protolysieren unter Bildung eines Zwitterions, in ein sog. inneres Salz. Die Reaktion nach Gl. 6.57 zeigt die Bildung eines solchen inneren Salzes. Dabei kommt das H^+-Ion aus dem eigenen Molekül. Dies bezeichnet man auch als intramolekulare Protonenwanderung.

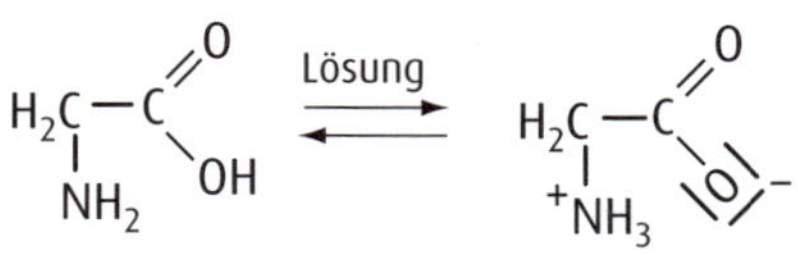

(Gl. 6.57)

Die langkettigen Aminosäuren können in saure und basische Aminosäuren unterteilt werden. Eine saure Aminosäure liegt vor, wenn die Anzahl der Carboxylgruppen größer ist als die der NH_2-Gruppen. Bei einer basischen Aminosäure verhält es sich genau umgekehrt.

Informationssuche

Suchen Sie in entsprechender Literatur, Datenbanken, Lexika oder im Internet (z.B. http://de.wikipedia.org/wiki/Hauptseite) nach den natürlich vorkommenden Aminosäuren und erfassen Sie Anzahl, Formel und Strukturen.

Proteine (Eiweißstoffe) sind makromolekulare Verbindungen, die aus α-Aminosäuren aufgebaut sind. Peptide sind Eiweißstoffe, bei denen die Aminosäuremoleküle eine Bindung über die COOH- und die NH_2-Gruppe bilden (Peptidbindung), wie Gl. 6.58 zeigt:

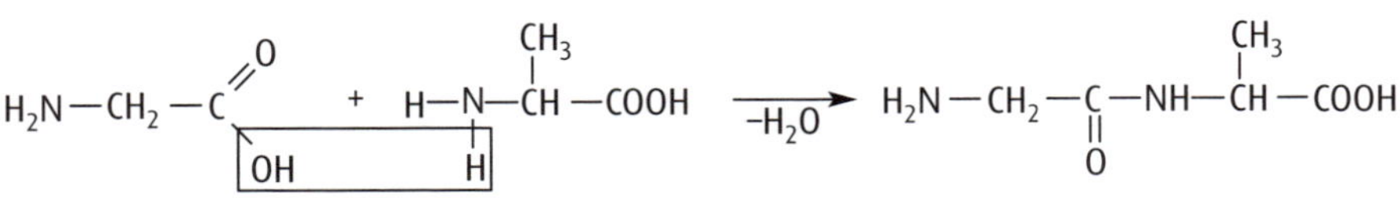

Glycin | Alanin | Dipeptid: Gly-Ala

(Gl. 6.58)

Prozess P11_KAP6

Im folgenden Prozess wird eine metallorganische Verbindung hergestellt, Ethylmagnesiumchlorid. Bei dieser Verbindung handelt es sich um eine sog.

Grignard[10]-Verbindung, die aus der Umsetzung eines Halogenalkans, hier Chlorethan, aus **P1_KAP6**, mit Magnesium entsteht. Dieser Prozess gibt erste Einblicke über metallorganische Verbindungen. Das Reaktionsverhalten wird ausschließlich anhand der Reaktionsgleichungen, ohne die entsprechenden Mechanis-

[10] Viktor Grignard (1871 bis 1935), französischer Chemiker

men behandelt. Band 2: Wahlqualifikationen befasst sich in Kapitel 1 noch ausführlicher und intensiver mit den Reaktionen metallorganischer Verbindungen.

6.17 Metallorganische Verbindungen

Definition «metallorganische Verbindung»

Um eine metallorganische Verbindung handelt es sich immer dann, wenn ein Metall und ein Kohlenstoffatom über eine σ-Bindung, also eine Elektronenpaarbindung, miteinander verbunden sind.

Beispiele für metallorganische Verbindungen sind: $LiCH_3$, $Mg(CH_3)_2$, C_2H_5MgBr. Bevorzugt werden metallorganische Verbindungen mit den Metallen der Hauptgruppen gebildet.

Die metallorganischen Verbindungen sind von den Metallverbindungen der Carbonsäuren bzw. der Alkohole zu unterscheiden. Bei diesen Verbindungen, z.B. Kaliumacetat oder Natriumethanolat, geht die Bindung zum Metall direkt über den Sauerstoff. Daher zählen sie nicht zu der Stoffklasse der metallorganischen Verbindungen.

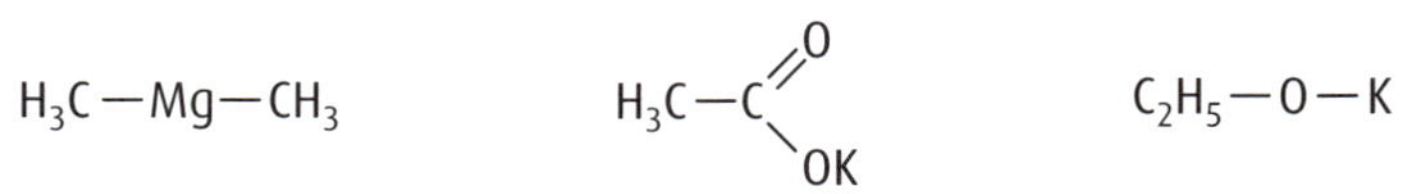

Magnesiumdimethyl Kaliumethanoat Kaliumethanolat

Das Reaktionsverhalten einer metallorganischen Verbindung ist durch die Polarität der Metall-Kohlenstoff-Bindung charakterisiert. Aufgrund der unterschiedlichen Elektronegativitäten erhält das Kohlenstoffatom eine negative und das Metallatom eine positive Partialladung. Die erhöhte Elektronendichte am Kohlenstoff ermöglicht einen Angriff für alle elektrophilen Teilchen. Daraus resultiert eine hohe Reaktionsfähigkeit der metallorganischen Verbindungen. Je größer die Polarität der Metall-Kohlenstoff-Bindung, desto größer auch die Reaktionsfähigkeit der Verbindung. Für die metallorganischen Verbindungen der Alkalimetalle ergibt sich dabei die größte Reaktivität. Aufgrund der hohen Reaktivität ist im Umgang mit solchen Verbindungen auch besondere Vorsicht geboten. Manche metallorganische Verbindungen besitzen eine so große Reaktionsfähigkeit, dass sie bereits mit Luftsauerstoff unter Selbstentzündung heftig reagieren. Beim Arbeiten mit metallorganischen Verbindungen muss daher unbedingt unter Luftausschluss gearbeitet werden.

6.17.1 Grignard-Verbindungen

Für die präparative organische Chemie sind die Grignard-Verbindungen von besonderer Bedeutung.

Definition «Grignard-Verbindung»

Die allgemeine Formel einer Grignard-Verbindung lautet R–Mg–X. Das X steht für die Halogene Cl, Br oder I. Bei R handelt es sich in der Regel um einen Alkylrest, wobei es durchaus auch Grignard-Verbindungen mit einem aromatischen Rest gibt. Die Bindung zum Magnesium erfolgt in allen Fällen über ein Kohlenstoffatom.

6.17.1.1 Eigenschaften von Grignard-Verbindungen

Grignard-Verbindungen sind feste Substanzen, die jedoch auch aufgrund ihrer Reaktionsfähigkeit immer in Form von Lösungen zur Reaktion eingesetzt werden. Da diese Grignard-Verbindungen sehr wasserempfindlich sind, finden Reaktionen mit diesen Verbindungen in wasserfreiem Ether oder Tetrahydrofuran (THF) als Lösemittel statt.

6.17.1.2 Herstellung von Grignard-Verbindungen

Exemplarisch soll aus Chlorethan eine Grignard-Verbindung hergestellt werden.

Das direkte Einwirken von metallischem Magnesium auf ein Halogenalkan ist die häufigste Herstellungsmethode für Grignard-Verbindungen. Dabei erfolgt die Reaktion von Chlorethan mit Magnesium nach Gl. 6.59.

$$H_5C_2{-}Cl + Mg \longrightarrow H_5C_2{-}Mg{-}Cl \qquad \text{(Gl. 6.59)}$$

Für die Herstellung des Ethylmagnesiumchlorides wird zunächst Chlorethan in Ether gelöst und die Lösung zum metallischen Magnesium, das ebenfalls mit Ether bedeckt ist, getropft. Die Zugabe des Chlorethans muss dabei der Umsetzungsgeschwindigkeit angepasst werden. Das Magnesium löst sich während der Reaktion auf. Je feiner die Oberfläche des Magnesiums ist, desto höher ist die Reaktionsgeschwindigkeit. Die Herstellung der Grignard-Verbindung mit einem Chloralkan springt jedoch manchmal schlecht an und läuft daher mit geringeren Reaktionsgeschwindigkeiten ab. Am besten lässt sich eine Grignard-Verbindung mit Bromalkanen durchführen, da hier gute Reaktionsgeschwindigkeiten bei ebenfalls guten Ausbeuten erzielt werden. Gegebenenfalls hilft ein Anätzen des Magnesiums mit etwas metallischem Iod, um das Anspringen zu beschleunigen. Die Umsetzung mit Iodalkanen läuft zwar am schnellsten ab, führt jedoch durch die Bildung von Nebenprodukten zu geringeren Ausbeuten. Als Nebenreaktion kann gegebenenfalls eine Wurtz-Synthese (s. auch Abschnitt 6.8) beobachtet werden. Bei Einsatz eines Überschusses an Halogenalkan kann dieses mit bereits umgesetztem Produkt zu einem höheren Alkan und dem entsprechenden Magnesiumsalz reagieren. Um diese Nebenreaktion zu vermeiden, ist während der Synthese auf langsame Zugabe des Halogenalkans zu achten.

Vertiefungsübung V6.24

Planen Sie die Herstellung der folgenden Grignard-Verbindungen durch Umsetzung mit metallischem Magnesium:

a) Ethylmagnesiumbromid,
b) Isopropylmagnesiumbromid und
c) Phenylmagnesiumbromid.

6.17.1.3 Reaktionen der Grignard-Verbindungen

Grignard-Verbindungen können prinzipiell 3 Reaktionswege eingehen:

- Reaktionen mit Verbindungen, die reaktionsfähige H-Atome besitzen,
- Reaktionen mit anderen Halogenverbindungen,
- Additionsreaktionen.

Reaktion mit reaktionsfähigen H-Atomen

Zu den Verbindungen mit einem reaktionsfähigen H-Atom zählen u.a. Wasser, Alkohole, Thiole (funktionelle Gruppe **-SH**), Phenole (aromatische Verbindung mit OH-Gruppe), Carbonsäuren, Ammoniak, Amine (aromatische Verbindung mit NH_2-Gruppe). Bei allen Reaktionen dieser Art entsteht aus dem aktiven Wasserstoffatom des Reaktionspartners und der Alkylgruppe der Grignard-Verbindung ein Alkan. Der Rest verbindet sich mit Magnesiumchlorid. Gl. 6.60 zeigt die Reaktion exemplarisch am Beispiel von Wasser.

$$H_5C_2{-}MgCl \quad + \quad H{-}O{-}H \longrightarrow C_2H_6 \quad + \quad Mg(OH)Cl \qquad \text{(Gl. 6.60)}$$

Vertiefungsübung V6.25

Realisieren Sie die Reaktion von Gl. 6.60 analog mit Ethanol, Ammoniak und Essigsäure. Welche Produkte entstehen jeweils?

Reaktionen mit Halogenverbindungen

Auch bei den Umsetzungen der Grignard-Verbindungen mit einer Halogenverbindung entstehen Alkane und die entsprechenden Magnesiumsalze. Gl. 6.61 zeigt z.B. die Reaktion von Ethylmagnesiumchlorid mit Chlorethan.

$$H_5C_2 - MgCl \quad + \quad H_5C_2 - Cl \longrightarrow C_4H_{10} \quad + \quad MgCl_2 \qquad \text{(Gl. 6.61)}$$

Findet die Reaktion mit unterschiedlichen Halogenen an den beiden Edukten statt, entsteht das entsprechende Salz ebenfalls mit unterschiedlichen Anionen, z.B. MgBrI.

Additionsreaktionen

Die häufigsten Umsetzungen mit Grignard-Verbindungen laufen in Form von Additionsreaktionen ab. Dabei addiert sich die Grignard-Verbindung an Doppel- oder Dreifachbindungen, häufig an die Doppelbindung einer Carbonylgruppe (>C=O). Das Grundprinzip dieser Reaktionsart läuft immer nach dem Schema von Gl. 6.62.

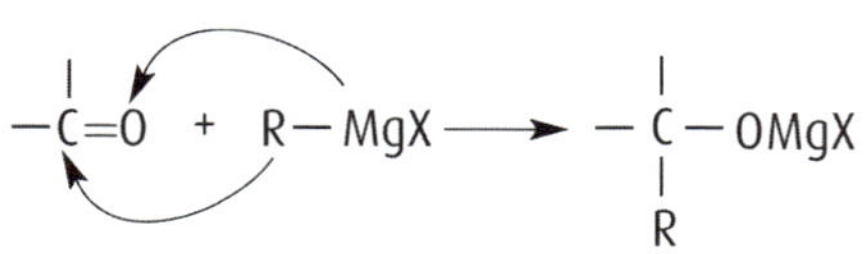

(Gl. 6.62)

Dabei wird das Magnesiumhalogenid über den Sauerstoff gebunden und der Alkylrest der Grignard-Verbindung geht an den Kohlenstoff der Carbonylgruppe.

In einem 2. Reaktionsschritt wird das entstandene Produkt durch Hydrolyse nach Gl. 6.63 aufgearbeitet:

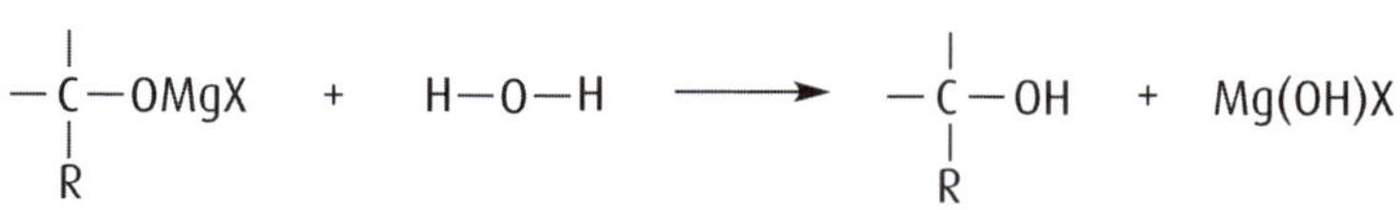

(Gl. 6.63)

Bei der Hydrolyse des Grignard-Reagenzes ist als neue Verbindung ein Alkohol entstanden. Diese Reaktion ist unter anderem eine Methode, um ein iodiertes Halogenalkan in einen Alkohol zu überführen. In Abschnitt 6.10.1 wurde anhand der Nucleophilie-Reihe erläutert, dass eine solche Reaktion direkt über den Mechanismus einer nucleophilen Substitution nicht möglich ist.

Tabelle 6.4 gibt eine Übersicht einiger Umsetzungen von Grignard-Verbindungen und den daraus nach der Additionsreaktion entstehenden Verbindungsklassen. Weitere Beispiele, die entsprechenden Reaktionsmechanismen und der Umgang mit den Reagenzien bei einer Grignard-Reaktion, werden in Band 2: Wahlqualifikationen, behandelt.

Tabelle 6.4 Additionsreaktionen mit Grignard-Verbindungen

R-MgX	**Produkte**
+ Ketone	tertiäre Alkohole
+ Methansäureester	Aldehyde
+ Nitrile	Ketone
+ Kohlenstoffdioxid	Carbonsäuren

II▶

Vertiefungsübung V6.26

Welche Produkte entstehen aus einem Grignard-Reagenz bei der Umsetzung mit Formaldehyd bzw. anderen Aldehyden nach anschließender Hydrolyse? Welcher Verbindungsklasse gehören die Produkte jeweils an?

II▶

Vertiefungsübung V6.27

Welches Produkt entsteht jeweils aus der Reaktion von Ethylmagnesiumbromid mit:

a) Aceton (Propanon)
b) Ethylmethanoat
c) Acetonitril (Essigsäurenitril)
d) Kohlenstoffdioxid?

Für die weiteren organischen Reaktionen, die in der bisherigen Prozesskette noch nicht betrachtet wurden, wird ein neuer Prozessstrang definiert, anhand dessen noch wichtige, ausstehende Reaktionen, wie z.B. die gesamte Aromatenchemie und die Polymerisation erläutert werden. Bild 6.9 zeigt diesen Prozessstrang.

▶▶▶

Prozess P12_KAP6

Zu Beginn der neuen Prozesskette wird das Ausgangsprodukt für die Prozesskette Ethin (Acetylen), C_2H_2, durch Cracken von Erdgas hergestellt.

Cracken ist der allgemeine Begriff für das energetische Spalten langer Kohlenwasserstoffketten aus Erdöl oder Erdgas sowie aus Kohle. Das eigentliche Edukt für diese Reaktion ist das im Erdgas enthaltene Methan (CH_4). Dieser Prozess stellt 2 Verfahren zur Synthese von Ethin (Acetylen) vor.

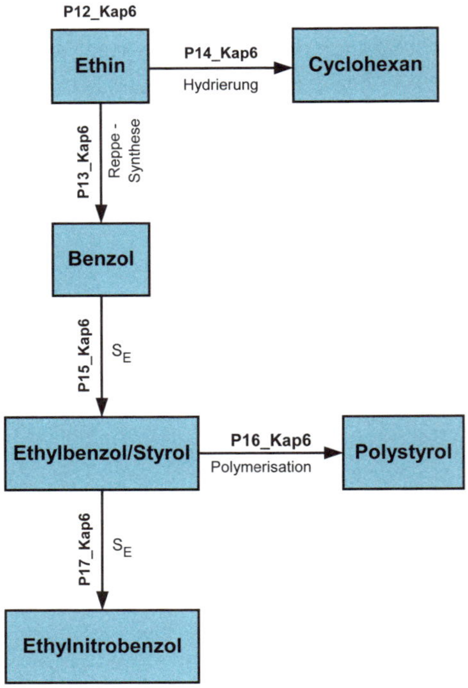

Bild 6.9
Organische Prozesskette 2

6.18 Reaktion von Methan zu Ethin

Ethin (Acetylen), C_2H_2, aus Kohlenwasserstoffen herzustellen, ist nur bei Temperaturen oberhalb von ϑ = 1000 °C möglich. Die Dreifachbindung enthält eine sehr hohe Enthalpie, die bei der Bildung des Alkins erst einmal zugeführt werden muss. Solch hohe Temperaturen können nur mit Flammen oder elektrischen Lichtbögen erreicht werden, wobei immer die Gefahr der Verbrennung zu Kohlenstoffdioxid besteht.

Flammen-Verfahren

Dem Methangas wird eine stöchiometrisch nicht ausreichende Menge Luft zugeführt und das Gemisch in eine Flamme eingeblasen. Die Temperatur des Gemisches in der Flamme steigt durch die Sauerstoffzufuhr auf ca. ϑ = 1500 °C an, dabei wird das überschüssige Methan, nach Gl. 6.64 in Ethin umgewandelt.

$$4\,CH_4 + O_2 \xrightarrow{\vartheta = 1500\,^\circ C} C_2H_2 + 2\,CO + 7\,H_2 \qquad \text{(Gl. 6.64)}$$

Als Nebenprodukte entstehen bei dieser Reaktion Kohlenstoffmonoxid und Wasserstoff, die das sog. Synthesegas bilden, das für viele großtechnische Prozesse benötigt wird. Synthesegas wird unter anderem zur technischen Herstellung von Ammoniak und Methanol eingesetzt (s. auch Kapitel 8).

Lichtbogen-Verfahren

Methangas wird bei diesem Verfahren in ein Rohr mit einem ϑ = 2000 °C heißen elektrischen Lichtbogen eingeblasen. Es bildet sich nach Gl. 6.65 Ethin unter Abspaltung von Wasserstoff.

$$2\,CH_4 \longrightarrow HC{\equiv}CH + 3\,H_2\uparrow \qquad \text{(Gl. 6.65)}$$

Die Verweilzeit des entstandenen Ethins darf im Rohr nur sehr gering sein, damit es nicht wieder zerfällt. Daher wird bei diesem Verfahren mit hohen Strömungsgeschwindigkeiten gearbeitet. Direkt hinter dem Lichtbogen wird das Reaktionsgas durch Einströmen von Kohlenwasserstoffen abgekühlt. Durch die Energieübertragung kommt es zum Cracken der einströmenden Kohlenwasserstoffe. Sinkt die Temperatur unter 1000 °C, bildet sich als nützliches Nebenprodukt bei diesem Verfahren Ethen, C_2H_4.

6.18.1 Bindungsverhältnisse im Alkin

Bei der Entstehung der Dreifachbindung zwischen 2 Kohlenstoffatomen kommt es, wie in Bild 6.10 zu sehen, zur Bildung von sp-Hybridorbitalen. Diese bilden anschließend 2 σ-Bindungen, eine zum Nachbarkohlenstoff und eine zum anderen Bindungspartner (meist Wasserstoff). Energetisch oberhalb dieser Hybridorbitale liegen 2 einfach besetzte p-Orbitale, die für die Ausbildung von 2 π-Bindungen (2. und 3. Kohlenstoffbindung) verantwortlich sind. Das Zustandekommen der Hybridorbitale und die Entwicklung der Bindungen erfolgt nach dem gleichen Schema wie bei den Alkanen und Alkenen.

Daraus ergibt sich ein linear aufgebautes Molekül mit einem Bindungswinkel von 180°, in dem senkrecht in y- und z-Richtung jeweils die überlappenden p-Orbitale die 2. bzw. 3. Bindung ausbilden. Die Bindungslänge zwischen den beiden Kohlenstoffen verringert sich nochmals durch die Ausbildung einer 3. Bindung im Vergleich zu den Alkenen. Bild 6.11 zeigt modellhaft ein Ethinmolekül.

Bild 6.10
sp-Hybridisierung

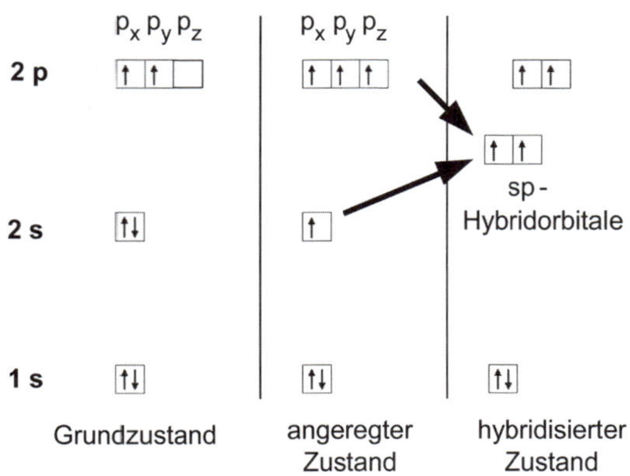

Bild 6.11
Ethinmolekül

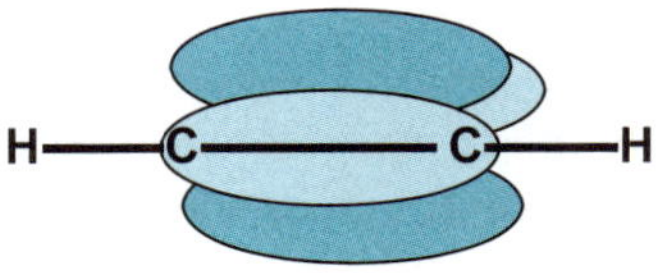

6.18.1.1 Eigenschaften von Alkinen

Merke

Allgemeine Summenformel für die homologe Reihe der Alkine

C_nH_{2n-2}

n ist hierbei die jeweilige Anzahl an Kohlenstoffatomen im entsprechenden Alkin.

In den physikalischen Eigenschaften unterscheiden sich die Alkine kaum von den Alkanen und Alkenen. Ihre zwischenmolekularen Kräfte sind ein wenig stärker ausgebildet und führen dadurch zu etwas höheren Schmelz- und Siedetemperaturen. Die Löslichkeit in Wasser ist aufgrund geringer Polarität sehr klein, jedoch auch deutlich höher als die der Alkane oder Alkene.

Die π-Elektronen der Dreifachbindung machen die Alkine sehr reaktionsfähig und sensibel für Additionsreaktionen. Da bei den Alkinen sogar 2 π-Bindungen zwischen 2 C-Atomen vorhanden sind, ist ihre Reaktionsfähigkeit noch höher als die der Alkene mit nur einer π-Bindung. Die Addition von Substituenten an die Dreifachbindung erfolgt nach dem Mechanismus der elektrophilen Addition, wie er im **Prozess P3_KAP6** beschrieben wurde. Dabei ist die Markownikow-Regel zu beachten.

Vertiefungsübung V6.28

Stellen Sie analog zur elektrophilen Addition an Alkenen (s. Abschnitt 6.7) die Reaktion zur Addition von HCl an Ethin auf. Benennen Sie das Reaktionsprodukt.

6.18.1.2 Nomenklatur von Alkinen

Bei der Benennung der Alkine wird die Endung **-in** an den Wortstamm angehängt.

$HC{\equiv}CH$ Ethin $\qquad$ $H_3C-C{\equiv}C-CH_3$ But-2-in

Auch die Benennung der Alkine bei Anwesenheit von Substituenten oder Seitenketten erfolgt analog der der Alkene (s. auch Abschnitt 6.6.4.1).

Ganz typisch für die Alkine, speziell für Ethin, sind die sog. Reppe[11]-Synthesen. Die Reppe-Synthesen werden in 4 verschiedene Reaktionsbereiche eingeteilt:

- Vinylierung
- Ethinylierung
- Carbonylierung
- Cyclisierung

6.19 Reppe-Synthesen

6.19.1 Vinylierung

Bei der Vinylierung reagiert Ethin mit Substanzen, die bewegliche H-Atome besitzen, wie z.B. Alkohole, Amine und Carbonsäuren. Dabei wird unter Aufspaltung der Dreifachbindung, wie in den Gl. 6.66...Gl. 6.68 gezeigt, eine Vinylgruppe gebildet, z.B.:

$$HC{\equiv}CH + HCl \longrightarrow \underset{\text{Vinylchlorid}}{H_2C{=}CHCl} \qquad \text{(Gl. 6.66)}$$

$$HC{\equiv}CH + C_2H_5OH \longrightarrow \underset{\text{Ethylvinylether}}{H_2C{=}CH-O-C_2H_5} \qquad \text{(Gl. 6.67)}$$

[11] Walter Reppe (1892 bis 1969), deutscher Chemiker

$$HC{\equiv}CH + H_3C{-}COOH \longrightarrow \underset{\text{Essigsäurevinylester}}{H_2C{=}CH{-}OOC{-}CH_3} \qquad \text{(Gl. 6.68)}$$

Die Produkte der Vinylierung sind wichtige Ausgangsstoffe für Kunststoffe. Als Produkte können bei einer Vinylierung Vinylchloride, Vinylcyanide, Vinylether und Vinylester entstehen.

6.19.2 Ethinylierung

Die Ethinylierung ist eine Additionsreaktion von Ethin an Aldehyde oder Ketone. Die Reaktion am Ethin kann dabei einseitig oder doppelseitig ablaufen. Gl. 6.69 zeigt die Reaktion am Beispiel der einfachen Ethinylierung mit Formaldehyd.

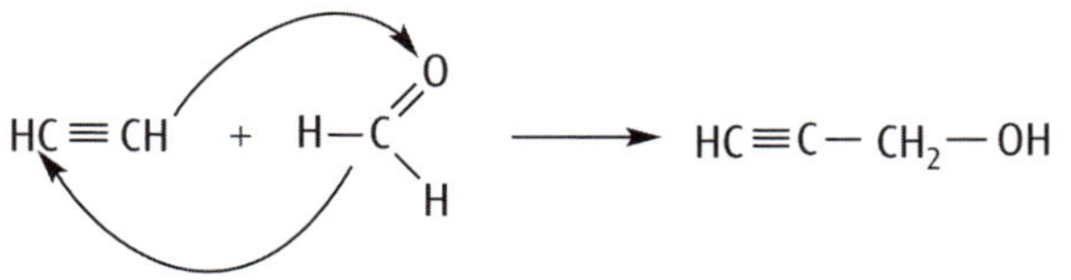

(Gl. 6.69)

Im folgenden Schritt (Gl. 6.70) erfolgt die Reaktion an beiden Seiten des Ethins. Das Produkt einer doppelseitigen Ethinylierung ist ein Alkindiol.

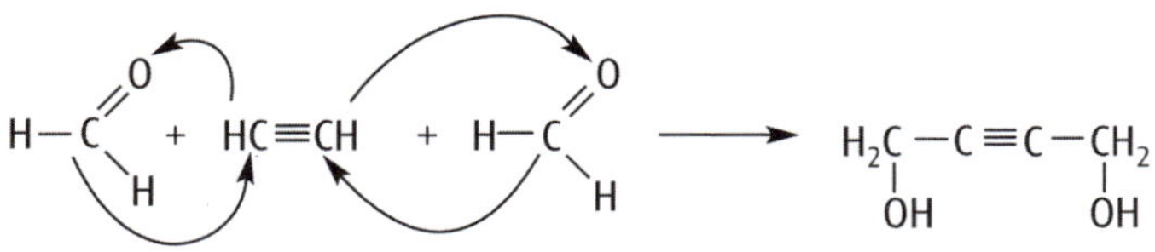

(Gl. 6.70)

Die Addition an ein Keton erfolgt analog der an die Aldehyde.

6.19.3 Carbonylierung

Die Carbonylierung der Reppe-Synthesen führt zu ungesättigten Carbonsäuren oder Carbonsäurederivaten. Die Reaktion erfolgt ähnlich der Vinylierung unter zusätzlicher Einführung von Kohlenstoffmonoxid. Auch hier dienen als Reaktionspartner Stoffe mit aktiven H-Atomen. Gl. 6.71 und Gl. 6.72 zeigen diese Reaktionen.

$$HC{\equiv}CH + CO + H_2O \longrightarrow \underset{\text{Acrylsäure}}{H_2C{=}CH{-}COOH} \qquad \text{(Gl. 6.71)}$$

$$HC{\equiv}CH + CO + C_2H_5OH \longrightarrow \underset{\text{Acrylsäureethylester}}{H_2C{=}CH{-}COO{-}C_2H_5} \qquad \text{(Gl. 6.72)}$$

Die Reaktion der **Cyclisierung** nach Reppe wird im **Prozess P13_KAP6** als Übergang zum Aromaten Benzol erläutert.

▶▶▶

Prozess P13_KAP6

Im folgenden Prozess wird das in Prozess **P12_KAP6** synthetisierte Ethin über eine Cyclisierungsreaktion nach Reppe zur Herstellung der aromatischen Verbindung Benzol eingesetzt.

Bei dieser Reaktion reagieren mehrere Moleküle des Alkins zu einer cyclischen Verbindung mit konjugierten Doppelbindungen. Als Produkt entsteht eine aromatische Verbindung. Im weiteren Verlauf dieses Prozesses wird erklärt, durch welche Eigenschaften und Merkmale eine aromatische Verbindung charakterisiert ist.

6.19.4 Cyclisierung

Die Cyclisierungsreaktion von Ethin wird auch Trimerisierung (Ringbildung aus 3 Molekülen) genannt. Gl. 6.73 zeigt diese Trimerisierung von Ethin. Das Reaktionsprodukt trägt den gebräuchlichen Trivialnamen **Benzol**.

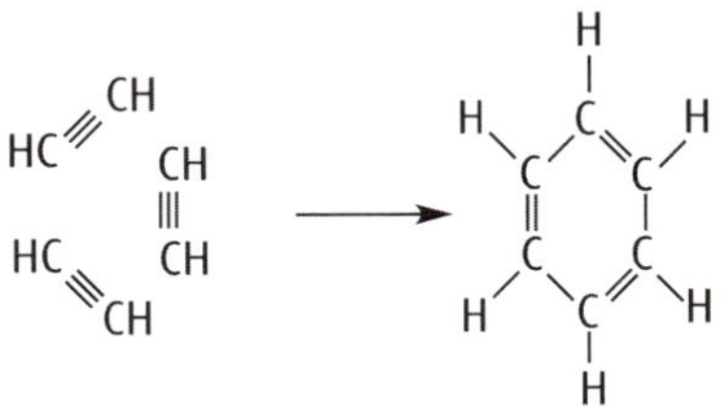

(Gl. 6.73)

Schaut man sich die Struktur des Produktes aus Gl. 6.73 genauer an, müsste es den Namen 1,3,5-Cyclohexatrien bekommen. Die Lage der Doppelbindungen ist bei dieser Verbindung jedoch nicht fest bei Position 1, 3 und 5 zu lokalisieren.

Bei den Bindungsverhältnissen der Alkene wurde bereits dargestellt, dass die Bindungslänge einer Doppelbindung kürzer ist, als die einer Einfachbindung. Demnach müssten eigentlich in dem nun entstandenen Produkt die Bindungslängen immer abwechselnd lang bzw. kurz sein. Tatsächlich fallen aber alle Bindungslängen zwischen den 6 Kohlenstoffatomen gleich lang aus, wodurch sich keine Aussage über die Lage der 3 vorhandenen Doppelbindungen treffen lässt. Die Erklärung dieses Zustandes erfolgt über die Definition einer aromatischen Verbindung, die im nächsten Abschnitt erläutert wird.

6.19.4.1 Bindungsverhältnisse in Aromaten

Benzol (C_6H_6) enthält 3 konjugierte Doppelbindungen, die untereinander ein sog. π-Elektronensystem bilden. Dies bedeutet, dass die π-Elektronen **delokalisiert** sind und nicht an einer bestimmten Stelle festgelegt werden können. Das π-Elektronensystem erstreckt sich über den gesamten Ring, so dass die Kohlenstoffatome weder einfach noch doppelt gebunden vorliegen, sondern ein Zwischenzustand gebildet wird. Dies beweisen auch die Messungen der Bindungslängen zwischen den Kohlenstoffatomen. Diese sind nämlich nicht im Wechsel unterschiedlich, sondern alle Bindungslängen zwischen den Kohlenstoffen des Ringes sind gleich groß und liegen von der Größenordnung genau zwischen einer Einzel- und einer Doppelbindungslänge.

Zur Darstellung der Struktur wird, wie Bild 6.12 zeigt, entweder die **Kekulé[12]-Formel** als mesomere Grenzstruktur verwendet bzw. häufig auch die **Robinson-Formel,** bei der die 3 delokalisierten Doppelbindungen einfach durch einen Kreis im Benzolring dargestellt werden, um zu zeigen, dass diese eigentlich nicht zu lokalisieren sind.

Im Benzol liegen alle Kohlenstoffe wie bei den Alkenen sp^2-hybridisiert vor. Dies führt zu einer ebenen Struktur des Benzolmoleküls mit einem Bindungswinkel von jeweils 120°. Oberhalb und unterhalb des Ringes bildet sich eine Elektronenwolke mit den delokalisierten π-Elektronen aus. Bild 6.13 zeigt modellhaft ein Benzolmolekül.

[12] Friedrich August Kekulé (1829 bis 1896), deutscher Chemiker

Bild 6.12
Kekulé-Formel und Robinson-Formel

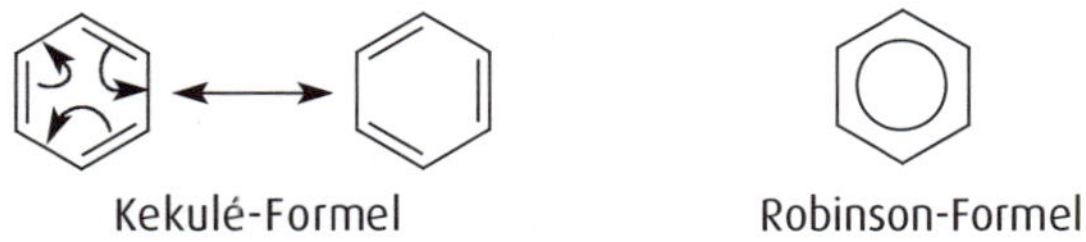

Bild 6.13
Benzolmolekül

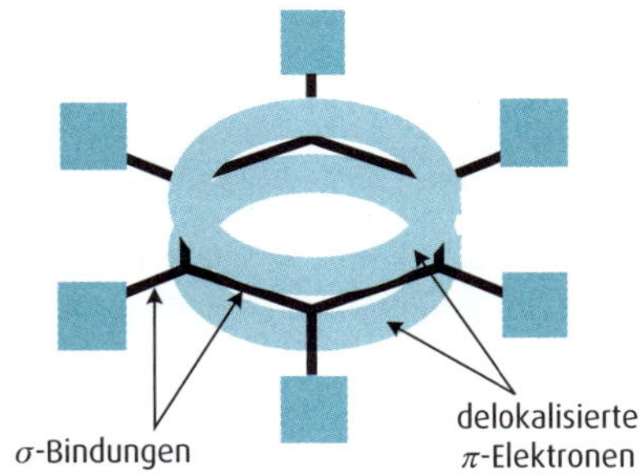

6.19.4.2 Unterscheidung Aromat/Nichtaromat

Nicht jede cyclische Verbindung ist gleichzeitig aromatisch. Zur Unterscheidung sind einige Merkmale für aromatische Verbindungen genannt:

- das cyclische System besteht aus konjugierten Doppelbindungen,
- alle Kohlenstoffatome sind sp^2-hybridisiert,
- die Moleküle besitzen eine planare Struktur,
- die **Hückel-Regel**[13] ist erfüllt: das System enthält $(4\ n + 2)$ π-Elektronen, wobei n eine ganze Zahl darstellt und damit $n = 1, 2, 3, \ldots$ einnehmen kann.

Beispiel

$(4 \cdot 1 + 2) = 6$
real 6 π-Elektronen

Bedingungen erfüllt

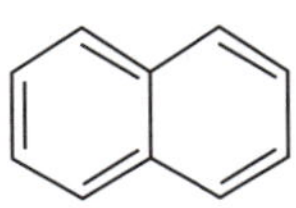

$(4 \cdot 2 + 2) = 10$
real 10 π-Elektronen

Bedingungen erfüllt

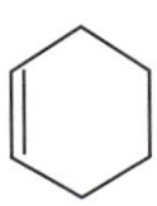

$(4 \cdot 1 + 2) = 6$
real 2 π-Elektronen

Bedingungen nicht erfüllt

Auch einige heterocyclische Verbindungen (Verbindungen bei denen außer Kohlenstoff andere Atome im Ring gebunden sind) erfüllen die aromatischen Bedingungen, da ein freies Elektronenpaar am Sauerstoff oder Stickstoff zum konjugierten π-Elektronensystem hinzugezählt werden kann.

Beispiel

Furan

[13] Erich Hückel (1896 bis 1980), deutscher Chemiker u. Physiker

Informationssuche

Suchen Sie in entsprechender Literatur, Datenbanken, Lexika oder im Internet (z.B.http://de.wikipedia.org/wiki/Hauptseite) nach den Verbindungen Tetrahydrofuran (THF), Piperidin, 1,4-Dioxan, Pyrrol, Chinolin und Pyridin. Entscheiden Sie anhand der oben aufgeführten Kriterien, ob es sich jeweils um eine aromatische Verbindung handelt oder nicht.

6.19.4.3 Eigenschaften von Benzol

Benzol ist eine klare, farblose Flüssigkeit. Es ist zu einem sehr geringen Teil wasserlöslich, hat jedoch, auch wenn es der Name aufgrund der Endung **-ol** vermuten lässt, nichts mit den Alkoholen gemeinsam. Dagegen ist Benzol mit nahezu allen organischen Lösemitteln mischbar und dient verschiedenen organischen Substanzen, wie z.B. Fette und Harze, Farben und Lacke, selbst als Lösungsmittel.

Benzol ist leicht entflammbar und sowohl die Flüssigkeit als auch dessen Dämpfe sind giftig und cancerogen.

Informationssuche

Suchen Sie in entsprechender Literatur, Datenbanken, Lexika oder im Internet (z.B. http://de.wikipedia.org/wiki/Hauptseite) nach dem Gefahrstoff Benzol und erfassen Sie die Zusammenhänge.

Benzol ist der wichtigste Ausgangstoff zur Herstellung vieler aromatischer Verbindungen.

Eine der wichtigsten Reaktionsarten des Benzols ist die Substitutionsreaktion, bei der Wasserstoffe des Benzolringes durch andere Substituenten ersetzt werden. Der Benzolring selbst bleibt dabei bei den meisten Reaktionen erhalten, da er aufgrund des delokalisierten π-Elektronensystems sehr stabil ist. Dennoch ist unter bestimmten Reaktionsbedingungen auch eine Additionsreaktion an die π-Elektronen durch Wasserstoff (Hydrierung) oder Halogene möglich.

6.19.4.4 Nomenklatur aromatischer Verbindungen

Nach der IUPAC-Nomenklatur kann die Benennung der aromatischen Verbindungen vom Benzol (Engl.: Benzene) als Grundverbindung abgeleitet werden. Die Substituenten werden mit ihrer Benennung entweder vorne oder hinten angestellt.

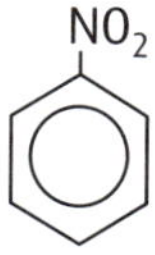

Nitrobenzol

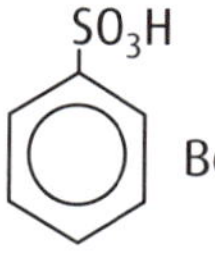

Benzolsulfonsäure

Sind mehrere Substituenten am Benzolring, müssen die Stellen der Substituenten im Namen als Ziffern angegeben werden, wobei am obersten Kohlenstoffatom begonnen und im Uhrzeigersinn von 1…6 durchgezählt wird.

Handelt es sich bei einer Mehrfachsubstitution um gleiche Substituenten, können diese über die Vorsilbe **di** oder **tri** zusammengefasst werden. Hierbei werden auch die

Stellungen als Ziffern angegeben. Weiterhin sind die Kurzbenennungen «**ortho**», «**meta**» und «**para**» für die Stellungen 1,2; 1,3; oder 1,4 geläufig.

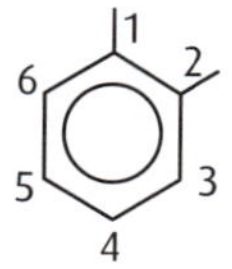

ortho-
1,2-

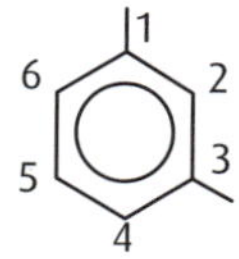

meta-
1,3-

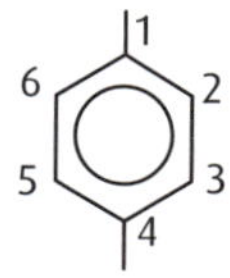

para-
1,4-

Als Beispiel hierfür können die disubstituierten Chlorbenzole erwähnt werden. Hier handelt es sich um 1,2-Dichlorbenzol (ortho-Dichlorbenzol), 1,3-Dichlorbenzol (meta-Dichlorbenzol) und 1,4-Dichlorbenzol (para-Dichlorbenzol). Die beiden ortho- und para-Produkte können durch direkte Chlorierung am Benzolkern hergestellt werden. Für die Synthese des meta-Produktes müssen allerdings andere Synthesewege beschritten werden, da es bei direkter Chlorierung nicht zur Ausbildung des meta-Produktes kommt.

Als weiteres disubstituiertes Benzolderivat, sind die als Lösemittel weit verbreiteten Xylole zu erwähnen. Xylole sind zweifachsubstituierte Methylbenzole, wobei Xylol ein Trivialname ist. Hier gibt es die 3 doppelt substituierten Produkte 1,2-Dimethylbenzol (o-Dimethylbenzol, o-Xylol), 1,3-Dimethylbenzol (m-Dimethylbenzol, m-Xylol) und 1,4-Dimethylbenzol (p-Dimethylbenzol, p-Xylol).

Informationssuche

Suchen Sie in entsprechender Literatur, Datenbanken, Lexika oder im Internet (z.B. http://de.wikipedia.org/wiki/Hauptseite) nach weiteren disubstituierten Benzolen und deren Trivialnamen. Ermitteln Sie u.a., um welche disubstituierte Verbindung es sich beim Trivialnamen Kresol handelt. Wie lauten die Trivialnamen der Diphenole?

Bei 3 **gleichen** Substituenten spricht man von vicinalen, symmetrischen oder asymmetrischen Stellungen.

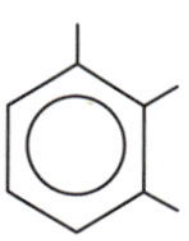
vicinal
(benachbart)
1,2,3-

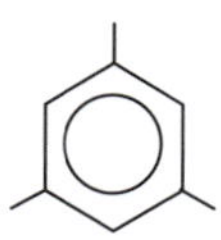
symmetrisch
1,3,5-

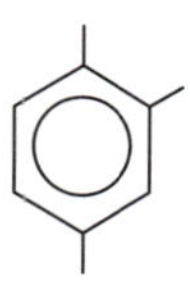
asymmetrisch
1,2,4-

Bei aliphatischen Verbindungen, bei denen der aromatische Ring in der Seitenkette als Substituent auftritt, wird dieser mit der Vorsilbe **Phenyl-** in den Namen eingefügt.

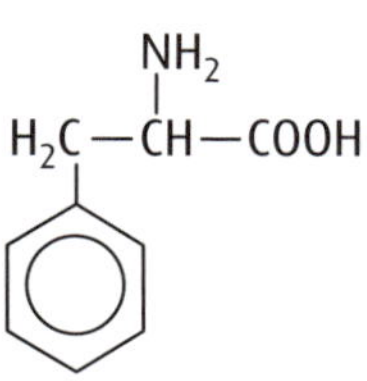

Phenylalanin

▶▶▶

Prozess P14_KAP6

Bevor in den nächsten Prozessen mit dem Benzol die Aromatenchemie vertieft wird, wird in diesem Prozess erst einmal eine cyclische, aber **nicht** aromatische Verbindungsklasse hergestellt. Durch Hydrierung des Benzols mit Wasserstoff entsteht Cyclohexan. Cyclohexan gehört der Verbindungsklasse der **Cycloalkane** an. An die 3 Doppelbindungen des Benzols wird bei einer Hydrierung jeweils ein Molekül Wasserstoff addiert, so dass anschließend wieder alle Kohlenstoffbindungen gesättigt sind und damit kein aromatisches System mehr vorliegt.

6.20 Reaktion der Hydrierung bzw. Reduktion von Benzol

Die Hydrierung von Benzol ist eine Additionsreaktion, bei der jeweils ein Wasserstoffmolekül pro Doppelbindung addiert wird. Bei 3 Doppelbindungen im Benzol werden 3 Wasserstoffmoleküle benötigt. Die Hydrierung erfolgt nach Gl. 6.74 unter der Verwendung eines Nickel- oder Platin-Katalysators.

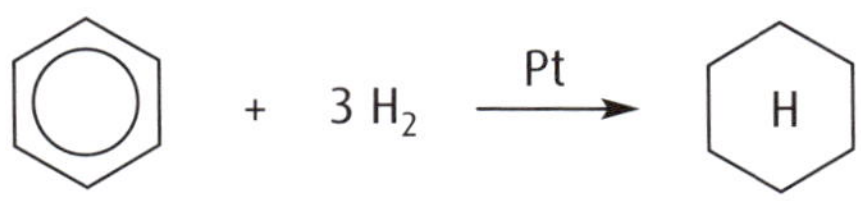

(Gl. 6.74)

Das Produkt aus Gl. 6.74, Cyclohexan, wurde in vereinfachter Schreibweise dargestellt. Das «H» in der Mitte des Ringes bedeutet, dass der Ring «durchhydriert» ist, d.h., es befinden sich an jedem Kohlenstoff 2 Wasserstoffe und alle Bindungen sind gesättigt (es gibt keine Mehrfachbindungen).

Die Hydrierung kann als Reduktion betrachtet werden, da die Kohlenstoffe im Benzol eine Oxidationszahl von jeweils –I besitzen. Im Cyclohexan beträgt die Oxidationszahl jedes einzelnen Kohlenstoffes dann –II.

6.20.1 Eigenschaften der Cycloalkane

■

Merke

Allgemeine Summenformel für die homologe Reihe der Cycloalkane

$\mathbf{C_nH_{2n}}$

n ist hierbei die jeweilige Anzahl an Kohlenstoffatomen im entsprechenden Cycloalkan.

Die allgemeine Summenformel der Cycloalkane gleicht denen der Alkene.

Die Cycloalkane zählen wie die Alkane zu den gesättigten Kohlenwasserstoffen, da sie keine Mehrfachbindungen in ihren Strukturen enthalten. Die einfachste existierende Cycloalkanverbindung ist Cyclopropan (C_3H_6), wobei die Cycloverbindungen aus Propan und auch aus Butan noch nicht sehr stabil sind, da es im Ringsystem zu erheblichen Spannungen kommt.

Beispiel

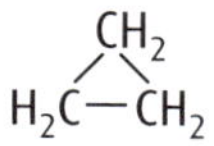

Cyclopropan

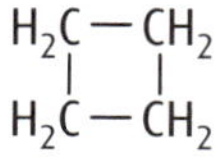

Cyclobutan

Die bekannteste und auch sehr stabile Verbindung der Cycloalkane ist das Cyclohexan (C_6H_{12}). Das Cyclohexanmolekül besteht aus einem 6-Eck. Um die Tetraederstruktur zu bewahren, nimmt dieses 6-Eck 2 verschiedene Konformationen an, die Sessel- und die Wannenform (Bild 6.14).

Bild 6.14
Sessel- und Wannenform

Die beiden Formen können durch Umklappen von der einen in die andere übergehen und sind daher auch nicht als unterschiedliche Isomere feststellbar. Dies hat bei Dehydrierungsreaktionen (Abspaltung von Wasserstoff) am Cyclohexan die Konsequenz, dass auf die Bildung von **cis-** bzw. **trans-**Verbindung kein Einfluss genommen werden kann. Aus der Wannenform bildet sich bei Dehydrierung jedoch bevorzugt die **cis-**Verbindung, aus der Sesselform hingegen die **trans-**Verbindung.

In ihren Eigenschaften ähneln die Cycloalkane sehr den Alkanen. Sie sind wasserunlöslich, mit organischen Lösemitteln jedoch gut mischbar. Die Dichten, Schmelz- und Siedepunkte steigen mit wachsender Molmasse, liegen jedoch oberhalb der vergleichbarer Alkane. Die Reaktionsfähigkeit der Cycloalkane muss differenziert betrachtet werden. Die niedrigen Verbindungen (Cyclopropan, Cyclobutan) reagieren aufgrund der Instabilität ihrer Bindungen mit anderen Reaktionspartnern relativ schnell unter Öffnung des Ringes, wobei Cyclopropan noch reaktiver ist als Cyclobutan. Das Reaktionsverhalten von Cyclopentan und Cyclohexan ist nahezu mit dem von Pentan und Hexan vergleichbar und eher als träge anzusehen. Auch das Reaktionsverhalten der höheren Cycloalkane ist dem der entsprechenden Alkane sehr ähnlich.

6.20.2 Nomenklatur der Cycloalkane

Bei der Benennung der Cycloalkane wird als Wortstamm das jeweilige Alkan verwendet und die Vorsilbe **cyclo-** eingesetzt. Die weitere Benennung von Substituenten usw. erfolgt analog zu den Alkanen.

Beispiel

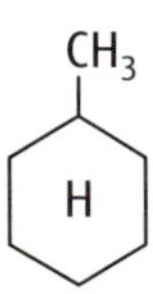

Methylcyclohexan

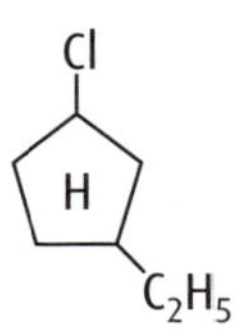

1-Chlor-3-ethyl-cyclopentan

Prozess P15_KAP6

Das Produkt dieses Prozesses heißt Styrol. Styrol ist ein substituiertes Benzolderivat. An den Benzolring wird der Rest des Ethens substituiert, wobei sich die Synthese in 2 Teilschritten gliedert.

In der 1. Stufe wird durch eine sog. Friedel-Crafts-Alkylierung eine Ethylgruppe an das Benzol substituiert.

In der Folgestufe wird diese Ethylgruppe dann durch ein entsprechendes Reduktionsmittel dehydriert. Dies bedeutet, dass man der Ethylgruppe Wasserstoff entzieht und sich dabei eine ungesättigte Seitenkette am Benzol bildet.

6.21 Mechanismus der elektrophilen Substitution S_E am Aromaten (Kernsubstitution)

Prinzipiell unterscheidet man 2 Arten der Aromatensubstitution. Zum einen die **Kernsubstitution**, die in diesem Abschnitt behandelt wird, also wenn direkt am Benzolring substituiert wird.

Die 2. Möglichkeit der Substitution ergibt sich, wenn am Benzol bereits Substituenten gebunden sind und ein weiterer Substituent hinzukommt. Für diesen hinzukommenden Substituenten gibt es über die Kernsubstitution hinaus noch die Möglichkeit, sich nicht am Benzolring zu orientieren, sondern an einem der bereits gebundenen Substituenten. Dies wird als **Seitenkettensubstitution** bezeichnet und in Abschnitt 6.24 vertieft. Die beiden Reaktionen unterscheiden sich deutlich in ihren erforderlichen Reaktionsbedingungen.

Man unterscheidet die 2 Reaktionsarten nach **KKK**- und **SSS**-Bedingungen. **KKK** bedeutet, dass die **K**ernsubstitution in der **K**älte und mit Hilfe eines **K**atalysators abläuft. Hingegen findet unter **S**onnenlicht und in der **S**iedehitze eine Substitution an der **S**eitenkette statt. Betrachtet man z.B. den Eintritt eines Halogens in die Verbindung Methylbenzol (Toluol), kann dieses Halogen einerseits einen Wasserstoff des Benzolringes substituieren (Kernsubstitution), andererseits könnte auch ein Wasserstoff der Methylgruppe ersetzt werden (Seitenkettensubstitution).

Beispiel

kern- substituiertes Produkt

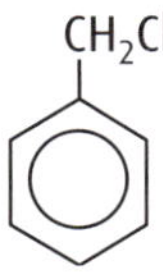

seitenketten- substituiertes Produkt

Der Benzolring enthält 6 delokalisierte -Elektronen aus den 3 Doppelbindungen des Benzols. Dadurch befindet sich im Inneren des Benzolringes ein Überschuss an negativer Ladung, der eine ideale Angriffsmöglichkeit für ein elektrophiles Teilchen bildet.

Die Herstellung von Styrol, das in diesem Prozess entstehen soll, geht über mehrere Stufen, wobei als Zwischenprodukt zunächst Ethylbenzol über den Mechanismus der elektrophilen Substitution entsteht. Die Synthese von Ethylbenzol ist eine **Alkylierungsreaktion nach Friedel-Crafts**[14]. Als Katalysator wird z.B. die Lewis-Säure Aluminiumchlorid eingesetzt, die die Aufgabe hat, die Elektrophilbildung zu ermöglichen. Das Elektrophil entsteht nach Gl. 6.75 aus der Reaktion von Chlorethan mit dem Katalysator.

$$C_2H_5Cl + AlCl_3 \longrightarrow [AlCl_4]^- + {}^+C_2H_5 \qquad \text{(Gl. 6.75)}$$

[14] Charles Friedel (1832 bis 1899), französischer Chemiker und James Mason Crafts (1839 bis 1917), amerikanischer Chemiker

Bei der Kernsubstitution kommt es im 1. Reaktionsschritt zu einer Wechselwirkung zwischen Elektrophil und negativem Elektronenring des Benzols, der als **π-Komplex** bezeichnet wird, s. dazu Gl. 6.76.

Definition «π-Komplex»

Zwischen Aromat und Elektrophil bildet sich ein Elektronendonator-Elektronenakzeptor-Komplex (s. Kapitel 4). Dabei bleibt das π-Elektronensystem erhalten.

(Gl. 6.76)

Im nächsten Schritt kommt es zur Bildung einer Bindung, bei der das bindende Elektronenpaar durch die Elektronen aus dem Benzolring zur Verfügung gestellt wird. Dieser sog. **σ-Komplex** ist **mesomeriestabilisiert**, da sich die entstandene positive Ladung innerhalb des Ringes durch «Umklappen» von Elektronenpaaren verteilen kann. Durch die Mesomerie wird dieser Zwischenzustand stabilisiert (s. Gl. 6.77).

Definition «σ-Komplex»

Beim σ-Komplex handelt es sich um einen Zwischenzustand der elektrophilen Substitution. Im σ-Komplex bildet sich ein Areniumion (positive Ladung innerhalb des Ringes), bei dem 4 π-Elektronen auf 5 Kohlenstoffatome verteilt sind. Die Bildung des σ-Komplexes ist der geschwindigkeitsbestimmende Schritt einer S_E.

Definition «Mesomerie»

Mesomerie oder auch Resonanz genannt, ist das Vorhandensein mehrerer Strukturformeln in einem Molekül. Dabei sind die Strukturformeln nur fiktive Grenzzustände, die tatsächlich nicht erreicht werden. **Keine Grenzformel beschreibt die tatsächlichen Bindungsverhältnisse und Elektronenverteilungen richtig**. Die wahre Elektronenverteilung liegt zwischen den Grenzformeln.
Mesomere Grenzformeln werden in Reaktionsgleichungen durch einen sog. Mesomeriepfeil ($\leftrightarrow$) verdeutlicht.

Gl. 6.77 zeigt die Mesomerie bei der Friedel-Crafts-Alkylierung:

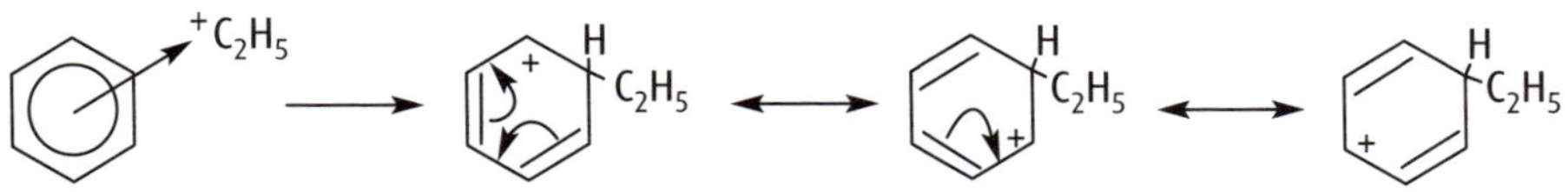

(Gl. 6.77)

Im letzten Schritt erfolgt die **Rearomatisierung** (Rückbildung des aromatischen Systems) des Benzolringes durch Abspaltung eines Protons, wobei das bindende Elektronenpaar zum Wasserstoff in den Kern zurückklappt, und somit das aromatische System wieder hergestellt wird (s. dazu Gl. 6.78).

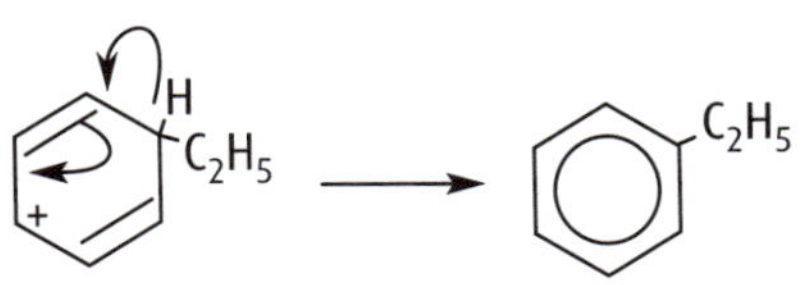

(Gl. 6.78)

Natürlich kann es bei diesen Reaktionen zu Mehrfachsubstitutionen kommen. Dies kann, wenn nicht erwünscht, durch einen reduzierten Einsatz an Substitutionsmittel in geringem Maß beeinflusst werden.

Bei der Reaktion ist Aluminiumchlorid der Katalysator, daher muss dieser am Ende der Reaktion wieder unverändert vorliegen und wird zum Schluss nach Gl. 6.79 wieder zurückgebildet.

$$[AlCl_4]^- + H^+ \longrightarrow AlCl_3 + HCl \qquad \text{(Gl. 6.79)}$$

Als Produkt ist nach Gl. 6.78 Ethylbenzol entstanden. Ethylbenzol ist eine farblose Flüssigkeit mit spezifischem Geruch. Ethylbenzol ist Ausgangsprodukt zur Herstellung von Styrol und damit Basis für die Kunststoffindustrie zur Herstellung des Kunststoffes Polystyrol. Da Ethylbenzol nur in sehr geringen Mengen natürlich gewonnen werden kann, ist die synthetische Herstellung von großer industrieller Bedeutung.

Das gewünschte Produkt des **Prozesses P15_KAP6** ist Styrol (Vinylbenzol, Phenylethen). Die Bildung von Styrol aus Ethylbenzol erfolgt nach Gl. 6.80 durch **katalytische Dehydrierung** (Entfernung von H_2 mit Hilfe eines Katalysators) von Ethylbenzol.

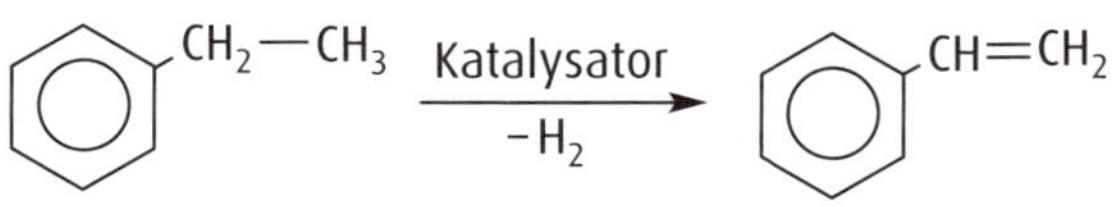

(Gl. 6.80)

Bei Styrol handelt es sich um eine farblose Flüssigkeit mit einem Siedepunkt von ϑ_b = 146 °C. Eine Reinigung des hergestellten Styrols durch Destillation gestaltet sich schwierig, da es eine ausgeprägte Neigung zur Polymerisation besitzt.

Im nächsten Prozess soll das entstandene Styrol polymerisiert werden. Zuvor werden jedoch in den nächsten Abschnitten weitere Substitutionsreaktionen am Benzol vorgestellt.

Vertiefungsübung V6.29

Führen Sie über den Mechanismus der Friedel-Crafts-Reaktion eine Alkylierung von Benzol mit 2-Chlorpropan durch. Informieren Sie sich über das entstehende Produkt. Wie lautet dessen Trivialname und für welches wichtige technische Verfahren wird es eingesetzt?

Informationssuche

Suchen Sie in entsprechender Literatur, Datenbanken, Lexika oder im Internet (z.B. http://de.wikipedia.org/wiki/Hauptseite) nach den Oxidationsprodukten von Toluol (Methylbenzol). Richten Sie dabei besonderes Augenmerk auf die zu verwendenden Oxidationsmittel und das stöchiometrisch korrekte Aufstellen der Redoxgleichungen.

6.21.1 Halogenierung von Aromaten

Bei der Halogenierung am Benzol wird ein Wasserstoff des Benzols durch ein entsprechendes Halogen ersetzt.

Halogene sind elektronegative Moleküle, die im Folgenden als Substituenten eine Reaktion eingehen. Zunächst wird erläutert, warum ein elektronegatives Teilchen einen elektrophilen Angriff am Aromaten eingeht. Die Erklärung erfolgt über den Katalysator dieser Reaktion. Mit Hilfe des Katalysators wird aus dem zunächst unpolaren

Halogenmolekül ein Elektrophil gebildet. Jede elektrophile Substitution hat einen spezifischen Katalysator zur Bildung des Elektrophils. Für eine Halogenierung wird außer dem entsprechenden Halogengas noch das jeweilige Eisen(III)- oder Aluminiumsalz als Katalysator eingesetzt. Das Salz hat die Aufgabe, die Bildung des Elektrophils zu ermöglichen. Die folgende Reaktion in Gl. 6.81 zeigt dies anhand der Bildung eines Bromelektrophils.

$$Br_2 + FeBr_3 \longrightarrow Br^+ + [FeBr_4]^- \qquad \text{(Gl. 6.81)}$$

Die anschließende Substitutionsreaktion ist vom Mechanismus analog der Alkylierung aus dem vorangegangenen Abschnitt. Daher wird hier nur die Kurzform anhand der Reaktionsgleichung und dem Beispiel einer Bromierung als eine Halogenierungsmöglichkeit gezeigt (s. dazu Gl. 6.82).

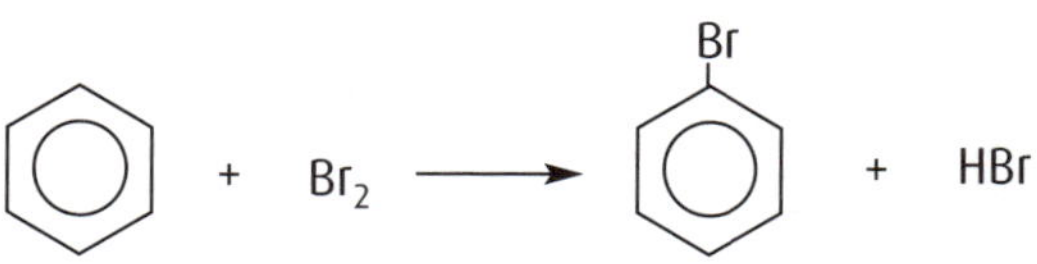

(Gl. 6.82)

Das entstandene Produkt ist Brombenzol. Zur Regeneration des Katalysators reagiert das entstandene Proton mit dem Eisen-Brom-Komplex zurück zu Eisen(III)bromid und Bromwasserstoff.

Vertiefungsübung V6.30

Formulieren Sie den vollständigen Mechanismus der Bromierung von Benzol. Stellen Sie dabei auch die mesomeren Grenzstrukturen des σ-Komplexes auf.

6.21.2 Nitrierung von Aromaten

Unter einer Nitrierung versteht man das Einführen einer NO_2-Gruppe in den Benzolring mit Hilfe von Salpetersäure. Auch hier steht an 1. Stelle die Bildung des Elektrophils nach Gl. 6.83, wofür als Katalysator zusätzlich Schwefelsäure eingesetzt wird. Ein Gemisch aus Schwefelsäure und Salpetersäure im Verhältnis 1 : 2 oder 1 : 3, wird daher auch Nitriergemisch genannt.

$$HNO_3 + H_2SO_4 \longrightarrow NO_2^+ + HSO_4^- + H_2O \qquad \text{(Gl. 6.83)}$$

Die Einführung des Elektrophils erfolgt wiederum nach dem gleichen Mechanismus, wie bei Alkylierung und Halogenierung und wird daher in Gl. 6.84 nur in Form der Reaktionsgleichung gezeigt.

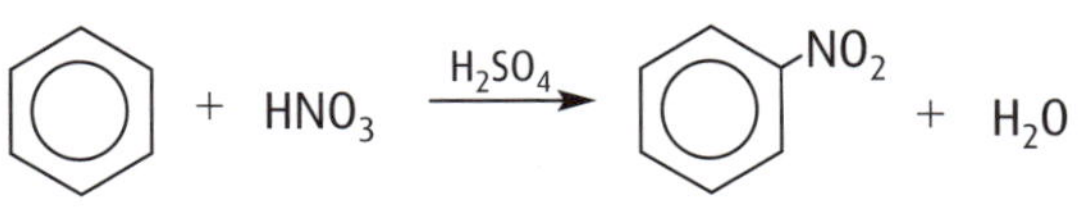

(Gl. 6.84)

Als Produkt entsteht bei dieser Reaktion Nitrobenzol. Bei Nitrobenzol handelt es sich um eine klare, gelbliche Flüssigkeit mit Bittermandelgeruch. Sie ist brennbar, besitzt mit ϑ_b = 211 °C einen recht hohen Siedepunkt und hat einen Schmelzpunkt von ϑ_m = 5,7 °C. Die Dichte von Nitrobenzol beträgt bei ϑ = 20 °C, ϱ = 1,2037 g/mL und ist damit deutlich höher als die von Wasser. Nitrobenzol ist wenig wasserlöslich, vermischt sich jedoch gut mit fast allen organischen Lösungsmitteln und ist giftig. Es kann sowohl durch Einatmen als auch durch die Haut in den Körper gelangen und dort zu chronischen Vergiftungen führen. Nitrobenzol findet Einsatz als organisches Lösungsmittel und ist Zwischenprodukt zur Herstellung von Anilin (Aminobenzol) sowie weiteren Nitrobenzolverbindungen.

Vertiefungsübung V6.31

Formulieren Sie den vollständigen Mechanismus der Nitrierung von Benzol inklusive aller mesomeren Grenzformeln des σ-Komplexes.

6.21.3 Sulfonierung von Aromaten

Bei der Sulfonierung wird eine SO_3H-Gruppe in den Benzolring eingeführt. Sulfonierungsmittel und Katalysator ist in diesem Falle Schwefelsäure. Die Bildung des Elektrophils erfolgt nach Gl. 6.85 aus 2 Molekülen Schwefelsäure, wobei ein Molekül das Elektrophil liefert und das andere als Katalysator dient.

$$2\ H_2SO_4 \rightleftharpoons SO_3 + H_3O^+ + HSO_4^- \qquad \text{(Gl. 6.85)}$$

Als Elektrophil dient hier das SO_3-Molekül. Es enthält zwar keine nach außen messbare positive Ladung, wie die bisher kennengelernten Elektrophile, hat jedoch durch die 3 gebundenen, stark elektronegativen Sauerstoffe am Schwefel eine zweifach positive Teilladung. Es handelt sich bei dem SO_3-Molekül um eine Lewis-Säure (s. auch Kapitel 4). Nachfolgend wird die Struktur des SO_3-Moleküls zur Verdeutlichung noch einmal gezeigt.

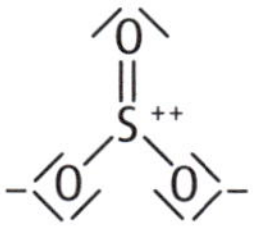

Der anschließende Sulfonierungsmechanismus erfolgt analog den vorangegangenen Reaktionen. Aufgrund der Besonderheit des ungeladenen Elektrophils wird an dieser Stelle noch einmal der gesamte Mechanismus der Sulfonierung in Gl. 6.86 verdeutlicht.

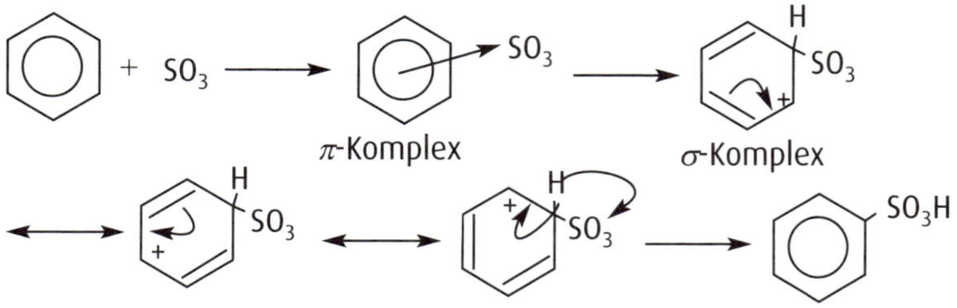

(Gl. 6.86)

Bei diesem Reaktionsmechanismus erfolgt im Gegensatz zu den bisher gezeigten keine Rückbildung des Katalysators. Der Name des entstandenen Produktes ist Benzolsulfonsäure. Sulfonierte Benzole sind im Gegensatz zu Benzol gut wasserlöslich. Allgemein lässt sich sagen, dass eine Sulfonsäure-Gruppe die Wasserlöslichkeit einer aromatischen Verbindung erhöht. Wässrige Lösungen von Sulfonsäuren sind ebenfalls stark protolysierte Säuren, vergleichbar mit Schwefelsäure, da sie nahezu vollständig protolysieren. Sulfonsäuren dienen auch als Oxidationsmittel. Sie wirken jedoch sehr viel schwächer als z.B. Schwefelsäure. Häufig wird die Sulfonsäure bei Reaktionen eingesetzt, bei denen eine starke Säure benötigt wird, eine Oxidation jedoch unerwünscht ist.

6.21.4 Friedel-Crafts-Acylierung

Allgemein zählt zu den **Friedel-Crafts-*Alkylierungen*** jede Reaktion, bei der ein **Alkylrest** an den Benzolring substituiert wird und dabei eine Lewis-Säure (s. Kapitel 4) als Katalysator eingesetzt wird. Eine Friedel-Crafts-***Alkylierung*** wurde bereits im letzten Abschnitt behandelt, bei der Herstellung von Ethylbenzol.

Eine spezielle Reaktion dieser Art ist die **Friedel-Crafts-*Acylierung***. Wie der Name bereits vermuten lässt, wird hier ein Acylrest (s. Elektrophilbildung in Gl. 6.75) an den Benzolring substituiert. Als Substitutionsmittel wird jeweils das Carbonsäureanhydrid oder das Carbonsäurehalogenid eingesetzt. Katalysator ist wie bei allen Friedel-Crafts-Reaktionen Aluminiumchlorid als Lewis-Säure. Alternativ können die Reaktionen auch mit Aluminiumbromid als Katalysator durchgeführt werden. Als Beispiel für eine Acylierung wird anschließend die Reaktion mit Acetylchlorid (Essigsäurechlorid) vorgestellt. Die Acylierungen mit dem Rest der Essigsäure (Acetylrest) werden daher auch speziell Acetylierungen genannt, wobei eine Acetylierung ebenfalls durch Ändern der Reaktionsbedingungen an einer Seitenkette erfolgen kann. Das Elektrophil bildet sich nach Gl. 6.87 aus dem Acetylchlorid und dem Katalysator $AlCl_3$.

(Gl. 6.87)

Als Produkt entsteht bei der Substitution einer Acylgruppe, speziell der Acetylgruppe, immer ein Keton mit aromatischem Teil (gemischtes Keton). Gl. 6.88 zeigt die Reaktion. Auch hier läuft der Substitutionsmechanismus analog den vorherigen ab.

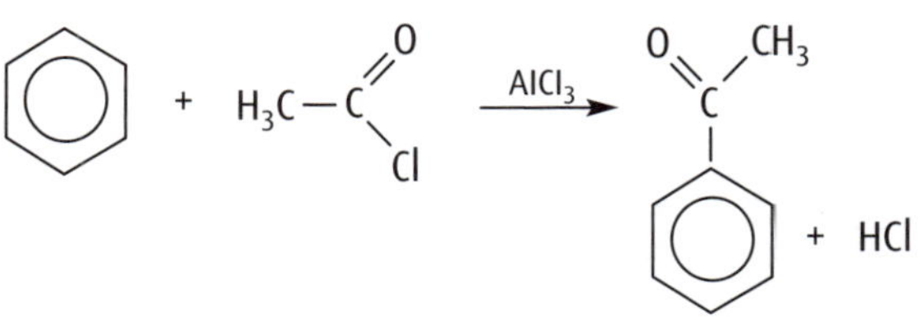

(Gl. 6.88)

Das entstandene Produkt ist Methylphenylketon (Acetophenon). Das Produkt ist bei Raumtemperatur fest und bildet farblose Kristalle. Die Kristalle besitzen einen charakteristischen Geruch. Acetophenon ist wasserunlöslich, mit organischen Lösungsmitteln allerdings gut mischbar. Acetophenon findet Anwendung in der Industrie zur Herstellung von Geruchsstoffen, als Lösungsmittel und als Zwischenprodukt für weitere Synthesen.

Prozess P16_KAP6

In diesem Prozess soll das in **Prozess P15_KAP6** hergestellte Styrol polymerisiert werden. Polymerisieren bedeutet, viele Monomere (Einzelmoleküle) miteinander zu verbinden und ein großes Molekül (Polymer) daraus herzustellen. Dabei verändern sich die physikalischen und chemischen Eigenschaften des Produktes im Vergleich zum Monomer wesentlich.

Über die Polymerisationsreaktion wird eine Vielzahl an Kunststoffen hergestellt.

6.22 Polymerisation

Definition «Polymerisation»

Unter Polymerisation versteht man die Bildung langer Makromoleküle (Polymere) aus einem Molekül (Monomer).

Bei der Reaktion von Styrol zu Polystyrol entsteht ein sehr großes, dreidimensionales, nicht genau definiertes Molekül aus n Molekülen Styrol über den Mechanismus der **radikalischen Polymerisation**. Dieser läuft vergleichbar zu der radikalischen Substitution ab (wie in Abschnitt 6.5 beschrieben), wobei der Substituent erneut ein Styrolmolekül ist. Durch Wärme und Licht wird im 1. Schritt ein Radikal gebildet, das dann weitere Styrolmoleküle angreifen kann. Zum Abbruch der Reaktion kommt es, wenn die Radikale untereinander reagieren. Gl. 6.89 zeigt die Bildung des Polymers.

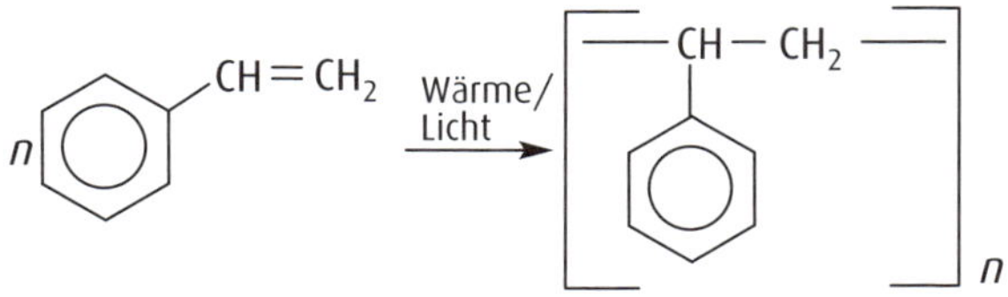

(Gl. 6.89)

Polystyrol kann mit der Emulsionspolymerisation und der Suspensionspolymerisation über 2 unterschiedliche Verfahren hergestellt werden. Bei beiden Verfahren entsteht ein Polymerisat, das geschmolzen und anschließend in Streifen gepresst werden kann. Daraus kann dann mit entsprechenden Schneidwerkzeugen ein Kunststoffgranulat hergestellt werden.

Polystyrol ist ein farbloser, glasklarer Kunststoff. Bei einer Temperatur von $\vartheta = 95\ °C$ erweicht er unterhalb der Siedetemperatur von Wasser. Polystyrol ist beständig gegen Säuren, Laugen und Alkoholen, jedoch unbeständig gegenüber Ethern, Estern, Ketonen, Benzolen und Halogenalkanen. Polystyrol ist Grundstoff zur Herstellung von Schaum-Kunststoffen. Schaum-Kunststoffe sind lockere Kunststoffmassen mit geringer Dichte ($\varrho < 0{,}05\ g/cm^3$). Zur Herstellung eines Schaum-Kunststoffs wird Polystyrol mit einem Treibmittel bei erhöhter Temperatur versetzt. In einer festen Form wird das Gemisch, das ein Gas freisetzt, erhitzt. Dabei bilden sich unter Volumenvergrößerung Bläschen innerhalb des Kunststoffs. Nach Abkühlen der Form bleibt die Struktur des Kunststoffs erhalten.

Tabelle 6.5 zeigt eine Übersicht über einige Polymere und deren Monomere sowie die entsprechenden Handelsnamen des Kunststoffs.

Tabelle 6.5 Monomere und daraus entstehende Polymere

Monomer	Monomerstruktur	Polymer	Beispiele für Handelsnamen
Ethen	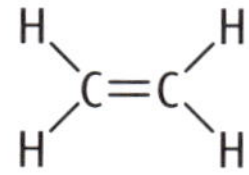	Polyethylen (PE)	Hostalen, Lupolen
Propen	$H_3C{-}CH{=}CH_2$	Polypropylen (PP)	Hostalen, Luparen
Styrol	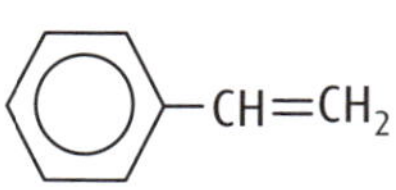	Polystyrol (PS)	Styropor, Hostyren
Tetrafluorethen	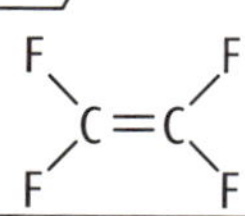	Polytetrafluorethylen (PTFE)	Hostaflon, Teflon

Tabelle 6.5 (Fortsetzung)

Monomer	Monomerstruktur	Polymer	Beispiele für Handelsnamen
Acrylnitril	$H_2C{=}CH{-}CN$	Polyacrylnitril (PAN)	Orlon, Dralon
Vinylchlorid	$H_2C{=}CHCl$	Polyvinylchlorid (PVC)	Hostalit, Vinoflex, Vestolit
Vinylacetat	$H_2C{=}CH{-}O{-}C({=}O){-}CH_3$	Polyvinylacetat (PVAC)	Mowicoll

Vertiefungsübung V6.32

Stellen Sie die Reaktionen zur Herstellung von Polyvinylchlorid (PVC), Polyacrylnitril (PAN), Polyethylen (PE) und Polytetrafluorethylen (PTFE) auf.

Die in Tabelle 6.5 angegebenen Polymerverbindungen enstanden alle über eine Polymerisationsreaktion, dabei wird die radikalische Polymerisation als häufigstes Polymerisationsverfahren angewendet.

Weitere Reaktionsarten, um Polymere herzustellen, sind die **Polyaddition** oder **Polykondensation**. Beispielsweise ist ein Polymer, das über eine Polyaddition hergestellt wird, Polyurethan (Moltopren). Bei Polyadditionen werden vorhandene Doppelbindungen gelöst und daran ein weiteres Monomer gebunden. Ein Produkt einer Polykondensation ist z.B. Polyamid-6,6 (Nylon). Die Polykondensation verbindet einzelne Monomere unter Abspaltung von Wasser miteinander. Die genaueren Reaktionsabläufe der Herstellung von Polymeren können Band 2, Wahlqualifikationen, entnommen werden.

In ihren Strukturen unterscheiden sich die Polymere durch einen linearen, verzweigten oder vernetzten Aufbau.

linear:

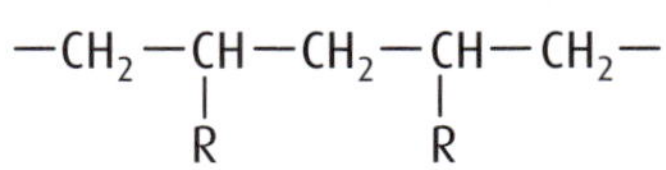

verzweigt:

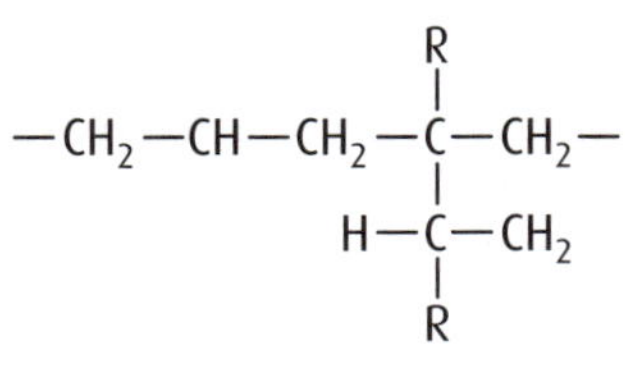

vernetzt:

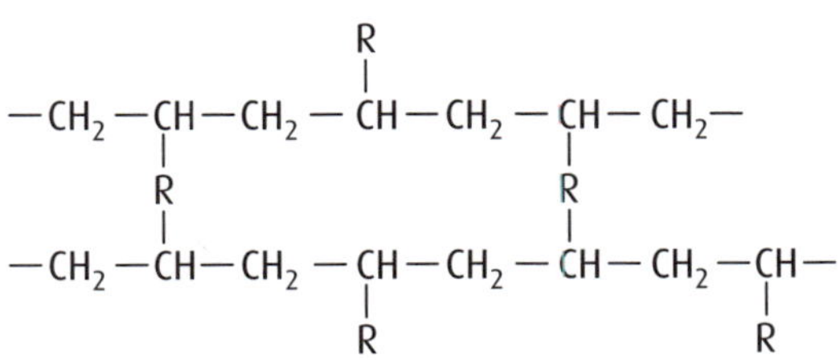

Die Anordnung der Seitenketten im Polymer unterteilt diese in **isotaktisch, syndiotaktisch** und **ataktisch**. Aus den unterschiedlichen Strukturen leiten sich weitere Unterschiede in physikalischen und chemischen Eigenschaften ab, die auch im Band 2: Wahlqualifikationen, genauer erläutert werden.

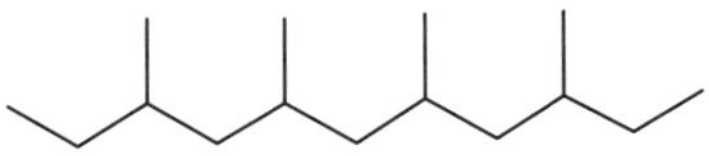

isotaktisch

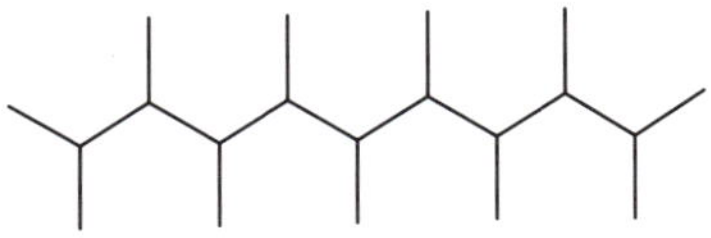

syndiotaktisch

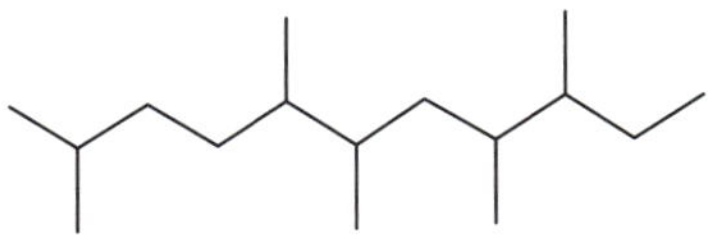

ataktisch

Hinsichtlich ihrer Gebrauchseigenschaften werden die Polymere in Thermoplaste, Elastomere und Duroplaste unterschieden. Dort wurde eine Unterteilung anhand der Strukturen und daraus resultierenden physikalischen Eigenschaften gemacht.

Thermoplaste
(z.B. Polyethylen, Polypropylen, PVC, Polystyrol)

Sie sind bei erhöhter Temperatur verformbar und behalten diese Form nach dem Abkühlen bei.

Elastomere
(z.B. Kautschuk, Polyurethan)

Auch Elastomere sind verformbar, jedoch bildet sich die Verformung nach Abkühlen wieder zurück. Elastomere zeichnen sich durch ihre hohe Dehnbarkeit aus.

Duroplaste
(z.B. Phenol-Formaldehyd-Harze)

Bei den Duroplasten handelt es sich um stark vernetzte Makromoleküle, deren Formgebung vor Ausbildung der Vernetzung erfolgen muss, da der dreidimensional vernetzte Stoff starr bleibt. Dadurch ergibt sich ein sehr spröder Kunststoff.

►►►

Prozess P17_KAP6

Im folgenden Prozess wird die Nitrierung von Ethylbenzol vorgestellt. Bei dieser Reaktion handelt es sich um eine Zweitsubstitution am Benzolring, da bereits die Ethylgruppe als Substituent am Benzol gebunden ist. Bei Zweitsubstitutionen bzw. Mehrfachsubstitutionen sind besondere Voraussetzungen zu beachten, da die bereits gebundenen Substituenten einen wesentlichen Einfluss auf den neu eintretenden Substituenten ausüben. Die bereits existierenden Substituenten entscheiden über die Stellung weiterer Substituenten. Dies ist unbedingt bei der Synthese einer Zielverbindung zu berücksichtigen.

6.23 Mechanismus der elektrophilen Zweitsubstitution

Der Mechanismus der elektrophilen Zweitsubstitution erfolgt analog dem der Erstsubstitution. Dabei ist zu beachten, welcher Erstsubstituent sich bereits am Benzolring befindet. Dieser übt einen **wesentlichen Einfluss** auf die Reaktion mit weiteren Substituenten aus.

Merke

Der Erstsubstituent dirigiert («leitet») den 2. Substituenten in bestimmte Positionen.

Hierbei kann die Reaktion prinzipiell in den 3 Positionen ortho, meta und para stattfinden (s. Abschnitt 6.19.4.4).

Bei der Nitrierung von Ethylbenzol erfolgt die Reaktion in ortho- und para-Stellung. Das bei einer Nitrierung benötigte Elektrophil (NO_2^+) greift am Kern des Ethylbenzols an, und es bilden sich die beiden Zwischenzustände π- und σ-Komplex wie bei der Erstsubstitution. Der Reaktionsmechanismus in Gl. 6.90 zeigt die unterschiedlichen mesomeren Grenzformeln des σ-Komplexes, einmal bei Angriff in ortho-Stellung und zum anderen bei Angriff in para-Stellung. Beide Produkte, sowohl ortho- als auch para-Ethylnitrobenzol, entstehen bei dieser Reaktion.

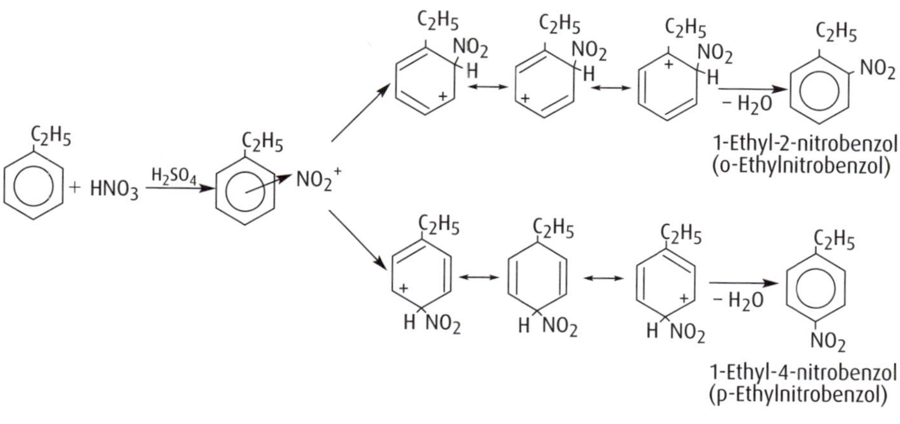

(Gl. 6.90)

Die entstandenen Produkte sind in diesem Fall 1-Ethyl-2-nitrobenzol (ortho-Ethylnitrobenzol) und 1-Ethyl-4-nitrobenzol (para-Ethylnitrobenzol).

6.23.1 Einfluss der Erstsubstituenten auf den Eintritt eines Zweitsubstituenten

Die Erstsubstituenten werden ihrer Wirkung nach in 2 verschiedene Gruppen unterteilt. Es gibt Substituenten **1. Ordnung**. Sie **aktivieren** den Eintritt eines Zweitsubstituenten. Zudem findet eine elektrophile Substitution an bereits mit Substituenten 1. Ordnung substituierten Aromaten **schneller** statt als bei Benzol.

Merke

Substituenten 1. Ordnung dirigieren einen Zweitsubstituenten in **ortho-** und **para-**Position.

Es entstehen in der Regel **beide** Produkte, wobei häufig aufgrund sterischer Hinderungen in ortho-Position bevorzugt das para-Produkt gebildet wird. Substituenten

1. Ordnung sind Gruppen, die einen +M- oder +I-Effekt ausüben. Sie können aufgrund des +M-Effektes Elektronenpaare zur Stabilisierung in den Ring klappen oder erhöhen durch Verschieben der Ladungsverteilung im bindenden Elektronenpaar die Elektronendichte am Ring. Durch diese beiden Effekte wird die verteilte positive Ladung im Benzolring beim σ-Komplex des Mechanismus stabilisiert.

Merke

Zu den **Substituenten 1. Ordnung** zählen die Alkylgruppen, $-NH_2$, –NHR, $-NR_2$, –OH, –OR.

Die Halogene nehmen eine Sonderposition ein. Sie zählen zu den Substituenten 1. Ordnung, obwohl sie einen –I-Effekt ausüben. Sie können jedoch aufgrund ihrer freien Elektronenpaare einen +M-Effekt auf den Benzolring ausüben. Dieser macht sich stärker bemerkbar, als ein I-Effekt. Halogene dirigieren auch in ortho- und para-Position, sind jedoch **desaktivierend**. Mit desaktivierenden Erstsubstituenten laufen weitere Substitutionen zwar ab, jedoch deutlich langsamer als die gleiche Substitutionsreaktion mit Benzol.

Vertiefungsübung V6.33

Stellen Sie den vollständigen Mechanismus zur Nitrierung von Toluol (Methylbenzol) auf. Welche Reaktionsprodukte entstehen?

Substituenten **2. Ordnung** sind Gruppen, die einen –I- oder –M-Effekt ausüben. Sie deaktivieren eine Zweitsubstitution. Daher verläuft eine Zweitsubstitution **langsamer** im Vergleich zu Benzol, wenn bereits ein Substituent 2. Ordnung gebunden ist.

Merke

Substituenten 2. Ordnung dirigieren bei einer Zweitsubstitution in **meta-**Stellung.
Zu den **Substituenten 2. Ordnung** gehören unter anderem:
$-NO_2$, $-SO_3H$, –CHO, –COOH, –COR, –COOR

Anhand des Reaktionsmechanismus für jeweils einen Substituenten 1. bzw. 2. Ordnung soll nun gezeigt werden, warum die Substituenten 1. Ordnung in ortho- und para-Stellung dirigieren und die Substituenten 2. Ordnung nur in meta-Stellung.

Im 1. Beispiel soll die Bromierung von Aminobenzol betrachtet werden. Bei der Aminogruppe handelt es sich um einen Substituenten 1. Ordnung, der in ortho- und para-Stellung dirigiert. Anhand der in Gl. 6.91 aufgestellten mesomeren Grenzstrukturen des σ-Komplexes soll erläutert werden, warum diese Substituenten nicht in meta-Stellung dirigieren.

(Gl. 6.91)

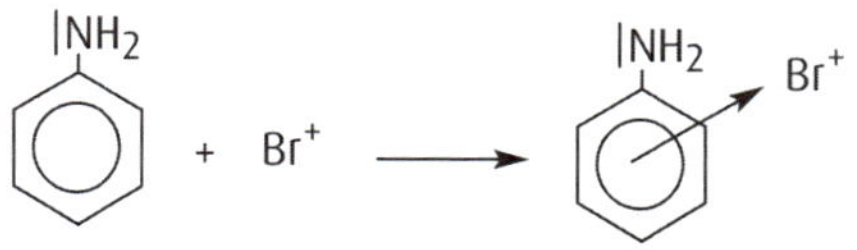

Mesomere Grenzstrukturen bei Angriff in ortho-Stellung:

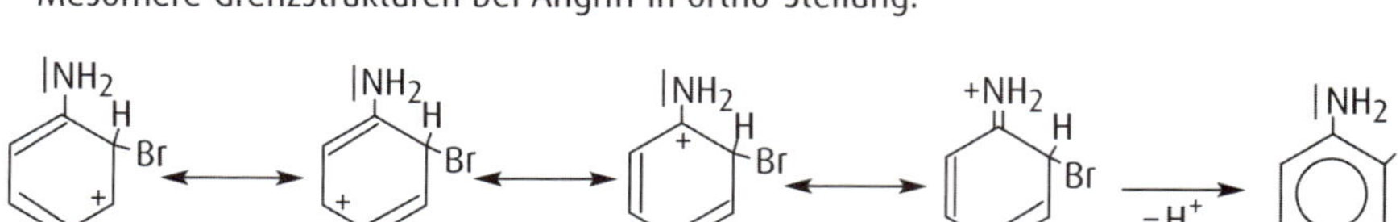

Mesomere Grenzstrukturen bei Angriff in meta-Stellung:

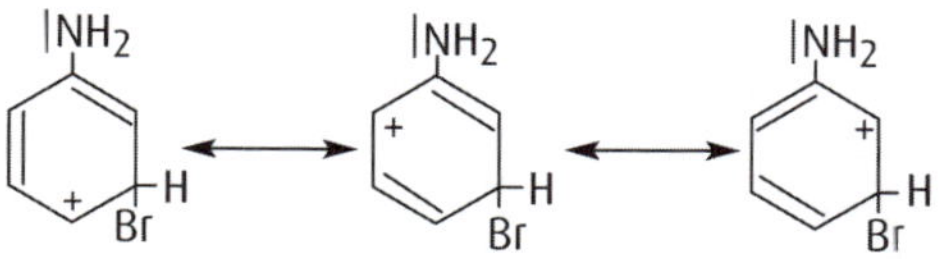

zu Gl. 6.91

Mesomere Grenzstrukturen bei Angriff in para-Stellung:

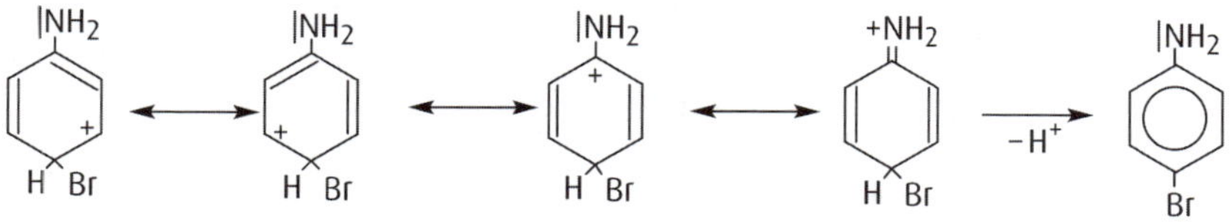

Die Aminogruppe verfügt am Stickstoff über ein freies Elektronenpaar, wie übrigens die meisten Substituenten 1. Ordnung. Dieses freie Elektronenpaar kann sich, wie aus Gl. 6.91 ersichtlich, in ortho- und para-Position am mesomeren System beteiligen. Dies führt zur Ausbildung einer weiteren mesomeren Grenzstruktur. Die Anzahl der Grenzstrukturen lässt eine Aussage über die Stabilität des Zustandes zu. Je mehr Grenzstrukturen von einer Struktur gezeichnet werden können, desto stabiler ist dieser Zustand und desto bevorzugter bildet er sich auch. Im vorangegangenen Beispiel ist zu erkennen, dass für den Angriff in ortho- und para-Stellung jeweils eine Grenzstruktur mehr existiert, als in meta-Stellung. Dies ist der Grund für das Dirigieren der Erstsubstituenten in ortho- und para-Position.

In Gl. 6.92 wird die Bromierung von Nitrobenzol in allen möglichen Substitutionspositionen gezeigt. Die Nitrogruppe ist ein Substituent der 2. Ordnung und dirigiert daher in meta-Stellung. Dies wird anhand der mesomeren Grenzstrukturen nun erklärt.

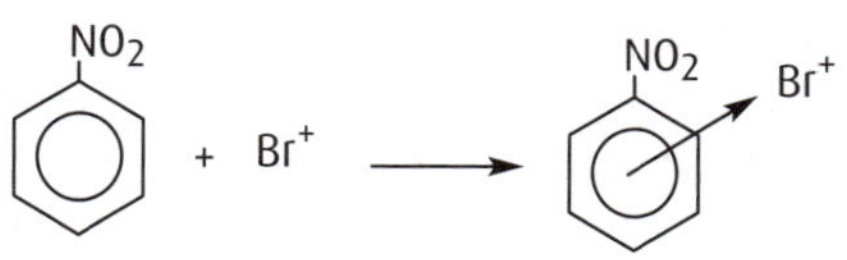

Mesomere Grenzstrukturen bei Angriff in ortho-Stellung:

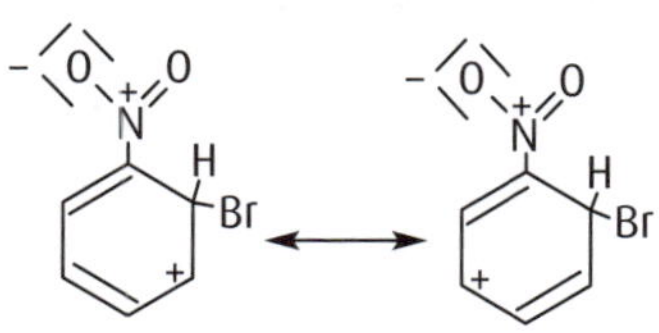

Mesomere Grenzstrukturen bei Angriff in meta-Stellung:

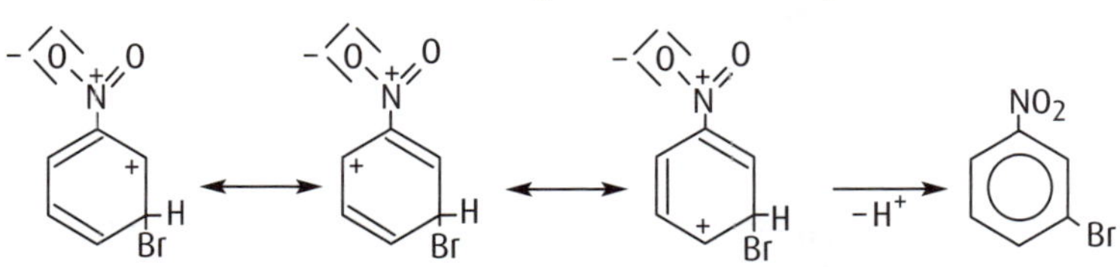

Mesomere Grenzstrukturen bei Angriff in para-Stellung:

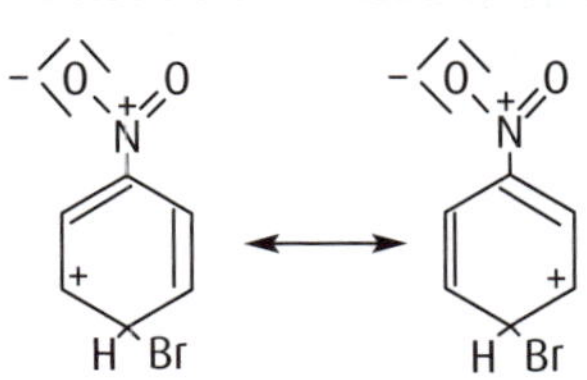

(Gl. 6.92)

Die Struktur der Nitrogruppe enthält am Stickstoff eine positive Ladung. Bei der Ausbildung der mesomeren Grenzstrukturen im σ-Komplex ergibt das als Konsequenz nur 2 Grenzformeln für den Angriff in ortho- bzw. para-Position. Die Grenzformel, bei der die positive Ladung des Ringes am obersten Kohlenstoff sitzt, kann hier nicht gebildet werden, da bereits eine positive Ladung am benachbarten Stickstoff vorhanden ist und 2 positive Ladungen in direkter Nachbarschaft nicht möglich sind. Der Angriff in meta-Stellung führt zu einer Anzahl von 3 Grenzstrukturen, da sich die positive Ladung im Ring so verteilen kann, ohne den positiven Stickstoff «zu stören». Hier ist eine Grenzstruktur mehr aufzustellen als in den anderen Positionen, was die Ursache für das dirigieren von Substituenten 2. Ordnung in meta-Stellung ist.

Für die Synthese einer Zielverbindung sind die eben erläuterten Aspekte sehr wichtig. Es ist vor Beginn einer Synthese genau zu planen, in welcher Reihenfolge, welche Substituenten, über welchen Syntheseweg «angehängt» werden, damit sie an der richtigen Stelle substituieren und schließlich auch zur gewünschten Verbindung führen.

Vertiefungsübung V6.34

Planen Sie einen Syntheseweg zur Herstellung der Verbindungen 3-Chlornitrobenzol, 3-Aminotoluol, 4-Chlor-2-nitrophenol. In welcher Reihenfolge müssen welche Reagenzien zugegeben werden? Welche Reaktionen müssen durchgeführt werden? Wie viel Reaktionsschritte sind jeweils notwendig?

6.24 Seitenkettensubstitution bei Benzolderivaten

Die beiden letzten Abschnitte dieses Kapitels beschäftigten sich ausschließlich mit der Substitution am aromatischen Kern. Die Reaktionsbedingungen hierfür waren Kälte, Kern und Katalysator (KKK). In diesem Abschnitt wird die Substitution an der Seitenkette erläutert. Befindet sich am Benzolring bereits ein Substituent, wie z.B. eine Alkylgruppe, so kann bei einer erneuten Substitution nun ein Wasserstoff dieser Alkylgruppe oder ein Wasserstoff des Benzolringes substituiert werden. Seitenkettensubstitution bedeutet, dass ein Wasserstoff der substituierten Alkylgruppe ersetzt wird. Die Reaktionsbedingungen unterscheiden sich daher von denen einer Kernsubstitution deutlich.

Merke

Durch Sonnenlicht und Siedehitze erfolgt eine Substitution an der Seitenkette (SSS).

6.24.1 Chlorierung von Toluol

Die Chlorierung von Toluol wird in größerem Maßstab vorgenommen, weil die Substitutionsprodukte dieser Reaktion begehrte Zwischenprodukte sind. Die Reaktion erfolgt nach dem Mechanismus der radikalischen Substitution, wie bereits in Abschnitt 6.5 an einer aliphatischen Verbindung beschrieben (s. Gl. 6.93…Gl. 6.95).

$$Cl_2 \xrightarrow{\text{Licht/ Wärme}} 2\,|\overline{\underline{Cl}}\cdot \qquad \text{(Gl. 6.93)}$$

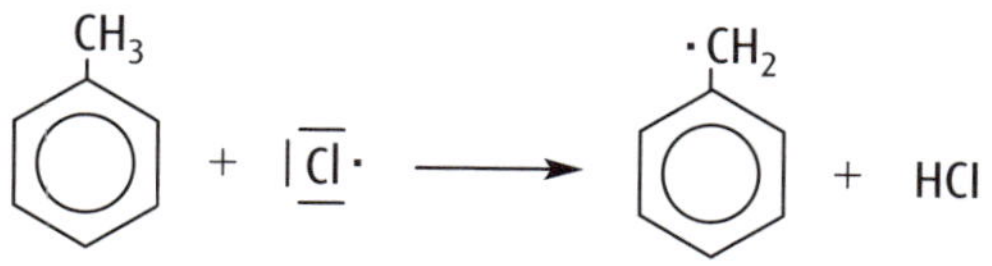

(Gl. 6.94)

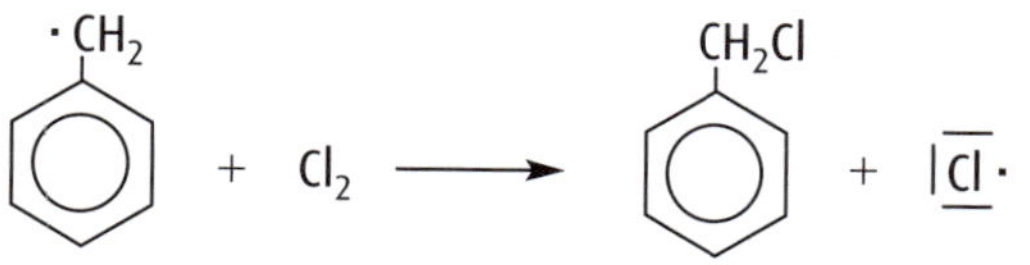

(Gl. 6.95)

Bei der Chlorierung von Toluol (Methylbenzol) durch eine Seitenkettensubstitutionsreaktion ergeben sich je nach Einsatzmengen des Chlorierungsmittels Einfach-, Doppel- und Dreifachsubstitutionen.

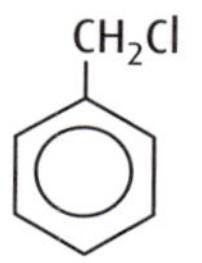

Benzylchlorid
Chlormethylbenzol

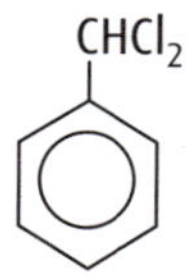

Benzalchlorid
Dichlormethylbenzol

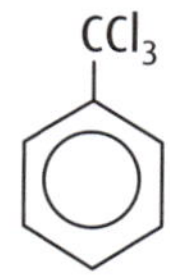

Benzotrichlorid
Trichlormethylbenzol

6.24.2 Acetylierung an der Seitenkette

Als Beispiel für eine weit verbreitete Acetylierungsreaktion (s. auch Abschnitt 6.21.4) ist die Herstellung des schmerzstillenden, fiebersenkenden und blutverdünnenden Wirkstoffes Acetylsalicylsäure (Handelsname: ASS bzw. Aspirin) zu nennen. Die Herstellung von Acetylsalicylsäure erfolgt nach Gl. 6.96 durch eine Seitenkettensubstitution. Dabei wird die Hydroxylgruppe der Salicylsäure (o-Hydroxybenzoesäure) acetyliert. Als Acetylierungsmittel dient Essigsäureanhydrid. Bei der Verwendung des Säureanhydrids ist unbedingt auf Wasserfreiheit zu achten, da es sonst in Säuremoleküle zerfallen würde.

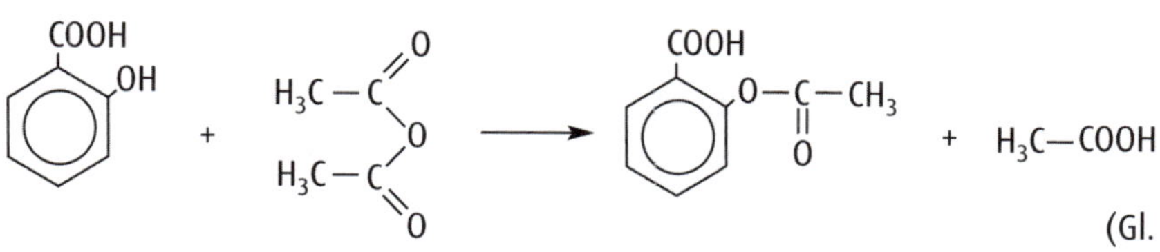

(Gl. 6.96)

6.24.3 Diazotierung / Kupplung

Die Diazotierung ist eine charakteristische Reaktion für primäre aromatische Amine. Darunter versteht man Aromate, die eine NH_2-Gruppe am aromatischen Ring gebunden haben. Sie dient unter anderem als Vorstufe zur Herstellung von Azoverbindungen (R–NN–R'). Die bei der Diazotierung nach Gl. 6.97 entstehenden Diazoniumsalze sind jedoch nicht sehr beständig und daher nur unter bestimmten Reaktionsbedingungen zu handhaben. Diazoniumsalze benötigen ein stark salzsaures Medium zur Herstellung und sind nur im Bereich von $\vartheta = 0 \ldots 5$ °C stabil. Trockene Diazoniumsalze können sich explosionsartig zersetzen. Daher sind Gefäße, in denen Diazoniumsalze aufbewahrt werden, nach dem Gebrauch sofort mit viel Wasser auszuspülen. Substanzen, in denen noch Diazoniumsalze enthalten sein können, dürfen daher auch niemals im Trockenschrank getrocknet werden.

Eine Diazoniumverbindung entsteht aus der Reaktion eines primären aromatischen Amines mit Natriumnitrit und Salzsäure. Aus dem Gemisch Natriumnitrit und Salzsäure wird NO_2^+ als Elektrophil freigesetzt, das als direkter Reaktionspartner für die Diazotierung dient.

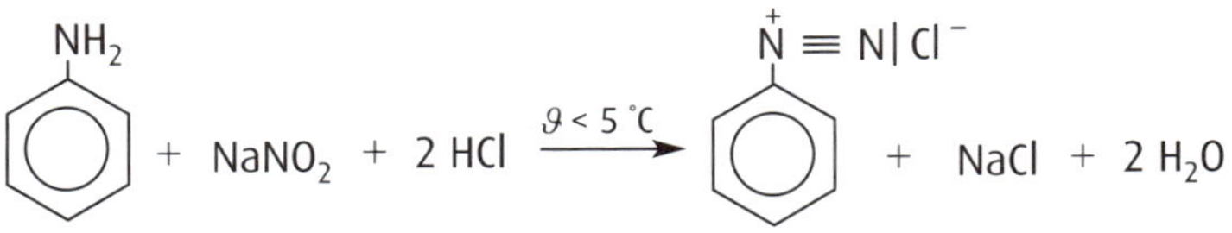

(Gl. 6.97)

Dieses entstandene Diazoniumsalz ist in der Kälte beständig. Wird die Diazoniumlösung zu warm ($\vartheta > 5$ °C), kommt es nach Gl. 6.98 zur sog. **Phenolverkochung**, bei der aus der sauren Lösung Stickstoff freigesetzt wird und an den Benzolring eine OH-Gruppe tritt. Diese Reaktion ist einerseits eine ungewollte Nebenreaktion bei zu warmen Reaktionslösungen, kann jedoch auch gezielt zur Substitution einer OH-Gruppe am Benzolring eingesetzt werden.

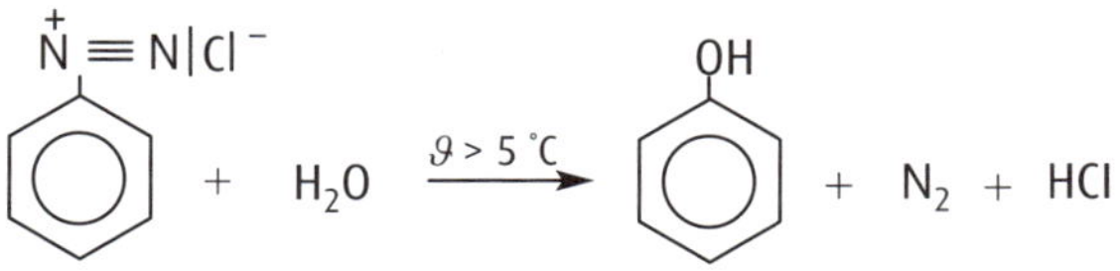

(Gl. 6.98)

Eine weitere Möglichkeit, einen bereits bestehenden Substituenten zu ersetzen, ist die **Sandmeyer-Reaktion**. Bei der Sandmeyer-Reaktion werden ebenfalls Diazoniumsalze eingesetzt und anschließend die entstehende Distickstoffgruppe durch z.B. Chlor substituiert. Gl. 6.99 zeigt eine Sandmeyer-Reaktion. Für die Reaktion wird Kupfer(I)-chlorid als Katalysator eingesetzt.

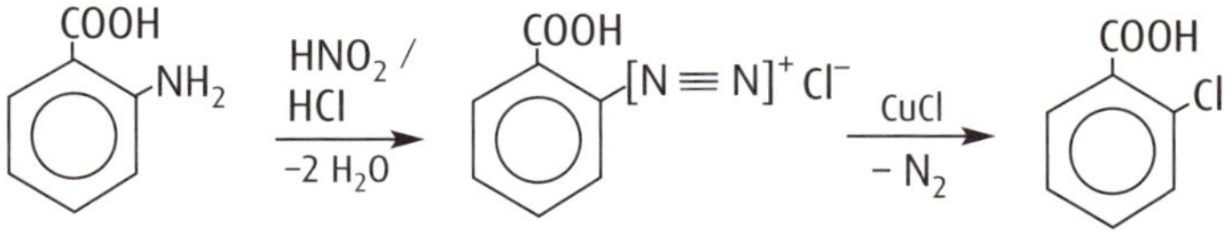

(Gl. 6.99)

Meistens wird jedoch ein Diazoniumsalz dazu hergestellt, um damit eine **Azoverbindung** zu synthetisieren. Die Reaktion wird als **Kupplungsreaktion** bezeichnet. Als charakteristisches Merkmal einer Azoverbindung enthält diese eine Stickstoffdoppelbindung zwischen ehemaliger **Diazoverbindung** und **Kupplungskomponente**. Da es sich bei der Kupplungskomponente ebenfalls um eine aromatische Verbindung handelt, befindet sich in der anschließenden Azoverbindung die Doppel-Stickstoff-Gruppe (Diazogruppe) zwischen 2 aromatischen Ringen. Durch die Doppelbindung zwischen den Stickstoffen und den freien Elektronenpaaren an den Stickstoffen wird das konjugierte Elektronensystem stark erweitert, was zur Folge hat, dass die meisten Azoverbindungen farbig sind. Sie werden Azofarbstoffe genannt. Die Kupplungsreaktion zur Azoverbindung ist *pH*-Wert abhängig und wird je nach Kupplungskomponente in schwach saurem bis schwach alkalischem Medium durchgeführt. Da die Diazoniumverbindung durch das Diazotieren in Salzsäure in stark saurer Lösung vorliegt, empfiehlt sich zur Kupplung die Verwendung von Puffern. Im nachfolgenden Beispiel nach Gl. 6.100 ist die Herstellung von β-Naphtholorange als Beispiel für die Synthese eines Azofarbstoffes dargestellt. Dieser Azofarbstoff entsteht bei der Kupplung von β-Naphthol (2-Hydroxynaphthalin) mit dem Diazoniumsalz der Sulfanilsäure.

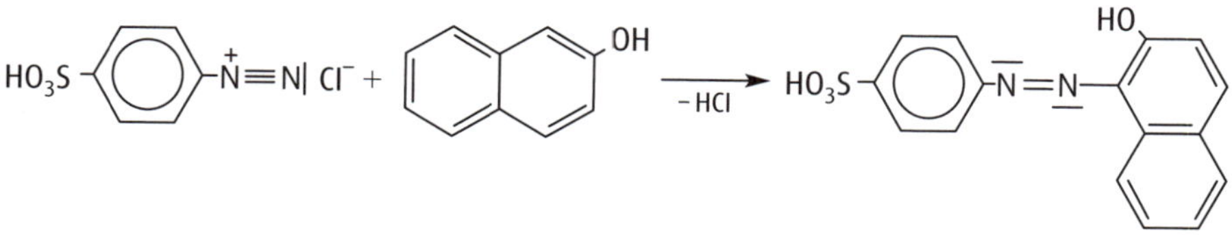

(Gl. 6.100)

Bei den Azofarbstoffen haben die Substituenten an den aromatischen Ringen nicht nur Einfluss auf die physikalischen und chemischen Eigenschaften der Verbindung, sie tragen auch wesentlich zur Ausprägung der Farbe und der Farbintensität bei. Je größer ein konjugiertes System von Doppelbindungen ist, desto mehr verschiebt sich die Absorption dieser Verbindung in den längerwelligen Bereich und damit auch in die «Farbigkeit».

Durch eine Sulfonsäuregruppe oder eine Hydroxygruppe wird die Wasserlöslichkeit der Farbstoffe erhöht. Fehlen diese hydrophilen Gruppen, entsteht aus dem wasserlöslichen Farbstoff ein wasserunlösliches Pigment.

Vertiefungsübung V6.35

Informieren Sie sich über 3 weitere Azofarbstoffe und überlegen Sie, aus welcher Diazoniumkomponente und aus welchem Kupplungsreagenz sie zusammengesetzt sind.

Nachdem in diesem Kapitel die Grundlagen organischer Synthesen erläutert wurden, werden sie in Band 2: Wahlqualifikationen, weiter ausgebaut. Nach einer Synthese im Reaktionskolben erfolgt gewöhnlich die Identifizierung oder Quantifizierung der Reaktionsprodukte. Daher werden in diesem Band in Kapitel 7 einige nasschemische Methoden beschrieben, wie Synthesesubstanzen in unbekannten Proben nachzuweisen und zu quantifizieren sind. Chromatografische und spektroskopische Nachweismethoden, ebenfalls sehr häufig angewendet, kommen in Band 2: Wahlqualifikationen in entsprechender Form ebenso zur Sprache.

7 Quantifizierung durch nasschemische Analysen

Die in diesem Kapitel erläuterten Prozesse beschreiben die Quantifizierung zweier Analyte durch verschiedene «nasschemische» Methoden wie Titration, Gravimetrie, Konduktometrie, Elektrogravimetrie und Potenziometrie. Diese Methoden beruhen auf definierten chemischen Reaktionen oder auf chemisch-physikalischen Vorgängen. Zunächst wird die Gültigkeit der ausgewählten Methoden untersucht. Abschließend werden alle erwähnten Methoden untereinander verglichen und deren Vor- und Nachteile diskutiert.
Dieses Kapitel enthält wesentliche Teile des Lernfelds 7 aus dem Rahmenlehrplan der KMK (Kultusministerkonferenz): «Volumetrische und gravimetrische Analysen durchführen».

7.1 Quantifizierung

Im Vordergrund bei einer Quantifizierung steht die Bestimmung der Stoffmasse, des Massen- bzw. Volumenanteiles oder der Konzentration eines oder mehrerer «Stoffe» in einer Probe. Die zu bestimmenden «Stoffe» in der Probe werden «Analyte» genannt. In diesem Kapitel steht die mengenmäßige Bestimmung der Analyten im Vordergrund, die auch «Quantifizierung» genannt wird.

Als Hauptprozess in diesem Kapitel steht der **Prozess P1_KAP7**. Mit ihm werden in diesem Kapitel verschiedenartige Analysenverfahren diskutiert.

Prozess P1_KAP7

Bei einem chemischen Prozess fällt eine saure wässrige Lösung an, die ca. 0,2% Calciumsulfat ($CaSO_4$) und ca. 10% Schwefelsäure (H_2SO_4) enthält. Um das Calciumsulfat bzw. die Schwefelsäure zu quantifizieren, wird die Lösung jeweils mit einer

- gravimetrischen Bestimmung,
- Neutralisationstitration,
- Redox-Titration (Permanganometrie),
- komplexometrischen Titration,
- konduktometrischen Titration,
- potenziometrischen Titration

analysiert. Dabei werden die verschiedenen Analysenmethoden erläutert, die Vor- und Nachteile beschrieben und Grenzen der jeweiligen Methoden aufgezeigt. Aus Bild 7.1 ist der Ablauf des **Prozesses P1_KAP7** erkennbar.

Die zu bestimmenden Analyten sind Calciumsulfat bzw. Gesamtsulfat und Schwefelsäure. Vor der eigentlichen Bestimmung wird die aus der Gesamtheit genommene Stichprobe einer Probenvorbereitung unterworfen, die im einfachsten Fall aus einer definierten Verdünnung besteht. Manchmal müssen die Analyten durch ausgefeilte Probenaufschlüsse (Veraschen, Lösen, chemische Reaktionen) analysentauglich gemacht werden. In Band 2 dieser Buchreihe sind die Methoden der Probenvorbereitung in Abschnitt 2.2 genau beschrieben.

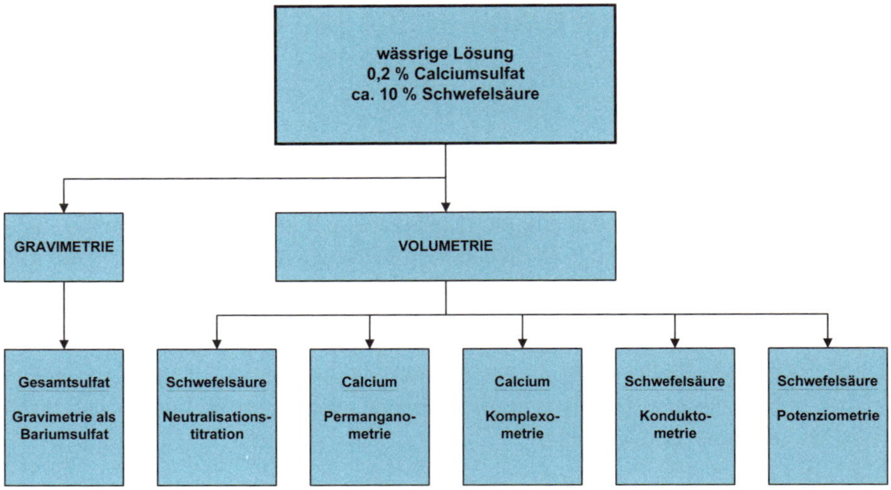

Bild 7.1 Prozess P1_KAP7

Bevor mit der Quantifizierungsplanung begonnen werden kann, muss also prinzipiell die Art des oder der Analyten feststehen, die Probe muss «qualifiziert» sein. Einer Quantifizierung von Analyten geht daher immer eine Qualifizierung voraus. Zur Quantifizierung von Analyten müssen anerkannte chemische oder physikalische Methoden zur Anwendung kommen.

Um die Gültigkeit der analytischen Methode zu belegen, werden «Validierungsabschätzungen» vorgenommen. Bevor jedoch auf die einzelnen Analysenverfahren genauer eingegangen wird, werden zunächst allgemein gültige Validierungsstrategien beschrieben, die die Gültigkeit der ausgewählten analytischen Methode belegen.

7.2 Untersuchung der Gültigkeit einer analytischen Methode (Validierung)

In diesem Kapitel steht eine Auswahl verschiedener Analysenmethoden im Vordergrund:

- Volumetrie,
- Gravimetrie,
- Konduktometrie und
- Potenziometrie.

Gewöhnlich muss der mit dem analytischen Problem beauftragte Analytiker aus einem Pool von Anwendungen eine Methode auswählen, die gewährleistet, dass die von einem Auftraggeber geforderte Genauigkeit erbracht wird. Der Analytiker wird sich zunächst für ein Methodengebiet entscheiden und ggf. eine bereits bestehende Methode so verändern, dass sie die geforderte Genauigkeit erbringt. In verschiedenen Branchen (z.B. in der Pharmabranche und im Umweltschutz) gibt es «Standardmethoden», die nach Behördenvorgaben oder nach vorgeschriebenen Regularien, z.B. GMP bzw. GLP, angewendet werden müssen. Näheres dazu kann man Band 2, Kapitel 7 «Qualitätsmanagement», entnehmen.

Wenn der Analytiker eine Methode neu erstellt oder eine bereits vorhandene Methode signifikant (bedeutend) verändert hat, muss er die Gültigkeit der Methode nachweisen. Er muss die Methode durch Experimente «validieren», deren Ergebnisse zu dokumentieren sind.

Definition «Validierung»

Validierung ist der dokumentierte Nachweis, dass die analytische Methode mit einem vorgegebenen Grad an Sicherheit kontinuierlich ein Ergebnis erzeugt, das vorher festgelegte Genauigkeitsmerkmale erfüllt (etwas abgewandeltes FDA-Zitat 1986).

Informationssuche

Suchen Sie in entsprechender Literatur, Datenbanken, Lexika oder im Internet (z.B. http://de.wikipedia.org/wiki/Hauptseite) nach dem Begriff «GLP» bzw. «GMP» und erfassen Sie die Zusammenhänge.

Erweitert man die Validierung einer Methode, in dem man die Probenvorbereitung, die Probenahme und die Ergebnisauswertung in den Validierungsvorgang einbezieht, spricht man von «analytischer Verfahrensvalidierung».

Gewöhnlich geht der Analytiker so vor, dass er zunächst das Gerät oder das Messsystem, das er als «Methode» ausgewählt hat, einer **Kalibrierung** oder – umfassender – einer **Gerätequalifizierung** unterwirft. Dabei versteht man unter Kalibrierung den gemessenen Zusammenhang zwischen einer Geräteanzeige (z.B. *pH*-Wert) und einem stofflichen «Merkmal», wie z.B. Sollwert, Konzentration, Massenanteil usw.

Definition «Kalibrierung»

Unter Kalibrierung versteht man den gemessenen Zusammenhang zwischen einem Messwert und einem vorgegebenen Merkmalswert (z.B. Sollwert, Konzentration, Massenanteil usw.).

Ein *pH*-Meter-System aus Elektrode und *pH*-Meter wird z.B. mit Hilfe von Pufferlösungen kalibriert. Es wird also gemessen, ob der «Soll-*pH*-Wert» der Pufferlösung mit dem gemessenen «Ist-*pH*-Wert» des Geräts übereinstimmt. Ist das nicht der Fall, muss das Gerät **justiert** werden.

Definition «Justieren»

Ein System wird justiert, indem die gemessene Differenz zwischen Soll- und Istwert durch geeignete Maßnahmen am Messgerät beseitigt oder möglichst gering gehalten wird.

Beim *pH*-Meter werden bei der Justierung die «Nullpunkteinstellung» und die «Steilheit» so lange verstellt, bis der Sollwert der Pufferlösung und der gemessene Istwert übereinstimmen.

Bei komplizierteren Geräten, wie sie z.B. in der «instrumentellen Analytik» verwendet werden, schließen sich noch oft umfangreiche Tests an, die die Funktionsfähigkeit des Geräts belegen müssen. Solche Tests nennt man «Gerätequalifizierung» (früher auch Gerätevalidierung genannt). In Band 2, Kapitel 7, dieser Buchreihe finden sich noch weitere Hinweise über die Kalibrierung und die Gerätequalifizierung.

Nachdem das verwendete Messsystem kalibriert und ggf. qualifiziert ist, wird der Analytiker meistens eine «künstliche Probe» herstellen, in dem er eine genau definierte Stoffmasse vom zu bestimmenden Analyten mit der auch später real vorkommenden Probenumgebung vermischt. Soll z.B. mit der zu validierenden Analysenmethode die

Schwefelsäure im Prozesswasser des **Prozesses P1_KAP7** quantifiziert werden, muss die künstliche Probe den zu erwartenden Stoffanteil an Schwefelsäure (ca. 10%) enthalten, dazu aber auch Calciumsulfat (ca. 0,2%) und das Wasser, das in der späteren realen Probe vorkommt. Calciumsulfat und das verwendete Wasser könnten u.U. Einfluss auf das Ergebnis der Analyse ausüben, daher müssen auch die Begleitstoffe in der künstlichen Probe enthalten sein. In der Pharmabranche wird die Probenumgebung ohne den eigentlichen Wirkstoff bzw. Analyten auch «Matrix» oder «Placebo» genannt.

Manchmal kann keine künstliche Probe hergestellt werden (z.B. «Blut» oder «Erde»), dann hilft man sich, indem eine bereits existierende, reale Probe mit dem reinen Analyten «aufgestockt» wird.

Mit der künstlichen Probe oder der aufgestockten Probe wird der Analytiker nach der Gerätequalifizierung mindestens 3 «Validierungsparameter» überprüfen, wie z.B.:

- Präzision (durch Mehrfachuntersuchung),
- Richtigkeit (durch Aufstockung),
- Robustheit (durch Variation der Bedingungen).

Darüber hinaus gibt es noch weitere Validierungsparameter, die je nach Validierungsaufgabe angepasst werden müssen. Dazu gehören z.B. die Nachweis- bzw. Bestimmungsgrenze, die Linearität und die Selektivität. In Band 2 dieser Buchreihe kann man Näheres über diese Parameter erfahren.

Informationssuche

Suchen Sie in entsprechender Literatur, Datenbanken, Lexika oder im Internet (z.B. http://de.wikipedia.org/wiki/Hauptseite) nach dem Begriff «Aufstockung» und erfassen Sie die Zusammenhänge.

In Bild 7.2 sind die Parameter einer Validierung zusammengefasst.

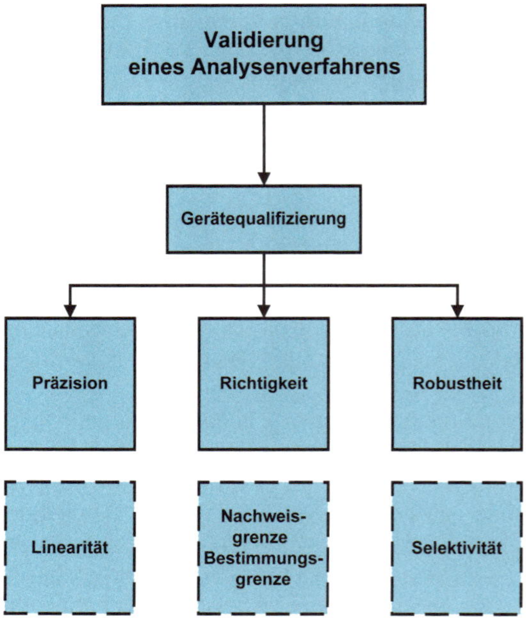

Bild 7.2 Parameter einer Validierung

7.2.1 Validierungsparameter Präzision

Unter «Präzision» (eigentlich wäre der Begriff «Unpräzision» besser) wird das Maß für die Streuung einer analytischen Methode oder eines analytischen Verfahrens verstanden. Es wird der sog. «zufällige Fehler» des Verfahrens bestimmt. Dazu wird die künstliche Probe, evtl. unter Einbeziehung der Probennahme und der Probenvorbereitung, mehrfach unter gleichen Bedingungen analysiert, die Ergebnisse werden registriert und ausgewertet. Wird die Mehrfachanalyse ohne Veränderung der Geräte und der Chemikalien vom gleichen Analytiker bewerkstelligt, spricht man von **«Wiederholpräzision».** Werden die verschiedenen Analysengänge auf anderen Geräten, unter Verwendung von Chemikalien eines anderen Herstellers und von verschiedenen Analytikern durchgeführt, spricht man von **«Vergleichspräzision»**. Soll die zu validierende Methode das eigene Labor nicht verlassen, kann die «Wiederholpräzision» als Maß für die Streuung dienen, ansonsten ist es meistens sinnvoller, eine «Vergleichspräzision» vorzunehmen.

Gewöhnlich werden zur Präzisionsuntersuchung 6...10 Analysen ($N = 6 ... N = 10$) durchgeführt. Mit weniger Werten als $N = 6$ wird die Aussage zu «schwammig», mit mehr als $N = 10$ bekommt man keinen höheren «Wissenszuwachs», der Zeit- und damit auch der Kostenfaktor wächst beträchtlich. Aus den $N = 6 ... N = 10$ Analysen wird nach Gl. 7.1 der Mittelwert $\overline{x}$ und nach Gl. 7.2 die Standardabweichung s berechnet.

$$\overline{x} = \frac{\sum x_i}{N} \qquad \text{(Gl. 7.1)}$$

$$s = \sqrt{\frac{\sum (x_i - \overline{x})^2}{N-1}} \qquad \text{(Gl. 7.2)}$$

mit:

$\overline{x}$	Mittelwert
s	Standardabweichung
x_i	Einzelwert (i steht für 1., 2., 3. usw.)
N	Anzahl der Mehrfachanalysen

Beispiel

Bei einer Präzisionsuntersuchung (Mehrfachbestimmung unter Wiederholbedingungen) einer künstlichen Probe des **Prozesses P1_KAP7** wird die Schwefelsäure mit der zu untersuchenden Methode 6-mal bestimmt. Man erhält folgende Ergebnisse:

10,1% / 10,2% / 9,9% / 10,0% / 10,0% / 9,8% H_2SO_4

Der Mittelwert wird berechnet mit Gl. 7.3

$$\overline{x} = \frac{10{,}1\% + 10{,}2\% + 9{,}9\% + 10{,}0\% + 10{,}0\% + 9{,}8\%}{6} = \underline{10{,}0\%}\ H_2SO_4 \qquad \text{(Gl. 7.3)}$$

Zur manuellen Berechnung der Standardabweichung s wird zunächst die Differenz von jedem Einzelwert zum Mittelwert berechnet ($x_i - \overline{x}$) und jede Differenz quadriert ($x_i - \overline{x}$)^2, s. dazu die Werte in Tabelle 7.1.

Die Differenzenquadrate in Spalte 4 der Tabelle 7.1 werden summiert und durch die Anzahl der Messungen ($N = 6$), vermindert um 1 (6 - 1) dividiert. Vom Ergebnis der Division wird nach Gl. 7.4 die Quadratwurzel gezogen:

$$s = \sqrt{\frac{0{,}01\% + 0{,}04\% + 0{,}01\% + 0\% + 0\% + 0{,}01\%}{6-1}} = \underline{0{,}118\%} \qquad \text{(Gl. 7.4)}$$

Tabelle 7.1 Tabelle zur Berechnung der Standardabweichung *s*

Nr. (1)	$x_i - \overline{x}$ (2)	Ergebnis $x_i - \overline{x}$ (3)	$(x_i - \overline{x})^2$ (4)
1	10,1% - 10,0%	= 0,1%	0,01%
2	10,2% - 10,0%	= 0,2%	0,04%
3	9,9% - 10,0%	= -0,1%	0,01%
4	10,0% - 10,0%	= 0%	0%
5	10,0% - 10,0%	= 0%	0%
6	9,8% - 10,0%	= -0,2%	0,04%

Die Standardabweichung *s*, das Maß für die Streuung dieser Validierungsuntersuchung, beträgt 0,118%.

Was sagt die Standardabweichung *s* aus?

Der Mathematiker Gauß beschrieb um 1820 eine mathematische Funktion, die Normalverteilung genannt wird. Messwerte, die mit Hilfe der Gauß'schen-Verteilung annähernd beschrieben werden können, befinden sich systematisch um einen «wahren, aber unbekannten Wert» verteilt. Die Gauß'sche Funktion gilt streng genommen nur für «unendlich viele» Messwerte. Alle Parameter, die mit «endlich vielen» Messwerten (im Beispiel $N = 6$) nach den Gauß'schen Vorgaben berechnet werden, können daher nur Schätzwerte für die exakten Werte der Funktion sein. Aus Bild 7.3 ist eine Gauß'sche Funktion zu erkennen.

Am Wendepunkt der Verteilungsfunktion geht diese von der konkaven zur konvexen Form über. Der Abstand des Wendepunktes zum unbekannten «wahren Wert μ» (Maximum der Kurve) ist die theoretische Standardabweichung σ. Die Bedingungen,

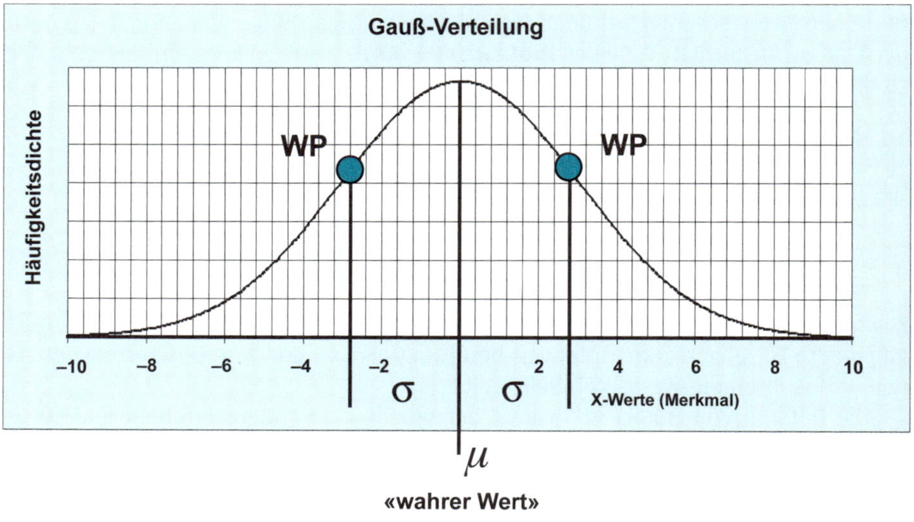

Bild 7.3 Gauß'sche Funktion mit Wendepunkt (WP) und theoretische Standardabweichung σ

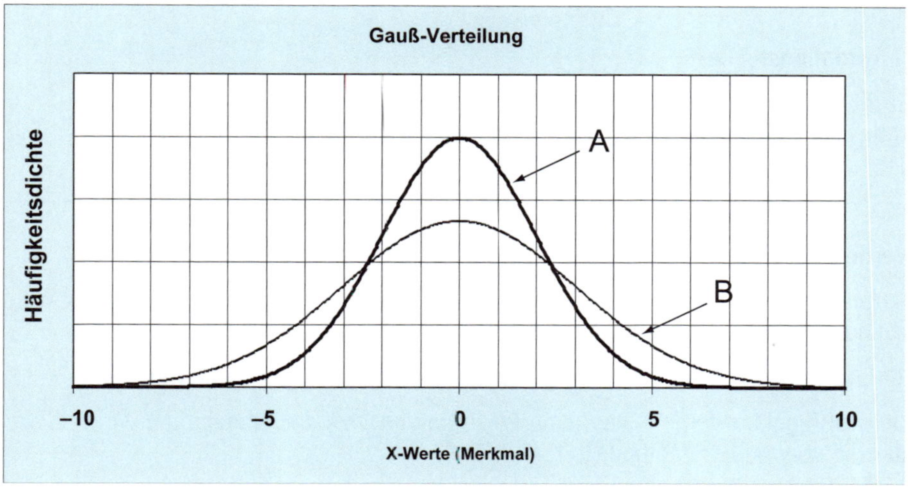

Bild 7.4 Stärkere (B) und schwächere (A) Streuung

unter denen reale Messungen an Proben vorgenommen werden, sollten so gewählt werden, dass voraussichtlich die nach Gl. 7.2 real berechnete Standardabweichung s so gut wie möglich die (unbekannte) theoretische Standardabweichung σ repräsentiert.

Unpräzise Messungen oder Analysenverfahren führen zu größeren Streuungen, die die «Breite» der Gauß'schen Funktion erhöht. Daher kann die Standardabweichung σ bzw. deren realer Repräsentanzwert s als Maß für die Streuung der Messwerte und damit des ganzen analytischen Verfahrens dienen.

In Bild 7.4 sind 2 Verteilungen abgebildet, bei denen die Verteilung A schwächer und die Verteilung B stärker streut.

Vertiefungsübung V7.1

Skizzieren Sie die Verteilung zweier Verfahren, bei denen die Streuungen s_1 und s_2 gleich sind, die «wahren Werte» μ_1 und μ_2 jedoch unterschiedlich.

Um eine aussagefähige Größe für die Streuung zu erhalten, bezieht man die reale Standardabweichung s auf den Mittelwert $\bar{x}$ und erhält die relative Standardabweichung *RSD* (relative standard deviation), die auch Variationskoeffizient *VK* genannt wird. Der Wert wird gewöhnlich als Prozentwert ausgedrückt (Gl. 7.5).

$$RSD = VK = \frac{s}{\bar{x}} \cdot 100\% \qquad \text{(Gl. 7.5)}$$

Für das Beispiel wäre der *VK* nach Gl. 7.6:

$$VK = \frac{0{,}118\%}{10{,}0\%} \cdot 100\% = \underline{1{,}18\%} \qquad \text{(Gl. 7.6)}$$

Der berechnete *VK*-Wert müsste mit dem vom Auftraggeber vorgegebenen Wert oder mit Erfahrungswerten verglichen werden. Bei einer einfachen volumetrischen Analyse würde normalerweise ein *VK* von unter 0,5% zu erwarten sein (falls die Probenumgebung nicht sehr kompliziert ist), sodass in dem Beispiel die Präzision der Methode zu verbessern wäre.

Informationssuche

Suchen Sie in entsprechender Literatur, Datenbanken, Lexika oder im Internet (z.B. http://de.wikipedia.org/wiki/Hauptseite) nach dem Begriff «zufälliger Fehler» und erfassen Sie die Zusammenhänge.

Vertiefungsübung V7.2

Berechnen Sie von der folgenden Messreihe den Mittelwert $\bar{x}$, die Standardabweichung s und den Variationskoeffizienten VK:

122,4 mg / 119,9 mg / 131,2 mg / 128,5 mg / 122,9 mg / 129,2 mg

Der Auftraggeber fordert, dass eine Präzision von $VK < 1\%$ eingehalten wird. Leistet das die verwendete Methode?

7.2.2 Validierungsparameter «Richtigkeit»

Der Validierungsparameter «Richtigkeit» beschreibt den sog. «systematischen Fehler», der als Differenz zwischen einem «richtigen Wert», dem «Sollwert», und einem Analysenwert, dem «Istwert», auftritt. Das ist natürlich nur dann möglich, wenn ein «Sollwert» existiert. Bei der Verwendung einer «künstlichen Probe» ist das gewöhnlich der Fall. Wird z.B. aus einer wässrigen Lösung von 0,2% Calciumsulfat durch genaue Zuwaage von Schwefelsäure mit $w(H_2SO_4) = 98\%$ eine Lösung mit $w(H_2SO_4) = 9{,}90\%$ hergestellt, die Lösung durch eine mehrfache Säure-Base-Titration analysiert und man hätte ein Ergebnis von $w(H_2SO_4) = 10{,}0\%$ (Mittelwert aus 3 Bestimmungen) erhalten, so wäre nach Gl. 7.7 und Gl. 7.8 die

Absolute Differenz $$10{,}00\% - 9{,}90\% = \underline{0{,}10\%} \qquad \text{(Gl. 7.7)}$$

Relative Differenz $$\frac{10{,}00\% - 9{,}90\%}{9{,}90\%} \cdot 100\% = \underline{1{,}01\%} \qquad \text{(Gl. 7.8)}$$

Eine weitere Möglichkeit ist die Berechnung der Wiederfindungsrate WFR nach Gl. 7.9:

$$WFR = \frac{\text{Istwert}}{\text{Sollwert}} \cdot 100\% = \frac{10{,}0\%}{9{,}90\%} \cdot 100\% = \underline{101\%} \qquad \text{(Gl. 7.9)}$$

Eine Wiederfindungsrate WFR von 101% bedeutet, dass bei der Ergebnisfindung mit der Methode 1% (101% – 100%) durchschnittlich zu viel gefunden wird.

Zur Überprüfung der Richtigkeit wird häufig auf Materialien zurückgegriffen, die einen anerkannten und dokumentierten Gehalt des betreffenden Analyten enthalten. Diese Materialien nennt man «Referenzmaterial (RM)».

Definition «Referenzmaterial»

Referenzmaterial ist eine Substanz von ausreichender Homogenität, von der ein oder mehrere Werte so genau festgelegt sind, dass sie zur Kalibrierung von Messgeräten, zur Beurteilung von Messverfahren oder zur Beurteilung der analytischen Gültigkeit von Analysenmethoden verwendet werden können.

Häufig wird dem Referenzmaterial durch ein Institut oder eine Behörde bescheinigt, dass es ausreichend genau ist, bzw. mit welchem Fehler zu rechnen ist. Diese Materialien nennt man «zertifizierte Referenzmaterialien».

Definition «zertifiziertes Referenzmaterial»

Zertifiziertes Referenzmaterial wird mit einem Zertifikat ausgestattet, in dem unter Angabe der Unsicherheit und des zugehörigen Vertrauensniveaus ein oder mehrere Werte bescheinigt sind.

Bei Säure-Base-Titrationen werden gewöhnlich relative Differenzen von unter 0,5% erhalten, sodass die relative Differenz von 1,01% im Beispiel nach Gl. 7.8 bei Verwendung der Analysenmethode nicht akzeptabel wäre. Durch geeignete Schritte müsste die Richtigkeit der Methode verbessert werden.

Probleme macht die Abschätzung der Richtigkeit, wenn keine künstliche Probe hergestellt werden kann, z.B. bei Blutplasma.

Man hilft sich, indem man in einer Probe Blutplasma zunächst den zu bestimmenden Analyten mit der zu validierenden Methode analysiert und das Ergebnis festhält. Soll im Plasma z.B. Blei quantifiziert werden, analysiert man das Plasma und findet z.B. 10 ppm Blei (ppm = parts per million = Teile pro Million). Dann stockt man das Blutplasma durch eine geeignete Arbeitsweise mit weiteren 10 ppm Blei (Sollwert) auf und analysiert das mit Blei aufgestockte Plasma erneut. Wäre das Ergebnis der Analyse der aufgestockten Probe z.B. 19,8 ppm Blei, ergäbe sich ein Istwert von 19,8 ppm − 10,0 ppm = 9,8 ppm. Dann wäre die Wiederfindungsrate *WFR* nach Gl. 7.10:

$$WFR = \frac{\text{Istwert}}{\text{Sollwert}} \cdot 100\% = \frac{19{,}8\ \text{ppm} - 10{,}0\ \text{ppm}}{10{,}0\ \text{ppm}} \cdot 100\% = \underline{98\%} \qquad \text{(Gl. 7.10)}$$

Man würde durchschnittlich auf diesem Konzentrationsniveau 2% zu wenig Blei im Plasma finden.

7.2.3 Validierungsparameter «Robustheit»

Unter Robustheit versteht man die Fähigkeit eines analytischen Verfahrens, auch dann noch richtige und präzise Ergebnisse zu liefern, wenn sich die Bedingungen, unter denen normalerweise gearbeitet wird, real verändern. Als Maß für die variierende Bedingung gilt der Bereich, in dem das Ergebnis von der Änderung einer Bedingung unabhängig ist. Wenn z.B. in der Arbeitsvorschrift angegeben wird, dass eine Fällung bei *pH* 5 durchgeführt werden soll und experimentell bewiesen wurde, dass ein richtiges Ergebnis zwischen *pH* 4,5...5,5 zu finden ist, dann sollte in der Arbeitsvorschrift bzw. in den Validierungsunterlagen vermerkt werden, dass das Ergebnis zwischen *pH* 4,5...5,5 robust ist.

Variierende Bedingungen sind z.B. Wechsel eines Analysengeräts, Wechsel des Laboratoriums, Wechsel des Mitarbeiters, Wechsel der Chemikalienchargen, Veränderung von Temperatur bzw. *pH*-Wert usw. Bei einer Titrationsaufgabe könnten z.B. folgende charakteristische Parameter variiert werden:

- Qualität der Waage (z.B. geeicht / nicht geeicht),
- Qualität einer Pipette,
- Qualität des Referenzmaterials,
- Auslaufgeschwindigkeit von Pipette und Bürette,
- CO_2-Konzentration im Titriermittel,
- Farbindikator,
- Geräteeinstellungen beim Erfassen eines Titrations-Endpunktes usw.

Die Robustheit ist abhängig von der Art der analytischen Methode. Während die Maßanalyse als relativ robuste Methode gilt, gelten analytische Methoden, die mit aufwendigeren Messsystemen durchgeführt werden, als empfindlich. Als Beispiel für empfindliche Methoden sind komplexe HPLC-Trennungen zu nennen (s. Band 2 dieser Reihe).

Da die Robustheit auch von der Konzentration abhängig ist, müssen Robustheitsangaben immer auf eine Konzentration bezogen werden.

Welche Parameter in eine Robustheitsuntersuchung einbezogen und wie die Bedingungen variiert werden, obliegt dem Analytiker bzw. den Regularien der entsprechenden Branche. Die Robustheit ist somit ein individuell zu prüfender Validierungsparameter und verlangt vom Analytiker große Erfahrung.

Vertiefungsübung V7.3

Arbeiten Sie den folgenden Abschnitt «Quantifizierung mit Hilfe der gravimetrischen Analyse» durch und planen Sie dann eine Robustheitsuntersuchung für die Bestimmung des Gesamtsulfats. Zu erwarten ist ca. 100 mg/L Sulfat.

7.3 Quantifizierung des Gesamtsulfats mit Hilfe einer gravimetrischen Analyse

In diesem Abschnitt soll exemplarisch das Gesamtsulfat (aus dem Calciumsulfat und der Schwefelsäure) des Prozesses P1_KAP7 durch eine gravimetrische Analyse quantifiziert werden.

Bei einer gravimetrischen Bestimmung, die früher «Gewichtsanalyse» genannt wurde, wird der gelöste Analyt mit einem ausgewählten «Fällungsreagenz» versetzt, dabei entsteht eine «schwerlösliche» Verbindung, die sich als kristalliner «Niederschlag» absetzt. Dieser Niederschlag kann mit geeigneten Methoden abfiltriert, gereinigt und getrocknet werden. Aus der Stoffmasse *m* des Niederschlages kann ein stöchiometrischer Rückschluss auf die Stoffmasse des Analyten gezogen werden. In Bild 7.5 ist das Schema einer gravimetrischen Analyse abgebildet.

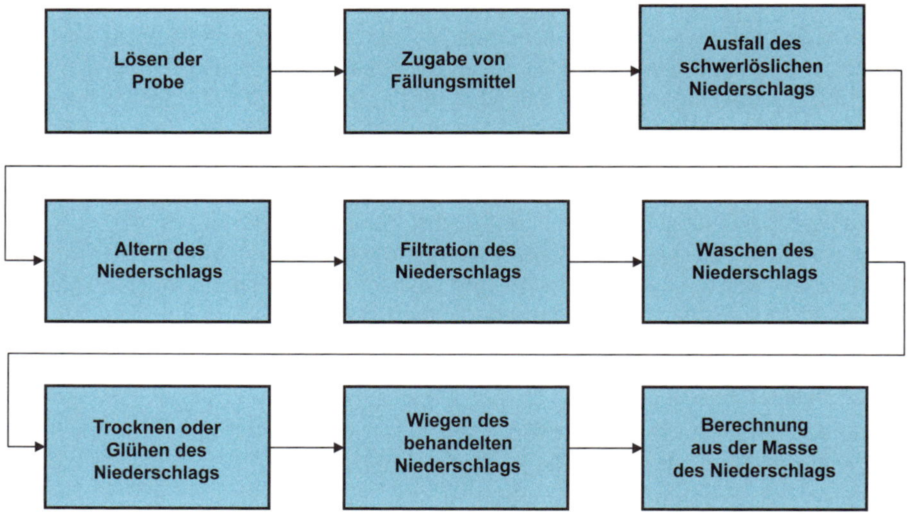

Bild 7.5 Schema einer gravimetrischen Analyse

Merke

Bei der gravimetrischen Analyse ist es notwendig, dass

- das Fällungsmittel mit dem Analyten schnell und eindeutig reagiert,
- der kristalline Niederschlag chemisch rein herzustellen ist,
- der Niederschlag eine möglichst große molare Masse hat, um bei der chemischen Reaktion viel vom kristallinen Niederschlag zu erhalten. Dadurch wird ein Verlust beim Aufarbeiten in seiner Wirkung begrenzt.

In Tabelle 7.2 sind ausgewählte Analyte und die gebräuchlichsten Fällungsreagenzien zur Durchführung einer Fällungsanalyse aufgeführt:

Tabelle 7.2 Ion und Fällungsmittel in der Gravimetrie

Zu quantifizierender Analyt	Fällungsreagenz
Schwefelsäure, Sulfationen	Bariumchloridlösung
Calciumionen	Ammoniumoxalatlösung
Eisenionen, Aluminiumionen	Ammoniaklösung
Magnesiumionen, Aluminiumionen	8-Hydroxychinolinlösung
Nickelionen	Diacetyldioximlösung
Kupferionen, Zinkionen	Natriumanthranilatlösung
Silberionen	Salzsäurelösung
Chloridionen	Silbernitratlösung

Für den **Prozess P1_KAP7** gibt es gravimetrisch mehrere Möglichkeiten:

1. Bestimmung des Gesamtsulfatanteils (aus Calciumsulfat und aus der Schwefelsäure) durch Fällen mit Bariumchloridlösung.
2. Bestimmung des Calciumions aus dem Calciumsulfat durch Fällen mit Ammoniumoxalatlösung.

Im **Prozess P1_KAP7** soll exemplarisch einer Quantifizierung des **Gesamtsulfat**-Anteils der Vorzug gegeben werden.

Die chemischen Reaktionen sind aus Gl. 7.11...Gl. 7.13 erkennbar:

$$CaSO_4 + BaCl_2 \longrightarrow BaSO_4\downarrow + CaCl_2 \quad \text{und} \qquad \text{(Gl. 7.11)}$$

$$H_2SO_4 + BaCl_2 \longrightarrow BaSO_4\downarrow + 2\ HCl \qquad \text{(Gl. 7.12)}$$

oder vereinfacht:

$$SO_4^{2-} + BaCl_2 \longrightarrow BaSO_4\downarrow + 2\ Cl^- \qquad \text{(Gl. 7.13)}$$

Aus $n = 1$ mol Sulfationen entstehen stöchiometrisch $n = 1$ mol Bariumsulfat. Der Pfeil (↓) neben dem $BaSO_4$ zeigt an, dass die Verbindung schwer löslich ist und aus der Lösung als «Niederschlag» ausfällt. Der Niederschlag kann mit geeigneten Methoden abfiltriert werden. Nach dem Waschen und Trocknen des Niederschlags kann dieser auf einer Analysenwaage gewogen werden.

Beispiel

10,0 mL der Prozesslösung werden in einen 100-mL-Messkolben pipettiert, der bis zur Marke mit Wasser aufgefüllt wird. 20,0 mL dieser Verdünnung werden mit der ausreichenden Menge Bariumchloridlösung gekocht, der entstehende feine weiße Niederschlag abfiltriert, gewaschen und getrocknet. Es entstehen 0,452 g Bariumsulfat. Welche Massenkonzentration β an Gesamtsulfat in g/L ist in der Prozesslösung?

Die molare Masse von Bariumsulfat beträgt $M(BaSO_4)$ = 233,4 g/mol, die molare Masse von Sulfationen beträgt $M(SO_4^{2-})$ = 96 g/mol.
0,452 g Bariumsulfat entsprechen nach Gl. 7.14 der Stoffmenge n = 0,001937 mol.

$$n(\mathrm{BaSO_4}) = \frac{m(\mathrm{BaSO_4})}{M(\mathrm{BaSO_4})} = \frac{0{,}452\ \mathrm{g} \cdot \mathrm{mol}}{233{,}4\ \mathrm{g}} = \underline{0{,}001937\ \mathrm{mol}} \qquad \text{(Gl. 7.14)}$$

Da die Reaktion im Verhältnis 1 : 1 verläuft, müssen auch 0,001937 mol Sulfationen vorhanden gewesen sein. Die Stoffmenge an Sulfationen müsste somit $n(SO_4^{2-})$ = 0,001937 mol betragen. Daraus kann nach Gl. 7.15 die Masse an Sulfationen berechnet werden:

$$m(\mathrm{SO_4}^{2-}) = n(\mathrm{SO_4}^{2-}) \cdot M(\mathrm{SO_4}^{2-}) = 0{,}001937\ \mathrm{mol} \cdot 96\ \mathrm{g/mol} = \underline{0{,}186\ \mathrm{g}} \qquad \text{(Gl. 7.15)}$$

Die Masse m = 0,186 g befindet sich in den 20,0 mL, die zur Fällung eingesetzt wurden. Im Messkolben war ursprünglich 5-mal so viel Sulfat enthalten, da nur 20,0 mL zur Analyse entnommen wurden (Gl. 7.16):

$$m = 0{,}186\ \mathrm{g} \cdot 5 = \underline{0{,}9295}\ \mathrm{g\ Sulfat} \qquad \text{(Gl. 7.16)}$$

Die Stoffmasse m = 0,9295 g Sulfat, die sich im 100-mL-Kolben befindet, befand sich ursprünglich in den 10,0 mL der Prozesslösung. In 1 L Prozesslösung des **Prozesses P1_KAP7** sind also nach Gl. 7.17:

$$m(\mathrm{SO_4}^{2-}) = 0{,}9295\ \mathrm{g} \cdot \frac{1000\ \mathrm{mL}}{10\ \mathrm{mL}} = \underline{92{,}95}\ \mathrm{g} \qquad \text{(Gl. 7.17)}$$

Die Massenkonzentration an Sulfationen in der Prozesslösung beträgt $\beta(SO_4^{2-})$ = 92,95 g/L.

Vereinfacht kann die Berechnung einer gravimetrischen Analyse mit Gl. 7.18 zusammengefasst werden:

$$m(\mathrm{x}) = \frac{m(\mathrm{A}) \cdot M(\mathrm{x}) \cdot V_2}{M(\mathrm{A}) \cdot V_1} \qquad \text{(Gl. 7.18)}$$

mit:

- $m(x)$ Stoffmasse der gesuchten Substanz (Ion) (g)
- $m(A)$ Auswaage der gefällten und in eine wägbare Form gebrachten Substanz (g)
- $M(x)$ molare Masse der gesuchten Substanz (Ion) (g/mol)
- $M(A)$ molare Masse der ausgewogenen Substanz (g/mol)
- V_2 Volumen, auf das die Originalprobe aufgefüllt wurde (mL)
- V_1 entnommenes Volumen nach der Verdünnung (mL)

Für eine konkrete Bestimmung, z.B. der Sulfationenbestimmung als Bariumsulfat, bleibt das Verhältnis der molaren Massen von Sulfationen und Bariumsulfat immer gleich, dieses Verhältnis kann Tabellenbüchern (s. Anhang) entnommen werden. Das Ergebnis des Verhältnisses nennt man «gravimetrischer Faktor f_G». Aus Gl. 7.19...Gl. 7.21 sind die Zusammenhänge erkennbar:

$$m(x) = \frac{m(A) \cdot M(x) \cdot V_2}{M(A) \cdot V_1} \quad \text{(Gl. 7.19)}$$

$$f_G = \frac{M(x)}{M(A)} \quad \text{(Gl. 7.20)}$$

Gl. 7.19 vereinfacht sich somit zu Gl. 7.21:

$$m(x) = \frac{m(A) \cdot f_G \cdot V_2}{V_1} \quad \text{(Gl. 7.21)}$$

Der gravimetrische Faktor f_G für die Sulfatbestimmung als Bariumsulfat beträgt nach Gl. 7.22:

$$f_G = \frac{96\ \text{g/mol}}{233{,}4\ \text{g/mol}} = \underline{0{,}4113} \quad \text{(Gl. 7.22)}$$

Vertiefungsübung V7.4

Die Prozesslösung des **Prozesses P1_KAP7** soll 0,2% Calciumsulfat und 10% Schwefelsäure enthalten. Wie viel g Sulfationen sind in 1 L Lösung der Prozesslösung enthalten?

Vertiefungsübung V7.5

Berechnen Sie den gravimetrischen Faktor f_G einer Eisenbestimmung, wenn die Masse an Eisen (Fe) gesucht wird und Eisen(III)-oxid (Fe_2O_3) ausgewogen wird. Vergleichen Sie Ihren berechneten Wert mit dem aus einem Tabellenbuch.

Vertiefungsübung V7.6

Es soll der Chloridgehalt eines Abwassers bestimmt werden. Dazu werden m = 10,511 g des Abwassers mit Silbernitratlösung ($AgNO_3$) gekocht und das abgeschiedene Silberchlorid (AgCl) getrocknet und ausgewogen. An Auswaage erhält man m = 0,1128 g Silberchlorid.
Berechnen Sie den gravimetrischen Faktor f_G und den Massenanteil w in % an Chloridionen in dem Abwasser.

7.3.1 Schwerlöslichkeit und Löslichkeitsprodukt *Lp*

Eine gravimetrische Analyse funktioniert nur dann zuverlässig, wenn der entstehende Niederschlag möglichst vollständig isoliert und gewogen werden kann. Deshalb ist neben der guten Filtrierbarkeit eine akzeptable «Unlöslichkeit» des Niederschlags die Voraussetzung für das Gelingen der gravimetrischen Analyse. Ob diese «Unlöslichkeit» ausreichend ist, kann aus dem Löslichkeitsprodukt *Lp* der Verbindung berechnet werden. Die nachfolgenden Überlegungen sind Anwendungen des Massenwirkungsgesetzes MWG und des Löslichkeitsproduktes, ggf. sollte vom Leser Kapitel 5 wiederholt werden.

Das Löslichkeitsprodukt *Lp* charakterisiert die Löslichkeit des schwer löslichen Stoffes und kann zur Abschätzung dienen, ob ein Niederschlag zur gravimetrischen Fällung geeignet ist.

Welche Auswirkung das Löslichkeitsprodukt auf die Löslichkeit einer schwer löslichen Verbindung hat und welche Strategien bei der gravimetrischen Analyse angewandt werden, sollen die nächsten beiden Beispielaufgaben zeigen.

Bei einer gravimetrischen Analyse von Sulfationen als Bariumsulfat soll exemplarisch davon ausgegangen werden, dass bei der Durchführung der Bestimmung insgesamt V = 1500 mL Lösung (u.a. Waschwasser) verwendet wird. Es soll untersucht werden, wie viel mg Bariumsulfat sich vom Niederschlag gelöst hat.
Das Löslichkeitsprodukt Lp von $BaSO_4$ beträgt $1{,}0 \cdot 10^{-10}\ mol^2/L^2$.
Das Löslichkeitsprodukt Lp wird mit Gl. 7.23 ... Gl. 7.25 aufgestellt:

$$Lp = c(Ba^{2+}) \cdot c(SO_4^{\ 2-}) = 1{,}0 \cdot 10^{-10}\,mol^2/L^2 \qquad \text{(Gl. 7.23)}$$

$$c(Ba^{2+}) = c(SO_4^{\ 2-}) \qquad \text{(Gl. 7.24)}$$

$$Lp = c \cdot c = 1{,}0 \cdot 10^{-10}\,mol^2/L^2 \qquad \text{(Gl. 7.25)}$$

Wird Gl. 7.25 nach c aufgelöst, erhält man Gl. 7.26:

$$c = \sqrt{1{,}0 \cdot 10^{-10} mol^2/L^2} = \underline{0{,}00001\,mol/L} \qquad \text{(Gl. 7.26)}$$

Die Konzentration an gelöstem Bariumsulfat (M = 233,4 g/mol) in der gesättigten Lösung beträgt nach Gl. 7.27:

$$\beta = 0{,}00001\,mol/L \cdot 233{,}4\ g/mol = \underline{0{,}002334\ g/L} \qquad \text{(Gl. 7.27)}$$

Es wurden insgesamt 1,5 L Lösung verwendet. Nach Gl. 7.28 sind damit:

$$m = 0{,}002334\ g/L \cdot 1{,}5\,L = \underline{0{,}0035\ g}\ \ \text{(= 3,5 mg) Bariumsulfat} \qquad \text{(Gl. 7.28)}$$

in V = 1,5 L der gesättigten Lösung gelöst und ergeben einen gravimetrischen Fehler, da diese Menge bei der Filtration und Auswaage nicht erfasst wird und somit bei der stöchiometrischen Berechnung unberücksichtigt bleibt.

Prozentual müsste zunächst bei der gravimetrischen Analyse von Sulfationen im Prozesswasser (Auswaage von 0,452 g Bariumsulfat) nach Gl. 7.29 mit einem Fehler von

$$\frac{0{,}0035\ g}{0{,}452\ g} \cdot 100\% = \underline{0{,}774\%} \qquad \text{(Gl. 7.29)}$$

gerechnet werden. Der Fehler wäre für die meisten Analysenaufgaben gerade noch zu akzeptieren. Das Löslichkeitsprodukt eines schwer löslichen Niederschlags (zweiionig) sollte daher nicht größer als ca. $10^{-10}\ mol^2/L^2$ sein.

Vertiefungsübung V7.7

Wie groß wäre der Fehler, wenn die Auswaage an Bariumsulfat nur halb so groß wäre? Was folgern Sie daraus?

Vertiefungsübung V7.8

Berechnen Sie das Löslichkeitsprodukt Lp von $CaSO_4$, wenn in 1000 mL einer gesättigten Lösung 9,9 mg Calciumsulfat in Lösung gegangen sind.

In der Beispielaufgabe wurde bisher davon ausgegangen, dass als Lösemittel reines Wasser benutzt wurde und dass sich in der über dem Bodensatz stehenden Flüssigkeit nur die Sulfat- und Bariumionen des gelösten Bariumsulfates befinden.

In der Praxis wird bei einer gravimetrischen Fällung von dem Fällungsmittel Bariumchlorid ein deutlicher Überschuss verwendet, sodass sich in der über dem Bodensatz stehenden Flüssigkeit auch noch Barium- und Chloridionen befinden, die vom überschüssigen Bariumchlorid stammen, welches nach Gl. 7.30 praktisch vollständig dissoziiert ist.

$$BaCl_2 \rightleftarrows Ba^{2+} + 2Cl^- \qquad \text{(Gl. 7.30)}$$

Beispielsweise soll davon ausgegangen werden, dass in der überstehenden Flüssigkeit c = 1 mol/L Bariumionen (aus überschüssigem Bariumchlorid) vorhanden sind (Gesamtvolumen V sei 1,5 L). Welche Stoffmasse m an gelöstem Bariumsulfat befindet sich dann in der überstehenden Flüssigkeit?

Es kommt wieder die Berechnung des Löslichkeitsproduktes von Gl. 7.31 zur Anwendung:

$$Lp = c(Ba^{2+}) \cdot c(SO_4^{\,2-}) = 1{,}0 \cdot 10^{-10}\,\text{mol}^2/\text{L}^2 \qquad \text{(Gl. 7.31)}$$

Die Stoffmengenkonzentration der **Sulfationen** ist mit der von **Bariumsulfat** gleich, die Stoffmengenkonzentration der **Bariumionen** beträgt jedoch $c(Ba^{2+})$ = 1 mol/L. Es entsteht Gl. 7.32:

$$Lp = 1\,\text{mol/L} \cdot c(SO_4^{\,2-}) = 1{,}0 \cdot 10^{-10}\,\text{mol}^2/\text{L}^2 \qquad \text{(Gl. 7.32)}$$

daraus folgt Gl. 7.33:

$$c(SO_4^{\,2-}) = \frac{1{,}0 \cdot 10^{-10}\,\text{mol}^2/\text{L}^2}{1\,\text{mol/L}} = \underline{1{,}0 \cdot 10^{-10}\,\text{mol/L}} \qquad \text{(Gl. 7.33)}$$

In der über dem Bodensatz stehenden Lösung befinden sich $1{,}0 \cdot 10^{-10}$ mol/L Sulfationen, die aus dem gelösten Bariumsulfat entstanden sind, somit sind auch $1{,}0 \cdot 10^{-10}$ mol/L Bariumsulfat in der Lösung. Umgerechnet auf die Stoffmasse m und einem Volumen von V = 1,5 L sind nach Gl. 7.34

$$m = 1{,}0 \cdot 10^{-10}\,\text{mol/L} \cdot 233{,}4\,\text{g/mol} \cdot 1{,}5\text{L} = \underline{0{,}000000035\,\text{g}} \qquad \text{(Gl. 7.34)}$$

Bariumsulfat gelöst, eine Stoffmasse, die von keiner im Labor gebräuchlichen Waage erfasst werden kann. Den bewussten Einsatz einer Überschussmenge vom Fällungsmittel bei einer gravimetrischen Aufgabe nennt man «gleichionigen Zusatz».

Vertiefungsübung V7.9

In eine gesättigte Kochsalzlösung wird HCl-Gas eingeleitet. Was passiert?

7.4 Volumetrische Analyse (Maßanalyse)

Der Nachteil einer gravimetrischen Bestimmung ist ein hoher Zeit- und damit ein hoher Kostenaufwand. Dieser kann durch den Einsatz einer volumetrischen Methode verringert werden. Dafür liefert die Volumetrie meistens nicht ganz so genaue Werte.

Bei der volumetrischen Methode werden 2 Lösungen miteinander verglichen, deren Inhaltsstoffe stöchiometrisch in einer bekannten Reaktion miteinander reagieren. Von einer der beiden Lösungen muss die exakte Konzentration des Inhaltstoffes bekannt sein (Maßlösung), die andere Lösung enthält den zu quantifizierenden Analyten in einer unbekannten Konzentration.

Merke

Die Inhaltsstoffe beider Lösungen müssen bei einer maßanalytischen Aufgabe miteinander

- schnell,
- vollständig und
- in einer genau definierten Reaktion

reagieren. Das Ende der Reaktion muss durch einen geeigneten Farbeffekt oder durch eine physikalische Messung, wie z.B. durch die Messung des *pH*-Wertes, beobachtbar sein.

Folgende Reaktionen sind denkbar, die eine Unterteilung der Maßanalyse erlauben:

- Neutralisationsreaktion,
- Redoxreaktion,
- Komplexreaktion.

Die in **Prozess P1_KAP7** erhaltene saure Lösung von Calciumsulfat und Schwefelsäure kann prinzipiell mit folgenden Methoden untersucht werden:

- Bestimmung der Stoffmasse an Schwefelsäure durch eine Neutralisationsreaktion mit Natronlauge,
- Bestimmung der Stoffmasse an Calciumionen durch eine Redoxreaktion mit Kaliumpermanganat,
- Bestimmung Stoffmasse an Calciumionen durch eine komplexometrische Reaktion mit EDTA.

Zunächst wird zur exemplarischen Einführung in die Volumetrie die Quantifizierung der Schwefelsäure durch eine einfache Neutralisationsreaktion erläutert.

7.4.1 Neutralisationsvolumetrie

7.4.1.1 Prinzip der Neutralisationsvolumetrie

Wie bereits in Kapitel 2 erläutert, ist eine Neutralisation eine schnelle und vollständige Reaktion einer Base mit einer Säure zu einem Salz und Wasser. Bei der Neutralisation geht die saure Eigenschaft einer Säure und die alkalische Eigenschaft einer Base dann vollständig verloren, wenn beide Reaktionspartner im richtigen stöchiometrischen Verhältnis miteinander gemischt werden.

Die Reaktion von Schwefelsäure mit Natronlauge verläuft nach Gl. 7.35:

$$2\ NaOH + H_2SO_4 \longrightarrow Na_2SO_4 + 2\ H_2O \qquad \text{(Gl. 7.35)}$$

Die Stoffmenge n = 2 mol Natriumhydroxid reagiert vollständig mit der Stoffmenge n = 1 mol Schwefelsäure. Mit Hilfe von Gl. 7.36 können die Stoffmassen m berechnet werden:

$$m = n \cdot M \qquad \text{(Gl. 7.36)}$$

Für Schwefelsäure beträgt die Stoffmasse (M = 98 g/mol) nach Gl. 7.37

$$m(H_2SO_4) = 1\,\text{mol} \cdot 98\,\text{g/mol} = \underline{98\,\text{g}} \qquad \text{(Gl. 7.37)}$$

Für Natriumhydroxid beträgt die Stoffmasse m nach Gl. 7.38 (M = 40 g/mol):

$$m(\text{NaOH}) = 2\,\text{mol} \cdot 40\,\text{g/mol} = \underline{80\,\text{g}} \qquad \text{(Gl. 7.38)}$$

Wenn m = 98 g reine Schwefelsäure und m = 80 g reines Natriumhydroxid miteinander reagieren (nicht ausprobieren, es erfolgt eine äußert heftige und gefährliche, explosionsartige Reaktion!), reagieren die Reaktionspartner stöchiometrisch vollständig. Ist die Reaktion vollständig vollzogen, wurde der sog. «Äquivalenzpunkt» erreicht. Das Reaktionsprodukt ist eine neutrale Salzlösung, die weder eine freie Säure noch eine Base enthält.

Dieser Äquivalenzpunkt kann durch einen Farbwechsel eines Farbstoffs angezeigt werden. Dieser ändert seine Farbe im Idealfall dann, wenn der Äquivalenzpunkt erreicht ist. Einen solchen Farbstoff nennt man «Neutralisationsindikator». Mittlerweile sind viele Neutralisationsindikatoren bekannt, die wichtigsten sind in Tabelle 7.3 aufgeführt.

Tabelle 7.3 Die wichtigsten Neutralisationsindikatoren

Indikatorlösung	Farbe im sauren Bereich	Farbe am Äquivalenzpunkt	Farbe im alkalischen Bereich
Phenolphthalein	Farblos	Rosa	Pink
Thymolphthalein	Farblos	Hellblau	Tiefblau
Methylrot	Rot	Orange	Gelb
Methylorange	Rot	Orange	Gelb
Tashiro	Violett	Grau	Grün

Informationssuche

Suchen Sie in entsprechender Literatur, Datenbanken, Lexika oder im Internet (z.B. http://de.wikipedia.org/wiki/Hauptseite) nach 2 weiteren Neutralisationsindikatoren und fügen Sie die Umschlagsfarben in die Tabelle ein.

Die reinen Reaktanten, Natriumhydroxid und Schwefelsäure, reagieren allerdings so heftig miteinander, dass eine Analyse damit nicht durchgeführt werden kann. Durch das gezielte Verdünnen beider Reaktanten kann die Reaktion problemlos beherrscht werden.

Wenn m = 98,0 g reine Schwefelsäure in einen 1000-mL-Messkolben eingewogen werden, der dann mit Wasser bis zur Marke aufgefüllt wird, ist eine solche definiert verdünnte Schwefelsäurelösung entstanden.

Das Einwiegen von 80,0 g Natriumhydroxid in einen 1000-mL-Messkolben und nachfolgendem Auffüllen mit Wasser bis zur Marke lässt eine definiert verdünnte Natronlauge entstehen.

Bitte stellen Sie sich folgenden Versuch vor: Es werden die 1000 mL Schwefelsäurelösung in ein großes Gefäß geschüttet und mit Methylrotlösung versehen. Die Lösung wird sich nach Tabelle 7.3 sofort rot färben. Nun werden vorsichtig unter Rühren die 1000 mL Natronlaugelösung zu der Schwefelsäure zugeführt. Wenn die Lösungen richtig angesetzt wurden, wird die Lösung nach der erfolgten Zugabe eine orangene Farbe einnehmen und damit anzeigen, dass die Neutralisation abgeschlossen ist. Die in der Natronlauge enthaltenen m = 80,0 g Natriumhydroxid haben vollständig mit den m = 98,0 g Schwefelsäure reagiert, die in der Schwefelsäurelösung enthalten sind. Würde jetzt zu der neutralisierten Lösung weiterhin Natronlauge zugegeben (Überschuss), könnte man eine Gelbfärbung beobachten: Sie wäre nicht mehr neutral, sondern je nach zugegebener Menge Natronlauge mehr oder weniger alkalisch.

Dieses Prinzip wird bei der Neutralisationsanalyse ausgenutzt. Man verwendet eine Maßlösung, deren Konzentration an Reagenz genau bekannt ist, und gibt diese Maßlösung so lange einer in der Konzentration unbekannten Analytlösung hinzu, bis die Farbe des Indikators «umschlägt». Aus dem Verbrauch der in der Konzentration bekannten Maßlösung kann die Konzentration des Analyten in der Probenlösung berechnet werden.

7.4.1.2 Herstellung einer Natronlaugemaßlösung

Die Herstellung einer Maßlösung kann durch 2 Methoden erfolgen:

- Genaues Abwiegen einer vorher berechneten Reagenzmenge. Diese wird in einen Messkolben überführt und dann bis zur Marke aufgefüllt.
- Überspülen des Inhalts einer käuflichen Ampulle, in der vom Hersteller die exakte Menge des Reagenzes bereits eingefüllt wurde, in einen Messkolben, der dann bis zur Marke aufgefüllt wird (z.B. Fixanal-Ampullen).

Informationssuche

Suchen Sie in entsprechender Literatur, Datenbanken, Lexika oder im Internet (z.B. http://de.wikipedia.org/wiki/Hauptseite) nach dem Begriff «Fixanal» und erfassen Sie die Zusammenhänge.

Vertiefungsübung V7.10

Lesen Sie auf dem «Beipackzettel» einer beliebigen Fixanalampulle nach, wie mit ihr praktisch umgegangen wird.

Nach der Herstellung der Maßlösung sollte die Überprüfung der Konzentrationsrichtigkeit erfolgen und gegebenenfalls eine (rechnerische) Korrektur vorgenommen werden.

Exemplarisch wird in diesem Abschnitt die Herstellung einer Natronlaugemaßlösung und deren Überprüfung beschrieben, mit der dann die Schwefelsäure des **Prozesses P1_KAP7** quantifiziert werden kann.

Die Konzentration der in der Volumetrie eingesetzten Maßlösungen wird mit der «Äquivalentkonzentration» beschrieben. Die Äquivalentkonzentration gibt die Größe der «äquivalenten Stoffmenge n_{eq}» des Reaktanten pro L Lösung an (ausgedrückt in mol/L). Unter der äquivalenten Stoffmenge n_{eq} versteht man nach Gl. 7.39 das Produkt aus der Stoffmenge n und der Äquivalentzahl z.

$$n_{eq} = n \cdot z \qquad \text{(Gl. 7.39)}$$

Die in Gl. 7.39 enthaltene Äquivalentzahl z wird bei einer Neutralisation durch die Anzahl der bei der Neutralisation beteiligten H^+-Ionen (bzw. H_3O^+-Ionen) der Säure oder OH^--Ionen der Base festgelegt.

Die Äquivalentzahl von NaOH beträgt $z = 1$ (1 OH^--Ion), die Äquivalentzahl von Schwefelsäure beträgt $z = 2$ (in H_2SO_4 sind 2 H^+-Ionen).
Um den Sachverhalt transparent zu machen, werden einige Beispiele erläutert.

Beispiel

Werden m = 40 g Natriumhydroxid (n = 1 mol und z = 1) abgewogen und in einen 1-L-Messkolben überführt, der mit Wasser aufgefüllt wird, befinden sich im Kolben nach Gl. 7.40:

$$n_{eq} = n \cdot z = 1\,\text{mol} \cdot 1 = \underline{1\,\text{mol}}\ \text{NaOH-Äquivalente} \qquad \text{(Gl. 7.40)}$$

Die Äquivalentkonzentration der Natronlaugemaßlösung, bezogen auf z = 1, beträgt 1 mol/L. Formelmäßig wird die Natronlaugemaßlösung nach Gl. 7.41 beschrieben:

$$c\left(\frac{1}{1}\text{NaOH}\right) = 1\,\text{mol/L} \qquad \text{(Gl. 7.41)}$$

wobei die «1» unter dem Bruchstrich das «z» repräsentiert. Allgemein lautet die Darstellungsweise von Maßlösungen nach Gl. 7.42:

$$c\left(\frac{1}{z}\text{Substanz}\right) = x\,\text{mol/L} \qquad \text{(Gl. 7.42)}$$

Werden m = 49 g reine Schwefelsäure abgewogen (z = 2, M = 98 g/mol, d.h. die Stoffmenge n = 0,5 mol) und in einen 1-L-Messkolben überführt, der mit Wasser aufgefüllt wurde, befinden sich im 1-L-Kolben nach Gl. 7.43:

$$n_{eq} = n \cdot z = 0{,}5\,\text{mol} \cdot 2 = \underline{1\,\text{mol}}\ H_2SO_4\text{-Äquivalente} \qquad \text{(Gl. 7.43)}$$

Die Äquivalentkonzentration der Schwefelsäure, bezogen auf z = 2, beträgt 1 mol/L. Formelmäßig wird die Schwefelsäuremaßlösung nach Gl. 7.44 beschrieben:

$$c\left(\frac{1}{2}H_2SO_4\right) = 1\,\text{mol/L} \qquad \text{(Gl. 7.44)}$$

Man beachte, dass diese Schwefelsäurelösung β = 49 g/L reine Schwefelsäure enthält und dass sie einer **Stoffmengen**konzentration c von $c(H_2SO_4)$ = 0,5 mol/L entspricht. **Stoffmengenkonzentration und Äquivalentkonzentration sind in diesem Fall nicht identisch!**

Werden 1000 mL Natronlaugemaßlösung mit c(1/1 NaOH) = 1 mol/L (β = 40 g/L NaOH) und 1000 mL Schwefelsäuremaßlösung mit $c(1/2\ H_2SO_4)$ = 1 mol/L (β = 49 g/L H_2SO_4) zusammengegeben, reagieren sie vollständig miteinander, weil das stöchiometrische Verhältnis (80 : 98 oder 40 : 49) eingehalten wurde.

Merke

Haben bei einer Neutralisationsreaktion Säure und Base die gleiche Äquivalentkonzentration, werden zur vollständigen Neutralisation auch gleiche Volumina benötigt.

Zur Berechnung der notwendigen Stoffmasse m an Säure oder Base kann Gl. 7.45 verwendet werden:

$$m = \frac{c_{eq} \cdot V \cdot M}{z} \qquad \text{(Gl. 7.45)}$$

mit:

m	einzuwiegende Stoffmasse (g)
c_{eq}	Äquivalentkonzentration (mol/L)
V	herzustellendes Volumen der Maßlösung (L)
M	molare Masse der Säure oder Base (g/mol)
z	Äquivalentzahl der Säure oder Base

Beispiel

Welche Stoffmasse m an Natriumhydroxid mit w(NaOH) = 95% muss abgewogen werden, damit V = 5 L einer Natronlaugemaßlösung entstehen, die eine Äquivalentkonzentration von c(1/1 NaOH) = 0,1 mol/L besitzten (NaOH z = 1)?

Gegeben:

c_{eq} = 0,1 mol/L
z = 1
V = 5 L
w(NaOH) = 95%
M(NaOH) = 40 g/mol

Die Stoffmasse m an **reinem** Natriumhydroxid ist mit Gl. 7.46 zu berechnen:

$$m = \frac{c_{eq} \cdot V \cdot M}{z} = \frac{0{,}1\ \text{mol} \cdot 5\ \text{L} \cdot 40\ \text{g}}{1 \cdot \text{mol} \cdot \text{L}} = \underline{20\ \text{g}} \qquad \text{(Gl. 7.46)}$$

Die Stoffmasse m an NaOH mit w(NaOH) = 95% wird mit Gl. 7.47 berechnet:

$$w = \frac{m_{rein}}{m_{unrein}} \cdot 100\% \qquad \text{(Gl. 7.47)}$$

Daraus folgt Gl. 7.48:

$$m_{unrein} = \frac{m_{rein}}{w} \cdot 100\% = \frac{20\ \text{g}}{95\%} \cdot 100\% = \underline{21{,}05\ \text{g}}\ \text{NaOH} \qquad \text{(Gl. 7.48)}$$

Wenn m = 21,05 g NaOH mit w(NaOH) = 95% auf V = 5 L aufgefüllt werden, wird eine Natronlaugemaßlösung mit der Äquivalentkonzentration c(1/1 NaOH) = 0,1 mol/L entstehen. In V = 1 L Maßlösung befinden sich nach Gl. 7.49 4,0 g reines, wirksames Natriumhydroxid.

$$\beta(\text{NaOH}) = \frac{20{,}0\ \text{g}}{5\ \text{L}} = \underline{4{,}0\ \text{g/L}} \qquad \text{(Gl. 7.49)}$$

Wenn 1 L dieser NaOH-Maßlösung mit c(1/1 NaOH) = 0,1 mol/L mit 1 L einer Schwefelsäuremaßlösung mit c(1/2 H_2SO_4) = 0,1 mol/L vermischt werden, reagieren alle wirksamen OH^-- und H^+-Ionen zu neutralem Wasser und die Reaktion ist beendet. Die Beendigung der Neutralisation kann durch den Farbumschlag eines Neutralisationsindikators angezeigt werden.

Vertiefungsübung V7.11

1 g Schwefelsäure befindet sich in 1000 mL Lösung. Wie viel mL einer Natronlaugemaßlösung mit c(1/1 NaOH) = 1 mol/L werden benötigt, um die Neutralisation vollständig abzuschließen?

7.4.1.3 Maßanalytische Quantifizierung

Mit Hilfe einer Neutralisationsreaktion soll der Massenanteil der Schwefelsäure im Prozesswasser des **Prozesses P1_KAP7** bestimmt werden. Dazu wird eine bestimmte Stoffmasse des Prozesswassers in einen Erlenmeyerkolben eingewogen, mit etwas Wasser verdünnt und mit einem Neutralisationsindikator versetzt.

In eine Bürette, einem Messgerät, mit dem man ein auslaufendes Volumen exakt messen kann, wird eine genau eingestellte Natronlaugemaßlösung mit $c(1/1\ \text{NaOH}) = 0{,}1$ mol/L eingefüllt. Es wird so lange unter Schwenken die Natronlaugemaßlösung zu dem Schwefelsäure-Indikator-Gemisch zugetropft, bis ein Farbumschlag des Indikators zu beobachten ist. Das Volumen der verbrauchten Natronlaugemaßlösung bis zum Farbumschlag wird notiert. Der Versuch wird mehrmals wiederholt, um eine präzise Angabe zu erhalten. Die praktische Durchführung des Versuches nennt man im Labor «Titration». Anhand des folgenden Beispiels wird die Berechnung einer maßanalytischen Quantifizierung erläutert.

Beispiel

Daten des Experiments zur Bestimmung des Massenanteils an Schwefelsäure im Prozesswasser:

Es wurden $m = 0{,}7661$ g des Prozesswassers von **P1_KAP7** in den Erlenmeyerkolben eingewogen, verdünnt und mit Tashiro-Lösung versetzt. Bis zum Farbumschlag des Indikators wurden $V = 15{,}1$ mL der Natronlaugemaßlösung mit $c(1/1\ \text{NaOH}) = 0{,}1$ mol/L verbraucht. Wie groß ist der Massenanteil $w(H_2SO_4)$ in dem Prozesswasser?

Ausgehend von dem Grundgedanken, dass jeweils gleiche Volumina von Base und Säure mit gleicher Äquivalentkonzentration miteinander vollständig reagieren, kann folgende Beziehung aufgestellt werden:

1 L Natronlaugemaßlösung $c(1/1\ \text{NaOH}) = 0{,}1$ mol/L neutralisieren
1 L Schwefelsäuremaßlösung $c(1/2\ H_2SO_4) = 0{,}1$ mol/L.

In der Schwefelsäurelösung ($M = 98$ g/mol und $z = 2$) befinden sich nach Gl. 7.50

$$m = \frac{c_{eq} \cdot V \cdot M}{z} = \frac{0{,}1\ \text{mol} \cdot 1\ \text{L} \cdot 98\ \text{g}}{2 \cdot \text{mol} \cdot \text{L}} = \underline{4{,}9\ \text{g}}\ \text{reine Schwefelsäure} \qquad \text{(Gl. 7.50)}$$

als wirksame Substanz, der Rest ist Wasser. Daher kann folgende Beziehung aufgestellt werden:

1 L Natronlaugemaßlösung $c(1/1\ \text{NaOH}) = 0{,}1$ mol/L neutralisieren
4,9 g reine Schwefelsäure.

Es wurde ein Verbrauch an Natronlaugemaßlösung von $V = 0{,}0151$ L (= 15,1 mL) erzielt. Über eine einfache Proportion kann die Stoffmasse m an wirksamer Schwefelsäure in dem Prozesswasser berechnet werden:

Wenn 1 L Natronlaugemaßlösung $c(1/1\ \text{NaOH}) = 0{,}1$ mol/L 4,9 g Schwefelsäure neutralisieren, dann neutralisieren $V = 0{,}0151$ L (= 15,1 mL) Natronlaugemaßlösung mit $c(1/1\ \text{NaOH}) = 0{,}1$ mol/L:

$$m = \frac{0{,}0151\ \text{L} \cdot 4{,}9\ \text{g}}{1\ \text{L}} = \underline{0{,}0740\ \text{g}}\ \text{reine Schwefelsäure} \qquad \text{(Gl. 7.51)}$$

Der Massenanteil w der Schwefelsäure im Prozesswasser kann mit Gl. 7.52 berechnet werden, wobei die Masse der Lösung $m_{\text{Lösung}}$ der Einwaage an Prozesswasser entspricht.

$$w(H_2SO_4) = \frac{m_{\text{reine}\ H_2SO_4}}{m_{\text{Lösung}}} = \frac{0{,}0740\ \text{g}}{0{,}7661\ \text{g}} = \underline{0{,}0966} \qquad \text{(Gl. 7.52)}$$

Der Massenanteil *w* der Schwefelsäure im Prozesswasser beträgt 0,0966 oder 9,66%.

Zusammenfassend kann Gl. 7.53 zur Berechnung der wirksamen Stoffmasse *m* und Gl. 7.54 zur Berechnung des Massenanteils *w* dienen:

$$m = \frac{V \cdot c_{eq} \cdot M}{z} \quad \text{(Gl. 7.53)}$$

und

$$w = \frac{V \cdot c_{eq} \cdot M}{m_{Einwaage} \cdot z} \cdot 100\% \quad \text{(Gl. 7.54)}$$

mit:

m	Stoffmasse an wirksamer Substanz (g)
V	Verbrauch an Maßlösung (**in L**)
c_{eq}	Äquivalentkonzentration der Maßlösung (mol/L)
M	molare Masse des Analyten **(nicht von der Maßlösung!)**
$m_{Einwaage}$	Einwaage der Prozesslösung (g)
z	Äquivalentzahl des Analyten

Dazu 2 Übungsbeispiele:

Beispiel 1

Es wurden m = 0,5592 g einer Salpetersäurelösung eingewogen und mit einer Natronlaugemaßlösung titriert, deren Äquivalentkonzentration $c(1/1\ NaOH)$ = 0,2 mol/L beträgt. Bis zum Umschlag des Indikators wurden V = 22,5 mL der Natronlaugemaßlösung verbraucht. Wie groß ist der Massenanteil *w* der Salpetersäure?

Gegeben:

$m_{Einwaage}$ = 0,5592 g
c_{eq} = 0,2 mol/L
V = 0,0225 L (= 22,5 mL)
z = 1 (HNO_3 hat 1 aktives H^+-Ion)
$M(HNO_3)$ = 63 g/mol

Werden die Werte in Gl. 7.54 eingesetzt, erhält man Gl. 7.55:

$$w = \frac{V \cdot c_{eq} \cdot M}{m_{Einwaage} \cdot z} = \frac{0{,}0225\,\text{L} \cdot 0{,}2\,\text{mol} \cdot 63\,\text{g}}{0{,}5592\,\text{g} \cdot 1 \cdot \text{L} \cdot \text{mol}} = \underline{0{,}507} \quad \text{(Gl. 7.55)}$$

Der Massenanteil der Salpetersäurelösung beträgt $w(HNO_3)$ = 50,70%.

Beispiel 2

Es wurden m = 0,443 g einer reinen Essigsäure (CH_3COOH) eingewogen und mit einer Natronlaugemaßlösung titriert, deren Äquivalentkonzentration $c(1/1\ NaOH)$ = 0,2 mol/L beträgt. Mit welchem Verbrauch *V* in mL ist zu rechnen?

Essigsäure reagiert nach Gl. 7.56 mit Natriumhydroxid:

$$CH_3COOH + NaOH \longrightarrow CH_3COONa + H_2O \quad \text{(Gl. 7.56)}$$

Aus Gl. 7.56 kann entnommen werden, dass nur ein aktives Wasserstoffion (H^+) von insgesamt 4 Wasserstoffatomen an der Reaktion beteiligt ist. Die Äquivalentzahl der Essigsäure beträgt daher z = 1.

Gegeben:

m = 0,443 g Essigsäure
$M_{Essigsäure}$ = 60 g/mol
c_{eq} = 0,2 mol/L
z = 1

Gl. 7.53 kann nach dem Verbrauch V (in L) umgestellt werden, man erhält Gl. 7.57:

$$m = \frac{V \cdot c_{eq} \cdot M}{z} \Rightarrow V = \frac{m \cdot z}{c_{eq} \cdot M} = \frac{0{,}443\,\text{g} \cdot 1 \cdot \text{L} \cdot \text{mol}}{0{,}2\,\text{mol} \cdot 60\,\text{g}} = \underline{0{,}0369\,\text{L}} \qquad \text{(Gl. 7.57)}$$

Es muss mit einem Verbrauch von 36,9 mL an Natronlaugemaßlösung mit $c(1/1\ NaOH)$ = 0,2 mol/L gerechnet werden.

Vertiefungsübung V7.12

Es wurden m = 0,5592 g einer Säure eingewogen und mit einer Natronlaugemaßlösung titriert, deren Äquivalentkonzentration $c(1/1\ NaOH)$ = 0,2 mol/L beträgt. Der Verbrauch betrug V = 22,5 mL. Welche molare Masse M hat die Säure, wenn die Äquivalentzahl der Säure z = 1 beträgt?

7.4.1.4 Verwendung von ungenauer Maßlösung bei der Titration

Die beschriebene Arbeitsweise bei einer Titration ist bei der Verwendung von Ampullen zur genauen Herstellung von Maßlösungen realistisch (unter der Voraussetzung, dass keine handwerklichen Fehler begangen werden). Bei der Verwendung von Reinsubstanzen zur Herstellung der Maßlösungen ist die beschriebene Arbeitsweise eher unrealistisch. Das sehr genaue Abwiegen unter Luftkontakt (Sauerstoff und Wasserdampf) verändert oft bereits die eingewogene Substanz. Ob weiterhin der Massenanteil des «Reinstoffes» tatsächlich exakt 100% ist (also absolut rein), ist oft sehr fraglich. Daher geht man in der Praxis meistens einen anderen Weg:

1. Zunächst stellt man eine Maßlösung durch direktes Einwiegen des Reaktanten so exakt wie möglich her.
2. Dann überprüft man mit «Urtitersubstanzen» die Genauigkeit der Maßlösung.
3. Falls die Maßlösung nicht genau ist, wird sie rechnerisch durch einen Korrekturfaktor, den «Titer», korrigiert.

Die genaue Vorgehensweise wird am Beispiel zur Herstellung einer Natronlaugemaßlösung mit $c(1/1\ NaOH)$ = 0,2 mol/L demonstriert. Ziel ist es, V = 2 L der Maßlösung herzustellen. Zunächst wird nach Gl. 7.58 die Stoffmasse m an reinem Natriumhydroxid berechnet.

$$m = \frac{c_{eq} \cdot V \cdot M}{z} = \frac{0{,}2\,\text{mol/L} \cdot 2\,\text{L} \cdot 40\,\text{g/mol}}{1} = \underline{16{,}0}\ \text{g NaOH} \qquad \text{(Gl. 7.58)}$$

Da Natriumhydroxid hygroskopisch ist, d.h. beim Abwiegen bereits Luftfeuchtigkeit anzieht und sich so «verdünnt», wird das exakte Abwiegen von 16,0 g reinem Natriumhydroxid nicht gelingen. Außerdem steht auf der Flasche, dass (vor dem Öffnen) der Massenanteil des Natriumhydroxides «zwischen 98% und 99%» ist. Der Laborant entschließt sich daher, etwas mehr, nämlich 17 g NaOH abzuwiegen und auf 2 L aufzufüllen. Vermutlich wird die Natronlaugemaßlösung daher etwas höher konzentriert sein. Kenntlich macht man das dadurch, dass man von einer «angestrebten» Maßlösung spricht und das «*c*»-Zeichen (Äquivalentkonzentration) mit einer «Tilde» ausstattet (Gl. 7.59):

$$\tilde{c}(1/1\ \text{NaOH}) = 0{,}2\ \text{mol/L} \qquad \text{(Gl. 7.59)}$$

Die angestrebte Äquivalentkonzentration beträgt 0,2 mol/L (bezogen auf $z = 1$).

Im nächsten Schritt muss nun überprüft werden, wie ungenau die Maßlösung tatsächlich ist. Mit der angestrebten Maßlösung wird nun eine «Urtitersubstanz» titriert. Über den Verbrauch an Maßlösung, den man benötigt, um eine bestimmte Stoffmasse des Urtiters vollständig umzusetzen, kann die Genauigkeit der Maßlösung bestimmt werden.

Informationssuche:

Suchen Sie in entsprechender Literatur, Datenbanken, Lexika oder im Internet (z.B. http://de.wikipedia.org/wiki/Hauptseite) nach dem Begriff «Urtitersubstanz» und erfassen Sie die Zusammenhänge.

Die zur Titerbestimmung verwendeten Urtitersubstanzen

- müssen rein sein,
- dürfen sich nicht zersetzen,
- müssen lagerfähig sein,
- dürfen nicht hygroskopisch sein und
- müssen vollständig und schnell mit der Maßlösung reagieren.

Für die Neutralisationsvolumetrie werden gewöhnlich verwendet:

- für Säuren reines, getrocknetes Natriumcarbonat Na_2CO_3 ($z = 2$) und
- für Basen reines Oxalsäuredihydrat $(COOH)_2 \cdot 2\ H_2O$ ($z = 2$).

Für die Überprüfung der angestrebten Natronlaugemaßlösung mit (1/1 NaOH) = 0,2 mol/L wird reines Oxalsäuredihydrat $(COOH)_2 \cdot 2\ H_2O$ verwendet. Die Formel dieser Urtitersubstanz ist:

COOH
| $\cdot\ 2\ H_2O$
COOH

Aktiv reagieren nur 2 Wasserstoffionen mit Natriumhydroxid gemäß Gl. 7.60:

$$(COOH)_2 \cdot 2\ H_2O + 2\ NaOH \longrightarrow (COONa)_2 + 4\ H_2O \qquad \text{(Gl. 7.60)}$$

Die Äquivalentzahl z von Oxalsäuredihydrat ist $z = 2$ (2 aktive Wasserstoffionen). Die 2 Mole Wasser, das «Kristallwasser», sind chemisch mit der Oxalsäure verknüpft und müssen bei der Berechnung der molaren Masse M mitgerechnet werden: $M((COOH)_2 \cdot 2\ H_2O) = 126\ g/mol$.

Die Berechnung des Titers t erfolgt mit Gl. 7.61:

$$t = \frac{m_{\text{Einwaage}} \cdot z}{V \cdot \tilde{c}_{\text{eq}} \cdot M} \qquad \text{(Gl. 7.61)}$$

mit:

t	Titer
$m_{Einwaage}$	eingewogene Stoffmasse der Urtitersubstanz (g)
z	Äquivalentzahl der **Urtitersubstanz**
V	Volumen an verbrauchter Maßlösung (L)
$\tilde{c}_{eq}$	angestrebte Äquivalentkonzentration (mol/L)
M	molare Masse der Urtitersubstanz (g/mol)

Beispiel

Es werden m = 0,2443 g reines Oxalsäuredihydrat (M = 126 g/mol, z = 2) abgewogen, mit etwas Wasser und Indikatorlösung versetzt und so lange mit der Natronlaugemaßlösung mit der angestrebten Äquivalentkonzentration $\tilde{c}$(1/1 NaOH) = 0,2 mol/L titriert, bis der Farbumschlag erfolgt. Verbraucht werden V = 18,3 mL (= 0,0183 L) Natronlaugemaßlösung.

Gegeben:

m = 0,2443 g
M = 126 g/mol
z = 2
$\tilde{c}$(1/1 NaOH) = 0,2 mol/L
V = 0,0183 L

Der Titer t wird berechnet nach Gl. 7.62:

$$t = \frac{m_{Einwaage} \cdot z}{V \cdot \tilde{c}_{eq} \cdot M} = \frac{0{,}2443\ \text{g} \cdot 2}{0{,}0183\ \text{L} \cdot 0{,}2\ \text{mol/L} \cdot 126\ \text{g/mol}} = \underline{1{,}0595} \qquad \text{(Gl. 7.62)}$$

Der Titer t ist ein Korrekturfaktor, mit dem eine angestrebte Äquivalentkonzentration rechnerisch zu einer genauen Äquivalentkonzentration verändert werden kann. Dazu kann Gl. 7.63 verwendet werden:

$$c_{eq} = \tilde{c}_{eq} \cdot t \qquad \text{(Gl. 7.63)}$$

Wäre der Titer t = 1,000, wäre die angestrebte Äquivalentkonzentration $\tilde{c}_{eq}$ exakt und identisch mit der «geplanten» Äquivalentkonzentration c_{eq}.

Ist der Titer t > 1,000, ist die angestrebte Äquivalentkonzentration $\tilde{c}_{eq}$ zu hoch. Ein Titer von t = 1,0595 bedeutet z.B., dass die reale gegenüber der ursprünglich tatsächlichen Äquivalentkonzentration von 0,2 mol/L nach Gl. 7.64 um 5,95% zu hoch ist:

$$\frac{1{,}0595 - 1{,}000}{1{,}000} \cdot 100\% = \underline{5{,}95\,\%} \qquad \text{(Gl. 7.64)}$$

Merke

Ist der Titer t > 1, ist die Maßlösung stärker konzentriert als die ursprünglich berechnete Maßlösung.

Setzt man Gl. 7.64 in Gl. 7.53 und Gl. 7.54 und ersetzt jeweils c_{eq} durch $c_{eq} = \tilde{c}_{eq} \cdot t$, erhält man die endgültigen Gleichungen, die in der Maßanalyse Verwendung finden:

Aus Gl. 7.65:

$$m = \frac{V \cdot c_{eq} \cdot M}{z} \qquad \text{(Gl. 7.65)}$$

wird Gl. 7.66:

$$m = \frac{V \cdot \tilde{c}_{eq} \cdot t \cdot M}{z} \qquad \text{(Gl. 7.66)}$$

und aus Gl. 7.67:

$$w = \frac{V \cdot c_{eq} \cdot M}{m_{Einwaage} \cdot z} \qquad \text{(Gl. 7.67)}$$

wird Gl. 7.68:

$$w = \frac{V \cdot \tilde{c}_{eq} \cdot t \cdot M}{m_{Einwaage} \cdot z} \qquad \text{(Gl. 7.68)}$$

Dazu 2 Beispiele:

Beispiel 1

Die in einer Probenflasche enthaltene Schwefelsäurelösung (M = 98 g/mol, z = 2) wird mit einem Indikator versetzt und mit Natronlaugemaßlösung mit der angestrebten Äquivalentkonzentration $\tilde{c}_{eq}$(1/1 NaOH) = 0,2 mol/L und mit dem Titer von t = 1,0595 titriert. An der Bürette wird ein Verbrauch von V = 16,8 mL abgelesen. Welche Stoffmasse m an Schwefelsäure war in der Probe?
Zur Anwendung kommt Gl. 7.69:

$$m = \frac{V \cdot \tilde{c}_{eq} \cdot t \cdot M}{z} = \frac{0{,}0168\,\text{L} \cdot 0{,}2\,\text{mol} \cdot 1{,}0595 \cdot 98\,\text{g}}{2 \cdot \text{mol} \cdot \text{L}} = \underline{0{,}1744\,\text{g}} \qquad \text{(Gl. 7.69)}$$

In der Probe sind 0,1744 g reine Schwefelsäure enthalten.

Beispiel 2

Es wurden m = 1,6230 g des Prozesswassers von **P1_KAP7** in den Erlenmeyerkolben eingewogen und mit Tashiro-Lösung versetzt. Bis zum Farbumschlag des Indikators wurden V = 15,1 mL der Natronlaugemaßlösung mit $\tilde{c}$(1/1 NaOH) = 0,2 mol/L und einem Titer von t = 1,0595 verbraucht. Wie groß ist der Massenanteil $w(H_2SO_4)$ (M = 98 g/mol, z = 2) in dem Prozesswasser?
Zur Anwendung kommt Gl. 7.70:

$$m = \frac{V \cdot \tilde{c}_{eq} \cdot t \cdot M}{m_{Einwaage} \cdot z} = \frac{0{,}0151\,\text{L} \cdot 0{,}2\,\text{mol} \cdot 1{,}0595 \cdot 98\,\text{g}}{1{,}6230\,\text{g} \cdot 2 \cdot \text{L} \cdot \text{mol}} = \underline{0{,}0966} \qquad \text{(Gl. 7.70)}$$

Das Prozesswasser hat einen Massenanteil an Schwefelsäure von $w(H_2SO_4)$ = 9,66%.

Vertiefungsübung V7.13

Der Titer einer Salzsäuremaßlösung wird mit t = 0,998 angenommen. Wie viel mL von der Salzsäuremaßlösung mit c(1/1 HCl) = 0,5 mol/L werden benötigt, um 0,6 g Calciumhydroxid ($Ca(OH)_2$, z = 2) mit $w(Ca(OH)_2)$ = 97% vollständig zu neutralisieren?

7.4.2 Redox-Titrationen

In Kapitel 4 wurden bereits Redox-Reaktionen mit dem Austausch von Elektronen zwischen dem Oxidations- und dem Reduktionsmittel erläutert. Diese Art der chemischen Reaktion ist für eine volumetrische Analyse nützlich, sofern die Reaktionsgeschwindigkeit hoch genug ist. Die Reaktionsgeschwindigkeit einer Neutralisationsanalyse wird gewöhnlich nicht erreicht, sodass es u.U. notwendig ist, bei Redox-Titrationen etwas langsamer zu titrieren.

Es gelten die bereits in den vorigen Abschnitten erarbeiteten Gleichungen zur Berechnung der wirksamen Stoffmasse oder des Massenanteils eines Analyten, allerdings mit einer Ausnahme: die Berechnung der Äquivalentzahl *z* kann natürlich nicht über die Anzahl der aktiven Wasserstoffionen bzw. OH^--Ionen erfolgen.

Merke

In der Redox-Maßanalyse wird die Äquivalentzahl *z* über die Anzahl der ausgetauschten Elektronen zwischen Oxidations- und Reduktionsmittel bestimmt.

Die Zahlen der ausgetauschten Elektronen können am einfachsten durch einen Vergleich der Oxidationszahlen von Edukten und Produkten ermittelt werden. Dazu ist es notwendig, dass der genaue Reaktionsverlauf bekannt ist.

Folgende Redoxtitrations-Methoden sind auch heute noch gebräuchlich, eingeteilt nach der verwendeten Maßlösung, s. dazu Tabelle 7.4.

Tabelle 7.4 Titrationsart und Maßlösung

Titrationsart	**Verwendete Maßlösung**	**Analyt-Beispiele**
Permanganometrie	Kaliumpermanganat	Fe^{2+}, $(COOH)_2$, Ca^{2+}, H_2O_2
Iodometrie	Iod / Kaliumiodid - Natriumthiosulfat	KIO_3, $KBrO_3$, SO_2, Cu^{2+}, Glucose
Cerimetrie	Cersulfat	Fe^{2+}

Informationssuche

Suchen Sie in entsprechender Literatur, Datenbanken, Lexika oder im Internet (z.B. http://de.wikipedia.org/wiki/Hauptseite) nach dem Begriff «Cerimetrie» und erfassen Sie die Zusammenhänge.

In den nachfolgenden Abschnitten wird die Redox-Titration am Beispiel der Permanganometrie und Iodometrie beschrieben.

7.4.2.1 Permanganometrische Titrationen

In der Permanganometrie wird das starke Oxidationsmittel Kaliumpermanganat als Maßlösung verwendet, gewöhnlich in einer Lösung, deren Äquivalentkonzentration $c(1/5\ KMnO_4) = 0{,}1$ mol/L beträgt. Das Oxidationspotenzial einer höher konzentrierten Lösung wäre zu groß, das Auftreten von undefinierten Nebenreaktionen wäre nicht zu verhindern. Kaliumpermanganat ist kräftig violett gefärbt. Im Verlauf der Reaktion wird aus dem Kaliumpermanganat unter dem Einfluss eines oxidierbaren Analyten und dem Einfluss von Schwefelsäure farbloses Mangansulfat nach Gl. 7.71:

$$\begin{aligned}&2\,KMnO_4 + 3\,H_2SO_4\ (+\ \text{Analyt}) \longrightarrow\\ &K_2SO_4 + 2\,MnSO_4 + 3\,H_2O + \mathbf{5\ \langle O\rangle}\ (+\ \text{Analytprodukt})\end{aligned} \qquad \text{(Gl. 7.71)}$$

Die Entwicklung der Gl. 7.71 wurde im Kapitel 4 genau erläutert.

Der Sauerstoff **<O>,** der formal bei dieser Grundreaktion entsteht, wird benutzt, um den oxidierbaren Analyten zu oxidieren. Die Reaktion nach Gl. 7.71 ist allerdings ohne Einwirkung eines oxidierbaren Analyten (= Reduktionsmittel) nicht denkbar. So ist die Mischung aus Kaliumpermanganat und Schwefelsäure, also ohne Reduktionsmittel, weitgehend stabil.

Nach der Reaktion des $KMnO_4$ mit einem Analyten liegen nur farblose Reaktionsprodukte vor (K_2SO_4, $MnSO_4$ und das Oxidationsprodukt des Analyten). Die bei der Titration in die Reaktionslösung (die aus dem Analyten und Schwefelsäure besteht) zugetropfte, violette Kaliumpermanganatmaßlösung entfärbt sich bei der Oxidation. Der erste überschüssige Tropfen Kaliumpermanganatmaßlösung färbt das Reaktionsgemisch dauerhaft, weil das Kaliumpermanganat zunächst nicht mehr verbraucht wird. Kaliumpermanganat wirkt somit auch als Indikator. Manchmal «springt» die Oxidationsreaktion am Anfang nur verzögert an oder verläuft nur sehr langsam. Um das zu verhindern, kann die Reaktionslösung etwas erwärmt werden oder als Katalysator etwas Mangansulfat zugefügt werden.

7.4.2.2 Ansetzen der Maßlösung und Bestimmung des Titers

Wie bei jeder Maßanalyse muss zunächst die Maßlösung hergestellt und deren Titer bestimmt werden. Wie bereits erwähnt wurde, kann die Äquivalentzahl z aus der Anzahl der ausgetauschten Elektronen berechnet werden.

Betrachtet man die Grundreaktion nach Gl.7.71, so wird aus n = 2 mol $KMnO_4$ nach der Reaktion n = 2 mol $MnSO_4$. Betrachtet man die Oxidationszahl (vgl. dazu Kapitel 4) des Mangans vor und nach der Reaktion, kann man erkennen, dass insgesamt 10 Elektronen (bei n = 2 mol) ausgetauscht werden, vgl. dazu Gl. 7.72:

$$2\,\overset{+VII}{KMnO_4} \longrightarrow 2\,\overset{+II}{MnSO_4} \qquad \text{(Gl. 7.72)}$$

Aus der Kurzform nach Gl. 7.73 kann entnommen werden, dass **pro Mol** Kaliumpermanganat 5 Elektronen ausgetauscht werden.

$$\overset{+VII}{KMnO_4} \longrightarrow \overset{+II}{MnSO_4} \qquad \text{(Gl. 7.73)}$$

Die Äquivalentzahl von Kaliumpermanganat ist $z = 5$ (bei der Verwendung von Schwefelsäure). Die molare Masse beträgt $M(KMnO_4)$ = 158,03 g/mol. Nach Gl. 7.74 muss für 1 L Kaliumpermanganatmaßlösung mit einer Äquivalentkonzentration $c(1/5\ KMnO_4)$ = 0,1 mol/L (mit $z = 5$) die Stoffmasse m = 3,161 g $KMnO_4$ eingewogen werden.

$$m = \frac{c_{eq} \cdot V \cdot M}{z} = \frac{0{,}1\ \text{mol} \cdot 1\ \text{L} \cdot 158{,}03\ \text{g}}{\text{L} \cdot 5 \cdot \text{mol}} = \underline{3{,}161\ \text{g}}\ KMnO_4 \qquad \text{(Gl. 7.74)}$$

Wenn m = 3,161 g reines Kaliumpermanganat auf 1 L aufgefüllt werden, entsteht eine Maßlösung mit $c(1/5\ KMnO_4)$ = 0,1 mol/L. Der Titer der Maßlösung ist nicht sehr lange konstant, da die im gereinigten Wasser befindlichen Verunreinigungen, wie Staub usw., immer etwas vom Kaliumpermanganat verbrauchen. Es empfiehlt sich daher, vor jeder Titrationsserie einen Titer zu bestimmen.

Als Urtitersubstanz für die Überprüfung der Kaliumpermanganatmaßlösung wird Natriumoxalat $(COONa)_2$ benutzt. Nach Zugabe von Schwefelsäure entsteht aus dem Natriumoxalat freie Oxalsäure $(COOH)_2$, die als eigentlich zu oxidierender Analyt mit dem Kaliumpermanganat reagiert. Bei der Titerbestimmung der Kaliumpermanganatmaßlösung mit Oxalsäure (Natriumoxalat) wird wie gewohnt Gl. 7.75 verwendet:

$$t = \frac{m_{\text{Einwaage}} \cdot z}{V \cdot \tilde{c}_{\text{eq}} \cdot M} \qquad \text{(Gl. 7.75)}$$

Von besonderer Bedeutung ist die Äquivalentzahl z des Analyten, also die des Natriumoxalats bzw. der Oxalsäure. Auch hier gilt, dass die Äquivalentzahl durch die Anzahl der ausgetauschten Elektronen bestimmt wird.

Deshalb soll die Ermittlung der ausgetauschten Elektronen exemplarisch zur Übung am Beispiel der Reaktion von Oxalsäure mit Kaliumpermanganat erfolgen.

Kaliumpermanganat reagiert nach Gl. 7.76 im schwefelsauren Medium mit Oxalsäure ($(COOH)_2$, als Summenformel $H_2C_2O_4$), zu Mangansulfat ($MnSO_4$) und Kohlenstoffdioxid (CO_2). Als «Nebenprodukte» entstehen Kaliumsulfat (K_2SO_4) und Wasser.

$$H_2C_2O_4 + KMnO_4 + H_2SO_4 \longrightarrow CO_2 + MnSO_4 + K_2SO_4 + H_2O \qquad \text{(Gl. 7.76)}$$

Die stöchiometrische Einrichtung der Reaktionsgleichung soll nach der in Kapitel 4 beschriebenen Vorgehensweise erfolgen. Zur Wiederholung sind die einzelnen Schritte im Folgenden nochmals aufgelistet:

1. Ermittlung der Oxidationszahlen.
2. Aufstellung einer vereinfachten Reaktionsgleichung, in der nur die Ionen und Verbindungen stehen, bei denen eine Änderung der Oxidationsstufe vorliegt (Ionengleichung).
3. Beschriftung von Elementen, deren Oxidationszahlen sich ändern.
4. Identifikation des Redox-Vorganges; was wird oxidiert bzw. reduziert? Wie viele Elektronen wandern?
5. Ausgleich der Redoxänderung (Bilden des kleinsten gemeinsamen Vielfachen).
6. Bilden der Ladungsbilanz; fehlende Ladungen werden durch H^+- oder OH^--Ionen ausgeglichen.
7. Bilden der Wasserstoff- und Sauerstoffbilanz (H/O-Bilanz) und evtl. Ausgleichen mit Wasser.
8. Prüfen der Reaktionsgleichung auf Massenerhaltung (rechts und links müssen die gleiche Anzahl von Elementen stehen!).

1. Ermittlung der Oxidationszahlen

H	überall	+I
K	überall	+I
Mn in $KMnO_4$		+VII
O	überall	–II
C in CO_2		+IV
SO_4	überall	–II
Mn in $MnSO_4$		+II
C in $H_2C_2O_4$		+III

2. Aufstellung der Ionengleichung (Gl. 7.77)

$$MnO_4^- + C_2O_4^{2-} \longrightarrow Mn^{2+} + CO_2 \qquad \text{(Gl. 7.77)}$$

3. Beschriftung von Elementen, deren Oxidationszahlen sich ändern (Gl. 7.78)

$$\overset{+VII}{Mn}O_4^- + H_2\overset{+III}{C_2}O_4 \longrightarrow \overset{+II}{Mn^{2+}} + \overset{+IV}{C}O_2 \qquad \text{(Gl. 7.78)}$$

4. Identifikation des Redoxvorganges (Gl. 7.79)

Oxidation: – 2 Elektronen

$$\overset{+VII}{Mn}O_4 + H_2\overset{+III}{C_2}O_4 \longrightarrow \overset{+II}{Mn^{2+}} + 2\ \overset{+IV}{C}O_2 \qquad \text{(Gl. 7.79)}$$

Reduktion: + 5 Elektronen

Bemerkung: Die rechte Seite der Reaktionsgleichung muss mit einem weiteren CO_2-Molekül ausgeglichen werden (insgesamt jetzt 2), da die Oxidation von **2** Kohlenstoffatomen im Oxalsäuremolekül erfolgt und sich diese auch auf der Produktseite wiederfinden müssen.

5. Ausgleich der Redoxänderung

Im Reduktionsvorgang werden 5 Elektronen ausgetauscht, bei der Oxidation der Kohlenstoffe im Oxalsäuremolekül dagegen nur 2. Das kleinste gemeinsame Vielfache (kgV) ist 10. Um einen Ausgleich herbeizuführen, muss der Oxidationsvorgang also verfünffacht und der Reduktionsvorgang verdoppelt werden (Gl. 7.80).

$$2\ MnO_4^- + 5\ H_2C_2O_4 \longrightarrow 2\ Mn^{2+} + 10\ CO_2 \qquad \text{(Gl. 7.80)}$$

6. Bilden der Ladungsbilanz

Addiert man die Ladungen auf der Eduktseite, so erhält man in der Summe 2 negative Ladungen ($2 \cdot (1^-) = 2^-$) und auf der Produktseite 4 positive Ladungen ($2 \cdot (2^+) = 4^+$). Die Reaktion findet in **saurem Medium** statt, sodass die Differenz auf der Eduktseite nach Gl. 7.81 mit **6 H^+-Ionen** ausgeglichen werden kann.

$$2\ MnO_4^- + 5\ H_2C_2O_4 + \mathbf{6\ H^+} \longrightarrow 2\ Mn^{2+} + 10\ CO_2 \qquad \text{(Gl. 7.81)}$$

7. H/O-Bilanz

Als letzter Schritt vor der Prüfung der Reaktionsgleichung auf Massenerhaltung erfolgt die Wasserstoff- und Sauerstoffbilanz. Folgendes Schema ist dazu hilfreich:

links

H	O
16	28

rechts

H	O
0	20

Auf der linken Seite der Reaktionsgleichung befinden sich 16 Wasserstoff- und 28 Sauerstoffatome. Auf der Produktseite sind keine Wasserstoff- jedoch 20 Sauerstoffatome vorhanden. Die Differenz von 8 Sauerstoff- und 16 Wasserstoffatomen wird durch Hinzufügen von **8** Wassermolekülen auf der Produktseite ausgeglichen.

Die endgültige Redoxgleichung in der **Ionenschreibweise** lautet nach Gl. 7.81:

$$2\ MnO_4^- + 5\ H_2C_2O_4 + 6\ H^+ \longrightarrow 2\ Mn^{2+} + 10\ CO_2 + \mathbf{8\ H_2O} \qquad \text{(Gl. 7.81)}$$

Die **vollständige** Reaktionsgleichung lautet (Gl. 7.82):

$$2\ KMnO_4 + 5\ H_2C_2O_4 + 3\ H_2SO_4 \longrightarrow 2\ MnSO_4 + 10\ CO_2 + K_2SO_4 + 8\ H_2O \qquad \text{(Gl. 7.82)}$$

8. Prüfung auf Massenerhaltung

Eine abschließende Prüfung der Reaktionsgleichung auf Massenerhaltung zeigt, ob die Redoxgleichung richtig aufgestellt wurde. In diesem Beispiel entspricht die Anzahl der Elemente auf der Eduktseite denen auf der Produktseite.

Pro Molekül Oxalsäure werden nach Gl. 7.82 also 2 Elektronen übertragen. Die Äquivalentzahl von Oxalsäure ist somit $\mathbf{z = 2}$.

Beispiel

In einen Erlenmeyerkolben werden m = 103,4 mg (= 0,1034 g) Natriumoxalat eingewogen und in wenig Wasser gelöst. Nach Zugabe von verdünnter Schwefelsäurelösung wird mit einer Kaliumpermanganatmaßlösung titriert, deren angestrebte Äquivalentkonzentration $\tilde{c}(1/5\ KMnO_4)$ = 0,1 mol/L beträgt. Es wird ein Verbrauch von V = 14,6 mL erzielt. Welchen Titer t hat die Kaliumpermanganatmaßlösung?

Gegeben:
$M((COONa)_2)$ = 134 g/mol
V = 0,0146 L
$\tilde{c}(1/5\ KMnO_4)$ = 0,1 mol/L
$m((COONa)_2)$ = 0,1034 g
z = 2
Gesucht: t

Zu Anwendung kommt Gl. 7.83:

$$t = \frac{m_{\text{Einwaage}} \cdot z}{V \cdot \tilde{c}_{\text{eq}} \cdot M} = \frac{0{,}1034\ \text{g} \cdot 2 \cdot \text{L} \cdot \text{mol}}{0{,}0146\ \text{L} \cdot 0{,}1\ \text{mol} \cdot 134\ \text{g}} = \underline{1{,}057} \qquad \text{(Gl. 7.83)}$$

Der Titer der Lösung beträgt 1,057, die angesetzte Kaliumpermanganatmaßlösung ist um 5,7% zu stark.

7.4.2.3 Titration des Prozesswassers von P1_KAP7

Im Prozesswasser des **Prozesses P1_KAP7** soll mit Hilfe einer permanganometrischen Titration Calciumsulfat quantifiziert werden. Das gelingt durch eine direkte Titration nicht, da sich die Calciumionen nicht oxidieren lassen. Mit Hilfe eines Tricks kann die Quantifizierung doch noch vollzogen werden. Gehen Sie sorgfältig den Analysengang durch!

1. Die größte Menge an Schwefelsäure im Prozesswasser (ca. 10%) wird durch Zugabe von Natronlauge neutralisiert, sodass die Säure nicht mehr stört. Dann gibt man zu der calciumhaltigen Lösung eine ausreichende Menge Oxalsäure (meist in Form des besser löslichen Dihydrats $(COOH)_2 \cdot 2\ H_2O$). Dadurch werden die Calciumionen nach Gl. 7.84 als «unlösliches» Calciumoxalat gefällt.

   $$Ca^{2+} + (COOH)_2 \cdot 2\ H_2O \longrightarrow (COO)_2Ca\downarrow + 2\ H^+ + 2\ H_2O \qquad \text{(Gl. 7.84)}$$

   Das gefällte Calciumoxalat wird vollständig abfiltriert und vom Überschuss an Fällungsreagenz durch Waschen mit Wasser befreit (ähnlich wie bei einer gravimetrischen Analyse).

2. Das abfiltrierte Calciumoxalat wird mit einer Schwefelsäure versetzt, deren Massenanteil $w(H_2SO_4)$ mehr als 20% beträgt. Dabei zersetzt sich das abfiltrierte Calciumoxalat zu Oxalsäure und Calciumsulfat gemäß Gl. 7.85:

   $$(COO)_2Ca + H_2SO_4 \longrightarrow (COOH)_2 + 2\ CaSO_4\downarrow \qquad \text{(Gl. 7.85)}$$

   Die in dem Prozesswasser ursprünglich vorhandenen Calciumionen wurden stöchiometrisch vollständig in oxidierbare Oxalsäure umgewandelt.

3. Dann wird die entstandene Oxalsäure mit der Kaliumpermanganatmaßlösung gemäß Gl. 7.82 direkt titriert. Das entstandene Calciumsulfat stört nicht.

4. Aus n = 1 mol Calciumionen (n = 1 mol Calciumsulfat) entstehen n = 1 mol Oxalsäure, die dann mit der Kaliumpermanganatmaßlösung titriert werden. In alle Gleichungen zur Berechnung einer Stoffmasse m oder des Massenanteils w kann daher direkt die molare Masse an Calciumsulfat eingetragen werden, obwohl eigentlich Oxalsäure titriert wird. Die Äquivalentzahl beträgt z = 2.

Beispiel

55,9918 g des Prozesswassers von **P1_KAP7** werden neutralisiert und mit ausreichender Menge an Oxalsäurelösung verkocht. Der entstehende Niederschlag wird sorgfältig abfiltriert, gewaschen und durch Übergießen mit einer warmen Schwefelsäurelösung gelöst. Die entstandene Lösung wird mit Kaliumpermanganatmaßlösung mit einer angestrebten Äquivalentkonzertration $\tilde{c}(1/5\ KMnO_4)$ = 0,1 mol/L und einem Titer t = 1,057 titriert. Der Verbrauch an Kaliumpermanganatmaßlösung beträgt V = 15,1 mL.

Gegeben:
$M(CaSO_4)$ = 136,1 g/mol
V = 0,0151 L
$\tilde{c}(1/5\ KMnO_4)$ = 0,1 mol/L
t = 1,057
m(Lösung) = 50,9918 g
z = 2
Gesucht: $w(CaSO_4)$.

Zur Anwendung kommt Gl. 7.86:

$$w = \frac{V \cdot \tilde{c}_{eq} \cdot t \cdot M}{m_{Einwaage} \cdot z} = \frac{0{,}0151\,L \cdot 0{,}1\,mol \cdot 1{,}057 \cdot 136{,}1\,g}{50{,}9918\,g \cdot 2 \cdot L \cdot mol} = \underline{0{,}00213} \qquad \text{(Gl. 7.86)}$$

Im Prozesswasser von **P1_KAP7** befinden sich w = 0,213% Calciumsulfat.

Vertiefungsübung V7.14

Eisen(II)-sulfat ($FeSO_4$) wird unter Einwirkung von Kaliumpermanganat und Schwefelsäure zu Fe(III)sulfat ($Fe_2(SO_4)_3$) aufoxidiert.

Stellen Sie die Reaktionsgleichung in der Ionenschreibweise auf.
m = 222,5 mg einer eisenhaltigen Substanz werden in Schwefelsäure zu $FeSO_4$ gelöst und mit Kaliumpermanganatmaßlösung mit $\tilde{c}(1/5\ KMnO_4)$= 0,1 mol/L und t = 1,057 titriert. Der Verbrauch beträgt V = 10,5 mL.
Welchen Massenanteil w(Eisen) hat die Substanz?

Vertiefungsübung V7.15

Warum kann für eine Titration mit Kaliumpermanganatmaßlösung statt mit Schwefelsäure nicht mit Salzsäure angesäuert werden?

7.4.3 Iodometrische Titrationen

Eine weitere volumetrische Redoxmethode ist die Iodometrie. Die Grundreaktion der Iodometrie ist in Gl. 7.87 abgebildet. Aus molekularem Iod (I_2) entstehen Iodidionen ($2\ I^-$):

$$I_2 + 2\ e^- \longrightarrow 2\ I^- \qquad \text{(Gl. 7.87)}$$

Die Reaktion nach Gl. 7.88 ist umkehrbar.

$$2\ I^- - 2\ e^- \longrightarrow I_2 \qquad \text{(Gl. 7.88)}$$

In Gl. 7.88 ist das Iod (I_2) das Oxidationsmittel und das Iodidion I^- das Reduktionsmittel. Iodometrische Bestimmungen kann man generell in drei Methoden unterteilen:

- Methode 1: direkte Titration des Analyten mit Iod.
- Methode 2: indirekte Titration des Analyten mit Natriumthiosulfatmaßlösung.
- Methode 3: Rücktitration.

Welcher Methode der Vorzug gegeben wird, ist vom Analyten abhängig.

Methode 1

Der Analyt, der als **Reduktionsmittel** wirkt, wird direkt gegen Iodmaßlösung titriert, deren Titer bekannt ist. Um Iod in Wasser zu lösen, benötigt man Kaliumiodid als Zusatz («Iodtinktur»), es entsteht ein Iod-Iodid-Komplex, der wasserlöslich ist. Als Indikator verwendet man eine Stärkelösung, die bei der Titration beim 1. überschüssigen Iodmaßlösungstropfen zu einem tiefblauen Farbkomplex reagiert.

Z.B. ist nach Gl. 7.89 die direkte Bestimmung von Zinn(II)-Ionen mit Iod auf diesem Weg möglich:

$$Sn^{2+} + I_2 \longrightarrow 2\ I^- + Sn^{4+} \qquad \text{(Gl. 7.89)}$$

In der Reaktion nach Gl. 7.89 ist die Äquivalentzahl z von Sn^{2+} = 2 (warum?). Die Äquivalentzahl von Iod (bezogen auf I_2) ist z = 2 (warum?)

Zur Herstellung von 1 L Iodmaßlösung mit $c(1/2\ I_2)$ = 0,1 mol/L werden m = 25 g reines Kaliumiodid eingewogen und in 20 mL Wasser gelöst. Dazu werden m = 13 g

(n = 0,05 mol I_2) reines Iod eingewogen. Nach dem vollständigen Lösen wird der Messkolben mit Wasser auf die Marke aufgefüllt.

Vertiefungsübung V7.16

100 mL einer zinnhaltigen Lösung werden direkt mit Iodmaßlösung mit $c(1/2\ I_2)$ = 0,1 mol/L und t = 0,995 titriert. Der Verbrauch beträgt V = 11,3 mL. Welche Massenkonzentration β in g/L kann berechnet werden?

Methode 2

Der Analyt, der als **Oxidationsmittel** wirkt, wird im sauren Medium mit einem Überschuss von Kaliumiodid, KI, versetzt. Dabei entstehen stöchiometrische Mengen an Iod, I_2. Das entstandene Iod ist löslich im Überschuss Kaliumiodid, das sich bereits in der Lösung befindet. Es entsteht eine tiefbraune Lösung. Diese iodhaltige Lösung darf nicht erwärmt werden, sonst verflüchtigt sich das Iod. Sie wird zügig mit einer titerbekannten Natriumthiosulfatmaßlösung ($Na_2S_2O_3$) titriert. Natriumthiosulfat reagiert mit Iod stöchiometrisch zu Natriumtetrathionat $Na_2S_4O_6$. Die Reaktion von Thiosulfationen und Iod ist in Gl. 7.90 erkennbar:

$$2\ S_2O_3^{2-} + I_2 \longrightarrow S_4O_6^{2-} + 2\ I^- \qquad \text{(Gl. 7.90)}$$

Die Äquivalentzahl von Natriumthiosulfat ist z = 1 (warum?).

In der Praxis wird nach der Zugabe von Kaliumiodid und dem Ansäuern die jetzt tiefbraune Probenlösung zunächst so lange mit der Natriumthiosulfatmaßlösung versetzt, bis eine hellgelbe Probenlösung entsteht, also nur noch wenig Iod vorhanden ist. Diese hellgelbe Lösung wird mit Stärkelösung versetzt, es entsteht sofort ein tiefblauer Komplex, der aber nicht sehr stabil ist. Dann wird so lange weiter mit Natriumthiosulfatmaßlösung titriert, bis sich die Probenlösung gerade entfärbt. Dann ist die gesamte Menge an Iod verbraucht. Z.B. ist nach Gl. 7.91 die Bestimmung von Kupferionen auf diesem Weg möglich:

$$2\ Cu^{2+} + 2\ I^- \longrightarrow 2\ Cu^+ + I_2 \qquad \text{(Gl. 7.91)}$$

Das in der Reaktion von Gl. 7.91 entstehende Iod wird mit Natriumthiosulfatmaßlösung titriert. Die Äquivalentzahl des Kupfers ist z = 1 (warum?). Die entstehende Kupferverbindung (Cu^+) ist in Wasser nicht löslich und fällt daher als feiner weißer Niederschlag aus. Die Folge ist, dass eine trübe Lösung titriert werden muss.

Die Urtitersubstanz zur Überprüfung der Thiosulfatlösung ist Kaliumiodat (KIO_3). Kaliumiodat reagiert mit Kaliumiodid nach Gl. 7.92 zu Iod, welches titriert werden kann:

$$IO_3^- + 5\ I^- + 6\ H^+ \longrightarrow 3\ I_2 + 3\ H_2O \qquad \text{(Gl. 7.92)}$$

Die Äquivalentzahl z von Kaliumiodat ist z = 6 (Aus IO_3^- werden mit Hilfe von I^- insgesamt 6 Atome Iod (3 I_2).

Zur exemplarischen Erläuterung dieser wichtigen iodometrischen Methode dient **Prozess P2_KAP7**.

Prozess P2_KAP7

Es soll der Kupfergehalt einer Münze bestimmt werden. Dazu wird die Münze in heißer Schwefelsäure gelöst. Anschließend wird eine iodometrische Kupferbestimmung nach

Methode 2 durchgeführt. Dazu soll eine Natriumthiosulfatlösung mit $\tilde{c}(1/1\ Na_2S_2O_3)$ = 0,1 mol/L verwendet werden, deren Titer *t* mit KIO_3 bestimmt wird. Mit dieser titerbekannten Maßlösung soll dann der Kupferanteil *w* quantifiziert werden.

Gehen Sie den Rechenweg der Analyse genau durch!

Aufgabe 1

Wie viel g Natriumthiosulfat müssen abgewogen werden, damit *V* = 5 L einer Maßlösung mit $\tilde{c}(1/1\ Na_2SO_3)$ = 0,1 mol/L entstehen?

Gegeben:

$M(Na_2S_2O_3)$ = 158,1 g/mol

$\tilde{c}(1/1\ Na_2S_2O_3)$ = 0,1 mol/L

V = 5 L

z = 1

Gesucht: m

Es kommt Gl. 7.93 zur Anwendung:

$$m = \frac{\tilde{c}_{eq} \cdot V \cdot M}{z} = \frac{0{,}1\,\text{mol} \cdot 5\,\text{L} \cdot 158{,}1\,\text{g}}{\text{L} \cdot 1 \cdot \text{mol}} = \underline{79{,}05\,\text{g}}\,Na_2S_2O_3 \qquad \text{(Gl. 7.93)}$$

Es müssen *m* = 79,05 g Natriumthiosulfat eingewogen und auf 5 L aufgefüllt werden. Der Laborant wiegt jedoch 80 g ein und füllt auf 5 L auf. Eine Titerbestimmung ist daher unerlässlich. Als nächstes soll abgeschätzt werden, wie viel g Kaliumiodat ca. abzuwiegen ist, damit bei einem angenommenen Titer von *t* = 1 ein Verbrauch dieser Thiosulfatlösung von ca. 30 mL erzielt wird.

Aufgabe 2

Wie viel g Kaliumiodat als Urtitersubstanz sind in etwa einzuwiegen, damit bei der später erfolgenden Titerbestimmung ein Verbrauch von ca. *V* = 30 mL der Thiosulfatlösung mit $\tilde{c}(1/1\ Na_2S_2O_3)$ = 0,1 mol/L erreicht wird? Es wird davon ausgegangen, dass der Titer *t* ca. 1 ist.

Gegeben:

V = 0,030 L

$M(KIO_3)$ = 224 g/mol

$\tilde{c}(1/1\ Na_2S_2O_3)$ = 0,1 mol/L

z = 6

Gesucht: m

Es kommt Gl. 7.94 zur Anwendung:

$$m = \frac{V \cdot \tilde{c}_{eq} \cdot t \cdot M}{z} = \frac{0{,}030\,\text{L} \cdot 0{,}1\,\text{mol} \cdot 1 \cdot 224\,\text{g}}{6 \cdot \text{L} \cdot \text{mol}} = \underline{0{,}112\,\text{g}} \qquad \text{(Gl. 7.94)}$$

Es müssen ungefähr *m* = 0,112 g Kaliumiodat abgewogen werden.

Aufgabe 3

Zur Titerbestimmung wurden 0,119 g Kaliumiodat KIO_3 als Urtitersubstanz eingewogen, mit Kaliumiodid versetzt und mit der Natriumthiosulfatmaßlösung $\tilde{c}(1/1\ Na_2S_2O_3)$ = 0,1 mol/L titriert. Verbrauch *V* = 31,1 mL. Welchen Titer *t* hat die Natriumthiosulfatmaßlösung?

Gegeben:
$V = 0{,}0311\ \text{L}$
$M(\text{KIO}_3) = 224\ \text{g/mol}$
$\tilde{c}(1/1\ \text{Na}_2\text{S}_2\text{O}_3) = 0{,}1\ \text{mol/L}$
$z = 6$
$m(\text{KIO}_3) = 0{,}119\ \text{g}$
Gesucht: t

Es kommt Gl. 7.95 zur Anwendung:

$$t = \frac{m_{\text{Einwaage}} \cdot z}{V \cdot \tilde{c}_{\text{eq}} \cdot M} = \frac{0{,}119\ \text{g} \cdot \text{L} \cdot 6\ \text{mol}}{0{,}0311\ \text{L} \cdot 0{,}1\ \text{mol} \cdot 224\ \text{g}} = \underline{1{,}025} \qquad \text{(Gl. 7.95)}$$

Der Titer der Natriumthiosulfatmaßlösung beträgt $t = 1{,}025$. Die Lösung ist um 2,5% zu stark.

Aufgabe 4

Eine kupferhaltige Münze mit $m = 8{,}451$ g wird vollständig in Schwefelsäure gelöst, mit Kaliumiodid versetzt und das entstehende Iod mit der Natriumthiosulfatmaßlösung mit $\tilde{c}(1/1\ \text{Na}_2\text{S}_2\text{O}_3) = 0{,}1$ mol/L und $t = 1{,}025$ titriert. Der Verbrauch beträgt $V = 8{,}7$ mL. Wie groß ist der Massenanteil w an Kupfer in der Münze?

Gegeben:
$V = 0{,}0087\ \text{L}$
$M(\text{Cu}) = 63{,}5\ \text{g/mol}$
$\tilde{c}(1/1\ \text{Na}_2\text{SO}_3) = 0{,}1\ \text{mol/L}$
$z = 1\ (\text{Cu}^{2+}$ zu $\text{Cu}^{1+})$
$m(\text{Münze}) = 8{,}451\ \text{g}$
$t = 1{,}025$
Gesucht: w(Cu)

Zur Anwendung kommt Gl. 7.96:

$$w = \frac{V \cdot \tilde{c}_{\text{eq}} \cdot t \cdot M}{m_{\text{Einwaage}} \cdot z} = \frac{0{,}0087\ \text{L} \cdot 0{,}1\ \text{mol} \cdot 1{,}025 \cdot 63{,}5\ \text{g}}{8{,}451\ \text{g} \cdot 1 \cdot \text{L} \cdot \text{mol}} = \underline{0{,}0067} \qquad \text{(Gl. 7.96)}$$

Der Masseanteil w an Kupfer in der Münze beträgt $w(\text{Cu}) = 0{,}67\%$.

Methode 3: Rücktitration

Die Rücktitration ist prinzipiell verwandt mit der Methode 1 und wird häufig bei der Titration von Lebensmitteln und Getränken mit einer niedrigen Konzentration des Analyten eingesetzt. Bei einer direkten Titration einer niedrig konzentrierten Lösung mit Methode 1 wäre der Verbrauch der Maßlösung zu gering und die Bestimmung wäre zu ungenau.

Zu dem Analyten, der als Reduktionsmittel wirkt, wird ein **Überschuss** an genau definierter, titerbekannter Iodmaßlösung gegeben. Ein Teil der Iodmaßlösung reagiert mit dem Analyten, bis dieser vollständig wegreagiert ist. Der dann noch nicht verbrauchte Überschuss («Rest») an Iodmaßlösung wird dann mit titerbekannter Natriumthiosulfatmaßlösung (und Stärkelösung) zurücktitriert.

Gehen Sie genau den Rechengang des **Prozesses P3_KAP7** durch.

Prozess P3_KAP7

Im Wein soll der Gesamtgehalt an «Sulfit» (SO_3^{2-}) bestimmt werden. Das «Sulfit» dient im Wein als Antioxidationsmittel, damit sich die Geschmacksstoffe des Weins nicht oxidativ verändern. Zu viel vom Sulfit (im allgemeinen Sprachgebrauch nennt man das «Schwefeln»), das der Winzer in Form von Kaliumpyrosulfit $K_2S_2O_7$ zufügt, kann jedoch u.U. Kopfschmerzen verursachen.

Zur Verfügung steht eine Iodmaßlösung mit $\tilde{c}(1/2\ I_2)$ = 0,1 mol/L und einem Titer von t_{Iod} = 1,025 und eine Natriumthiosulfatmaßlösung mit $\tilde{c}(1/1\ Na_2S_2O_3)$ = 0,1 mol/L und einem Titer von $t_{Thiosulfat}$ = 0,997.

Es werden V = 100,0 mL des Weins abgemessen, mit 10,0 mL der Iodmaßlösung (t_{Iod} = 1,025) versetzt und mit V = 9,8 mL der Natriumthiosulfatmaßlösung ($t_{Thiosulfat}$ = 0,997) zurücktitriert. Es ist die Massenkonzentration β an Sulfit SO_3^{2-} in g/L zu bestimmen.
Die Reaktionsgleichung der Umsetzung des Sulfits mit Iod ist aus Gl. 7.97 erkennbar:

$$SO_3^{2-} + 2\ OH^- + I_2 \longrightarrow SO_4^{2-} + 2\ I^- + H_2O \qquad \text{(Gl. 7.97)}$$

Die Oxidationszahl des Schwefels im Sulfit ist +IV, die in Sulfat ist +VI, die Oxidationszahländerung und damit die Äquivalentzahl von Sulfit beträgt z = 2.

Als nächstes werden die wirklichen Konzentrationen der Maßlösungen nach Gl. 7.98 berechnet:

$$c_{eq} = \tilde{c}_{eq} \cdot t \qquad \text{(Gl. 7.98)}$$

Für die **Iodmaßlösung** gilt Gl. 7.99:

$$c_{eq} = \tilde{c}_{eq} \cdot t_{Iod} = 0{,}1\,\text{mol/L} \cdot 1{,}025 = 0{,}1025\,\text{mol/L} \qquad \text{(Gl. 7.99)}$$

Für die **Natriumthiosulfatmaßlösung** gilt Gl. 7.100:

$$c_{eq} = \tilde{c}_{eq} \cdot t_{Thiosulfat} = 0{,}1\,\text{mol/L} \cdot 0{,}997 = 0{,}0997\,\text{mol/L} \qquad \text{(Gl. 7.100)}$$

Die Stoffmenge n an **wirksamem Iod** beträgt nach Gl. 7.101:

$$n(\text{Iod}) = \frac{V \cdot c_{eq}}{z} = \frac{0{,}010\,\text{L} \cdot 0{,}1025\,\text{mol/L}}{2} = 0{,}0005125\,\text{mol} \qquad \text{(Gl. 7.101)}$$

Die Stoffmenge n an **verbrauchtem Natriumthiosulfat** beträgt nach Gl. 7.102:

$$n(Na_2S_2O_3) = \frac{V \cdot c_{eq}}{z} = \frac{0{,}0098\,\text{L} \cdot 0{,}0997\,\text{mol/L}}{2} = 0{,}0004885\,\text{mol} \qquad \text{(Gl. 7.102)}$$

Es wurden n(Iod) = 0,0005125 mol Iod vorgelegt und mit $n(Na_2S_2O_3)$ = 0,0004885 mol Natriumthiosulfat zurücktitriert. Die Differenz («Rest») ist nach Gl. 7.103 die Stoffmenge n an Iod, die **tatsächlich** vom Sulfit verbraucht wurde.

$$n = 0{,}0005125\,\text{mol} - 0{,}0004885\,\text{mol} = \underline{0{,}000024\,\text{mol}} \qquad \text{(Gl. 7.103)}$$

Die Stoffmasse m an Sulfit (M = 80 g/mol) berechnet sich mit Gl. 7.104:

$$m = n \cdot M = 0{,}000024\,\text{mol} \cdot 80\,\text{g/mol} = \underline{0{,}00192\,\text{g}\ SO_3^{2-}} \qquad \text{(Gl. 7.104)}$$

Die Massenkonzentration β an Sulfit SO_3^{2-} berechnet sich mit Gl. 7.105:

$$\beta(SO_3^{2-}) = \frac{m}{V} = \frac{0{,}00192\,\text{g}}{0{,}1\,\text{L}} = \underline{0{,}0192\,\text{g/L}\ SO_3^{2-}} \qquad \text{(Gl. 7.105)}$$

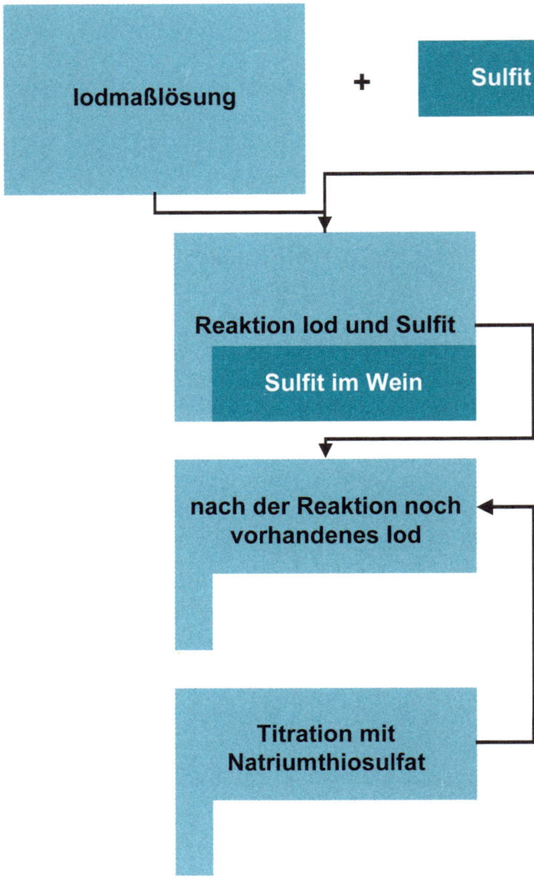

Bild 7.6
Prinzip der Restmethode

Im Wein befinden sich 0,0192 g/L Sulfit.

Zur besseren Übersichtlichkeit ist das Prinzip der Rücktitration nochmals in Bild 7.6 abgebildet.

Der Rechenweg zur Berechnung der Stoffmasse $m(SO_3^{2-})$ kann in einer Gleichung zusammengefasst werden, die sich von der allgemeinen maßanalytischen Gleichung ableitet (Gl. 7.106):

$$m = \frac{(V_{vor} \cdot t_{vor} - V_{rück} \cdot t_{rück}) \cdot M \cdot c_{eq}}{z} \qquad \text{(Gl. 7.106)}$$

mit:

V_{vor} Volumen der Maßlösung, die vorgelegt wurde (L)
$V_{rück}$ Volumen der Maßlösung, mit der zurücktitriert wurde (L)
t_{vor} Titer der Maßlösung, die vorgelegt wurde
$t_{rück}$ Titer der Maßlösung, mit der zurücktitriert wurde
c_{eq} Äquivalentkonzentration beider Lösungen (mol/L)
M molare Masse des Analyten (g/mol)
z Äquivalentzahl des Analyten

Für den **Prozess P3_KAP7** gilt Gl. 7.107…Gl. 7.109:

$$m = \frac{(V_{vor} \cdot t_{vor} - V_{rück} \cdot t_{rück}) \cdot M \cdot c_{eq}}{z} \quad \text{(Gl. 7.107)}$$

$$m = \frac{(0{,}010\,L \cdot 1{,}025 - 0{,}0098\,L \cdot 0{,}997) \cdot 80\,g \cdot 0{,}1\,mol}{2 \cdot mol \cdot L} = \underline{0{,}00192\,g}\ SO_3^{2-} \quad \text{(Gl. 7.108)}$$

$$\beta(SO_3^{2-}) = \frac{m}{V} = \frac{0{,}00192\,g}{0{,}1\,L} = \underline{0{,}0192\,g/L}\ SO_3^{2-} \quad \text{(Gl. 7.109)}$$

Informationssuche

Suchen Sie in entsprechender Literatur, Datenbanken, Lexika oder im Internet (z.B. http://de.wikipedia.org/wiki/Hauptseite) nach dem Begriff «Sulfit im Wein» und erfassen Sie die Zusammenhänge. Dürfte der Wein mit dem Sulfitgehalt von 19,2 mg/L verkauft werden?

Vertiefungsübung V7.17

100 mL eines natriumcarbonathaltigen Wassers (Na_2CO_3) werden mit $V = 50{,}0$ mL Salzsäuremaßlösung mit $\tilde{c}(1/1\ HCl) = 0{,}1$ mol/L und $t = 0{,}991$ versetzt und aufgekocht. Die nicht verbrauchte Salzsäure wird mit einer Natronlaugemaßlösung mit $\tilde{c}(1/1\ NaOH) = 0{,}1$ mol/L und $t = 1{,}011$ titriert. Der Verbrauch beträgt $V = 45{,}2$ mL. Welche Massenkonzentration β in g/L kann berechnet werden?

7.4.4 Komplexometrische Titration

Bevor das Grundprinzip einer komplexometrischen Bestimmung genauer besprochen wird, soll nochmals kurz der Begriff «Komplex» erläutert werden.

Wenn Chloridionen mit einer Silbernitratlösung versetzt werden, entsteht nach Gl. 7.110 weißes Silberchlorid als Niederschlag:

$$Cl^- + AgNO_3 \longrightarrow AgCl\downarrow + NO_3^- \quad \text{(Gl. 7.110)}$$

Gibt man zu dem Niederschlag etwas Ammoniaklösung, löst er sich wieder vollständig auf, er bildet nach Gl. 7.111 den sog. Diamminsilber(I)chlorid-Komplex:

$$AgCl + 2\,NH_3 \longrightarrow [Ag(NH_3)_2]^+Cl^- \quad \text{(Gl. 7.111)}$$

Der Komplex, also der Teil, der in der eckigen Klammer steht, ist positiv geladen, daher ist Diamminsilber(I)chlorid ein **kationischer Komplex**. Wie bereits in Kapitel 4 erläutert, gibt es in einem Komplex «Liganden» und das «Zentralatom». Das **Zentralatom** ist ein Elektronenpaar-Akzeptor. Der **Ligand**, ein geladenes Ion oder Molekül, stellt mindestens ein **freies Elektronenpaar** zur Bindungsbildung zur Verfügung (also ein Elektronenpaar-Donator). Im Diamminsilber(I)-chlorid ist das Silberion das Zentralatom und die 2 neutralen NH_3-Moleküle sind die Liganden (Bild 7.7), die jeweils ein freies Elektronenpaar zur gemeinsamen Bindung zur Verfügung stellen.

Das Metall Silber und auch die Liganden verlieren bei der Komplexbildung ihre typischen Eigenschaften, sie bilden eine neue Gemeinschaft. Diese Eigenschaft nutzt man aus, indem man zu unerwünschten Ionen Komplexbildner gibt, die die Ionen dann zu Komplexen binden.

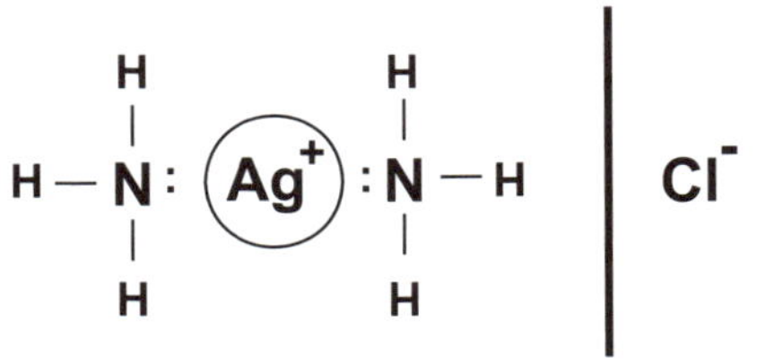

Bild 7.7
Bindung im Diamminsilber(I)chlorid

Solche Komplexbildner werden häufig in der Waschmittelindustrie eingesetzt. In Haushalten, in denen mit «hartem» Wasser gewaschen wird, fallen ohne Komplexbildner in wässrigen Lösungen von Waschmitteln graue Kalkseifen auf den Wäschestücken aus. Diese Kalkseifen entstehen nach Gl. 7.112 durch die Reaktion von Seifen (z.B. $C_{16}H_{33}COONa$) mit Calcium- und Magnesiumionen, die sich als Härtebildner im Trinkwasser befinden ($CaSO_4$, $CaHCO_3$, $MgSO_4$, $MgHCO_3$):

$$2\ C_{16}H_{33}COONa + CaSO_4 \longrightarrow (C_{16}H_{33}COO)_2Ca\downarrow + Na_2SO_4 \qquad \text{(Gl. 7.112)}$$

Durch den Zusatz typischer Komplexbildner (z.B. Phosphat, Citrat, EDTA) kann die unerwünschte Reaktion der Seifen mit den Härtebildnern verhindert werden. Die Calcium- bzw. Magnesiumionen werden komplex gebunden und können mit den Seifen keine Reaktion mehr eingehen.

Die Reaktion der Metallionen zu den kationischen Komplexen geschieht relativ schnell, sodass die Reaktion prinzipiell für die maßanalytische Bestimmung von Kationen («Komplexometrie») in Betracht kommen kann. In der Komplexometrie wird die unterschiedliche Stabilität von Metallionenkomplexen ausgenutzt.

Zunächst lässt man das zu bestimmende Kation (z.B. Ca^{2+}) mit einem **schwachen Komplexbildner** reagieren, dessen Farbwirkung davon abhängt, ob er den Analyten komplex gebunden hat oder nicht (Komplexindikator, vgl. dazu Gl. 7.113).

$$\begin{array}{ccc} Ca^{2+} + \text{Indikator} & \longrightarrow & \text{Ca-Indikator-Komplex} \\ \text{Farbe 1} & \longrightarrow & \text{Farbe 2} \end{array} \qquad \text{(Gl. 7.113)}$$

Die Stabilität des Ca-Indikator-Komplexes ist relativ gering und zudem *pH*-Wert-abhängig. Daher muss vor der Zugabe des Komplexindikators der *pH*-Wert der Lösung genau auf einen für den verwendeten Indikator spezifischen Wert eingestellt werden, der meistens im alkalischen Bereich liegt. Während der nachfolgenden Reaktionen darf sich der *pH*-Wert nicht mehr verändern, daher werden bei komplexometrischen Titrationen gewöhnlich Puffergemische (z.B. Ammoniak/Ammoniumchlorid-Lösung) eingesetzt, die den *pH*-Wert der zu titrierenden Lösung konstant halten.

Für jedes Kation oder für eine Kationengruppe gibt es spezifische Indikatoren (schwache Komplexbildner), die in der Komplexometrie eingesetzt werden können (Tabelle 7.5):

Tabelle 7.5 Auswahl von Komplexindikatoren

Indikator / Komplexbildner	bestimmbare Metallionen	Farbe des reinen Indikators (Farbe 1)	Farbe im Komplex (Farbe 2)
Eriochromschwarz T	Mg^{2+}, Zn^{2+}, Ca^{2+}, Cd^{2+}	Blau	Rot
Murexid	Cu^{2+}, Ni^{2+}, Co^{2+}	Blauviolett	Gelblich
Calcon	Ca^{2+}	Blau	Violett
PAN	Cu^{2+}	Grün	Rot

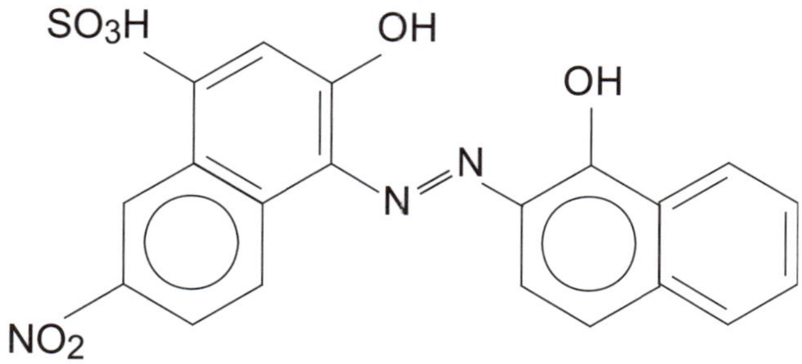

Bild 7.8 Strukturformel von Eriochromschwarz T

In Bild 7.8 ist die Struktur von Eriochromschwarz T abgebildet.

Informationssuche

Suchen Sie in entsprechender Literatur, Datenbanken, Lexika oder im Internet (z.B. http://de.wikipedia.org/wiki/Hauptseite) nach der Struktur des Komplexindikators «PAN».

Anschließend wird die mit Puffer und Komplexindikator versetzte Lösung mit einem starken Komplexbildner in Form einer Maßlösung titriert. Dieser starke Komplexbildner verdrängt den schwachen Komplexindikator, setzt sich an dessen Stelle und bildet mit dem zu bestimmenden Analytkation einen neuen, stabileren Komplex. Es handelt sich somit um eine klassische Verdrängungsreaktion. Dabei entsteht wieder die Farbe des reinen Komplexindikators, der Farbumschlag zeigt die Verdrängung an. Zu beachten ist also, dass der Komplexindikator systembedingt mitreagiert. Die Menge an zugesetztem Indikator ist daher nicht unkritisch und muss relativ gering gehalten werden.

Der in der Komplexometrie als Maßlösung eingesetzte starke Komplexbildner ist meistens das Dinatriumsalz der Ethylendiammintetraessigsäure $Na_2C_{10}H_{14}N_2O_8$ **(EDTA).** Häufig wird auch die Kurzbezeichnung Na_2H_2-EDTA verwendet. Aus Bild 7.9 kann man die Struktur von Na_2H_2-EDTA erkennen.

Bei der Reaktion von Na_2H_2-EDTA mit einem Metallkation entsteht unter Abspaltung der beiden sauer wirkenden Wasserstoffionen (s. Pfeile in Bild 7.9) ein Komplex, bei dem 6 Koordinationsstellen von den 2 Stickstoffatomen und 4 Sauerstoffatomen in Form eines Oktaeders eingenommen werden.

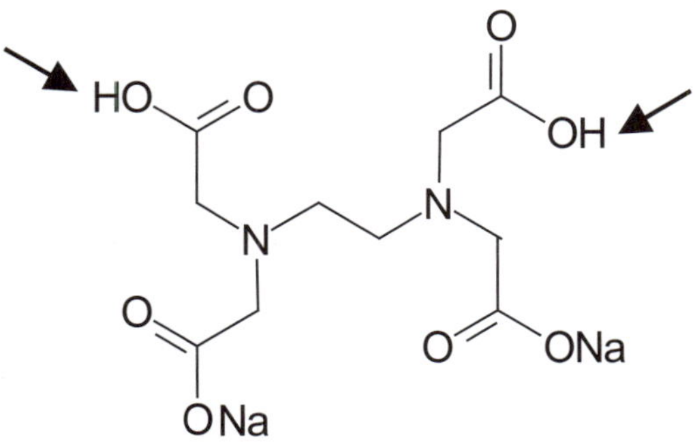

Bild 7.9
Struktur von Na_2H_2-EDTA

Die beiden entstehenden Wasserstoffionen müssen sofort abgefangen werden, damit sie den *pH*-Wert nicht verschieben können. Der bereits erwähnte Einsatz von Puffergemischen ist daher unerlässlich. Die Stabilität des Na_2Metall-EDTA-Komplexes ist relativ groß, daher wird nach Gl. 7.114 der Indikator aus dem vorherigen Metall-Indikator-Komplex verdrängt.

$$\underset{\text{Farbe 2}}{\text{Ca-Ind.-Komplex}} + Na_2H_2\text{-EDTA} \longrightarrow \underset{\text{Komplex}}{Na_2Ca\text{-EDTA}} + 2\,H^+ + \underset{\text{Farbe 1}}{\text{Indikator}} \qquad \text{(Gl. 7.114)}$$

Pro Stoffmenge n = 1 mol an Metallionen werden – **unabhängig von der Ladung des Iones** – immer n = 1 mol Na_2H_2-EDTA benötigt, um den stabilen Komplex zu bilden.

Merke

Die Äquivalentzahl z ist bei allen komplexometrischen Bestimmungen $z = 1$.

Aus diesem Grund werden in der Komplexometrie die Maßlösungen statt mit der Äquivalentkonzentration c_{eq} gewöhnlich mit der Stoffmengenkonzentration c beschrieben.

Die Konzentration an Metallionen (Analyt) darf nicht zu groß sein. Gewöhnlich werden in der Komplexometrie Stoffmengenkonzentrationen von $c(Na_2H_2\text{-EDTA})$ = 0,1 mol/L, 0,05 mol/L oder 0,01 mol/L verwendet. Der Komplexbildner Na_2H_2-EDTA (M = 336,3 g/mol) wird von verschiedenen Herstellern z.B. unter den Markennamen Titriplex III, Idranal III oder Komplexon III verkauft.

Zur Herstellung der Maßlösung wird entweder eine Fixanal-Ampulle verwendet oder das Na_2H_2-EDTA direkt auf der Analysenwaage abgewogen und auf das entsprechende Volumen aufgefüllt. Als Urtitersubstanz zur Bestimmung des Titers der Maßlösung wird meistens Zinksulfat-heptahydrat ($ZnSO_4 \cdot 7\,H_2O$) verwendet. Allerdings ist die Verwendung einer Substanz mit soviel Kristallwasser (7 mol) als Urtitersubstanz immer etwas kritisch, weil unter ungünstigen Umständen die Kristallwassermenge nicht völlig stabil ist.

Eine andere Möglichkeit ist die Verwendung von reinstem Zink, das vor der Titration in Schwefelsäure gelöst wird. Danach muss sehr sorgfältig der notwendige *pH*-Wert eingestellt werden.

Exemplarisch wird im Prozesswasser des **Prozesses P1_KAP7** der Massenanteil an Calciumionen bestimmt.

Aufgabe 1

Zunächst soll V = 1 L einer Na_2H_2-EDTA-Maßlösung hergestellt werden, die eine angestrebte Stoffmengenkonzentration von $\tilde{c}(Na_2H_2\text{-EDTA})$ = 0,05 mol/L besitzen soll.

Gegeben:
$M(Na_2H_2\text{-EDTA})$ = 336,3 g/mol
$\tilde{c}(Na_2H_2\text{-EDTA})$ = 0,05 mol/L
V = 1 L
z = 1
Gesucht: m

Es kommt Gl. 7.115 zur Anwendung:

$$m = \frac{\tilde{c} \cdot V \cdot M}{z} = \frac{0{,}05\,\text{mol} \cdot 1\,\text{L} \cdot 336{,}3\,\text{g}}{\text{L} \cdot 1 \cdot \text{mol}} = \underline{16{,}815\,\text{g}}\ Na_2H_2\text{-EDTA} \qquad \text{(Gl. 7.115)}$$

Es müssen m = 16,815 g Na_2H_2-EDTA eingewogen und auf V = 1 L aufgefüllt werden. Der Laborant wiegt jedoch m = 16,8 g Na_2H_2-EDTA ein und füllt auf 1 L auf. Eine Titerbestimmung ist daher unerlässlich.

Aufgabe 2

Zur Titerbestimmung der Maßlösung mit $\tilde{c}(Na_2H_2\text{-EDTA})$ = 0,05 mol/L werden m = 0,114 g reinstes Zinkpulver in Schwefelsäure gelöst, die Lösung mit Ammoniaklösung und Ammoniumchlorid auf einen pH-Wert von pH = 10 eingestellt. Nach Zugabe von Eriochromschwarz-T-Lösung als Komplexindikator wird mit der angesetzten Na_2H_2-EDTA-Lösung bis zum Farbumschlag titriert. Der Verbrauch beträgt V = 35,5 mL.

Gegeben:
V = 0,0355 L
$M(Zn)$ = 65,41 g/mol
$\tilde{c}(Na_2H_2\text{-EDTA})$ = 0,05 mol/L
z = 1
m = 0,114 g
Gesucht: t

Es kommt Gl. 7.116 zur Anwendung:

$$t = \frac{m_{\text{Einwaage}} \cdot z}{V \cdot \tilde{c} \cdot M} = \frac{0{,}114\,\text{g} \cdot 1 \cdot \text{L} \cdot \text{mol}}{0{,}0355\,\text{L} \cdot 0{,}05\,\text{mol} \cdot 65{,}41\,\text{g}} = \underline{0{,}982} \qquad \text{(Gl. 7.116)}$$

Der Titer der Na_2H_2-EDTA-Maßlösung ist t = 0,982.

Aufgabe 3

50,825 g des Prozesswassers des **Prozesses P1_KAP7** werden mit Ammoniaklösung neutralisiert und mit Ammoniumchlorid versetzt, bis ein pH-Wert von 10 eingestellt ist. Nach Zugabe von Eriochromschwarz T als Komplexindikator wird mit der titerbekannten Na_2H_2-EDTA-Maßlösung mit $\tilde{c}(Na_2H_2\text{-EDTA})$ = 0,05 mol/L und t = 0,982 titriert. Der Verbrauch beträgt V = 16,2 mL. Welchen Massenanteil an $CaSO_4$ enthält das Prozesswasser?

Gegeben:
$M(CaSO_4)$ = 136,1 g/mol
V = 0,0162 L
$\tilde{c}(Na_2H_2\text{-EDTA})$ = 0,05 mol/L
t = 0,982
m(Lösung) = 50,825 g
z = 1
Gesucht: $w(CaSO_4)$

Zur Anwendung kommt Gl. 7.117:

$$w = \frac{V \cdot \tilde{c} \cdot t \cdot M}{m_{\text{Einwaage}} \cdot z} = \frac{0{,}0162\,\text{L} \cdot 0{,}05\,\text{mol} \cdot 0{,}982 \cdot 136{,}1\,\text{g}}{50{,}825\,\text{g} \cdot 1 \cdot \text{L} \cdot \text{mol}} = \underline{0{,}00213} \qquad \text{(Gl. 7.117)}$$

Der Massenanteil an $CaSO_4$ in dem Prozesswasser beträgt $w(CaSO_4)$ = 0,213%.

7.5 Potenziometrische Analysen

Bei potenziometrischen Analysen wird die Entstehung einer elektrochemischen Spannung ausgenutzt, wenn 2 «galvanische Elemente» miteinander verbunden werden. Daher werden zunächst die Grundlagen der galvanischen Elemente und deren Spannung erläutert.

Stellt man ein Zinkblech in eine Kupfersalzlösung, kann man nach kurzer Zeit beobachten, dass

- sich Kupfer am Zinkblech abscheidet,
- das Volumen des Zinkblechs abnimmt,
- die Lösung warm wird.

Es finden gleichzeitig 2 chemische Reaktionen statt, die durch Gl. 7.118 und Gl. 7.119 beschrieben werden können:

$$Cu^{2+} + 2\,e^- \longrightarrow Cu \qquad \text{(Reduktion)} \qquad \text{(Gl. 7.118)}$$

$$Zn \longrightarrow Zn^{2+} + 2\,e^- \qquad \text{(Oxidation)} \qquad \text{(Gl. 7.119)}$$

Die beiden Reaktionen (Redoxreaktion!) laufen gleichzeitig ab, und es fließen Elektronen vom Zink zum Kupfer. Stellt man dagegen ein Kupferblech in eine Zinksalzlösung, kann keine Veränderung beobachtet werden, die Reaktion nach Gl. 7.120 läuft nicht ab.

$$Cu + Zn^{2+} \longrightarrow \text{keine Reaktion} \qquad \text{(Gl. 7.120)}$$

Die Richtung der chemischen Reaktion ist also vorgegeben. Kupfer ist «edler» als Zink, weil es unter allen Umständen in den elementaren Zustand treten will. Für eine Analyse ist es interessant, Größe und Richtung des Elektronenflusses zu bestimmen, weil das von der Stoffmengenkonzentration c der Ionen abhängig ist.

Um die Richtung und die Größe des Elektronenflusses zu diskutieren, wird die Funktion eines galvanischen Elementes mit zwei Halbelementen beschrieben.

Beispiel

Ein Kupferblech steht in einer Kupfersulfatlösung mit $c(CuSO_4)$ = 1 mol/L und ein Zinkblech in einer Zinksulfatlösung mit $c(ZnSO_4)$ = 1 mol/L. Beide Zellen sind durch eine halbdurchlässige Wand (Diaphragma) miteinander verbunden, die durchlässig für Sulfationen, aber undurchlässig für Kupfer- und Zinkionen ist. Solche Diaphragmen bestehen heute aus Kunststoffmembranen. Verbindet man beide Bleche über einen hochohmigen Spannungsmesser (Bild 7.10, eine fast stromlose Messung), kann man feststellen, dass

- ein Strom vom Zinkblech zum Kupferblech fließt
- die Spannung U (idealerweise) 1,11 Volt beträgt (bei ϑ = 20 °C)

Ursache dieser galvanischen Spannungsbildung (= Elektronenfluss) sind die beiden Redox-Gleichungen Gl. 7.118 und Gl. 7.119. Die entstehende galvanische Spannung wird auch «elektrochemische Potenzialbildung» genannt. In Abgrenzung zur Elektrik bekommt das elektrochemische Potenzial das Formelzeichen E, die Einheit ist Volt (V).

Zur theoretischen Berechnung von Halbelement-Potenzialen wird ein neutraler Bezugspunkt benötigt. Dazu verwendet man eine Wasserstoffelektrode, bei der unter einem Druck von p = 1013 mbar reiner Wasserstoff gegen ein Platinblech geblasen wird, das in einer Säurelösung mit $c(H_3O^+)$ = 1 mol/L steht. Für dieses galvanische

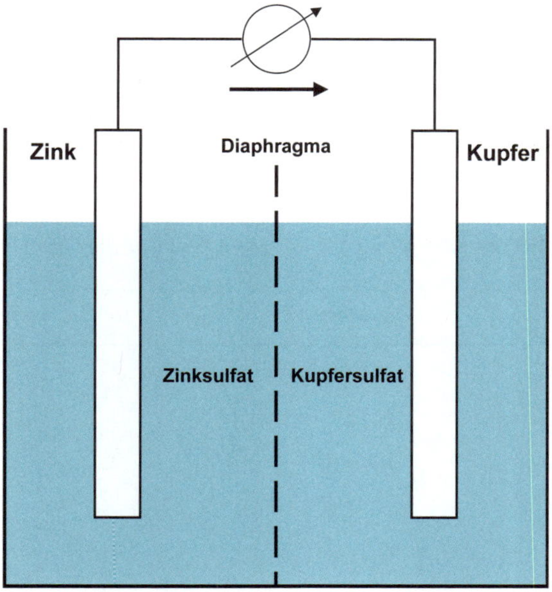

Bild 7.10
Element aus 2 Halbelementen (Zn und Cu)

«Wasserstoffhalbelement» (H_2 / H_3O^+), auch «Normalwasserstoffelektrode» genannt, wird ein Potenzial von E = 0,000 Volt festgelegt (Bild 7.11).

Wenn das beschriebene galvanische Halbelement Cu/Cu^{2+} gegen die Normalwasserstoffelektrode geschaltet wird, kann ein Potenzial von E = 0,35 V abgelesen werden. Erhält ein galvanisches Halbelementsystem von der Normalwasserstoffelektrode Elektronen, bekommt das Potenzial ein positives Vorzeichen. Beim galvanischen Cu/Cu^{2+} // H_2/H_3O^+-Element ist das der Fall, also kann ein Potenzial von E = +0,35 V gemessen werden.

Wird das galvanische Zink-Halbelement Zn/Zn^{2+} gegen das Normalelement geschaltet, werden E = 0,76 V gemessen. Da Elektronen von Zink- zum Wasserstoffelement fließen, bekommt das Potenzial ein negatives Vorzeichen: E = −0,76 V. Beim Zusammen-

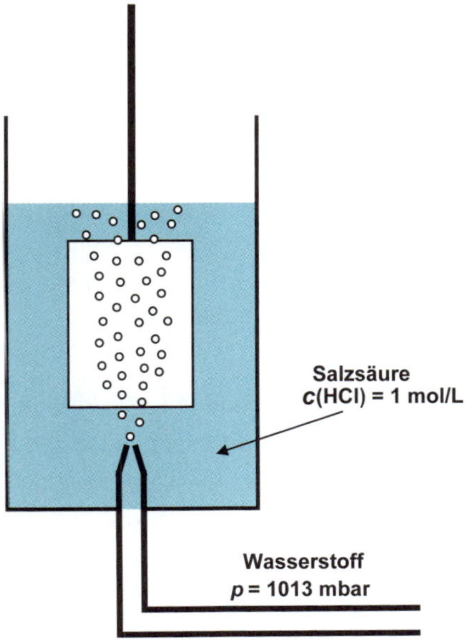

Bild 7.11
Normalelektrode («Wasserstoffhalbelement»)

schalten der beiden galvanischen Halbelemente Zn/Zn^{2+}// Cu/Cu^{2+} kann so (idealerweise) ein Gesamtpotenzial von $E = 0{,}35 - (-0{,}76) = 1{,}11$ V gemessen werden.

Wenn verschiedene galvanische Halbelemente gegen die Normalwasserstoffelektrode geschaltet werden, und die jeweils gemessenen «Normalpotenziale» aufgelistet werden, erhält man die «galvanische Spannungsreihe der Elemente». In Tabelle 7.6 sind einige Systeme aufgelistet.

Tabelle 7.6 Auszug aus der galvanischen Spannungsreihe der Elemente

System	Normalpotenzial *E* (Volt)
Na/Na^{+}	−2,71
Zn/Zn^{2+}	−0,76
H_2/H_3O^{+}	0,00
Cu/Cu^{2+}	+0,35
O_2/OH^{-}	+0,40
Fe^{2+}/Fe^{3+}	+0,77
Ag/Ag^{+}	+0,81

Das Bestreben eines Elementes, Elektronen abzugeben, wie z.B. Natrium, zeigt sich in einem hohen negativen Potenzial. Die Stellung im Periodensystem bezeichnet die Potenzialbildung. Die Stellung in der Reihe beschreibt wie «edel» ein System ist: Silber ist «edler» als Kupfer und Kupfer ist «edler» als Zink.

Ein galvanisches Element aus den Halbelementen Na/Na^{+} und Ag/Ag^{+} würde (theoretisch) ein Potenzial von $E = 0{,}81 - (-2{,}71) = 3{,}52$ V liefern.

Das Potenzial einer galvanischen Halbzelle ist von der Konzentration abhängig. Bisher wurde bei der Definition eines Normalpotenziales immer davon ausgegangen, dass die Stoffmengenkonzentration $c = 1$ mol/L beträgt. Schaltet man 2 galvanische Cu/Cu^{2+} // Cu/Cu^{2+}-Zellen zusammen, bei denen die Konzentrationen an Kupferionen jeweils gleich sind, fließt kein Strom. Gibt man jedoch in die eine galvanische Zelle z.B. eine Lösung mit $c(CuSO_4)$ = **0,1 mol/L** und in die andere eine Konzentration von z.B. $c(CuSO_4)$ = **0,01 mol/L**, kann ein Potenzial gemessen werden (Bild 7.10).

Die Abhängigkeit des resultierenden Potenzials ΔE von der Konzentration zweier sonst gleichen galvanischen Halbelementen wurde von dem Physiker W. Nernst untersucht und lautet zusammengefasst nach Gl. 7.121:

$$\Delta E = \frac{0{,}059}{z} \cdot \lg \frac{c_x}{c_{Bezug}} \qquad (\text{bei } \vartheta = 20\ °C) \qquad (Gl.\ 7.121)$$

mit:

- ΔE gemessene Potenzialdifferenz (V)
- z Anzahl der ausgetauschten Elektronen pro $n = 1$ mol
- c_x zu messende Konzentration (mol/L) in der Messzelle
- c_{Bezug} Konzentration in der Bezugszelle (mol/L)

(Gl. 7.121 gilt auch dann, wenn unterschiedliche Halbelemente miteinander gekoppelt werden.)

Beispiel

Die Kupferkonzentration der Bezugszelle beträgt konstant $c(Cu^{2+})$ = 0,1 mol/L, die Konzentration des Kupfers in einer 2. Zelle, der Messzelle, soll gemessen werden. Bei der Zusammenschaltung der beiden Halbelemente ergibt sich ein Potenzial von E = 0,024 V. Wie groß ist die Kupferkonzentration in mol/L in der Messzelle? Gemessen wird bei ϑ = 20 °C.

Gegeben:
ΔE = 0,024 V
c_{Bezug} = 0,1 mol/L
z = 2 (Es werden 2 Elektronen pro n = 1 mol ausgetauscht)
Gesucht: $c_x = x$

Zur Anwendung kommt Gl. 7.122. Gehen Sie den mathematischen Gang der Aufgabe sorgfältig durch.

$$\Delta E = \frac{0{,}059}{z} \cdot \lg \frac{c_x}{c_{\text{Bezug}}} \qquad \text{(Gl. 7.122)}$$

$$0{,}024 = \frac{0{,}059}{2} \cdot \lg \frac{x}{0{,}1} \Rightarrow \frac{0{,}024 \cdot 2}{0{,}059} = \lg x - \lg 0{,}1 \Rightarrow \frac{0{,}024 \cdot 2}{0{,}059} = \lg x + 1 \qquad \text{(Gl. 7.123)}$$

$$\frac{0{,}024 \cdot 2}{0{,}059} - 1 = \lg x \;\Rightarrow -0{,}186 = \lg x \;\Rightarrow x = 10^{-0{,}186} \qquad \text{(Gl. 7.124)}$$

$$x = \underline{0{,}65\,\text{mol/L}}$$

(Die Einheiten wurden ausnahmsweise zur besseren Übersichtlichkeit weggelassen.) Die Konzentration an Kupferionen in der Messzelle beträgt $c(Cu^{2+})$ = 0,65 mol/L. Diese Art der direkten Messung der Potenziale und die daraus folgende Berechnung mit dem Nernst'schen Gesetz ist allerdings sehr fehleranfällig. Deshalb wird in der Praxis in einer **Messzelle** mit einer Kalibrierreihe die Abhängigkeit des gemessenen Potenzials E von Lösungen mit bekannten Konzentrationen an Kupferionen ermittelt. Die **Bezugs**zelle hat immer eine Konzentration von $c(Cu^{2+})$ = 0,1 mol/L. Aus den gemessenen Werten wird mit Hilfe der linearen Regression eine Funktion berechnet oder eine Kalibrierkurve gezeichnet. Wenn das Potenzial E in Abhängigkeit von dem Logarithmus der Kupferkonzentration c in ein Diagramm eingezeichnet wird, erhält man im Idealfall eine Gerade. Mit Hilfe des gemessenen Potenzials der unbekannten Probe in der Messzelle und der Funktionsgleichung bzw. der Ausgleichsgeraden (Regressionsgerade) kann die Konzentration an Kupfer ermittelt werden.

7.5.1 Arbeiten mit Bezugszellen (Bezugselektroden)

Die im vorigen Abschnitt beschriebene Anordnung zweier galvanischer Zellen ist für die tägliche Arbeit eher unpraktisch, da vor jeder Analyse der Inhalt der Bezugszelle geprüft und ggf. ausgetauscht werden muss. Für die tägliche Praxis wurden Bezugszellen (Elektroden) entwickelt, die ein stabiles Halbpotenzial liefern und gegen die Messzelle geschaltet werden können. Eine solche Bezugselektrode ist die Silber-Silberchlorid-Zelle (Bild 7.12). Sie ist aus einem Silberdraht aufgebaut, der mit festem Silberchlorid umgeben ist und in eine Kaliumchloridlösung mit $c(KCl)$ = 3 mol/L eintaucht. Der potenzialbildende Vorgang ist aus Gl. 7.125 zu erkennen:

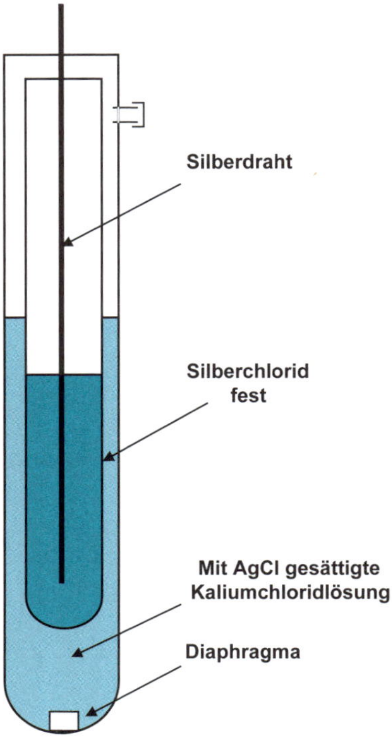

Bild 7.12
Silber-Silberchlorid-Bezugselektrode

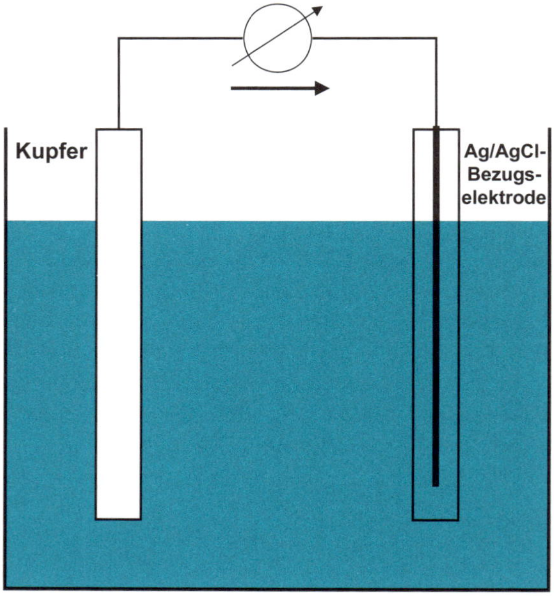

Bild 7.13
Mess- und Bezugszelle bei der Kupfermessung

$$Ag^+ + 1\,e^- \longrightarrow Ag \qquad \text{(Gl. 7.125)}$$

Die Silber-Silberchlorid-Bezugselektrode liefert bei ϑ = 20 °C ein Potenzial von E = 0,2 V.

Die Messelektrode und die Bezugselektrode können nun zusammen in die zu messende Flüssigkeit hineingehalten (Bild 7.13) und die Potenzialdifferenz gemessen werden, die nach Nernst konzentrationsabhängig ist.

Nach der Messung kann die Bezugselektrode einfach aus der zu messenden Lösung herausgezogen und abgespült werden.

7.5.2 Glaselektroden

Der bekannteste Elektrodentyp ist die Glaselektrode zur Messung der H_3O^+-Konzentration und damit des *pH*-Wertes.

Betrachtet man eine Glaselektrode, so befindet sich am unteren Ende eine hauchdünne Membran aus einem speziellen Glasmaterial (Glasmembran). Die Glasmembran ist von der Innenseite mit einer Pufferlösung von bekanntem *pH*-Wert gefüllt, und von der Außenseite wirkt die zu messende Flüssigkeit. Wird das Membranglas ausreichend lang gewässert, entsteht eine Gelschicht, die als Membran der Messkette H_3O^+ (Puffer) // Glas // H_3O^+ (Messlösung) wirkt. Die Alkaliionen (meist Na^+) des Membranglases werden gegen H_3O^+-Ionen ausgetauscht, und somit wird das Glas für H_3O^+-Ionen durchlässig. Befinden sich 2 Lösungen mit unterschiedlichen H_3O^+-Konzentrationen außen (Messlösung) und innen (Pufferlösung), bildet sich auf beiden Glasseiten ein elektrochemisches Potenzial aus. Die Glaselektrode ist mit einer Kaliumchloridlösung $c(\text{KCl}) = 3$ mol/L gefüllt, die auf $pH = 7$ gepuffert ist.

Neben der eigentlichen Messzelle wird eine Bezugselektrode benötigt. Als Bezugselektrode wird die bereits beschriebene Silber-Silberchlorid-Elektrode verwendet, die eine silberchloridgesättigte Kaliumchloridlösung enthält. Dazu kommt noch eine Ableitelektrode, die meist aus Silber besteht. Alle Elektroden sind kompakt zu einer «Einstabmesskette» zusammengesteckt, den Kontakt zwischen den Elektroden bewirkt ein Keramik-Diaphragma, das einerseits den elektrischen Kontakt zwischen der Bezugslösung und der Messlösung herstellt, andererseits aber verhindern muss, dass die Messlösung in die Kette eindringt. In Bild 7.14 ist der Aufbau einer Einstabmesskette abgebildet.

Das zwischen den beiden Elektroden gebildete Potenzial wird über einen Spannungsmesser («*pH*-Meter») abgeleitet und direkt in *pH*-Wert-Einheiten umgerechnet.

Der *pH*-Wert kann aus dem gemessenen Potenzial $E\,(H_3O^+/H_2)$ prinzipiell nach Gl. 7.126 berechnet werden:

$$pH = -\frac{0{,}059}{E} \quad (\text{bei } \vartheta = 20\ °\text{C}) \qquad \text{(Gl. 7.126)}$$

Es kann jedoch zu Abweichungen in Gl. 7.126 kommen (z.B. durch nicht exakt funktionierende Glasmembranen oder durch veränderte Temperaturen), deshalb ist es besser, die *pH*-Elektrode und das verwendete *pH*-Meter durch eine Kalibrierung und eine Justierung mit *pH*-Wert-stabilen Pufferlösungen aufeinander einzustellen.

Dazu verwendet man meist 2 Pufferlösungen, wobei eine von den beiden Pufferlösungen einen *pH*-Wert von annähernd $pH = 7$ aufweisen soll. Die andere Pufferlösung soll einen stabilen *pH*-Wert entweder (je nach Messbereich) im sauren oder im alkalischen Bereich aufweisen. Typische Pufferlösungen sind z.B. Puffer $pH = 6{,}88$, Puffer $pH = 4{,}0$ oder Puffer $pH = 10$, die käuflich erworben werden können. Mit Hilfe der «0-Punkt-Einstellung» und der «Steilheitseinstellung» am *pH*-Meter kann eine funktionierende *pH*-Wert-Elektrode auf das Messsystem justiert werden. Die genaue Handhabung des *pH*-Meters ist aus geeigneten Praktikumsunterlagen zu entnehmen.

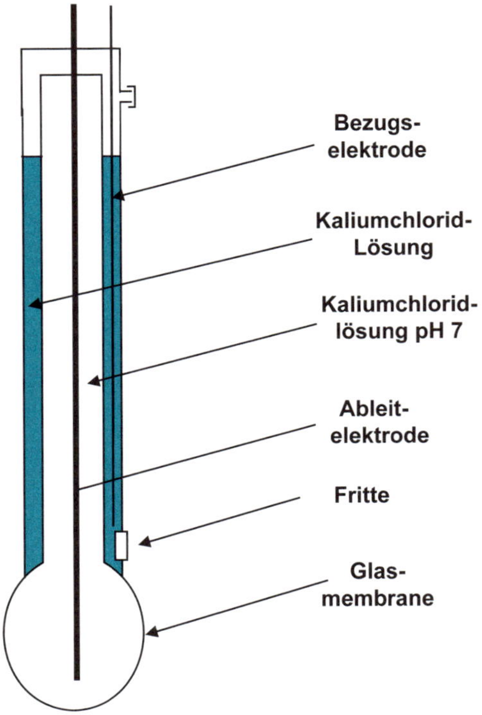

Bild 7.14
Prinzip der Einstabmesskette

Informationssuche

Suchen Sie in entsprechender Literatur, Lexika oder im Internet (z.B. http://de.wikipedia.org/wiki/Hauptseite) nach dem genauen Kalibrierungsvorgang zur Einstellung des *pH*-Wert-Systems und erfassen Sie die Zusammenhänge.

Misst man mit einer Einstabmesskette sehr saure oder sehr alkalische Werte, weisen die Messwerte häufig deutliche Unterschiede zum richtigen Wert auf. Während der «Säurefehler» meistens noch vernachlässigt werden kann, wird durch den «Alkalifehler» ein deutlich niedrigerer Wert vorgetäuscht. Messungen von Lösungen über einem *pH*-Wert von 12 sind daher kritisch.

pH-Elektroden sind immer feucht aufzubewahren, sodass die Glasmembrane nicht austrocknet. Gewöhnlich werden die Elektroden in einer KCl-Lösung mit $c(KCl) = 3$ mol/L gelagert.

Vertiefungsübung V7.18

Wie sollten *pH*-Elektroden zur längeren Lagerung aufbewahrt werden?

7.5.3 Potenziometrische Titration

Tropft man eine Lösung, die H_3O^+-Ionen enthält, in eine Lauge, werden sich, durch die ablaufende Neutralisation und die damit verbundene Bindung der H_3O^+-Ionen gemäß Gl. 7.127, die Konzentration der H_3O^+-Ionen und der *pH*-Wert der Lösung verändern.

$$H_3O^+ + OH^- \longrightarrow 2\,H_2O \qquad \text{(Gl. 7.127)}$$

Die Abhängigkeit des elektrochemischen Potenzials von der H_3O^+-Konzentration ist durch die Zusammenfassung der Nernst'schen Gleichung gegeben, vgl. dazu Gl. 7.128:

$$E(H_3O^+/H_2) = -0{,}059 \cdot pH \quad (\text{für } \vartheta = 20\ °C) \qquad \text{(Gl. 7.128)}$$

Der genaue Verlauf einer Neutralisationsmaßanalyse kann über eine Potenzialmessung beobachtet werden. Dazu wird in die zu titrierende Lösung eine Glaselektrode gehängt, die mit einem *pH*-Meter verbunden wird. Über eine automatische Bürette wird portionsweise Maßlösung zugegeben und jeweils nach Zugabe und Vermischung der *pH*-Wert gemessen. Die Abhängigkeit des *pH*-Wertes von der Zugabe an Maßlösung ist charakteristisch und wird in diesem Abschnitt besprochen.

Der *pH*-Wert einer Säure wird bei der Zugabe einer alkalischen Maßlösung bis kurz vor dem Äquivalenzpunkt kontinuierlich steigen, dann in der Nähe des Äquivalenzpunktes sprunghaft ansteigen.

Ein Beispiel soll den Verlauf der Neutralisationskurve transparent machen.

Es werden $V = 100{,}0$ mL einer Salzsäuremaßlösung mit $c(1/1\ HCl) = 1$ mol/L vorgelegt und durch portionsweise Zugabe von Natronlaugemaßlösung mit $c(1/1\ NaOH) = 1$ mol/L neutralisiert ($\alpha = 1$). Der Äquivalenzpunkt wäre daher bei 100 mL Maßlösungszugabe erreicht. Der *pH*-Wert **bis zum Äquivalenzpunkt** kann mit Gl. 7.129 berechnet werden:

$$pH\text{-Wert} = -\lg\left(\frac{100\ \text{mL} - V_{NaOH}\ (\text{mL})}{100\ \text{mL} + V_{NaOH}\ (\text{mL})}\right) \qquad \text{(Gl. 7.129)}$$

Der *pH*-Wert bei weiterer Maßlösungszugabe nach dem Äquivalenzpunkt kann mit Gl. 7.130 berechnet werden:

$$pH\text{-Wert} = 14 - \lg\left(\frac{V_{NaOH}\ (\text{mL}) - 100\ \text{mL}}{V_{NaOH}\ (\text{mL}) + 100\ \text{mL}}\right) \qquad \text{(Gl. 7.130)}$$

Werden beispielweise zu V = 100,0 mL Salzsäuremaßlösung mit $c(1/1\ HCl) = 1$ mol/L genau $V = 25{,}0$ mL einer Natronlaugemaßlösung mit $c(1/1\ NaOH) = 1$ mol/L gegeben, wird sich nach Gl. 7.131 ein *pH*-Wert von

$$pH\text{-Wert} = -\lg\left(\frac{100{,}0\ \text{mL} - 25{,}0\ \text{mL}}{100{,}0\ \text{mL} + 25{,}0\ \text{mL}}\right) = \underline{0{,}22} \qquad \text{(Gl. 7.131)}$$

einstellen.

Bei der Zugabe von 99,0 mL Natronlaugemaßlösung mit $c(1/1\ NaOH) = 1$ mol/L wird sich nach Gl. 7.132 ein *pH*-Wert von

$$pH\text{-Wert} = -\lg\left(\frac{100{,}0\ \text{mL} - 99{,}0\ \text{mL}}{100{,}0\ \text{mL} + 99{,}0\ \text{mL}}\right) = \underline{2{,}3} \qquad \text{(Gl. 7.132)}$$

einstellen. Bei der Zugabe von 99,999 mL Natronlaugemaßlösung mit $c(1/1\ NaOH) =$ 1 mol/L wird sich nach Gl. 7.133 ein *pH*-Wert von

$$pH\text{-Wert} = -\lg\left(\frac{100{,}0\ \text{mL} - 99{,}999\ \text{mL}}{100{,}0\ \text{mL} + 99{,}999\ \text{mL}}\right) = \underline{5{,}3} \qquad \text{(Gl. 7.133)}$$

einstellen.

Eine Differenz der Maßlösungszugabe von $\Delta V = 0{,}999$ mL (99,999 mL – 99,000 mL) erbrachte einen *pH*-Wert-Sprung von 2,3…5,3, während bei der Zugabe von $V =$ 25 mL…99,0 mL Natronlaugemaßlösung nur eine Differenz von *pH* 0,22…2,3 erfolgte. Die Kurve steigt also in der Nähe des Äquivalenzpunktes (100 mL) steil an (s. Bild 7.15).

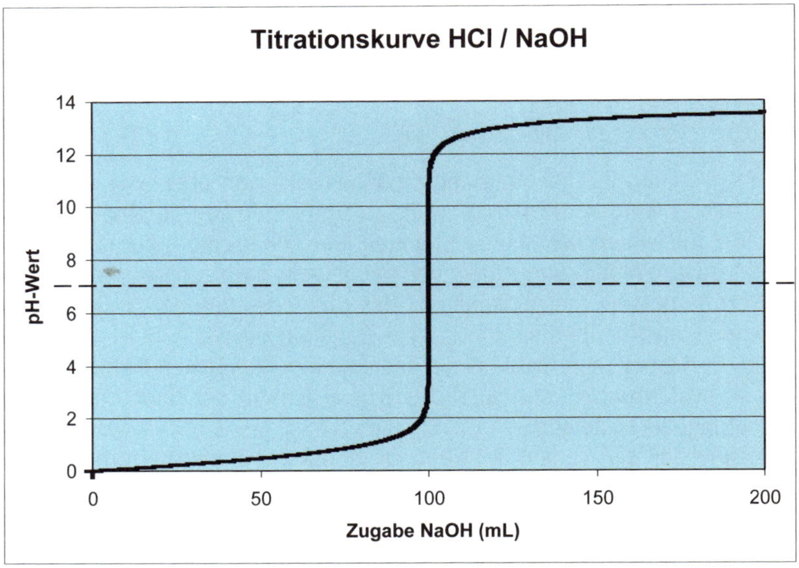

Bild 7.15 Titrationskurve HCl/NaOH

Vertiefungsübung V7.19

Berechnen Sie mit einer Tabellenkalkulation wie z.B. Excel mit Hilfe von Gl. 7.132 und Gl. 7.133 die Zugabe an NaOH-Maßlösung zu V = 100,0 mL Salzsäuremaßlösung mit c(1/1 HCl) = 1 mol/L in 0,01-mL-Schritten bis 150 mL und berechnen Sie den zugehörigen pH-Wert (α = 1). Stellen Sie die Abhängigkeit des pH-Wertes von der Zugabe an Natronlaugemaßlösung grafisch in einer Neutralisationskurve dar.

Am Wendepunkt WP, wo der Kurvenverlauf von der konvexen in eine konkave Form übergeht, befindet sich der Äquivalenzpunkt. Mit dem resultierenden Verbrauch an Maßlösung direkt am Wendepunkt WP kann die Konzentration an Säure in der Probe

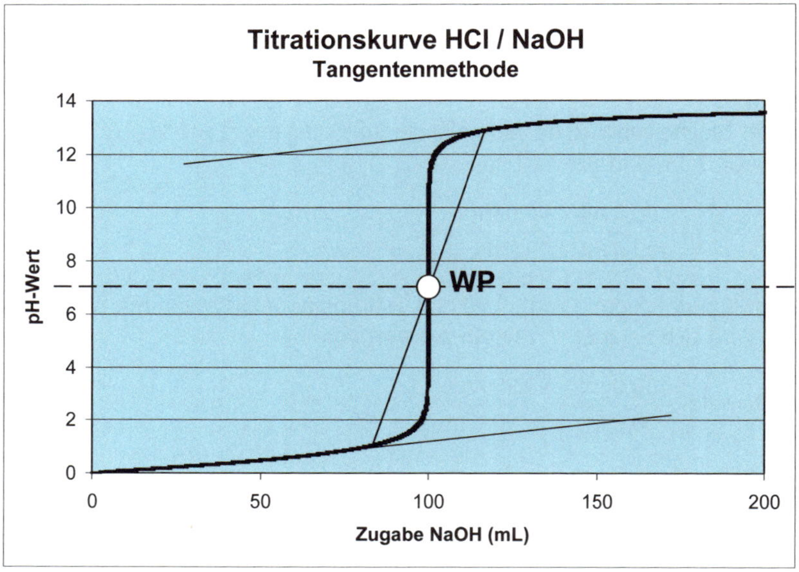

Bild 7.16 Bestimmung des Äquivalenzpunktes durch die Tangentenmethode

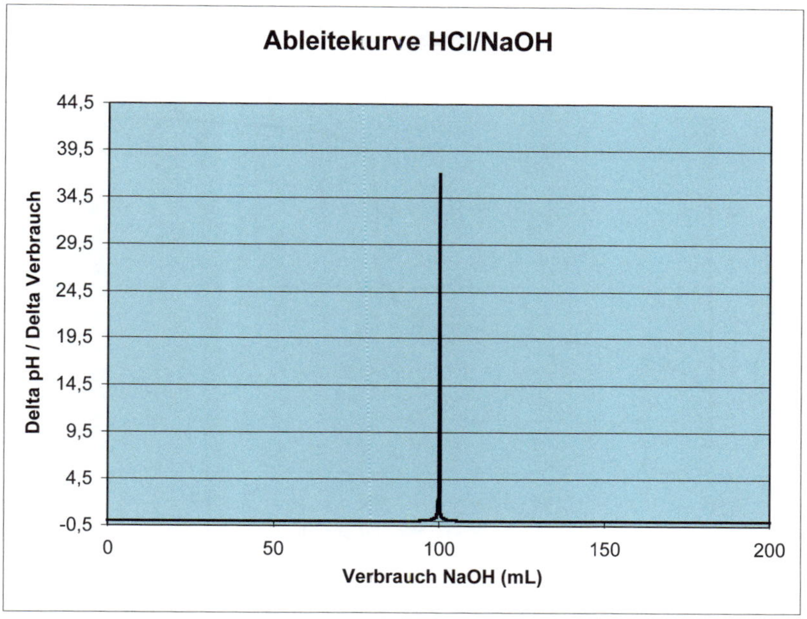

Bild 7.17 Bestimmung des Äquivalenzpunktes durch die «1. Ableitung»

berechnet werden. Genau an diesem Punkt müsste ein zugesetzter Neutralisationsindikator «umschlagen», wenn er geeignet ist. Der genaue Äquivalenzpunkt kann aus der Kurve durch die Tangentenmethode oder durch die Methode der «1. Ableitung» gefunden werden. Die Tangentenmethode ist Bild 7.16 zu entnehmen.

Bei der Methode der «1. Ableitung» wird der Quotient aus der *pH*-Wert**änderung** (ΔpH) und Volumen**änderung** (ΔV) berechnet (Quotient $\Delta pH/\Delta V$) und gegen das Volumen *V* an Maßlösung aufgetragen. Man erhält die Ableitungskurve von Bild 7.17. Der Äquivalenzpunkt und das zugehörige Volumen der Maßlösung kann an der Spitze des «Peaks» abgelesen werden. Besonders letztere Methode wird oft in automatischen Titrationsgeräten («Titrierautomaten») benutzt, um den Äquivalenzpunkt und den Verbrauch an Maßlösung zu bestimmen.

Informationssuche

Suchen Sie in entsprechender Literatur, Datenbanken, Lexika oder im Internet (z.B. http://de.wikipedia.org/wiki/Hauptseite) nach dem Begriff «Dead-stop-Methode» und erfassen Sie die Zusammenhänge.

Bisher wurde davon ausgegangen, dass sowohl die Säure als auch die Base praktisch völlig protolysieren, also gleich stark sind. Wird dagegen eine schwach protolysierte Säure, wie z.B. die Essigsäure gegen die stark protolysierte Base Natronlauge titriert, ist der Kurvenverlauf etwas anders (Bild 7.18).

Zunächst liegt zu Beginn der Titration der *pH*-Wert der Essigsäure deutlich höher als bei der vollständig protolysierten Salzsäure. Geht man von einem Protolysegrad einer Essigsäure mit $c(1/1\ CH_3COOH) = 1$ mol/L von $\alpha = 0{,}0009$ (= 0,09%) aus, kann nach Gl. 7.134 und Gl. 7.135 von einem *pH*-Wert der Essigsäure von

$$c(H_3O^+) = 1\,\text{mol/L} \cdot 0{,}0009 = 0{,}0009\,\text{mol/L} \qquad \text{(Gl. 7.134)}$$

$$pH = -\lg c(H_3O^+) = \lg 0{,}0009 = \underline{3{,}05} \qquad \text{(Gl. 7.135)}$$

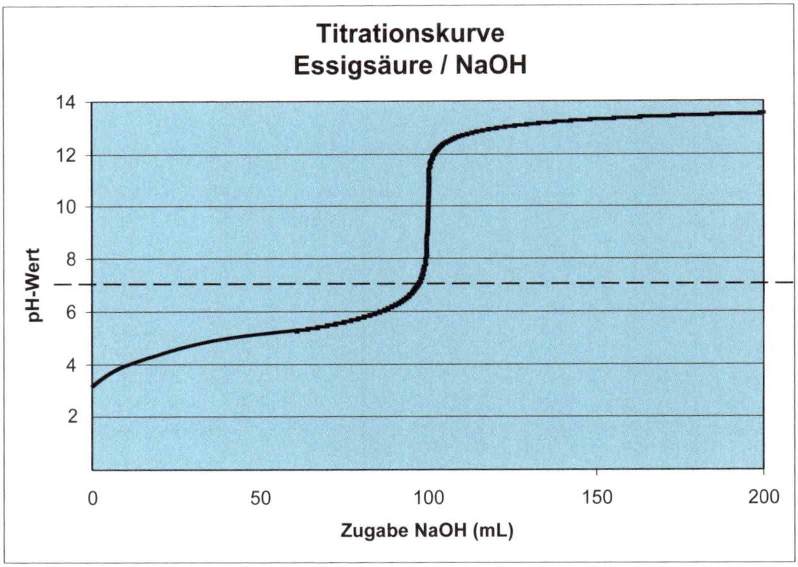

Bild 7.18 Titrationskurve Essigsäure/Natronlauge

ausgegangen werden. Eine in der Konzentration vergleichbare Salzsäure (α = 1) hat einen *pH*-Wert von 0!

Bei der Betrachtung der Titrationskurve Essigsäure/Natronlauge fällt auf, dass der *pH*-Wert-Sprung kleiner ausfällt und der Äquivalenzpunkt im alkalischen Bereich bei ca. *pH* = 9 ist.

Bei der Titration von Essigsäure mit Natronlaugemaßlösung bildet sich das Salz Natriumacetat, das mit der noch vorhandenen Essigsäure ein Gleichgewicht in einem Puffersystem «Essigsäure/Natriumacetat» bildet. Das entstehende Salz Natriumacetat hydrolysiert in Wasser nach Gl. 7.136 und verschiebt den Äquivalenzpunkt in den basischen Bereich.

$$CH_3COONa + H_2O \longrightarrow CH_3COOH + NaOH \qquad \text{(Gl. 7.136)}$$

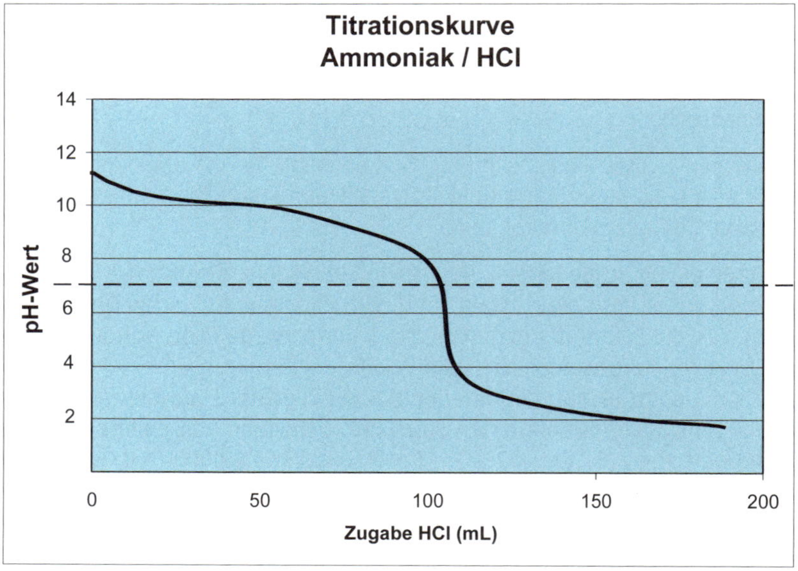

Bild 7.19 Neutralisationskurve Ammoniak/Salzsäure

Bei der Verwendung eines Neutralisationsindikators müsste einer gefunden werden, der bei *pH* 8…10 umschlägt. Phenolphthaleinlösung wäre hierzu geeignet.

Bei der Betrachtung der Titrationskurve Ammoniak (schwach protolysierte Base)/ Salzsäure können ähnliche Zusammenhänge gefunden werden, nur dass der Äquivalenzpunkt in den sauren Bereich verschoben wird. Das entstehende Salz Ammoniumchlorid NH_4Cl hydrolysiert in wässriger Lösung und verschiebt den Äquivalenzpunkt in den sauren Bereich (s. Bild 7.19). Methylrot- oder Methylorangelösung wären geeignete Indikatoren.

Interessant wird die Bestimmung von Säuren oder Basen durch potenziometrische Untersuchungen, wenn sie in mehreren Neutralisationsstufen neutralisiert werden können. Z.B. erfolgt die Neutralisation von Phosphorsäure in 3 Stufen (Gl. 137…Gl. 139):

- 1. Stufe: $H_3PO_4 + NaOH \longrightarrow NaH_2PO_4 + H_2O$ (Gl. 7.137)
- 2. Stufe: $NaH_2PO_4 + NaOH \longrightarrow Na_2HPO_4 + H_2O$ (Gl. 7.138)
- 3. Stufe: $Na_2HPO_4 + NaOH \longrightarrow Na_3PO_4 + H_2O$ (Gl. 7.139)

Der Äquivalenzpunkt der 1. Stufe ist im sauren Bereich, der der 2. Stufe im leicht alkalischen Bereich und die 3. Stufe findet bereits im stark alkalischen Bereich statt.

Bei der Aufnahme einer Neutralisationskurve müssten 3 Potenzialsprünge zu erwarten sein. Bei der Betrachtung der experimentell aufgenommenen Kurve kann man jedoch feststellen, dass der letzte Sprung fehlt (s. Bild 7.20).

Bei potenziometrischen Bestimmungen kann daher nicht direkt von der Anzahl der basischen OH^-- und sauren H^+-Ionen auf die Anzahl der Potenzialsprünge geschlossen werden. Wird der Verbrauch an Maßlösung am 2. Potenzialsprung zur Berechnung der Konzentration verwendet, ist die Äquivalentzahl $\boldsymbol{z = 2}$ (nicht $z = 3$!), und es müsste bei der Verwendung eines Neutralisationsindikators ein Indikator benutzt werden, der in diesem Bereich umschlägt (z.B. Thymolphthaleinlösung).

Die Neutralisation von Schwefelsäure erfolgt in 2 Stufen (Gl. 7.140 und Gl. 7.141):

$$H_2SO_4 + NaOH \longrightarrow NaHSO_4 + H_2O \text{ (sauer)} \qquad \text{(Gl. 7.140)}$$

$$NaHSO_4 + NaOH \longrightarrow Na_2SO_4 + H_2O \text{ (neutral)} \qquad \text{(Gl. 7.141)}$$

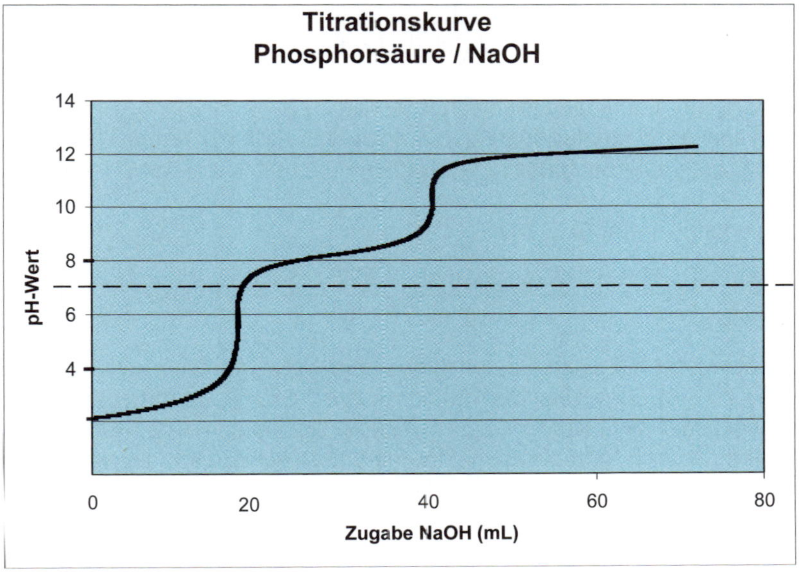

Bild 7.20 Neutralisationskurve von Phosphorsäure/Natronlauge

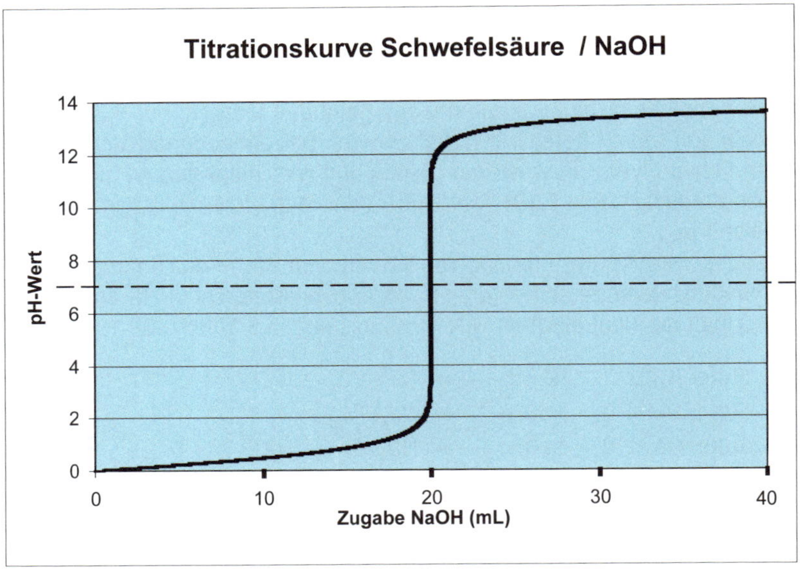

Bild 7.21 Neutralisationskurve H_2SO_4/NaOH

Aus Bild 7.21 kann entnommen werden, dass in der Neutralisationskurve nur eine Stufe erkannt werden kann, und zwar die 2. Stufe, die sich im Neutralbereich befindet. Das entstehende Salz Na_2SO_4 hydrolysiert im Neutralbereich. Die zur Berechnung der Konzentration verwendete Äquivalentzahl *z* beträgt 2.

Als Übung wird die Auswertung der potenziometrischen Titrationskurve des Prozesswassers aus **P1_KAP7** beschrieben.

Beispiel

Es wurden m = 1,537 g des Prozesswassers von **P1_KAP7** in den Erlenmeyerkolben eingewogen, mit 100 mL Wasser versetzt und mit einer kalibrierten *pH*-Elektrode versehen. Mit einer automatischen Bürette wurde in 0,1-mL-Schritten eine Natronlaugemaßlösung mit $\tilde{c}$(1/1 NaOH) = 0,2 mol/L, t = 1,0595, zugefügt und jeweils der sich einstellende *pH*-Wert registriert. Es wurde die Neutralisationskurve aufgezeichnet und mit der Tangentenmethode ausgewertet (s. Bild 7.22).

Man kann der Neutralisationskurve entnehmen, dass ein Verbrauch V = 14,3 mL der Natronlaugemaßlösung mit $\tilde{c}$(1/1 NaOH) = 0,2 mol/L und mit t = 1,0595 erzielt wurde.
Zur Anwendung kommt Gl. 7.142:

$$w = \frac{V \cdot \tilde{c}_{eq} \cdot t \cdot M}{m_{Einwaage} \cdot z} = \frac{0{,}0143\,\text{L} \cdot 0{,}2\,\text{mol} \cdot 1{,}0595 \cdot 98\,\text{g}}{1{,}537\,\text{g} \cdot 2 \cdot \text{L} \cdot \text{mol}} = \underline{0{,}0966} \qquad \text{(Gl. 7.142)}$$

Das Prozesswasser hat einen Massenanteil an Schwefelsäure von $w(H_2SO_4)$ = 9,66%.

In Bild 7.22 ist der Verlauf der Titrationskurve H_2SO_4/NaOH mit einem Potenzialsprung abgebildet. Wird dagegen die «zweiprotonige» Malonsäure (HOOC–CH_3–COOH) potenziometrisch mit Natronlaugemaßlösung titriert, können aus der Neutralisationskurve tatsächlich 2 Potenzialsprünge erkannt werden. Auch hier erfolgt die Neutralisation in 2 Stufen (Gl. 7.143 und Gl. 7.144):

- Stufe 1: HOOC–CH_3–COOH + NaOH ⟶ NaOOC–CH_3–COOH + H_2O (Gl. 7.143)
- Stufe 2: NaOOC–CH_3–COOH + NaOH ⟶ NaOOC–CH_3–COONa + H_2O (Gl. 7.144)

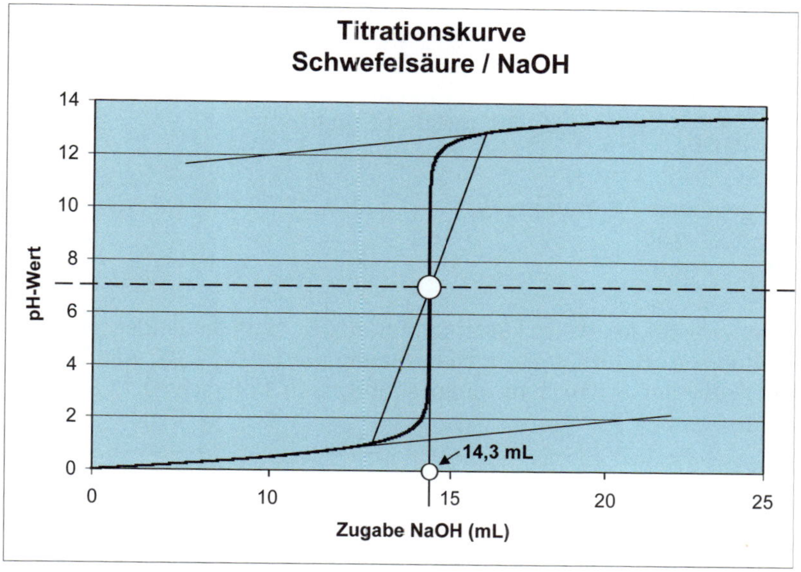

Bild 7.22 Neutralisationskurve (Tangentenmethode) der Titration des **Prozesswassers von P1_KAP7**

Die Äquivalentzahl beträgt $z = 2$, wenn der 2. Potenzialsprung zur Bestimmung der maßgeblichen Maßlösungszugabe verwendet werden soll.

Woher kommen die Unterschiede (Schwefelsäure / Malonsäure) bei der Anzahl der sichtbaren Potenzialsprünge, obwohl in beiden Fällen die Neutralisation in 2 Stufen verläuft? Der Grund ist in der Größe der jeweiligen Protolysekonstanten und der daraus resultierenden pK_S-Werte (s. Kapitel 4) zu suchen.

Die beiden Protolysekonstanten der Malonsäure sind nach Gl. 7.145...Gl. 7.148:

1. Stufe:

$$C_3H_5O_4 + H_2O \rightleftharpoons H_3O^+ + C_3H_4O_4^- \qquad \text{(Gl. 7.145)}$$

$$K_S = \frac{c(H_3O^+) \cdot c(C_3H_4O_4^-)}{c(C_3H_5O_4)} = 1{,}49 \cdot 10^{-3}\ \text{mol/L} \quad \text{(1. Stufe)} \qquad \text{(Gl. 7.146)}$$

2. Stufe:

$$C_3H_4O_4^- + H_2O \rightleftharpoons H_3O^+ + C_3H_3O_4^{2-} \qquad \text{(Gl. 7.147)}$$

$$K_S = \frac{c(H_3O^+) \cdot c(C_3H_3O_4^{2-})}{c(C_3H_4O_4^-)} = 2{,}03 \cdot 10^{-6}\ \text{mol/L} \quad \text{(2. Stufe)} \qquad \text{(Gl. 7.148)}$$

Die dazu gehörigen pK_S-Werte sind:
Stufe $pK_S(1) = 2{,}83$
Stufe $pK_S(2) = 5{,}69$

Die beiden Protolysekonstanten der Schwefelsäure sind nach Gl. 7.149...Gl. 7.152:

1. Stufe:

$$H_2SO_4 + H_2O \rightleftharpoons H_3O^+ + HSO_4^- \qquad \text{(Gl. 7.149)}$$

$$K_S = \frac{c(H_3O^+) \cdot c(HSO_4^-)}{c(H_2SO_4)} = 1{,}25 \cdot 10^{2}\ \text{mol/L} \quad \text{(1. Stufe)} \qquad \text{(Gl. 7.150)}$$

2. Stufe;

$$HSO_4^- + H_2O \rightleftharpoons H_3O^+ + SO_4^{2-} \qquad \text{(Gl. 7.151)}$$

$$K_S = \frac{c(H_3O^+) \cdot c(SO_4^{2-})}{c(HSO_4^-)} = 1{,}0 \cdot 10^3 \text{ mol/L} \quad \text{(2. Stufe)} \qquad \text{(Gl. 7.152)}$$

Die dazu gehörigen pK_S-Werte sind:
Stufe $pK_S(1) = -2{,}1$
Stufe $pK_S(2) = -3{,}0$

Beim Vergleich der pK_S-Werte kann man feststellen, dass die beiden pK_S-Werte der Schwefelsäure relativ dicht beieinander liegen (–2,1 und –3,0), während die beiden pK_S-Werte der Malonsäure einen deutlicheren Unterschied (2,83 und 5,69) aufweisen.

Merke

Es gilt die Regel, dass Potenzialsprünge nur dann registriert und unterschieden werden können, wenn sich die pK_S-Werte um mindestens 2,5 Einheiten unterscheiden. Das ist bei der Malonsäure gerade noch der Fall, bei der Schwefelsäure sind die beiden Potenzialsprünge nicht zu unterscheiden.
Außerdem können Sprünge, bei denen der pK_S-Wert >8 ist, nicht mehr erkannt werden.

Die 3 Potenzialsprünge der Phosphorsäure (H_3PO_4) sind bei den pK_S-Werten

- 1. Stufe $pK_S(1) = 2{,}2$
- 2. Stufe $pK_S(2) = 7{,}1$
- 3. Stufe $pK_S(3) = 12{,}4$

zu beobachten.

Die pK_S-Differenz zwischen dem 1. und 2. Sprung ist ausreichend groß, der pK_S-Wert des 3. Sprungs ist aber zu groß, daher ist der 3. Sprung in der Neutralisationskurve nicht mehr zu beobachten.

Potenziometrische Titrationen können nicht nur im Bereich einer Neutralisation eingesetzt werden. Immer dann, wenn eine Elektrode mit der zu titrierenden Lösung ein Potenzial ausbildet, kann eine potenziometrische Titration zur Bestimmung des Äquivalenzpunktes verwendet werden. Z.B. kann man mit einer Elektrodenkombination aus einem Silberdraht und einer «Kalomelelektrode» eine Chlorid-Bestimmung durchführen. Die Elektrode ändert ihr Potenzial mit der Silberionenkonzentration. Durch tropfenweise Zugabe von Silbernitratmaßlösung in eine chloridhaltige Lösung entsteht «unlösliches» Silberchlorid, die zugeführten Silberionen werden also gemäß Gl. 7.153 «weggefangen»:

$$Cl^- + AgNO_3 \longrightarrow AgCl\downarrow + NO_3^- \qquad \text{(Gl. 7.153)}$$

Der 1. überschüssige Tropfen an Silbernitratmaßlösung nach dem Äquivalenzpunkt erhöht merklich die Konzentration an Silberionen in der Lösung, was sich durch einen deutlichen Potenzialsprung bemerkbar macht.

Potenziometrische Titrationen werden dann bevorzugt eingesetzt, wenn die zu titrierenden Flüssigkeiten farbig und/oder sehr trübe sind. Dann kann der Farbumschlag eines Indikators nach der üblichen Methode nicht mehr richtig beobachtet werden.

Informationssuche

Suchen Sie in entsprechender Literatur, Datenbanken oder im Internet (z.B. www.google.de) nach zwei weiteren Beispielvorschriften zur Potenziometrischen Titration und erfassen Sie die Bedeutung der Vorschriften.

7.6 Konduktometrische Titration

Bei konduktometrischen Bestimmungen wird die Leitfähigkeit von ionenhaltigen Lösungen für den elektrischen Strom gemessen und die Abhängigkeit der Leitfähigkeit von dem zugegebenen Volumen an Maßlösung bestimmt.

Die elektrische Leitfähigkeit von **festen** Stromleitern ist abhängig vom elektrischen Widerstand des Leiters. Der Widerstand R kann mit Gl. 7.154 berechnet werden:

$$R = \frac{\varrho \cdot l}{A} \qquad \text{(Gl. 7.154)}$$

mit:

- R elektrischer Widerstand eines festen Leiters (Ω, Ohm)
- l Länge des festen Leiters (cm)
- A Querschnitt des festen Leiters (cm^2)
- ϱ spezifischer Widerstand ($\Omega \cdot cm$)

Der in Gl. 7.154 angegebene spezifische Widerstand ϱ ist eine Stoffkonstante und ist temperaturabhängig. Daher ist auch der elektrische Widerstand R von festen Leitern temperaturabhängig. Für das Verhalten des elektrischen Stroms in Flüssigkeiten gelten ähnliche Gesetzmäßigkeiten, allerdings wird aus historischen Gründen statt des elektrischen Widerstands R der Leitwert G verwendet. Dieser ist nach Gl. 7.155 der reziproke Wert des elektrischen Widerstandes R:

$$G = \frac{1}{R} = \frac{A}{\varrho \cdot l} \qquad \text{(Gl. 7.155)}$$

Als Äquivalent für den spezifischen Widerstand ϱ wird die spezifische Leitfähigkeit κ (Griech.: klein kappa) verwendet (vgl. Gl. 7.156):

$$\varrho = \frac{1}{\kappa} \qquad \text{(Gl. 7.156)}$$

so dass Gl. 7.155 in Gl. 7.157 umgewandelt werden kann

$$G = \frac{1}{R} = \frac{A \cdot \kappa}{l} \qquad \text{(Gl. 7.157)}$$

Daraus kann nach κ umgestellt werden, man erhält Gl. 7.158:

$$\kappa = \frac{G \cdot l}{A} \qquad \text{(Gl. 7.158)}$$

Die Einheit des Leitwerts G ist $1/\Omega$ oder S (Siemens), die Einheit der spezifischen Leitfähigkeit κ ist S/cm.

Die Länge l in Gl. 7.158 entspricht dem Abstand zweier Metallplatten (Elektroden), die in die zu messende Flüssigkeit gestellt werden und deren Abstand während der

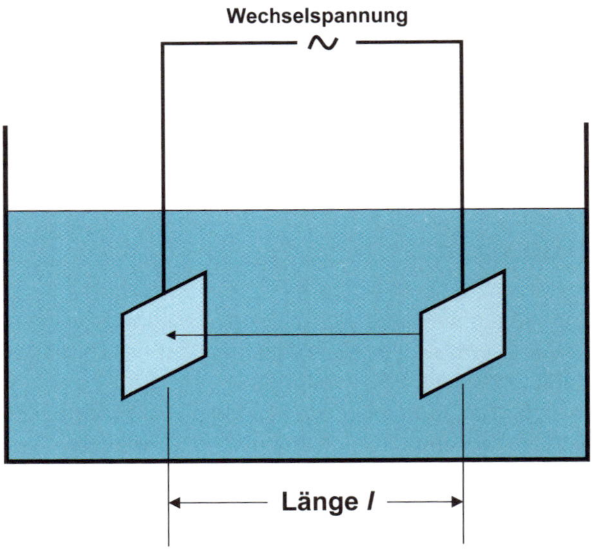

Bild 7.23
Messzelle zur Bestimmung der Leitfähigkeit

Messung nicht verändert werden darf. Meistens wird als Elektrodenmaterial reines Platin verwendet. Die Fläche der Platinelektroden gehen als Parameter A in Gl. 7.158 ein (s. Bild 7.23).

Reproduzierbare Ergebnisse erhält man nur dann, wenn eine Elektrolyse während des Stromdurchgangs verhindert werden kann. Erreicht wird das durch Anlegen einer Wechselspannung statt einer Gleichspannung an die beiden Elektroden. Bei einer Wechselspannung von z.B. $f = 1000$ Hz ändern die Elektroden 2000-mal in der Sekunde ihre Polung, dadurch wird eine Elektrolyse verhindert.

Informationssuche

Suchen Sie in entsprechender Literatur, Datenbanken, Lexika oder im Internet (z.B. http://de.wikipedia.org/wiki/Hauptseite) nach dem Begriff «Wechselspannung» und erfassen Sie die Zusammenhänge.

Bei metallischen Leitern nimmt der elektrische Widerstand R mit zunehmender Temperatur zu, dementsprechend nimmt der Leitwert G als reziproker Wert des Widerstandes und die spezifische Leitfähigkeit κ ab. Durch die erhöhte Schwingbewegung der Metallatomrümpfe im Metallverband müssen die Elektronen, die durch den Verband «wandern», einen erhöhten Widerstand überwinden.

Der Widerstand nimmt in Lösungen bei erhöhter Temperatur ab weil durch die geringere Dichte die Elektronen beim Wandern durch die Flüssigkeit weniger behindert werden. Dadurch nimmt die Beweglichkeit der Elektronen merklich zu.

Der spezifische Widerstand ϱ bei metallischen Leitern ist bei einer gegebenen Temperatur eine Konstante. Die Leitfähigkeit κ einer Flüssigkeit ist dagegen auch bei gegebener Temperatur keine Konstante, weil sie von der Stoffmengenkonzentration c an Ladungsüberträgern, den Ionen, abhängig ist.

Merke

Mit steigender Konzentration an Ionen und mit steigender Temperatur nimmt die Leitfähigkeit κ zu.

Misst man die spezifische Leitfähigkeit κ einer Salzsäuremaßlösung mit $c(HCl)$ = 0,1 mol/L bei ϑ = 20 °C, kann ein Wert von κ = 40,2 mS/cm gemessen werden. Verdünnt man die Salzsäuremaßlösung um den Faktor 100 auf $c(HCl)$ = 0,001 mol/L, wird ein Wert von 0,43 mS/cm gemessen.

Berechnet man den Quotienten aus Leitfähigkeit κ und Konzentration c, erhält man nach Gl. 7.159 die «molare Leitfähigkeit» Λ:

$$\Lambda = \frac{\kappa}{c} \qquad \text{(Gl. 7.159)}$$

Für die beiden Salzsäurekonzentrationen kann nach Gl. 7.160 und Gl. 7.161 berechnet werden:

$$\Lambda = \frac{40{,}2\ \text{mS/cm} \cdot 1000\ \text{cm}^3}{0{,}1\ \text{mol}} = 402\,000\ \text{mS} \cdot \text{cm}^2/\text{mol} = \underline{402\ \text{S} \cdot \text{cm}^2/\text{mol}} \qquad \text{(Gl. 7.160)}$$

$$\Lambda = \frac{0{,}43\ \text{mS/cm} \cdot 1000\ \text{cm}^3}{0{,}001\ \text{mol}} = 430\,000\ \text{mS} \cdot \text{cm}^2/\text{mol} = \underline{430\ \text{S} \cdot \text{cm}^2/\text{mol}} \qquad \text{(Gl. 7.161)}$$

Wie man erkennen kann, steigt die **molare Leitfähigkeit** Λ bei Verdünnung der Salzsäure von $c(HCl)$ = **0,1 mol/L** auf $c(HCl)$ = **0,001 mol/L** leicht an. Der Grund liegt darin, dass bei einer stark protolysierten Säure (z.B. bei der praktisch vollständig protolysierten Salzsäure) so viele Ionen als Ladungsträger vorhanden sind, dass sie sich gegenseitig behindern. Eine Verdünnung der Säure bewirkt eine Reduzierung der Beweglichkeitsbehinderung und damit einen Anstieg der molaren Leitfähigkeit.

Misst man die Leitfähigkeit einer Essigsäurelösung mit $c(CH_3COOH)$ = **0,1 mol/L** mit 0,54 mS/cm und die einer Essigsäure mit $c(CH_3COOH)$ = **0,001 mol/L** mit 0,59 mS/cm, werden nach Gl. 7.159 die molaren Leitfähigkeiten Λ mit 5,5 S · cm²/mol und 59 S · cm²/mol berechnet.

Der Grund für die relativ große Steigerung der molaren Leitfähigkeit bei der Essigsäure ist in der Abhängigkeit des Protolysegrades α eines schwachen Elektrolyten von der Konzentration c zu suchen.

Wie bereits in Kapitel 4 beschrieben, ist der Protolysegrad α nach Gl. 7.162 der Quotient aus der Konzentration der durch die Protolyse entstandenen Ionen c_{Prot} zur ursprünglich **vor** der Protolyse vorhandenen Stoffmengenkonzentration c_0:

$$\alpha = \frac{c_{Prot}}{c_0} \qquad \text{(Gl. 7.162)}$$

Für Elektrolyte, deren Protolysegrad relativ klein ist, kann der Zusammenhang zwischen Konzentration c und Protolysegrad α über eine Vereinfachung des sog. Ostwald'schen Verdünnnungsgesetzes (Gl. 7.163) abgeschätzt werden:

$$\alpha \approx \sqrt{\frac{K_D}{c_0}} \qquad \text{(Gl. 7.163)}$$

Beispiel

Die Protolysekonstante der Malonsäure beträgt $K_D = 2{,}3 \cdot 10^{-6}$ mol/L. Berechnen Sie den Protolysegrad α einer Lösung mit c_0 = 0,1 mol/L und einer Lösung mit c_0 = 0,01 mol/L.

Gegeben:
c_0 = 0,1 mol/L und c_0 = 0,01 mol/L
$K_D = 2{,}3 \cdot 10^{-6}$ mol/L
Gesucht: α

Zur Anwendung kommt Gl. 7.163:

Für 0,1 mol/L: $$\alpha \approx \sqrt{\frac{K_D}{c_0}} = \sqrt{\frac{2{,}3 \cdot 10^{-6}\,\text{mol/L}}{0{,}1\,\text{mol/L}}} = \underline{0{,}0048} \qquad \text{(Gl. 7.164)}$$

Für 0,01 mol/L: $$\alpha \approx \sqrt{\frac{K_D}{c_0}} = \sqrt{\frac{2{,}3 \cdot 10^{-6}\,\text{mol/L}}{0{,}01\,\text{mol/L}}} = \underline{0{,}0152} \qquad \text{(Gl. 7.165)}$$

Wie man aus Gl. 7.164 und Gl. 7.165 erkennen kann, steigt der Protolysegrad α mit sinkender Konzentration (0,1 mol/L: 0,48% und 0,01 mol/L: 1,52%).

Merke

Sinkt die Konzentration c_0 eines schwachen Elektrolyten (wie z.B. Malonsäure), wird bei gegebener Protolysekonstante K_D der Protolysegrad α steigen, damit auch die Anzahl der Ladungsträger und als Folge die molare Leitfähigkeit Λ.

Das Prinzip der Leitfähigkeitsmessung in Abhängigkeit von einer Maßlösungszugabe V wird bei der konduktometrischen Titration (Bild 7.24) angewendet. Dazu wird eine Leitfähigkeitszelle verwendet, die in die zu titrierende Lösung gehängt wird. Dabei ist darauf zu achten, dass keine Luftblasen den Elektronentransport behindern. Die zu titrierende Lösung wird mit einem Magnetrührerkern langsam gerührt und die Maßlösung zugetropft. Die Leitfähigkeit misst man, in dem ein Wechselstrom mit hoher Frequenz angelegt wird.

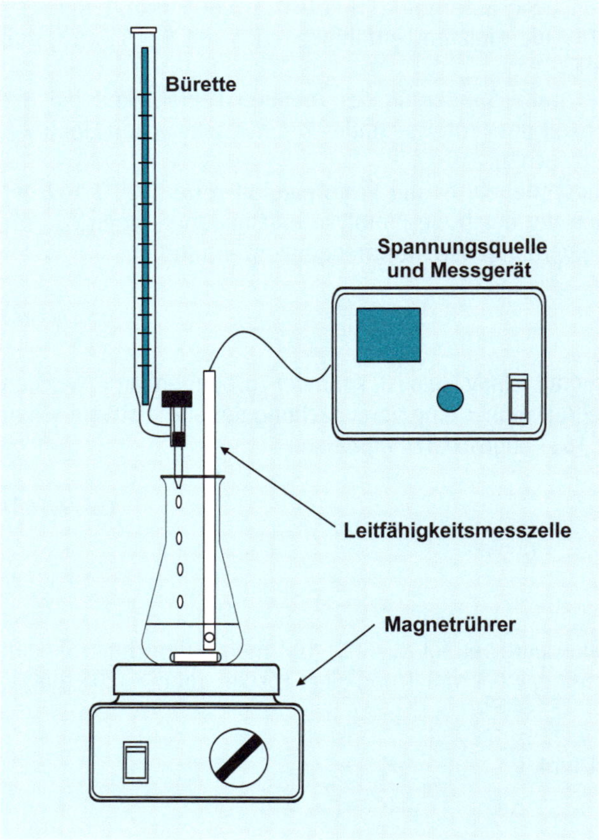

Bild 7.24
Aufbau der konduktometrischen Titration

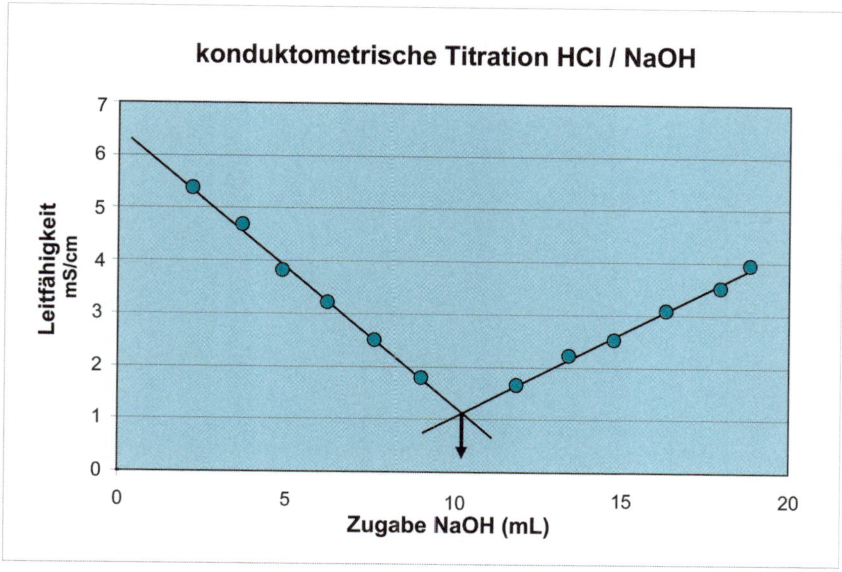

Bild 7.25 Verlauf der konduktometrischen Titration von HCl mit $c(1/1\ NaOH) = 0{,}1$ mol/L

7.6.1 Verlauf der konduktometrischen Titration

Zunächst soll eine konduktometrische Titration von 2 gleichstarken Elektrolyten erläutert werden, die Titration einer Salzsäure mit einer Natronlaugemaßlösung. Wird die Abhängigkeit der spezifischen Leitfähigkeit κ (in mS/cm) von dem Volumen an zugegebener Maßlösung $c(1/1\ NaOH) = 0{,}1$ mol/L grafisch dargestellt, erkennt man den typischen Verlauf der Kurve aus Bild 7.25.

Die Salzsäure ist ein stark protolysierter Elektrolyt, der praktisch vollständig in H_3O^+- und Cl^--Ionen protolysiert ist. Dazu kommt noch, dass die Leitfähigkeit der H_3O^+-Ionen besonders groß ist. Dadurch ist die Anfangsleitfähigkeit der Salzsäure sehr hoch. Bei der Zugabe von NaOH bildet sich neutrales, unprotolysiertes Wasser und NaCl, das die Leitfähigkeit der Lösung nach der Zugabe geringer ausfallen lässt. Das geht so weiter, bis der Äquivalenzpunkt erreicht ist und die gesamte Stoffmenge an H_3O^+-Ionen praktisch neutralisiert wurde. Wird nun weitere Natronlaugemaßlösung zugegeben, steigt die Leitfähigkeit wieder an, weil die zugefügten OH^--Ionen der Base nicht mehr weggefangen werden. Am tiefsten Punkt in der konduktometrischen Kurve kann der Äquivalenzpunkt abgelesen werden. Mit dem zugehörigen Verbrauch kann der Massenanteil bzw. die Konzentration an HCl mit den üblichen Gleichungen der Maßanalyse berechnet werden.

Etwas anders sieht die Kurve aus, wenn z.B. eine schwach protolysierte Säure mit einer stark protolysierten Base titriert wird. Die typische konduktometrische Kurve bei der Titration von Essigsäure mit einer Natronlaugemaßlösung mit $c(1/1\ NaOH) = 0{,}1$ mol/L ist aus Bild 7.26 zu entnehmen.

Essigsäure ist eine schwach protolysierte Säure mit wenig H_3O^+-Ionen, dadurch ist die Leitfähigkeit der Essigsäurelösung relativ gering. Durch Zugabe von NaOH entsteht Natriumacetat, das praktisch vollständig dissoziiert ist und die Leitfähigkeit der Lösung vergrößert. Wird der Äquivalenzpunkt überschritten, erhöhen die OH^--Ionen der Base merklich die Leitfähigkeit, und die Kurve steigt schneller an. Durch den Steigungsunterschied kann der Äquivalenzpunkt erkannt werden.

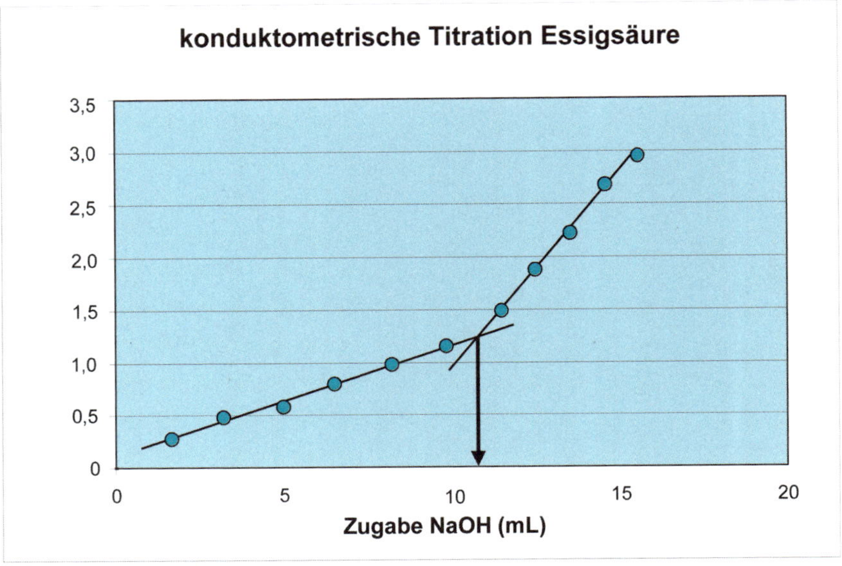

Bild 7.26 Konduktometrische Titration von Essigsäure mit $c(1/1\ NaOH) = 0{,}1\ mol/L$

Vertiefungsübung V7.20

Skizzieren Sie die Neutralisationskurve einer Ammoniak-HCl-Titration.

Neben den Neutralisationstitrationen können auch Titrationsmethoden angewandt werden, bei denen durch die Fällung eines «unlöslichen» Niederschlags mit einem Fällungsmittel die Leitfähigkeit erniedrigt wird. Sind alle zu fällenden Ionen ausgefällt, steigt die Leitfähigkeit durch den ersten überschüssigen Tropfen des Fällungsmittels wieder an.

Der Verlauf einer konduktometrischen Titration von Natriumchlorid mit einer Silbernitrat-Maßlösung ist Gl. 7.166 und Bild 7.27 zu entnehmen.

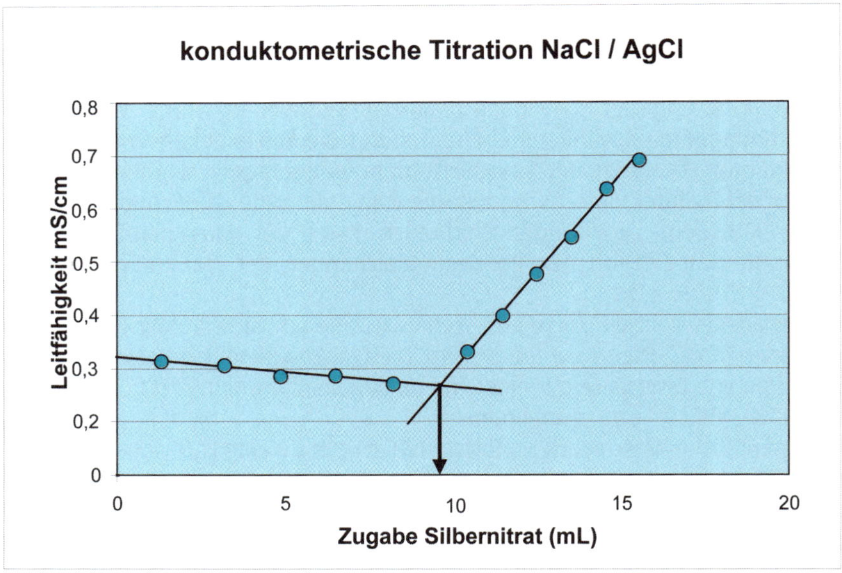

Bild 7.27 Konduktometrische Titration von NaCl mit $AgNO_3$ zu AgCl

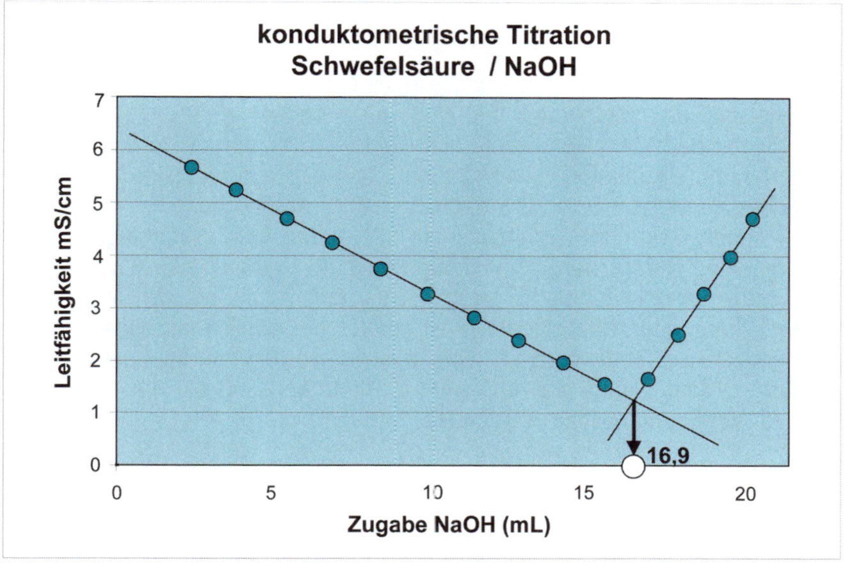

Bild 7.28 Konduktometrische Titration der Schwefelsäure des **Prozesswassers P1_KAP7** mit NaOH-Maßlösung

$$NaCl + AgNO_3 \longrightarrow AgCl\downarrow + NaNO_3 \qquad \text{(Gl. 7.166)}$$

Da die Leitfähigkeit des Nitrations (NO_3^-) geringer ist als die des Chloridions und die Cl^--Ionen als AgCl gebunden werden, sinkt die Leitfähigkeit leicht ab. Beim Erreichen des Äquivalenzpunktes steigt die Leitfähigkeit stark an, weil das zugeführte Silbernitrat nicht mehr verbraucht wird.

Das in **Prozess P1_KAP7** zu untersuchende Prozesswasser enthält $CaSO_4$ (ca. 0,2%) und H_2SO_4 (ca. 10%). Eine konduktometrische Titration der Schwefelsäure ist leicht durchzuführen. Die relativ geringe Leitfähigkeit von $CaSO_4$ stört gegenüber der hohen Leitfähigkeit der H_3O^+-Ionen nicht weiter.

Es werden m = 1,817 g des Prozesswassers von **P1_KAP7** in den Erlenmeyerkolben eingewogen, mit 100 mL Wasser versetzt und mit einer Leitfähigkeitszelle versehen. Mit einer automatischen Bürette wird in 0,1-mL-Schritten eine Natronlaugemaßlösung mit $\tilde{c}$(1/1 NaOH) = 0,2 mol/L, t = 1,0595, zugefügt und die sich jeweils einstellende Leitfähigkeit registriert. Es wird die konduktometrische Kurve aufgenommen (Bild 7.28).

Man kann der konduktometrischen Kurve aus Bild 7.28 entnehmen, dass ein Verbrauch von V = 16,9 mL der Natronlaugemaßlösung mit $\tilde{c}$(1/1 NaOH) = 0,2 mol/L und einem Titer t = 1,0595 erzielt wird. Zur Anwendung kommt Gl. 7.167:

$$w(H_2SO_4) = \frac{V \cdot \tilde{c}_{eq} \cdot t \cdot M}{m_{Einwaage} \cdot z} = \frac{0{,}0169\,L \cdot 0{,}2\,mol \cdot 1{,}0595 \cdot 98\,g}{1{,}817\,g \cdot 2 \cdot mol \cdot L} = \underline{0{,}0966} \qquad \text{(Gl. 7.167)}$$

Das Prozesswasser enthält 9,66% Schwefelsäure.

Informationssuche

Suchen Sie in entsprechender Literatur, Datenbanken, Lexika oder im Internet (z.B. in www.google.de) nach 2 weiteren Beispielvorschriften für konduktometrische Titrationen.

7.7 Elektrogravimetrie

Enthält eine zu analysierende Lösung nur eine Metallionensorte, dann kann zur Quantifizierung des Metallions die Elektrogravimetrie eingesetzt werden. Die Elektrogravimetrie ist eine Sonderform der Elektrolyse, so wie sie auch in großtechnischen Verfahren (s. Kapitel 8) verwendet wird. Typische, mit der Elektrogravimetrie zu quantifizierende Metallionen sind z.B. Cu, Ag, Ni, Cr, Ag und Au.

Unter einer Elektrolyse versteht man die unter Ionenentladung ablaufende Zerlegung einer chemischen Verbindung durch den elektrischen Gleichstrom als Energiequelle. Da der elektrische Strom nichts anderes als ein sich in bestimmter Richtung bewegender Elektronenfluss ist, findet bei einer Elektrolyse immer ein Elektronenaustausch statt. Wird z.B. eine wässrige Lösung von Kupferchlorid ($CuCl_2$) elektrolysiert, dann nimmt das Kupferion 2 Elektronen auf, die am Minuspol, der Katode, zur Verfügung gestellt werden (Gl. 7.168):

$$Cu^{2+} + 2\,e^- \longrightarrow Cu \qquad \text{(Gl. 7.168)}$$

An der Katode scheidet sich elementares Kupfer ab. Gleichzeitig wandern die überschüssigen Elektronen, die von den Chloridionen zur Verfügung gestellt werden, zur positiven Anode, bei der Elektronenmangel herrscht. Durch Abgabe der Elektroden werden nach Gl. 7.169 die Chloridionen zu elementarem Chlor entladen:

$$2\,Cl^- \longrightarrow 2\,Cl + 2\,e^- \qquad \text{(Gl. 7.169)}$$

Die beiden Chloratome schließen sich nach Gl. 7.170 zu molekularem Chlor zusammen und entweichen in die Luft oder werden im Lösemittel gelöst:

$$2\,Cl \longrightarrow Cl_2 \qquad \text{(Gl. 7.170)}$$

Letztendlich handelt es sich bei jeder Elektrolyse um einen Redoxvorgang, wobei an der Anode (positiver Pol) eine Oxidation stattfindet («anodische Oxidation») und an der Katode (negativer Pol) eine Reduktion (vergl. dazu Abschnitt 7.5, potenziometrische Analysen).

Bei der Durchführung einer Elektrogravimetrie werden 2 Platinelektroden in die Kupferchloridlösung eingetaucht und mit einer Gleichspannungsquelle verbunden. Die Spannung *U* wird durch einen Spannungsmesser (Voltmeter), der parallel geschaltet ist, gemessen, die Stromstärke *I* in Reihe durch einen Stromstärkemesser (Ampermeter). Der Versuchsaufbau ist aus Bild 7.29 zu erkennen.

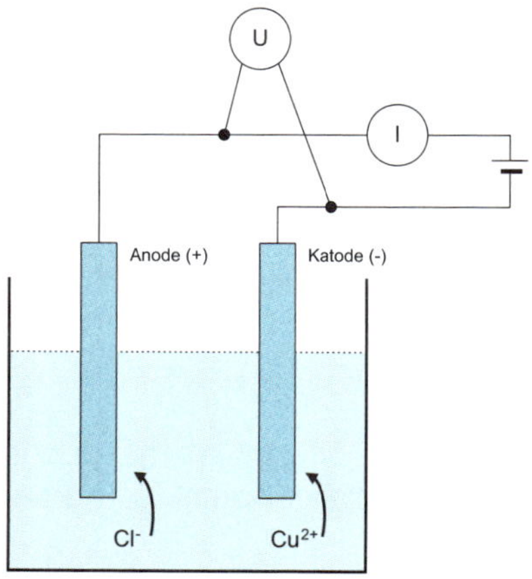

Bild 7.29
Versuchsaufbau bei der Elektrolyse von $CuCl_2$

Beim Anlegen einer Spannung wandern die positiv geladenen Kupferionen zur negativ geladenen Platinkatode. An der Katode nehmen die Kupferionen 2 Elektronen auf und werden dadurch reduziert. An der Anode geben die negativ geladenen Chlorionen Elektronen ab, werden also oxidiert.

Zunächst wird die Spannung U langsam gesteigert. Bis zu einer bestimmten Spannung U_1 wird zunächst kein Kupfer abgeschieden. Ab einer bestimmten Spannung U_2 kann die Abscheidung des Kupfers beobachtet werden. Diese Spannung U_2, die für die Abscheidung mindestens benötigt wird, nennt man **Zersetzungsspannung** U_z. Durch die Kupferabscheidung entsteht ein galvanisches Element (s. Abschnitt 7.5) auf der Platinelektrode, dessen Spannung der angelegten Gleichspannung entgegengerichtet ist. Die Zersetzungsspannung U_z kann durch die Nernst'sche Gleichung (Gl. 7.121) berechnet werden, die bereits in Zusammenhang mit der galvanischen Halbzelle (s. Abschnitt 7.5) erläutert wurde. So gesehen, ist die Elektrolyse der Umkehrungsprozess eines galvanischen Elementes. Die theoretische Zersetzungs-spannung U_z beträgt für die Elektrolyse von Kupferchlorid nach Gl. 7.171 gemäß der Normalpotenziale aus Tabelle 7.6 (bei einer Konzentration des Elektrolyten von 1 mol/L):

Cu / Cu^{2+} +0,35 V
$2\,Cl^- / Cl_2$ +1,36 V
$$U_z = 1{,}36\ V - (+\ 0{,}34\ V) = 1{,}01\ V \qquad \text{(Gl. 7.171)}$$

Liegen andere Konzentrationsverhältnisse vor, muss mit Hilfe der Nernst'schen Gleichung umgerechnet werden.

Legt man die berechnete Zersetzungsspannung von U_z = 1,01 V an die Elektrolysezelle an, stellt man schnell fest, dass die Elektrolyse von einer Kupferchloridlösung nur zögerlich beginnt. Das macht sich besonders bei Elektrolysen bemerkbar, die mit Gasreaktionen einhergehen. Während der Elektrolyse setzen sich die Abscheidungsprodukte auf der Elektrode ab und behindern so einen Elektronenaustausch, es muss eine höhere Spannung **(«Überspannung»)** angelegt werden, damit diese Behinderung überwunden wird. Bei dem abgeschiedenen Metall Kupfer wäre die Überspannung jedoch vernachlässigbar, da das abgeschiedene Kupfer sehr gut den Elektronenstrom leitet. Das bei der Elektrolyse entstehende Chlor behindert aber den Elektronenübergang, weshalb doch eine höhere Spannung angelegt werden muss. Die notwendige Überspannung ist jedoch auch abhängig von der Elektrodenart, besonders von der Gas-Absorptionsfähigkeit der Elektroden. Daher sind z.B. poröse Elektroden, wie Grafit, schlecht geeignet für Elektrolysen, bei denen Gase entstehen. Die Überspannung muss experimentell ermittelt werden.

Bei der Elektrolyse wässriger Lösungen nimmt an der Reaktion nicht nur der Elektrolyt (Kupferchlorid), sondern auch das Wasser aufgrund der Autoprotolyse teil. Zum Beispiel werden folgende Teilreaktionen (Gl. 7.172 bis Gl. 7.175) bei der Elektrolyse von Kupfersulfat auftreten:

Katodenreaktion	$Cu^{2+} + 2\,e^- \longrightarrow Cu$	(Gl. 7.172)
Protolyse des Wassers:	$H_2O \longrightarrow H_3O^+ + OH^-$	(Gl. 7.173)
Anodenreaktion	$2\,OH^- \longrightarrow H_2O + \frac{1}{2}\,O_2\uparrow + 2\,e^-$	(Gl. 7.174)
In Lösung:	$H_3O^+ + SO_4^{2-} \longrightarrow H_2SO_4 + H_2O$	(Gl. 7.175)

Bei der Elektrolyse von Kupfersulfatlösung entstehen neben der Kupferabscheidung auf der Katode gasförmiger Sauerstoff und Schwefelsäure. Wird eine zu hohe Spannung (U < 2,4 V) eingestellt, dann kann sich sogar an der Katode Wasserstoff abscheiden, was unbedingt verhindert werden muss. Liegen mehrere Anionen in einer Lösung vor (z.B. eine Mischung aus Kupferchlorid und Kupfersulfat), werden zunächst die Anionen abgeschieden, die ein schwächeres positives Redoxpotenzial aufweisen. Daher entsteht z.B. bei der Elektrolyse von wässriger NaCl-Lösung an der Anode Sauerstoff und kein Chlor.

Die in einer bestimmten Zeit abgeschiedene Menge an Kupfer an der Katode kann mit Hilfe der beiden Faraday'schen Gesetze berechnet werden.

1. Faraday'sches Gesetz
Die bei einer Elektrolyse abgeschiedene Stoffmasse m ist der angelegten Elektrizitätsmenge Q direkt proportional.

2. Faraday'sches Gesetz
Die durch eine bestimmte Ladung Q abgeschiedene Masse m eines Elements ist proportional zur atomaren Masse M des abgeschiedenen Elements und umgekehrt proportional zu der Anzahl z der ausgetauschten Elektronen (z.B. bei Cu/Cu^{2+} = 2 Elektronen, d.h. $z = 2$).

Unter der Elektrizitätsmenge Q versteht man das Produkt aus der Stromstärke I (in Ampere, A) und der Zeit t (in Sekunden, s).

Die beiden Faraday'schen Gesetze werden über die Faraday'sche Konstante F verbunden. Sie gibt die Elektrizitätsmenge an, die benötigt wird, um die Stoffmasse M/z abzuscheiden. Der genaue Wert für die Faraday'sche Konstante beträgt (zurzeit) 96 485,3 As/mol, in den meisten Berechnungen wird jedoch vereinfacht F = 96 500 As/mol verwendet.

Die Masse des abgeschiedenen Stoffes kann mit Gl. 7.176 berechnet werden.

$$m = \frac{M \cdot I \cdot t}{z \cdot F} \qquad \text{(Gl. 7.176)}$$

mit:

m	abgeschiedene Stoffmasse (g)
M	molare Masse des abgeschiedenen Stoffes (g/mol)
I	Stromstärke (A)
t	Zeit (s)
F	Faraday-Konstante (96 500 As/mol)
z	Anzahl der ausgetauschten Elektronen

Folgende Aufgabe erläutert die Zusammenhänge.

Beispiel

Wie viel g Silber lassen sich in 8 Stunden aus einer Silbernitratlösung gewinnen, wenn eine Stromstärke von I = 30 A angelegt wird und die Zersetzungsspannung überschritten wird?

Gegeben:

M(Ag)	107,87 g/mol
I	30 A
t	8 h · 60 min/h · 60 s/min = 28 800 s
z	1 (Ag^+/Ag)
Gesucht:	m

Zur Anwendung kommt Gl. 7.176. Wenn die Werte eingesetzt werden, erhält man:

$$m = \frac{107{,}87\ \text{g/mol} \cdot 30\ \text{A} \cdot 28\,800\ \text{s}}{1 \cdot 96\,500\ \text{As/mol}} = \underline{965{,}8\ \text{g}}$$

Es werden 965,8 g Silber abgeschieden.

Vertiefungsübung V7.21

Berechnen Sie die Stromstärke *I*, die notwendig ist, um bei einer Elektrolyse in 4 Stunden aus einer Kupfersulfatlösung 5 L Sauerstoff O_2 (unter Normalbedingungen) abzuscheiden.

Bei einer elektrogravimetrischen Bestimmung wird eine bestimmte Art von Elektroden verwendet, die sog. Winkler-Elektrode. Die Anode der Winkler-Elektrode ist eine stabförmige Platinelektrode. Die Katode ist ein zum Zylinder geformtes Platinnetz, das um die Anode angeordnet ist, ohne sie zu berühren. Die Netzelektrode, die vor der Analyse kein abgeschiedenes Metall enthalten darf, wird zunächst getrocknet, gewogen und dann zu ca. 2/3 in die zu bestimmende Lösung des betreffenden Metallions (z.B. Kupfer) getaucht. Nun wird die Gleichspannungsquelle angeschlossen und dabei so lange die Spannung *U* erhöht, bis einerseits die Elektrolyse beginnt, anderseits noch kein Wasserstoff entsteht. Die Elektrolyse dauert durchschnittlich 1...2 Stunden. Zur Kontrolle, ob die gesamte Metallmenge abgeschieden wurde, taucht man die Netzelektrode etwas tiefer in die Lösung ein und beobachtet, ob sich noch weiteres Metall abscheidet. Ist dies nicht der Fall, wird die Netzelektrode vorsichtig mit einem Fön getrocknet und erneut gewogen. Die Massendifferenz entspricht der Masse an abgeschiedenem Metall. Zum Säubern wird das Metall mit einer Säure von der Netzelektrode abgelöst (z.B. bei einer Cu-Bestimmung mit konzentrierter Salpetersäure). Aus Bild 7.30 ist die Anordnung der Elektroden während der Abscheidung zu erkennen.

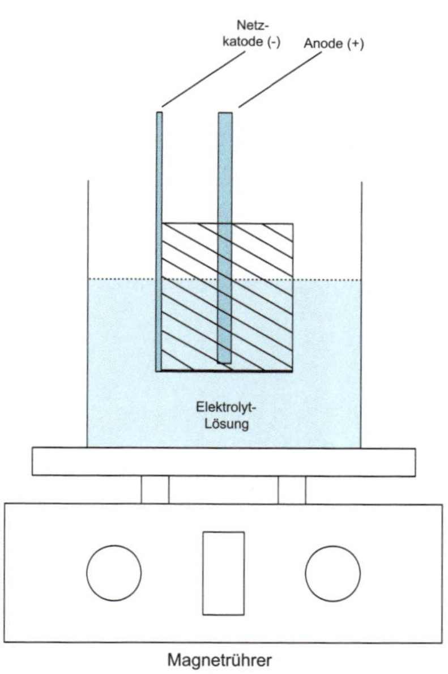

Bild 7.30
Anordnung der Winkler-Elektroden bei der Elektrogravimetrie

Informationssuche

Suchen Sie in entsprechender Literatur, Datenbanken, Lexika oder im Internet (z.B. http:/de.wikipedia.org/wiki/Hauptseite) nach den Begriffen «Eloxal» und «Galvanik» und erfassen Sie die Zusammenhänge.

7.8 Diskussion der Methoden zur Analyse des Prozesswassers P1_KAP7

Für das Prozesswasser aus **Prozess P1_KAP7** können prinzipiell folgende Analysenmethoden angewendet werden:

H_2SO_4	Neutralisationstitration mit Farbindikator potenziometrische Titration konduktometrische Titration
Ca^{2+}	komplexometrische Titration
Gesamtsulfat	Fällungsgravimetrie

Bei der Quantifizierung von Schwefelsäure können mehrere Methoden in Frage kommen. Titrationen und gravimetrische Methoden werden als sog. «nasschemische Methoden» bezeichnet. Methoden, bei denen «Instrumente» verwendet werden, wie z.B. die *pH*-Messelektrode bei der potenziometrischen Titration oder die Leitfähigkeitszelle bei der konduktometrischen Titration werden der «Instrumentellen Analytik» zugeordnet.

Jede Anwendung dieser Methodenart hat Vor- und Nachteile.

Nasschemische Methoden werden manuell («händisch») ausgeführt und kosten deutlich mehr Zeit, instrumentelle Methoden können dagegen oft automatisiert durchgeführt werden und führen meistens zu objektiveren und präziseren Ergebnissen.

Der Umschlag eines Farbindikators z.B. bei einer nasschemischen Methode kann von jedem Beobachter subjektiv etwas anders aufgenommen werden und kann so zu Fehlergebnissen führen. Die Vergleichbarkeit (Präzision), vor allem wenn 2 verschiedene Analytiker die Bestimmung parallel durchführen, ist bei komplizierten Titrationen oftmals nicht akzeptabel. Bei der Verwendung instrumenteller Methoden ist die Konzentrationsgrenze, bei der der Analyt gerade noch mit der erforderlichen Genauigkeit quantifiziert werden kann, kleiner als bei nasschemischen Methoden.

Nasschemische Analysen können mit einfachen Geräten, die sich in jedem Labor befinden, durchgeführt werden. Instrumentelle Analysen benötigen immer Messzellen, Aufzeichnungs- und Speichergeräte und sind so von der Anschaffung deutlich teurer als nasschemische Methoden.

Das Aussuchen einer analytischen Methode ist immer ein individueller Vorgang, der je nach Matrix, Konzentration, erforderlicher Genauigkeit, Aufwand, Kosten usw. angepasst werden muss.

8 Fotometrische und chromatografische Methoden

In diesem Kapitel werden die wichtigsten fotometrischen und chromatografischen Methoden erläutert und entsprechende Anwendungen zur Qualifizierung und Quantifizierung eines Analytengemisches beschrieben. Zunächst werden die physikalischen Effekte und Gesetze besprochen, die den Methoden zugrunde liegen, dann die Praxis mit instrumentell-analytischen Methoden vorgestellt.
Das Kapitel enthält wesentliche Teile von Lernfeld 4 aus dem Rahmenlehrplan der KMK (Kultusministerkonferenz) «Stoffe fotometrisch und chromatografisch untersuchen». Weiterhin dient Kapitel 8 auch der Vorbereitung auf die Wahlqualifikationen «Chromatografie» und «Spektroskopie». Siehe dazu Band 2, Wahlqualifikationen, der Buchreihe «Ausbildung für Laborberufe».
Während in Kapitel 7 (Quantifizierung durch nasschemische Analysen) altbewährte nasschemische Methoden erläutert wurden, werden in Kapitel 8 Methoden beschrieben, die auf fotometrischen Absorptionen oder chromatografischen Trennungen beruhen. Als Hauptprozess in diesem Kapitel steht der Prozess **P1_KAP8**. Mit ihm werden die verschiedenen Analysenverfahren diskutiert.

Prozess P1_KAP8

Für einen preiswerten gelben Bananenlikör-Import werden folgende Bestandteile und Spezifikationsgrenzen angegeben:

- Ethanol w = 25% (Spezifikationsgrenze 25% ± 0,5% abs.)
- Maltose β = 50 g/L (Spezifikationsgrenze 50 g/L ± 5% rel.)
- Saccharose β = 50 g/L (Spezifikationsgrenze 50 g/L ± 5% rel.)
- Farbstoff β = 15 mg/L Gelborange S (E 110) ***oder*** Chinolingelb (E 104)

Zunächst soll mithilfe einer Dünnschichtchromatografie (DC) untersucht werden, welcher von den beiden angegebenen Farbstoffen (Gelborange S oder Chinolingelb) im Likör enthalten ist. Anschließend soll der Farbstoff mit einer fotometrischen Analyse quantifiziert werden. Trennung und Quantifizierung der beiden Zucker Maltose und Saccharose sind mittels Hochleistungsflüssigkeitschromatografie (HPLC) vorzunehmen, während der Ethylalkohol mit der Methode Headspace-Gaschromatografie (GC) quantifiziert werden soll. Die nachfolgenden Abschnitte dieses Kapitels sind demgemäß geordnet.

8.1 Chromatografische Wechselwirkungen

Im Vordergrund aller chromatografischen Analysen steht die **Stofftrennung** eines Probengemisches. Nach der chromatografischen Trennung können die in der Probe vorhandenen Einzelstoffe (Analyten) qualifiziert und quantifiziert werden.

Bei allen chromatografischen Methoden wird jeder Analyt eines Stoffgemisches zwischen einer ruhenden (**stationären**) und einer beweglichen (**mobilen**) Phase verteilt. In der DC und der HPLC bestehen die mobilen Phasen aus flüssigen Lösemittelgemischen (Eluent), in der GC wird ein Gas als mobile Phase (Trägergas) verwendet.

Die feste oder flüssige stationäre Phase kann in eine Säule gefüllt (HPLC bzw. GC) oder dünn auf Glasplatten bzw. Aluminiumfolie (DC) gegossen sein.

Im Chromatografielauf bewegt sich die mobile Phase an der stationären Phase vorbei. Die Trennung von Analyten beruht entweder

- auf der unterschiedlichen A*d*sorption der Analyten an der stationären Phase und der unterschiedlichen Löslichkeit in der mobilen Phase (A*d*sorptions-chromatografie) oder
- auf Verteilungsprozessen nach einer A*b*sorption, ähnlich wie sie bei der Flüssig-Flüssig-Extraktion angewendet werden (Verteilungschromatografie).

Merke

Bei jeder chromatografischen Analyse muss der Analyt zwischen einer mobilen und einer stationären Phase wechselwirken.

In Tabelle 8.1 wird eine Einteilung der wichtigsten chromatografischen Methoden anhand der Art der Phasen vorgenommen.

Tabelle 8.1 Einteilung der wichtigsten chromatografischen Methoden

Methode	Abkürzung	mobile Phase	stationäre Phase	hauptsächlicher Trennvorgang
Dünnschichtchromatografie (LSC, liquid/solid)	DC	flüssig	fest	Adsorption
Gaschromatografie (GLC, gas/liquid)	GC	gasförmig	flüssig	Verteilung nach Absorption
Hochleistungsflüssigkeits-chromatografie	HPLC	flüssig	fest	Adsorption

Die Optimierung der Bedingungen bei der Chromatografie zur vollständigen Trennung eines Analytengemisches ist Aufgabe des Methodenentwicklers.

8.1.1 Verteilungschromatografie

Wie bei einer einfachen Flüssig-Flüssig-Extraktion wird bei der Verteilungs-chromatografie die Verteilbarkeit der Analyten in der stationären und mobilen Phase ausgenutzt. Bei der Verteilungschromatografie dient eine **Flüssigkeit**, die als **stationäre Phase** einen dünnen Flüssigkeitsfilm ausbildet («Trennflüssigkeit»). Die mobile Phase ist meistens ein Gas.

Wird nun ein Analyt zwischen die beiden nicht miteinander mischbaren Phasen gebracht, so verteilt er sich nach einer Absorption zwischen den einzelnen Phasen unterschiedlich, also entweder bevorzugt in die stationäre oder in die mobile Phase. Nach ständiger Wiederholung des Verteilungsprozesses («Stufen») sind die Analyten im Idealfall voneinander getrennt. Dazu ist es notwendig, dass sie sich in ihrem Verteilungsverhalten ausreichend unterscheiden. Man kann sich diese Art der Chromatografie als ständige Flüssig-Flüssig-Extraktion entlang einer Säule vorstellen. Aus Bild 8.1 ist der schematische Verteilungsprozess erkennbar.

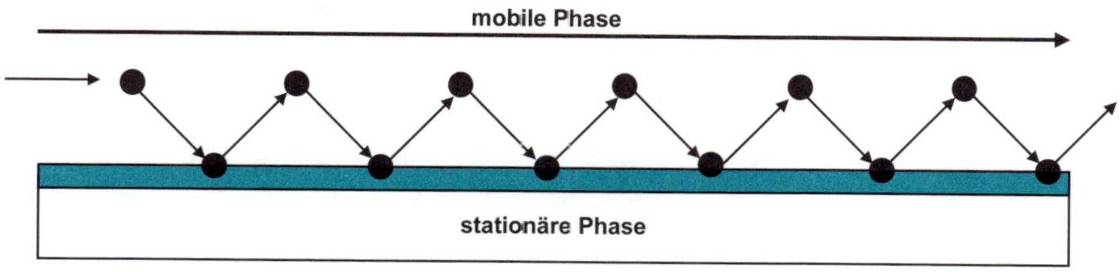

Bild 8.1 Schematischer Prozess bei einer Verteilungschromatografie

Vertiefungsübung V8.1

Angenommen, der zu extrahierende Stoff, der sich in einem Lösemittel befindet, löst sich bei einer Flüssig-Flüssig-Extraktion relativ schlecht im Extraktionsmittel. Ist dann eine effektive Extraktion möglich? Begründen Sie Ihre Aussage!

8.1.2 Adsorptionschromatografie

Das Wirkprinzip bei der Adsorptionschromatografie ist eine **Grenzflächenreaktion** zwischen dem im Eluent gelösten Analyten und dem festen Adsorbens in der Säule oder auf der DC-Platte. Dabei wird der Analyt auf der Oberfläche der stationären Phase mehr oder weniger gut «festgehalten». Die stationären Phasen in der Adsorptionschromatografie haben zusätzlich noch eine «innere Oberfläche», die Poren. Je nach Anzahl und Größe der Poren wird die adsorbierbare Gesamtmenge an Analyten erhöht. Die **Desorption** (Ablösung) der Analyten von der stationären Phase kann durch Erhöhung der Temperatur und Verdrängung mit einem Lösungsmittel erreicht werden.

Als Ergebnis jeder chromatografischen Trennung entsteht ein **Chromatogramm**, mit dem die Trennung vom Anwender begutachtet werden kann.

8.2 Auswertung von Chromatogrammen

Die auf einer Platte fixierten Substanzflecken, wie sie bei der Dünnschichtchromatografie (DC) üblich sind, werden als **inneres Chromatogramm** bezeichnet. Bei inneren Chromatogrammen legen die Analyten unterschiedliche Strecken in der gleichen Zeit zurück. Bei **äußeren Chromatogrammen** (in der GC oder HPLC) legen dagegen die Analyten die gleiche Strecke in verschiedenen Zeiten zurück. Das Ergebnis einer Trennung wird in diesem Fall erst dann ausgewertet, wenn der Analyt das chromatografische System bereits verlassen hat. Dabei entsteht eine zeitabhängige konzentrations- oder massenstromabhängige Kurve, deren Signale als «Peaks» (Spitzen) qualitativ oder quantitativ ausgewertet werden können.

Merke

Ein Chromatogramm, wie es bei der HPLC oder der GC entsteht, ist ein «äußeres Chromatogramm».

In Bild 8.2 ist ein typisches äußeres Chromatogramm einer HPLC-Analyse mit 3 Peaks zu erkennen.

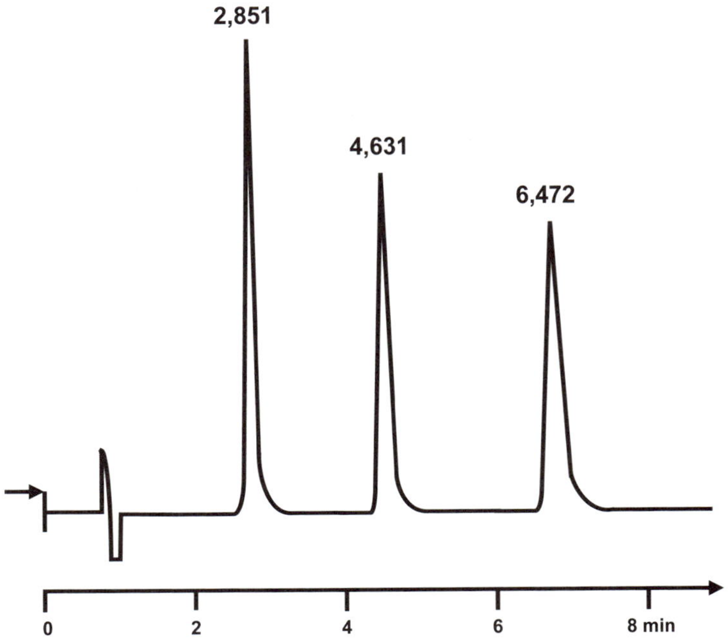

Bild 8.2 Chromatogramm einer HPLC-Analyse

Das am Anfang oft zu beobachtende Auf und Ab der Grundlinie ist injektionsbedingt. Zu beobachten ist eine typische Peakverbreiterung, die umso größer wird, je länger der Analyt im chromatografischen System verbleibt, d.h. je größer die Rückhaltezeit (**Retentionszeit**) durch die Säule ist.

8.2.1 Parameter eines Chromatogramms (Auswahl)

In diesem Abschnitt werden 2 der wichtigsten Parameter eines «äußeren Chromatogramms» (HPLC oder GC) erläutert. Diese beiden Parameter dienen u.a. zur Beschreibung

- der Lage der Peaks durch einen Zeitparameter,
- der Konzentration des Analyten durch einen Flächenparameter.

In jedem chromatografischen Gerät ist ein Bauteil untergebracht, das die Konzentration oder die Masse des Analyten in der mobilen Phase misst. Dieses Bauteil nennt man Detektor. Solange nur die reine mobile Phase (Eluent bei der HPLC oder Trägergas bei der GC) durch den Detektor strömt, sollte dieser keine Peaks auf das Auswertesystem (PC-Programm) übertragen. Es entsteht eine mehr oder weniger gerade «**Basislinie**».

8.2.1.1 Zeitparameter eines Chromatogramms

Ein Analyt, der nicht in der Säule zurückgehalten wird und sich hauptsächlich in der mobilen Phase befindet, wird nach der Injektion die Säule rasch verlassen. Der Detektor wird somit sehr schnell erreicht. Die **Durchflusszeit t_M** («mobile Zeit») dieser «nicht retardierten» Substanz, von der Injektion bis zum Detektor gemessen, entspricht der Zeit, die das reine Lösungsmittel oder das Gas brauchen würde, um die Säule zu durchwandern. Vor der Durchflusszeit t_M kann kein Peak im Chromatogramm entstehen, sonst würde der Analyt die mobile Phase «überholen». Man nennt daher die Zeit t_M auch «chromatografisch tote Zeit» oder kurz «**Totzeit**».

Als «Totzeitmarker» werden in der RP-HPLC z.B. Thioharnstoff und in der GC z.B. Methan eingesetzt, diese Analyten werden von der stationären Phase nicht zurückgehalten. Analyten, die in der Säule zurückgehalten werden, verbleiben länger in der Säule als die mobile Phase. Die Gesamtzeit, die die Analyten von der Injektion bis zum Peakmaximum benötigen, nennt man **Retentionszeit t_R**. Die Retentionszeiten t_R aller Analyten werden von dem Anzeige- und Auswerteprogramm registriert und dienen zur Identifizierung der Analyten.

Merke

Für eine qualitative Bestimmung ist die Messung der Retentionszeit wichtig.

Mit der gemessenen Durchflusszeit t_M (Totzeit) und der Länge L des chromatografischen Systems (Länge des Injektors bis zum Detektor), kann nach Gl. 8.1 die mittlere lineare Strömungsgeschwindigkeit $\bar{u}$ der mobilen Phase berechnet werden.

$$\bar{u} = \frac{L}{t_M} \qquad \text{(Gl. 8.1)}$$

Die mittlere lineare Strömungsgeschwindigkeit der mobilen Phase durch die Trennsäule ist nicht beliebig einstellbar, sondern muss gemäß den Grenzwerten des Säulenherstellers vom Entwickler der Analysenmethode optimiert werden.

Vertiefungsübung V8.2

Bei der Gaschromatografie (GC) entspricht die Gasgeschwindigkeit am Ende der Säule nicht der mittleren linearen Gasgeschwindigkeit nach Gl. 8.1. Begründen Sie diesen Unterschied.

8.2.1.2 Konzentrationsabhängige Parameter im Chromatogramm

Meistens wird die **Peakfläche** als Messgröße für eine **Quantifizierung** von Analyten herangezogen. Nur dann, wenn 2 Peaks nicht optimal bis zur Basislinie getrennt sind und wenn dazu ein Peakhöhenunterschied besteht, kann eine Peak**höhen**auswertung gegenüber der Peak**flächen**auswertung von Vorteil sein. Man muss aber akzeptieren, dass auch eine Peakhöhenauswertung solcher Chromatogramme nach Bild 8.3 immer fehlerhaft ist. Der bessere Weg wäre (falls möglich), eine Optimierung der Trennung benachbarter Peaks bis hinunter zur Basislinie.

Merke

Für eine akzeptable Peakflächenauswertung zur Quantifizierung von Analyten ist eine Basislinientrennung mit möglichst symmetrischen Peaks die Voraussetzung.

Die Bestimmung der Peakflächen erfolgt über elektronische Auswertesysteme (spezielle PC-Programme). Beispiele für eine quantitative Auswertung befinden sich in den Abschnitten 8.6.6 (HPLC) und 8.7.4 (GC).

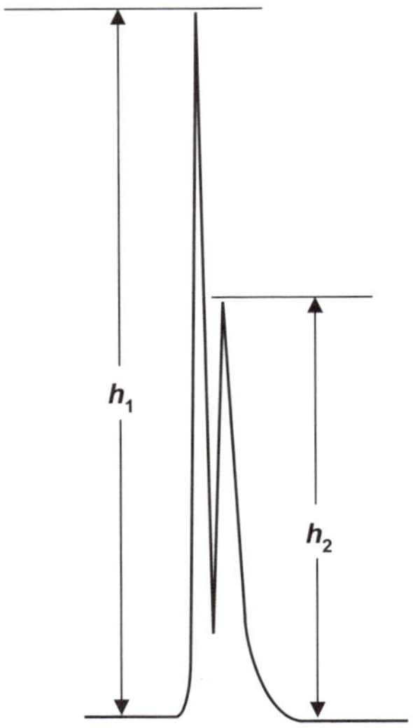

Bild 8.3
Auswertung nach der Peakhöhenmethode

8.3 Methode der Dünnschichtchromatografie (DC)

Das Hauptanwendungsgebiet der Dünnschichtchromatografie (DC) liegt auf dem qualitativen Bereich, also der Stoffidentifizierung. Ein großer Vorteil der DC ist die simultane Trennung mehrerer Proben ohne gegenseitige Störung. Dadurch, dass bei jedem Trennungslauf immer wieder eine neue DC-Platte verwendet wird, kann es nicht zu Kontaminationen des chromatografischen Systems kommen.

Durch die Einführung verfeinerter Trennsysteme mit hohen Trennleistungen (z.B. *H*igh *P*erformance *T*hin *L*ayer *C*hromatgraphy, HPTLC) hat diese Art der Chromatografie in letzter Zeit wieder deutlich an Stellenwert gewonnen. Das gilt auch für den quantitativen Einsatz der HPTLC mit UV-Scannern.

8.3.1 Prinzip der DC

Die dünnschichtchromatografische Trennung beruht auf der unterschiedlichen Affinität von Analytenmolekülen zwischen der mobilen und stationären Phase durch Adsorptions-/Desorptionsprozesse. Die feste stationäre Phase in der DC ist ein Adsorbens, das vom Hersteller auf eine Glas- oder Aluminiumplatte fixiert wurde. Die mobile Phase ist ein Lösemittel oder ein Gemisch aus mehreren Lösemitteln. Die mobile Phase wird in der Praxis sowohl als auch «**Eluent**», «**Laufmittel**» oder «**Fließmittel**» genannt.

Um ein Analytengemisch zu trennen, werden ca. 1...10 µL der homogenen Probenlösung punkt- oder strichförmig auf die vorher vorbereitete DC-Platte aufgetragen. Zur Trennung der Probengemische wird die mit der Probe versehene DC-Platte in eine DC-Kammer gestellt, die mit einer definierten Menge an Fließmittel gefüllt ist. Die mobile Phase bewegt sich selbstständig durch Kapillarkräfte aufsteigend über die stationäre Phase der Platte hinweg («aufsteigende Entwicklung»). Während des Aufsteigens des Laufmittels gelingt die Auftrennung der Analyten auf der DC-Platte mehr oder weniger gut. Nach dieser «Entwicklung» müssen die Analytflecken auf der DC-Platte durch eine geeignete Detektionsmethode sichtbar gemacht und ausgewertet werden. Die Arbeitsschritte bei einer DC sind somit:

- Vorbereitung der stationären Phase (DC-Platte),
- Probenauftragung,
- chromatografische Entwicklung der DC-Platte,
- Sichtbarmachung der Flecken,
- Auswertung.

8.3.2 Stationäre Phase in der DC

Hersteller der DC-Platten sind heute in der Lage, die stationären Phasen von immer gleich bleibender Qualität herzustellen. In der Praxis wird nur auf relativ wenige Adsorbensmaterialien zurückgegriffen. Es handelt sich in den meisten Fällen um

- Kieselgel,
- Cellulose,
- Aluminiumoxid,
- Polyamid,
- RP-Kieselgel (chemisch modifiziertes Kieselgel).

Die stationären Phasen werden vom Hersteller in einer gleichmäßigen Schicht auf eine Glasplatte oder eine Aluminiumfolie aufgetragen und fixiert. Aluminiumfolien sind nicht säurebeständig, was bei der Verwendung stark saurer Fließmittel beachtet werden muss.

Vertiefungsübung V8.3

Welche Vor- und Nachteile haben die in der DC verwendeten Glasplatten?

Die stationäre Phase kann Wasserdampf aufnehmen. Dadurch gibt es unterschiedliche Feuchtigkeiten auf der DC-Platte, je nachdem wie lange die DC-Platte gelagert wurde. Von Analyse zu Analyse sollen immer die gleichen Bedingungen herrschen, daher müssen DC-Platten vor dem DC-Chromatografielauf «vergleichmäßigt» werden.

Diesen Prozess nennt man «**Konditionieren**». Im einfachsten Fall erfolgt eine Konditionierung durch eine Aufbewahrung der DC-Platte unter immer gleichen Bedingungen (z.B. im trockenen Exsikkator). Bei komplizierten Trennungen wird die aus der Packung genommene, leere DC-Platte zunächst mit dem reinen Fließmittel entwickelt (der evtl. anhaftende Schmutz wird nach oben transportiert) und dann unter definierten Bedingungen getrocknet und aufbewahrt bzw. zur Trennung verwendet.

Merke

DC-Platten sollten immer vor der Analyse gemäß der Arbeitsvorschrift konditioniert werden.

Kieselgel ist ein poröses Material, das von vielen Hohlräumen und Poren durchzogen ist. Es ist die am meisten verwendete stationäre Phase in der DC. Durch die Entwicklung von Kieselgelen mit unterschiedlichen Korngrößen, Oberflächen und Größen der Poren bieten die Hersteller dem Anwender die Möglichkeit, die DC-Methoden mit Kieselgelplatten immer wieder zu variieren. Ein Teil der Struktur von Kieselgel ist aus Bild 8.4 zu erkennen, allerdings muss man sich eine räumlich vernetzte Struktur vorstellen.

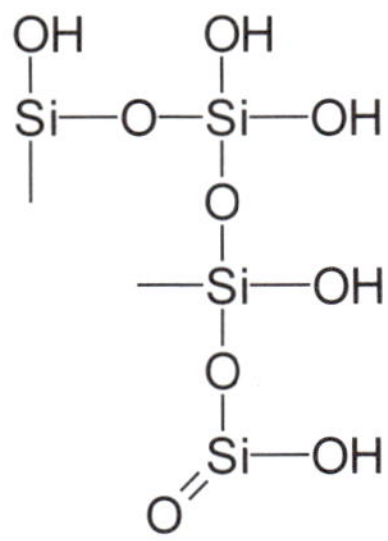

Bild 8.4
Struktur von Kieselgel (ohne Wasserstoffbrücken)

Informationssuche

Suchen Sie in Datenbanken, Lexika oder im Internet (z.B. http://de.wikipedia.org/wiki/Hauptseite) nach dem Begriff «Silicagel» und erfassen Sie die Bedeutung des Inhalts. Worin besteht der Unterschied zwischen Kieselgel und Silicagel?

Auf Kieselgel lassen sich besonders gut Ether, Ester, Alkohole, Phenole und Carbonsäuren trennen, da sie Wasserstoffbrücken mit den –Si–OH-Gruppen des Kieselgels ausbilden können.

Cellulose als stationäre Phase wird besonders zur Trennung von polaren Analyten (z.B. Proteinen, Kohlenhydraten, Carbonsäuren und Alkoholen) verwendet. Es wird meistens eine mit Essigsäure veresterte Cellulose verwendet, deren chromatografische Eigenschaft vom Veresterungsgrad abhängig ist.

Bei ***Aluminiumoxid*** als stationäre Phase gibt es saure, neutrale und basische Modifikationen. Aluminiumoxid als stationäre Phase ist gewöhnlich hochaktiv, verliert aber unter Luftfeuchtigkeitseinfluss sehr schnell die Aktivität. Aluminiumoxid hat als stationäre Phase in letzter Zeit deutlich an Bedeutung verloren.

Mit ***Polyamid*** (Nylon, Perlon) als stationäre Phase werden immer mehr Trennungen von phenolischen Verbindungen, synthetischen Farbstoffen und Nitroverbindungen vorgenommen. Leider sind Polyamid-Platten relativ teuer.

Besonders effektiv trennen HPTLC-Platten. Normale DC-Platten sind mit einer stationären Phase beschichtet, deren Korngrößenverteilung zwischen 10...50 µm und deren Schichtdicke ca. 250...300 µm beträgt. Dagegen werden die HPTLC-Platten mit einer Schichtdicke von 150...200 µm beschichtet, die einen Korndurchmesser von 3...10 µm aufweist. Dazu kommt noch, dass das Einzelkorn auf einer HPTLC-Platte fast «ideal rund» ausgebildet ist. Die kleinen, gleichmäßigen und runden Körner bei der HPTLC ergeben

- eine verbesserte Trennung,
- schärfere Flecken nach der Entwicklung,
- kurze Laufzeiten bei kleinen Laufstrecken.

Allerdings sind die Kosten dieser HPTLC-Platten deutlich höher als die der normalen DC-Platten.

8.3.3 Probenauftrag auf die DC-Platte

Nachdem die Platte konditioniert wurde, muss die zu untersuchende Probenlösung auf die Platte aufgetragen werden. Meistens wird die Probenlösung mit Hilfe von

Mikropipetten auf die DC-Platte aufgetragen. Dabei beträgt das Auftragevolumen bei DC-Platten ca. 0,5...2 µL, bei HPTLC-Platten ca. 100...500 nL, der Massenanteil der Auftragelösung beträgt ca. w = 0,1...1% für jeden Analyten. Bei der Auftragung sollte darauf geachtet werden, dass sich die Auftrageflecken nicht zu weit ausbreiten. Bei manchen Applikationen, bei denen ein größeres Volumen der Probe auf die DC-Platte aufgebracht werden soll, wird eine bandförmige oder strichförmige Auftragung bevorzugt. **Keinesfalls darf die stationäre Phase durch den Auftragevorgang beschädigt werden.** Die Auftragung kann durch geeignete Geräte (Sampler) automatisiert werden.

8.3.4 Auswahl des Fließmittels

Fließmittel, stationäre Phase und Analyt bilden immer eine **chromatografische Einheit**. Die mobile Phase dient einerseits als Lösemittel, um die Analyten wieder von der stationären Phase abzulösen und andererseits als Transportmittel.

Der Analytiker E. Stahl hat ein «Chromatografiedreieck» (Bild 8.5) zur Auswahl von Fließmittel und stationärer Phase aufgestellt. Darin beeinflussen die Polarität der Analyten, die Aktivität der stationären Phase und die «eluotrope Stärke» des Laufmittels die chromatografische Trennung. Ausgehend von der Polarität der Analyten wird das Dreieck in der Mitte auf die geschätzte Polarität der Analyten gestellt. Man liest dann die notwendige Aktivität der stationären Phase und die notwendige «eluotrope Stärke» des Laufmittels ab.

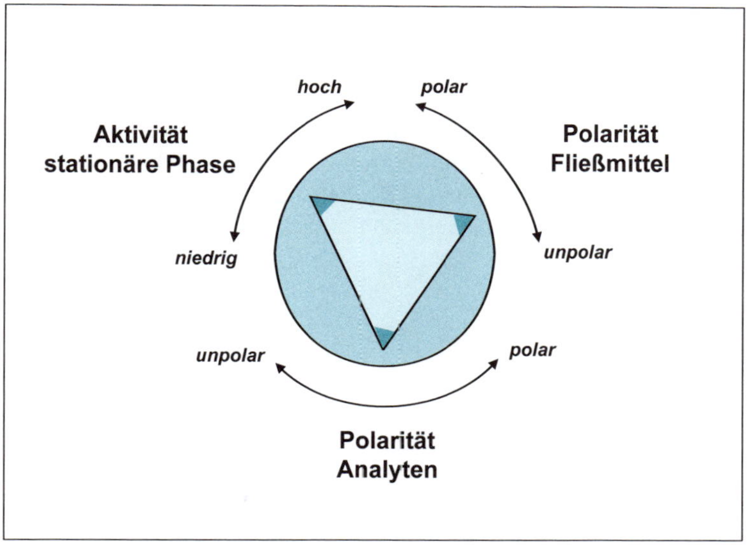

Bild 8.5 Eluotropes Dreieck nach Stahl

Das Ordnungsprinzip einer «eluotropen Reihe» ist die Polarität des verwendeten Lösemittels, die mithilfe des Dipolmoments abgeschätzt werden kann. Nachfolgend eine typische eluotrope Reihe, in der die Polarität der Lösemittel nach unten und von links nach rechts zunimmt.

- Hexan
- Toluol
- Diethylether
- Trichlormethan
- Essigsäureethylester
- Dichlormethan
- Propan-2-ol
- Aceton
- Ethanol
- Methanol
- Wasser
- Essigsäure

Sollen z.B. der polare Benzylalkohol $C_6H_5–CH_2–OH$ sowie das eher unpolare Toluol $C_6H_5–CH_3$ dünnschichtchromatografisch voneinander getrennt werden und soll der Benzylalkohol eine möglichst lange Laufstrecke erfahren, stellt man eine Spitze des Stahl'schen Dreiecks auf «Analyt = polar» und liest ab, dass eine stationäre Phase mit niedriger Aktivität (z.B. luftfeuchtes Kieselgel) und ein polares Laufmittel benötigt werden. Man würde zunächst Methanol, Ethanol oder Aceton ausprobieren. Das Toluol wird dabei nur schlecht durch das polare Lösemittel von der stationären Phase abgelöst und wird eher unten in der Nähe des Auftrageortes verbleiben. Eine Trennung ist wahrscheinlich.

Häufig werden in der DC bessere Trenneffekte erzielt, wenn Lösemittelgemische statt Einzellösemittel eingesetzt werden. Dabei sollten sich die Lösemittel des Gemisches nur wenig in ihrer Polarität unterscheiden. Typische Gemische sind z.B.:

- Butanol/Essigsäure,
- Trichlormethan/Ethanol,
- Hexan/Aceton,
- Methanol/Ammoniak (oft noch mit einem Puffer versehen).

Vertiefungsübung V8.4

Welches Lösemittel zur Laufmittelsuche auf Kieselgelplatten würden Sie zunächst ausprobieren, wenn eine Trennung von Benzoesäure und Naphthalin notwendig wäre und Benzoesäure möglichst weit auf der DC-Platte laufen soll? Informationen über das Löslichkeitsverhalten beider Analyten können aus dem Wikipedia-Lexikon entnommen werden.

8.3.5 Entwicklung der DC-Platte

Nachdem die Probelösung punkt- oder bandförmig auf die DC-Platte aufgetragen wurde und das Probelösemittel verdunstet ist, wird die DC-Platte in einer DC-Kammer entwickelt. Dies sind meistens rechteckige Glaskammern, die durch einen passenden und dicht schließenden Deckel verschlossen werden können.

Gewöhnlich wird die sog. «aufsteigende Methode» benutzt. In Bild 8.6 ist eine aufsteigende DC-Entwicklung in einer Kammer abgebildet.

Informationssuche

Suchen Sie in Datenbanken, Lexika oder im Internet (z.B. http://de.wikipedia.org/wiki/Hauptseite) nach dem Begriff «absteigende Methode» und erfassen Sie die Bedeutung des Inhalts.

Bild 8.6
Entwicklung einer DC-Platte in einer DC-Kammer

Für eine gute Substanzauftrennung und Reproduzierbarkeit ist eine **Kammersättigung** mit dem Laufmitteldampf unabdingbar. Wird die Kammersättigung nicht eingehalten, verdunstet ständig Laufmittel von der DC-Platte. Es wird somit mehr Laufmittel für eine bestimmte Laufstrecke benötigt, und die Zusammensetzung des Fließmittels verändert sich. Das Resultat sind nicht reproduzierbare Ergebnisse.

Merke

Eine Kammersättigung ist Voraussetzung für eine reproduzierbare DC-Methode.

Nachdem die Laufmittelfront bis zur gewünschten Höhe hochgezogen ist, wird die DC-Platte aus der Kammer genommen, die Laufmittelhöhe (Laufmittelfront) markiert, und man lässt das Fließmittel im Abzug abdunsten.

Vertiefungsübung V8.5

Warum muss beim Herausnehmen der DC-Platte die Lösemittelfront gekennzeichnet werden?

8.3.6 Detektion der Analyt- und Vergleichsflecken

Nach dem Chromatografielauf müssen die entstandenen Analytflecken auf der DC-Platte identifiziert werden. Sind die Substanzen farbig, ist eine visuelle Beurteilung durch den Analytiker einfach durchzuführen. Oft können farblose Analyten mit speziellen Chemikalien behandelt werden, sodass dann farbige Produkte entstehen. Das geschieht durch **Ansprühen** der DC-Platte oder gar eine **Tauchung** der gesamten Platte in ein Bad mit Anfärbereagenz. Typische Anfärbereagenzien sind in Tabelle 8.2 aufgeführt.

Tabelle 8.2 Beispiele typischer Anfärbereagenzien

Nachweis	Sprüh- oder Tauchreagenz (Farbe)
Aminosäuren, Proteine, aromatische Amine, Peptide	Ninhydrin (Violett)
Ester, Fette, Kohlenwasserstoffe	Rhodamin B (Rotviolett)
Carbonsäuren	Bromkresolgrün (Grün)
Kupfer	BCO und Citratpuffer (Blau)
reduzierende Verbindungen	Molybdatophosphorsäure (Gelb)
ungesättigte Verbindungen	Joddampf (farblos auf brauner Platte)

Sind die Analyten UV-aktiv (s. Abschnitt 8.4.3), können sie mithilfe einer UV-Lampe identifiziert werden. Dazu verwendet man spezielle Kieselgelplatten, die mit einem **Fluoreszenz-Indikator** (SIF) ausgestattet sind. Der Indikator wandelt das auftreffende, nicht sichtbare UV-Licht einer UV-Lampe (meist λ = 254 nm) in ein grünlich sichtbares Licht um. Die leere Platte strahlt daher leicht grün in der UV-Kammer. Befinden sich punktförmig auf der DC-Platte Analyten, die das UV-Licht absorbieren, kann es zu keiner Fluoreszenz kommen und diese Flecken wirken gräulich-bläulich inmitten der sonst grünlichen Platte. Mit einem weichen Bleistift werden diese Flecken umrandet und dann aus der UV-Kammer entnommen.

8.3.7 Kenngrößen zur DC-Trennung

Zum Vergleich und zur Identifizierung von Analyten wird das Laufverhalten ermittelt. Dazu werden die R_f-Werte angegeben. Hierzu benötigt man die Strecke vom Startpunkt bis Analytfleckmitte und die Strecke vom Startpunkt bis zur Laufmittelfront (Laufmittelhöhe). In Bild 8.7 sind die Verhältnisse zu erkennen.

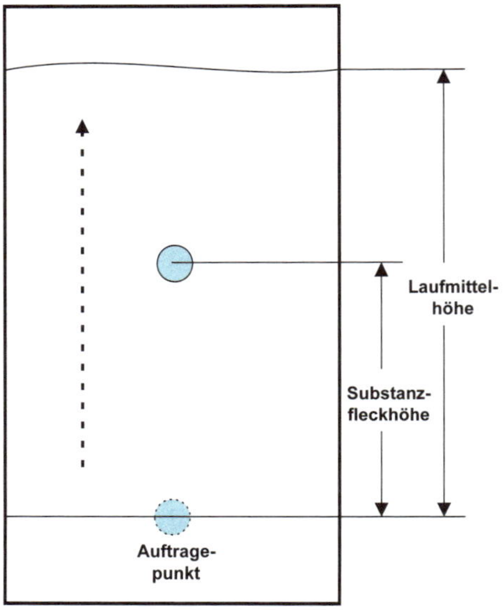

Bild 8.7
Streckenverhältnisse zur Berechnung des R_f-Wertes

Der R_f-Wert wird berechnet mit Gl. 8.2:

$$R_f = \frac{\text{Substanzfleckhöhe}}{\text{Laufmittelhöhe}} \qquad \text{(Gl. 8.2)}$$

Der R_f-Wert wird meistens zur Dokumentation berechnet und registriert. Üblicherweise werden zur Identifizierung von Analyten Mustersubstanzen (Referenzsubstanzen) zusammen mit der Probe auf einer DC-Platte mitlaufen lassen.

Durch Vergleich der Laufstrecken aller Flecken kann eine Identifizierung der Analyten relativ einfach durchgeführt werden. Bei gleichen R_f-Werten ist die Wahrscheinlichkeit hoch, dass die Analyten identisch sind. Da der R_f-Wert von vielen Parametern abhängig ist (z.B. Temperatur, Eluentenzusammensetzung, Kammersättigung, Konditionierungszustand usw.) gilt er nicht als Stoffkonstante.

Vertiefungsübung V8.6

Wo ist ein Substanzfleck auf der DC-Platte zu finden, wenn

- der R_f-Wert = 0,
- der R_f-Wert = 0,4,
- der R_f-Wert = 0,9

beträgt?

8.3.8 DC-Lauf von Prozess P1_KAP8

Zunächst werden die beiden Vergleichslösungen hergestellt, dazu jeweils ca. 20...30 mg Chinolingelb bzw. Gelborange S in getrennte 1000-mL-Messkolben eingewogen. Die Messkolben werden dann mit Wasser bis zur Marke aufgefüllt. Als Laufmittel wird folgendes Gemisch angesetzt:

- 80 mL Natriumcitratlösung mit w(Citrat) = 2,5%,
- 20 mL Ammoniaklösung mit $w(NH_3)$ = 25%,
- 12 mL Methanol

und in die DC-Kammer gegeben. Es ist auf Kammersättigung zu achten.

Auf eine Cellulose-Dünnschicht-Platte sind folgende Flecken mit einer Mikropipette aufzutragen:

- 1 µL Gelborange-S-Lösung,
- 1 µL Bananenlikör (ggf. wiederholen, bis sich der Fleck deutlich gelb färbt),
- 1 µL Chinolingelb-Lösung.

Nach dem Trocknen der Flecken wird die DC-Platte im Laufmittel entwickelt. Die DC-Platte wird nach der Entwicklung aus der Kammer genommen und im Abzug getrocknet. Die unterschiedlichen Laufwege der Farbstoffe können zur Identifizierung des Farbstoffes benutzt werden. In Bild 8.8 ist die entwickelte Platte zu sehen. Man kann deutlich erkennen, dass es sich im Bananenlikör um den Farbstoff **Gelborange S** handeln muss.

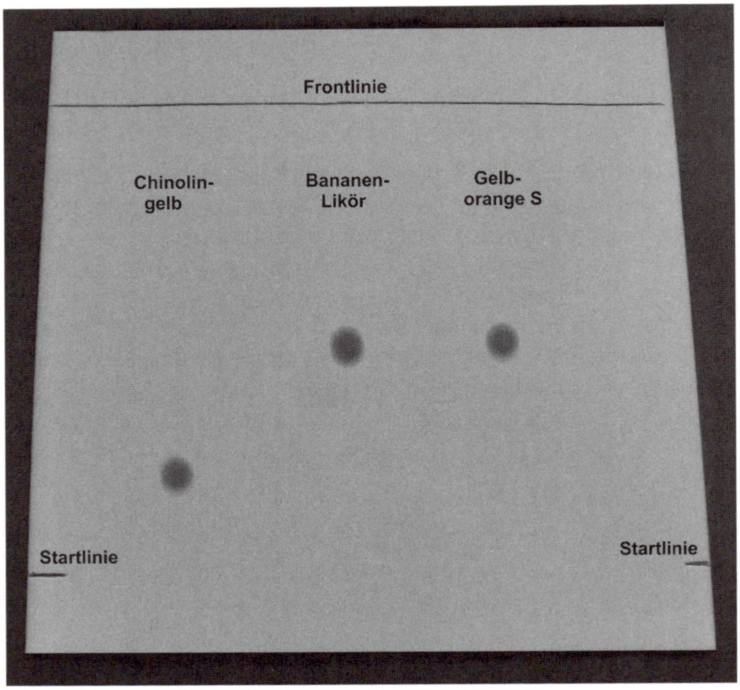

Bild 8.8 Entwickelte DC-Platte mit Chinolingelb, Bananenlikör und Gelborange S

Der Farbstoff Gelborange S ist chemisch das 6-Hydroxy-5-(4-sulfophenylazo-)naphthalin-2-sulfonsäure-Dinatriumsalz (Bild 8.9) und hat die Lebensmittelkennzeichnung E110. Er wird auch Sunsetgelb FCF oder FD & C Yellow No. 6 genannt und ist eine Diazoverbindung. Als solcher wird sie als potentieller Allergieauslöser eingestuft. Der ADI-Wert (Acceptable Daily Intake, duldbare tägliche Aufnahme) beträgt 1 mg/kg Körpergewicht (Stand 2012). Ein Erwachsener mit 70 kg Körpergewicht kann demnach 70 mg Gelborange S pro Tag zu sich nehmen, ohne dass nach dem heutigen Kenntnisstand eine Schädigung zu erwarten wäre. Das würde einem Bananenlikörvolumen von 4,7 L (!) pro Tag entsprechen. Das dabei aufgenommene Alkoholvolumen von 1,18 L (4,7 L · 0,25) ist sicherlich weitaus schädlicher für den Konsumenten.

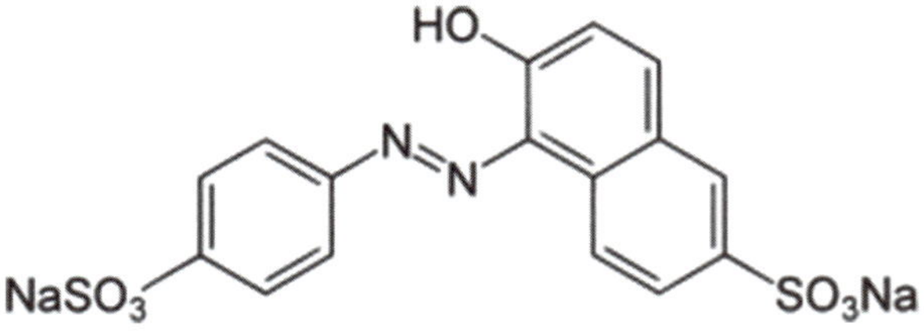

Bild 8.9 Strukturformel von Gelborange S

Dieser identifizierte Farbstoff **Gelborange S** soll nun mithilfe der Fotometrie quantifiziert werden. Davon handeln die nächsten Abschnitte 8.4 und 8.5.

8.4 Einführung in die Spektroskopie

Allen spektroskopischen Methoden gemeinsam ist die Wechselwirkung von elektromagnetischer Strahlung mit den Elektronen, Ionen, Atomen oder Molekülen der Materie.

Informationssuche

Suchen Sie in Datenbanken, Lexika oder im Internet (z.B. http://de.wikipedia.org/wiki/Hauptseite) nach den Begriffen «Materie» sowie «elektromagnetische Strahlung» und erfassen Sie die Bedeutung der Inhalte.

Merke

Spektroskopie ist die Wissenschaft über die Wechselwirkung von Materie mit elektromagnetischer Strahlung.

Das Resultat einer spektroskopischen Messung ist ein ***Spektrum***. Hierzu wird die Energie der elektromagnetischen Strahlung, die mit einem Analyten wechselwirkt, auf der *x*-Achse abgetragen. Auf der *y*-Achse ist die Strahlungsintensität dargestellt (Bild 8.10). Oft wird auf der *x*-Achse auch die Wellenlänge λ aufgetragen.

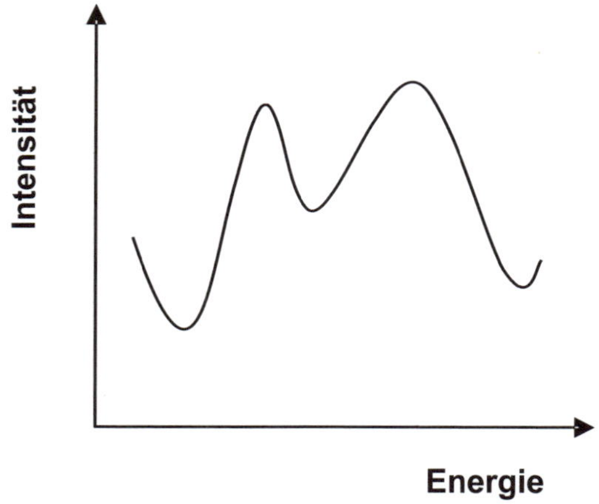

Bild 8.10
Allgemeine Darstellungsform eines Spektrums

8.4.1 Elektromagnetische Strahlung und Spektrum

Elektromagnetische Strahlung ist eine sich sinusartig durch den Raum ausbreitende Energieform, welche sich im Vakuum mit einer konstanten Geschwindigkeit von c = 300 000 km/s («Lichtgeschwindigkeit») fortpflanzt.

Im elektromagnetischen Spektrum wird zwischen Radio- und Mikrowellen, Infrarot- oder Wärmestrahlung (IR), sichtbarem Licht (Vis), ultraviolettem Licht (UV) sowie Röntgen- und Gammastrahlung unterschieden. Eine erste Übersicht ist aus Bild 8.11 zu erkennen.

Mit den verschiedenen Arten elektromagnetischer Strahlung sind unterschiedliche spektroskopische Analysenmethoden verbunden. Tabelle 8.3 stellt einen Zusammenhang zwischen Strahlungsart und spektralem Bereich her.

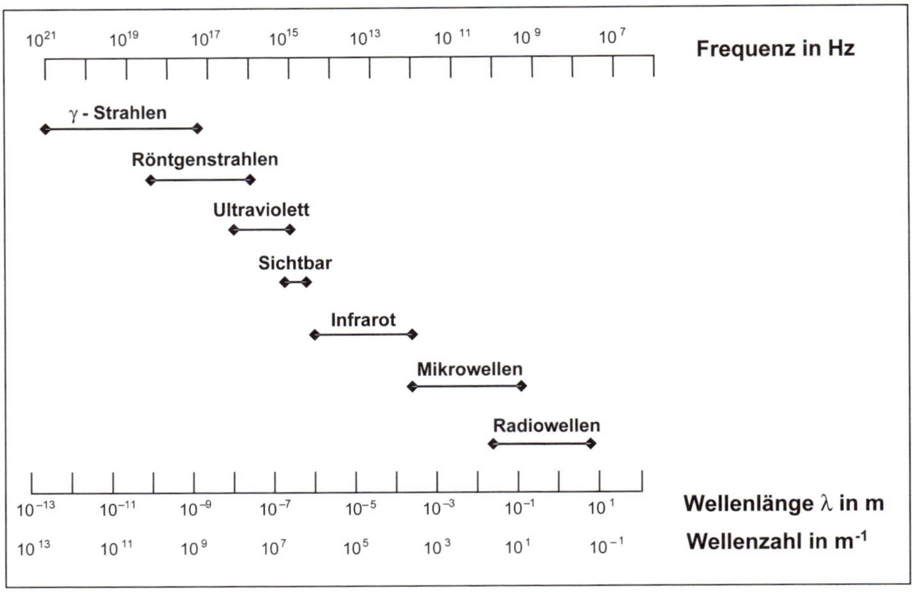

Bild 8.11 Das elektromagnetische Spektrum

Tabelle 8.3 Übersicht der wichtigsten Spektralbereiche

Bezeichnung der Strahlung	**spektraler Bereich**
γ-Strahlung	50...140 pm
Röntgenstrahlung	0,01...10 nm
Ultraviolett (UV)	180...400 nm
Sichtbar (Vis)	400...780 nm
nahes Infrarot (NIR)	780...2 500 nm
Infrarot (IR)	25 000...2 500 nm
Mikrowellenstrahlung	1...4 mm
Radiowellen	0,5...10 m

(pm = Pikometer (10^{-12} m), nm = Nanometer (10^{-9} m), mm = Millimeter (10^{-3} m))

Vertiefungsübung V8.7

Eine Strahlung hat eine Wellenlänge von λ = 14 000 nm. Welcher Wellenlänge λ in µm entspricht dies? In welchem spektralen Bereich befindet sich diese Strahlung?

Weiterhin können spektroskopische Methoden dahin gehend unterteilt werden, ob elektromagnetische Strahlung von den Probenmolekülen absorbiert («geschluckt») oder emittiert («ausgesendet») wird. Der 1. Fall wird als **Absorptionsspektroskopie** bezeichnet, der 2. Fall als **Emissionsspektroskopie** (vgl. dazu Bild 8.12).

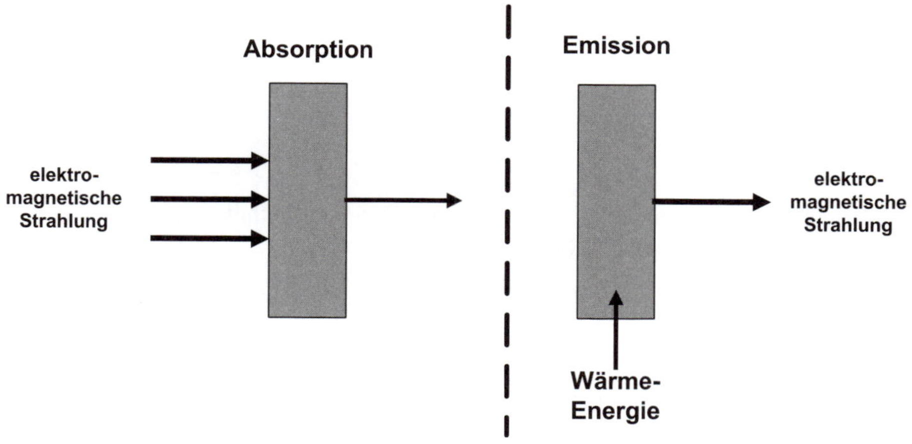

Bild 8.12 Absorption und Emission

In diesem Band 1 der Buchreihe werden nur die Absorptionsmethoden erläutert, weitere Informationen über die Emissionsmethoden findet man in Band 2 dieser Reihe (Wahlqualifikationen).

8.4.2 Wellenlänge, Frequenz und Energie

Charakteristisch für eine bestimmte elektromagnetische Strahlung ist deren Periodendauer T, ihre Frequenz ν und ihre Wellenlänge λ. Bild 8.13 zeigt den sinusförmigen Verlauf einer beliebigen elektromagnetischen Strahlung.

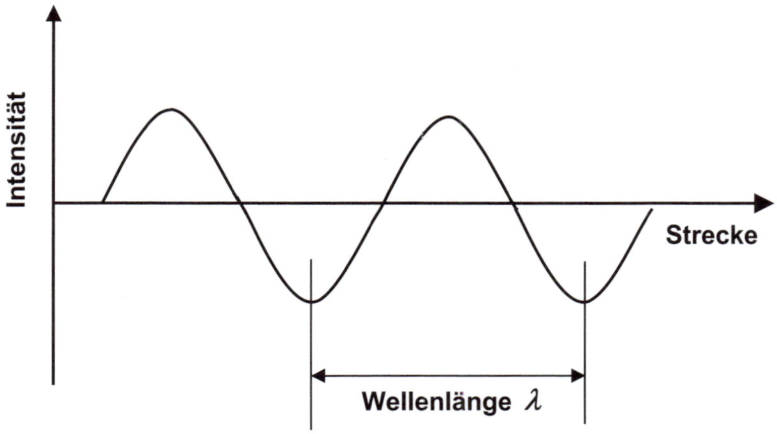

Bild 8.13 Wellenförmige Ausbreitung von Licht

Die Wellenlänge λ beschreibt den Abstand zweier Punkte auf einer Welle, der eine komplette Schwingung umfasst, d.h. einen Wellenberg **und** ein Wellental. Die Einheit der Wellenlänge ist m, wobei in der Praxis häufig Verkleinerungen mm (10^{-3} m), µm (10^{-6} m) oder nm (10^{-9} m) verwendet werden. Der Ausschlag der Welle in y-Richtung (Amplitude) ist für die **Lichtintensität** verantwortlich, wobei die Lichtintensität direkt proportional zum Maximum der Amplitude ist.

Die Frequenz ν gibt die Anzahl der Schwingungen an, die eine Welle pro Sekunde vollführt. Sie ist der Kehrwert der Periodendauer T (Gl. 8.3). Die Einheit der Frequenz n ist somit 1/s (1/s = s^{-1} = 1 Hertz = 1 Hz).

$$\nu = \frac{1}{T} \qquad \text{(Gl. 8.3)}$$

Die beiden Größen Wellenlänge λ und Frequenz ν können mithilfe der Lichtgeschwindigkeit c umgerechnet werden (Gl. 8.4):

$$\nu = \frac{c}{\lambda} \qquad \text{(Gl. 8.4)}$$

mit:
- ν Frequenz der Strahlung (1/s bzw. Hz)
- c Lichtgeschwindigkeit im Vakuum, 300 000 000 m/s
- λ Wellenlänge der Strahlung (m)

Durch die 2 Größen Wellenlänge λ und Frequenz ν kann die Energie der elektromagnetischen Strahlung beschrieben werden. Der Physiker Planck stellte den Zusammenhang zwischen der Energie E der elektromagnetischen Strahlung und der Frequenz ν der elektromagnetischen Strahlung her. Es gilt nach Gl. 8.5

$$E = h \cdot \nu \qquad \text{(Gl. 8.5)}$$

mit:
- E Energie der elektromagnetischen Strahlung (J)
- h Konstante 6,6256 · 10^{-34} Js, Planck'sches Wirkungsquantum
- ν Frequenz der elektromagnetischen Strahlung (1/s bzw. Hz)

Nach Gl. 8.5 ist demnach die Energie E der Strahlung direkt proportional zu ihrer Frequenz ν. Mit Gl. 8.4 kann die Frequenz ν der Strahlung berechnet werden.

Wird Gl. 8.4 in Gl. 8.5 integriert, kann ein direkter Zusammenhang zwischen Energie E und Wellenlänge λ hergestellt werden, siehe dazu Gl. 8.6.

$$E = h \cdot \nu = h \cdot \frac{c}{\lambda} \qquad \text{(Gl. 8.6)}$$

Aus Gl. 8.6 kann man erkennen, dass die Energie E der elektromagnetischen Strahlung indirekt proportional zur Wellenlänge λ ist. Je kleiner also die Wellenlänge ist, umso mehr Energie kann mit der elektromagnetischen Strahlung übertragen werden. So können die UV-Strahlen mehr Energie in die Materie übertragen als die vergleichsweise langwellige IR-Strahlung.

Merke

Je kleiner die Wellenlänge λ, umso größer ist die Energie E, die in die Materie übertragen werden kann.

Vertiefungsübung V8.8

Berechnen Sie die Energien E zweier elektromagnetischer Wellen mit einer Wellenlänge von λ = 220 nm und 600 nm (h = 6,6256 × 10^{-34} Js, c = 300 000 000 m/s). In welchem spektralen Bereich befinden sich diese beiden Wellenlängen?

8.4.3 Absorption und Emission elektromagnetischer Strahlung

Eine Energieübertragung von elektromagnetischer Strahlung auf die Teilchen der Materie (Atome, Moleküle oder Ionen) ist nur dann möglich, wenn sie in der Lage sind, die Energie der Strahlung aufzunehmen. Nach erfolgter Energieaufnahme wird das entsprechende Teilchen von seinem **energetischen Grundzustand** in einen **energetisch angeregten Zustand** versetzt. Hierbei nimmt es die Energiedifferenz $\Delta E = h \cdot \nu$ auf, die zwischen diesen beiden Zuständen besteht. Der Vorgang der Energieaufnahme wird als **Energieabsorption** bezeichnet (vgl. dazu Bild 8.14)

Erfüllen die Energiepakete der Strahlung **nicht** die Bedingung, dass sie **exakt die Differenz** zweier energetischer Zustände in dem Teilchen ausmachen, so kann keine Wechselwirkung zwischen Strahlung und Materie erfolgen und somit ist keine Absorption der elektromagnetischen Strahlung möglich. Man nennt diese Voraussetzung «Resonanzbedingung».

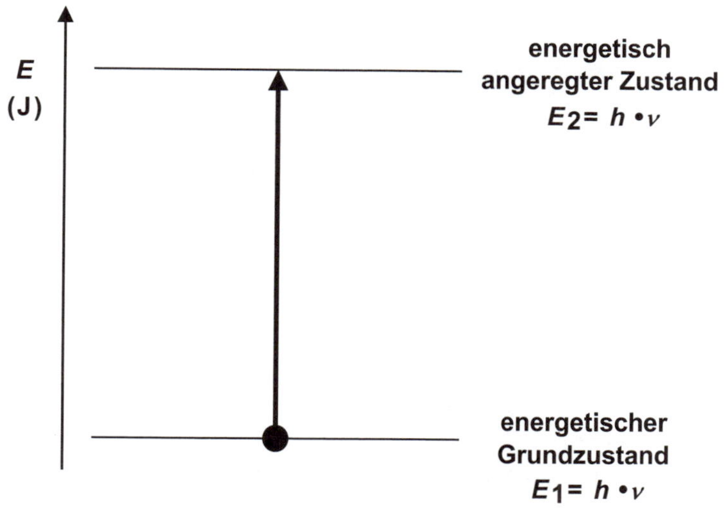

Bild 8.14 Schematischer Vorgang der **Energieabsorption** von $E_2 - E_1 = \Delta E = h \cdot \nu$

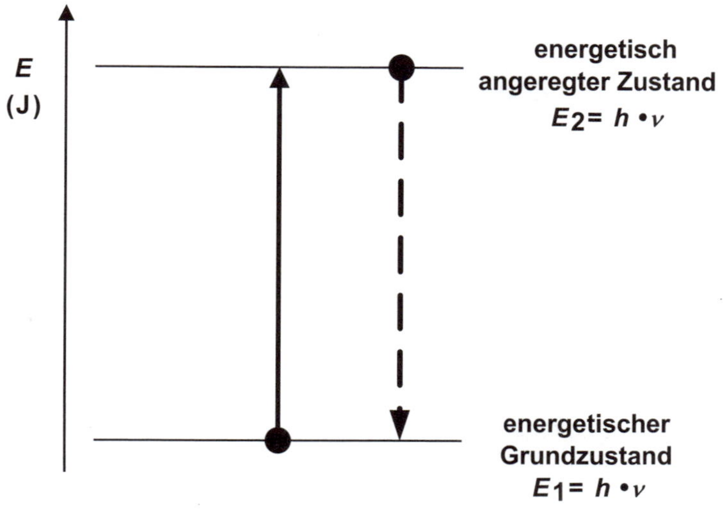

Bild 8.15 Schematischer Vorgang der **Emission** unter Energieabgabe

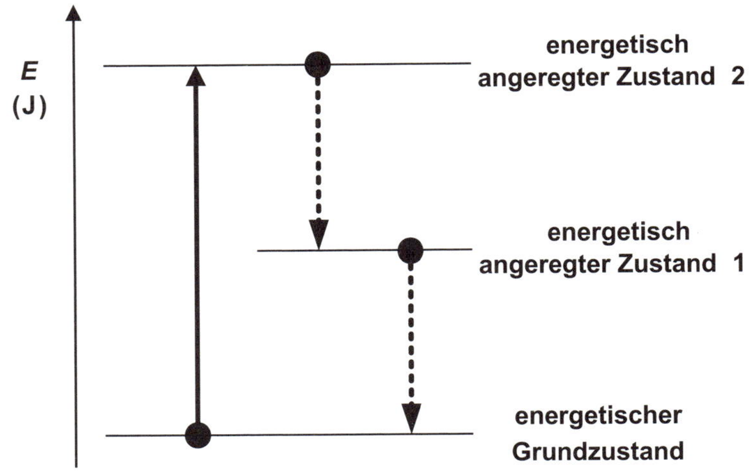

Bild 8.16 Schematischer Vorgang der Fluoreszenz bzw. Phosphoreszenz

Nach einer erfolgten erfolgreichen Energieaufnahme verbleiben die Teilchen i.d.R. nur für eine sehr kurze Zeit (ca. 10^{-9} s) im angeregten Zustand. Unter Energieabgabe kehren sie wieder in ihren energetischen Grundzustand zurück. Dabei geben sie exakt die vorher aufgenommene Energie wieder ab. Dieser Vorgang wird **Emission** genannt (Bild 8.15).

Zusätzlich besteht für die Teilchen im angeregten Zustand die Möglichkeit, einen Teil ihrer Energie in Form von Wärme an die Umgebung abzugeben. Entweder erfolgt die Energieabgabe durch Wärme bis hin zum Grundzustand oder das Molekül gibt einen Rest an Energie doch wieder durch Emission von elektromagnetischer Strahlung ab. Die dabei emittierte Strahlung ist energieärmer als die zuvor absorbierte Strahlung, und somit ist auch die Frequenz ν des ausgesendeten Lichtes kleiner, als die zuvor absorbierte (Bild 8.16).

Diese Eigenschaft wird als **Fluoreszenz** oder **Phosphoreszenz bezeichnet**. Der Unterschied zwischen beiden Phänomenen besteht in der Nachleuchtdauer, die bei der Phosphoreszenz längere Zeit erhalten bleibt, während sie bei der Fluoreszenz bei Wegnahme der anregenden Strahlungsquelle sofort erlischt.

Vertiefungsübung V8.9

Manche Farbpigmente strahlen besonders kräftig und kontrastreich, wenn sie von UV-Licht angestrahlt werden. Um welchen Effekt handelt es sich dabei?

8.5 UV/Vis-Spektroskopie

Im Prozess **P1_KAP8** soll die Quantifizierung des identifizierten Farbstoffs Gelborange S mithilfe der UV/Vis-Spektroskopie durchgeführt werden. Doch zuvor wird das Grundprinzip der UV/Vis-Spektroskopie erläutert.

Die UV/Vis-Spektroskopie ist eine weitverbreitete, einfach durchzuführende und zugleich kostengünstige Analysenmethode. Nach Absorption der elektromagnetischen Strahlung erfolgt eine Anregung von Außenelektronen in einen energetisch angeregten Zustand. Der für UV/Vis-Messungen umfassende Wellenlängenbereich reicht von λ = 190...800 nm. Für das menschliche Auge sichtbar ist nur der Teil von λ = 400...800 nm, die **visible** Strahlung (Vis-Strahlung). Tabelle 8.4 zeigt den Zusammenhang zwischen der Farbe des Lichtes und seiner Wellenlänge.

Tabelle 8.4 Wellenlängen λ des sichtbaren Lichtes

Wellenlänge λ in nm	**sichtbare Farbe**
400...435	Violett
435...480	Blau
480...490	Grünblau
490...500	Blaugrün
500...560	Grün
560...580	Gelbgrün
580...595	Gelb
595...610	Orange
610...750	Rot

Voraussetzung für die Absorption von sichtbarem Licht der Wellenlängen λ = 400...800 nm ist, dass der absorbierende Analyt selbst farbig ist bzw. vor der Analyse mit speziellen Chemikalien angefärbt werden kann.

Der im Prozess **P1_KAP8** zu quantifizierende Analyt, Gelborange S, ist ein Farbstoff, der vor allem grün-blaues Licht von ca. 480 nm absorbiert und gelboranges Licht von ca. 590...600 nm emittiert. Der Analyt Gelborange S kann deshalb mithilfe der Vis-Spektroskopie quantifiziert werden.

Handelt es sich aber um farblose Stoffe, deren Moleküle π-Elektronen enthalten (s. Kapitel 6) ist zur Anregung der Elektronen energiereichere UV-Strahlung (λ = 400...200 nm) nötig. Die Absorption ist besonders intensiv, wenn die Verbindung ein konjugiertes π-System aufweist, wie es z.B. im Molekül von Gelborange S zu erkennen ist (Bild 8.17).

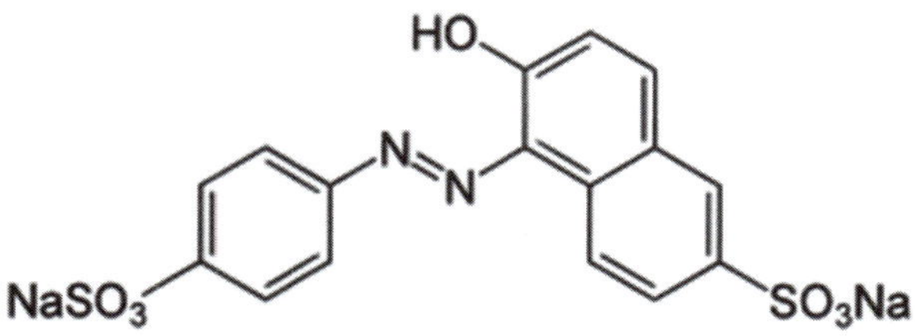

Bild 8.17
Konjugation aromatischer Systeme am Beispiel Gelborange S

Gelborange S hat dadurch im UV-Bereich ebenfalls eine deutliche Absorption und könnte auch im UV-Bereich quantifiziert werden.

Vertiefungsübung V8.10

Zeigen Sie mit einem Farbstift die Konjugation im Gelborange-S-Molekül.

8.5.1 Chromophore und auxochrome Gruppen

Die Absorption von UV- und sichtbarer Strahlung ist auf eine begrenzte Zahl von funktionellen Gruppen im Molekül beschränkt, den **Chromophoren** (Farbträger). Typische Chromophore sind z.B. –C=C–, $-SO_3H$, $-NO_2$, –COOH, also Verbindungsteile, die mindestens eine Mehrfachbindung aufweisen.

Durch Kombination verschiedener chromophorer Gruppen kann eine Verschiebung der Absorption bis in den sichtbaren Bereich hinein erfolgen. Diese Verschiebung wird insbesondere durch solche Chromophore verstärkt, die sich zueinander in Konjugation befinden. So verfügt z.B. das *β*-Carotin aus der Karotte (Bild 8.18) über eine Vielzahl konjugierter Doppelbindungen, die für die Absorption von sichtbarem Licht verantwortlich sind. Daraus resultiert die intensiv orangene Farbe.

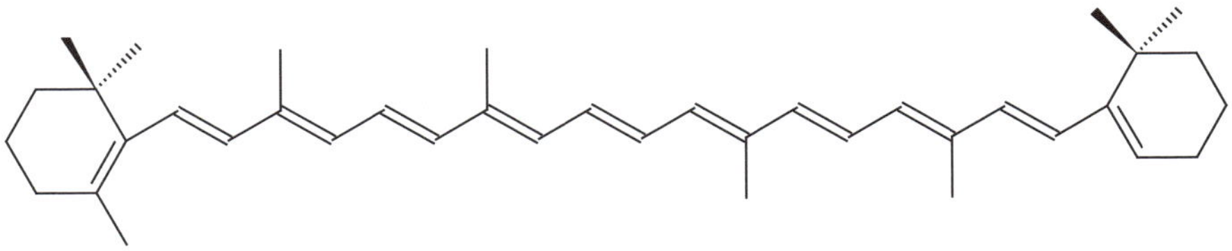

Bild 8.18 *β*-Carotin mit zahlreich konjugierten Doppelbindungen

8.5.2 UV/Vis-Spektralfotometer (Zweistrahlmessgerät)

Meistens werden heute zur Messung der Lichtabsorption in Abhängigkeit von der Wellenlänge **Zweistrahlspektralfotometer** (Bild 8.19) eingesetzt. Eine darin befindliche Strahlungsquelle sendet **polychromatisches** (mehrfarbiges) Licht aus, von dem mithilfe eines Monochromators nur elektromagnetische Strahlung einer ganz bestimmten Wellenlänge λ (**monochromatisches Licht**) mit der vom Gerät vorgegebenen Intensität I_0 zur Probenlösung gelangt. Diese Probenlösung befindet sich in einem kleinen lichtdurchlässigen Trog, einer sog. **Küvette.** In der Probenlösung wird ein Teil des eingestrahlten Lichtes I_0 absorbiert, und der Lichtstrahl mit der verminderten Lichtintensität I gelangt zum Detektor. An der Registriereinheit wird als Messgröße die sog. Extinktion E angezeigt, die direkt proportional zur Analytkonzentration c ist (s. dazu Abschnitt 8.5.4). Bild 8.19 veranschaulicht den Strahlengang eines Zweistrahlfotometers.

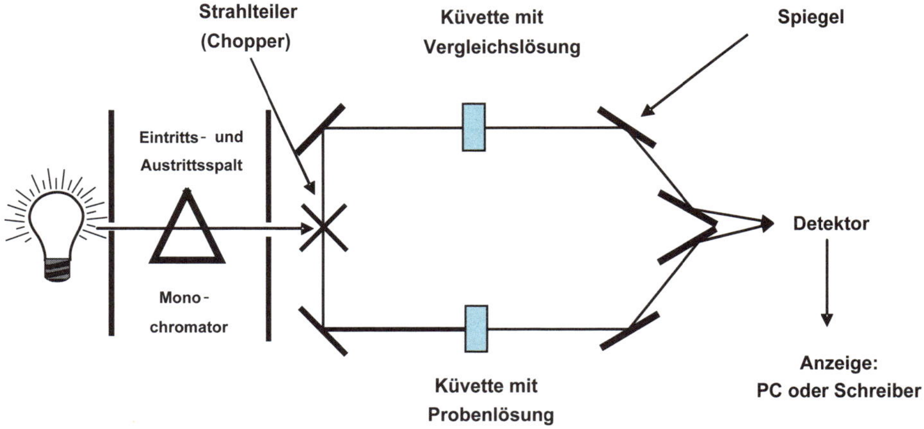

Bild 8.19 Schematischer Aufbau eines Zweistrahlfotometers

8.5.2.1 Strahlungsquellen

Als Strahlungsquellen kommen in modernen Spektralfotometern fast ausschließlich zwei Lampentypen zum Einsatz:

- Der UV-Bereich wird von einer Deuterium-Gasentladungslampe (Deuterium: D_2) erzeugt (Wellenlängen zwischen λ = 180...370 nm).
- Der Vis-Bereich wird von einer Wolfram-Halogenlampe erzeugt (λ = 360...800 nm).

Je nach Stellung eines Spiegels gelangt UV-Licht, sichtbares Licht oder beides in den Probenraum.

8.5.2.2 Monochromatoren

Der Monochromator hat die Aufgabe, aus dem Licht der Strahlungsquellen eine vorgegebene Wellenlänge bzw. einen schmalen Wellenlängenbereich herauszufiltern. Aus dem ursprünglich polychromatischen Licht wird so monochromatisches Licht. Die spektrale Zerlegung des Lichtes übernehmen in modernen Geräten sog. **Reflexionsgitter** mit ihren in die Oberfläche eingravierten kleinen Furchen. Das Reflexionsgitter ist beweglich angeordnet und wird mit einem Motor verstellt. Dadurch wird erreicht, dass, je nach Position des Gitters, nur eine genau definierte Wellenlänge λ des Lichtes den Austrittsspalt passiert. Der Vorgang ist vergleichbar mit der Farbentstehung bei schrägem Lichteinfall auf eine CD, auf der sog. Pitches eingraviert sind. Je nach Einfallswinkel des Lichtes auf die CD wird eine andere Farbe (= andere Wellenlänge) reflektiert. Vergleiche dazu Bild 8.20.

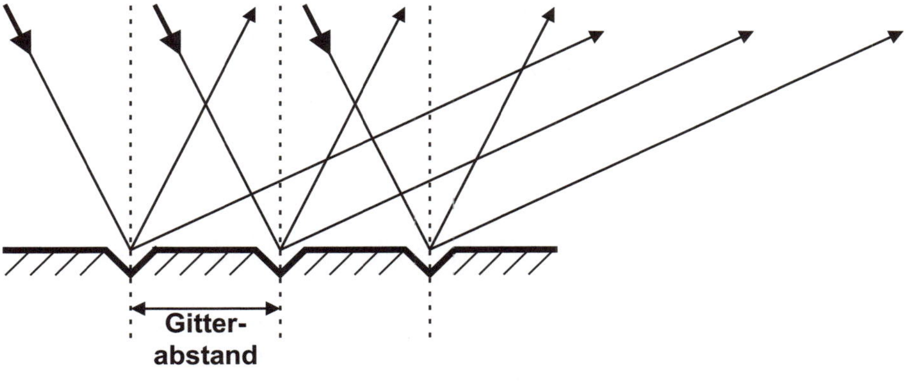

Bild 8.20 Wirkung eines Gitters

8.5.2.3 Aufteilung eines Lichtstrahls in einen Proben- und einen Vergleichsstrahl

Das nun monochromatische Licht tritt durch den Austrittsspalt in das optische System und trifft auf einen schnell rotierenden Sektorenspiegel, den **Chopper**, der die ankommende Strahlung in kleine Lichtstrahlpakete zerhackt. Das Licht wird durch den schnell rotierenden Spiegel abwechselnd durch die Küvette des Probenstrahlengangs und dann durch die Küvette eines Vergleichsstrahlengangs gelenkt. Darin befindet sich eine Blindlösung (engl.: blank), eine separat hergestellte Lösung, die idealerweise alle Begleitstoffe der Probenlösung, aber keinen Analyten enthält.

In beiden Küvetten wird die Lichtintensität I des jeweiligen Strahls unterschiedlich stark geschwächt. Nachdem beide Teilstrahlen (Bild 8.19) wieder zusammengeführt sind, erreichen sie den Detektor, der die ankommende Strahlung in ein messbares elektrisches Signal umwandelt.

Im Gebrauch sind auch noch **Einstrahl**fotometer, bei denen der Lichtstrahl nicht in einen Vergleichs- und Probenstrahl aufgeteilt, sondern die Blind- und Probenlösung seriell (d.h. hintereinander), gemessen wird. Bei diesen Geräten wird zunächst die Extinktion E_{Bl} der Blindlösung gemessen und im Gerät gespeichert, anschließend die Extinktion E der Probenlösung bei der gleichen Wellenlänge λ. Der Extinktionswert E_{Bl} des gespeicherten Blindwertes wird von dem Wert E der Probenlösung subtrahiert, das Ergebnis ist die eigentliche, reale Extinktion E_{Real} der Lösung des Analyten (Gl. 8.7).

$$E_{Real} = E - E_{Bl} \qquad \text{(Gl. 8.7)}$$

Nachteilig ist, dass zwischen den beiden Messungen eine gewisse Zeit vergeht, in dem sich die Probenmoleküle durch Verdunstung oder chemische Umsetzungen verändern können. Auch schwankt in einem gewissen Rahmen die Lichtintensität der Lampe. Dafür sind diese Einstrahlfotometer preiswerter als Zweistrahlfotometer und mechanisch stabiler.

8.5.2.4 Küvetten für die UV/Vis-Spektroskopie

Da in der UV/Vis-Spektroskopie ausschließlich gelöste Proben für eine Bestimmung infrage kommen, sind Küvetten als Probenbehälter notwendig. Sie müssen aus einem Material hergestellt sein, das die Strahlung des betreffenden Spektralbereichs (UV- oder Vis-Strahlung) durchlässt.

- Quarz-, Glas- und Kunststoffküvetten aus Polystyrol (PS) sind für Wellenlängen oberhalb λ = 350 nm (Vis-Bereich) geeignet.
- Im UV-Bereich (λ = 200...400 nm) sind Quarzküvetten oder Polymethylmethacrylat-Küvetten (PMMA) erforderlich, da in diesem Bereich Glas oder Polystyrol eine zu hohe Eigenabsorption aufweisen.

Küvetten sind Bestandteil des optischen Systems und müssen mit der gleichen Sorgfalt wie das übrige optische System behandelt werden.

8.5.2.5 Detektoren

Die Aufgabe des Detektors besteht darin, die Intensität der ankommenden Strahlung zu messen. Die in der UV/Vis-Spektroskopie am häufigsten eingesetzten Detektoren bestehen aus Fotodioden, die die Lichtenergie in ein elektrisches Signal umwandeln. Fotodioden können sehr kompakt gebaut werden, was die Herstellung sog. Fotodiodenarrays (DAD) ermöglicht. So können mehr als 4000 Fotodioden gemeinsam in ein Array-Bauteil integriert werden. Da jede Fotodiode dieses Arrays in der Lage ist, die Intensität **einer** bestimmten Wellenlänge λ zu messen, können auf diese Weise die Intensitäten vieler Wellenlängen **gleichzeitig** erfasst werden.

Vertiefungsübung V8.11

Bei einem Zweistrahlmessgerät wird in den hinteren Strahlengang Wasser und in den vorderen Strahlengang ebenfalls Wasser gegeben. Das Gerät zeigt am Display eine Extinktion von E = 0,004. Wie sollte der Wert sein? Begründen Sie die Abweichung!

8.5.3 Lösemittel für die UV/Vis-Spektroskopie

Die zu bestimmende Probensubstanz wird gewöhnlich zur Messung in einem Lösemittel gelöst. Die in der UV/Vis-Spektroskopie verwendeten Lösemittel sollen

- frei von Schwebeteilchen sein, um eine Streuung der Strahlung zu vermeiden,
- im Messbereich selbst nicht zu stark absorbieren («Eigenabsorption»)

Die Eigenabsorption kann durch den sog. «Cut-off» beurteilt werden. Das ist die Wellenlänge für ein bestimmtes Lösemittel, unter der nicht mehr gemessen werden soll. Oberhalb des Cut-offs ist die Eigenabsorption des Lösemittels zu hoch. Der Cut-off für Methanol beträgt z.B. λ = 210 nm, der von Aceton λ = 330 nm. Gewöhnlich ist das die Wellenlänge, bei der die Extinktion des reinen Lösemittels über E = 1,0 steigt.

8.5.4 Bestimmungen mit der UV/Vis-Spektroskopie

Die UV/Vis-Spektroskopie gestattet eine sehr genaue Quantifizierung zahlreicher gelöster Analyten. Grundlage der Quantifizierung ist das Lambert-Beer-Gesetz nach Gl. 8.8.

$$E = \varepsilon(\lambda) \cdot c \cdot d \qquad \text{(Gl. 8.8)}$$

mit:

E gemessene Extinktion (Einheitenlos)
$\varepsilon(\lambda)$ molarer Extinktionskoeffizient bei einer bestimmen Wellenlänge (Stoffkonstante)
c Konzentration (mol/L)
d Schichtdicke der Küvette (cm)

Vertiefungsübung V8.12

Welche Einheit hat der molare Extinktionskoeffizient $\varepsilon(\lambda)$?

Ist der molare Extinktionskoeffizient $\varepsilon(\lambda)$ eines bestimmten Analyten bei der Wellenlänge λ bekannt, wird zur Extinktionsmessung eine Küvette mit definierter Schichtdicke d benutzt. Die Messung der Extinktion E erfolgt mit dem Fotometer bei der Wellenlänge λ. Durch Umstellen des Lambert-Beer-Gesetzes nach der Konzentration c lässt sich diese dann berechnen (Gl. 8.9).

$$c = \frac{E}{\varepsilon(\lambda) \cdot d} \qquad \text{(Gl. 8.9)}$$

In den meisten Fällen ist allerdings der genaue molare Extinktionskoeffizient $\varepsilon(\lambda)$ des Analyten nicht bekannt. Um dennoch die Konzentration bestimmen zu können, muss eine Kalibrierung durchgeführt werden. Dazu werden mehrere Lösungen bekannter Konzentrationen des zu quantifizierenden Analyten (Kalibrierlösungen) angesetzt und fotometrisch gemessen. Es wird aus den Messwerten die Abhängigkeit der Extinktion E von der Konzentration c bestimmt.

Die Kalibrierung sowie alle Messungen sollten möglichst bei der Wellenlänge durchgeführt werden, bei der der gelöste Analyt sein Absorptionsmaximum (λ_{max}) besitzt. Bei dieser Wellenlänge hat die Analysenmethode die größte Empfindlichkeit. Um dieses Extinktionsmaximum λ_{max} abzuschätzen, wird ein Übersichtsspektrum einer Lösung des gelösten Analyten gegen eine Blindlösung aufgenommen (**λ-Scan oder Wellenlängen-Scan**) und aus dem Spektrum die Wellenlänge des Maximums ausgelesen.

Des Weiteren ist – bedingt durch den Linearbereich des Geräts – darauf zu achten, dass die gemessenen Extinktionswerte bei der Kalibrierung zwischen $E = 0,1$ und 1,3 liegen. Unterhalb $E = 0,1$ ist die Messungenauigkeit zu groß, da das Untergrundrauschen des Geräts gegenüber dem Messsignal zu stark ist. Oberhalb von $E = 1,3$ besteht die Gefahr, dass das LAMBERT-BEER-Gesetz seine Gültigkeit verliert.

8.5.5 Kalibrierung und Quantifizierung

Zur Kalibrierung werden meistens die Extinktionen von 5...10 Kalibrierlösungen verschiedener Konzentrationen gegen eine Blindlösung (im Vergleichsstrahlengang) bestimmt. Die Kalibrierlösungen stellt man separat aus einer Einwaage des Analyten und entsprechenden Aliquotierungen her. Die Abstände zwischen den Konzentrationen der einzelnen Kalibrierlösungen sollten möglichst gleich groß («äquidistant») sein. Die Konzentrationsdifferenz zwischen der am stärksten verdünnten und der konzentriertesten Lösung nennt man Arbeitsbereich. Die zu analysierende Probe ist analog zu den Kalibrierlösungen zu behandeln und so zu verdünnen, dass ihr Extinktionswert möglichst in der Mitte des Arbeitsbereiches liegt. Die Konzentration an Analyten in der zu quantifizierenden Probe kann dann rechnerisch mithilfe einer Ausgleichsgeraden («Regressionsgerade» oder «Bestgerade») berechnet werden, die vorher durch eine «lineare Regression» aus dem Kalibrierexperiment ermittelt wurde. Es empfiehlt sich, folgendes Beispiel durchzuarbeiten.

8.5.6 Quantifizierung des Farbstoffs im Prozess P1_KAP8

Zunächst wird aus dem reinen Farbstoff Gelborange S eine Stammlösung hergestellt, die 100 mg Gelborange S pro Liter enthält. Durch Aliquotieren werden folgende 5 Kalibrierlösungen hergestellt: 100, 125, 150, 175 und 200 µg pro 100 mL Gelborange S.

Von einer separat hergestellten Lösung mit 400 µg/100 mL Gelborange S wird ein Wellenlängen-Scan zwischen 370...550 nm durchgeführt, dabei stellt sich heraus, dass das Extinktionsmaximum bei $\lambda = 480$ nm liegt (Bild 8.21).

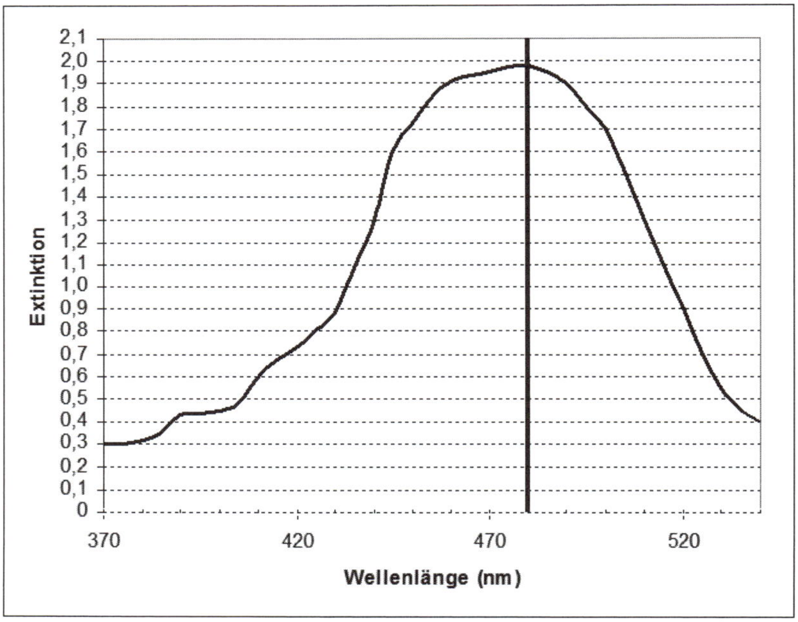

Bild 8.21 λ-Scan von Gelborange S mit einem Extinktionsmaximum bei $\lambda = 480$ nm

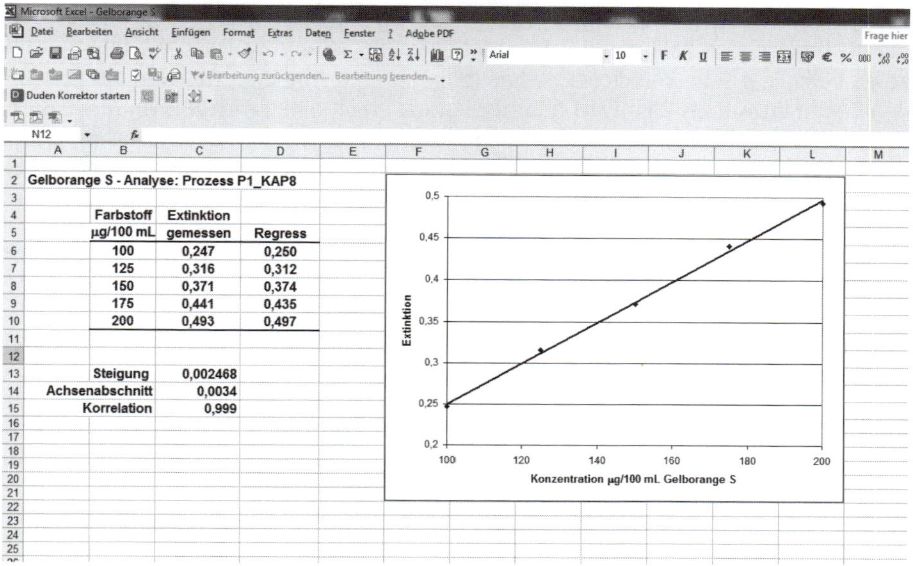

Gelborange S - Analyse: Prozess P1_KAP8

Farbstoff µg/100 mL	Extinktion gemessen	Regress
100	0,247	0,250
125	0,316	0,312
150	0,371	0,374
175	0,441	0,435
200	0,493	0,497

Steigung	0,002468
Achsenabschnitt	0,0034
Korrelation	0,999

Bild 8.22 Ergebnis der Kalibrierung des Farbstoffs Gelborange S

Von den 5 Kalibrierlösungen zwischen 100...200 µg/100 mL Gelborange S werden im Spektralfotometer bei λ = 480 nm gegen Wasser als Blindlösung die jeweiligen Extinktionen E bestimmt und die Ergebnisse in ein Excel-Arbeitsblatt eingetragen (Bild 8.22).

Die in Spalte C eingetragenen Werte sind die gemessenen Extinktionen E. Mit der Excel-Funktion =STEIGUNG(C6:C10;B6:B10) wird die Steigung m der Geradengleichung ermittelt. Man erhält $m = 0{,}00247$. Mit der Excel-Funktion =ACHSENABSCHNITT(C6:C10; B6:B10) kann der Achsenabschnitt berechnet werden: b = 0,0034.

Im Idealfall soll der Korrelationskoeffizient r = 1,000 und der Achsenabschnitt b = 0 sein. Der Korrelationskoeffizient r wird mit =KORREL(C6:C10;B6:B10) ermittelt und beträgt r = 0,999.

Der Korrelationskoeffizient r von mehr als 0,998 im mittleren Konzentrationsbereich wird von vielen Analytikern als Mindestwert akzeptiert, um auf einen linearen Zusammenhang zu schließen. Der positive Achsenabschnitt b = 0,0034 ist ebenfalls akzeptabel.

Vertiefungsübung V8.13

Der Achsenabschnitt b ist ein Signal bei der Konzentration $c = 0$. Wie kann ein solcher Wert noch genannt werden?

Die Geradengleichung der Abhängigkeit der Extinktion E von der Massenkonzentration lautet nach Gl. 8.10:

$$y = m \cdot x + b = 0{,}002468 \cdot x + 0{,}0034 \qquad \text{(Gl. 8.10)}$$

mit:

y Extinktion

E und x Massenkonzentration β (µg/100 mL)

Als Nächstes werden 10,0 mL Bananenlikör aus dem Prozess P1_KAP8 in einen 100-mL-Messkolben eingegeben, der mit Wasser bis zur Marke aufgefüllt wird (Probenlösung). Wären im Likör tatsächlich 15 mg/L (15 000 µg/L) Farbstoff enthalten, wären in dem 100-mL-Messkolben 150 µg Farbstoff gelöst. Das fällt in den Arbeitsbereich der Kalibrierung. Die Probenlösung wird zur Sicherheit filtriert und muss völlig klar sein. Von dieser gelben Probenlösung wird die Extinktion bei λ = 480 nm gegen Wasser als Blindwert gemessen. Man erhält eine Extinktion von ***E* = 0,359**.

Durch Umstellen der Geradengleichung Gl. 8.10 und Einsetzen des Wertes E = 0,359 für y erhält man nach Gl. 8.11 eine Konzentration der Probenlösung von β(Gelborange) = **144,08 µg/100 mL**.

$$x = \frac{y - b}{m} = \frac{0{,}359 - 0{,}0034}{0{,}002468} = \underline{144{,}08} \qquad \text{(Gl. 8.11)}$$

(Die Einheiten wurden in Gl. 8.11 ausnahmsweise wegen der besseren Lesbarkeit weggelassen.)

Durch Umrechnung mit dem Aliquotierungsfaktor kann die Konzentration des Farbstoffs Gelborange S im Likör mit ***β* (Gelborange) = 14,41 mg/L** bestimmt werden. Die Konzentration entspricht in etwa dem Sollwert von 15 mg/L.

Als Nächstes sollen die Zuckerkonzentrationen (Maltose und Saccharose) im Bananenlikör analysiert werden, dazu wird die Methode HPLC verwendet.

8.6 Methode der Hochleistungsflüssigkeitschromatografie (HPLC)

Die Hochleistungsflüssigkeitschromatografie (kurz: HPLC) ist eine Chromatografie-Methode, die sich seit 1970 aus der Säulenchromatografie entwickelt hat. Bei der HPLC findet die chromatografische Trennung der Analyten in einer Festbettsäule zwischen einer stationären und der mobilen Phase, dem sog. **Eluenten**, statt. Die stationäre Phase (Adsorbens), die aus sehr kleinen porösen Kügelchen besteht, befindet sich in der Säule. Die mobile Phase (Eluent) ist ein Lösungsmittel oder ein Lösungsmittelgemisch, das mit hohem Druck durch die HPLC-Säule gepresst wird. Die mobile Phase, die die Säule verlässt, nennt man Eluat.

Informationssuche

Suchen Sie in Datenbanken, Lexika oder im Internet (z.B. http://de.wikipedia.org/wiki/Hauptseite) nach dem Begriff «Säulenchromatografie» und erfassen Sie die Bedeutung des Inhalts.

Die HPLC liefert bei optimalen Bedingungen eine sehr gute Trennung aller Analyten in kurzer Zeit. Da die HPLC sehr weit verbreitet ist, gibt es unzählige dokumentierte Applikationsbeispiele, mit denen der Anwender meistens relativ schnell eine Methode weiterentwickeln kann.

Voraussetzung für die Anwendbarkeit der HPLC-Methode ist, dass sich die Analyten der Probe in dem Eluenten lösen können. Dies trifft für fast alle Analyten zu, die nicht zu sehr hochmolekular oder vernetzt sind.

8.6.1 Prinzip der HPLC

HPLC ist ein Trennprozess, bei dem das Probengemisch zwischen zwei Phasen in einer Trennsäule verteilt wird. Die stationäre Phase, das Adsorbens, besteht aus einem festen porösen Material mit sehr kleiner Korngröße. Die mobile Phase besteht aus einem Lösemittelgemisch, sie strömt durch das Säulenbett der stationären Phase.

Die Analyten, die chromatografisch getrennt werden sollen, wandern unterschiedlich schnell durch die Säule. Analyten, die sich bevorzugt in der mobilen Phase aufhalten, wandern schneller durch die Säule als die Analyten, die sich bevorzugt von der stationären Phase adsorbieren lassen. Daher ist die Auswahl der stationären und mobilen Phase von ausschlaggebender Bedeutung.

8.6.2 Materialien und Geräte der HPLC

Zur Grundausstattung der HPLC-Apparatur gehören:

- Eluentenvorratsgefäße,
- Hochdruckpumpen,
- Online-Degaser,
- Manometer,
- Injektor,
- HPLC-Säule (meistens mit Vorsäule),
- Detektor,
- Integrator oder PC-System zur Aufnahme der Daten.

Prinzipiell muss man unterscheiden, ob das HPLC-Gerät als «**Isokrat**» oder «**Konzentrationsgradient**» aufgebaut ist. Bei einer **isokratischen Anlage** kann die Zusammensetzung des Eluenten während des Chromatografielaufs nicht verändert werden. Wird z.B. die Konzentration eines Methanol-Wasser-Gemisches auf 80% Methanol eingestellt, dann wird während der gesamten HPLC-Analyse dieses Gemisch durch die Säule gepresst.

Bei einem **Konzentrationsgradienten** kann die Konzentration des Eluenten während des Chromatografielaufs reproduzierbar verändert werden. Bei einem «**Hochdruck-Gradienten**» wird dies durch den Einsatz einer zweiten Pumpe und einem Mischer bewerkstelligt (vgl. Bild 8.23 und Bild 8.24).

Informationssuche

Suchen Sie in Datenbanken, Lexika oder im Internet (z.B. http://de.wikipedia.org/wiki/Hauptseite) nach dem Begriff «Niederdruck-Gradient» und erfassen Sie die Bedeutung des Inhalts.

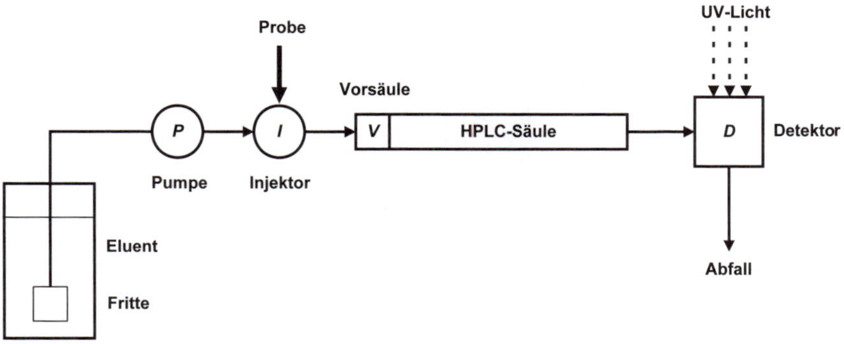

Bild 8.23 Funktionsbild einer HPLC-Anlage (isokratisch)

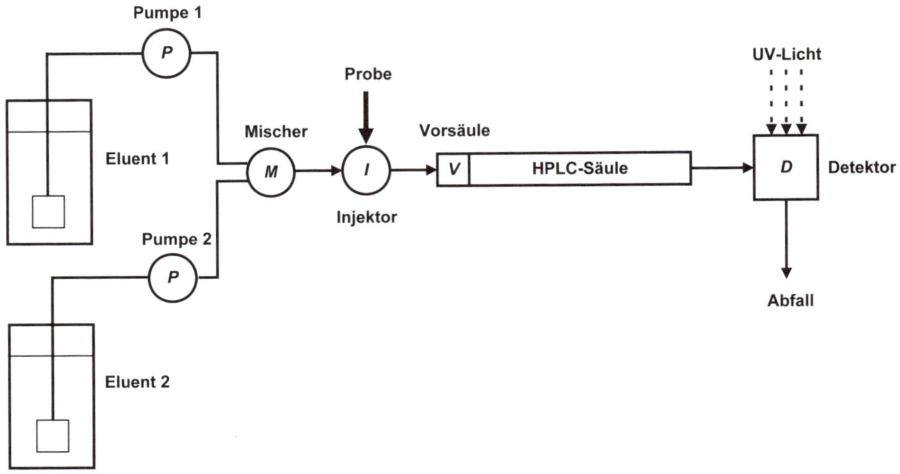

Bild 8.24 Funktionsbild einer HPLC-Anlage (Hochdruck-Gradient)

Gradientensysteme werden dann vorwiegend eingesetzt, wenn im Chromatogramm einige Peaks eng beieinanderliegen und einige weit voneinander entfernt sind. Man fängt zunächst mit einem «schwächeren» Eluentengemisch an und steigert dann die Konzentration des «stärkeren» Partners im Eluenten (vgl. Bild 8.25). Dadurch reduziert sich die Analysenzeit und die Peaks werden schmaler, d.h. besser auswertbar.

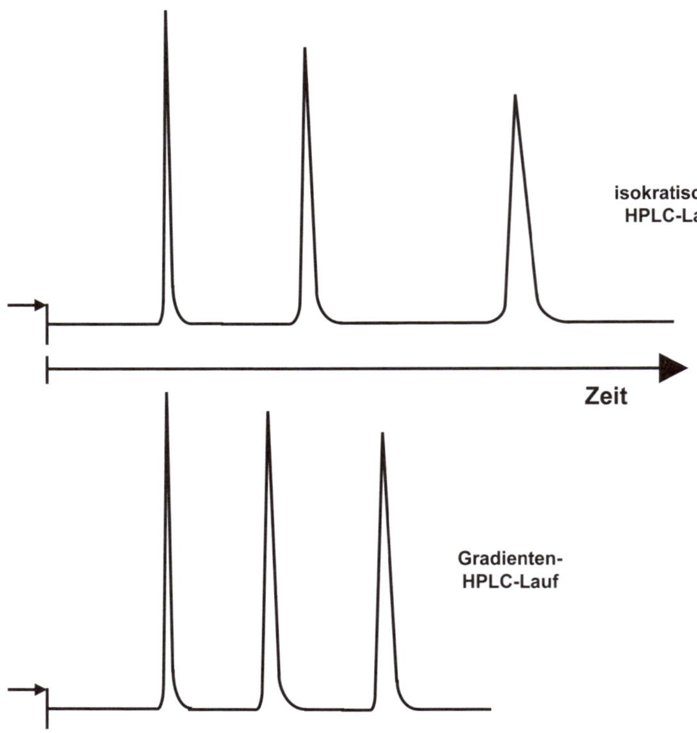

Bild 8.25 Chromatogramm eines Probengemisches mit «isokratischer HPLC» und «Gradienten-HPLC»

8.6.2.1 HPLC-Eluenten (mobile Phase)

Der Eluent als mobile Phase sollte das Analytengemisch in Wechselwirkung mit der stationären Phase durch die Säule schleusen. Die Bestandteile des Eluenten dürfen aber mit den Analyten keine chemische Reaktion eingehen.

Unter anderem bestimmt die Viskosität der mobilen Phase den Druck in der Säule. Eine niedrige Viskosität des Eluenten bei einer konstanten Flussrate erzeugt einen niedrigeren Druck als höher viskose Lösemittel. Alle Bestandteile des Eluenten sollten bei der Verwendung eines UV-Detektors keine große Eigenabsorption der UV-Strahlung aufweisen. Bei Verwendung eines Brechungsindex-Detektors (RI-Detektor, s. Abschnitt 8.6.2.6) sollte der Unterschied der Brechungsindizes des Lösemittelgemisches und des Analyten möglichst groß sein. Natürlich spielen bei der Auswahl der Lösemittel auch Preis und Toxizität eine Rolle.

Bei der Qualität des Eluenten wird auf **höchste Reinheit** geachtet, um Störungen («Geisterpeaks») im Chromatogramm zu vermeiden. Keinesfalls darf der Eluent Staubpartikel oder sonstige Schmutzteilchen enthalten, weil sonst die Säule sehr schnell verstopft und der Druck dadurch sehr stark ansteigt. Eine **Fritte** im Eluentenvorratsgefäß stellt sicher, dass der von der Pumpe angesaugte Eluentenstrom weitgehend partikelfrei ist.

Der Eluent sollte immer «**entgast**» werden. Wie bei der sog. Taucherkrankheit kann bei zu schnellen Druckunterschieden gelöste Luft (Stickstoff) als Blasen aus dem Lösemittel austreten. Gasblasen führen zu erheblichen Druckschwankungen im HPLC-System, das gilt besonders bei der Verwendung der Gradientenmethode. Heute werden zum Entgasen bevorzugt sog. Online-Degaser eingesetzt. Sie verwenden Unterdruck, um den Eluenten gasfrei zu erhalten. Die Gasblasen, die beim Anlegen des leichten Unterdrucks aus dem Eluenten aufsteigen, werden durch eine spezielle Folie abgesaugt. Diese Folie lässt Gasmoleküle passieren, größer dimensionierte Flüssigkeitsmoleküle werden jedoch zurückgehalten.

Informationssuche

Suchen Sie in Datenbanken, Lexika oder im Internet (z.B. http://de.wikipedia.org/wiki/Hauptseite) nach dem Begriff «Gore-Tex®-Folie» und erfassen Sie die Bedeutung des Inhalts.

Merke

Die HPLC-Anlage muss gasblasenfrei betrieben werden. Es müssen technische Maßnahmen getroffen werden, damit während des Chromatografielaufs keine Gasblasen entstehen können.

Auf die Zusammensetzung der Eluenten wird in Abschnitt 8.6.3 eingegangen.

8.6.2.2 HPLC-Pumpen

HPLC-Pumpen werden für die Erzeugung eines konstanten Flusses der mobilen Phase durch das HPLC-System benötigt. Der **Fluss** (Flussrate, Volumenstrom), angegeben in mL/min, wird vom Anwender eingestellt und muss vom Pumpensystem unter allen Umständen konstant gehalten werden. Durch den konstanten Fluss des Eluenten und die Abmessungen der Säule ist die konstante Geschwindigkeit der mobilen Phase im HPLC-System gewährleistet. Es ist verständlich, dass man bei einer Säule, die sehr kleine Partikel enthält oder bei einer alten Säule, die bereits durch Schmutz zugesetzt ist, einen hohen Flüssigkeitsdruck benötigt, um die mobile Phase mit konstanter Geschwindigkeit durch die Säule zu pressen.

Merke

Der Volumenstrom des Eluenten in mL/min muss **absolut konstant** sein. Der Druck, der dabei entsteht, ist zunächst nebensächlich. Ein zu hoher Druck weist aber auf «Verstopfungen» hin und führt schnell zum Verschleiß der Bauteile.

Der Arbeitsdruck eines HPLC-Systems hängt auch von den Analysenbedingungen ab. Bei Säulenfüllungen mit einer Körnung von ca. d_K =10 µm liegt der Arbeitsdruck neuer Säulen im Bereich von ca. p = 35...75 bar. Bei einer Körnung von d_K = 3...5 µm steigt der Druck bereits auf p = 80...200 bar. Weiterhin hängt der Arbeitsdruck von der Viskosität und der eingestellten Flussrate des Eluenten ab, er wird umso größer, je größer die eingestellte Flussrate ist.

Die heute üblichen Pumpentypen sind **Kurzhub-Kolbenpumpen**, wobei mit zwei unabhängig arbeitenden Kolben gefördert wird, da sie geringe Pulsation und sehr konstante Förderleistung bringen. Durch den Einsatz spezieller Schrittmotoren kann die Regelung für einen konstanten Fluss vorgenommen werden. Die in der Pumpe enthaltenen **Kugelventile** geben beim Ansaugen und Ausstoßen der mobilen Phase den richtigen Weg frei. Die Kurzhub-Kolbenpumpen fördern weitgehend gleichmäßig und intervallfrei. In Bild 8.26 ist die Funktionsweise einer Doppel-Kurzhubkolbenpumpe zu erkennen.

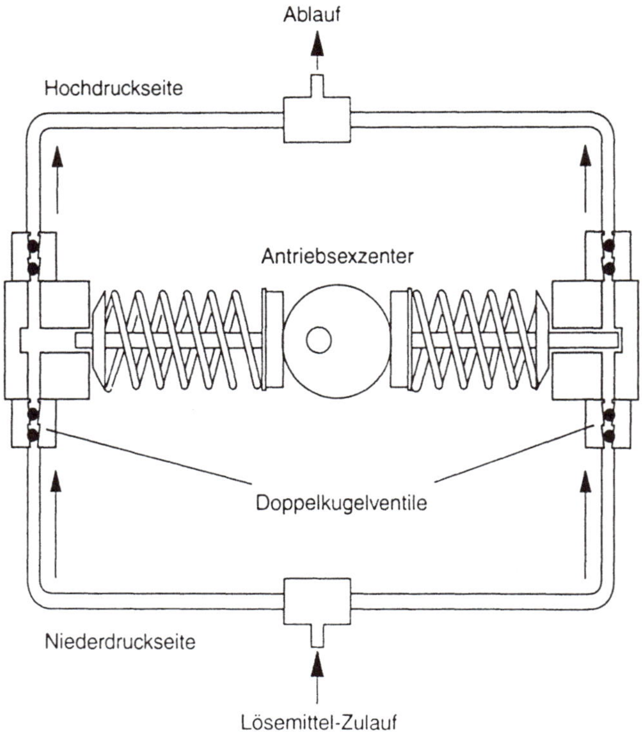

Bild 8.26 Doppel-Kurzhubkolbenpumpe

Informationssuche

Suchen Sie in Datenbanken, Lexika oder im Internet nach dem Begriff «HPLC-Peek-Pumpe» und erfassen Sie die Bedeutung des Inhalts.

Um Verunreinigungen des Eluenten zu vermeiden, müssen Pumpenmaterialien resistent gegenüber dem Eluenten sein. Daher bestehen die meisten Pumpen aus Edelstahl. Kolben und die Kugelventile, die besondere Drücke aushalten müssen, bestehen aus Keramik oder aus dem Edelmineral Saphir. Es werden hohe Ansprüche an die Abdichtung des Kolbens gestellt.

Da bei vielen HPLC-Methoden Pufferlösungen verwendet werden, die feste Puffersalze enthalten, ist eine «**Hinterkolbenspülung**» sinnvoll, um Salzverkrustungen herauszulösen, die die Pumpe beschädigen können.

8.6.2.3 HPLC-Injektionssystem

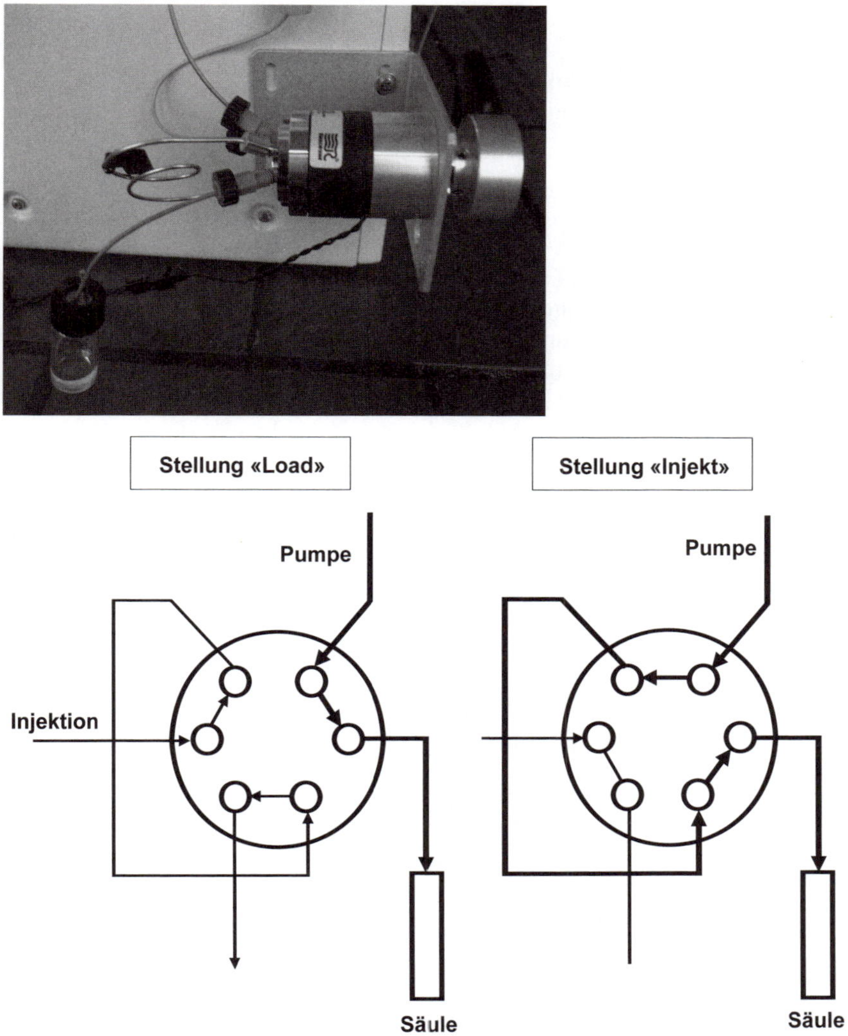

Bild 8.27 Schleifeninjektor und Funktionsweise des Schleifenventils

Das Injektionssystem der HPLC-Anlage muss gewährleisten, dass die Probenlösungen immer im **exakt gleichen Volumen** in das HPLC-System gelangen. Hierzu wird heute üblicherweise ein Schleifen-System («Loop») mit 6 Ein- und Ausgängen verwendet. Man füllt zunächst mithilfe einer Spritze mit spezieller Nadel die Probelösung drucklos in eine Vorratsschleife und dreht dann den Innenkörper des Ventils so, dass der Inhalt der Schleife in den Eluentenstrom gedrückt wird. Die Dosierschlaufe ist auswechselbar und bestimmt das Injektionsvolumen. Üblicherweise werden in der analytischen HPLC Probenvolumina von V = 5...20 µL verwendet. Die Schleife kann vollständig oder teilweise gefüllt werden. Die genaue Funktionsweise des Schleifenventils ist aus Bild 8.27 erkennbar.

Bei der Injektion der Probenlösung ist es wichtig, dass **keine Luft** in die Säule gelangt. Die Injektion in die drucklose Schleife muss ruhig und gleichmäßig erfolgen.

Bei vielen Analysenläufen mit immer der gleichen HPLC-Methode werden gewöhnlich automatische Injektionssysteme verwendet («Autosampler»), die ebenfalls nach dem Schleifenprinzip funktionieren. Aber auch direkt injizierende automatische Systeme sind möglich.

Informationssuche

Suchen Sie in Datenbanken, Lexika oder im Internet (z.B. http://de.wikipedia.org/wiki/Hauptseite) nach dem Begriff «Autosampler» und erfassen Sie die Bedeutung des Inhalts.

8.6.2.4 HPLC-Säule

Es gibt eine Vielzahl von verschiedenen Säulentypen mit unterschiedlichen stationären Phasen, Längen und Innendurchmessern. Aus Bild 8.28 ist eine typische Säule mit d_i = 4,6 mm Innendurchmesser und der Länge von L = 12,5 cm zu erkennen.

Das Säulenaußenwandmaterial besteht normalerweise aus poliertem Edelstahl, es können aber auch metallfreie Säulen eingesetzt werden. In vielen Fällen wird vor die eigentliche Hauptsäule eine **Schutzsäule** («Vorsäule») geschraubt. Diese Schutzsäule soll als «Opfersäule» den Eluenten mit der stationären Phase sättigen. Der Inhalt der Schutzsäule löst sich nach und nach in der mobilen Phase, wenn auch in geringerem Maße. Dadurch wird die stationäre Phase der Hauptsäule geschont. Die stationäre Phase der Vorsäule muss natürlich aus dem gleichen Material bestehen, das in die Hauptsäule gepackt ist. Zudem wirkt die Vorsäule als Hochleistungsfilter.

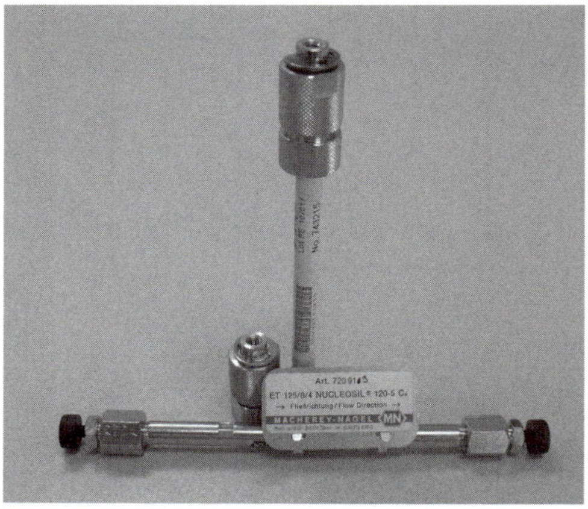

Bild 8.28
HPLC-Standardsäule

Der Innendurchmesser der Säule ist entscheidend für die Einstellung des Volumenstroms des Eluenten. Dieser sollte so bemessen sein, dass eine lineare Geschwindigkeit von $\bar{u}$ = 6...12 cm/min erzielt wird. Danach richtet sich die Einstellung des «Flusses» (mL/min), der von den meisten Anwendern bevorzugt wird.

Merke

Der Volumenstrom des Eluenten muss dem Innendurchmesser der Säule angepasst werden.

Beim Umgang mit einer HPLC-Säule sind einige Arbeitsweisen sinnvoll, um die Lebensdauer einer Säule zu erhöhen. Es sind vor allem folgende Maßnahmen zu beachten:

- Eine Trennsäule soll immer mit einem ausreichenden Volumen an Eluent gespült («konditioniert») werden, bevor der erste Analysenlauf gestartet wird.
- Verschmutzungen des Eluenten und der Probelösung sind unbedingt zu vermeiden, beide Lösungen sind vor dem Gebrauch über einen Membranfilter zu filtrieren!
- HPLC-Säulen vertragen nur sehr schlecht starke Druckschwankungen, daher ist alles zu unternehmen, um solche Druckschwankungen zu vermeiden (Gasblasenfreiheit).
- Werden Pufferlösungen als Eluent verwendet, sollte die Säule immer wieder mal mit warmem Wasser gespült werden, um die Puffersalze auszuwaschen.
- Der *pH*-Wert-Bereich, der vom Hersteller der Säule vorgeschrieben ist, darf weder unter- noch überschritten werden.

8.6.2.5 Stationäre Phase der HPLC

Um hohe Trennleistungen zu erreichen, müssen die Partikel der stationären Phase möglichst klein sein, dadurch wird die aktive Oberfläche der stationären Phase vergrößert. Durch die Verwendung kleiner Partikel verbessern sich zudem die Diffusion der Probenmoleküle sowie die Sorptionsprozesse in der Säule. Aber auch die Form der Partikel ist von ausschlaggebender Bedeutung. Es ist ersichtlich, dass beim Vorliegen einer gleichmäßigen Korngröße und einem völlig runden Korn die mobile Phase leichter durch die kompakte stationäre Phase gepresst werden kann. Der Standardpartikeldurchmesser der stationären Phase beträgt momentan d_K = 5 µm. Der Trend geht hin zu kleinem Korn mit d_K = 3 µm Durchmesser.

Grundlegend für die Trennung ist die Auswahl der stationären Phase nach ihrem chemischen Aufbau. In der Praxis unterscheidet man Trennungen mit

- Normal-Phase-(NP-)Material oder
- Reversed-Phase-(RP-)Material.

Bei der **NP-HPLC** wird reines Kieselgel als stationäre Phase verwendet. Auf der Oberfläche des Kieselgels sind die sog. **Silanolgruppen** (–Si–OH) gleichmäßig verteilt (Bild 8.29)

Informationssuche

Suchen Sie in Datenbanken, Lexika oder im Internet (z.B. http://de.wikipedia.org/wiki/Hauptseite) nach den Begriffen «Silanol-Gruppen» und «Siloxan-Gruppen» und erfassen Sie die Bedeutung der Inhalte.

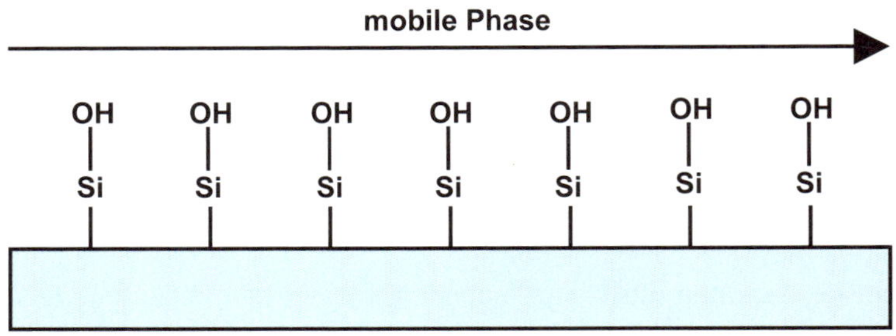

Bild 8.29 Verteilung der Silanol-Gruppen auf der Oberfläche der stationären Phase

Als Eluent dieser HPLC-Art werden unpolare Lösemittel wie n-Hexan, n-Heptan oder Essigsäureethylester bzw. Mischungen davon benötigt.

Merke

Als Eluent der NP-HPLC werden unpolare Lösemittel verwendet.

Ist die stationäre Phase weniger polar als die mobile Phase, spricht man von **Reversed-Phase-Chromatografie** (RP, Umkehrphase). Als Eluentenbestandteile für diese Art der HPLC werden polare Lösemittel wie Wasser (Puffer), Methanol, Acetonitril, Dioxan und Tetrahydrofuran (THF) eingesetzt. Die organischen Bestandteile des Eluenten nennt man «**Modifier**».

Merke

In der RP-HPLC werden als Eluenten polare Lösemittel verwendet.

Als stationäre Phase wird in der RP-HPLC **chemisch verändertes (modifiziertes) Kieselgel** eingesetzt. Es ist ein unpolares Kieselgel, das durch Umsetzung der freien Si–OH-Gruppen des Kieselgels mit langkettigen Silanen nach Bild 8.30 entsteht. Je nach Restlänge der Silane entsteht ein mehr oder weniger unpolares Material. Üblich in der RP-HPLC ist die Verwendung von C8- und C18-Material, d.h., dass die Kettenlänge der eingesetzten Silane C = 8 oder C = 18 beträgt. C18-Material ist unpolarer als C8-Material.

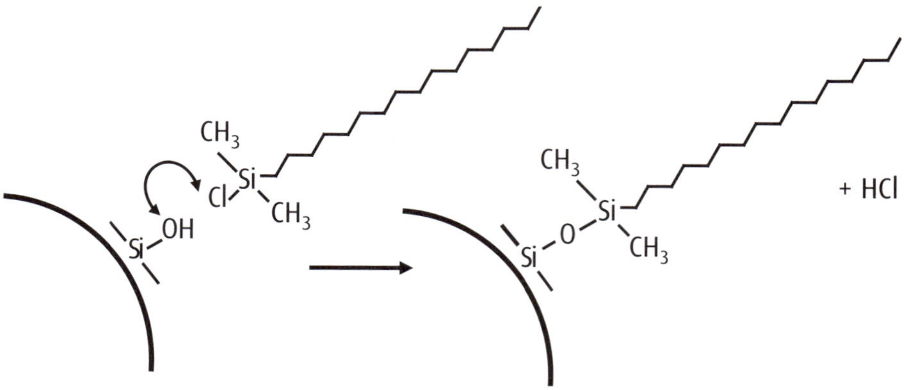

Bild 8.30 Umsetzung des Kieselgels mit langkettigen Silanen

Es entstehen «Bürsten» aus langen Ketten, die von der Oberfläche des Korns der stationären Phase wegstehen.

Vertiefungsübung V8.14

Begründen Sie, warum C18-Material unpolarer ist als C8-Material. Welche Auswirkung hat das auf Retentionszeiten unpolarer Analyten?

RP-Material ist leider chemisch nicht stabil. Unter einem *pH*-Wert von ca. *pH* 2 und oberhalb einem *pH*-Wert von ca. *pH* 10 wird die Modifizierung wieder gelöst oder die stationäre Phase wird im Eluent immer löslicher. Es ist daher immer das Beiblatt des Säulenherstellers durchzulesen, in dem die kritischen Daten der stationären Phase vermerkt sind.

Mit der RP-HPLC können bevorzugt unpolare, nichtionische Analyten getrennt werden. Aber auch polare Analyten sind mit der RP-HPLC zu trennen, wenn die Analyten nur als schwach protolysierte Säuren oder Basen in der Probe vorhanden sind. Diese können meistens durch Einstellen des richtigen *pH*-Werts (Puffersystem) in einen praktisch undissoziierten Zustand gebracht werden.

Informationssuche

Suchen Sie in Datenbanken, Lexika oder im Internet (z.B. http://de.wikipedia.org/wiki/Hauptseite) nach dem Begriff «Endcapping» und erfassen Sie die Bedeutung des Inhaltes. Was kann mit «endgecappten Säulen» besser getrennt werden?

8.6.2.6 Detektoren der HPLC

Die Hauptaufgabe eines Detektors in der HPLC besteht darin, die Analyten in der mobilen Phase zu erkennen und als **konzentrationsabhängiges elektrisches Signal** an ein Auswertesystem weiterzugeben. Er sollte gegenüber Änderungen in der Umgebung (z.B. Temperatur) robust sein und sehr schnell reagieren. Die am häufigsten verwendeten Detektoren sind UV/Vis- und Brechungsindex-Detektoren (RI). Daneben werden noch Leitfähigkeits- und Fluoreszenz-Detektoren verwendet.

Die Detektoren in der HPLC zeigen ein konzentrationsproportionales Verhalten, d.h., das Signal des Detektors ist auch vom Volumenstrom der mobilen Phase abhängig.

Von ausschlaggebender Bedeutung für die Verwendung eines Detektors ist die «kleinste zu detektierende Konzentration» (Detections Limit, DL). Dieser Wert ist von der Art des Analyten und vom Detektortyp abhängig. Der bei Analysen im Mikrobereich oft angegebene Parameter «Nachweisgrenze» ist von der «kleinsten zu detektierenden Konzentration» abhängig.

In Tabelle 8.5 ist die kleinste zu detektierende Konzentration (DL) und das Anwendungsgebiet der wichtigsten Detektoren aufgeführt.

Tabelle 8.5 Kleinste zu detektierende Konzentration (DL)

Detektorart	kleinste zu detektierende Konzentration (g/mL)	typisches Anwendungsgebiet
UV-Detektoren	ca. 10^{-10}	UV-aktive Analyten
Brechungsindex-Detektoren (RI)	ca. 10^{-7}	Zucker, Glycerin, Glycole, Aminosäuren
Leitfähigkeitsdetektoren	ca. 10^{-7}	Salze, ionogene Substanzen

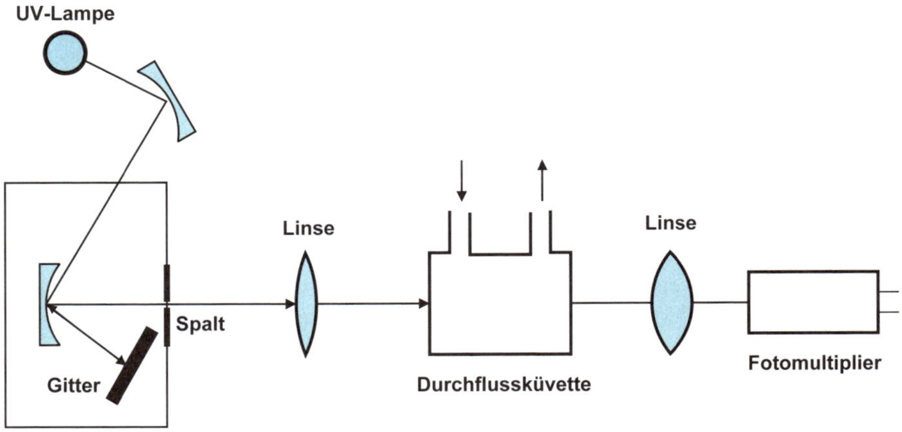

Bild 8.31 Optisches System einer UV-Zelle

Nur Analyten, die UV-Licht absorbieren, können von den **UV-Detektoren** erfasst werden. UV-Detektoren haben einen weiten Linearitätsbereich und können auch für Gradientenelutionen eingesetzt werden. Sie sind relativ unempfindlich gegenüber Temperaturschwankungen. In Bild 8.31 ist das optische System einer UV-Zelle abgebildet.

- Die mobile Phase fließt nach dem Verlassen der Säule durch eine Quarzmesszelle. Die typische Messzelle besitzt ein Volumen von $V = 4...10\ \mu L$.
- Die Messzelle und eine Referenzzelle, in welcher sich Luft oder der reine Eluent befinden, werden vom Strahl der gleichen UV-Lampe durchstrahlt.
- Um eine Selektion bei verschiedenen substanzspezifischen Wellenlängen zu ermöglichen, wird der Lichtquelle ein Monochromator nachgeschaltet.

Wie bereits in Abschnitt 8.5.4 erwähnt, beschreibt das LAMBERT-BEERSCHE-Gesetz über einen weiten Bereich die Abhängigkeit der Extinktion E von der Stoffmengenkonzentration c (Gl. 8.8). Die Messungen sollen möglichst am Extinktionsmaximum des Analyten durchgeführt werden.

Brechungsindex-Detektoren (RI) werden dann verwendet, wenn die Analyten nicht UV-aktiv sind und sich deutlich vom Brechungsindex n der reinen mobilen Phasen unterscheiden. Höhere Alkohole, wie z.B. Glycole, Kohlenhydrate (Zucker) oder Aminosäuren, die keine messbare Extinktion im UV-Bereich aufweisen, werden damit gerne quantifiziert. Brechungsindex-Detektoren können nicht bei Gradientenläufen eingesetzt werden, weil sich dabei der Brechungsindex der mobilen Phase ständig ändert.

Da der Brechungsindex von der Temperatur abhängig ist, ist eine sehr gute Temperaturkonstanz in den Messzellen unbedingt notwendig. Bei einem «Fresnel»-Refraktometer befindet sich das reine Lösemittel in einer Referenzzelle, während durch die Messzelle die mobile Phase aus der Säule fließt (s. dazu Bild 8.32).

Nachdem der Lichtstrahl das Prisma verlassen hat, wird er so gelenkt, dass er auf eine Fotozelle trifft. Sollte der Strahl aus der Messzelle nicht mehr ganz auf die Fotozelle treffen, weil sich der Brechungsindex n des Eluates geändert hat, so ändert sich der Widerstand der Fotozelle in der Messzelle. Der Spannungsunterschied der Fotowiderstände beider Zellen gibt ein elektrisches Signal an das Registriergerät. Die kleinste zu detektierende Konzentration liegt unter günstigen Bedingungen bei RI-Detektoren bei ca. 10^{-7} g/mL. RI-Detektoren sind also ca. 1000-mal weniger empfindlich als UV-Detektoren.

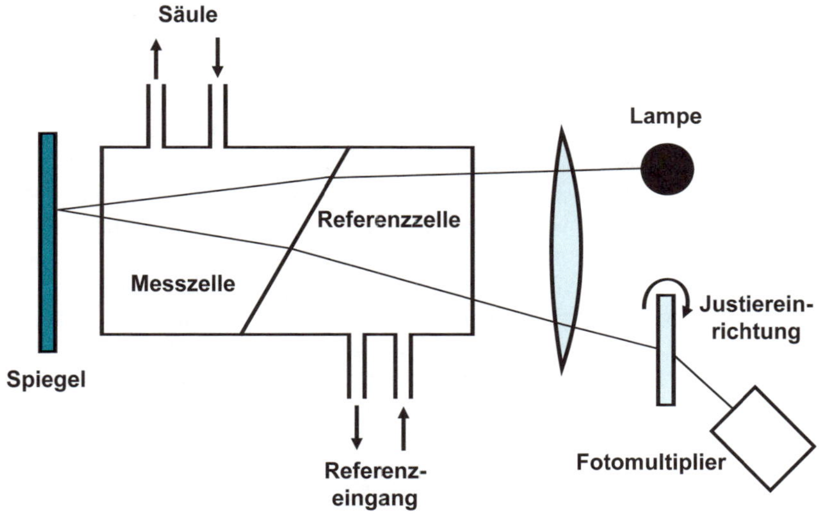

Bild 8.32 Funktionsweise eines Brechungsindex-(RI-)Detektors

Vertiefungsübung V8.15

Warum muss bei der Verwendung eines RI-Detektors die Temperatur des Eluenten konstant bleiben? Wie kann das technisch verwirklicht werden?

8.6.3 Auswahl der mobilen Phase der HPLC

Die richtige Auswahl der mobilen Phase hängt zum einen von der Adsorptionskraft, mit der die zu trennende Substanz an der stationären Phase gebunden wird, zum andern von der Elutionskraft eines Lösemittels ab. Je stärker die Analytmoleküle an die Oberfläche der stationären Phase gebunden werden, umso größer muss die Elutionskraft der mobilen Phase sein. Zunächst muss unterschieden werden, ob mit NP- oder mit RP-Säulen gearbeitet werden soll. Grundsätzlich gilt, dass die verwendeten Lösemittel im gesamten Konzentrationsbereich miteinander mischbar sein müssen.

Bei der **NP-HPLC** wird ein **unpolares Laufmittel** benötigt. Das sind vorwiegend die Lösemittel n-Pentan, n-Hexan, Cyclohexan, Dichlormethan (Methylenchlorid) und Essigsäuremethylester. Durch die Mischung schwacher Lösemittel wie n-Hexan (die den Analyten nur sehr schwer von der stationären Phase ablösen) mit stärkeren Lösemitteln (wie z.B. Dichlormethan), kann in gewissen Grenzen die Stärke des Eluenten in der NP-HPLC variiert werden. Der Einsatz von Gradientensystemen ist in der NP-HPLC selten sinnvoll.

In der **RP-HPLC** werden **polare, organische Laufmittelgemische** benutzt, die einen definierten Wasseranteil aufweisen. Da Wasser die unpolare stationäre Phase nicht benetzen kann, wirkt Wasser als «Bremser», d.h., mit zunehmendem Wasseranteil wird die Retentionszeit der Analyten im chromatografischen System erhöht. Der organische Bestandteil in der RP-HPLC wird «**Modifier**» genannt. Typische Modifier in der RP-HPLC sind Methanol, Acetonitril, Isopropanol, Dioxan und Tetrahydrofuran. Das verwendete Wasser muss ebenfalls sehr rein und partikelfrei sein, ggf. muss es mit besonderen Geräten («Millipore-Wasser») HPLC-tauglich gemacht werden. Einfach entsalztes Wasser reicht nicht aus!

8.6.4 Qualitative Auswertung von HPLC-Chromatogrammen

Im Vordergrund einer qualitativen Auswertung von HPLC-Chromatogrammen steht die Stoffidentifizierung in einem Probengemisch oder die Fragestellung, ob ein bestimmter Analyt in einer Probe enthalten ist oder nicht (Screening). Zur Identifizierung der Analyten im Probengemisch werden reine Vergleichsmuster («Standards») der infrage kommenden Analyten benötigt. Zunächst wird eine entsprechend verdünnte Aufbereitung des originären Probengemisches in das chromatografische System injiziert. Gegebenenfalls müssen die chromatografischen Bedingungen so lange optimiert werden, bis alle Peaks des Gemisches bis zur Basislinie getrennt sind. In besonders kritischen Fällen muss überprüft werden, ob der entstehende Peak nur von einem Analyten stammt oder ob der Peak aus Überlagerungen (Interferenzen) mehrerer Analyten besteht. Diese «**Peakhomogenität**» kann mit speziellen spektroskopischen Methoden vorgenommen werden, gewöhnlich mit einer Kopplung der chromatografischen Methode mit der Massenspektrometrie (z.B. LC-MS-Kopplung). Eine Beschreibung dieser Kopplungsmethoden würde jedoch den Rahmen hier sprengen.

Falls die Peakhomogenität akzeptiert oder nachgewiesen wird, können die Substanzen identifiziert werden. Die infrage kommenden Standards werden nach und nach unter immer gleichen Bedingungen in das HPLC-System injiziert und die Chromatogramme aufgenommen. Eine Übereinstimmung der Retentionszeiten von Standardpeak und Probenpeak weist auf eine mögliche qualitative Übereinstimmung hin (Bild 8.33).

Eine bloße Übereinstimmung der Retentionszeit reicht zur sicheren Identifizierung nicht aus. Daher wird ein Teil des Probengemisches mit dem Vergleichsanalyten aufgestockt, den man in der Probe aufgrund der Voruntersuchungen vermutet. Dann

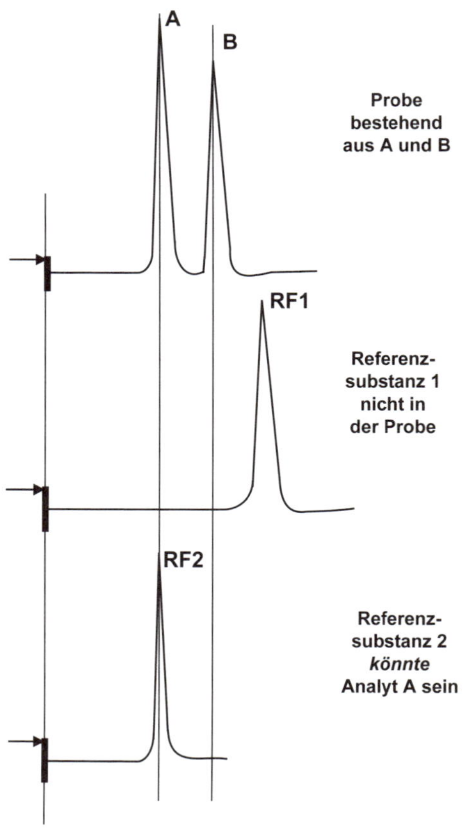

Bild 8.33
Übereinstimmung der Retentionszeiten bei der Stoffidentifizierung

chromatografiert man das aufgestockte Gemisch wieder und achtet auf eine mögliche «Schulterbildung», die darauf hinweist, dass der vermutete Probenanalyt und der Vergleichsanalyt doch nicht übereinstimmen.

Eine vollständige Sicherheit, ob Vergleichsmuster und Probenanalyt identisch sind, bringt allerdings nur eine Kopplung der chromatografischen mit spektroskopischen oder spektrometrischen Methoden.

8.6.5 Quantitative Auswertung von HPLC-Chromatogrammen

In der HPLC werden konzentrationsabhängige Detektoren verwendet. Bei diesen gibt es eine Abhängigkeit zwischen der Massenkonzentration β des Analyten und der Peakfläche *A*. Der Abhängigkeitsfaktor wird Responsefaktor *f* (engl.: response = Antwort) nach Gl. 8.12 genannt.

$$A = f \cdot \beta \qquad \text{(Gl. 8.12)}$$

mit:

f Responsefaktor (Maß für die Empfindlichkeit der Methode)

Bei der HPLC wird überwiegend die Auswertemethode «externer Standard» verwendet. Bei dieser Methode werden mindestens 5 Kalibrierlösungen verschiedener Konzentrationen an Analyten im gewünschten Arbeitsbereich nacheinander in das HPLC-System injiziert und die daraus resultierenden Peakflächen notiert. Das Injektionsvolumen muss dabei sehr konstant sein, was aber durch die Verwendung des Loop-Injektortyps gewährleistet ist. Die entsprechend verdünnte Lösung der zu untersuchenden Probe ist analog zu den Standardlösungen zu behandeln. Dabei ist zu beachten, dass die Peakfläche der verdünnten Probenlösung möglichst in der Mitte des Arbeitsbereiches der Kalibrierung liegt.

Die Konzentration an Analyten in der unbekannten Probe kann dann rechnerisch mithilfe einer «Ausgleichsgeraden» (Regressionsgerade) berechnet werden, die vorher durch eine «lineare Regression» ermittelt wurde. Siehe dazu auch Abschnitt 8.6. Dazu eignen sich Tabellenkalkulations-Programme wie MS-Excel®, LibreOffice oder OpenOffice sehr gut.

8.6.6 HPLC-Analyse im Prozess P1_KAP8

Mithilfe der HPLC sollen die beiden Zucker Saccharose und Maltose im Bananenlikör quantifiziert werden. Die Trennung der Zucker gelingt mit einer speziellen Trennsäule, der LiChrosorp-NH_2-Säule von Merck. Die Säulenabmessungen betragen 250 mm Länge und 4,6 mm Innendurchmesser, Partikeldurchmesser 5 µm, rundes Korn.

Als Eluent wird ein Gemisch von 80 Vol.-Anteilen Methanol und 20 Vol.-Anteilen Wasser benutzt. Ein Puffer ist nicht notwendig, da die beiden Zucker zwar polar, aber nicht ionisch sind. Da beide Zucker UV-inaktiv und farblos sind, wird das HPLC-System mit einem Brechungsindex-(RI-)Detektor ausgestattet. Es soll die Methode des externen Standards verwendet werden.

Als Standardsubstanzen stehen reine Saccharose und Maltose zur Verfügung. Es werden durch Aliquotieren 5 Kalibrierlösungen mit je 30, 40, 50, 60, 70 mg/L Saccharose und Maltose hergestellt. Jede Kalibrierlösung enthält beide Zuckerarten. Der Bananenlikör wird so verdünnt, dass schätzungsweise ca. 50 mg von jedem Zucker in 1 L der Verdünnung enthalten ist.

Von allen 5 Kalibrierlösungen und vom verdünnten Bananenlikör sind nach und nach unter gleichen Bedingungen (Temperatur!) 20 µL in den Injektionsport des

HPLC-Systems zu injizieren und die jeweilige Peakfläche der getrennten Peaks zu bestimmen. Mithilfe einer linearen Regression (Excel) sind die Geradengleichungen für Maltose und Saccharose zu berechnen und mithilfe des Korrelationskoeffizienten *r* ist die Güte der Geraden abzuschätzen.

Es wird zunächst die Konzentration an Maltose berechnet:
Die gemessenen Peakflächen für die **Maltose-Kalibrierlösungen** sind Bild 8.34 zu entnehmen. Die gemessene Peakfläche der Maltose im verdünnten Bananenlikör beträgt ***A*(Maltose) = 62 434 Counts**.

Mit der Geradengleichung und der Peakfläche für Maltose in der Probenlösung kann die Konzentration an Maltose im Likör berechnet werden.

Vertiefungsübung V8.16

Gehen Sie die folgenden Berechnungsschritte für die Berechnung der Maltosekonzentration sorgfältig durch und erfassen Sie die Zusammenhänge.

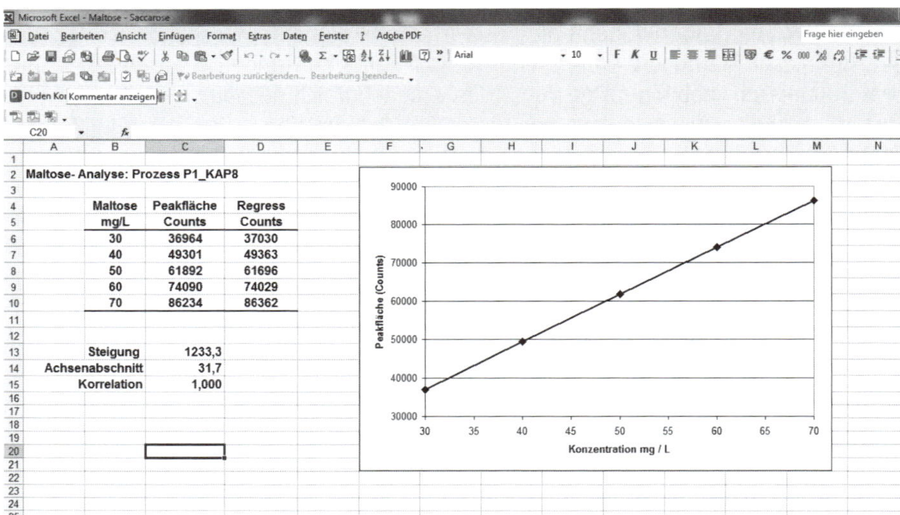

Maltose mg/L	Peakfläche Counts	Regress Counts
30	36964	37030
40	49301	49363
50	61892	61696
60	74090	74029
70	86234	86362

Steigung	1233,3
Achsenabschnitt	31,7
Korrelation	1,000

Bild 8.34 Kalibrierwerte für Maltose

Die in Spalte C eingetragenen Werte sind die gemessenen Peakflächen. Mit =STEIGUNG (C6:C10;B6:B10) wird die Steigung der Geradengleichung ermittelt, m = 1233,3 Counts/(mg/L). Mit =ACHSENABSCHNITT(C6:C10;B6:B10) kann der Achsenabschnitt berechnet werden: b = 31,7 Counts. Der Korrelationskoeffizient r wird mit =KORREL (C6:C10;B6:B10) ermittelt und beträgt r = 1,000.

Mit einem Korrelationskoeffizienten von r = 1,000 kann die Linearität akzeptiert werden. Die Geradengleichung Gl. 8.13 beträgt:

$$y = m \cdot x + b = 1\,233{,}3 \cdot x + 31{,}7 \qquad \text{(Gl. 8.13)}$$

Die Werte in Spalte D wurden mithilfe von Gl. 8.13 aus den Kalibrierkonzentrationen x_i berechnet. Durch Umstellen der Gl. 8.13 nach x und dem Einsetzen von y = 62 434 Counts für die Probenlösung (verdünnter Likör) erhält man Gl. 8.14:

$$x = \frac{y - b}{m} = \frac{62\,434 - 31{,}7}{1\,233{,}4} = \underline{50{,}59} \qquad \text{(Gl. 8.14)}$$

(Zur besseren Lesbarkeit werden in Gl. 8.14 die Einheiten ausnahmsweise weggelassen.)

Die verdünnte Likörprobe enthält β(Maltose) = 50,59 mg/L. Durch Multiplizieren mit dem Aliquotierungsfaktor erhält man eine Maltosekonzentration im unverdünnten Bananenlikör von **β(Maltose) = 50,6 g/L**. Die Spezifikationsgrenze von 50 g/L ± 5% wird eingehalten.

Vertiefungsübung V8.17

Berechnen Sie mithilfe der Kalibrierdaten die Saccharose-Konzentration im Bananenlikör. Die bei der Kalibrierung im Prozess **P1_KAP8** gemessenen Peakflächen für die Saccharose-Lösungen sind Bild 8.35 zu entnehmen. Die Peakfläche an Saccharose im verdünnten Bananenlikör beträgt ***A*(Saccharose) = 68 294 Counts**.

Microsoft Excel - Saccarose

Saccarose- Analyse: Prozess P1_KAP8

	Saccarose mg/L	Peakfläche Counts	Regress Counts
	30	41036	
	40	54644	
	50	68876	
	60	82099	
	70	95655	
	Steigung		
	Achsenabschnitt		
	Korrelation		

Bild 8.35 Kalibrierwerte für Saccharose

Berechnen Sie die Saccharosekonzentration **β(Saccharose)** in g/L und schätzen Sie vorher mit dem Korrelationskoeffizienten *r* ab, ob die Geradengleichung Anwendung finden kann. Wird die Spezifikationsgrenze (50 g/L ± 5%) an Saccharose eingehalten?

In Abschnitt 8.7 wird der im Likör enthaltene Ethylalkohol mittels Headspace-GC quantifiziert.

8.7 Methode der Gaschromatografie (GC)

Mit der Gaschromatografie können flüssige Analyten getrennt und quantifiziert werden, wenn sie sich unzersetzt verflüchtigen lassen. I.Allg. sind das Flüssigkeiten, deren molare Massen unter M = 500 g/mol und deren Siedepunkte unter ϑ = 400 °C liegen. Gase können direkt ins GC-System geschleust werden, Feststoffe müssen ausreichend und schnell sublimieren, sind aber eher die Ausnahme.

8.7.1 Prinzip der GC

Bei der GC wird als mobile Phase ein sog. «Trägergas» verwendet, das mit einer vom Anwender eingestellten Gasgeschwindigkeit $\bar{u}$ (cm/s) oder eingestelltem Volumenstrom («Fluss») in mL/min durch das gaschromatografische System strömt.

Das Trägergas strömt zum Injektor, die flüssige Probe wird verflüchtigt und zusammen mit dem Trägergas in das chromatografische System eingeschleust. Von dort gelangt das Trägergas-Probengemisch in die Trennsäule. Sie enthält, je nach Methode, eine «Trennflüssigkeit» oder eine feste «Trennschicht» als stationäre Phase, die die Trennung der Probenanalyten erwirkt. Aus der Trennsäule strömt das Gas (reines Trägergas oder Trägergas-Analyt-Gemisch) in einen Detektor, der die voneinander getrennten Analyten zeitlich erfasst und quantitativ registriert. Über das Auswertesystem kann das Chromatogramm erstellt werden.

8.7.2 Materialien und Geräte der GC

Bild 8.36 zeigt das Funktionsprinzip eines Gaschromatografen mit Splitinjektor (s. Abschnitt 8.7.2.2).

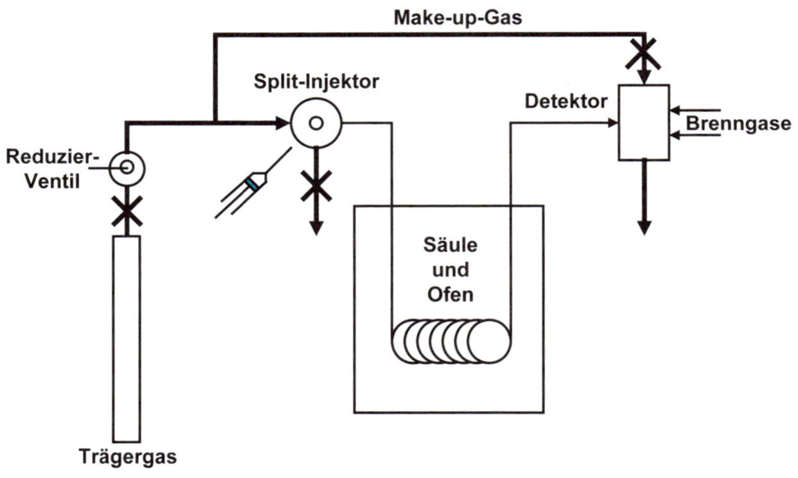

Bild 8.36 Funktionsprinzip eines Gaschromatografen mit Splitinjektor

Das GC-System besteht aus Trägergasversorgung, Reduzierventil, Injektor, Ofen und Säulenraum, GC-Säule, Detektor und Auswertesystem.

8.7.2.1 Trägergase

Als Trägergase werden in der Gaschromatografie meistens Wasserstoff, Helium und Stickstoff eingesetzt. Die Trägergase zeichnen sich dadurch aus, dass sie ein kleines Atom- oder Molekülvolumen besitzen und daher sehr beweglich sind. Aufgrund der dadurch resultierenden guten Wärmeleitfähigkeit der Gase kann sich das durch die Trennsäule strömende Trägergas schnell erwärmen. Weiterhin gelingt der Stoffaustausch mit der stationären Phase besser (wegen der großen Beweglichkeit der Gasteilchen) als bei großvolumigen Trägergasmolekülen.

Von allen Trägergasen hat Wasserstoff chromatografisch die besten Eigenschaften, es wird vor allem für schnelle und anspruchsvolle Trennungen benutzt. Jedoch müssen bei der Verwendung von Wasserstoff entsprechende Sicherheitsmaßnahmen getroffen werden. Alle Trägergase müssen hochrein sein, besonders Sauerstoff und Wasser dürfen nur in sehr geringen Spuren vorkommen (<0,1 ppm). Größere Konzentrationen von Sauerstoff und Wasser würden bei den in der Säule herrschenden Temperaturen die stationäre Phase oxidativ zersetzen oder hydrolysieren. Daher muss auch das gesamte GC-System völlig dicht sein: Bereits geringe Spuren des eindiffundierenden Sauerstoffs verkürzen die Lebensdauer der GC-Säulen.

Merke

Die in der GC verwendeten Trägergase müssen hochrein sein!

Hersteller der Gase stellen besondere Qualitäten für die GC zur Verfügung, z.B. Helium 4.6 mit 99,99% Reinheit. Die Gase werden in Druckgasflaschen geliefert. Der Druck in den Druckgasflaschen beträgt bis zu p = 300 bar. Der hohe Gasdruck muss mit einem Druckreduzierventil auf einen Druck reduziert werden, der dem Betriebsdruck des Gaschromatografen entspricht. Das ist ein Druck, der gewöhnlich zwischen p = 2...4 bar liegt. Der Gasfluss wird je nach Art des Gaschromatografen durch einen Druckregler oder durch einen Strömungsregler reguliert. Mittlerweile sind in vielen modernen Gaschromatografen sowohl Druck- als auch Strömungsregler eingebaut.

Der einzustellende Strömungsfluss oder die Geschwindigkeit wird vom Hersteller der GC-Säule vorgegeben. In Tabelle 8.6 sind typische Werte für Helium, Wasserstoff und Stickstoff aufgelistet.

Informationssuche

Suchen Sie in Datenbanken, Lexika oder im Internet (z.B. http://de.wikipedia.org/wiki/Hauptseite) nach dem Begriff «Viskosität von Gasen» und der «Auswirkung der Temperaturabhängigkeit der Viskosität von Gasen» und erfassen Sie die Bedeutung der Inhalte.

Tabelle 8.6 Trägergasgeschwindigkeiten und Durchflussraten

Innendurchmesser d_i der Säule (µm)	**Lineare Geschwindigkeit** $\bar{u}$ (cm/s)		**Flussrate** $\dot{V}$ (mL/min)	
	He, N_2	H	He, N_2	H
180	30...50	40...60	0,4...0,8	0,7...1,0
240	30...50	40 ...60	0,8...1,4	1,2...1,9
320	30...50	40...60	1,3...1,8	1,5...2,0
530	30...50	40...60	3,8...6,3	6,0...8,0

8.7.2.2 Injektoren der GC

Die Aufgabe der Injektoren in der GC ist die Einschleusung der Probe in das gaschromatografische System. Bei der Injektion sollen keine Probenmoleküle verloren gehen und gleichzeitig das System dicht gegen die Außenluft abgeschlossen sein. Flüssige Proben müssen vor der Einschleusung in die GC-Säule im Injektor verdampft werden.

Der **Verdampfungsinjektor** nimmt zunächst die flüssige Probe in ein Glasröhrchen («Liner» oder «Insert») auf. Darin werden ohne Zersetzung die Analyten und die Lösemittel der Probe verdampft und der Probendampf mit dem vorbeiströmenden Trägergas vermischt.

Die Verdampfungsinjektoren müssen mit Siliconkautschuk-Septen gegen die Außenluft abgedichtet werden. Mit einer geeigneten Injektionsnadel sind diese kreisförmigen Septen zu durchstechen und 0,5...2 µL der flüssigen Probe in den Injektor zu injizieren. Viele Anwender ziehen vor der Injektion noch bis zu 5 µL Luft mit in die Spritze auf. Dadurch ist die Kanüle noch mit Luft aufgefüllt und die Flüssigkeit kann beim Eintauchen der Kanüle in den Injektor nicht vorzeitig verdampfen.

Die Temperatur des Verdampfungsdetektors sollte gerade so hoch sein, dass eine schnelle und vollständige Verdampfung oder Verdunstung stattfindet. Keinesfalls darf die Temperatur zu hoch eingestellt werden, weil bei einer explosionsartigen Verdampfung ein Teil des Gases aus dem Injektor zurückschlagen kann.

Die meisten Injektoren besitzen eine Septumspülung («Purge»). Das Septum wird dabei ständig mit einem geringen Trägergasstrom gespült. Mit dieser Spülung kann man verhindern, dass hochsiedende Komponenten am relativ kühlen Septum kondensieren.

Die flüssig in den Verdampfungsinjektor injizierte Probe gelangt in den «Liner». Diese Liner sind kleine deaktivierte Glasröhrchen, die teilweise mit einer speziellen Glaswolle gepackt sind (Bild 8.37).

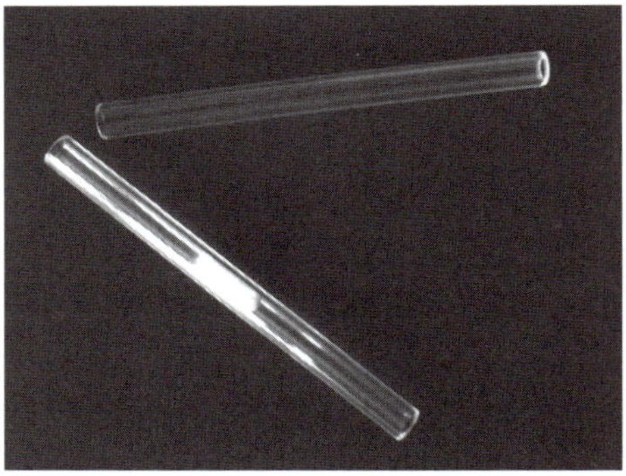

Bild 8.37
Ungepackter und gepackter Liner

Der Liner hat im Injektor folgende Aufgaben:

- Führung der Nadel im Injektor,
- Wärmereservoir zur schnellen Verdampfung der Probe,
- optimale Vermischung des Probendampfes mit dem Trägergas,
- Vermeidung von Kontaminationen der Säule,
- Verhinderung der Probenzersetzung an der heißen Metallwandung des Injektors.

Gepackte Liner werden bei der GC von Hochsiedern benutzt. Aufgrund der kurzen Verweilzeit der injizierten Probe auf der «Wolle» der Packung und der vergrößerten Oberfläche kann ein Hochsieder besser verdampfen. Grundsätzlich unterscheidet man Injektions-Systeme bei denen:

- der gesamte Probendampf (Direktinjektoren) oder
- nur ein kleiner Teil der verdampften Probe in die Säule gelangt (Splitinjektoren).

Bild 8.38
Direktinjektor

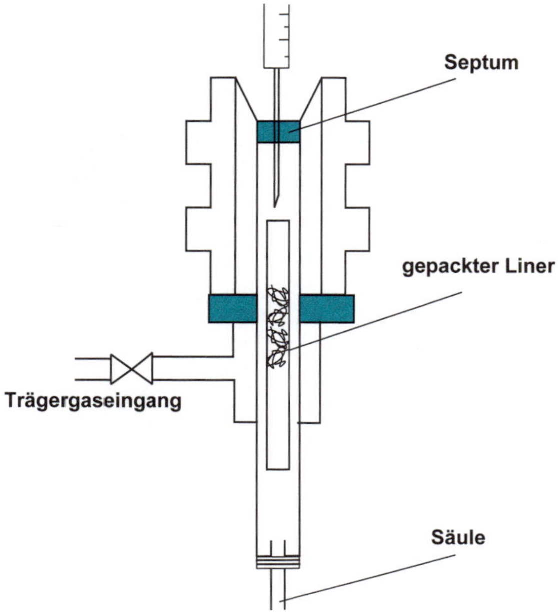

Beim **Direktinjektor** (vgl. Bild 8.38) wird die gesamte Probe nach der Verdampfung auf die Trennsäule gebracht. Die gesamte Probe soll rasch, aber nicht explosionsartig verdampfen. Die Methode der direkten Injektion wird bei gepackten Säulen und Kapillarsäulen mit einem Innendurchmesser d_i > 530 µm verwendet.

Der **Splitinjektor** wird für die Kapillarsäulen mit einem Innendurchmesser von d_i > 530 µm verwendet. Nach der Injektion werden 1...5 µL der Probe im Liner schnell verdampft und dann mit dem Trägergas gemischt. Es kommt aber nur ein kleiner Teil der verdampften Probe auf die Trennsäule. Die Hauptmenge des Probendampfes wird über den Splitausgang wieder ins Freie geleitet. Das Verhältnis zwischen Ein- und Ausschleusung kann durch das Splitventil (Bild 8.39) im Rahmen der Gerätebedingungen und je nach Säulentyp frei eingestellt werden. Dieses Verhältnis zwischen dem Gasfluss, der tatsächlich durch die Säule strömt, und dem Gasfluss am Splitausgang nennt man Splitverhältnis. Üblich ist ein Splitverhältnis zwischen 1 : 40 und 1 : 10.

Vertiefungsübung V8.18

Berechnen Sie, wie viel ng einer Komponente tatsächlich in die GC-Säule gelangt, wenn 1 µL einer Lösung mit 10 mg/100 mL Analyt in den Injektor injiziert wird und ein Splitverhältnis von 1 : 40 eingestellt ist.

8.7.2.3 GC-Trennsäulen

Die Trennung der Analyten in der GC-Säule gelingt durch folgende Variationen:

- Art der Säule (gepackte Säule oder Kapillarsäule),
- Art der stationären Phase,
- Länge der Säule,
- Innendurchmesser der Säule,
- Filmdicke der Trennflüssigkeit.

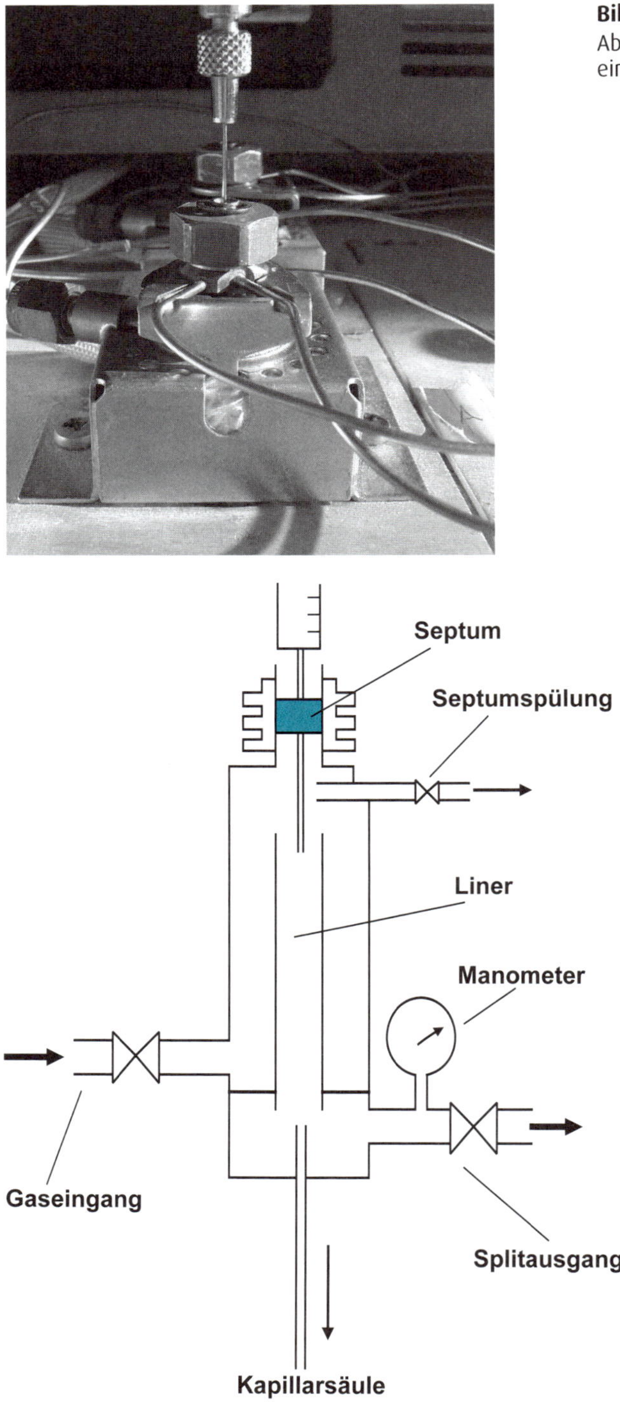

Bild 8.39
Abbildung und Funktionsprinzip eines Splitinjektors

Der wichtigste Trennparameter ist jedoch die **Temperaturregelung** der Trennsäule. Die gewendelte Säule befindet sich in einem Säulenofen, der durch ein Temperaturprogramm gezielt und reproduzierbar aufgeheizt und abgekühlt werden kann. Es ist einzustellen:

- Anfangstemperatur (°C),
- Beginn des Heizens (min),
- Aufheizrate (°C/min, max. 20 °C/min)
- Endtemperatur (°C) und Verweildauer auf der Endtemperatur (min).

Das Temperaturprogramm ist so zu wählen, dass die Peaks nicht zu früh im Chromatogramm entstehen (mindestens das Doppelte der «Totzeit» t_M), aber der gesamte Chromatografielauf auch nicht zu lange dauert (maximal das 10-fache der «Totzeit» t_M). Das optimale Temperaturprogramm ist durch Vorversuche zu ermitteln. Grundsätzlich kann man die in der GC verwendeten Trennsäulen in 2 Gruppen einteilen:

- gepackte Säulen,
- Kapillarsäulen.

In Bild 8.40 sind beide Säulenarten zu erkennen.

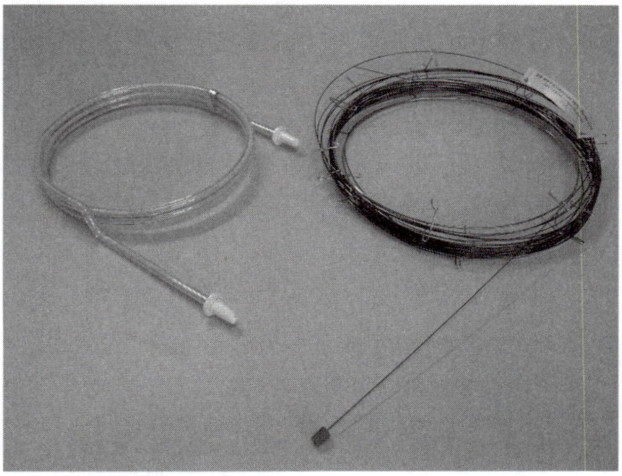

Bild 8.40
Links die gepackte Säule, rechts die Kapillarsäule

Die **gepackten Säulen** haben einen Innendurchmesser von d_i = 1...5 mm und besitzen eine Länge bis zu 5 m. Das Säulenaußenmaterial besteht aus Stahl oder aus deaktiviertem Glas. In der Säule befinden sich kleine kugelförmige Träger, die die eigentliche flüssige stationäre Phase tragen. Als kugelförmiges Trägermaterial für die feste stationäre Phase mit möglichst inerten Eigenschaften kommen Keramik, Kieselgel und spezielles Glas zum Einsatz. Das Trägermaterial sollte eine möglichst gleiche Korngrößenverteilung besitzen (ca. d = 100 µm), um es gleichmäßig mit stationärer Phase zu belegen.

Der Vorteil der gepackten Säule ist die relativ große Probenmenge, die damit getrennt werden kann, weshalb die Verwendung eines Splitinjektors nicht notwendig ist. Allerdings ist die Peakverbreiterung sehr störend und vermindert die Trennleistung dieser Säulen. In produktionsbetrieblichen Abläufen wird diese Art der GC noch oft eingesetzt.

Weit häufiger werden im analytischen Labor **Kapillarsäulen** eingesetzt. Sie haben einen Innendurchmesser von 180...530 µm und eine Länge von bis zu 120 m. Die Säulen bestehen aus deaktiviertem Quarzglas FS («fused silica»), überzogen mit dem hochelastischen und thermobelastbaren Kunststoff «Polyimid». Die GC-Säule ist im Prinzip «leer». Nur um die Innenwandung herum fixiert ein dünner Film die Trennflüssigkeit. Die Filmdicke d_F kann variieren und ist dem Innendurchmesser d_i angepasst. Sie beträgt zwischen d_F = 0,1...5 µm. Die «Probenkapazität» der Säule wird vom Innendurchmesser d_i und der Filmdicke d_F bestimmt.

Informationssuche

Suchen Sie in Datenbanken, Lexika oder im Internet (z.B. http://de.wikipedia.org/wiki/Hauptseite) nach dem Begriff «Säulenbluten» und erfassen Sie die Bedeutung des Inhalts.

Der Flüssigkeitsfilm wird von den Säulenherstellern in einem aufwändigen Prozess auf die Innenwandung der Säule gebracht und fixiert («chemisch gebunden»). Diese Art der Säulen mit einer Trennflüssigkeit als stationäre Phase wird **WCOT**-Säule genannt (*W*all *C*oated *O*pen *T*ube). WCOT-Säulen wirken nach dem bereits beschriebenen Prinzip der Verteilungschromatografie. Die in WCOT-Säulen verwendete Trennflüssigkeit

- muss mit den Analytmolekülen wechselwirken können,
- darf nicht von den Analytmolekülen verändert werden,
- muss die hohen Temperaturen über eine lange Zeit ohne Zersetzung aushalten.

Informationssuche

Suchen Sie in Datenbanken, Lexika oder im Internet (z.B. http://de.wikipedia.org/wiki/Hauptseite) nach dem Begriff «PLOT-Säule» und erfassen Sie die Bedeutung des Inhalts.

Allgemein werden die Trennflüssigkeiten für WCOT-Säulen in 2 Gruppen eingeteilt:

- unpolare stationäre Phasen und
- polare stationäre Phasen.

Unpolare stationäre Phasen bestehen meistens aus Methylsilicon-«Kautschuk». Den Polysiloxan-Grundkörper dieses Materials veranschaulicht Bild 8.41.

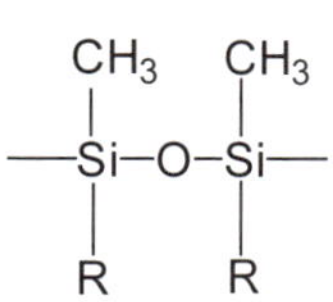

Bild 8.41
Polysiloxan-Grundkörper

Durch die Einführung spezieller Seitengruppen (–R) kann die Polarität der stationären Phase variiert werden. In Tabelle 8.7 sind einige Variationen genannt.

Tabelle 8.7 Variationen des Polysiloxan-Grundkörpers

Seitengruppe (–R)	Name	Wirkung
$-CH_3$	Methyl-Silicon	unpolar
$-C_6H_5$	Phenyl-Silicon	polar
$-C\equiv N$	Cyano-Silicon	hochpolar

Durch Mischung verschiedener Silicone können stationäre Phasen mit unterschiedlichen Polaritäten hergestellt werden. Z.B. hat die stationäre Phase «OV23» einen 5%igen Anteil von Phenyl-Silicon im Methyl-Silicon (95%) und wirkt tendenziell eher unpolar. Die Phase «OV275» hat z.B. einen 100%igen Anteil Phenyl-Silicon und wirkt als sehr polare Säule.

Hochpolare Säulen enthalten häufig einen Polyethylenglycol-Film (**WAX**). Grundkörper ist ein vernetztes Polyethylenglycol mit einer molaren Masse von z.B. M = 20 000 g/mol (vgl. Bild 8.42)

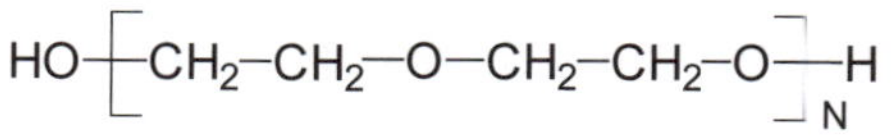

Bild 8.42 Polyethylenglycol-Grundkörper einer WAX-Säule

In letzter Zeit werden jedoch statt der WAX-Säulen überwiegend Silicon-Säulen eingesetzt, die einen hohen Anteil an Cyano-Silicon- oder an Cyanopropyl-Silicon enthalten. Sie sind thermisch deutlich belastbarer als WAX-Säulen. Die Polarität der Säule entscheidet über den Trennmechanismus.

Merke

Grundsätzlich gilt die Faustregel: Soll über den **Siedepunkt** getrennt werden, haben Analyten einer Probe also einen ausreichenden Siedepunktunterschied ($\Delta\vartheta_B > 3$ °C), kann möglicherweise eine eher **unpolare Säule** verwendet werden. Soll über unterschiedliche **Polaritäten** der Analyten getrennt werden, muss eine eher **polare Säule** zum Einsatz kommen.

Informationssuche

Suchen Sie in Datenbanken, Lexika oder im Internet (z.B. http://de.wikipedia.org/wiki/Hauptseite) nach dem Begriff Xylol und erfassen Sie die Polaritäten und Siedepunkte der 3 Isomere. Sind die 3 Xylole durch eine unpolare Säule zu trennen?

Jede stationäre Phase einer GC-Trennsäule wird vom Hersteller mit einer **kritischen Temperatur** gekennzeichnet. Diese Temperatur darf keinesfalls überschritten werden, weil sonst das «Bluten» der Säule stark zunimmt. Durch zu hohe Temperaturen kann die stationäre Phase vernetzen, verharzen bzw. zerstört werden. Eine rapide Abnahme der Trennleistung und ein verstärktes Rauschen der Basislinie wären die Folge. Die «kritische Temperatur» ist von der Polarität der stationären Phase abhängig. Grundsätzlich gilt, je polarer die stationäre Phase, desto niedriger die kritische Temperatur. Aus Bild 8.43 ist ein typisches Chromatogramm mit blutender Säule zu erkennen.

Merke

Die Ofentemperatur darf keinesfalls über die kritische Temperatur der Säule eingestellt werden.

Bild 8.43
Chromatogramm einer blutenden Säule

8.7.2.4 Detektoren der GC

Detektoren haben die Aufgabe, getrennte Analyten einer Probe nach dem Verlassen der Säule durch Umwandlung in eine elektrische Signalgröße *S* anzuzeigen. Sie nutzen verschiedene physikalische Eigenschaften, die zwischen Trägergas und Analyten herrschen. Elektrische Signale werden zum Anzeigegerät (Integrator, PC) übertragen. Aus der zeitlichen Abfolge und der Intensität der Signale entsteht das GC-Chromatogramm. Die Signalgröße *S* des Detektors soll zur Stoffmasse *m* oder der Konzentration *c* des Analyten im Trägergas proportional sein.

Will der Anwender einen Detektor, der möglichst **alle** Analyten des Probengemisches anzeigt, muss er sich für einen **unselektiven Detektor** entscheiden. Soll der Detektor nur einige wenige Analyten des Gemisches bieten, muss ein **selektiver Detektor** eingebaut werden.

Eine weitere wichtige Größe wird als «**kleinste detektierbare Menge»** (Quantification Limit, QL) bezeichnet. Soll z.B. im Spurenbereich analysiert werden, muss ein empfindlicher Detektor mit möglichst niedriger kleinster detektierbarer Menge eingesetzt werden. Der in der Mikroanalytik oft verwendete Parameter «Bestimmungsgrenze» leitet sich vom QL-Wert ab. Die in der GC am häufigsten eingesetzten Detektoren sind:

- Wärmeleitfähigkeits-Detektor (WLD),
- Flammenionisations-Detektor (FID).

(Auf die Beschreibung eines ECD (Elektroneneinfangdektor) wird hier verzichtet.)

In nachfolgenden Abschnitten werden die beiden Detektoren kurz erläutert. Zunächst sind in Tabelle 8.8 wichtige Daten zusammengestellt.

Tabelle 8.8 Detektoren und ihre Eigenschaften (Selektivität)

Detektortyp	kleinste zu detektierbare Masse oder Konzentration	Selektivität	linearer Bereich
WLD	ca. 5…50 ng/mL Trägergas	unselektiv	10^5-fache Konzentrationsbreite
FID	ca. 0,1…1 ng	selektiv für Analyten, die sich in der Wärme ionisieren lassen (z.B. –C–C–, –C–H)	10^7-fache Konzentrationsbreite

Wie aus Tabelle 8.8 erkennbar, ist beim WLD die «kleinste zu detektierende Menge» auf eine Konzentration (ng/mL Trägergas) bezogen, beim FID aber auf eine Masse (ng). Der Grund dafür ist die unterschiedliche Verarbeitung der Analyten in der mobilen Phase. Der WLD ist ein konzentrationsabhängiger Detektor. Bei einer Veränderung des Trägergasstroms ändert sich die Konzentration des Analyten im Trägergasstrom (ng pro mL Trägergas), folglich wird die Peakfläche bei unstabilen Trägergasflüssen nicht konstant sein.

Der FID ist ein Detektor, der pro Zeiteinheit eine bestimmte Masse detektiert. Solche Detektoren nennt man «massenstromabhängig». Der FID liefert in weiten Grenzen unabhängig vom Trägergasstrom stabile Peakflächen.

Im **WLD** wird die Wärmeleitfähigkeit des reinen Trägergases (Referenzgas) mit der mobilen Phase verglichen, die die Trennsäule verlässt (Messzellengas). Dieses Messzellengas kann, je nach Zeitpunkt, aus reinem Trägergas oder aus einer Mischung aus Trägergas und Analyt bestehen. Heute werden überwiegend flussmodulierte MicroWLDs eingesetzt. Bei dieser Detektorenart wird direkt die Spannung gemessen, die notwendig ist, um einen sehr dünnen Hitzedraht aus Platin oder Wolfram auf eine bestimmte Temperatur zu bringen. Strömt nur das reine Trägergas über den Draht, muss dieser – bedingt durch die hohe Wärmeleitfähigkeit des Trägergases – mit einem großen Heizstrom aufgeheizt werden. Gelangt ein Analyt aus der Trennsäule zusammen mit dem Trägergas zum Hitzedraht, muss dieser nicht mehr so stark aufgeheizt werden, weil die Wärmeleitfähigkeit des Gases durch den Analyten geschwächt ist. Die Schwächung des notwendigen Heizstroms wird zur Aufzeichnung des Peaks verwendet (vgl. Bild 8.44).

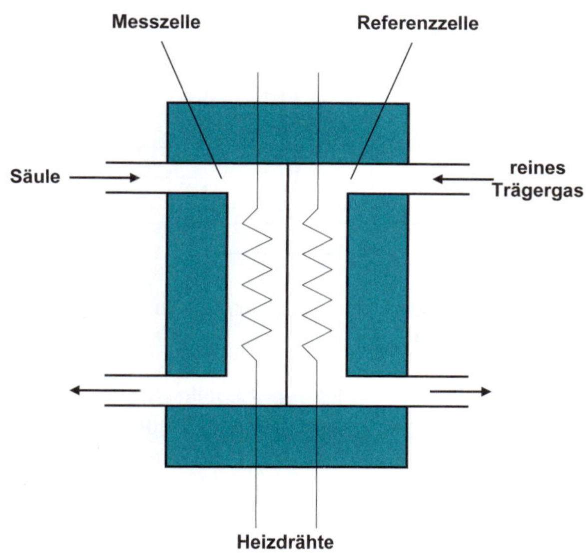

Bild 8.44
Funktionsweise eines WLDs (Prinzip)

In modernen MicroWLDs kann sogar eine 2. Zelle entfallen, weil der Detektor, durch die geringen Gasströme bedingt (Zellvolumen 2...3 µL), schnell zwischen 2 Kanälen (Mess- und Referenzkanal) umschalten kann.

Bei der Verwendung von Kapillarsäulen mit kleinen Innendurchmessern reicht der Trägergasstrom nicht aus, um die Messzelle schnell genug zu füllen. Daher wird vor der Messung im Detektor ein separates **Beschleunigungsgas** («make-up-gas») zugemischt, das vorher nicht durch die Säule geströmt ist. Aufgrund dieser «Verdünnung» wird allerdings die «kleinste detektierbare Menge» ungünstig beeinflusst. Das Beschleunigungsgas besteht meistens aus dem reinen Trägergas (ggf. können auch andere Gase benutzt werden).

Der **FID** wird mittlerweile am häufigsten in GC-Anlagen eingesetzt. Er verbrennt Analyten mit –C–C-, C–O- oder –C–H-Bindungen in einer sehr heißen Wasserstoffflamme (Knallgasflamme). Dabei entstehen positiv geladene C-Ionen.

Wie Bild 8.45 wiedergibt, wird dem Trägergas im Brenner des FIDs Wasserstoff zugemischt. Dieses Gemisch strömt durch eine feine Düse. Nach der Düse wird dem H_2-Trägergas-Gemisch noch zusätzlich «synthetische Luft» (eine Mischung aus 80% hochreinem Stickstoff und 20% hochreinem Sauerstoff) zugemischt und das Ganze bei hoher Temperatur verbrannt. Die Düse des Brenners bildet den negativen Pol. Hier werden die positiven Ionen «abgefangen». Die in der Knallgasflamme entstehenden negativen Elektronen wandern zu einer positiv geladenen Sammelelektrode. Zwischen der Düse (Minuspol) und der Sammelelektrode (Pluspol) bildet sich daher nur dann ein Spannungspotential aus, wenn im Trägergas Analyten vorhanden sind, die in der Flamme Ionen bilden.

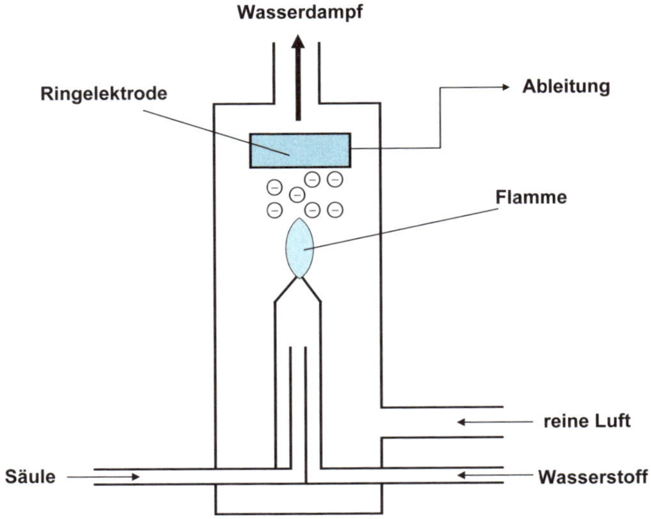

Bild 8.45 Abbildung eines FIDs und sein Funktionsprinzip

Für alle Analyten, die in der Knallgasflamme nicht ionisierbar sind, besitzt der FID keine oder nur eine sehr geringe Empfindlichkeit (z.B. Wasser, Sauerstoff, Tetrachlorkohlenstoff). Je mehr C–C-, C–O- oder C–H-Gruppen im Molekül des jeweiligen Analyten enthalten sind, umso größer ist die Response («Antwort») des Detektors.

Vertiefungsübung V8.19

Es werden jeweils die gleichen Massen Methan und Tetrachlorkohlenstoff in einen Gaschromatografen injiziert, der mit einem FID ausgestattet ist. Welcher Analyt ergibt die größere Peakfläche?

8.7.3 Headspace-GC mit der Auswertemethode «innerer Standard»

Für die Analyse des Ethanols im Bananenlikör von Prozess **P1_KAP8** kann dieser nicht direkt in den Injektor des Gaschromatografen injiziert werden. Der im Likör enthaltene Zucker würde im heißen Injektor verkohlen und den gesamten Injektor irreversibel verschmutzen. Da aber das Ethanol leicht verdunstet, ist eine sog. Dampfraum-Probenvorbereitung möglich, die auch «Headspace-GC» genannt wird.

Dazu wird eine Probe des Bananenlikörs in ein fest verschließbares Gläschen (Vial) eingewogen und mit einer definierten Masse einer inneren Standardsubstanz versetzt. Es muss nun eine Standardsubstanz gefunden werden, die folgende Eigenschaften besitzen soll:

- sie darf nicht in der Probe enthalten sein,
- die Retentionszeit im Chromatogramm soll in der Nähe der Analyten liegen,

- sie darf keine Zersetzungsneigung zeigen und
- sie muss rein und gut abzuwiegen sein.

Falls möglich, sucht man eine Standardsubstanz aus der gleichen homologen Reihe des Analyten aus. Da im Bananenlikör der Analyt Ethanol ein Alkohol ist, wird aus der Alkoholreihe das tertiäre Butanol ausgewählt, da die oben genannten Eigenschaften darauf zutreffen, vor allem, weil tertiäres Butanol niemals in einer «natürlichen» Probe enthalten ist, auch nicht als Verunreinigung.

Bei der Methode «innerer Standard» muss zunächst durch einen Kalibrierlauf der sog. **Methodenfaktor** f_M bestimmt werden. Dazu werden definierte Massen von reinem Ethanol 100% (Analyt) und vom tert. Butanol gemeinsam in ein Vial eingewogen. Nachdem das Vial gasdicht verschlossen ist, wird es bei erhöhter Temperatur bis zum Einstellen des Gleichgewichts von Ethanol : tert. Butanol zwischen der Gas- und der Flüssigphase in ein warmes Wasserbad gestellt. Nach der Gleichgewichtseinstellung ist eine definierte Mischung aus Ethanol und tert. Butanol in die Dampfphase übergegangen. Danach wird aus der Gasphase des verschlossenen Vials mit einer gasdichten Spritze eine Probe gezogen und in den Injektor des Gaschromatografen injiziert. Aus dem Verhältnis zwischen den Peakflächen des Ethanols und des tert. Butanols kann zunächst der Methodenfaktor f_M bestimmt werden.

Danach erfolgt der eigentliche Analysenlauf, indem man einer definierten Menge Bananenlikör eine definierte Masse an tert. Butanol beifügt und das gemeinsam in einem 2. geschlossenen Vial im Wasserbad bis zum Dampfgleichgewicht belässt. Vom Gasraum wird dann mit einer gasdichten Spritze eine Probe gezogen und chromatografiert.

Näheres zur Technik und der Berechnung ist in Abschnitt 8.7.4 beschrieben. Mit einer solchen Headspace-GC wird z.B. auch die Blutalkoholkonzentration (BAK) in Blutproben bestimmt, auch hier wird tert. Butanol als innerer Standard zugefügt.

8.7.4 Quantitative Bestimmung von Ethanol im Prozess P1_KAP8

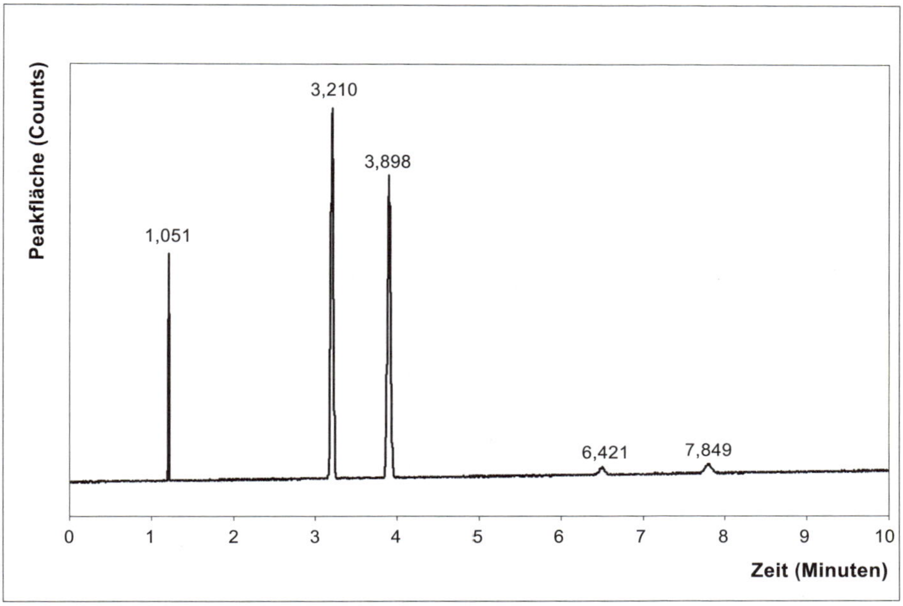

Bild 8.46 Chromatogramm Ethanol (3,210 min) / tert. Butanol (3,898 min) und Methan (1,051 min)

Durch einen einfachen Vergleich von Chromatogrammen mit einem Ethanol- und einem tert. Butanol-Peak können die Analyten leicht den entsprechenden Probenpeaks zugeordnet werden (s. Bild 8.46). Der zusätzliche Peak bei 1,051 min entsteht durch zugemischtes Methan (Totzeitmarker). Die kleinen Peaks bei 6,421 min und 7,849 min sind Verunreinigungen des tert. Butanols, die hier keine Rolle spielen.

Die quantitative Auswertung wird mithilfe des «Inneren Standards» vorgenommen. Dazu werden ca. 1 g Ethanol und ca. 1 g tert. Butanol (innerer Standard) auf 0,5 mg genau in ein Headspace-Vial eingewogen. Das Vial wird verschlossen und 45 min bei 50 °C im Wasserbad temperiert. Danach wird aus der Gasphase mit einer gasdichten Spritze eine Probe von 5 µL entnommen und im Gaschromatografen unter folgenden Bedingungen chromatografiert:

- Trägergas: Helium 4.6, Trägergasfluss = 40 cm/s
- Säule: 25 m Länge, 320 µm Innendurchmesser
- Stationäre Phase: 0,5 µm Filmdicke, 95% Methylsilicon und 5% Phenylsilicon
- Detektor: FID (30 mL/min Wasserstoff, 300 mL/min Luft)
- Der Temperaturgradient wurde so optimiert, dass alle Peaks bis zur Basislinie getrennt sind:
  Anfangstemperatur: 40 °C
  Aufheizrate: 10 °C / min, Endtemperatur 120 °C.

Mithilfe von Gl. 8.15 kann der Methodenfaktor f_M berechnet werden:

$$f_M = \frac{m(\text{Ethanol}) \cdot A(\text{Standard})}{A(\text{Ethanol}) \cdot m(\text{Standard})} \qquad \text{(Gl. 8.15)}$$

Zur Bestimmung des Methodenfaktors f_M werden für den Prozess **P1_KAP8** folgende Stoffmassen eingewogen, und man erhält die angegebenen Peakflächen *A* für Ethanol und tert. Butanol:

$m(\text{Ethanol}) = 1{,}021\ \text{g}$ $A(\text{Ethanol}) = 47\,360\ \text{counts}$
$m(\text{Butanol}) = 1{,}011\ \text{g}$ $A(\text{Butanol}) = 32\,021\ \text{counts}$

Werden die Daten in Gl. 8.15 eingesetzt, erhält man nach Gl. 8.16 als Methodenfaktor $f_M = 0{,}683$.

$$f_M = \frac{1{,}021\,\text{g} \cdot 32.021\,\text{c}}{47.360\ \text{c} \cdot 1{,}011\,\text{g}} = \underline{0{,}683} \qquad \text{(Gl. 8.16)}$$

Die Bestimmung des Methodenfaktors f_M wird mehrmals wiederholt, um den Wert abzusichern. Nach einer 3-fach-Wiederholung hat sich der Wert $f_M = 0{,}683$ stabilisiert.

Als Nächstes erfolgt die eigentliche Bestimmung des Analyten Ethanol im Bananenlikör. Dazu werden ca. 2 g Likör und ca. 0,5 g (Standard) auf 0,5 mg genau in ein Headspace-Vial eingewogen. Das Vial wird verschlossen und 45 min bei 50 °C im Wasserbad temperiert. Danach wird aus der Gasphase eine Probe von 5 µL entnommen und im GC unter den oben genannten Bedingungen chromatografiert.

Die Berechnung des Massenanteils *w* an Analyt Ethanol wird mit Gl. 8.17 vorgenommen.

$$w(\text{Analyt}) = \frac{f_M \cdot A(\text{Analyt}) \cdot m(\text{Standard})}{m(\text{Probe}) \cdot A(\text{Standard})} \cdot 100\,\% \qquad \text{(Gl. 8.17)}$$

Betrachtet man Gl. 8.17 genauer, stellt man fest, dass das **Verhältnis** *A*(Analyt) zu *A*(Standard) in die Gleichung eingeht. Dieses Verhältnis ist in weiten Grenzen nicht von der Injektionsmenge abhängig. Wird z.B. etwas mehr vom Analysengemisch (mit Standard ergänzt) in das GC-System injiziert, verändern sich zwar beide Peakflächen, aber das Verhältnis der Flächen bleibt weitgehend konstant. Dies ist der größte Vorteil der Methode des Inneren Standards.

Zur Bestimmung des Massenanteils an Ethanol im Bananenlikör werden folgende Massen eingewogen und die angegebenen Peakflächen erhalten.

m(Butanol) = 0,5323 g (Standard)	*A*(Ethanol) = 60 030 counts
m(Bananenlikör) = 2,081 g	*A*(Butanol) = 42 195 counts

Die Berechnung des Massenanteils an Ethanol durch Einsetzen der Daten in Gl. 8.17 ergibt nach Gl. 8.18 einen Massenanteil von *w*(Ethanol) = 24,85%.

$$w(\text{Ethanol}) = \frac{0{,}683 \cdot 60.030\ \text{c} \cdot 0{,}5323\ \text{g}}{2{,}081\ \text{g} \cdot 42.195\ \text{c}} \cdot 100\ \% = \underline{24{,}85\%} \qquad \text{(Gl. 8.18)}$$

Die Spezifikationsgrenze *w*(Ethanol) = 25% ± 0,5% abs. (also 24,5% – 25,5%) im Bananenlikör wird eingehalten. Somit ist der Prozess **P1_KAP8** abgeschlossen. Als Ergebnis findet man im Bananenlikör:

- Der Farbstoff ist Gelborange S
- β(Farbstoff) = 14,41 mg/L
- β(Maltose) = 50,6 g/L
- β(Saccharose) = 49,9 g/L
- *w*(Ethanol) = 24,85%

Alle Spezifikationsgrenzen werden eingehalten. Das Ergebnis der Analyse nach Gl. 8.18 ist ein Massenanteil. Gewöhnlich werden die Konzentrationen an Ethanol in Getränken durch den Volumenanteil in % (V/V) angegeben.

Vertiefungsübung V8.20

Berechnen Sie den Volumenanteil (mL/mL) an Ethanol im Bananenlikör, wenn die Dichte des Bananenlikörs $\rho = 1{,}106\ g/cm^3$ und die des reinen Ethanols $\rho = 0{,}789\ g/cm^3$ beträgt.

9 Großtechnische Verfahren

Ziel dieses Kapitels ist es, exemplarisch einige großtechnische Verfahren zur Herstellung wichtiger chemischer Produkte zu beschreiben und die Verbundwirtschaft innerhalb der chemischen Industrie aufzuzeigen.
Die in großtechnischen Verfahren synthetisierten Verbindungen sollen in einem Prozess für die Herstellung von Paracetamol, einem schmerzstillenden und fiebersenkenden Arzneistoff, eingesetzt werden. Der Prozess wird im Folgenden dargestellt. Anschließend werden die großtechnischen Verfahren in einzelnen Abschnitten behandelt.

Prozess P1_KAP9

Paracetamol kann auf unterschiedliche Art und Weise synthetisiert werden. Der im Folgenden abgebildete Prozess (Bild 9.1) ist ein möglicher Weg.

Alle Verbindungen, die in den folgenden Abschnitten dieses Kapitels in Bezug auf ihre Herstellung in einem großtechnischen Verfahren behandelt werden, befinden sich in Bild 9.1 in grünen Kästen. Die Edukte für Paracetamol sind **Benzol, Chlor, Schwefelsäure, Salpetersäure, Natronlauge, Methanol, Ammoniak und Wasserstoff**.

- Im 1. Schritt reagiert **Benzol** nach Gl. 9.1 mit **Chlor** und Aluminiumchlorid als Katalysator zu Chlorbenzol.
- Im 2. Schritt (Gl. 9.2) erfolgt die Nitrierung des Chlorbenzols mit Nitriersäure (**Schwefelsäure / Salpetersäure**). Salpetersäure wird dabei aus **Ammoniak** hergestellt. Ein entstehendes Produkt ist 4-Nitrochlorbenzol.
- Anschließend (3. Schritt) erfolgt nach Gl. 9.3 die Verkochung mit **NaOH** zu 4-Nitrophenol, das im 4. Reaktionsschritt (Gl. 9.4) durch Hydrierung (**Wasserstoff** mit einem Katalysator) zu 4-Aminophenol umgesetzt wird.
- 4-Aminophenol ist im 5. Schritt der Ausgangsstoff zur Herstellung von Paracetamol. Als Reaktionspartner kommt Essigsäureanhydrid, wie Gl. 9.5 verdeutlicht, zum Einsatz. Das Edukt für die Herstellung von Essigsäureanhydrid ist Essigsäure, die zuvor aus **Methanol** synthetisiert wird.

Schritt 1

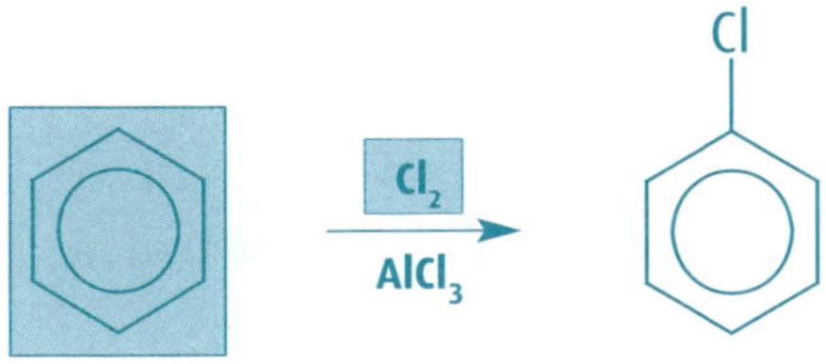

(Gl. 9.1)

Schritt 2

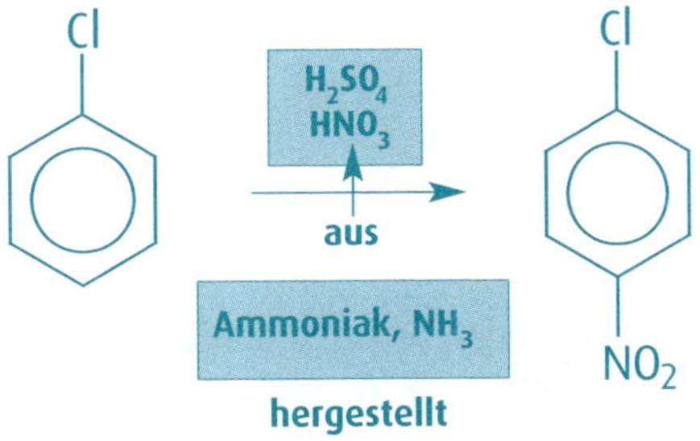

(Gl. 9.2)

Schritt 3 (Gl. 9.3)

Schritt 4 (Gl. 9.4)

Schritt 5 (Gl. 9.5)

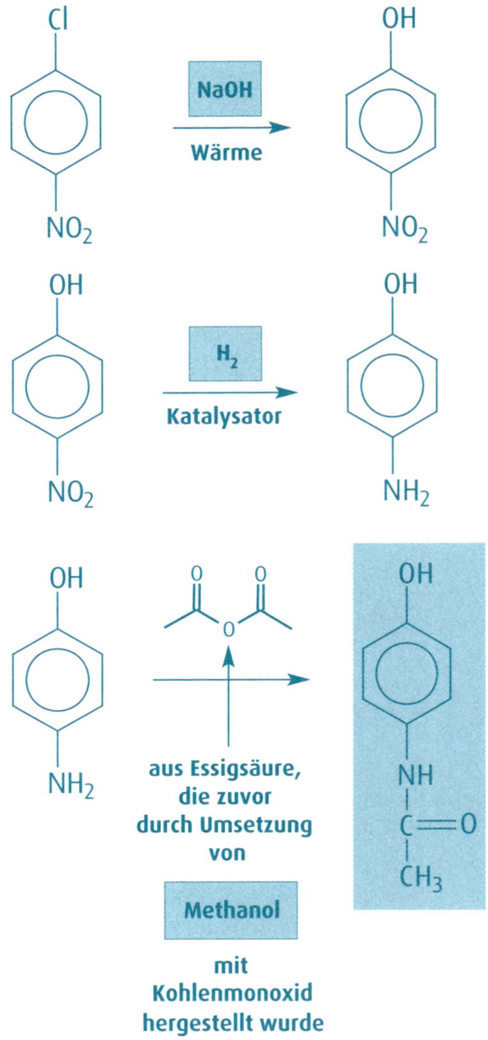

Bild 9.1 Prozess P1_KAP9

9.1 Erdölverarbeitung, Herstellung des Grundstoffes Benzol

Schritt 1 (Gl. 9.6)

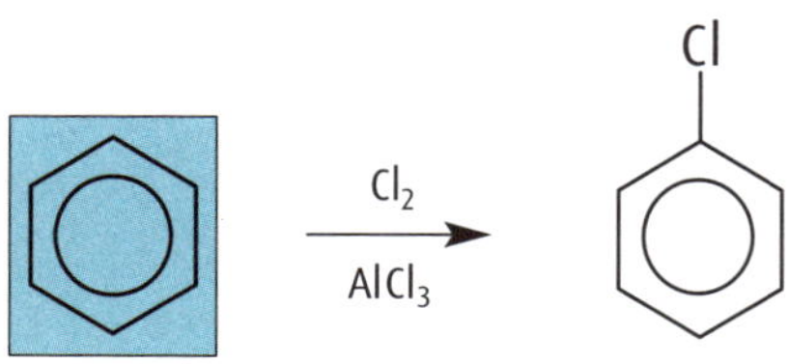

Im **1. Schritt** wird nach Gl. 9.6 zur Herstellung von Chlorbenzol **Benzol** als Edukt benötigt. Die Herstellung dieses für die organische Chemie wichtigen Grundstoffes aus **Erdöl** wird in diesem Abschnitt beschrieben.

Man geht heute davon aus, dass Erdöl aus Meeresorganismen entstanden ist, die vor langer Zeit abstarben, auf den Meeresboden absanken und dort von Sedimenten bedeckt wurden. Unter Einfluss von hohem Erddruck und Temperatur wandelten sie sich in sog. Kerogene um, in organische Stoffe, die vorwiegend aus Kohlenstoff und Wasserstoff bestehen. Diese fein verteilten Kerogene können unter bestimmten Bedingungen durch das umgebende Gestein wandern und vereinigen sich so zu Erdölansammlungen. Das umherwandernde Erdöl wird «gefangen», wenn es auf eine undurchlässige Erdschicht gerät (Erdölfallen) und reichert sich dort an.

Eine solche Erdöllagerstätte besteht aus einem besonderen Speichergestein. In den Poren befindet sich das Erdöl und dazu noch Lagerstättenwasser. Unter ähnlichen Bedingungen entstand auch Erdgas. Oberhalb von Erdöllagerstätten befindet sich daher oft eine «Kappe» aus Erdgas. Die Zusammensetzung des Erdöls und des Erdgases ist je nach Lagerstätte unterschiedlich, je nachdem, welche Organismen sich zersetzten. Das Verhältnis von Alkanen zu Alkenen und das von Aliphaten zu Aromaten ist von der Lagerstätte abhängig.

Die planmäßige Förderung des Rohöls begann im 19. Jahrhundert. Die ersten Bohrungen wurden ab ca. 1859 durchgeführt. Edwin L. Drake bohrte am 27. August 1859 am Oil Creek in Pennsylvania im Auftrag des amerikanischen Industriellen Bissell und stieß in nur 21 m Tiefe auf die erste größere Ölquelle.

Heute wird Erdöl aus Tiefenbohrungen gefördert, die durch das Einbringen von Bohrrohren bis zur «Erdgasfalle» eingebracht werden. Da sich das Öl in größerer Tiefe befindet, steht das Erdöl unter dem Druck der Erdschichten und wird nach Anbohren aus dem Bohrloch gepresst. Direkt nach der Bohrung kann das Öl meistens ohne weitere Maßnahmen durch den Eigendruck in der Lagerstätte gefördert werden (Primärförderung). Lässt jedoch der nach oben gerichtete Druck des Öls nach, muss das Öl mit einer Tiefpumpe hoch gefördert werden, die über ein Bohrgestänge angetrieben wird. Der Druck kann durch Einpressen von Wasser oder Erdgas über spezielle Einpresssonden erhöht werden (Sekundärförderung).

Das Erdöl ist einer der wichtigsten Rohstoffe der modernen Industriegesellschaft. Es dient zur Gewinnung von Treibstoffen und von chemischen Produkten. In der chemischen Industrie werden die wichtigsten Grundstoffe zu ca. 85% aus Erdöl gewonnen. Dazu gehören z.B. Ethen, Propen, Butadien, Benzol, Toluol und Xylole. Allerdings werden nur maximal 10% des geförderten Öls für die Herstellung der Grundprodukte in der chemischen Industrie verwendet, der weitaus größere Anteil des Öls wird für die Befeuerung von Kraftwerken verwendet und in Motoren verbrannt.

Das geförderte Rohöl wird über Pipelines oder mit Überseeschiffen in eine **Raffinerie** befördert. In den Raffinerien wird das Rohöl durch eine Entschwefelung gereinigt, anschließend rektifiziert und durch «Reforming» und «Cracking» weiterveredelt.

Bei der **Rektifizierung** wird Rohöl nach der Aufreinigung in 2 Stufen auf ϑ = 400 °C erhitzt. Das erhitzte Rohöl wird durch eine Destillation über eine bis zu 50 m hohe Kolonne bei Normaldruck in seine Bestandteile getrennt. Im Kopf der Kolonne werden Leichtbenzine gewonnen, weiter unten Heizöl- und Diesel-Ausgangsstoffe. Im Fuß der Kolonne bleibt der Rektifikationsrückstand übrig. Dieser Rückstand wird in einer weiteren Rektifikationskolonne unter Vakuum erneut destilliert.

Da der Markt mehr kurzkettige Kohlenwasserstoffe (Ottobenzin, Diesel, leichtes Heizöl) fordert, als im Erdöl vorhanden sind, werden die «schweren Heizöle» und der Rektifikationsrückstand «gecrackt».

Beim **Cracken** werden lange Kohlenwasserstoffe in Kohlenwasserstoffe niedriger Kettenlänge gespalten. Dabei wird der von der Raffinerie anfallende Rektifikationsrückstand in einem Spaltofen mit einer Verweilzeit von 0,1…0,2 s eingespritzt. Dabei wird der Rückstand auf ϑ = 550…600 °C erhitzt. In dieser Zone wird dem heißen Rückstand Prozessdampf mit ϑ = 180…200 °C hinzugemischt. Der Prozessdampf verhindert eine ungewünschte Polymerisation der Alkene im Reaktionsprodukt und kühlt dazu das Reaktionsgas etwas ab. Das gasförmige Gemisch wird in die Strahlungszone eingeblasen, wo man das Reaktionsgemisch bei $\vartheta \approx 850$ °C zu den niedermolekularen Kohlenwasserstoffen crackt. Dabei entstehen wichtige Grundprodukte wie Ethen, Propen, Benzol und Toluol. Ferner entstehen auch Wasserstoff, Methan und Ethin. Damit sich die neugebildeten, kurzkettigen Reaktionsprodukte nicht wieder zu größeren Ketten zusammenlagern, wird das heiße Spaltgas zunächst schlagartig auf $\vartheta = 350...400$ °C, dann durch eine Öldusche auf $\vartheta = 150...170$ °C für die nachfolgende Fraktionierung abgekühlt.

Aus den kurzkettigen Alkenen können durch Polymerisation wertvolle Kunststoffe wie Polyethylen oder Polypropylen hergestellt werden. Das in der Grundchemie häufig benötigte **Benzol** fällt zu ca. 5% im Fraktionsgemisch an.

Jährlich werden weltweit ca. 35 Mio. t Benzol benötigt. Um den Gesamtbedarf an Benzol und Aromaten zu decken, werden bestimmte Benzinfraktionen in einem **Reformingprozess** veredelt.

Informationssuche

Suchen Sie in entsprechender Literatur, Datenbanken, Lexika oder im Internet (z.B.: http://de.wikipedia.org/wiki/Hauptseite) nach dem Begriff «Reformingprozess» und erfassen Sie die Zusammenhänge.

Als Nebenprodukt des Reformingprozesses erhält man Wasserstoff, der in weiteren Raffinerie-Prozessen eingesetzt wird. Das Reforming läuft bei $\vartheta \approx 500$ °C und $p = 5...40$ bar in einem Wanderbettreaktor ab. Eingesetzt werden dabei sog. bifunktionelle Katalysatoren (Chromoxid-Aluminiumoxid-Katalysator auf Platin oder Zinn auf Aluminiumoxid). Hierbei werden die n-Alkane zunächst nach Gl. 9.7 zu Alkenen dehydriert und diese dann nach Gl. 9.8 zu Benzol cyclisiert:

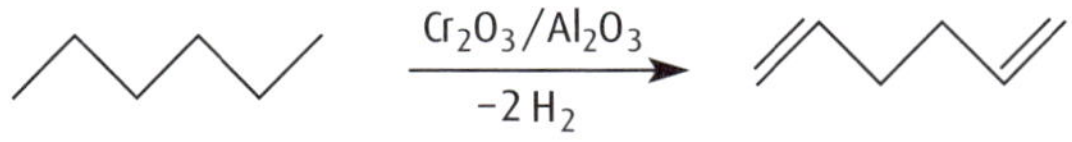

(Gl. 9.7)

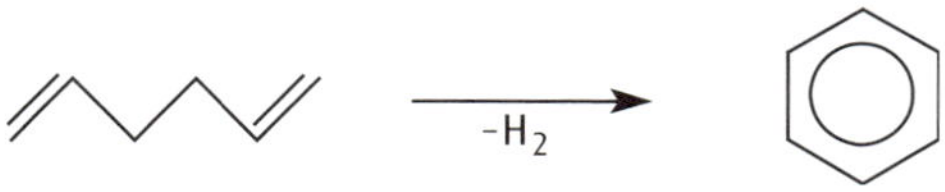

(Gl. 9.8)

Benzol ist das einfachste aromatische Molekül. Die 6 Kohlenstoffatome sind sp^2-hybridisiert und in einem planaren Ring miteinander verknüpft (s. auch Kapitel 6).

Benzol ist eine farblose Flüssigkeit mit charakteristischem Geruch. Es brennt als ungesättigter Kohlenwasserstoff mit hohem Kohlenstoffgehalt mit gelber und stark rußender Flamme. Benzol ist leicht entzündlich und Benzoldämpfe sind beim Einatmen giftig. Benzol wirkt cancerogen.

Aus dem Benzol soll im **1. Schritt** (Gl. 9.9) durch eine direkte Chlorierung Chlorbenzol hergestellt werden.

9.2 Chloralkali-Elektrolyse

Für die Chlorierung von Benzol zu Chlorbenzol nach Gl. 9.9 wird **Chlor** benötigt, das ein Produkt der Chloralkali-Elektrolyse ist.

Schritt 1

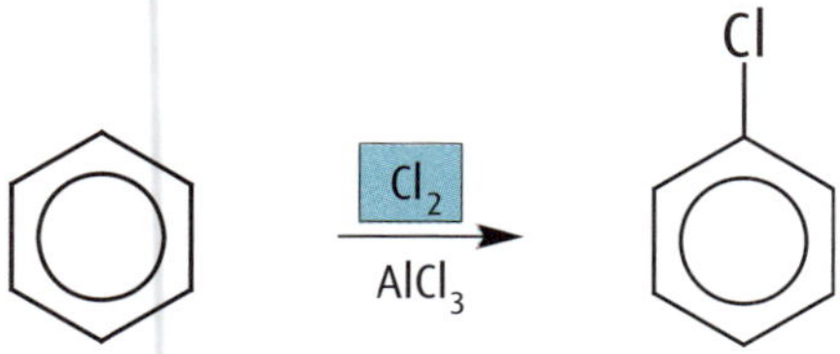

(Gl. 9.9)

Die weiteren Produkte aus der Chloralkali-Elektrolyse sind **Wasserstoff** (H_2) und **Natronlauge** (NaOH), die beide ebenfalls im **Prozess P1_KAP9** zum Einsatz kommen.

Als Ausgangsstoff zur Herstellung dieser 3 Produkte dient Steinsalz, das neben kleineren Verunreinigungen hauptsächlich aus **Natriumchlorid** (NaCl) besteht und bergmännisch abgebaut wird.
Allgemein kann die Reaktion mit Gl. 9.10 beschrieben werden:

$$2\ NaCl + 2\ H_2O \longrightarrow Cl_2 + 2\ NaOH + H_2 \qquad \Delta H = +454\ kJ \qquad \text{(Gl. 9.10)}$$

Das Verfahren beruht auf der Elektrolyse einer wässrigen NaCl-Lösung (auch als sog. Sole bezeichnet). Dazu wird Energie benötigt, die durch den elektrischen Strom zugeführt wird. ΔH ist positiv, somit handelt es sich hier also um eine Reaktion, die unter Energieaufnahme verläuft (endotherme Reaktion).

Da es sich bei dem Rohstoff um ein Alkalichlorid handelt, wäre als Namensgebung **Alkalichlorid-Elektrolyse** logischer. Das Verfahren ist allerdings unter dem historischen Namen **Chloralkali-Elektrolyse** bekannt.

Man kennt 3 großtechnische, miteinander konkurrierende Verfahren der Chloralkali-Elektrolyse, die jeweils Vor- und Nachteile haben. Es handelt sich hierbei um das **Amalgam-Verfahren** (seit 1892), das **Membran-Verfahren** (seit 1970) und das **Diaphragma-Verfahren** (seit 1885) (heute von eher untergeordneter Bedeutung).

Bevor nun näher auf die unterschiedlichen Verfahren eingegangen wird, sei hier zunächst ein Überblick der in der Elektrolyse hergestellten Produkte aufgeführt.

Chlor

Eines der wichtigsten Schlüsselprodukte für die chemische Industrie ist Chlor, Cl_2. Es wird fast ausschließlich in der chemischen Industrie verbraucht. Chlor ist ein gelbgrünes, stechend riechendes Gas, das die Schleimhäute angreift. Das Gas lässt sich unter Druck und Kühlung leicht verflüssigen und kann somit einfach in flüssiger Form, gelagert in Stahlflaschen und Kesselwagen, in den Handel gelangen. Der Tripelpunkt von Chlor liegt bei ϑ = −101 °C und einem Druck von p = 14 mbar. Die chemische Reaktionsfähigkeit von Chlor ist sehr hoch. Gekoppelt mit seinen Eigenschaften der leichten Verdampfbarkeit und Giftigkeit erfordert dies besondere Schutzmaßnahmen beim Transport, Lagerung und Abfüllung.

Chlor wird für **Schritt 1** nach Gl. 9.9 des **Prozesses P1_KAP9** benötigt.

Wasserstoff

Wasserstoff, H_2, ist ein farbloses, brennbares Gas. In der chemischen Industrie findet es vor allem für Hydrierungen bzw. Reduktionen Verwendung. In Verbindung mit

Sauerstoff wird es zum Schweißen benötigt. Wasserstoff gelangt gasförmig in Stahlflaschen unter einem Druck von $p \approx 150...300$ bar in den Handel.

Im **Prozess P1_KAP9** wird Wasserstoff nach Gl. 9.11 für **Schritt 4** benötigt.

Schritt 4

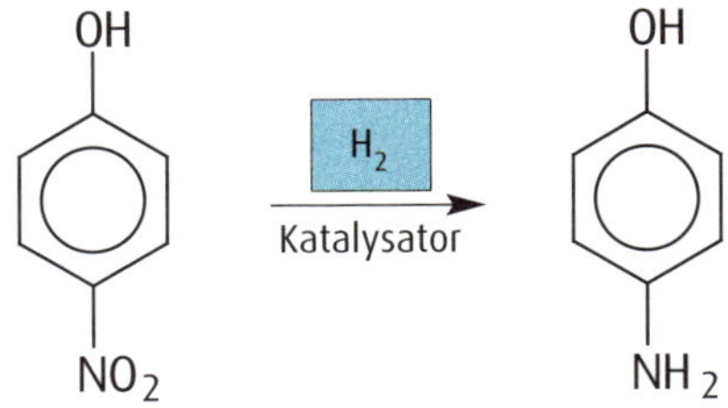

(Gl. 9.11)

Natronlauge

Die wässrige Lösung des Feststoffes Natriumhydroxid, NaOH, wird als Natronlauge bezeichnet. Natronlauge ist eine stark alkalische, ätzende Flüssigkeit.

Der Feststoff ist eine weiße, kristalline Substanz, die stark wasseranziehend (= hygroskopisch) ist. Er wird durch vollständige Verdampfung des Wassers aus der Natronlauge gewonnen und wird als Ätznatron bezeichnet. Ätznatron hat eine Dichte von $\varrho = 2{,}1\ \mathrm{g/cm^3}$ und schmilzt bei $\vartheta_m = 328\ °C$. Es kommt in Form von Schuppen, Plätzchen, Stangen oder Prils (Kügelchen von ca. 1 mm Durchmesser) in den Handel.

Natronlauge wird für **Schritt 3** nach Gl. 9.12 des **Prozesses P1_KAP9** benötigt.

Schritt 3

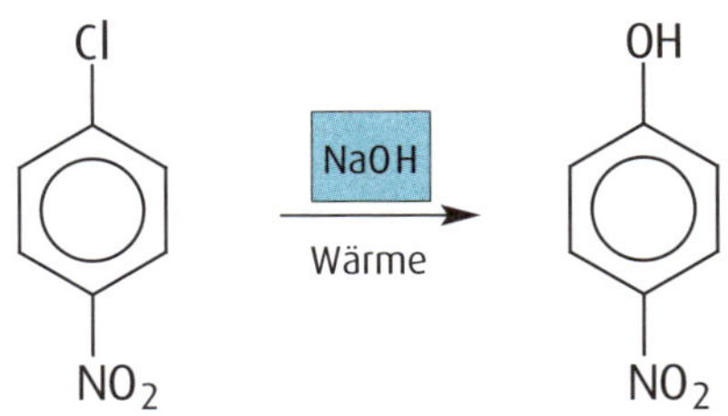

(Gl. 9.12)

Wirtschaftliche Bedeutung

Die Produkte der Chloralkali-Elektrolyse bilden eine wichtige Grundlage für die Erzeugung vieler Gebrauchsgüter aus der chemischen Industrie.

Die 3 Produkte fallen in einem festen Verhältnis zueinander an. Man bezeichnet sie deshalb auch als Koppelprodukte. Mit 1 t Chlor entstehen gleichzeitig 1,13 t Natriumhydroxid und 0,028 t Wasserstoff.

Chlor ist dabei das wichtigste der 3 Produkte. Es findet Verwendung in der Herstellung von Kunststoffen, Bleichmitteln, Lösungsmitteln und vielen anderen organischen Verbindungen, die zu Pflanzenschutzmitteln, Farbstoffen und pharmazeutischen Wirkstoffen weiterverarbeitet werden.

Natronlauge wird zur Neutralisation eingesetzt und dient als Hilfsstoff zur Herstellung von Papier, Zellstoff, Viskose, Glas, Soda sowie Aluminium.

9.2.1 Amalgam-Verfahren (Quecksilberverfahren)

Die eingesetzte NaCl-Lösung (Sole) muss eine hohe Reinheit besitzen. Dazu muss das eingesetzte Steinsalz zunächst von unlöslichen sowie löslichen Verunreinigungen befreit werden.

Feste Verunreinigungen (Steinreste) sind zu 1% vorhanden und werden als Gangart bezeichnet. Sie werden nach Anlösen des Salzes mittels eines Gangartabscheiders abgetrennt. Als lösliche Verunreinigungen sind Eisen, Magnesium, hauptsächlich aber Sulfationen zu nennen. Letztere werden als Bariumsulfat ausgefällt und abfiltriert.

In der aufgereinigten wässrigen NaCl-Lösung (Sole) mit einem Massenanteil von $w(\mathrm{NaCl}) \approx 27\%$ liegt das NaCl praktisch nach Gl. 9.13 vollständig in Natrium- und Chloridionen frei dissoziiert vor.

$$\mathrm{NaCl} \xrightarrow{\mathrm{H_2O}} \mathrm{Na^+_{(aq)}} + \mathrm{Cl^-_{(aq)}} \qquad \text{(Gl. 9.13)}$$

Dies ist Vorraussetzung dafür, dass die Chloridionen an der positiven Anode oxidiert und die Natriumionen an der negativen Katode reduziert werden können.

Als Anodenmaterial wird mit Edelmetallverbindungen (z.B. Rutheniumoxid) beschichtetes Titan verwendet. Früher kam auch häufig Grafit zum Einsatz. Titan bietet allerdings durch geringeren Abrieb und höhere Leistungsfähigkeit aufgrund einer großen Austauschfläche für die Oxidation von Chloridionen enorme Vorteile. Die Titan-Anoden werden in regelmäßigen Abständen ausgebaut, reaktiviert und können anschließend im Gegensatz zu Grafit wieder eingesetzt werden.

Durch elektrische Gleichspannung ($I \approx 300\,000$ A; $U \approx 4\ldots5$ V) läuft an der Anode nach Gl. 9.14 folgender Vorgang ab:

$$2\,\mathrm{Cl^-_{(aq)}} \longrightarrow \mathrm{Cl_2}\uparrow + 2\,\mathrm{e^-} \qquad \text{(Gl. 9.14)}$$

Das entstehende Chlor ist sehr rein und enthält nur einen sehr geringen Sauerstoffanteil.

Als Katode dient Quecksilber. Die Zellen sind leicht schräg ausgelegt, sodass die Sole durch das Gefälle entlang des Quecksilbers fließen kann.

Obwohl sich nach der elektrochemischen Spannungsreihe Wasserstoffgas abscheiden müsste, werden hier Natriumionen zu metallischem Natrium reduziert. Grund dafür ist das Phänomen der Wasserstoffüberspannung, die bewirkt, dass sich hier das eigentlich unedlere Metall abscheidet. Das metallische Natrium löst sich im Quecksilber (Katode) und bildet Natriumamalgam (Amalgame sind Quecksilberlegierungen). Dabei darf der Massenanteil von Natrium im Amalgam maximal $w(\mathrm{Na}) = 1{,}5\%$ betragen, da das Na-Amalgam sonst fest und somit nicht mehr fließfähig ist.

Folgende Vorgänge laufen nach Gl. 9.15 und Gl. 9.16 ab:

$$2\,\mathrm{Na^+_{(aq)}} + 2\,\mathrm{e^-} \longrightarrow 2\,\mathrm{Na} \qquad \text{(Gl. 9.15)}$$

$$2\,\mathrm{Na} \xrightarrow{\mathrm{Hg}} 2\,\mathrm{Na(Hg)} \qquad \text{(Gl. 9.16)}$$

Das gebildete flüssige Natriumamalgam gelangt anschließend in einen Amalgamzersetzer, in dem es an einem Grafitkatalysator mit Wasser zu Natronlauge, Wasserstoffgas und Quecksilber nach Gl. 9.17 zersetzt wird.

$$2\,\mathrm{Na(Hg)} + 2\,\mathrm{H_2O} \xrightarrow[-\mathrm{Hg}]{\text{Grafit}} 2\,\mathrm{NaOH} + \mathrm{H_2}\uparrow \qquad \text{(Gl. 9.17)}$$

Das Quecksilber wird in einem Kreislauf zur Katode zurückgeführt und steht wieder für die Elektrolyse zur Verfügung. Aufgrund der Verwendung großer Mengen Quecksilber muss eine Umweltbelastung vermieden werden. Der entstehende Wasserstoff sowie die Natronlauge müssen durch Reinigungsschritte von Quecksilber befreit werden. Auch die verdünnte Sole ($w(\mathrm{NaCl}) \approx 23\%$), die nach Sättigung mit festem NaCl erneut einer Elektrolyse unterworfen wird, muss zuvor von Quecksilberverunreinigungen befreit werden.

Die entstehende Natronlauge ist praktisch natriumchloridfrei und kann direkt zur Weiterverarbeitung herangezogen werden.

Im Vergleich zu den folgenden Prozessen ist für die Elektrolyse im Amalgam-Verfahren der größte elektrische Energieaufwand notwendig. Allerdings ist keine zusätzliche Energie für eine Aufkonzentrierung erforderlich (vgl. die anderen Verfahren zur Herstellung von Chlor), denn die hergestellte Natronlauge besitzt einen Massenanteil von $w(NaOH) = 50\%$. Ein Fließbild zur Chloralkali-Elektrolyse nach dem Amalgam-Verfahren ist in Bild 9.2 dargestellt.

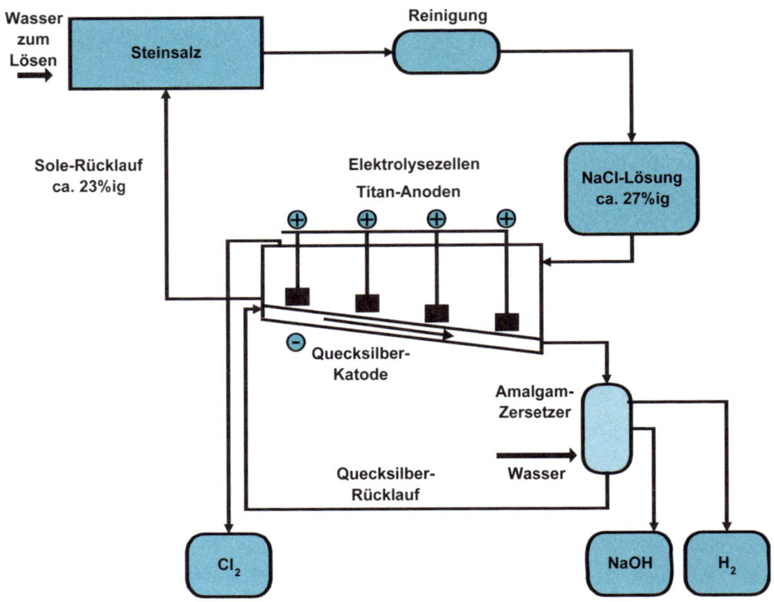

Bild 9.2 Chloralkali-Elektrolyse nach dem Amalgam-Verfahren

9.2.2 Diaphragma-Verfahren

Die Elektrolyse nach dem Diaphragma-Verfahren findet in einer Elektrolysezelle mit einer aktivierten Titananode (bis ca. 1970, Grafit) und einer Eisenkatode statt. Katodenraum und Anodenraum sind voneinander durch ein Diaphragma, einer porösen, halbdurchlässigen Scheidewand, getrennt. Das Diaphragma besteht auch heute meist noch aus asbesthaltigem Material, das zwar eine gute chemische Stabilität aufweist, allerdings umweltbedenklich ist. Die Weiterverwendung dieses Materials in bestehenden Anlagen ist erlaubt, jedoch ist in den vergangenen Jahren eine Technologie mit nicht-asbesthaltigen Diaphragmen entwickelt worden. Durch das Diaphragma (Bild 9.3) diffundieren neben Natrium- und Hydroxidionen auch Chloridionen, womit die entstehende Natronlauge leider mit Chloridionen verunreinigt ist und somit für die meisten Anwendungen in der chemischen Industrie aufgereinigt werden muss. Eine nach Aufkonzentrierung entstehende Natronlauge mit einem Massenanteil von $w(NaOH) = 50\%$ enthält $w(NaCl) \approx 1\%$ Natriumchlorid.

Die Steinsalzsole, die in den Anodenraum geleitet wird, enthält dissoziierte Natriumionen, Chloridionen und die aus dem Wasser protolysierten OH^--Ionen und H_3O^+-Ionen. Bei Anlegen einer Spannung scheidet sich analog zum Amalgam-Verfahren an der positiven Anode nach Gl. 9.18 Chlorgas ab.

$$2\,Cl^-_{(aq)} \longrightarrow Cl_2\uparrow + 2\,e^- \qquad \text{(Gl. 9.18)}$$

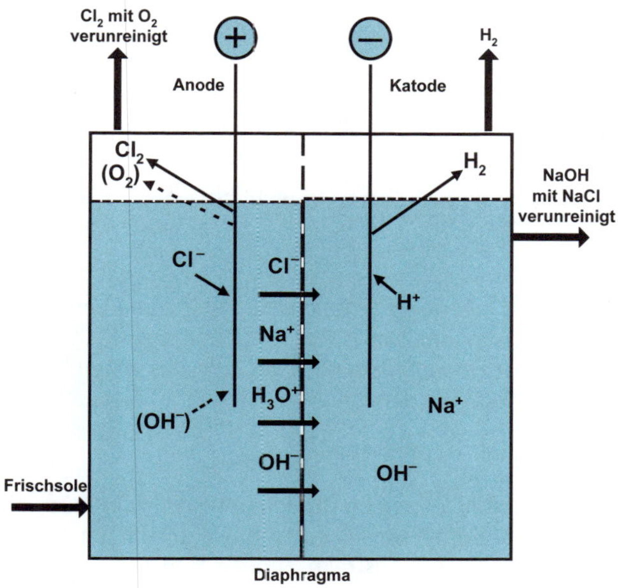

Bild 9.3 Chloralkali-Elektrolyse nach dem Diaphragma-Verfahren

An der negativen Eisenkatode scheidet sich hier allerdings im Gegensatz zum Amalgam-Verfahren entsprechend der elektrochemischen Spannungsreihe nach Gl. 9.19 Wasserstoffgas ab.

$$2\ H_3O^+ + 2\ e^- \longrightarrow H_2\uparrow + 2\ H_2O \qquad \text{(Gl. 9.19)}$$

Die im Katodenraum zurückbleibenden Ionen, Na^+ und OH^- bilden die gewünschte Natronlauge. Sie ist nur ca. 15%ig und muss anschließend aufkonzentriert werden. Die verdünnte Lauge wird anschließend eingedampft, wobei NaOH ausfällt und die verbleibende Lösung erneut elektrolysiert wird.

An der Anode wird nach Gl. 9.20 auch Sauerstoff abgeschieden. Dadurch muss das entstehende Chlor vom O_2 befreit werden.

$$2\ OH^- \longrightarrow \tfrac{1}{2}\ O_2\uparrow + H_2O + 2\ e^- \qquad \text{(Gl. 9.20)}$$

Ein weiteres Problem ist die Entstehung von Natriumchlorat durch die Reaktion nach Gl. 9.21 von Chlor mit OH^--Ionen.

$$3\ Cl_2 + 6\ NaOH \longrightarrow NaClO_3 + 5\ NaCl + 3\ H_2O \qquad \text{(Gl. 9.21)}$$

Der Energieaufwand für die Elektrolyse ist hier ca. 15% niedriger als für das Amalgam-Verfahren, dennoch ist der Gesamtenergieverbrauch durch die notwendige Aufkonzentrierung der entstehenden Lauge höher.

9.2.3 Membran-Verfahren

Die Vorgänge, die an der Katode und an der Anode ablaufen, sind identisch zu denen des Diaphragma-Verfahrens. Der entscheidende Unterschied ist die Verwendung einer ionenselektiven Membran beim Membran-Verfahren. Sie soll keine Durchlässigkeit für Cl^--Ionen, dafür aber eine hohe Durchlässigkeit für Na^+-Ionen besitzen.

Informationssuche

Suchen Sie in entsprechender Literatur, Datenbanken, Lexika oder im Internet (z.B.: http://de.wikipedia.org/wiki/Hauptseite) nach der Struktur solcher Membrane und erfassen Sie die Zusammenhänge.

An der Anode wird nach Gl. 9.22 Chlorgas gebildet:

$$2\ Cl^-_{(aq)} \longrightarrow Cl_2\uparrow + 2\ e^- \qquad \text{(Gl. 9.22)}$$

Dem Katodenraum muss hier im Gegensatz zum Diaphragma-Verfahren Wasser zugeführt werden, da die Oxonium- sowie Hydroxidionen aus der Sole nicht durch die ionenselektive Membran gelangen können. Mit Hilfe des zugeführten Wassers kann an der Katode nach Gl. 9.23 Wasserstoffgas entstehen.

$$2\ H_3O^+ + 2\ e^- \longrightarrow H_2\uparrow + 2\ H_2O \qquad \text{(Gl. 9.23)}$$

Die im Katodenraum zurückbleibenden OH^--Ionen bilden mit den durch die ionenselektive Membran eingeströmten Na^+-Ionen eine wie auch beim Amalgam-Verfahren natriumchloridfreie Natronlauge. Aus dem Anodenraum tritt eine an NaCl verarmte Sole aus. Sie wird im Kreislauf zurückgeführt, gesättigt und erneut dem Anodenraum zugeführt. Durch die Sättigung ist hier wie auch beim Amalgam-Verfahren festes Natriumchlorid notwendig.

Da die teure Membran sehr empfindlich gegenüber Verunreinigungen ist, muss die verwendete Sole eine hohe Reinheit besitzen.

Der Gesamtenergieverbrauch ist hier am geringsten. Er ist ca. 25% niedriger als beim Amalgam-Verfahren und die Menge an Energie zur späteren Aufkonzentrierung der entstehenden Lauge ist relativ klein. Zudem gibt es keine ökologischen Belastungen.

Leider entsteht auch hier durch Abscheidung an der Anode Sauerstoff. Zudem stellt analog zum Diaphragma-Verfahren die Entstehung von Natriumchlorat ein Problem dar. In Bild 9.4 ist die Chloralkali-Elektrolyse nach dem Membranverfahren dargestellt.

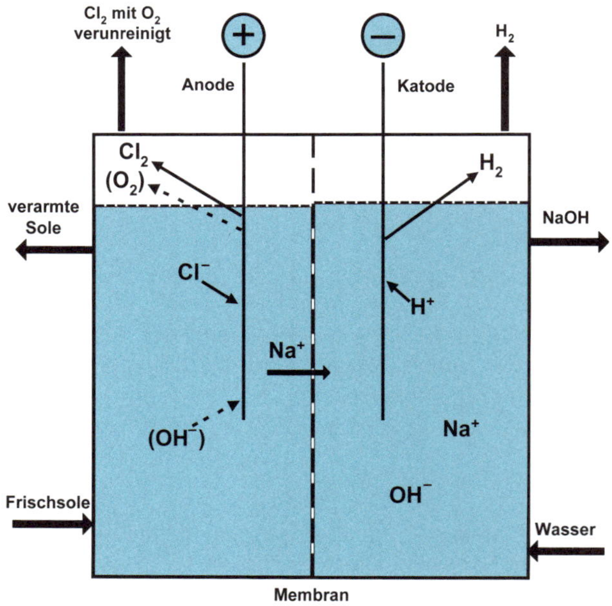

Bild 9.4 Chloralkali-Elektrolyse nach dem Membran-Verfahren

9.2.4 Allgemeiner Vergleich der 3 Verfahren

In Tabelle 9.1 werden die Vor- und Nachteile der 3 Verfahren genannt.

Tabelle 9.1 Vergleich der Verfahren

Vergleich	Vorteile	Nachteile
Amalgam-Verfahren	• reinste NaOH • direkte Herstellung einer NaOH mit w(NaOH) = 50% • hochreines Chlor	• Umweltbelastung (Hg); entstehende höhere Kosten zum Schutz der Umwelt • Verwendung von reiner Sole notwendig • hoher Platzbedarf
Diaphragma-Verfahren	• geringe Investitionskosten • Vermeidung von Hg • Verwendung von weniger reinen NaCl-Lösungen	• Umweltbelastung (Asbest), entstehende Kosten zum Schutz der Umwelt • verunreinigte NaOH mit Natriumchlorid • geringere Chlorqualität (mit Sauerstoff verunreinigt) • Entstehung von Natriumchlorat • große Energiekosten zur Aufkonzentrierung der entstehenden NaOH
Membran-Verfahren	• reinste NaOH • umweltfreundlich • geringer Energieverbrauch	• Verwendung von sehr reiner Sole notwendig (Anfälligkeit der Membran) • hohe Kosten der Membrane • mit Sauerstoff verunreinigtes Chlor • Entstehung von Natriumchlorat

In den letzten Jahren hat das Membranverfahren aufgrund von ökologischen und ökonomischen Vorteilen immer mehr an Bedeutung gewonnen. Bild 9.5 zeigt anhand der weltweiten Chlorproduktion im Jahr 2011 (Gesamtproduktionsmenge 79,8 Mio. t) den Anteil der Produktionsverfahren.

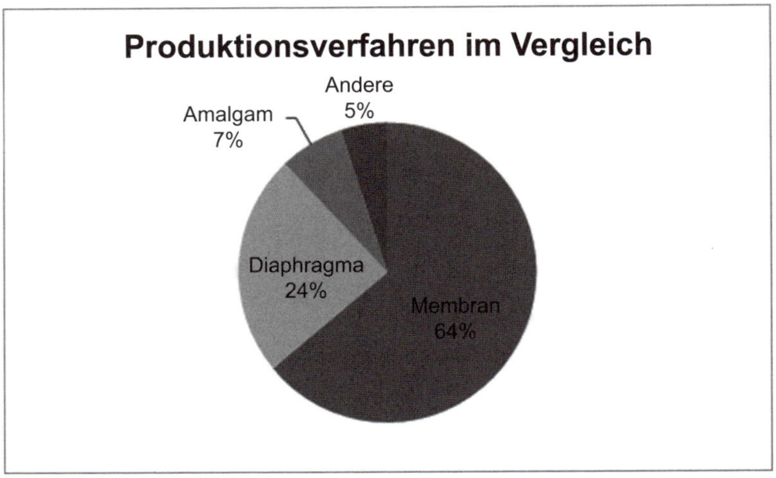

Bild 9.5 Weltweite Chlorproduktion im Jahr 2011
Quelle: IHS Chemical World Analysis

9.3 Ammoniak-Synthese nach dem Haber-Bosch-Verfahren[1]

Im **Schritt 2** wird für die Nitrierung von Chlorbenzol nach Gl. 9.24 ein Gemisch aus Schwefelsäure und Salpetersäure benötigt. Die Herstellung der Salpetersäure verläuft mit **Ammoniak** als Ausgangsstoff.

Schritt 2

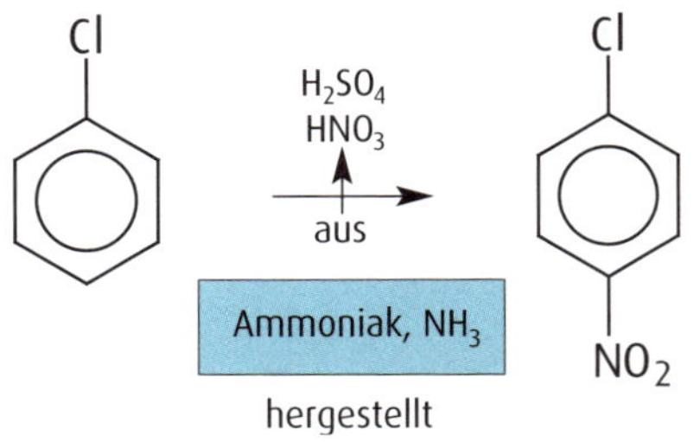

(Gl. 9.24)

In diesem Abschnitt wird deshalb zunächst die Herstellung von Ammoniak betrachtet.

Ammoniak wird nach dem Haber-Bosch-Verfahren aus **Stickstoff** (N_2) und **Wasserstoff** (H_2) hergestellt.

Ammoniak ist ein farbloses, stechend riechendes, brennbares Gas mit einem Siedepunkt von $\vartheta_b = -33{,}5$ °C. Es dient als Ausgangsstoff für die Herstellung vieler stickstoffhaltiger Chemieprodukte. Besonders ist hier die Herstellung stickstoffhaltiger Mineraldünger zu nennen. Rund 150 Mio. t weltweit werden jährlich an Ammoniak produziert.

Wässrige Ammoniaklösungen kommen in Form einer Lösung mit $w(NH_3) = 25\%$ in den Handel und können in Kunststoffgefäßen aufbewahrt werden. Wasserfreier Ammoniak findet in verflüssigter Form in Stahlflaschen Verwendung (kritische Temperatur: $\vartheta = 132{,}5$ °C, kritischer Druck: $p = 11{,}3$ MPa).

[1] Fritz Haber (1868 bis 1934), Carl Bosch (1874 bis 1940); zwei deutsche Chemiker

9.3.1 Herstellung des Ausgangsgemisches

Folgende Ausgangsstoffe werden für die Ammoniaksynthese eingesetzt:

- Erdgas (besteht vor allem aus Methan, CH_4)
- Wasser
- Luft (Volumenanteile: ≈ 21% O_2; ≈ 78% N_2)

Zunächst erfolgt eine Mischung des entschwefelten Erdgases mit Wasserdampf. Nach Komprimierung auf p = 35 bar wird die Mischung in einen ϑ = 900 °C heißen Ofen, dem sog. *Primärreformer*, geleitet. In mit Nickel-Katalysator gefüllten Rohren des Ofens reagieren die Stoffe nach Gl. 9.25 zum sog. *Spaltgas*. Den Vorgang bezeichnet man als **Primär-Reformierung** (Engl.: steam reforming).

$$CH_4 + H_2O \xrightleftharpoons[]{\text{Ni,}\ \vartheta = 900\ °C} CO + 3\ H_2 \quad \Delta H = +205{,}2\ kJ/mol \qquad \text{(Gl. 9.25)}$$

Das noch im Spaltgas vorhandene Restmethan (≈ 7%) wird im nächsten Schritt, der sog. **Sekundär-Reformierung** im *Sekundärreformer* unter Beimischung von Luft gemäß Gl. 9.26 verbrannt:

$$2\ CH_4 + O_2 + 4\ N_2 \xrightleftharpoons[]{\text{Ni,}\ \vartheta = 900\ °C,\ p = 35\ bar} 2\ CO + 4\ H_2 + 4\ N_2 \quad \Delta H = -71{,}5\ kJ/mol \qquad \text{(Gl. 9.26)}$$

Anschließend erfolgt die **Konvertierung** des methanfreien Spaltgases. Dazu wird das Spaltgas in einen CO-Konverter geleitet, in dem Kohlenmonoxid und Wasserdampf unter Einwirkung eines Katalysators zu Kohlenstoffdioxid und Wasserstoff reagieren. Das sich einstellende **Wassergasgleichgewicht** nach Gl. 9.27 ist sehr stark temperaturabhängig. Bei Temperaturen von ϑ = 1000 °C liegt das Gleichgewicht auf der linken Seite, unterhalb von ϑ = 500 °C, wie es hier der Fall ist, praktisch vollständig auf der rechten Seite (Beeinflussung des chemischen Gleichgewichts s. auch Kapitel 5).

$$CO + H_2O_{(g)} \xrightleftharpoons[]{\text{CuO, ZnO,}\ \vartheta = 250\ °C} CO_2 + H_2 \quad \Delta H = -41\ kJ/mol \qquad \text{(Gl. 9.27)}$$

Das Spaltgas besteht nun aus H_2, N_2 und CO_2. Für die Ammoniaksynthese wird lediglich Wasserstoff und Stickstoff benötigt, so dass das Kohlenstoffdioxid zunächst mittels eines Gaswäschers ausgewaschen werden muss. Das verbleibende Gasgemisch wird im Verhältnis H_2 zu N_2 = 3 : 1 für die nun folgende Synthese eingesetzt.

9.3.2 Chemische Grundlagen des Haber-Bosch-Verfahrens

Allgemein kann die Reaktion nach Haber-Bosch mit Gl. 9.28 beschrieben werden:

$$N_2 + 3\ H_2 \rightleftharpoons 2\ NH_3 \quad \Delta H = -92{,}1\ kJ/mol \qquad \text{(Gl. 9.28)}$$

Mit Hilfe der entgegengesetzten Richtungspfeile in der chemischen Reaktionsgleichung wird zum Ausdruck gebracht, dass es sich bei der Synthese von Ammoniak aus Wasserstoff und Stickstoff um eine Gleichgewichtsreaktion handelt. Dies hat zur Folge, dass sich die eingesetzten Edukte nicht vollständig zu Ammoniak umsetzen können.

Betrachtet man die Reaktion und die vorherrschenden äußeren Bedingungen genauer, so lässt sich die Änderung der Gleichgewichtslage genau vorhersagen. Dabei gilt das Prinzip des kleinsten Zwanges (s. auch Kapitel 5).

Dieses Prinzip des kleinsten Zwanges soll hier für Vorüberlegungen in Bezug auf die Ammoniaksynthese verdeutlicht werden.

Temperatur

Die Ammoniaksynthese ist eine exotherme Reaktion ($\Delta H = -92{,}1$ kJ/mol). Führt man Wärme zu, so wird die Reaktion versuchen, diesem Zwang auszuweichen. Eine Rückreaktion, sprich eine Veränderung der Gleichgewichtslage in Richtung der Edukte, wäre die Folge.

Würde man der Reaktion Wärme entziehen, führte dies zu einer Verschiebung der Gleichgewichtslage in Richtung des Produktes Ammoniak.

Druck

Die Reaktion verläuft nach Gl. 9.28 unter Volumenverminderung. Aus 4 Volumeneinheiten entstehen 2 Volumeneinheiten. Wird der Druck erhöht, ist eine Verschiebung des Gleichgewichts in Richtung Produktseite die Folge; vermindert man ihn, verschiebt sich das Gleichgewicht nach links.

Konzentration

Wird die Konzentration eines Eduktes erhöht, so werden so lange Produkte nachgebildet, in diesem Fall Ammoniak, bis das chemische Gleichgewicht wieder hergestellt wird. Eine Konzentrationserhöhung an Edukten hat also eine verstärkte Bildung von Ammoniak zur Folge.

Wird Ammoniak aus der Reaktion ausgeschleust, ist das chemische Gleichgewicht ebenfalls gestört, und es reagieren so lange Edukte nach, bis das Gleichgewicht wieder hergestellt ist.

Vertiefungsübung V9.1

Unter welchen Bedingungen müsste die Ammoniaksynthese hinsichtlich Druck, Temperatur und Konzentration «idealerweise» verlaufen, um eine möglichst große Ausbeute zu erzielen?

9.3.3 Die Ammoniaksynthese in der Praxis

In der Praxis erfordern zu hohe Drücke besondere Apparaturen und bedingen damit eine erhebliche Verteuerung der Anlage und der Betriebskosten. Zu niedrige Temperaturen reichen nicht aus, um den reaktionsträgen Stickstoff zu aktivieren, was zur Folge hätte, dass sich das Gleichgewicht nur sehr langsam einstellen würde.

Die meisten Ammoniak-Syntheseanlagen werden bei $p \approx 300$ bar und $\vartheta = 400\ldots500$ °C betrieben. Zusätzlich wird ein Katalysator eingesetzt, der die Reaktionsgeschwindigkeit erhöht, dabei aber wie jeder Katalysator nicht in der Lage ist, das chemische Gleichgewicht zu verändern.

Das Wasserstoff-Stickstoff-Gemisch wird mit Hilfe eines mehrstufigen Kompressors komprimiert und anschließend in einem Hochdruckreaktor an einem Eisenoxid-Mischkatalysator nach Gl. 9.29 zu Ammoniak umgesetzt:

$$N_2 + 3\,H_2 \xrightleftharpoons{\text{Kat., } \vartheta = 450\,°C,\; p = 300\,\text{bar}} 2\,NH_3 \qquad \Delta H = -92{,}1\ \text{kJ/mol} \qquad \text{(Gl. 9.29)}$$

Die frei werdende Reaktionswärme benutzt man, um frisches Gasgemisch vorzuheizen.

Besonders problematisch ist die Abdichtung des Reaktorofens. Kohlenstoffhaltiges Eisen würde von Wasserstoff unter Bildung von Methan gemäß Gl. 9.30 angegriffen werden:

$$C + 2\,H_2 \longrightarrow CH_4 \qquad \text{(Gl. 9.30)}$$

Stahl würde dadurch durchlässig für den leicht diffundierenden Wasserstoff. Die Problemlösung besteht darin, dass in den Stahlmantel ein Futter aus einem weichen, *kohlenstoffarmen* Eisen eingezogen wird. Der stabile Stahlmantel, der das Futter umgibt, ist mit besonderen Bohrungen versehen, durch die kleine durchdiffundierte Mengen an Wasserstoff entweichen.

Das Reaktionsgemisch wird in einem nachgeschalteten Kühler abgekühlt, wodurch das gebildete Ammoniak auskondensiert und damit abgeschieden wird. Nicht umgesetztes Gasgemisch wird wieder dem Reaktor zugeführt. Bild 9.6 zeigt ein Fließschema der Ammoniaksynthese nach dem Haber-Bosch-Verfahren.

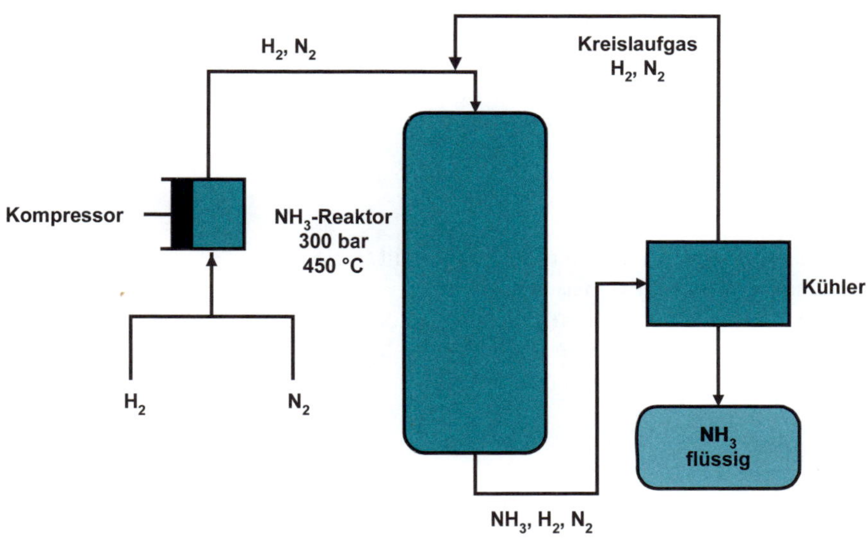

Bild 9.6 Ammoniaksynthese nach dem Haber-Bosch-Verfahren

9.4 Salpetersäureherstellung nach dem Ostwald-Verfahren[2]

Bei der Herstellung von Salpetersäure nach dem Ostwald-Verfahren dient Ammoniak als Edukt. Daher wird die Salpetersäure- und Ammoniak-Herstellung häufig in großtechnischen Anlagen gekoppelt.

[2] W. Ostwald (1853 bis 1932), deutscher Chemiker

Salpetersäure wird im **Schritt 2** des **Prozesses P1_KAP9** zur Nitrierung des in Schritt 1 hergestellten Chlorbenzols benötigt (Gl. 9.31).

Schritt 2

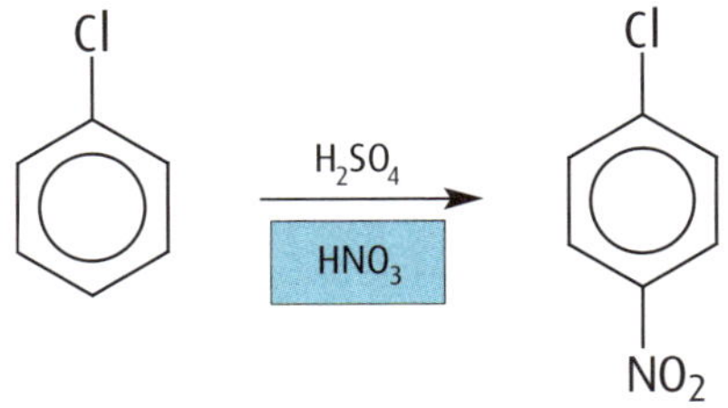

(Gl. 9.31)

Salpetersäure findet vorwiegend in der Düngemittelherstellung Verwendung. Darüber hinaus wird sie in der organischen Chemie als Nitrierungsreagenz (wie in **P1_KAP9**), in der Edelmetallerzeugung und in der Metallverarbeitung benötigt.

9.4.1 Grundlagen der Salpetersäureherstellung

Für die Produktion von Salpetersäure wird Stickstoffdioxid (NO_2) benötigt, das sich in einer anschließenden Reaktion mit Wasser zu Salpetersäure umsetzen lässt.

Die direkte Synthese aus N_2 ist nicht möglich, weil Stickstoff sehr reaktionsträge ist und mit Sauerstoff nur unter extremen Bedingungen reagiert. Zur Herstellung von Salpetersäure muss also ein «Umweg» über die Ammoniakverbrennung genommen werden. Auch Ammoniak- und Sauerstoffmoleküle reagieren nicht ohne weiteres miteinander. Sie lassen sich jedoch in Gegenwart von Katalysatoren und hoher Wärmeeinwirkung leicht aktivieren und zur Reaktion bringen. Die Reaktion verläuft unter Wärmeabgabe, d.h., sie ist exotherm.

9.4.2 Chemische Reaktion

Ammoniak wird mit Luft im Überschuss gemischt, sodass der NH_3-Gehalt einer Volumenkonzentration $\sigma(NH_3) \approx 13\%$ entspricht. Das Reaktionsgemisch wird auf $\vartheta \approx 800$ °C erhitzt und mit einer sehr hohen Geschwindigkeit durch einen Reaktor, der mit feinmaschigen Platin- oder Platin-Rhodium-Drahtnetzen gefüllt ist, geleitet.
Das Reaktionsgemisch reagiert nach Gl. 9.32.

$$4\,NH_3 + 5\,O_2 \xrightarrow{\text{Pt, } \vartheta = 800\,°C} 4\,NO + 6\,H_2O \quad \Delta H \approx -900\ kJ/mol \qquad \text{(Gl. 9.32)}$$

Die Kontaktzeit des Ammoniak-Luft-Gemisches am Netzkatalysator darf nicht länger als 1/1000 s betragen. Das nach Gl. 9.32 gebildete NO wird danach sofort aus der heißen Reaktionszone entfernt und auf $\vartheta \approx 120 \ldots 150$ °C abgekühlt. Bei diesen Temperaturen ist das NO **metastabil** (stabil gegenüber kleinen Änderungen) und zerfällt nicht mehr in die Elemente Stickstoff und Sauerstoff.

Informationssuche

Suchen Sie in entsprechender Literatur, Datenbanken, Lexika oder im Internet (z.B.: http://de.wikipedia.org/wiki/Hauptseite) nach dem Begriff «Metastabilität» und erfassen Sie die Zusammenhänge.

Nach der Abscheidung des Wassers reagiert das gebildete Stickstoffmonoxid in einem 2. Reaktionsschritt nach Gl. 9.33 mit Luftsauerstoff spontan weiter zu Stickstoffdioxid. Auch dieser Reaktionsschritt verläuft exotherm.

$$2\,NO + O_2 \rightleftharpoons 2\,NO_2 \quad \Delta H = -114\ kJ/mol \qquad (Gl.\ 9.33)$$

Die Reaktionspfeile zeigen, dass es sich hierbei um eine Gleichgewichtsreaktion handelt. Da die Reaktion exotherm verläuft, bedeutet eine Energieerhöhung die Verschiebung des Gleichgewichts in Richtung der Edukte.

Bei Temperaturen oberhalb von $\vartheta = 600$ °C liegt das Gleichgewicht vollständig auf der Eduktseite.

Nach Abkühlung auf Raumtemperatur wird das Stickstoffdioxid zusammen mit Luft in Absorptionskolonnen geleitet, in denen es nach Gl. 9.34 im Gegenstrom mit Wasser zu Salpetersäure reagiert.

$$4\,NO_2 + O_2 + 2\,H_2O \longrightarrow 4\,HNO_3 \qquad (Gl.\ 9.34)$$

Restliches Stickstoffdioxid, das nicht umgesetzt wurde, wird der Absorptionskolonne im Kreislauf wieder zugeführt. Bild 9.7 zeigt ein Fließschema zur Herstellung der Salpetersäure nach dem Ostwald-Verfahren.

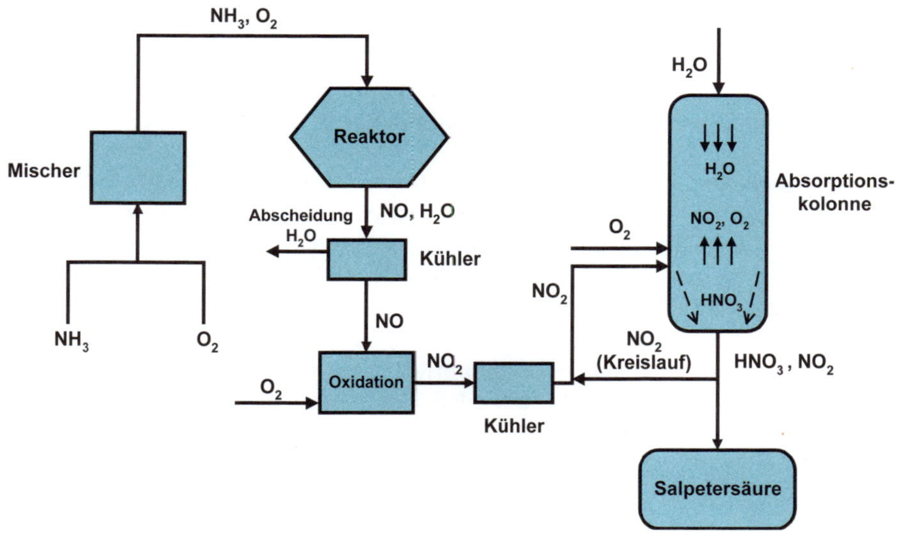

Bild 9.7 Salpetersäureherstellung nach dem Ostwald-Verfahren

Die nach Gl. 9.34 entstandene Salpetersäure hat einen Massenanteil von $w(HNO_3) = 50\%$. Durch Abdestillieren von Wasser kann sie wegen Bildung eines Azeotrops (s. auch Kapitel 3) auf maximal 68% konzentriert werden. Um ein weiteres Hochkonzentrieren auf ca. 98% zu ermöglichen, muss konzentrierte Schwefelsäure zugemischt werden. Diese hat die Eigenschaft, Wasser stärker an sich zu binden als die Salpetersäure. Anschließend wird die Schwefelsäure durch Vakuumdestillation wieder abgetrennt.

Konzentrierte Salpetersäure bildet beim Einwirken auf Eisen, Chrom und Aluminium eine dünne Oxidschicht auf dem Metall (Passivierung), so dass eine Lagerung in Gefäßen aus diesen Metallen möglich ist. Für den Laborgebrauch ist wichtig zu wissen, dass konzentrierte Salpetersäure Kunststoff angreift, so dass Flaschen schon nach kurzer Zeit spröde würden. Salpetersäure ist somit überwiegend in Glasflaschen erhältlich. Häufig findet man bei der Lieferung von Chemikalienherstellern Überdruck-Sicherheitseinrichtungen in den Flaschen, da rauchende Salpetersäure [$w(HNO_3)$ = 100%] unter Wärme- und Lichteinwirkung rotbraune Dämpfe bildet. Diese sorgen für einen Anstieg des Innendruckes und können die Flasche unter Umständen zum Platzen bringen!

9.5 Schwefelsäureherstellung

In **Schritt 2** des **Prozesses P1_KAP9** wird Schwefelsäure zusammen mit der zuvor beschriebenen Salpetersäure zur Nitrierung des in Schritt 1 hergestellten Chlorbenzols benötigt (Gl. 9.35).

Schritt 2

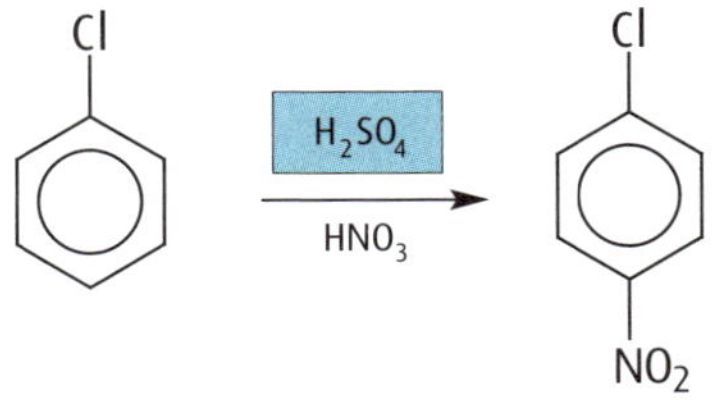

(Gl. 9.35)

Schwefelsäure zählt ebenfalls zu den wichtigsten anorganischen Grundchemikalien. Sie wird heutzutage überwiegend nach dem **Doppelkontaktverfahren** hergestellt. Das früher angewendete **Bleikammerverfahren** besitzt nur noch untergeordnete Bedeutung.

Reine Schwefelsäure (H_2SO_4) ist eine farblose, ölige Flüssigkeit mit einer Dichte von ϱ = 1,8 g/cm^3 bei Raumtemperatur. Sie ist eine starke Säure und zeichnet sich insbesondere durch ihre hygroskopischen und oxidierenden Eigenschaften aus. Sie ist chemisch und thermisch sehr stabil. Die Schwefelsäure lässt sich in jedem Verhältnis unter Wärmeentwicklung mit Wasser mischen (äußerste Vorsicht in der Handhabung ist notwendig, sog. Eselsbrücke: Erst das Wasser, dann die Säure, sonst geschieht das Ungeheure!). Lösungen von Schwefeltrioxid (SO_3) in konz. Schwefelsäure mit $w(H_2SO_4)$ = 100% werden als **Oleum** oder «rauchende Schwefelsäure» bezeichnet. Die Oleum-Konzentration wird als Massenanteil an gelöstem SO_3, sog. «freies SO_3», in reiner Schwefelsäure angegeben.

9.5.1 Übersicht der Schwefelsäureherstellung

Die Herstellung nach dem Doppelkontaktverfahren erfolgt in 3 Schritten, wobei alle Schritte exotherm verlaufen:

- Gewinnung von SO_2
- Oxidation von SO_2 zu SO_3
- Umsetzung von SO_3 zu H_2SO_4

Im Folgenden wird auf die einzelnen Schritte näher eingegangen.

Gewinnung von SO_2

Als Rohstoff für die Gewinnung von SO_2 spielt Elementarschwefel die größte Rolle. Zum Teil werden als Rohstoff auch noch sulfidische Erze eingesetzt, die sich allerdings durch Verunreinigungen des entstehenden Röstgases nachteilig auf das Verfahren auswirken.

Elementarschwefel lässt sich zum einen aus natürlichen Vorkommen (Frash-Verfahren), zum anderen aus Schwefelverbindungen gewinnen.

Heute wird Elementarschwefel vorwiegend aus Schwefelverbindungen in Erdgas, Erdöl und Kohle gewonnen.

Bei der Erdgasentschwefelung werden die Gase Schwefelwasserstoff (H_2S) und Kohlenstoffdioxid (CO_2) abgetrennt. Schwefelwasserstoff wird anschließend im Claus-Prozess zunächst nach Gl. 9.36 zu SO_2 und Wasser und in einem 2. Schritt mit dem entstandenen SO_2 unter Anwesenheit des Katalysators Bauxit ($Al_2O_3 \cdot H_2O$-Komplex) zu elementarem Schwefel umgesetzt (Gl. 9.37). Der so entstandene Schwefel kann leicht zu Schwefelsäure-Produktionsanlagen transportiert werden und ist gut lagerfähig.

$$2\ H_2S + 3\ O_2 \longrightarrow 2\ SO_2 + 2\ H_2O \qquad \text{(Gl. 9.36)}$$

$$2\ SO_2 + 4\ H_2S \xrightarrow{\text{Bauxit}} 6\ S + 4\ H_2O \qquad \text{(Gl. 9.37)}$$

Bei der Erdölentschwefelung werden die organischen Schwefelverbindungen zunächst durch Hydrierung in H_2S umgewandelt, bevor nach Auswaschung die Umsetzung zu Elementarschwefel erfolgt.

Der durch eines der obigen Verfahren gewonnene Schwefel wird verflüssigt und anschließend nach Gl. 9.38 in Zerstäubungsbrennern zu SO_2 verbrannt.

$$S_{(l)} + O_2 \longrightarrow SO_2\uparrow \quad \Delta H \approx -300\ \text{kJ/mol} \qquad \text{(Gl. 9.38)}$$

Das entstandene Schwefeldioxid wird im nächsten Reaktionsschritt nach Gl. 9.40 zu SO_3 umgesetzt.

Kommen sulfidische Erze als Rohstoff zum Einsatz (z.B. Pyrit, FeS_2), erfolgt ein Rösten der Erze in Drehrohröfen. Der Röstvorgang verläuft gemäß Gl. 9.39:

$$4\ FeS_2 + 11\ O_2 \longrightarrow 2\ Fe_2O_3 + 8\ SO_2\uparrow \quad \Delta H \approx -3300\ \text{kJ/mol} \qquad \text{(Gl. 9.39)}$$

Aus dem entstehenden Eisen(III)oxid (Fe_2O_3) kann Eisen gewonnen werden, das Schwefeldioxid wird direkt zur Oxidation zu Schwefeltrioxid eingesetzt. Dabei muss allerdings eine aufwendige Reinigung des Röstgases vorgeschaltet werden, da Verunreinigungen (insbesondere Arsen) den für das weitere Verfahren notwendigen Katalysator vergiften.

Oxidation von SO_2 zu SO_3

Schwefeldioxid wird mit Luftsauerstoff zu Schwefeltrioxid oxidiert. Der Reaktionsschritt verläuft nach Gl. 9.40 exotherm.

$$2\ SO_2 + O_2 \xrightleftharpoons{V_2O_5} 2\ SO_3 \quad \Delta H \approx -99\ \text{kJ/mol} \qquad \text{(Gl. 9.40)}$$

Eine Temperaturerhöhung wirkt sich negativ auf die Bildung des Produktes aus, d.h., dass eine Verschiebung der Reaktion in Richtung der Edukte erfolgt. Niedrige Temperaturen gestatten theoretisch eine Verschiebung in Richtung Produktseite, allerdings lassen sie erst gar keine Reaktion von SO_2 und O_2 zu, da die nötige Aktivierungsenergie fehlt. Temperaturen von oberhalb 600 °C sind notwendig, damit die Reaktion ausreichend schnell verläuft. Dabei zerfallen die entstehenden SO_3-Moleküle jedoch zu einem erheblichen Teil wieder in Schwefeldioxid und Sauerstoff.

Die Lösung des Problems liegt in der Verwendung eines geeigneten Katalysators, mit dessen Hilfe die Reaktion auch bei niedrigeren Temperaturen ($\vartheta \approx 450$ °C) mit großer Geschwindigkeit abläuft. Zusätzlich arbeitet man mit einem Sauerstoffüberschuss, um die Lage des Gleichgewichts auf die Produktseite zu verschieben. Die Oxidation unter Druck durchzuführen hätte einen weiteren Umsatzgewinn zur Folge (aus 3 Volumenteilen entstehen 2 Volumenteile). Allerdings wären die Kosten für die Reaktionsanlage um einiges höher, sodass in der Regel unter Normaldruck gearbeitet wird.

Bei der Schwefelsäureherstellung nach dem Doppelkontaktverfahren verwendet man heute Vanadiumpentoxid (V_2O_5) auf Siliciumdioxid (Trägermaterial). Häufig dienen Alkalisulfate als Promotoren (verbessern die Wirkung des Katalysators).

Nach Gl. 9.41 und Gl. 9.42 laufen folgende Reaktionen ab:

$$V_2O_5 + SO_2 \longrightarrow V_2O_4 + SO_3 \qquad \text{(Gl. 9.41)}$$

$$V_2O_4 + \tfrac{1}{2}\, O_2 \longrightarrow V_2O_5 \qquad \text{(Gl. 9.42)}$$

Früher wurde in der Schwefelsäuresynthese häufig Platin als Katalysator eingesetzt. Der Vanadium-Kontakt ist im Gegensatz zum Platin jedoch gegenüber Katalysatorgiften viel unempfindlicher. Fluor-Verbindungen in hohen Konzentrationen greifen das Trägermaterial an und bewirken einen Abriebverlust. Chlor-Verbindungen können bei höheren Temperaturen eine Verflüchtigung des Vanadiums zur Folge haben. Durch die Verbrennung von arsenhaltigem Schwefel reichert sich Arsen im Katalysator an, macht sich jedoch erst bei Massenanteilen von $w(As_2O_3) = 15\%$ bemerkbar.

9.5.2 Technische Durchführung der Schwefelsäureherstellung

Das heiße SO_2-Gasgemisch wird in einen Horden-Reaktor geleitet, in dem sich in der Regel 4 Hordenböden befinden. Als Horde bezeichnet man eine Schüttung aus festem Material. Hier handelt es sich um eine Katalysatorschüttung aus Kieselgel-Presslingen, die mit einer dünnen Lage Vanadiumpentoxid und Alkalisulfaten beschichtet sind. Die Schüttung wird durch die Strömung des SO_2-Gases in ständiger Bewegung gehalten. Da die Reaktion exotherm verläuft, befindet sich nach jeder Horde eine Zwischenkühlung, die das Gas auf $\vartheta \approx 450$ °C zurückkühlt. An jeder Horde findet eine Umsetzung von SO_2 zu SO_3 statt. In der 1. Katalysatorschüttung beträgt der Umsatz ca. 60%. In der 2. Katalysatorschüttung erfolgt nach vorheriger Abkühlung eine Umsetzung auf rund 85%. Nach der 3. Katalysatorschüttung ist ca. 94% des Schwefeldioxids zu Schwefeltrioxid umgesetzt worden. Dieses Gasgemisch wird nun aus dem Kontaktkessel entfernt und in einen Zwischenabsorber geleitet, in dem das entstandene SO_3 entfernt wird.

Das Restgas wird wieder zurück in den Reaktor geführt. Durch die Entfernung des Produktes wurde das Gleichgewicht der Reaktion gestört. Es erfolgt eine letzte Umsetzung von SO_2 zu SO_3 in einer letzten Horde, sodass im abströmenden Gas ca. 99,8% des anfangs vorhandenen SO_2 oxidiert sind. Der «doppelte Kontakt» ermöglicht einen hohen SO_2-Umsatz und sorgt gleichzeitig für einen geringen umweltbelastenden Restanteil an SO_2.

Umsetzung von SO_3 zu H_2SO_4

Nach Abkühlung auf $\vartheta \approx 120$ °C wird das SO_3-haltige Gasgemisch in einen Absorber geleitet, in dem von oben, dem Gasgemisch entgegen, Schwefelsäure, $w(H_2SO_4) = 98\%$, herabrieselt. Dabei setzt sich das SO_3 zunächst mit dem vorhandenen Wasser aus der Schwefelsäure gemäß Gl. 9.43 zu Schwefelsäure um. (Obwohl SO_3 das Anhydrid der Schwefelsäure ist (s. Kapitel 4), ist reines Wasser als Lösungsmittel großtechnisch ungeeignet, da es Schwefeltrioxid nur sehr langsam und mit großer Wärmefreisetzung löst!)

$$SO_3 + H_2SO_4 + H_2O \longrightarrow 2\ H_2SO_4 \qquad \text{(Gl. 9.43)}$$

Nach vollständigem Umsatz des vorhandenen Wassers wird weiter SO_3 unter Bildung von Dischwefelsäure (Oleum oder rauchende Schwefelsäure) nach Gl. 9.44 absorbiert.

$$SO_3 + H_2SO_4 \longrightarrow H_2S_2O_7 \qquad \text{(Gl. 9.44)}$$

Durch Verdünnen mit Wasser wird daraus gemäß Gl. 9.45 wieder Schwefelsäure.

$$H_2S_2O_7 + H_2O \longrightarrow 2\ H_2SO_4 \qquad \text{(Gl. 9.45)}$$

Bild 9.8 zeigt ein Fließschema zur Herstellung der Schwefelsäure nach dem Doppelkontaktverfahren.

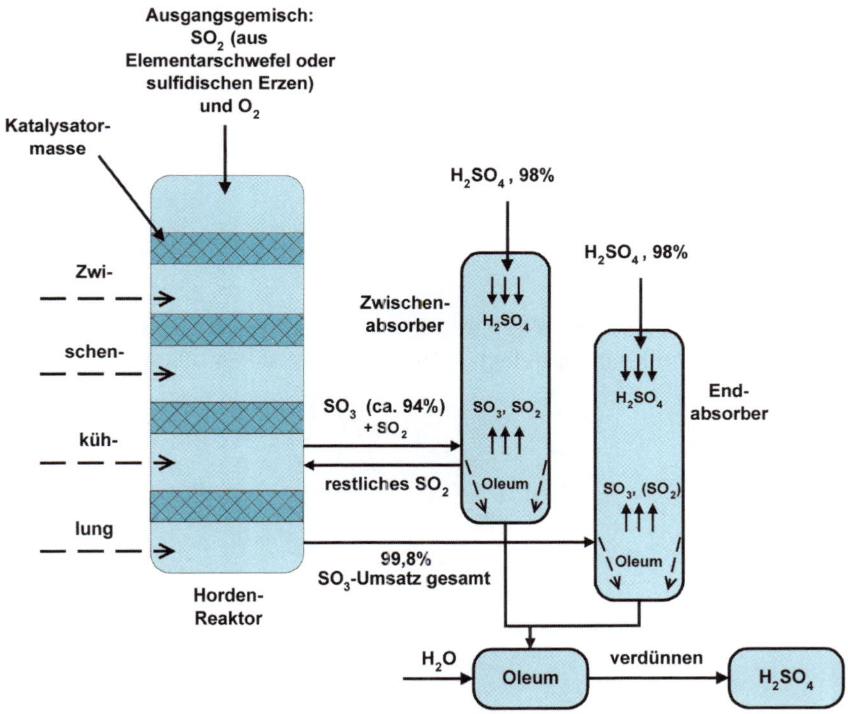

Bild 9.8 Schwefelsäureherstellung nach dem Doppelkontaktverfahren

Vertiefungsübung V9.2

Verdünnte Schwefelsäure greift im Gegensatz zur konzentrierten Säure Eisen an und wird deshalb in Bleibehältnissen gelagert. Warum ist eine Lagerung darin möglich, was entsteht dabei und wie nennt man diesen Vorgang?

Schwefelsäure ist eines der wichtigsten großtechnischen Produkte. Die Weltjahresproduktion betrug 2008 ca. 198 Mio. t. In Westeuropa wurden 2008 rund 14 Mio. t. Schwefelsäure produziert, in den USA betrug die Produktion ca. 32 Mio. t (Bild 9.9). Ein großes Einsatzgebiet ist die Herstellung von Mineraldünger, aber auch in der organischen Chemie ist die Schwefelsäure für Sulfonierungen ein wichtiges Edukt.

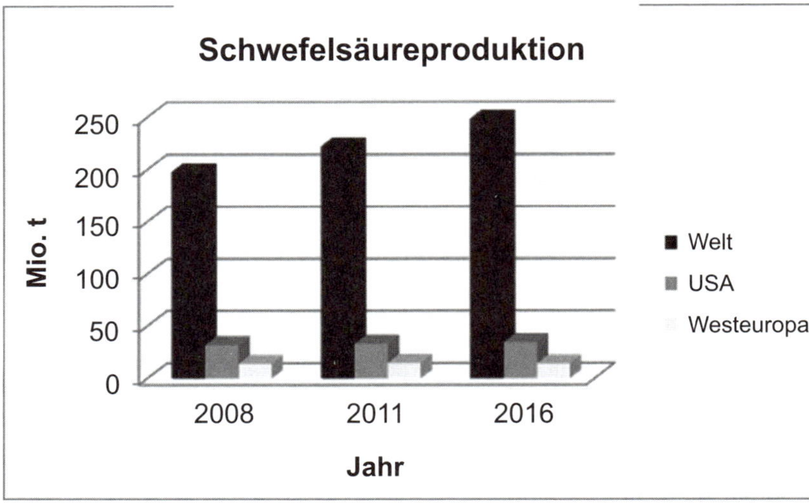

Bild 9.9 Schwefelsäureproduktion von 2008...2016
Quellen: (A) IFA – International Fertilizer Industrie, Association, Paris, (2008)
(B) CEH estimates (2011 und 2016)

9.6 Methanolsynthese

In **Schritt 5** des **Prozesses P1_KAP9** wird **Essigsäureanhydrid** nach Gl. 9.46 zur Umsetzung des im Schritt 4 hergestellten 4-Aminophenols zu Paracetamol benötigt.

Schritt 5

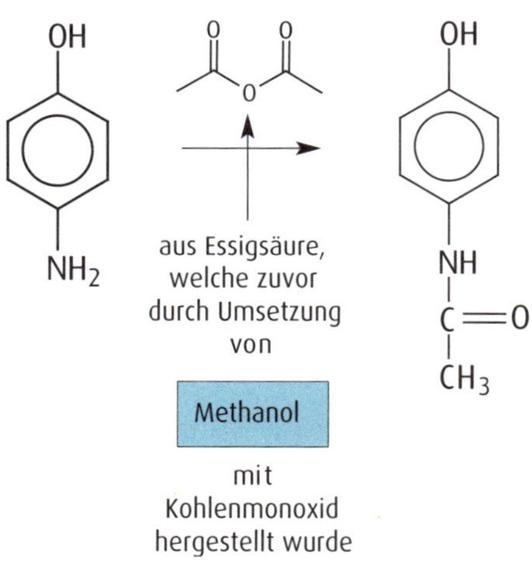

(Gl. 9.46)

Essigsäureanhydrid wird zuvor großtechnisch bei ϑ = 800 °C aus Essigsäure unter Wasserabspaltung (Dehydratisierung) hergestellt (Gl. 9.47). Das Produkt muss dabei schnell abgekühlt und aus der Reaktionsmischung abgetrennt werden, da sonst eine Rückreaktion zur Essigsäure erfolgt.

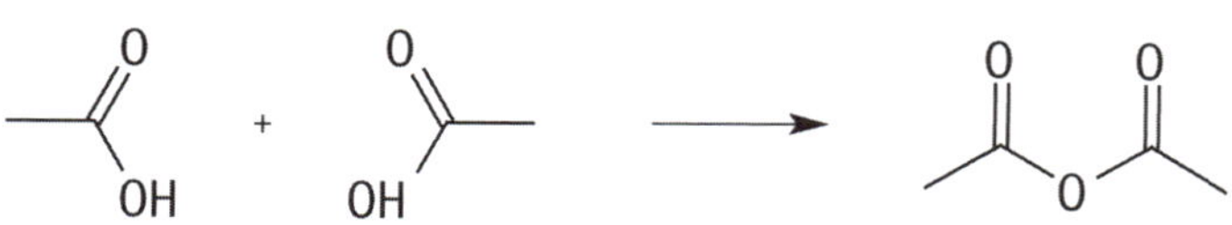

(Gl. 9.47)

Die für die Herstellung des Essigsäureanhydrids benötigte Essigsäure wird durch Reaktion von **Methanol** mit Kohlenstoffmonoxid nach Gl. 9.48 hergestellt.

$$CH_3OH + CO \xrightarrow{\text{Kat.}} CH_3COOH \qquad \text{(Gl. 9.48)}$$

Die **Herstellung von Methanol** wird im Folgenden genauer beschrieben.

Methanol ist eine farblose Flüssigkeit mit einem Siedepunkt von ϑ_b = 64,5 °C. Es hat hygroskopische Eigenschaften und verbrennt an der Luft mit bläulicher Flamme zu Kohlenstoffdioxid und Wasser. Methanol ist giftig. Im menschlichen Organismus wird es im Gegensatz zu Ethanol nicht vollständig abgebaut, die entstehenden Produkte sind Ameisensäure und Formaldehyd, das mit Eiweiß reagiert. Die Folge ist eine Blockierung der Oxidationsvorgänge, die sich durch erste Vergiftungserscheinungen wie Sehstörungen, Herz- und Muskelschwäche, Krämpfe oder Schüttelfrost bemerkbar machen.

Methanol wird für viele Vorgänge in der chemischen Industrie benötigt. Ca. 50% des hergestellten Methanols werden zu Formaldehyd (Methanal) umgesetzt. Darüber hinaus dient es als Löse- oder Extraktionsmittel, Zusatzmittel für Motoren- und Raketentreibstoffe sowie Ausgangsstoff für die Essigsäuresynthese nach dem Carbonylierungs-Verfahren. Des Weiteren ist es ein wichtiges Methylierungsmittel zur Herstellung von Methylcellulose sowie eine Reaktionskomponente zur Synthese von DMT (Dimethylterephthalat), ein Zwischenprodukt zur Herstellung von Polyesterfasern (Trevira®). Auch für die Produktion von MTB-Ether (Methyl-*tert.*-butylether), der als Antiklopfmittel in Benzin Verwendung findet, wird Methanol benötigt.

9.6.1 Grundlagen der Methanolsynthese

Methanol wird gemäß Gl. 9.49 durch Hydrierung von Kohlenstoffmonoxid unter Einwirkung des Mischkatalysators Zinkoxid/Chromoxid (ZnO/Cr_2O_3), nach der Synthese von Mittasch, Pier und Winkler hergestellt:

$$CO + 2\,H_2 \xrightleftharpoons{ZnO/Cr_2O_3} CH_3OH \qquad \Delta H \approx -92\ \text{kJ/mol} \qquad \text{(Gl. 9.49)}$$

Die Mischung aus Kohlenstoffmonoxid und Wasserstoff wird als Synthesegas bezeichnet. Die obige Reaktion verläuft exotherm sowie unter Volumenabnahme.

Vertiefungsübung V9.3

Unter welchen Bedingungen, hinsichtlich Temperatur und Druck, wird die Verschiebung Richtung Produktseite, also der Bildung des Methanols, nach Le Chatelier begünstigt?

9.6.2 Technische Durchführung der Methanolsynthese

Die technische Durchführung lässt sich in 5 Einzelschritte gliedern:

- Gewinnung des Synthesegases,
- Kompression des Synthesegases,
- Hydrierung des Synthesegases,
- Isolierung des Methanols,
- Reinigung des Methanols mit einer Destillation.

Im Folgenden wird auf die einzelnen Schritte näher eingegangen.

1. Gewinnung des Synthesegases

Das Synthesegas wird hergestellt, indem nach Gl. 9.50 Wasserdampf über glühenden Koks geleitet wird.

$$C + H_2O_{(g)} \longrightarrow CO + H_2 \quad \Delta H \approx +130\ kJ/mol \qquad \text{(Gl. 9.50)}$$

Der Koks entzieht dem Wasser Sauerstoff und wirkt demzufolge als Reduktionsmittel. Die Darstellung des Synthesegases verläuft endotherm.
Heute wird zur Herstellung des Synthesegases auch Methan eingesetzt (Gl. 9.51).

$$CH_4 + H_2O_{(g)} \xrightarrow{\text{Kat.}} CO + 3\ H_2 \quad \Delta H \approx +205\ kJ/mol \qquad \text{(Gl. 9.51)}$$

2. Kompression des Synthesegases

Die Umsetzung des Synthesegases zu Methanol findet bei einem Druck von $p \approx 200$ bar statt. Das den Reaktor verlassende heiße Reaktionsgemisch wärmt das frische Synthesegas auf eine für die spätere Umsetzung erforderliche Temperatur vor. Trotz der negativen Beeinflussung des Gleichgewichts ist eine Mindesttemperatur zur Aktivierung des Katalysators notwendig.

3. Hydrierung des Synthesegases

Das vorgewärmte Synthesegas gelangt nun in einen Reaktor, in dem die Umsetzung zu Methanol erfolgt. Als Katalysator dient eine Mischung aus Zinkoxid und Chromoxid (ZnO/Cr_2O_3). Die Hydrierung des Kohlenstoffmonoxides findet bei einer Temperatur von $\vartheta \approx 400$ °C statt. Da die Reaktion exotherm verläuft, steigt die Temperatur während des Reaktionsverlaufs an. Nach dem 1. Durchgang des Synthesegases durch den Reaktor sind ungefähr 15% der Volumenteile des Kohlenstoffmonoxids umgesetzt. Um eine möglichst vollständige Umsetzung zu erreichen, wird die Methanolsynthese im Kreislauf gefahren.

4. Isolierung des Methanols

Nach Durchgang durch den Wärmetauscher wird das Gasgemisch in einen Kühler geleitet. Dort scheidet sich Methanol mit einigen Nebenprodukten wie Dimethylether und anderen höher siedenden Komponenten als flüssige Phase ab. Dieses Gemisch wird als Rohmethanol bezeichnet. Dem Verfahren wird nicht umgesetztes Synthesegas (sog. Rückgas) wieder zugeführt.

5. Reinigung des Methanols mit einer Destillation

Das Rohmethanol wird nach der Entspannung auf Normaldruck fraktioniert destilliert. In einer ersten Kolonne wird Dimethylether mit einem Siedepunkt von $\vartheta_b = -24{,}8$ °C abgetrennt. In einer 2. Kolonne wird das reine Methanol als Kopfprodukt gewonnen. Im Sumpf verbleiben einige Hochsieder. Die Lagerung des Reinmethanols erfolgt in eisernen Tanks, ggf. mit Stickstoff überlagert. Ein Fließschema zur Methanolsynthese ist in Bild 9.10 dargestellt.

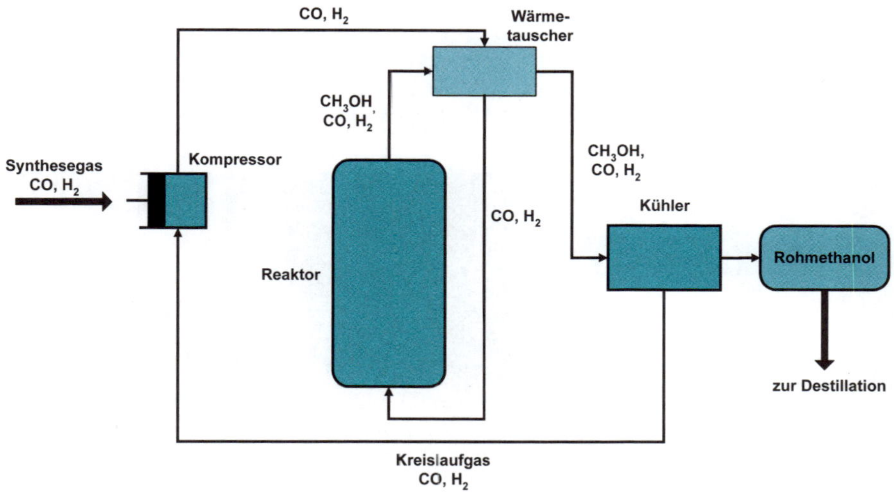

Bild 9.10 Fließschema der Methanolsynthese

Mit dem Wissen um die Zusammenhänge bei den großtechnischen Verfahren und den chemisch-physikalischen Zusammenhängen bei organischen Synthesen sowie bei analytischen Prozessen ist die «Beruflichkeit» des Chemielaboranten und anderen labortechnischen Berufen gemäß der Pflichtqualifikation sichergestellt.

Wir empfehlen das weiterführende Studium der Materie, wie sie in Band 2 dieser Buchreihe: «Wahlqualifikationen», festgelegt wurde.

Weiterführende Literatur

ATKINS, P. W., BERAN, J. A.: *Chemie – einfach alles.* Weinheim: Wiley VCH Verlag, 1998.

BEYER, H.; WALTER, W.; FRANCKE, W.: *Lehrbuch der Organischen Chemie.* Leipzig: S. Hirzel Verlag, 1998.

DEMUTH, R.; KOBER, F.: *Grundlagen der Komplexchemie.* Frankfurt am Main: Otto Salle Verlag GmbH & Co., 1992.

ECKHARDT, S.; GOTTWALD, W.; STIEGLITZ, B.: *1 x 1 der Laborpraxis, 2. Auflage.* Weinheim: WILEY VCH, 2006.

HITZEL, E.: *Bausteine praktischer Analytik.* Hamburg: Handwerk und Technik, 2005.

HOLLEMANN, A. F.; WIBERG, E.: *Lehrbuch der anorganischen Chemie.* Berlin: Gruyter Verlag, 1995.

HUG, H.; REISER, W.: *Physikalische Chemie.* Haan-Gruiten: Verlag Europa-Lehrmittel, 2000.

JANDER, G.; JAHR, K.; SCHULZE, J. S.: *Maßanalyse.* Berlin: De Gruyter Verlag, 2002.

LATSCHA, H. P.; KLEIN, H. A.: *Organische Chemie.* Berlin Heidelberg: Springer Verlag, 1997.

LUCKS, R.: *Organische Chemie von A bis Z.* Haan-Gruiten: Verlag Europa-Lehrmittel, 1990.

MAYER, H.: *Fachrechnen Chemie.* Weinheim: WILEY VCH, 1992.

MERTEN, F.; HENNING, H.; SCHWARZ, D.: *Der Chemielaborant Teil 1, Organische Chemie.* Hannover: Schroedel-Gehlen Verlag KG, 2002.

MERTEN, F.: *Der Chemielaborant Teil 3, Organische Chemie.* Hannover: Schroedel-Gehlen Verlag KG, 2002.

MORTIMER, CH. E.: *Das Basiswissen der Chemie.* Stuttgart: Thieme Verlag, 2003.

NÄSER, K.-H.; LEMPE, D.; REGEN, O.: *Physikalische Chemie für Techniker und Ingenieure.* Weinheim: WILEY VCH, 1990.

PETER, K.; VOLLHARDT, C.: *Organische Chemie.* Weinheim: VCH Verlagsgesellschaft mbH, 1990.

RIEDEL, E.: *Anorganische Chemie.* Berlin: De Gruyter Verlag, 2004.

SYKES, P.: *Reaktionsmechanismen der Organischen Chemie.* Weinheim: VCH Verlagsgesellschaft mbH, 1988.

WITTENBERGER, K.: *Rechnen in der Chemie.* Wien: Springer Verlag, 2006.

Stichwortverzeichnis

F

R

S